Python编程基础与科学计算

李增刚　戴光昊　廖　晖／编著

清华大学出版社

北　京

图书在版编目(CIP)数据

Python 编程基础与科学计算/李增刚,戴光昊,廖晖编著.—北京：清华大学出版社,2022.3
(2023.7重印)

　　ISBN 978-7-302-59836-7

　　Ⅰ．①P…　Ⅱ．①李…　②戴…　③廖…　Ⅲ．①软件工具—程序设计　Ⅳ．①TP311.561

中国版本图书馆 CIP 数据核字(2021)第 280330 号

责任编辑：	冯　昕　赵从棉
封面设计：	傅瑞学
责任校对：	赵丽敏
责任印制：	朱雨萌

出版发行： 清华大学出版社

　　　　网　　　址：http://www.tup.com.cn，http://www.wqbook.com
　　　　地　　　址：北京清华大学学研大厦 A 座　　邮　　编：100084
　　　　社 总 机：010-83470000　　　　　　　　邮　　购：010-62786544
　　　　投稿与读者服务：010-62776969，c-service@tup.tsinghua.edu.cn
　　　　质量反馈：010-62772015，zhiliang@tup.tsinghua.edu.cn

印 装 者： 三河市龙大印装有限公司

经　　销： 全国新华书店

开　　本： 185mm×260mm	**印　张：** 35	**字　　数：**	846 千字
版　　次： 2022 年 3 月第 1 版		**印　　次：**	2023 年 7 月第 2 次印刷
定　　价： 108.00 元			

产品编号：094765-01

前 言
PREFACE

在研究自然科学规律时,通常需要建立数学方程或研究方法,用数学方程来描述所研究对象的客观规律,再现、预测和发现客观世界的运动规律和演化过程。另外,对于一个复杂的系统,所建立的数学方程往往是非常复杂的,无法或根本不可能直接计算出精确解。随着计算机技术的发展,可以用计算机求解出复杂系统数学方程或者研究方法的数值解,并能以某种手段呈现和分析所得到的数值解。在保证一定计算精度的情况下,用计算机的数值解来解决实际工程中遇到的各种问题,研究系统的客观规律。

数值计算相对于传统的解析计算有很大的优势。数值计算可以完成非线性、大模型、非平衡问题,把科学原理应用于虚拟实验,解决更复杂的实际问题。数值计算不会对环境产生任何破坏,例如研究核爆炸的破坏,不可能进行真实的核破坏实验,但可以用科学计算进行核爆炸的模拟;数值计算不受仪器设备和时间、空间的影响,只需要一台计算机,因此成本低;可以把数值计算方法编译成某个学科的专业软件,例如各种 CAE 仿真分析软件,通过界面的简单操作完成相应的计算,提供给更多的人使用。

用计算机进行数值求解时,需要有一套求解数学方程的方法。MATLAB 软件是一套使用非常广泛的数学软件,提供了多种数值计算方法,但是 MATLAB 价格昂贵,并且由于中美之间科技的竞争,受到美国政府的限制,MATLAB 在我国国内多个行业已经被限制使用,随着竞争的激烈,相信会有更多的科技产品受到限制。替代 MATLAB 进行数值计算的一个非常好的选择是用 Python 编程语言及其科学计算包。Python 作为开源的高级程序语言,它是免费的,Python 有与 MATLAB 对应的数值计算的科学计算包,编者编写本书的主要目的是帮助广大科技工作者快速掌握 Python 语言在科学计算方面的使用方法,培养其进行科学计算的能力。Python 语言的语法简单,使用方便,对于初学计算机编程的人员来说,是最值得推荐的计算机语言。Python 有众多的第三方程序包,通过 pip 命令可以直接安装使用,利用第三方模块和 Python 语言能够快速搭建出各式各样的程序,满足用户的需求。

本书分为 10 章,其中第 1~4 章介绍 Python 语言的基础,供没有 Python 基础的人员使用;第 5 章介绍 NumPy 进行数组和矩阵运算的方法,它是进行数值计算的基础;第 6 章介绍用 matplotlib 进行数值的可视化的方法,绘制各种二维和三维数据图像;第 7 章介绍用 SciPy 进行各种数值计算的方法,是本书的主要内容;第 8 章介绍用 SymPy 进行符号运算,用符号推导数学公式;第 9 章介绍用 openpyxl 操纵 Excel 进行数据处理的方法和数据可视化;第 10 章介绍用 PyQt5 进行文本文件和二进制文件的读写及文件管理方面的内容。

PyQt5 可以进行复杂的图形界面开发,可以与数值计算方法结合,通过界面把数值计算的结果呈现出来。关于 PyQt5 进行图形界面开发方面的内容可以参考编者所著的另一本书《Python 基础与 PyQt 可视化编程详解》,本书对此不作过多介绍。

在编写本书时,Python 的版本是 3.9.6,由于 Python 语言及其科学计算包仍在不断发展中,因此读者在使用本书的时候,Python 语言和科学计算包很可能发展到更高的版本,但由于软件一般都有向下兼容的特点,因此本书所述内容不会影响正常的使用。本书在讲解内容时,在主要知识点上配有应用实例,这些应用实例可以起到画龙点睛的作用,请读者扫描下面的二维码下载本书实例的源程序。

本书由北京诺思多维科技有限公司组织编写,由于受作者水平与时间的限制,书中疏漏和错误在所难免,敬请广大读者批评指正。在使用本书的过程中,如有问题可通过邮箱 forengineer@126.com 与编者联系。

扫描二维码,下载本书应用实例的源代码。

编 者

2021 年 10 月

实例源代码

目 录
CONTENTS

第1章

Python编程基础

Python 是一种跨平台的计算机程序设计语言,也是一种高层次的结合了解释性、编译性、互动性和面向对象的脚本语言。它最初被设计用于编写自动化脚本,随着版本的不断更新和语言新功能的添加,越来越多地用于开发独立的、大型项目。针对 Python 已经开发出广泛的第三方程序包和库可供使用,可以让用户用尽可能少的代码实现各种算法。

1.1 Python 编程环境

1.1.1 Python 语言简介

Python 是一种跨平台高级语言,可以用于 Windows、Linux 和 Mac 平台上。Python 语言非常简洁明了,即便是非软件专业的初学者也很容易上手,和其他编程语言相比,实现同一个功能,Python 语言的实现代码往往是最短的。Python 相对于其他编程语言来说,有以下几个优点。

(1) Python 是开源的,也是免费的。开源,也即开放源代码,意思是所有用户都可以看到源代码。Python 的开源体现在程序员使用 Python 编写的代码是开源的,Python 解释器和模块是开源的。开源并不等于免费,开源软件和免费软件是两个概念,只不过大多数的开源软件也是免费软件;Python 就是这样一种语言,它既开源又免费。用户使用 Python 进行开发或者发布自己的程序,不需要支付任何费用,也不用担心版权问题,即使作为商业用途,Python 也是免费的。

(2) 语法简单。和传统的 C/C++、Java、C♯ 等语言相比,Python 对代码格式的要求没有那么严格,这种宽松使得用户在编写代码时比较轻松,不用在细枝末节上花费太多精力。

(3) Python 是高级语言。这里所说的高级,是指 Python 封装较深,屏蔽了很多底层细节,比如 Python 会自动管理内存(需要时自动分配,不需要时自动释放)。

(4) Python 是解释型语言,能跨平台。解释型语言一般都是跨平台的(可移植性好),Python 也不例外。

(5) Python 是面向对象的编程语言。面向对象是现代编程语言一般都具备的特性,否则在开发中大型程序时会捉襟见肘。Python 支持面向对象,但它不强制使用面向对象。

(6) 模块众多。Python 的模块众多,基本实现了所有的常见的功能,从简单的字符串处理,到复杂的 3D 图形绘制,借助 Python 模块都可以轻松完成。Python 社区发展良好,除了 Python 官方提供的核心模块外,很多第三方机构也会参与进来开发模块,其中就有Google、Facebook、Microsoft 等软件巨头。即使是一些小众的功能,Python 往往也有对应的开源模块,甚至有可能不止一个模块。

(7) 可扩展性强。Python 的可扩展性体现在它的模块上,Python 具有脚本语言中最丰富和强大的类库,这些类库覆盖了文件 I/O(输入/输出)、数值计算、GUI、网络编程、数据库访问、文本操作等绝大部分应用场景。这些类库的底层代码不一定都是用 Python 编写的,还有很多 C/C++语言的身影。当需要一段关键代码运行速度更快时,就可以使用 C/C++语言实现,然后在 Python 中调用它们。Python 依靠其良好的扩展性,在一定程度上弥补了运行速度慢的缺点。

1.1.2　Python 编程环境的建立

编写 Python 程序,可以在 Python 自带的交互式界面开发环境中进行,由于自带的开发环境的提示功能和操作功能不强大,Python 程序可以在第三方提供的专业开发环境中编写,例如 PyCharm,然后调用 Python 的解释器运行程序。本书介绍的内容,既可以在 Python 自带的开发环境中进行,也可以在第三方开发环境中进行,由读者根据自己的爱好自行决定。

1. 安装 Python

Python 是开源免费软件,用户可以到 Python 的官网上直接下载 Python 安装程序。登录 Python 的官方网站 https://www.python.org/downloads/,其下载页面如图 1-1 所示,可以直接下载不同平台上不同版本的安装程序。最新版本是 3.9.6。Python 的安装程序占用

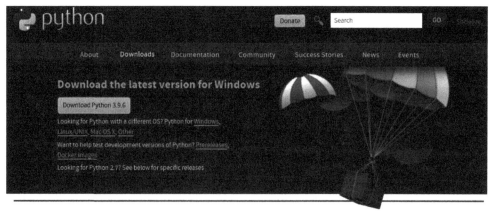

图 1-1　Python 官方下载页面

空间不大,最新 3.9.6 版只有 24.83MB。单击 Downloads,可以找到不同系统下的各个版本的 Python 安装程序。下载 Python 安装程序时,根据自己的计算机是 32 位还是 64 位,选择相应的下载包,例如单击 Windows installer(64-bin)可以下载 64 位的可执行安装程序,一般选择该项即可;单击 Windows embeddable package(64-bit)表示使用 zip 格式的绿色免安装版本,可以直接嵌入(集成)到其他的应用程序中;单击 web-based installer 表示通过网络安装,也就是说下载的是一个空壳,安装过程中还需要联网下载真正的 Python 安装包。Python 安装程序也可以在国内的一些下载网站上找到,例如在搜索引擎中输入"Python 下载",就可以找到下载链接。

以管理员身份运行 Python 的安装程序 python-3.9.6-amd64.exe,在第 1 步中,如图 1-2 所示,选中 Add Python 3.9 to PATH,单击 Customize installation 项;在第 2 步中,勾选所有项,其中 pip 项专门用于下载第三方 Python 包。单击 Next 按钮进入第 3 步,勾选 Install for all users 项,如图 1-3 所示,并设置安装路径,不建议安装到系统盘中,单击 Install 按钮开始安装。安装路径会自动保存到 Windows 的环境变量 PATH 中,Python 多个版本可以共存在一台机器上。安装完成后,在 Python 的安装目录 Scripts 下出现 pip.exe 和 pip3.exe 文件,用于下载其他安装包。

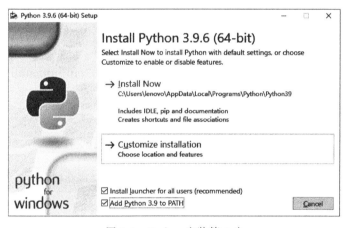

图 1-2　Python 安装第 1 步

图 1-3　Python 安装第 3 步

安装完成后,需要测试一下 Python 是否能正常运行。从 Windows 的已安装程序中找到 Python 自己的集成开发环境 IDLE,如图 1-4 所示,在">>>"提示下输入"1＋2"或者"print('hello')"并按 Enter 键,如果能返回 3 或者 hello,说明 Python 运行正常。

图 1-4　测试 Python

2. 安装科学计算包

安装完 Python 后,接下来需要安装与科学计算有关的包。本书中用到的包有 NumPy、matplotlib、SciPy、SymPy、openpyxl、PyQt5 和 pyinstaller,每个包可以单独安装,也可以一次安装多个。下面介绍 Windows 系统中安装 NumPy 的步骤。以管理员身份运行 Windows 的 cmd 命令窗口,输入"pip install numpy"后按 Enter 键就可以安装 NumPy 包,如图 1-5 所示。也可以用"pip install numpy matplotlib scipy sympy openpyxl pyqt5 pyinstaller"命令一次安装多个包。如果要卸载包,可以使用"pip uninstall numpy"命令。

图 1-5　安装科学计算包

有些安装包比较大,例如 PyQt5 有 53MB,如果直接从国外的网站上下载 PyQt5 可能比较慢,可以使用镜像网站下载,例如清华大学的镜像网站,格式如下:

```
pip install pyqt5 - i  https://pypi.tuna.tsinghua.edu.cn/simple
```

3. 安装 PyCharm

如果只是编写简单的程序,在 Python 自带的开发环境中写代码是可以的。但对于专业的程序员来说,其编写的程序比较复杂,在 Python 自带的开发环境中编写代码就有些捉襟见肘了,尤其是编写面向对象的程序,无论是代码提示功能还是出错信息的提示功能远没有专业开发环境的功能强大。PyCharm 是一个专门为 Python 打造的集成开发环境(IDE),带有一整套可以帮助用户在使用 Python 语言开发时提高其效率的工具,比如调试、语法高亮、项目管理、代码跳转、智能提示、自动完成、单元测试、版本控制等。PyCharm 可以直接调用 Python 的解释器,运行 Python 程序,极大提高 Python 的开发效率。

　　PyCharm 由 Jetbrains 公司开发,可以在 https://www.jetbrains.com/pycharm/download 上下载 PyCharm,如图 1-6 所示,PyCharm 有两个版本,分别是 Professional(专业版)和 Community(社区版)。专业版是收费的;社区版是完全免费的,单击 Community 下的 Download 按钮可以下载社区版 PyCharm。在搜索引擎中输入"PyCharm 下载",也可以在其他下载平台找到 PyCharm 下载链接。

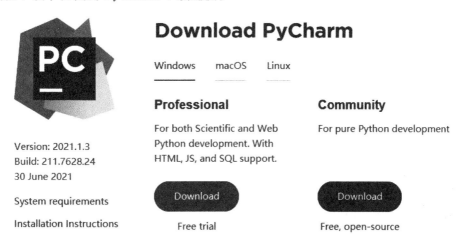

图 1-6　下载 PyCharm 页面

　　以管理员身份运行下载的安装程序 pycharm-community-2021.1.3.exe(读者下载的版本可能与此不同),在第 1 个安装对话框中单击 Next 按钮,在第 2 个安装对话框中设置安装路径,如图 1-7 所示。单击 Next 按钮,在第 3 个安装对话框中勾选".py"项,如图 1-8 所示,将 py 文件与 PyCharm 关联。如果读者的计算机是 64 位系统,则勾选 64-bit launcher。单击 Next 按钮,在第 4 个安装对话框中,单击 Install 按钮开始安装。最后单击 Finish 按钮完成安装。

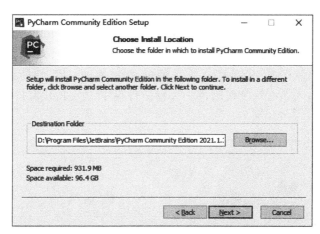

图 1-7　PyCharm 的第 2 个安装对话框

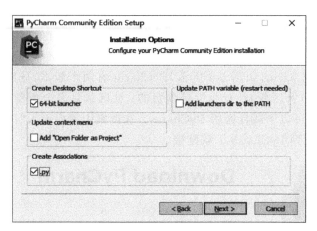

图 1-8 PyCharm 的第 3 个安装对话框

 1.2 Python 开发环境使用基础

1.2.1 Python 自带集成开发环境

在安装 Python 时,同时也会安装一个集成开发环境 IDLE,它是一个 Python Shell(可以在打开的 IDLE 窗口的标题栏上看到),在“>>>”提示下逐行输入 Python 程序,每输入一行后按 Enter 键,Python 就执行这一行的内容。前面我们已经应用 IDLE 输出了简单的语句,但在实际开发中,需要编写多行代码时,应在写完代码后一起执行所有的代码,以提高编程效率,为此可以单独创建一个文件保存这些代码,待全部编写完成后一起执行。

在 IDLE 主窗口的菜单栏上选择 File→New File 命令,将打开 Python 的文件窗口,如图 1-9 所示,在该窗口中直接编写 Python 代码。输入一行代码后按 Enter 键,将自动换到下一行,等待继续输入。单击菜单 File→Save 后,再单击菜单 Run→Run Module 或按 F5 键就可以执行,结果将在 Shell 中显示。文件窗口的 Edit 和 Format 菜单是常用的菜单,Edit 菜单用于编辑查找,Format 菜单用于格式程序,例如使用 Format→Indent Region 可以使选中的代码右缩进。单击菜单 Options→Configure IDLE 可以对 Python 进行设置,例如更改编程代码的字体样式、字体大小、字体颜色、标准缩进长度、快捷键等。

在文件窗口中输入下面一段代码,按 F5 键运行程序,在 Shell 窗口中可以输出一首诗,如图 1-9 所示。

```
# Demo 1_1.py
print('' * 20)
print('' * 10 + '春晓')
print('' * 15 + '---- 孟浩然')

print('春眠不觉晓,处处闻啼鸟.')
print('夜来风雨声,花落知多少.')
```

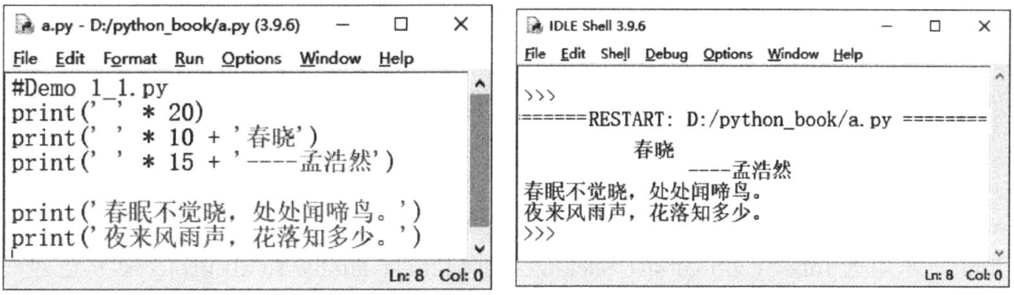

图 1-9　Python 文件窗口和 Shell 窗口

在文件窗口中打开本书实例 Demo1_2.py，见下面的代码，按 F5 键后运行程序，得到一个窗口。对该程序更多的解释，请参考本书编者所著《Python 基础与 PyQt 可视化编程详解》。

```python
import sys   # Demo1_2.py
from PyQt5 import QtCore, QtGui, QtWidgets

app = QtWidgets.QApplication(sys.argv)
myWindow = QtWidgets.QWidget()
myWindow.setWindowTitle('Demo1_2')
myWindow.resize(500,400)

myButton = QtWidgets.QPushButton(myWindow)
myButton.setGeometry(150,300,150,50)
myButton.setText('关 闭')
str1_1 = ' '*10 + '程序员之歌\n'
str1_2 = ' '*15 + '--- 《江城子》改编\n'
str1_3 = '''
十年生死两茫茫,写程序,到天亮.\n\
千行代码,Bug 何处藏.\n\
纵使上线又怎样,朝令改,夕断肠.\n\
领导每天新想法,天天改,日日忙.\n\
相顾无言,惟有泪千行.\n\
每晚灯火阑珊处,程序员,正加班.
'''
peo = str1_1 + str1_2 + str1_3
myLabel = QtWidgets.QLabel(myWindow)
myLabel.setText(peo)
myLabel.setGeometry(50,10,400,300)
font = QtGui.QFont()
font.setPointSize(15)
myLabel.setFont(font)
myButton.setFont(font)
myButton.clicked.connect(myWindow.close)
myWindow.show()
sys.exit(app.exec())
```

1.2.2　PyCharm 集成开发环境

要使 PyCharm 成为 Python 的集成开发环境,需要将 Python 设置成 PyCharm 的解释器。启动 PyCharm,如图 1-10 所示,在欢迎对话框中选择 New Project 项,弹出 New Porject 设置对话框,在 Location 中输入项目文件的保存路径,该路径需要是空路径,选中 New environment using,并选择 Virtualenv,从 Base interpreter 中选择 Python 的解释器 python.exe,勾选 Inherit global site-packages 和 Make available to all projects,将已经安装的包集成到当前项目中,并将该配置应用于所有的项目。最后单击 Create 按钮,进入 PyCharm 开发环境。

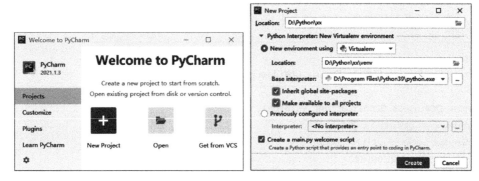

图 1-10　配置 Python 解释器

PyCharm 正常启动后,读者也可以按照下面的步骤添加新的 Python 解释器。单击菜单 File→Settings 打开设置对话框,单击左侧项目下的解释器 Python Interpreter,然后单击右边 Python Interpreter 后面的 ✿ 按钮,选择"Add…",弹出添加 Python 解释器的对话框,如图 1-11 所示。在左侧选择 System Interpreter,单击右侧 Interpreter 后的 ⋯ 按钮,弹出选择 Python 解释器的对话框,找到 Python 安装目录下的 python.exe 文件,单击 OK 按钮,回到设置对话框,右边将显示已经安装的第三方程序包。最后单击 OK 按钮关闭所有对话框。

图 1-11　选择 Python 解释器对话框

进入 PyCharm 后,单击 File→New 菜单,然后选择 Python File,输入文件名并按 Enter 键后建立 Python 新文件,输入代码后,要运行程序,需要单击菜单 Run→Run…命令后选择对应的文件,即可调用 Python 解释器运行程序。

在复杂程序中,很难记住每个变量、函数和类的定义位置,因此快速导航和搜索是非常重要的,PyCharm 提供了这些功能。在当前文件中搜索代码段,在 Mac 系统中使用 Cmd＋

F键,在 Windows 和 Linux 系统中使用 Ctrl+F 键;在整个项目中搜索代码段,在 Mac 系统中使用 Cmd+Shift+F 键,在 Windows 和 Linux 系统中使用 Ctrl+Shift+F 键;要搜索类,在 Mac 系统中使用 Cmd+O 键,在 Windows 和 Linux 系统中使用 Ctrl+N 键;要搜索文件,在 Mac 系统中使用 Cmd+Shift+O 键,在 Windows 和 Linux 系统中使用 Ctrl+Shift+N 键;如果不知道要搜索的是文件、类还是代码段,则搜索全部,需要按两次 Shift 键。可使用以下快捷键进行快速导航:前往变量的声明位置,在 Mac 系统中使用 Cmd 键,在 Windows 和 Linux 系统中按住 Ctrl 键不放,然后单击变量;寻找类、方法或文件使用 Alt+F7 键;查看近期更改使用 Shift+Alt+C 键,或者在主菜单中单击 View→RecentChanges;查看近期文件,在 Mac 系统中使用 Cmd+E 键,在 Windows 和 Linux 系统中使用 Ctrl+E 键,或者在主菜单中单击 View→RecentFiles;多次跳转后在导航历史中前进和后退,在 Mac 系统中使用 Cmd+"["键或 Cmd+"]"键,在 Windows 和 Linux 系统中使用 Ctrl+Alt+"←"键或 Ctrl+Alt+"→"键。

1.3　变量与赋值语句

相对于其他高级语言来讲,Python 的编程语法简单一些,编程也更灵活一些。要学好 Python 编程,必须打好坚实的基础。本节及后续小节讲解 Python 编程的一些基础知识,主要介绍变量、赋值、数据类型、数据类型的转换、转义符、数值表达式、逻辑表达式、if 分支语句、循环语句以及一些常用函数。

1.3.1　变量和赋值的意义

编程软件中的变量(variable)和赋值操作是代码用得最多的符号和操作,变量可以理解成存储数据的一个符号。Python 中可以让同一个变量在不同时刻代表不同类型的数据,但不能同时代表多个数据,只能同时代表一个数据。

在 Python 的 Shell 中输入如下代码。第 1 行和第 2 行中,用变量 a 和变量 b 分别存储数字 2 和 5,c 存储 1+3 计算后的值,即 4,通过第 4 行的 print()函数输出 a、b 和 c 的值,从第 5 行中 print()函数的返回值可以看出 a、b 和 c 的值分别是 2、5 和 4。代码中的"="表示赋值,将"="右边的值或者表达式的值赋给"="左边的变量。初学编程的人员可以简单地把"="理解成"="左边的变量等于"="右边的值或表达式的值。

```
1    >>> a = 2
2    >>> b = 5
3    >>> c = 1+3
4    >>> print(a,b,c)
5    2 5 4
```

其实对于赋值运算"=",计算机内部有更深入的操作,对于第 1 句 a=2 和第 2 句 b=5,计算机处理这两句赋值运算是先在内存中开辟两个空间,分别记录数值 2 和 5,然后把记录数值 2 和记录数值 5 的内存空间的起始地址分别赋予变量 a 和 b;对于第 3 句 c=1+3,

是先在内存中开辟两个空间,分别记录数值 1 和 3,然后把 1 和 3 读入 CPU 中,进行 1+3 运算,得到结果 4,然后再在内存中开辟一个新的空间,把 4 输出到这个新空间中,最后把 4 所在的内存空间的起始地址赋值给变量 c,第 4 行的 print(a,b,c)函数是通过 a、b、c 所记录的内存地址,从内存中读取对应地址的值并输出。

对于内存中存储的数据的起始地址可以通过 id()函数获取。在 Shell 中继续输入如下代码,可以看出数值 2 和变量 a 的内存地址是相同的,数值 5 和变量 b 的内存地址是相同的,数值 4 和变量 c 的内存地址也是相同的。

```
6    >>> id(2),id(a)
7    (140715084994240, 140715084994240)
8    >>> id(5),id(b)
9    (140715084994336, 140715084994336)
10   >>> id(4),id(c)
11   (140715084994304, 140715084994304)
```

在 Shell 中继续输入如下代码。其中第 12 行代码为 a = a+6,在前面的第 1 行中已经将 2 赋予了变量 a,计算 a=a+6 是先计算"="右边的 a+6,得到 8,然后将 8 重新赋值给 a,a 的值变成了 8,由第 13 行和第 14 行可以看出 a 的值是 8,已经不是 2 了。第 12 行 a=a+6 的计算过程是,先在内存中开辟一个空间存储 6,然后把变量 a 指向的内存空间的值(这个值是 2)和内存空间中的 6 读入 CPU 中,进行 2+6 的计算,得到结果 8,然后再在内存空间中开辟一个空间,把结果 8 存储到这个新空间中,通过赋值操作"=",将结果 8 的存储地址赋给变量 a,变量 a 已经不指向 2 的存储地址,所以 a 的值最后是 8,通过第 15 行和第 16 行的代码可以看出,8 和 a 的地址是相同的。第 17 行代码 a=a+b+c,先计算赋值操作"="右边的表达式 a+b+c 的值,由于 a 指向 8,b 指向 5,c 指向 4,CPU 从内存中读取 8、5 和 4,完成 8+5+4 的计算,将结果 17 保存在内存中。通过赋值操作,将 a 重新指向结果 17 的内存地址,通过第 20 行代码和第 21 行的返回值可以看出,变量 a 和数值 17 的地址是相同的。

```
12   >>> a = a+6
13   >>> print(a)
14   8
15   >>> id(8),id(a)
16   (140715084994432, 140715084994432)
17   >>> a = a+b+c
18   >>> print(a)
19   17
20   >>> id(17),id(a)
21   (140715084994720, 140715084994720)
```

1.3.2 变量的定义

Python 中的变量在使用时,不需要提前声明,定义变量名称时需要注意以下几方面的事项。

- Python 区分变量名称的大小写,例如 A 和 a 是两个不同的变量。

- 在使用变量前,不需要提前声明,但是在调用一个变量时,变量必须要有明确的值,否则会抛出变量未定义的异常。例如 b＝a＋1 或 a＝a＋1,若 a 没有提前赋值,则无法计算 b＝a＋1 和 a＝a＋1,可以先给一个变量赋予初始值,如 a＝0。
- 同一个变量可以指向不同数据类型的值,例如变量 a 可以指向整数、浮点数、字符串、序列和类的实例,例如 a＝10,a＝'hello'。变量的类型是其所指向的数据的类型。
- 变量名通常由字符 a～z、A～Z,数字 0～9 构成,中间可以有下画线,首位不能是数字。例如 myClass_1＝1,myClass_2＝2 是可以的,而 1_myClass 和 2_myClass 是非法的;xyz≠ab!c 是非法的,因为变量名称中不允许出现符号"≠"和"!"。当变量名由两个或多个单词组成时,还可以利用驼峰命名法来命名,第一个单词以小写字母开始,后续单词的首字母大写,例如 firstName、lastName;也可以每一个单词的首字母都采用大写字母,例如 FirstName、LastName、CamelCase,还可以用下画线隔开,例如 first_Name、last_Name。注意变量名中小写字母"l"和"o"不要与数字 1 和 0 混淆。定义变量名称时,最好根据变量指向的数据的意义,给变量定义一个有意义并容易记忆的名称。可以用中文定义变量名称,但不建议使用中文做变量。
- 变量名称可以以一个或多个下画线开始或结尾,例如_myClass、__myClass_,以下画线开始的变量在类的定义中有特殊的含义。
- 变量名称不能取 Python 中的保留关键字,关键字如表 1-1 所示。由于 Python 区分大小写,可以使用 FALSE 做变量名,而不能用 False 做变量名。
- 变量名也不能取 Python 中内置的函数名,否则内置函数会被覆盖。Python 中的内置函数如表 1-2 所示。
- 变量名中不能有空格,否则系统会将其当成两个变量。
- 对于不再使用的变量,可以用"del 变量名"删除。

表 1-1 Python 中的保留关键字

False	None	True	and	as
assert	break	class	continue	def
del	elif	else	except	finally
for	from	global	if	import
in	is	lambda	nonlocal	not
or	pass	raise	return	try
while	with	yield	async	await

表 1-2 Python 中的内置函数

abs()	delattr()	hash()	memoryview()	set()
all()	dict()	help()	min()	setattr()
any()	dir()	hex()	next()	slice()
ascii()	divmod()	id()	object()	sorted()
bin()	enumerate()	input()	oct()	staticmethod()
bool()	eval()	int()	open()	str()
breakpoint()	exec()	isinstance()	ord()	sum()
bytearray()	filter()	issubclass()	pow()	super()
bytes()	float()	iter()	print()	tuple()
callable()	format()	len()	property()	type()

续表

chr()	frozenset()	list()	range()	vars()
classmethod()	getattr()	locals()	repr()	zip()
compile()	globals()	map()	reversed()	__import__()
complex()	hasattr()	max()	round()	

1.3.3 赋值语句

Python 中可以给一个变量赋值,也可以同时给多个变量赋值,赋值语句的格式如下:

格式 1: **变量名 = 表达式**
格式 2: **变量名 1,变量名 2,…,变量名 n = 表达式 1,表达式 2,…,表达式 n**
格式 3: **变量名 1 = 变量名 2 = … = 变量名 n = 表达式**

对于格式 2,变量名直接用逗号","隔开,表达式也要用逗号","隔开,并且变量的数量和表达式的数量相同。Python 支持左边只有一个变量,右边有多个表达式,这时变量的类型是元组(Tuple)。多赋值语句是将表达式 i 的值赋给变量名 i,其计算过程是先将所有的表达式计算完成后,再依次将表达式的值分别赋值给对应的变量。格式 3 是所有的变量等于最右边的表达式的值。例如下面的代码,变量 c 最后的值是 8,而不是 13。

```
22   >>> a,b,c = 1,2,3
23   >>> print(a,b,c)
24   1 2 3
25   >>> a,b,c,d = 2,a + 4,a + b + 5,'hello'
26   >>> print(a,b,c,d)
27   2 5 8 hello
28   >>> h_1 = h_2 = h_3 = 100
29   >>> print(h_1,h_2,h_3)
30   100 100 100
```

Python 中支持将运算符与赋值符结合起来进行更复杂的赋值运算,如表 1-3 所示,其中 a 必须是变量,b 可以是一个具体的数值、变量,也可以是一个表达式。不建议采用这种将运算和赋值结合起来的形式,因为这样会使程序可读性变差,也容易出错。需要注意的是,等号右边的变量必须指向一个数据,否则会出错。

表 1-3 运算赋值

数值运算符	运算赋值符	说 明	使用形式	等价形式
+	+=	加	a+=b	a=a+b
-	-=	减	a-=b	a=a-b
*	*=	乘	a*=b	a=a*b
/	/=	除	a/=b	a=a/b
//	//=	取整数	a//=b	a=a//b
%	%=	取余数	a%=b	a=a%b
**	**=	幂运算	a**=b	a=a**b

1.4　Python 中的数据类型

与其他高级编程语言相比,Python 中的数据类型比较简单,可以分为数值型数据和非数值型数据,数值型数据包括整数(Integer)、浮点数(Float)、布尔型(Bool)和复数(Complex),非数值型数据包括字符串(String)、列表(List)、元组(Tuple)、字典(Dictionary)和集合(Set),查询一个数据的类型可以使用 type()函数。

1.4.1　数据类型

1. 整数

Python 中的整数是没有小数的数值,分为正整数、负整数和 0,例如 5 和 999 是正整数,−123 和−99 是负整数。Python 中整数没有长整数和短整数之分,Python 会在内部自动转换。Python 中的整数根据进制不同分为十进制整数、十六进制整数、八进制整数和二进制整数。

(1) 十进制是我们日常生活中用的进制,由数字 0~9 共 10 个数字组成,十进制满 10 进 1。

(2) 十六进制由数字 0~9 和字母 A~F 组成,A 代表十进制中的 10,F 代表十进制中的 15。十六进制满 16 进 1,例如十六进制数 AF8 对应十进制中的 2808。Python 中的十六进制数字以 0x 或 0X 开始。

```
>>> hex1,hex2 = 0xB, - 0XAF8
>>> print(hex1,hex2)
11   - 2808
```

(3) 八进制由数字 0~7 构成。八进制满 8 进 1,例如八进制数 11 对应十进制中的 9。Python 中的八进制数字以 0o 或 0O 开始。

```
>>> oct1,oct2 = 0o11, - 0O234
>>> print(oct1,oct2)
9   - 156
```

(4) 二进制由数字 0 和 1 构成。二进制满 2 进 1,例如二进制数 101 对应十进制中的 5。Python 中的二进制数字以 0b 或 0B 开始。

```
>>> bin1,bin2 = 0b101, - 0B1011
>>> print(bin1,bin2)
5   - 11
```

2. 浮点数

Python 中的浮点数就是带小数的数值。浮点数只有十进制数,浮点数可以用科学计数法来表示。

```
>>> f1,f2,f3 = 0.3 * 2.5, 2.3E3, 1.2e2
>>> print(f1,f2,f3)
0.75   2300.0   120.0
```

3. 布尔型数据

布尔型数据只有两个数 True 和 False,分别表示真和假,也可以表示数字,用 True 表示 1,False 表示 0,例如 1+True 的值是 2,1+False 的值是 1。布尔型数据主要用在 if 判断分支和 while 循环中。

4. 复数

复数由实数和虚数两部分构成,用小写字母"j"或者大写字母"J"表示单位虚数,例如 2.1+3.4j。另外,复数也可以用 complex(real,imag)函数生成,例如 complex(2.1,3.4)。复数一般用于频率域内的数据,例如频率域的声压、加速度等。

```
>>> comp1,comp2 = 2.1 + 3.4j, complex(2.1,3.4)
>>> print(comp1,comp2)
(2.1 + 3.4j)   (2.1 + 3.4j)
```

5. 字符串

字符串是常用的数据,是用一对单引号(' ')或一对双引号(" ")或一对三单引号(''' ''')或一对三双引号(""" """)括起来的文字、字符、数字或者任意符号,例如 'A'、"1 两个小矮人"、'hello!'、"How are you?"、'''少壮不努力,老大徒伤悲'''、"""一叶知秋"""。单引号和双引号只能用于一行,而三个单引号和三个双引号可以用到多行上。

```
>>> str1,str2,str3,str4 = 'A', "1 两个小矮人", 'hello!', "How are you?"
>>> str5,str6 = '''少壮不努力,老大徒伤悲''', """一叶知秋"""
>>> print(str1,str2,str3,str4,str5,str6)
A 1 两个小矮人 hello! How are you? 少壮不努力,老大徒伤悲 一叶知秋
```

字符串如何表示单引号和双引号问题:如果字符串中有单引号,而没有双引号,可以使用一对双引号或一对三引号将字符串括起来;如果字符串中有双引号,而没有单引号,可以使用一对单引号或者一对三引号把字符串括起来;如果字符串中同时有单引号和双引号,可以用一对三引号把字符串括起来。另外在字符串中也可以使用转义符"\","\'"表示单引号,"\""表示双引号,如下所示:

```
>>> str1 = "It's my apple."
>>> str2 = '''字符"F"代表错误.'''
>>> print(str1,str2)
It's my apple. 字符"F"代表错误.
>>> str3 = 'It\'s my apple.'
>>> str4 = "字符\"F\"代表错误."
```

```
>>> print(str3,str4)
It's my apple. 字符"F"代表错误.
```

Python 中还有字节串 bytes 和字节数组 bytearray 数据类型,这部分内容参见 10.1.2 节。

1.4.2 数据类型的转换

各种数据类型在满足一定要求情况下是可以相互转换的。

1. 整数与浮点数之间的转换

利用 int() 函数可以把浮点数转换成整数,float() 函数可以把整数转换成浮点数,type() 函数可以将一个数据的类型显示出来。

```
>>> int1,int2 = 123,-45
>>> float1,float2 = 47.67,-34.31
>>> x1,x2 = float(int1),float(int2)
>>> y1,y2 = int(float1),int(float2)
>>> print(x1,x2,y1,y2)
123.0 -45.0 47 -34
>>> print(type(x1),type(x2),type(y1),type(y2))
<class 'float'> <class 'float'> <class 'int'> <class 'int'>
```

2. 字符串型数据与整数和浮点数之间的转换

如果字符串中只包含数值和小数点,那么这种字符串可以转换成对应的数值。同样,整数或浮点数也可以转换成字符串,前者使用的仍是 int() 函数和 float() 函数,后者使用的是 str() 函数。

```
>>> str1,str2 = '34','-231.35'
>>> int1,float1 = int(str1),float(str2)
>>> print(int1,float1)
34 -231.35
>>> int2,float2 = 123,-56.789
>>> str3,str4 = str(int2),str(float2)
>>> print(str3,str4)
123 -56.789
>>> print(type(int1),type(float1),type(str3),type(str4))
<class 'int'> <class 'float'> <class 'str'> <class 'str'>
```

3. 十进制整数转换成其他进制字符串

通过函数 hex()、oct() 和 bin() 可以将一个整数分别转换成十六进制字符串、八进制字符串和二进制字符串。

```
>>> int1,int2 = 56,-134
>>> str_hex1,str_hex2 = hex(int1),hex(int2)
>>> print(str_hex1,str_hex2)
0x38 -0x86
```

```
>>> str_oct1,str_oct2 = oct(int1),oct(int2)
>>> print(str_oct1,str_oct2)
0o70 - 0o206
>>> str_bin1,str_bin2 = bin(int1),bin(int2)
>>> print(str_bin1,str_bin2)
0b111000 - 0b10000110
>>> type(str_hex1),type(str_oct1),type(str_bin1)
(<class 'str'>, <class 'str'>, <class 'str'>)
```

eval()函数可以将其他进制字符串转换成整数。

```
>>> integer1,integer2,integer3 = eval(str_hex1),eval(str_oct1),eval(str_bin1)
>>> print(integer1,integer2,integer3)
56 56 56
>>> type(integer1),type(integer2),type(integer3)
(<class 'int'>, <class 'int'>, <class 'int'>)
```

eval()函数还可以把一个字符串型表达式的值输出。

```
>>> string1 = '2 + 4 * 3'
>>> string2 = '0b111000 * 2 - 3 * 4'
>>> number1,number2 = eval(string1),eval(string2)
>>> print(number1,number2)
14 100
```

4. 布尔型数据与整数和浮点数的转换

任何非零整数和浮点数通过函数 bool()都可以转换成 True,零转换成 False,通过 int()函数可以将布尔型数据 True 和 False 转换成整数 1 和 0,通过 float()函数可以将布尔型数据 True 和 False 转换成浮点数 1.0 和 0.0。

```
>>> x1,x2 = - 3, 3.4
>>> x1,x2,x3 = - 3, 3.4,0.0
>>> bool_1,bool_2,bool_3 = bool(x1),bool(x2),bool(x3)
>>> print(bool_1,bool_2,bool_3)
True True False
>>> y1,y2,y3 = int(bool_1),float(bool_2),float(bool_3)
>>> print(y1,y2,y3)
1 1.0 0.0
```

5. 布尔型数据与字符串的转换

通过 bool()函数可以将字符串型数据'True'和'False'转换成布尔型数据 True 和 False,通过 str()函数可以将布尔型数据 True 和 False 转换成字符串型数据'True'和'False'。

```
>>> b1,b2 = True,False
>>> str1,str2 = str(b1),str(b2)
```

```
>>> print(str1,str2)
True False
>>> type(str1),type(str2)
(<class 'str'>, <class 'str'>)
>>> bool_1,bool_2 = bool(str1),bool(str2)
>>> print(bool_1,bool_2)
True True
>>> type(bool_1),type(bool_2)
(<class 'bool'>, <class 'bool'>)
```

6. 十进制整数与 ASCII 字符之间的转换

也可以通过字符对应的 ASCII 码的数值输入字符,这需要知道 ASCII 码与数值之间的对应关系。表 1-4 所示为不可显示字符的 ASCII 码对照表,表 1-5 所示为可显示字符的 ASCII 码对照表,总共 128 个。

表 1-4 ACSII 码中控制字符

十进制	缩写	名称/意义	十进制	缩写	名称/意义	十进制	缩写	名称/意义
0	NUL	空字符	11	VT	垂直定位符号	22	SYN	同步用暂停
1	SOH	标题开始	12	FF	换页键	23	ETB	区块传输结束
2	STX	本文开始	13	CR	归位键	24	CAN	取消
3	ETX	本文结束	14	SO	取消变换(Shift out)	25	EM	连接介质中断
4	EOT	传输结束	15	SI	启用变换(Shift in)	26	SUB	替换
5	ENQ	请求	16	DLE	跳出数据通信	27	ESC	跳出
6	ACK	确认回应	17	DC1	设备控制一	28	FS	文件分割符
7	BEL	响铃	18	DC2	设备控制二	29	GS	组群分隔符
8	BS	退格	19	DC3	设备控制三	30	RS	记录分隔符
9	HT	水平定位符	20	DC4	设备控制四	31	US	单元分隔符
10	LF	换行键	21	NAK	确认失败回应	127	DEL	删除

表 1-5 ACSII 码中可显示字符

十进制	字符	十进制	字符	十进制	字符	十进制	字符	十进制	字符	十进制	字符
32	空格	48	0	64	@	80	P	96	`	112	p
33	!	49	1	65	A	81	Q	97	a	113	q
34	"	50	2	66	B	82	R	98	b	114	r
35	#	51	3	67	C	83	S	99	c	115	s
36	$	52	4	68	D	84	T	100	d	116	t
37	%	53	5	69	E	85	U	101	e	117	u
38	&	54	6	70	F	86	V	102	f	118	v
39	'	55	7	71	G	87	W	103	g	119	w
40	(	56	8	72	H	88	X	104	h	120	x
41	)	57	9	73	I	89	Y	105	i	121	y
42	*	58	:	74	J	90	Z	106	j	122	z
43	+	59	;	75	K	91	[	107	k	123	{
44	,	60	>	76	L	92	\	108	l	124		
45	—	61	=	77	M	93	]	109	m	125	}
46	.	62	>	78	N	94	^	110	n	126	~
47	/	63	?	79	O	95	_	111	o		

通过 chr()函数可以将 ASCII 码数值转换成字符;ord()函数是 chr()函数的反函数,通过 ord()函数可以将字符转换成对应的数值,例如 chr(07)表示'a',chr(65)表示'A',ord('W')表示 87。要输出'I love you'字符串,可以使用下面的代码。

```
>>> s = chr(73) + chr(32) + chr(108) + chr(111) + chr(118) + chr(101) + chr(32) + chr(121) +
chr(111) + chr(117)
>>> print(s)
I love you
```

使用下面的代码可以输出全部大写和小写字母。

```
for i in range(65,91):
    print(chr(i))
for i in range(97,123):
    print(chr(i))
```

1.4.3 字符串中的转义字符

在字符串中,有些符号和操作无法表示,这时可以使用转义字符"\"来表示,常用转义字符如表 1-6 所示。

表 1-6 转义字符

转义字符	说　　明	转义字符	说　　明
\（在行尾时）	续行符	\t	横向制表符
\\	反斜杠符号\	\r	回车
\'	单引号'	\f	换页
\"	双引号"	\b	退格
\n	换行	\v	纵向制表符
\0yy	八进制数 yy 代表的 ASCII 字符,例如:\012 代表换行	\xyy	十六进制数 yy 代表的 ASCII 字符,例如:\x0a 代表换行

当一行很长时,可以将其写到多行上,在行尾加"\",表示续行,一个"\\"表示一个"\","\n"表示回车换行。在字符串前面加"r"或"R",则忽略字符串内部的转义字符。例如下面的代码:

```
>>> print('Let\'s go!')
Let's go!
>>> print('\\\\')
\\
>>> s1 = "\t 春晓\n 春眠不觉晓,处处闻啼鸟.\x0a 夜来风雨声,花落知多少."
>>> print(s1)
        春晓
春眠不觉晓,处处闻啼鸟.
夜来风雨声,花落知多少.
```

```
>>> print(r'Let\'s go!')
Let\'s go!
>>> s2 = r"\t 春晓\n 春眠不觉晓,处处闻啼鸟.\x0a 夜来风雨声,花落知多少."
>>> print(s2)
\t 春晓\n 春眠不觉晓,处处闻啼鸟.\x0a 夜来风雨声,花落知多少.
```

 # 1.5　表达式

表达式通过运算符将各种数据组合在一起,执行特定的运行功能。表达式主要有数值表达式、字符串表达式和逻辑表达式三种。字符串可以看成是一个序列,我们将在 2.5 节中介绍字符串的内容。

1.5.1　数值表达式

数值表达式是指通过数值运算符,将数值型常数、数值型变量(整数、浮点数、布尔型、复数)和能返回数值的函数组合在一起,并能得到确定的数值数据的式子,例如 $5+6*3-5/6+8*math.sin(120)$。

1. 数值运算符

Python 中的数值运算符如表 1-7 所示,通过数值运算符将数值型数据连接到一起,形成数值表达式。

表 1-7　数值运算符

数值运算符	说　明	实　例	实例的返回值
＋	加	3.45＋32	35.45
－	减	23.46－33.1－5.6	－15.24
＊	乘	1.2＊4.67＊56	313.824
/	除	23.5/34/5.1	0.135524798
//	取整数	36.5//(－34)	－2.0
％	取余数	34.6％(－23)	－11.39999999
＊＊	幂运算	2.5＊＊3.1	17.12434728
－x	x 的相反数	－(1＋2)	－3

对于取整运算,例如 $5/2$ 的值是正数 2.5,取整运算 $5//2$ 的值是 2,这容易理解,而对于 $5/(-2)$ 的值是负数 -2.5,取整运算 $5//(-2)$ 的值是 -3,而不是 -2,就比较费解。取整运算 $x//y$ 可以这样理解,先计算 x/y 的值,这个值处于两个整数之间,$x//y$ 就是取这两个整数中较小的那个。而求余运算 $x\%y$ 的值是 $x-x//y*y$,如 $5\%(-2)$ 的值是 $5-(-3)*(-2)=-1$。整数和浮点数进行计算时,Python 会先把整数转换成浮点数,然后再进行浮点数之间的计算。

2. Python 内置的数学函数

数值表达式中,经常会使用数学函数,Python 内置的函数有一部分是数学函数。

Python 内置的数学函数如表 1-8 所示。

表 1-8 Python 内置的数学函数

函 数 格 式	函 数 功 能	实 例	返回值
abs(x)	返回 x 的绝对值,x 是复数时返回复数的幅值	abs(−2.3) abs(3+4j)	2.3 5.0
divmod(x,y)	返回值是(x//y,x%y)	divmod(−10,3)	(−4, 2)
eval(string)	返回字符串型数值表达式的值	eval('23.5 + 35.2')	58.7
sum(sequence[,start])	sequence 是列表、元组和集合,返回值是 start 和序列各元素的和	sum([1,2.3,−5.6]) sum([1,2.3,−5.6],2)	−2.3 −0.3
round(x[,n])	返回 x 的保留 n 位小数的四舍五入值,n 可选	round(−3.5) round(3.5634,2)	−4 3.56
pow(x,y[,z])	当输入两个参数时,返回 x ** y;当输入三个参数时,返回 x ** y%z	pow(2,5) pow(2,5,3)	32 2
min(x1,x2[,…,xn]) min(sequence)	返回 x1,x2,…,xn 中最小值,或返回序列 sequence 的最小元素值	min(1,−0.2,4,8.9,−3.4) min([3,2,2,−8.9,−4.5])	−3.4 −8.9
max(x1,x2[,…,xn]) max(sequence)	返回 x1,x2,…,xn 中最大值,或返回序列 sequence 的最大元素值	max(1,−0.2,4,8.9,−3.4) max([3,2,2,−8.9,−4.5])	8.9 3
c.conjugate() c.real c.imag	分别返回复数 c 的共轭复数、实数和虚数	c=1+2j c.conjugate() c.real c.imag	 1−2j 1.0 2.0

3. math 模块

Python 有个内置 math 模块,math 模块中包含各种数学函数。在使用 math 模块中的函数之前,需要使用"import math"语句把 math 模块导入到当前环境中。在使用 math 模块中的函数时,需要用"math.函数名()"来调用函数;也可以使用"from math import *"把 math 中所有的函数导入进来,这时直接使用"函数名()"即可,不需要在函数名前加入"math."。math 模块中的常用函数如表 1-9 所示。

表 1-9 math 模块中的常用函数

函 数	说 明	函 数	说 明	函 数	说 明
e	自然常数 e	modf(x)	返回 x 的小数和整数组成的元组	acos(x)	返回 x 的反三角余弦值
pi	圆周率 pi	fabs(x)	返回 x 的绝对值	tan(x)	返回 x(弧度)的三角正切值
degrees(x)	弧度转度	fmod(x,y)	返回 x%y(取余)	atan(x)	返回 x 的反三角正切值
radians(x)	度转弧度	fsum([x,y,…])	返回列表的和	atan2(x,y)	返回 x/y 的反三角正切值
exp(x)	返回 e 的 x 次方	factorial(x)	返回 x 的阶乘,x 是正整数	sinh(x)	返回 x 的双曲正弦函数值
expm1(x)	返回 e 的 x 次方减 1	isinf(x)	若 x 为无穷大,返回 True;否则返回 False	asinh(x)	返回 x 的反双曲正弦函数值

续表

函　数	说　明	函　数	说　明	函　数	说　明
log(x[,base])	返回 x 的以 base 为底的对数,base 默认为 e	isnan(x)	若 x 不是数字,返回 True;否则返回 False	cosh(x)	返回 x 的双曲余弦函数值
log10(x)	返回 x 的以 10 为底的对数	hypot(x,y)	返回以 x 和 y 为直角边的斜边长	acosh(x)	返回 x 的反双曲余弦函数值
log1p(x)	返回 1+x 的自然对数(以 e 为底)	copysign(x,y)	若 y>0,返回 -1 乘以 x 的绝对值;否则返回 x 的绝对值	tanh(x)	返回 x 的双曲正切函数值
pow(x,y)	返回 x 的 y 次方	frexp(x)	返回浮点数 m 和整数 i,满足 x=m * 2 ** i	atanh(x)	返回 x 的反双曲正切函数值
sqrt(x)	返回 x 的平方根	ldexp(m,i)	返回 m 乘以 2 的 i 次方	erf(x)	返回 x 的误差函数值
ceil(x)	返回不小于 x 的整数	sin(x)	返回 x(弧度)的三角正弦值	erfc(x)	返回 x 的余误差函数值
floor(x)	返回不大于 x 的整数	asin(x)	返回 x 的反三角正弦值	gamma(x)	返回 x 的伽马函数值
trunc(x)	返回 x 的整数部分	cos(x)	返回 x(弧度)的三角余弦值	lgamma(x)	返回 x 的伽马函数的自然对数值

1.5.2 逻辑表达式

逻辑表达式的值是布尔型数据 True(真)和 False(假)。逻辑表达式最常用于 if 判断语句和 while 循环语句中。逻辑表达式由比较判断运算和逻辑运算两部分组成。

1. 比较判断运算

比较判断运算是判断两个事物或者两个表达式是否满足比较运算符确定的关系。例如 (1+2)>(3+5),其中(1+2)和(3+5)是两个数值表达式,">"是比较判断运算符,当">" 左边的表达式的值大于右边的表达式的值时,返回结果是 True;当">"左边的表达式的值 小于或等于右边的表达式的值时,返回结果是 False。显然(1+2)>(3+5)的返回值是 False。Python 中的比较判断运算符及运算关系如表 1-10 所示。比较判断运算是双目运 算,要求比较判断运算符左右都要有表达式。

表 1-10　比较判断运算符

运算符	语法格式	说　明	实　例	返回值
>(大于)	表达式 1>表达式 2	当表达式 1 的值大于表达式 2 的值时,返回 True,否则返回 False	100>4 'a'>'b'	True False
<(小于)	表达式 1<表达式 2	当表达式 1 的值小于表达式 2 的值时,返回 True,否则返回 False	34+2<3 77<100	False True

续表

运算符	语 法 格 式	说　　明	实　　例	返回值
＝＝(等于)	表达式 1＝＝表达式 2	当表达式 1 的值等于表达式 2 的值时,返回 True,否则返回 False	2＋4＝＝6 5＝＝1＋2	True False
＞＝(大于等于)	表达式 1＞＝表达式 2	当表达式 1 的值大于或等于表达式 2 的值时,返回 True,否则返回 False	23＞＝22 2＞＝5	True False
＜＝(小于等于)	表达式 1＜＝表达式 2	当表达式 1 的值小于或等于表达式 2 的值时,返回 True,否则返回 False	55＜＝55 34＜＝22	True False
!＝(不等)	表达式 1!＝表达式 2	当表达式 1 的值不等于表达式 2 的值时,返回 True,否则返回 False	3!＝4 'ab'!＝'ab'	True False

当表达式的值都是数值时容易判断真假,当表达式的值是字符串时判断比较困难。字符串的比较是根据字符的 ASCII 码进行的,ASCII 对照表如表 1-5 所示。字符串包含多个字符时比较复杂。字符串的比较原则如下:

(1) 如果字符串 1 的第 n 位的 ASCII 码值等于字符串 2 的第 n 位的 ASCII 码值,则继续比较下一位。

(2) 如果字符串 1 的第 n 位的 ASCII 码值大于字符串 2 的第 n 位的 ASCII 码值,则逻辑表达式字符串 1＞字符串 2 的值为 True。

(3) 如果字符串 1 的第 n 位的 ASCII 码值小于字符串 2 的第 n 位的 ASCII 码值,则逻辑表达式字符串 1＜字符串 2 的值为 True。

(4) 如果每一位的 ASCII 码值都相等,而且长度相同,则逻辑表达式字符串 1＝＝字符串 2 的值为 True。

(5) 如果字符串 1 是字符串 2 的前 m 位,例如'abcd'与'abcdef'比较,则逻辑表达式字符串 1＜字符串 2 的值为 True。

例如下面的字符串逻辑比较运算:

```
>>> str1 = 'myComputer'
>>> str2 = 'myBook'
>>> str3 = "myComputer's Book"
>>> str1 > str2
True
>>> str1 < str3
True
```

2. 逻辑运算

逻辑运算是对返回值为布尔型(True 或 False)数据的表达式进行进一步计算。例如 2＞3 and 'ab'＝＝'ac',其中 and 是逻辑运算符,2＞3 和'ab'＝＝'ac'都是逻辑表达式,表达式 2＞3 and 'ab'＝＝'ac'相当于表达式 False and True,表达式 2＞3 and 'ab'＝＝'ac'的值是 False。

逻辑运算符有 and、or 和 not 共 3 个。and 需要连接左右两个逻辑表达式,当这两个表达式的值都是 True 时,and 连接的逻辑表达式返回 True,只要有一个表达式的值为 False,

则返回值是 False；or 也需要连接左右两个逻辑表达式，只要有一个表达式的值是 True,则
or 连接的逻辑表达式返回值是 True,两个表达式的值都是 False 时返回 False；not 是单目
运算，表示取反运算，只连接一个逻辑表达式，not 连接的逻辑表达式是 True 时返回值是
False,是 False 时返回 True。逻辑运算的关系如表 1-11 所示。

表 1-11　逻辑运算

运算符	格　　式	计 算 原 则	可能出现的情况	返回值
and （逻辑与）	表达式 1 and 表达式 2	两个表达式的值都是 True 时，返回 True,否 则返回 False	True and True True and False False and True False and False	True False False False
or （逻辑或）	表达式 1 or 表达式 2	两个表达式的值有一 个是 True 时，返回 True,否则返回 False	True or True True or False False or True False or False	True True True False
not （逻辑反）	not 表达式	表达式的值是 True 时，返回 False；表达式 的值是 False 时，返 回 True	not True not False	False True

1.5.3　运算符的优先级

在一个表达式中有多个运算符时，Python 计算时并不是按照从左到右的顺序依次计算
的，而是按照运算符的优先级进行有选择的计算。例如数值表达式 $100-3*2**3-5*3$,
幂运算"$**$"的优先级大于乘运算"$*$",先进行幂计算 $2**3$ 得到 8,乘运算"$*$"大于减运
算"$-$",再进行 $3*8$ 计算得到 24 和 $5*3$ 计算得到 15,最后计算 $100-24-15$,表达式最后
的值是 61;对于逻辑运算 $1+2>3+5$,$>$的优先级低于$+$,先计算 $1+2$ 和 $3+5$,再计算
$3>8$,最后得到 False。

Python 中运算符的优先级如表 1-12 所示，优先级数值越大，优先级就越高，在表达式
中就越优先计算。如果需要优先级低的运算先行计算，可以使用括号"()",把优先级低的运
算放到括号中，括号中的内容先行计算，例如 $(1+2)*3$ 得到 9。

表 1-12　运算符的优先级

优先级	运　算　符	描　　述
1	lambda	lambda 表达式
2	or	逻辑或
3	and	逻辑与
4	not	逻辑反
5	in,not in	成员测试
6	is,is not	同一性测试
7	<,<=,>,>=,!=,==	比较
8	+,-	加法与减法

续表

优先级	运 算 符	描 述
9	*、/、%、//	乘法、除法、求余、取整
10	+x、-x	正负号
11	**	幂运算
12	x. attribute	获取属性
13	x[index]	下标
14	x[index1:index2]	寻址段
15	f(arguments,...)	函数调用
16	(expression,...)	绑定或元组
17	[expression,...]	列表
18	{key:datum,...}	字典

 # 1.6 Python 编程的注意事项

1.6.1 空行与注释

为了增加程序的可读性和显得美观,在不同功能的代码之间定义一行或两个空行,Python 解释器会忽略空行。在两个自定义函数(def)之间、在 import 语句与主代码之间都可以增加空行。

为了增加程序的可读性,或者让其他编程人员容易理解程序,在程序中往往需要增加注释,对于一个优秀的程序员而言,为代码添加注释是其必要的工作内容。Python 的注释可以是单行注释,也可以是多行注释,Python 解释器会忽略注释内容。Python 注释除了可以起到说明文档的作用外,还可以进行代码的调试,将一部分代码注释掉,对剩余的代码进行排查,从而找出问题所在,进行代码的完善。

单行注释可以单独占用一行,也可以是在一行代码的右边加注释,以"♯"作为注释的开始标识,"♯"后面的内容都将作为注释内容。多行注释是用 3 个单引号(''' ''')或 3 个双引号(""" """),把注释的内容放到引号中间即可。在进行自定义函数(def)和类(class)定义时,在第 2 行添加注释,可以作为 help(函数名)函数的返回值,或者用函数名.__doc__的方法获取注释信息,再用 print()函数输出信息。例如下面的代码有单行注释、多行注释和空行。

```
def printArray(input1,input2):    ♯Demo1_3.py
    """
    这是一个将两个数值从小到大顺序打印的函数.
    需要输入两个数值,不论输入顺序如何,都将先输出小值,再输出大值.
    """
    if input1 > input2:              ♯如果先输入的是大值
        temp = input1                ♯将大的值放到临时变量 temp 中
        input1 = input2              ♯将小值放到第 1 个变量中
        input2 = temp                ♯将大值放到第 2 个变量中
    ♯用 print 函数输出从小到大的值
```

```
        print('从小到大的顺序为:', input1, '<', input2)

    #输出函数的注释信息
    help(printArray)
    #调用函数
    printArray(200,100)
    #用__doc__方法输出注释信息
    helpMessage = printArray.__doc__
    print(helpMessage)
```

运行程序后得到下面信息:

```
Help on function printArray in module __main__:

printArray(input1, input2)
    这是一个将两个数值从小到大顺序打印的函数.
    需要输入两个数值,不论输入顺序如何,都将先输出小值,再输出大值.

从小到大的顺序为: 100 < 200

    这是一个将两个数值从小到大顺序打印的函数.
    需要输入两个数值,不论输入顺序如何,都将先输出小值,再输出大值.
```

在 Python 的早期版本中进行 Python 开发时,须进行编码声明,如果代码中有中文,则需要采用 UTF-8 编码,须在代码第一行用 #-*-coding：UTF-8-*-声明。从 Python3 开始,Python 默认使用 UTF-8 编码,所以 Python3.x 的程序文件中不需要特殊声明 UTF-8 编码。

1.6.2　缩进

Python 中定义分支(if)、循环(for 和 while)、自定义函数(def)和类(class)代码块时,需要将关键字所在的后续行缩进,以缩进来表示关键字所属的代码块,这和其他一些高级编程语言不同。通常缩进四个字符,同一级别的缩进量必须相同,否则会出现代码逻辑错误。如果存在缩进嵌套的情况,需要再次进行缩进,缩进通常是在有冒号(":")语句的后面,例如下面的代码。

```
def permutation(array):                     # 以":"结尾的后续语句通常需要缩进
    # Compute the list of all permutation of an array.
    if len(array) <= 1:                     #以":"结尾的后续语句通常需要缩进
        return []
    r = []
    for i in range(len(array)):             #以":"结尾的后续语句通常需要缩进
        s = array[:i] + array[i+1:]
        p = perm(s)
        for x in p:                         #以":"结尾的后续语句通常需要缩进
            r.append(array[i:i+1] + x)
    return r
```

1.6.3 续行

写代码时,建议一行的代码不超过 80 个字符,如果一行的代码很长,可以把代码写到第 2 行上,需要在前一行的末尾加入"\"表示续行;另外还可以不用"\",而用括号"()"将断开成两行的语句连接起来。例如:

```
message = "写代码时,建议一行的代码不超过 80 个字符,如果一行的代码很长,\
可以把代码写到第 2 行上,需要在前一行的末尾加入"\"表示续行;\
另外还可以不用"\",而用括号"()"将断开成两行的语句连接起来."
print(message)
```

 ## 1.7 Python 中常用的一些函数

1.7.1 输入函数和输出函数

1. input()函数

在非可视化编程情况下,程序执行到某个位置需要输入一个数据(数值、字符串等),然后根据输入的数据情况,程序作出不同的判断。Python 的内置函数 input()可以在运行程序中输入数据,input()函数的格式如下,其中 promp 是提示符,是可选的参数。input()函数的返回值的类型是字符串。

input([promp])

当需要输入数值或数值型表达式时,可以通过 int()函数、float()函数或 eval()函数进行转换,如下面根据输入年龄判断年龄段的程序。

```
name = input('请输入姓名:')   #Demo1_4.py
age = input('请输入年龄:')
age = int(age)
if age < 18:
    print(name + '先生\\女士:\n', '您的年龄是:', age, ',您属于少年.')
elif age >= 18 and age < 30:
    print(name + '先生\\女士:\n', '您的年龄是:', age, ',您属于青年.')
elif age >= 30 and age < 60:
    print(name + '先生\\女士:\n', '您的年龄是:', age, ',您属于中年.')
else:
    print(name + '先生\\女士:\n', '您的年龄是:', age, ',您属于老年.')
'''
运行结果如下:
请输入姓名:李某人
请输入年龄:34
李某人先生\女士:
您的年龄是:34 ,您属于中年.
'''
```

2. print()函数

print()函数用于输出,可以同时输出多个不同的数据,各数据之间用逗号","隔开。print()函数的原型如下:

```
print(value1, value2, ..., sep = ' ', end = '\n', file = sys.stdout, flush = False)
```

其中,各参数的意义如下:

- value1,value2，...: 要输出的数据,各数据之间用逗号","隔开,数据类型可以是 Python 支持的所有数据类型,例如数值、字符串、逻辑型数据、列表和元组等。
- sep: 输出多个数据时,各数据之间的间隔符号,默认是一个空格。
- end: 输出内容后,附加的输出符,默认是'\n',表示回车换行。
- file: 可以把数据输出到一个文件中,默认是系统的标准输出设备。
- flush: 输出是否被缓存,通常取决于 file。如果 flush 关键字参数为 True,数据流会被强制缓存。

下面的代码用 for 循环在一行上输出 A～Z,在另一行上输出 a～z,并分别用空格和">"分割各个字符。

```
for i in range(65,91):    #Demo1_5.py
    print(chr(i), end = ' ')
print(end = '\n')
for i in range(97,123):
    print(chr(i), end = '>')
#结果如下:
#A B C D E F G H I J K L M N O P Q R S T U V W X Y Z
#a>b>c>d>e>f>g>h>i>j>k>l>m>n>o>p>q>r>s>t>u>v>w>x>y>z>
```

print()函数还可以把数据写到文件中。下面的代码在硬盘上新建一个文件"春晓.txt",并往文件中写入字符串。

```
#Demo1_6.py
string = "\t 春晓\n 春眠不觉晓,处处闻啼鸟.\x0a 夜来风雨声,花落知多少."
fp = open(r'd:\春晓.txt', 'w + ')
print(string, file = fp)
fp.close()
```

1.7.2 range()函数

range()函数是经常使用的函数,常用于 for 循环生成一个序列。range()函数生成一序列(sequence)数值,其格式如下:

```
range([start,] end [,skip])
```

其中,各参数的意义如下:

- start: 序列数值的开始值,默认从 0 开始,例如 range(10)等价于 range(0,10)。

- end：序列数值的结束值，但不包括 end。例如：list(range(0,5))是列表[0,1,2,3,4]，没有 5。
- skip：每次跳跃的间距，默认为 1。start、end 和 skip 只能取整数，例如：list(range(1,10,2))返回值是[1,3,5,7,9]。在使用 range()函数时，需要注意 skip 值要取得合理，例如 list(range(1,-10,2))将不会输出任何数列，list(range(1,-10,-2))会输出[1,-1,-3,-5,-7,-9]。

1.7.3 随机函数

随机函数在 Python 编程中也会经常用到。Python 的随机函数是伪随机函数，Python 的随机函数在 random 模块中，使用前需要使用"import random"语句导入 random 模块中的函数。常用的随机函数如表 1-13 所示。

表 1-13 常用随机函数

随 机 函 数	函 数 说 明
random()	生成一个 0 到 1 的随机浮点数 n：0≤n<1.0
uniform(a, b)	生成一个指定范围内的随机浮点数 n，a 和 b 一个是上限，一个是下限。如果 a<b，则生成的随机数 n 的取值范围为 a≤n≤b。如果 a>b，则 b≤n≤a
randint(a, b)	生成一个指定范围内的整数。其中参数 a 是下限，参数 b 是上限，生成的随机数 n 的取值范围为 a≤n≤b
randrange(stop) randrange(start, stop[, step])	从指定范围内，按指定基数递增的集合中获取一个随机数。如：random. randrange(10,100,2)，结果相当于从[10,12,14,16,…,96,98]序列中获取一个随机数。random. randrange(10,100,2)在结果上与 random. choice(range(10,100,2)) 等效，随机选取 10 到 100 间的偶数
choice(sequence)	从序列中获取一个随机元素，序列 sequence 可以是列表、元组和字符串
shuffle(sequence)	将序列的所有元素随机排序
sample(sequence, k)	从指定序列中随机获取指定长度的片断
betavariate(alpha, beta)	Beta 分布，参数的条件是 alpha>0 和 beta>0，返回值的范围介于 0 和 1 之间
expovariate(lambd)	指数分布，lambd 是 1.0 除以预期平均值，它是非零值。(该参数本应命名为"lambda"，但这是 Python 中的保留字)如果 lambd 为正，则返回值的范围为 0 到正无穷大；如果 lambd 为负，则返回值从负无穷大到 0
gammavariate(alpha, beta)	伽马分布，参数的条件是 alpha>0 和 beta>0
gauss(mu, sigma)	高斯分布，mu 是平均值，sigma 是标准差
lognormvariate(mu, sigma)	对数正态分布，如果采用这个分布的自然对数，将得到一个正态分布。平均值为 mu，标准差为 sigma，mu 可以是任何值，sigma 必须大于零
normalvariate(mu, sigma)	正态分布，mu 是平均值，sigma 是标准差
vonmisesvariate(mu, kappa)	von Mises 分布。mu 是平均角度，以弧度表示，介于 0 和 2 * pi 之间；kappa 是浓度参数，必须大于或等于零
paretovariate(alpha)	帕累托分布，alpha 是形状参数
weibullvariate(alpha, beta)	韦布尔分布，alpha 是比例参数，beta 是形状参数

一些随机函数的应用计算如下所示。

```
>>> import random
>>> random.seed(1234)
>>> random.random()
0.9664535356921388
>>> random.uniform(10,20.5)
14.627692291341203
>>> random.randint(10,100)
20
>>> random.randrange(10, 100, 2)
40
>>> str1 = '爱我中华'
>>> random.choice(str1)
'爱'
>>> seq = [1,2,3,4,5,6,7,8,9,10]
>>> random.shuffle(seq)
>>> seq
[4, 3, 7, 5, 8, 1, 9, 6, 10, 2]
>>> random.sample(seq,4)
[2, 6, 7, 4]
```

1.8　分支结构

程序结构分为顺序结构、分支结构和循环结构。顺序结构是从开始到结束按顺序依次执行每行代码,分支结构和循环结构是任何高级编程语言都有的基本结构。分支结构根据输入条件,做出判断并确定程序执行的方向,有选择地执行其中的部分代码;循环结构是根据指定的循环次数或在满足一定的条件下,反复执行相同的一部分代码。分支结构和循环结构需要逻辑表达式,分支结构和循环结构是编程的精髓,通过逻辑表达式体现编程人员的智慧和赋予计算机的"智慧"。

Python 中的分支结构只有以 if 关键词开始的分支结构,这比其他高级语言的分支结构少。if 分支结构分为三种类型。要实现更多的逻辑判断,可以使用 if 分支结构的嵌套。

1.8.1　if 分支结构

1. 最简单的 if 分支结构

if 分支结构是最简单的分支机构,其格式如下:

前语句块
if 逻辑表达式:
　　　分支语句块　　　 #需要缩进
后续语句块

其中,if 是关键字;if 行末尾的冒号":"是固定格式符,表明后续的语句块是分支语句块。分支语句块由一行或多行代码组成。分支语句块需要缩进,只有缩进的语句块才能是分支语句块,不缩进的语句块说明分支语句块的结束。if 语句中的逻辑表达式见 1.5.2 节介绍的内容,由逻辑判断符($>$、$>=$、$<$、$<=$、$==$、$!=$、is、is not)、逻辑运算符(and、or、not)构成的表达式,返回值是 True 或 False。当分支语句块只有一行时,分支语句可以放到冒号":"后面,其格式为:

前语句块
if 逻辑表达式: 分支语句
后续语句块

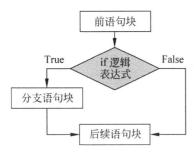

图 1-12 if 分支结构的执行流程

If 分支结构执行的顺序是,当执行完前语句块进入到 if 语句,解释器先判断 if 后面的逻辑表达式,如果逻辑表达式的返回值是 True,则执行分支语句块;如果逻辑表达式的返回值是 False,则直接跳过分支语句块,执行后续语句块。if 分支结构的执行流程如图 1-12 所示。

if 分支语句的实例如下所示。

```
score = input("请输入成绩:")  #Demo1_7.py
score = int(score) #字符串转换成整数
if score >= 90:
    print("成绩优秀")
if score >= 80 and score < 90:
    print("成绩良")
if score >= 70 and score < 80:
    print("成绩中")
if score >= 60 and score < 70:
    print("成绩及格")
if score < 60:
    print("成绩不及格")
```

2. if…else 分支结构

if…else 分支结构要比 if 分支结构稍微复杂些,其格式如下:

前语句块
if 逻辑表达式:
    分支语句块 1 #需要缩进
else:
    分支语句块 2 #需要缩进
后续语句块

其中,if 是关键字;if 和 else 行末尾的冒号":"是固定格式符,表明后续的语句块是分支语句块。分支语句块由一行或多行代码组成。分支语句块需要缩进。如果在分支语句中暂时不想执行动作,可以只写一句 pass。

if…else 分支结构执行的顺序是,当执行完前语句块进入到 if 语句,解释器先判断 if 后面的逻辑表达式,如果逻辑表达式的返回值是 True,则执行分支语句块 1,执行分支语句块 1 后,跳过分支语句块 2,直接执行后续语句块;如果逻辑表达式的返回值是 False,则直接跳过分支语句块 1,执行分支语句块 2,之后执行后续语句块。if…else 分支结构的执行流程如图 1-13 所示。

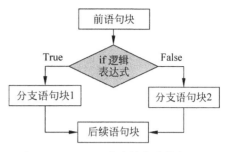

图 1-13 if…else 分支结构的执行流程

下面是一个简单的例子,根据输入成绩判断,大于或等于 60 分的成绩及格,小于 60 分的成绩不及格。

```python
score = input("请输入成绩:")    # Demo1_8.py
score = int(score)             # 字符串转换成整数
if score >= 60:
    print("成绩及格")
else:
    print("成绩不及格")
```

3. if…elif…else 分支结构

if…elif…else 分支结构可以进行多次判断,其格式如下:

```
前语句块
if 逻辑表达式 1:
    分支语句块 1        # 需要缩进
elif 逻辑表达式 2:
    分支语句块 2        # 需要缩进
elif 逻辑表达式 3:
    分支语句块 3        # 需要缩进
……
elif 逻辑表达式 n:
    分支语句块 n        # 需要缩进
[else:
    补充分支语句块]      # 需要缩进
后续语句块
```

其中,if 是关键字;if、elif 和 else 行末尾的冒号":"是固定格式符,表明后续的语句块是分支语句块。elif 根据具体情况,可以设置多个 elif,elif 是 else if 的缩写。分支语句块需要缩进。如果在分支语句中暂时不想执行动作,可以只写一句 pass。else 语句块是可选的。

if…elif…else 分支结构执行的顺序是,当执行完前语句块进入到 if 语句,依次判断各逻辑表达式的值,如果遇到第 1 个逻辑表达式的值为 True 时,则执行对应的分支语句块,执行完这个分支语句块后,跳过其他分支语句块,执行后续语句块;如果所有的逻辑表达式的返回值都是 False,则执行 else 的补充分支语句块,然后执行后续语句块。if…elif…else 分支结构的执行流程如图 1-14 所示。

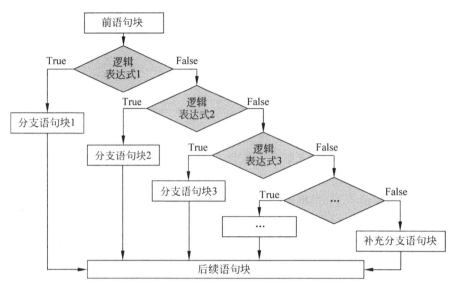

图 1-14   if…elif…else 分支结构的执行流程

if…elif…else 分支结构实例如下,根据输入的成绩分成不同的等级。

```python
score = input("请输入成绩:")    #Demo1_9.py
score = int(score)                      #字符串转换成整数
if score >= 90:
    print("成绩优秀")
elif score >= 80 and score < 90:
    print("成绩良")
elif score >= 70 and score < 80:
    print("成绩中")
elif score >= 60 and score < 70:
    print("成绩及格")
else:
    print("成绩不及格")
```

1.8.2   分支语句的嵌套

在以上三种分支结构的任意分支语句块中可以含有新的分支语句,在新的分支语句中可以再包含分支语句,这样就形成了多级分支嵌套,形成复杂的逻辑判断分支。多级分支嵌套的每级都要进行缩进。例如下面的例子,先将考试成绩用 if…else 分支结构分为及格和不及格两类,然后用 if…elif…else 分支结构将合格的成绩再进行细分。

```python
score = input("请输入成绩:")    #Demo1_10.py
score = int(score)              #字符串转换成整数
if score >= 60:
    if score >= 90:
        print("成绩优秀")
    elif score >= 80 and score < 90:
```

```
        print("成绩良")
    elif score >= 70 and score < 80:
        print("成绩中")
    elif score >= 60 and score < 70:
        print("成绩及格")
else:
    print("成绩不及格")
```

1.9 循环结构

循环结构是解释器反复执行一部分代码,实现代码的循环运算。Python 中使用 for 循环结构和 while 循环结构,for 循环结构的循环次数是固定的,while 循环结构的循环次数需要根据逻辑表达式的值来确定。

1.9.1 for 循环结构

for 循环是计次循环,通常用于遍历序列或枚举。for 循环结构的格式如下:

前语句块
for 循环变量 in sequence:
    循环语句块   #需要缩进
后续语句块

其中,for 是 for 循环结构的关键字;循环变量是一般意义的变量,循环变量名的取名方式和一般变量的取名方式相同;sequence 是一组排列的数据序列,数据可以是数值数据、字符串、列表、元组、可迭代序列等,例如数值序列 range(2,12,2)、字符串'I love you'、列表[1,2,3,4,7,8,10,'hello']、元组(2,3,'aa','bb');in 和冒号":"是格式符,in 的作用是让循环变量依次取 sequence 中的数据,for 循环结构的循环次数是 sequence 中数据的个数,冒号":"说明后续的语句是循环语句。循环语句需要缩进,循环语句由一行或多行代码构成,循环语句必须有相同的缩进量。for 循环的 sequence 数据常由函数 range()产生,关于 range()函数的说明参见 2.5 节的内容。for 循环先读取 sequence 中的第 1 个数据,并把第 1 个数据赋值给循环变量,然后执行循环语句块;循环语句块执行完成后,再读取 sequence 中的第 2 个数据,并把第 2 个数据赋值给循环变量,再执行循环语句块;循环语句块执行完成后,再读取 sequence 中的第 3 个数据进行循环,……,直至 sequence 中的所有数据读取完成,结束循环执行后续语句。

for 循环中可以增加 else 补充语句块,其结构如下。当循环变量在 sequence 中读取完数据,不再执行循环语句块后,再执行一遍补充语句块。通常 else 语句与 continue 或 break 语句一起使用。

    前语句块
    for 循环变量 in sequence:
        循环语句块   #需要缩进
    else:

补充语句块 ♯需要缩进
后续语句块

下面实例由用户输入两个整数,计算两个整数之间所有整数的和,并输出循环变量的值。

```
start = input("请输入起始整数:")    # Demo1_11.py
end = input("请输入终点整数:")
start = int(start)                 # 字符串转换成整数
end = int(end)
if start > end :                   # 如果 start 值大于 end,需要把 start 和 end 值互换
    temp = start
    start = end
    end = temp
sum = 0
for i in range(start, end + 1):    # range 函数不输出 end + 1,i 是循环变量
    sum = sum + i                  # 每次循环 sum 增加 i
    print('i = ', i)               # 输出循环变量的值
print('sum = ', sum)               # 不属于循环体
```

下面例子由用户输入一段文字,输出该段文字中每个文字和对应的 ASCII 码值。如果输入"I love you 我爱你",将会输出"I＝73,l＝108,o＝111,v＝118,e＝101,y＝121,o＝111,u＝117,我＝25105,爱＝29233,你＝20320"。

```
string = input('请输入文字:')    # Demo1_12.py
if string != None:               # string 不是空字符串的情况
    for i in string:             # i 依次读取 string 中的字符
        if i != ' ':             # i 不是空格的情况下
            j = ord(i)
            print(i, ' = ', j, sep = '', end = ',')
'''
运行结果如下:
请输入文字:欢迎使用本书!Welcome to the book!
欢 = 27426,迎 = 36814,使 = 20351,用 = 29992,本 = 26412,书 = 20070,!= 65281,W = 87,e = 101,l =
108, c = 99,o = 111,m = 109,e = 101,t = 116,o = 111,t = 116,h = 104,e = 101,b = 98,o = 111,o =
111,k = 107,!= 33,
'''
```

需要注意的是,即使在循环结构中改变了循环变量的值,由于每次循环时循环变量都会读取 sequence 中的值,循环变量的值也都是 sequence 中的值。例如下面的计算从 1 到 10 的和的例子中,在循环结构中虽然改变了循环变量的值 i＝1000,并不影响计算结果 sum＝55;如果将 sum＝sum＋i 和 i＝1000 对调,则结果 sum＝10000。

```
sum = 0 # Demo1_13.py
for i in range(1, 11):
    sum = sum + i
    i = 1000               # 改变循环变量的值
print('sum = ', sum)
```

1.9.2　while 循环结构

while 循环需要根据逻辑表达式的值来确定是否进行循环,循环次数由逻辑表达式和循环结构体决定。while 循环结构的格式如下:

```
前语句块
    while 逻辑表达式:
    循环语句块        ♯需要缩进
后续语句块
```

其中,while 是 while 循环结构的关键字,当逻辑表达式的值为 True 时,执行循环语句块;执行完循环语句块后再次判断逻辑表达式的值,如果逻辑表达式的值仍为 True,将再次执行循环语句,直到逻辑表达式的值为 False,跳出 while 循环,执行后续语句。冒号":"是格式符,说明后续的语句是循环语句。循环语句需要缩进,循环语句由一行或多行代码构成,循环语句必须有相同的缩进量。

while 循环结构中可以增加 else 语句块,其语法格式如下。当 while 的逻辑表达式为 False 时,执行一次 else 后的补充语句块,再执行后续语句块。通常 else 语句与 continue 或 break 语句一起使用。

```
前语句块
while 逻辑表达式:
    循环语句块        ♯需要缩进
else:
    补充语句块        ♯需要缩进
后续语句块
```

下面语句用 while 循环实现从 1 到 10000 的求和计算,是在循环语句块中改变变量 i 的值,用 while 的逻辑表达式判断是否满足循环条件。

```python
sum = 0    ♯Demo1_14.py
i = 0
while i < 10000:
    i = i + 1
    sum = sum + i
print('sum = ', sum)
```

如果逻辑表达式的返回值一直是 True,则 while 循环会一直进行下去,形成死循环,程序中应避免出现这种情况。

```python
while True:
    print('I love you for ever!')
```

```python
while 1 < 2:
    print('I love you for ever!')
```

1.9.3 循环体的嵌套

for 循环体和 while 循环体的循环语句块中可以有新循环体,新循环体中还可以再有循环体,循环体中也可以有分支机构,分支机构中也有循环体,这样就形成了多级循环嵌套和分支嵌套,形成复杂的关系,从而体现程序的"智能"。

下面的代码用一个嵌套 for 循环输出九九乘法表。

```python
for i in range(1, 10):     # Demo1_15.py
    for j in range(1, i + 1):
        m = i * j
        print(j, 'x', i, '= ', m, sep = '', end = '')
    print()
```

下面的代码由用户输入一个整数,输出 1 到这个整数之间的偶数和奇数。

```python
n = input('请输入大于 1 的整数:')    # Demo1_16.py
n = int(n)                          # 将输入的数字由字符串转换成整数
if n >= 2 :
    for num in range(1, n + 1):
        if num % 2 == 0:            # % 是求余运算
            print("找到偶数:", num)
        else:
            print("找到奇数:", num)
```

1.9.4 continue 语句和 break 语句

for 循环在循环变量没读完 sequence 中的数据,while 循环结构的逻辑表达式是 True 时,会一直进行下去,直到满足终止循环的情况出现。如果用户想在没有出现终止循环的情况下提前结束本次循环或者完全终止循环,可以在循环体中使用 continue 语句或 break 语句。continue 或 break 语句通常放到 if 分支语句中,用 if 的逻辑表达式判断出现某种情况时结束本次循环或终止循环。

1. 结束本次循环语句 continue

continue 语句可以提前停止正在进行的某次循环,进入下次循环。在 for 循环和 while 循环中,continue 语句出现的位置一般如下所示:

前语句块　　　　　　　　　　　　　前语句块
for 循环变量 in sequence:　　　　　while 逻辑表达式:
　　循环语句块 1　　　　　　　　　　　循环语句块 1
　　　　if 逻辑表达式:　　　　　　　　　　if 逻辑表达式:
　　　　　　continue　　　　　　　　　　　　continue
　　循环语句块 2　　　　　　　　　　　循环语句块 2
后续语句块　　　　　　　　　　　　后续语句块

continue 语句通常放到 if 的分支语句中。含有 continue 的 if 分支结构将 for 循环或者 while 循环的循环语句分为两部分循环语句块——循环语句块 1 和循环语句块 2(也可能没有分割),在某次循环中,执行完循环语句块 1 后,进行 if 的逻辑表达式计算,如果 if 逻辑表达式的返回值为 True,则执行 continue 语句;此时不再执行循环语句块 2,而是跳转到 for 循环或 while 循环的开始位置,对于 for 循环读取 sequence 序列的下一个数据进行下一次循环,对于 while 循环,计算 while 循环的逻辑表达式,准备进入下一次循环。例如下面的代码不输出"i=3",当 i 的值是 3 时,将不执行 print('i=', i)。

```
print('前语句')    #Demo1_17.py
for i in range(0,5):
    i = i+1
    if i == 3:
        continue
    print('i = ',i)
print('后续语句')
```

```
print('前语句')    #Demo1_18.py
i = 0
while i < 5:
    i = i+1
    if i == 3:
        continue
    print('i = ', i)
print('后续语句')
```

下面的代码由用户输入一个整数,输出 1 到这个整数的奇数和偶数。

```
n = input('请输入大于 1 的整数:')    #Demo1_19.py
n = int(n)
if n >= 2 :
    for num in range(1, n+1):
        if num % 2 == 0:
            print("找到偶数:", num)
            continue
        print("找到奇数:", num)
```

2. 终止循环语句 break

break 语句可以终止正在进行的循环,跳过剩余的循环次数,直接执行循环体后的后续语句块。break 语句通常也放到 if 的分支语句中。在 for 循环和 while 循环中,break 语句出现的一般位置如下所示。

```
前语句块
for 循环变量 in sequence:
    循环语句块 1
        if 逻辑表达式:
            break
    循环语句块 2
后续语句块
```

```
前语句块
while 逻辑表达式:
    循环语句块 1
        if 逻辑表达式:
            break
    循环语句块 2
后续语句块
```

当 if 的逻辑表达式返回值是 True 时,执行 break 语句,跳出整个循环,执行后续语句块。利用 break 语句可以防止 while 循环处于死循环中,例如下面的代码。

```
print('前语句')    #Demo1_20.py
for i in range(0,5) :
    i = i+1
    if i == 3:
        break
    print('i = ',i)
print('后续语句')
```

```
print('前语句')    #Demo1_21.py
i = 0
while True :
    i = i+1
    if i == 3:
        break
    print('i = ', i)
print('后续语句')
```

对于有循环嵌套的情况，continue 和 break 语句只终止与 continue 和 break 语句最近的循环，例如下面的代码找出质数。

```
for n in range(2, 10):              # Demo1_22.py
    for x in range(2, n):
        if n % x == 0:
            print(n, ' = ', x, ' * ', n//x)
            break
    else:
        print(n, '是质数')
```

第2章

Python的数据结构

数据结构(data structure)是一组按顺序(sequence)排列的数据,用于存储数据。数据结构的单个数据称为元素或单元,数据可以是整数、浮点数、布尔型数据和字符串,也可以是数据结构的具体形式(列表、元组、字典和集合)。数据结构在内存中的存储是相互关联的,通过元素的索引值或关键字可以访问数据结构在存储空间中的值。数据结构存储数据的能力比整数、浮点数和字符串的存储能力强大。Python中的数据结构分为列表、元组、字典和集合。

2.1 列表

列表中的元素可以是各种类型的数据,列表属于可变数据结构,可以修改列表的元素,可以往列表中添加元素、删除元素、排序元素。

2.1.1 创建列表

列表用一对"[ ]"来表示,如['a', 'b', 1, 2],列表中的各元素用逗号隔开。列表元素的数据类型是混合型数据,例如整数、浮点数、字符串、列表、元组、字典、集合、类的实例等,这样可以形成多层深度嵌套,可以用变量指向列表,用type()函数查看变量的类型。

1. 空列表

可以用一对"[ ]"或者用list()函数创建空列表,如下所示为创建空列表list1和list2。

```
>>> list1 = [ ]
>>> list2 = list()
>>> type(list1), type(list2)
(<class 'list'>, <class 'list'>)
>>> print(list1,list2)
[ ] [ ]
```

2. 有初始值的列表

将数据直接写到"[ ]"中,各数据用逗号隔开,如下所示。list3 用常数和变量定义,list4 中有整数、浮点数、字符串和布尔型数据,list5 中有字符串、列表和元组,list6 是利用 range()函数和 list()函数创建列表。

```
>>> a = 100
>>> list3 = [12, a]                                   #用变量创建列表
>>> list4 = [12,45.3,'hello',True,chr(97)]            #列表中含有各种类型的数据
>>> list5 = ['string',[23,4.5],[230],(23,45,'Good')]  #列表中含有子列表和元组
>>> print(list3,list4,list5)
[12, 100] [12, 45.3, 'hello', True, 'a'] ['string', [23, 4.5], [230], (23, 45, 'Good')]
>>> list6 = list(range(1,9))                          # 用 range()函数创建列表
>>> print(list6)
[1, 2, 3, 4, 5, 6, 7, 8]
>>> list7 = [list3 , list4, list5, list6]   #用列表创建组合列表,每个列表都是新列表
                                            的元素
```

列表创建后,可以用 del 指令将其删除,如下所示。

```
>>> list3 = [12,'谢谢']
>>> del list3
>>> print(list3)
Traceback (most recent call last):
  File "<pyshell#23>", line 1, in <module>
    print(list3)
NameError: name 'list3' is not defined
```

3. 从已有列表或元组中创建新列表

可以利用已有列表相加、相乘和切片的方式得到新的列表。列表切片的方式是 list[start：end：skip],其中 list 表示列表名称;start 表示列表的起始索引,包括该位置,如不指定,默认为 0;end 是终点索引,但不包括该位置,如不指定则默认为列表的长度;skip 表示步长,默认为 1,可省略。有关列表元素的索引参考下节的内容。列表相加、相乘和切片方式生成新列表的例子如下所示。

```
>>> listOld1 = ['Mon', 'Tues', 'Wen', 'Thus', 'Fri', 'Sat', 'Sun']
>>> listOld2 = list(range(1,8))
>>> listNew1 = listOld1 + listOld2           #用列表加的方式创建新列表
>>> print(listNew1)
['Mon', 'Tues', 'Wen', 'Thus', 'Fri', 'Sat', 'Sun', 1, 2, 3, 4, 5, 6, 7]
>>> n = 2
>>> listNew2 = listOld1 * n                  #用相乘的方式创建新列表
>>> print(listNew2)
['Mon', 'Tues', 'Wen', 'Thus', 'Fri', 'Sat', 'Sun', 'Mon', 'Tues', 'Wen', 'Thus', 'Fri', 'Sat', 'Sun']
>>> listNew3 = listOld1 * n + listOld2 * n   #同时用乘和加的方式创建新列表
>>> print(listNew3)
```

```
['Mon', 'Tues', 'Wen', 'Thus', 'Fri', 'Sat', 'Sun', 'Mon', 'Tues', 'Wen', 'Thus', 'Fri', 'Sat', 'Sun',
1, 2, 3, 4, 5, 6, 7, 1, 2, 3, 4, 5, 6, 7]
>>> listNew4 = listNew3[1:20:3]              #用切片方式创建新列表
>>> print(listNew4)
['Tues', 'Fri', 'Mon', 'Thus', 'Sun', 3, 6]
>>> listNew5 = listNew3[: :2]                #用切片方式创建新列表
>>> print(listNew5)
['Mon', 'Wen', 'Fri', 'Sun', 'Tues', 'Thus', 'Sat', 1, 3, 5, 7, 2, 4, 6]
>>> tuplex = (1,2,3,4,5,6)                   #元组
>>> listx = list(tuplex)                     #利用元组创建列表
>>> listx
[1, 2, 3, 4, 5, 6]
```

4. 用列表推导式创建列表

列表推导式的格式如下,其中 newlist 是新生成的列表,sequence 是一个序列,例如列表、元组、字典、集合或 range()函数。

```
newlist = [ 表达式 for 变量 in sequence ]
newlist = [ 表达式 for 变量 in sequence if 逻辑表达式 ]
```

或者

```
newlist = list ( 表达式 for 变量 in sequence )
newlist = list ( 表达式 for 变量 in sequence if 逻辑表达式 )
```

```
>>> numList = [ i ** 2 for i in range(1,10) ]
>>> print(numList)
[1, 4, 9, 16, 25, 36, 49, 64, 81]
>>> price = [12.2,32,44,17,9.9,3.4,24.3,33.5,40]
>>> newPrice = [ i * 0.8 for i in price ]
>>> print(newPrice)
[9.76, 25.6, 35.2, 13.6, 7.92, 2.72, 19.44, 26.8, 32.0]
>>> newPrice = [ i * 0.8 for i in price if i >= 30 ]
>>> print(newPrice)
[25.6, 35.2, 26.8, 32.0]
```

2.1.2 列表元素的索引和输出

1. 元素的索引

对列表中的每个元素根据其在列表中的位置赋予一个索引值,通过索引值可以获取元素的数据。Python 建立列表元素的索引值有两种方法,一种是从左到右的方法,另一种是从右到左的方法。列表元素索引的定义方式如图 2-1 所示。

(1) 从左到右的方法。列表元素的索引值从 0 开始逐渐增大,最左边元素的索引值是 0,然后依次增加 1,右边最后一个元素的索引值最大,其索引值为 len(list)−1,其中 len()函数返回列表中元素的个数。

（2）从右到左的方法。列表元素的索引值从－1开始逐渐减小，最右边元素的索引值是－1，然后依次增加－1，左边最后一个元素的索引值最小，其索引值为－len(list)。

图 2-1　列表元素的索引

2. 输出列表的单个元素

列表中元素数据通过 list[索引] 获取，如果列表的元素又是列表，则通过 list[索引][索引] 获取，例如下面的代码。

```
>>> list4 = [12, 45.3, 'hello',True, chr(97)]
>>> list5 = ['string', [23,4.5], [230], (23, 45, 'Good')]
>>> print(list4[0], list4[-1])              ♯获取列表中的第1个和最后1个元素
12 a
>>> n = len(list4)                          ♯用 len()函数获取列表长度
>>> print(list4[-n], list4[n-1])            ♯用－n和n-1获取索引
12 a
>>> print(list5[1][0], list5[1][1], list5[-1][-1])   ♯获取两级列表中的元素
23 4.5 Good
```

3. 列表的遍历

用下面两种 for 循环的方法可以输出列表中所有的元素，显然第一种方法更简洁。

```
list4 = [12, 45.3, 'hello', chr
(97)]  ♯Demo2_1.py
for item in list4:   ♯item是变量
    print(item)
```

```
list4 = [12,45.3,'hello',True,chr(97)]
♯Demo2_2.py
n = len(list4)       ♯获取列表的元素数量
for i in range(n):   ♯i是变量
    item = list4[i]
    print(item)
```

使用 for 循环和 enumerate()函数，可以同时输出列表的索引和元素数据。

```
list4 = [12,45.3,'hello',True,chr(97)]  ♯Demo2_3.py
for index, item in enumerate(list4):    ♯ index是列表中的索引,item是元素的数据
    print(index, item)
```

2.1.3　列表的编辑

列表是可变数据结构，可以更改元素的值，可以向列表中添加元素，从列表中删除元素、修

改元素,以及进行排序等。这些方法都是列表类自身的方法,其使用形式是 list. method(x),其中 list 是列表变量,method 是方法,x 是数据或参数,小数点"."表示使用列表类自身的特征。

1. 向列表中添加元素

通过索引找到列表中的元素后,可以直接对列表元素的值进行更改。可以使用列表的 append(x)方法在列表的末尾增加元素,用 extend(iterable)方法将一个列表、元组等增加到列表的末尾,用 insert(i,x)方法在列表的 i 位置插入元素等。

```
>>> week = ['Mon', 'Mon']
>>> week[1] = 'Tue'                    #更改列表元素的值
>>> print(week)
['Mon', 'Tue']
>>> week.append('Wen')                 #用 append()方法在末尾增加元素
>>> print(week)
['Mon', 'Tue', 'Wen']
>>> weekend = ['Sat','Sun']
>>> week.extend(weekend)               #用 extend()方法在末尾增加列表中的元素
>>> print(week)
['Mon', 'Tue', 'Wen', 'Sat', 'Sun']
>>> week.insert(3,'Thu')               #用 insert()方法插入元素
>>> print(week)
['Mon', 'Tue', 'Wen', 'Thu', 'Sat', 'Sun']
>>> week2 = list()
>>> week2.extend(week)
>>> weeks = [week,week2]               #创建 weeks 列表
>>> print(weeks)
[['Mon', 'Tue', 'Wen', 'Thu', 'Sat', 'Sun'], ['Mon', 'Tue', 'Wen', 'Thu', 'Sat', 'Sun']]
>>> weeks[0].insert(4,'Fri')           #用 insert()方法在子列表中插入元素
>>> weeks[1].insert(4,'Fri')           #用 insert()方法在子列表中插入元素
>>> print(weeks)
[['Mon', 'Tue', 'Wen', 'Thu', 'Fri', 'Sat', 'Sun'], ['Mon', 'Tue', 'Wen', 'Thu', 'Fri', 'Sat', 'Sun']]
```

下面的代码用 append()方法生成新的列表。

```
price = [12.2,32,44,17,9.9,3.4,24.3,33.5,40]   #Demo2_4.py
newPrice = list()
for i in price:
    if i >= 30:
        i = i * 0.8
        newPrice.append(i)
print('New Price = ',newPrice)
```

2. 从序列中删除元素

可以使用列表的 remove(x)方法从列表中移除第 1 个值是 x 的元素,如果列表中不存在数据为 x 的元素,则会抛出 ValueError 异常。在使用该方法之前可以用 if 分支和 is in 逻辑判断语句判断 x 是否在列表中。用 pop()方法可以移除列表的最后一个元素,并返回

这个元素；用 pop(index)方法可以移除索引值为 index 的元素,并返回这个元素；用 clear()方法可以移除列表的所有元素。

```
>>> week = ['星期日','星期一','星期二','星期三','星期四','星期五','星期六']
>>> day = '星期二'
>>> if day in week:
        week.remove(day)
>>> print(week)
['星期日', '星期一', '星期三', '星期四', '星期五', '星期六']
>>> delDay = week.pop()
>>> print(week, delDay)
['星期日', '星期一', '星期三', '星期四', '星期五'] 星期六
>>> delDay = week.pop(2)
>>> print(week, delDay)
['星期日', '星期一', '星期四', '星期五'] 星期三
>>> week.clear()
>>> print(week)
[ ]
```

3. 列表的查询

用 count(x)方法可以查询列表中出现 x 的次数,用 index(x)方法可以输出第 1 次等于 x 的元素的索引,用 index(x,[start],[end])方法可以输出从索引值 start 开始到索引值为 end 之间第 1 次等于 x 的元素的索引。Python 的内置函数 len(sequence)可以输出列表的长度。

```
>>> week = ['星期日','星期一','星期二','星期三','星期四','星期五','星期六']
>>> day = '星期二'
>>> week.append(day)
>>> week.count('星期二')
2
>>> firstIndex = week.index(day)
>>> print(firstIndex)
2
>>> secondIndex = week.index(day,firstIndex + 1,)
>>> print(secondIndex)
7
```

使用 Python 的内置函数 sum()、max()和 min()可以输出列表中元素的和、最大值和最小值。

```
>>> score = [78,98,77,68,87,94,87,75,69,95]
>>> maxScore = max(score)
>>> minScore = min(score)
>>> totalScore = sum(score)
>>> averageScore = totalScore/len(score)
>>> print('max score = ',maxScore,'min score = ',minScore,'total score = ',totalScore,'average
score = ',averageScore)
max score = 98 min score = 68 total score = 828 average score = 82.8
```

4. 列表的排序和反转

用列表的 sort(reverse＝False)和 sort(reverse＝True)方法可以对列表的数据按照升序和降序重新排列,用列表的 reverse()方法可以反转列表中元素的顺序。

```
>>> aa = list(range(6)) * 2
>>> print(aa)
[0, 1, 2, 3, 4, 5, 0, 1, 2, 3, 4, 5]
>>> aa.sort(reverse = True)
>>> print(aa)
[5, 5, 4, 4, 3, 3, 2, 2, 1, 1, 0, 0]
>>> aa.reverse()
>>> print(aa)
[0, 0, 1, 1, 2, 2, 3, 3, 4, 4, 5, 5]
```

采用 Python 的内置函数 sorted(sequence,reverse＝True/False)和 reversed(sequence)也可对列表进行排序和反转,这两个函数返回新列表,原列表不变。

```
>>> aa = list(range(6)) * 2
>>> bb = sorted(aa,reverse = True)
>>> cc = sorted(aa,reverse = False)
>>> print(aa,bb,cc)
[0, 1, 2, 3, 4, 5, 0, 1, 2, 3, 4, 5] [5, 5, 4, 4, 3, 3, 2, 2, 1, 1, 0, 0] [0, 0, 1, 1, 2, 2, 3, 3,
4, 4, 5, 5]
>>> dd = reversed(aa)
>>> dd = list(dd)
>>> print(aa,dd)
[0, 1, 2, 3, 4, 5, 0, 1, 2, 3, 4, 5] [5, 4, 3, 2, 1, 0, 5, 4, 3, 2, 1, 0]
```

5. 列表的复制

要产生一个与已有列表完全相同的列表,不要使用 list2＝list1,因为在改变列表 list1 中的数据时,list2 中的数据也会跟着改变,而应使用列表的复制方法 copy()。

```
>>> week1 = ['星期一','星期二','星期三','星期四','星期五']
>>> week2 = week1
>>> print(week1,week2)
['星期一', '星期二', '星期三', '星期四', '星期五'] ['星期一', '星期二', '星期三', '星期
四', '星期五']
>>> week1.append('星期六')               ♯改变 week1 中的数据
>>> print(week1,week2)
['星期一', '星期二', '星期三', '星期四', '星期五', '星期六'] ['星期一', '星期二', '星期
三', '星期四', '星期五', '星期六']          ♯week2 中的数据也跟着改变
>>> week3 = week1.copy()                  ♯ 用 copy 方法创建 week3
>>> week1.append('星期日')                ♯改变 week1 中的数据
>>> print(week1,week3)
['星期一', '星期二', '星期三', '星期四', '星期五', '星期六', '星期日'] ['星期一', '星期
二', '星期三', '星期四', '星期五', '星期六']     ♯week3 中的数据没有改变
```

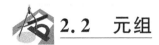

2.2 元组

元组是另外一种数据结构,也由一组按照特定顺序排列的数据构成,数据元素的类型可以是整数、浮点数、布尔型数据、字符串、列表、元组、类的实例等。与列表相比,元组是不可变数据结构,元组中的元素的值是不可改变的,不能删除元组中的数据,也不能往元组中增加数据。

2.2.1 创建元组

元组用一对"()"表示,如('a','b',1,2),元组中的各元素用逗号隔开。元组数据可以是混合型数据,如列表、元组、字典等,这样可以形成多层嵌套形式。可以用变量指向元组,用type()函数查看变量的类型。

1. 空元组

可以用一对"()"或者用tuple()函数创建空元组,如下所示为创建空元组tuple1和tuple2。

```
>>> tuple1 = ()
>>> tuple2 = tuple()
>>> type(tuple1),type(tuple2)
(<class 'tuple'>, <class 'tuple'>)
>>> print(tuple1,tuple2)
() ()
```

2. 有初始值的元组

将数据直接写到"()"中,各数据用逗号","隔开,如果只有一个数据,则需要用"(数据,)"形式,在数据后面加一个逗号。如下所示是创建元组的各种方法。

```
>>> a = 100
>>> tuple3 = (21.2, a)                          #用变量创建元组
>>> tuple4 = (12,45.3,'hello',True,chr(97))     #元组中含有各种类型的数据
>>> tuple5 = ('string',[23,4.5],[230],(23,45,'Good'))  #元组中含有列表和元组
>>> print(tuple3,tuple4,tuple5)
(21.2, 100) (12, 45.3, 'hello', True, 'a') ('string', [23, 4.5], [230], (23, 45, 'Good'))
>>> tuple6 = tuple(range(1,9))                   #用range()函数创建元组
>>> print(tuple6)
(1, 2, 3, 4, 5, 6, 7, 8)
>>> tuple7 = (tuple 3 , tuple 4, tuple 5)        #用元组创建组合元组,每个子元组
                                                   都是元组的元素
>>> listx = (1,2,3,4,5,6)                        #列表
>>> tuplex = tuple(listx)                        #用列表创建元组
>>> tuplex
(1, 2, 3, 4, 5, 6)
```

3. 用元组推导式创建元组

元组推导式的格式如下，其中 newtuple 是新生成的元组；sequence 是一个序列，例如列表、元组、字典、集合或 range()函数。

```
newtuple = tuple( 表达式 for 变量 in sequence )
newtuple = tuple( 表达式 for 变量 in sequence if 逻辑表达式 )
```

```
>>> numtuple = tuple(i ** 2 for i in range(1,10) )
>>> print(numtuple)
[1, 4, 9, 16, 25, 36, 49, 64, 81]
>>> price = (12.2,32,44,17,9.9,3.4,24.3,33.5,40)
>>> newPrice = tuple ( i * 0.8 for i in price )
>>> print(newPrice)
(9.76, 25.6, 35.2, 13.6, 7.92, 2.72, 19.44, 26.8, 32.0)
>>> newPrice = tuple( i * 0.8 for i in price if i >= 30 )
>>> print(newPrice)
(25.6, 35.2, 26.8, 32.0)
```

2.2.2 元组元素的索引和输出

元组元素的索引规则和列表元素的索引规则完全一样，元组索引值也有两种建立方法：从左到右的方法和从右到左的方法。从左到右的方法也是从 0 开始逐渐增大，最左边的元素的索引值是 0，然后依次增加 1，右边最后一个元素的索引值最大，其索引值为 len(tuple)−1；从右到左的方法也是索引值从−1 开始逐渐减小，最右边的元素的索引值是−1，然后依次增加−1，左边最后一个元素的索引值最小，其索引值为−len(tuple)。

元组是不可变序列，不能通过索引修改元素的值，也不能用索引增加、删除元素，利用索引值可以输出元组中的数据。

```
>>> tuple4 = (12, 45.3, 'hello',True, chr(97))
>>> tuple5 = ('string', [23,4.5], [230], (23, 45, 'Good'))
>>> print(tuple4[0], tuple4[ - 1])              # 获取元组中的第 1 个和最后 1 个元素
12 a
>>> n = len(tuple4)                             # 用 len()函数获取元组长度
>>> print(tuple4[ - n], tuple4[n - 1])          # 用 - n 和 n - 1 获取索引
12 a
>>> print(tuple5[1][0], tuple5[1][1], tuple5[ - 1][ - 1])   # 获取两级列表中的元素
23 4.5 Good
```

用下面两种 for 循环的方法可以输出元组中所有的元素。

```
# Demo2_5. py
tuple4 = (12,45.3,'hello',True,chr(97))
for item in tuple4:      # item 是变量
    print(item)
```

```
# Demo2_6. py
tuple4 = (12,45.3,'hello',True,chr(97))
n = len(tuple4)          # 获取元组的元素数量
for i in range(n):       # i 是变量
    item = tuple4[i]
    print(item)
```

使用 for 循环和 enumerate()函数,可以同时输出元组的索引和数据。

```
tuple4 = (12,45.3,'hello',True,chr(97))    # Demo2_7.py
for index, item in enumerate(tuple4):      # index 是元组中的索引,item 是元素的数据
    print(index, item)
```

用元组的 count(x)方法可以查询元组中出现 x 的次数,用 index(x)方法可以输出第 1次等于 x 的元素的索引,用 index(x,[start],[end])方法可以输出从索引值 start 开始到索引值为 end 之间第 1 次等于 x 的元素的索引。如果元组的元素是列表,可以修改列表中的值。

```
>>> week = (['星期一', '星期二', '星期四', '星期四', '星期五'], '星期六', '星期日')
>>> week[0][2] = '星期三'
>>> week
(['星期一', '星期二', '星期三', '星期四', '星期五'], '星期六', '星期日')
```

2.3 字典

字典(dict)是 Python 中另外一种重要的数据结构,它是以"键:值"对的形式保存数据,键必须是唯一的,通过键可以找到对应的值,而列表和元组是通过索引找到值。计算机保存字典的"键:值"对形式是无序的,保存速度要比列表快。

2.3.1 创建字典

字典用一对"{ }"来表示,以"键:值"的形式保存数据,如 {'name': '王夏尔', 'age': 32, '职业': '工人'},键(key)与值(value)通过冒号":"隔开,多个"键:值"对之间用逗号","隔开,通过键可以找到对应的值,键相当于列表和元组中的索引值。字典中的键必须是唯一的,而且是不可变的,不能用可变的数据来做键,可以用元组来做键,而不能用列表来做键。值的数据类型不受限制,可以为整数、浮点数、布尔型数据、字符串、列表、元组和字典等,这样就可以形成深层嵌套。

1. 空字典

空字典用"{ }"或者 dict()函数来创建,如下面的代码。

```
>>> dict1 = { }
>>> dict2 = dict()
>>> type(dict1),type(dict2)
(<class 'dict'>, <class 'dict'>)
>>> print(dict1,dict2)
{} {}
```

2. 有初始值的字典

创建字典时,将"键:值"对直接放到"{ }"中,各个"键:值"对之间用逗号隔开。另外可

以用 dict(key1＝value1,key2＝value2,…,keyn＝valuen)来创建字典,还可以用字典推导式建立字典,推导式格式如下,其中 newdict 是新生成的字典,sequence 是一个序列,例如列表、元组、集合、字符串或 range()函数。

newdict ＝ { 表达式 1:表达式 2　　for 变量 in sequence }
newdict ＝ { 表达式 1:表达式 2　　for 变量 in sequence if 逻辑表达式 }

```
>>> phoneBook1 = {"Bob":101024331,'Robot':102291302,'Rose':102332538}    #{}创建字典
>>> phoneBook2 = dict(Bob = 101024331,Robot = 102291302,Rose = 102332538)    #dict()创建字典
>>> print(phoneBook1,phoneBook2)
{'Bob': 101024331, 'Robot': 102291302, 'Rose': 102332538} {'Bob': 101024331, 'Robot':
102291302, 'Rose': 102332538}
>>> Bob = {"phone":101024331,"address":"育知路 12 号"}
>>> Robot = {"phone":102291302,"address":"育知路 22 号"}
>>> Rose = {"phone":102332538,"address":"育知路 35 号"}
>>> people1 = { "Bod":Bob,"Robot":Robot,"Rose":Rose}                   #字典嵌套
>>> people2 = dict(Bob = Bob,Robot = Robot,Rose = Rose)               #字典嵌套
>>> print(people1)
{'Bod': {'phone': 101024331, 'address': '育知路 12 号'}, 'Robot': {'phone': 102291302, 'address': '育
知路 22 号'}, 'Rose': {'phone': 102332538, 'address': '育知路 35 号'}}
>>> print(people2)
{'Bob': {'phone': 101024331, 'address': '育知路 12 号'}, 'Robot': {'phone': 102291302, 'address': '育
知路 22 号'}, 'Rose': {'phone': 102332538, 'address': '育知路 35 号'}}
>>> import random
>>> randdict = {i:random.random() for i in range(1,5)}               #用推导式创建字典
>>> randdict
{1: 0.7015424521167332, 2: 0.004298384718838255, 3: 0.18782021346422617, 4: 0.957930923765711}
>>> xxx = { i : 1 + i for i in range(20) if i % 2 == 0 }            #用推导式创建字典
>>> print(xxx)
{0: 1, 2: 3, 4: 5, 6: 7, 8: 9, 10: 11, 12: 13, 14: 15, 16: 17, 18: 19}
```

3. 通过序列创建字典

通过字典的属性 fromkeys(sequence)可以由 sequence 的值创建字典,字典的键是 sequence 的值,键的值为 None,fromkeys(sequence,value)方法可以为所有键设置初始值 value。还可以通过 zip()函数创建字典,其格式为 dict(zip(sequence1,sequence2)),其中 sequence1 和 sequence2 都是序列,例如列表、元组、字符串、字典和 range()函数。zip()函数将两个序列的索引值相同数值进行匹配,一个作为键,另一个作为值,如果两个序列的长度不同,则以最短的为准。

```
>>> persons1 = ["Bod","Robot","Rose"]           #列表
>>> persons2 = ("Bod","Robot","Rose")           #元组
>>> people1 = dict()                            #空字典
>>> people2 = dict()                            #空字典
>>> item = ['phone','address']
>>> value = [101024331,"育知路 12 号"]
>>> Bod = dict()
>>> Bod = Bod.fromkeys(item,value)
```

```
>>> people1 = people1.fromkeys(persons1)          #用列表创建字典
>>> people2 = people2.fromkeys(persons2,Bod)      #用元组创建字典
>>> print(people1)
{'Bod': None, 'Robot': None, 'Rose': None}
>>> print(people2)
{'Bod': {'phone': [101024331, '育知路 12 号'], 'address': [101024331, '育知路 12 号']}, 'Robot': {
'phone': [101024331, '育知路 12 号'], 'address': [101024331, '育知路 12 号']}, 'Rose': {'phone':
[101024331, '育知路 12 号'], 'address': [101024331, '育知路 12 号']}}
>>> numDict = dict()                               #空字典
>>> numDict = numDict.fromkeys(range(1,11))        #用 range()函数创建字典
>>> print(numDict)
{1: None, 2: None, 3: None, 4: None, 5: None, 6: None, 7: None, 8: None, 9: None, 10: None}
>>> information = [('name','Robot'),('age',33)]
>>> Robot = dict(information)                       #用列表创建字典
>>> print(Robot)
{'name': 'Robot', 'age': 33}
>>> name = ["Bod",'Robot','Rose']
>>> phone = (101024331,102291302,102332538)
>>> person = dict(zip(name,phone))                 #用 zip()函数创建字典
>>> print(person)
{'Bod': 101024331, 'Robot': 102291302, 'Rose': 102332538}
```

2.3.2　字典的编辑

1. 添加字典元素

采用 dict[key] = value 的形式可以往字典中添加元素，利用字典的 clear()属性可以清空字典中的数据。

```
name = ["Bod",'Robot','Rose']   #Demo2_8.py
phone = [101024331,102291302,102332538]
address = ["育知路 12 号","育知路 22 号","育知路 35 号"]
people = dict()
people_temp = dict()

n = len(name)
for i in range(n):
    people_temp['phone'] = phone[i]          #往字典中添加 phone
    people_temp['address'] = address[i]      #往字典中添加 address
    people[name[i]] = people_temp            #往字典中添加 name,值是字典
    people_temp.clear()                      #字典的 clear()方法可以清空字典
print(people)
```

用字典的 update(dict)方法可以把字典 dict 的"键:值"对更新到另外一个字典中，如果键已经存在，则会用新值替换旧值。用 copy()方法可以复制出一个新字典。

```
>>> peop1 = {'Bod': {'phone': 102332538, 'address': '育知路 35 号'}, 'Robot': {'phone':
102332538, 'address': '育知路 35 号'}}
```

```
>>> peop2 = {'Rose': {'phone': 102332538, 'address': '育知路 35 号'}}
>>> peop1.update(peop2)        # 将 peop2 中的数据复制到 peop1 中
>>> print(peop1)
{'Bod': {'phone': 102332538, 'address': '育知路 35 号'}, 'Robot': {'phone': 102332538, 'address': '育
知路 35 号'}, 'Rose': {'phone': 102332538, 'address': '育知路 35 号'}}
>>> peop3 = peop1.copy()
>>> print(peop3)
{'Bod': {'phone': 102332538, 'address': '育知路 35 号'}, 'Robot': {'phone': 102332538, 'address': '育
知路 35 号'}, 'Rose': {'phone': 102332538, 'address': '育知路 35 号'}}
```

2. 获取字典的值

字典中值的读取和修改是通过"dict[key]"来实现的,例如下面的代码。如果是两级字典嵌套,则需要用"dict[key][key]"来实现,字典的值也可以用字典的方法 get(key, default=None)来实现,如果 key 不在字典中则返回 default 值。字典的 setdefault(key, default=None)方法可以输出或添加元素,如果 key 不存在,则添加 key 和 default 值;如果 key 已经存在,则返回 key 的值。

```
>>> people = {'Bod': {'phone': 101024331, 'address': '育知路 12 号'}, 'Robot': {'phone': 102291302,
'address': '育知路 22 号'}, 'Rose': {'phone': 102332538, 'address': '幸运大街 35 号'}}
>>> Robot = people['Robot']                    # 获取值
>>> Robot_phone = people['Robot']['phone']     # 获取值
>>> print(Robot, Robot_phone)
{'phone': 102291302, 'address': '育知路 22 号'} 102291302
>>> people['Robot']['phone'] = 202291208       # 通过键修改值
>>> Bod = people.get('Bod',"无此人")           # 获取值
>>> print(Bod)
{'phone': 101024331, 'address': '育知路 12 号'}
>>> Rose = people.setdefault('Rose',Robot)     # 获取值
>>> print(Rose)
{'phone': 102332538, 'address': '幸运大街 35 号'}
```

3. 遍历字典

字典的 items()方法返回可遍历的(键,值)数据,keys()方法返回可遍历的键,values()方法返回可遍历的值。如下可以分别输出字典的键、值。

```
# Demo2_9.py
people = {'Bod': {'phone': 2102332532, 'address': '育知路 22 号'}, 'Robot': {'phone': 5102332534,
'address': '育知路 3 号'}, 'Rose': {'phone': 6102332538, 'address': '育知路 35 号'}}
keys = people.keys()
values = people.values()
key_values = people.items()
for k in keys:                      # 遍历键
    print('key = ',k)
```

```
for v in values:                    # 遍历值
    print('value = ',v)
for k,v in key_values:              # 遍历键和值
    print('key = ',k,'value = ',v)
```

4. 删除字典元素

popitem()方法删除并返回字典中的一对键和值,删除键和值是按后进先出的原则顺序删除,如果字典为空,则会抛出 KeyError 异常。pop(key[,default])方法删除字典给定的键 key 和所对应的值,并返回该值。key 必须给出,如果 key 不存在则返回 default 值,如果 key 不存在且没有设置 default,则会抛出 KeyError 异常。下面的代码先判断要被删除的内容是否是字典的关键字,如果是则删除关键字和值,最后再删除字典的最后一个值。

```
# Demo2_10.py
people = {'Bod': {'phone': 2102332532, 'address': '育知路 22 号'}, 'Robot': {'phone': 5102332534,
'address': '育知路 3 号'}, 'Rose': {'phone': 6102332538, 'address': '育知路 35 号'}}
name = 'Robot'
if name in people.keys():
    delValue = people.pop(name)
    print(delValue)
print(people)
people.popitem()
print(people)
```

5. 合并和更新操作

在最新版 Python 3.9.6 中,可以用"|"符号把两个字典合并成一个新字典,如果有重名的关键字,合并后的字典是第 2 个字典的"键:值"对,用"|="符号把第 2 个字典的值更新到第 1 个字典中。

```
>>> a = {"k1":1,"k2":2,"k3":3,"k4":4}
>>> b = {"k3":30,"k4":40,"k5":50,"k6":60}
>>> c = a|b                 # 合并操作
>>> print(a)                # a 的值没有变化
{'k1': 1, 'k2': 2, 'k3': 3, 'k4': 4}
>>> print(c)                # c 的值
{'k1': 1, 'k2': 2, 'k3': 30, 'k4': 40, 'k5': 50, 'k6': 60}
>>> a| = b                  # 更新操作
>>> print(a)                # 更新后 a 的值
{'k1': 1, 'k2': 2, 'k3': 30, 'k4': 40, 'k5': 50, 'k6': 60}
>>> print(b)                # b 的值没有变化
{'k3': 30, 'k4': 40, 'k5': 50, 'k6': 60}
```

另外还可以用 del dict[key]方法删除键为 key 的元素,可以用 del dict 方法删除字典,用 dict.clear()方法清除字典中的所有元素。

2.4 集合

集合(set)是另外一种数据结构,用于存储数据,集合存储的数据是无序的且不能重复。集合有两种不同的类型,分别为可变集合和不可变集合,可变集合可以添加或删除元素,不可变集合不能被修改。集合不能像列表、元组一样通过索引访问其中存储的元素,对集合元素的访问只能使用成员操作符 in 或 not in 来判断某元素是否在集合中。

2.4.1 创建集合

集合的元素放到一对"{ }"中,各元素用逗号隔开。创建集合时可以直接把数据放到"{ }"中,数据用逗号隔开,也可以用函数 set(sequence)来创建。不可变集合用 frozenset() 函数创建。set()函数和 frozenset()函数只能放置一个参数,不可变集合中不能放置列表,但是可以放置元组。set(sequence)函数中的 sequence 参数可以是列表、元组、集合等。set() 函数会将 sequence 的元素取出来作为集合的元素。如果 sequence 是字符串,set()函数会将字符串的字符一一取出,形成单个字符元素,因此不要用 set(字符串)形式创建集合。可以用{字符串}或者用集合的 add()方法来添加集合中的字符串元素。下面是创建集合的各种方法。

```
>>> set1 = set()                              #创建空集合,不能用"{ }"创建空集合,"{ }"是字典
>>> set2 = set([3,"Make",True])               #用列表创建集合
>>> print(set2)
{True, 3, 'Make'}
>>> set3 = set((23,4,5.5,'Nice'))             #用元组创建集合
>>> print(set3)
{'Nice', 4, 5.5, 23}
>>> set4 = set(range(1,10))                   #用 range()函数创建集合
>>> print(set4)
{1, 2, 3, 4, 5, 6, 7, 8, 9}
>>> set5 = set({1,2,3})                       #用集合创建集合
>>> print(set5)
{1, 2, 3}
>>> set6 = set({'a':1,'b':2})                 #用字典创建集合
>>> print(set6)
{'b', 'a'}
>>> set7 = {1,3.5,(3,"Make",True),'hello'}              #用"{ }"创建集合
>>> print(set7)
{1, 3.5, 'hello', (3, 'Make', True)}
>>> set8 = frozenset((3.5, 'hello', (33, 'Make', True)) )      #创建不可变集合
>>> print(set8)
frozenset({(33, 'Make', True), 3.5, 'hello'})
>>> set9 = {i ** 2 for i in set4 if i % 2 == 0}        #集合推导式
>>> set9
{16, 64, 4, 36}
```

使用 for variable in set 循环可以输出集合中的所有元素。如下所示为计算集合中的所有整数和浮点数的和,包括元组中的整数和浮点数。

```
>>> numSet = {'hello', 1, 2,(2,5.5),3, 4, 'Good',5, 6, 7, 8, 9, 10, 11, 12, 13, 14, 15, 16, 17,
18, 19}
>>> sum = 0
>>> for i in numSet:
    print(i)
    if type(i) == int or type(i) == float:          #判断集合的元素是否是整数或浮点数
        sum = sum + i
    elif type(i) == tuple:                          #判断是否是元组
        for ii in i:
            if type(ii) == int or type(ii) == float:  #判断元素是否是整数或浮点数
                sum = sum + ii
>>> print("sum = ",sum)
sum = 197.5
```

2.4.2 集合的编辑

集合的元素不能相同,如果添加相同的元素,或者已经存在相同元素,则系统只能取其中的一个,忽略其他相同的元素。

1. 添加元素

使用集合的 add(x)方法可以向集合中添加元素,copy()方法可以复制一个集合,update()方法可以把另外一个集合的元素复制到集合中。

```
>>> set1 = set()
>>> set1.add('hello')
>>> set1.add(("北京诺思多维科技有限公司"))
>>> for i in range(10):
    set1.add(i)
>>> print(set1)
{0, 1, 2, 3, 4, 5, 6, 7, 8, 9, 'hello', '北京诺思多维 NoiseDoWell 科技有限公司'}
>>> set2 = set1.copy()
>>> set1.add(('Happy',34.4))
>>> set2.add(100)
>>> print(set1)
{0, 1, 2, 3, 4, 5, 6, 7, 8, 9, 'hello', '北京诺思多维 NoiseDoWell 科技有限公司', ('Happy', 34.4)}
>>> print(set2)
{0, 1, 2, 3, 4, 5, 6, 7, 8, 9, 100, 'hello', '北京诺思多维 NoiseDoWell 科技有限公司'}
>>> set3 = {"你好"}
>>> set2.update(set3)
>>> print(set2)
{0, 1, 2, 3, 4, 5, 6, 7, 8, 9, 100, 'hello', '北京诺思多维 NoiseDoWell 科技有限公司', '你好'}
```

2. 删除元素

使用集合的 remove(x)方法移除集合中的一个元素,如果元素不存在,则会抛出异常;

使用 discard(x)方法移除集合中的一个元素,如果元素不存在,不会抛出异常;使用 pop()方法随机移除一个元素,并返回删除的元素;使用 clear()方法清空集合中所有元素。

```
>>> setx = {"Happy","Birthday",2020,100,200,"Nose DoWell","hello"}
>>> setx.pop()
100
>>> print(setx)
{2020, 200, 'hello', 'Happy', 'Nose DoWell', 'Birthday'}
>>> setx.remove(2020)
>>> print(setx)
{200, 'hello', 'Happy', 'Nose DoWell', 'Birthday'}
>>> setx.discard('hello')
>>> print(setx)
{200, 'Happy', 'Nose DoWell', 'Birthday'}
>>> setx.clear()
>>> print(setx)
set()
```

3. 集合关系查询

对于元素和集合的关系,可以使用 in 或 not in 判断一个数据是否在集合中,而对于集合和集合之间的关系可以使用集合的关系查询方法来实现。使用 set1.isdisjoint(set2)方法判断 set1 和 set2 两个集合中是否包含相同的元素,如果没有,返回 True,否则返回 False;使用 set1.issubset(set2) 判断 set1 集合的元素是否都包含在 set2 集合中(判断子集),如果是返回 True,否则返回 False;set1.issuperset(set2)的使用方法为,如果 set1 包含 set2,则返回 True,如果 set1 不包含 set2,则返回 False(set2 中的元素未全部在 set1 中)。

```
>>> set1 = set(range(2,6))
>>> set2 = set(range(11))
>>> set3 = set(range(6,15))
>>> set4 = set(range(6,11))
>>> print(set1,set2,set3,set4)
{2, 3, 4, 5} {0, 1, 2, 3, 4, 5, 6, 7, 8, 9, 10} {6, 7, 8, 9, 10, 11, 12, 13, 14} {6, 7, 8, 9, 10}
>>> 10 in set1
False
>>> 10 in set2
True
>>> 10 not in set1
True
>>> set1.isdisjoint(set4)
True
>>> set1.isdisjoint(set2)
False
>>> set1.issubset(set2)
True
>>> set4.issubset(set2)
```

```
True
>>> set2.issuperset(set1)
True
>>> set2.issuperset(set3)
False
>>> set1.issuperset(set2)
False
>>> set3.issuperset(set2)
False
```

2.4.3 集合的逻辑运算

两个集合可以进行逻辑符运算($<$、$>$、$>=$、$<=$、$==$、$!=$、in、not in），代码如下。

```
>>> set1 = set(range(2,6))
>>> set2 = set(range(11))
>>> set3 = set(range(6,15))
>>> set4 = set(range(6,11))
>>> print(set1,set2,set3,set4)
{2, 3, 4, 5} {0, 1, 2, 3, 4, 5, 6, 7, 8, 9, 10} {6, 7, 8, 9, 10, 11, 12, 13, 14} {6, 7, 8, 9, 10}
>>> set2 < set3
False
>>> set2 > set3
False
>>> set4 < set3
True
>>> set2 >= set4
True
>>> set1 != set2
True
>>> set5 = frozenset(range(4,10))
>>> set1.add(set5)
>>> set5 in set1
True
```

2.4.4 集合的元素运算

可以通过求两个集合的交集（&）、并集（|）、补集（—）、对称补集（^）得到新的集合，也可通过集合的方法实现相同的操作。

1. 交集（&）

集合的交集运算是求两个集合 set1 和 set2 的公共元素组成的集合，返回集合的元素既在 set1 中又在 set2 中。交集运算符是"&"。交集运算也可以用集合的 intersection()方法：set1.intersection(set2)或者 set1.intersection(set2,set3,…)，返回两个或多个集合的公共元素构成的集合。另外，还可以用 intersection_update()方法：set1.intersection_update(set2)，计算 set1 和 set2 公共元素，set1 的值变成 set1 和 set2 的交集，相当于 set1＝set1 & set2，或者 set1＝set1. intersection(set2)。

```
>>> set1 = set(range(0,7))
>>> set2 = set(range(4,11))
>>> set3 = set(range(9,15))
>>> print(set1,set2,set3)
{0, 1, 2, 3, 4, 5, 6} {4, 5, 6, 7, 8, 9, 10} {9, 10, 11, 12, 13, 14}
>>> interSet1 = set1 & set2
>>> interSet2 = set1.intersection(set2)
>>> print(interSet1,interSet2)
{4, 5, 6} {4, 5, 6}
>>> set1 & set3
set()
>>> set1.intersection_update(set2)
>>> print(set1)
{4, 5, 6}
```

2. 并集(|)

集合的并集运算是求两个集合 set1 和 set2 的所有元素组成的集合，重合的元素只出现一次，返回集合的元素或者在 set1 中，或者在 set2 中。并集运算符是"|"。并集运算也可以用集合的 union()方法：set1. union(set2)或者 set1. union(set2,set3,…)，返回两个或多个集合的所有元素构成的集合。

```
>>> set1 = set(range(0,7))
>>> set2 = set(range(4,11))
>>> set3 = set(range(9,15))
>>> print(set1,set2,set3)
{0, 1, 2, 3, 4, 5, 6} {4, 5, 6, 7, 8, 9, 10} {9, 10, 11, 12, 13, 14}
>>> unionSet1 = set1 | set2
>>> unionSet2 = set1.union(set2)
>>> print(unionSet1,unionSet2)
{0, 1, 2, 3, 4, 5, 6, 7, 8, 9, 10} {0, 1, 2, 3, 4, 5, 6, 7, 8, 9, 10}
>>> set1.union(set2,set3)
{0, 1, 2, 3, 4, 5, 6, 7, 8, 9, 10, 11, 12, 13, 14}
```

3. 补集(－)

集合的补集运算是求从集合 set1 中去除 set1 和 set2 的公共元素组成的集合，返回集合的元素在 set1 中，而不在 set2 中，补集运算符是"－"。补集运算也可以用集合的 difference()方法：set1. difference(set2)或者 set1. difference (set2,set3,…)，返回在 set1 中但不在 set2、set3、… 中的元素。另外，还可以用 difference＿update( )方法：set1. difference_update(set2)，set1 的值变成 set1 和 set2 的补集，相当于 set1＝set1 － set2，或者 set1＝set1. difference(set2)。

```
>>> set1 = set(range(0,7))
>>> set2 = set(range(4,11))
>>> set3 = set(range(9,15))
>>> print(set1,set2,set3)
{0, 1, 2, 3, 4, 5, 6} {4, 5, 6, 7, 8, 9, 10} {9, 10, 11, 12, 13, 14}
>>> diffSet1 = set1 - set2
>>> diffSet2 = set1.difference(set2)
>>> print(diffSet1,diffSet2)
{0, 1, 2, 3} {0, 1, 2, 3}
>>> set1.difference(set2,set3)
{0, 1, 2, 3}
>>> set1.difference_update(set2)
>>> print(set1)
{0, 1, 2, 3}
```

4. 对称补集(^)

集合的对称补集运算是求两个集合 set1 和 set2 的不重复的元素组成的集合,返回集合的元素既在 set1 中又在 set2 中,但不在 set1 和 set2 的公共部分中。对称补集运算符是"^",如果两个集合的交集为空,则其对称补集相当于并集。对称补集运算也可以用集合的 symmetric_difference() 方法:set1. symmetric_difference (set2);或方法 symmetric_difference_update():set1. symmetric_difference_update(set2),相当于 set1＝set1 ^ set2,或者 set1＝set1. symmetric_difference(set2)。

```
>>> set1 = set(range(0,7))
>>> set2 = set(range(4,11))
>>> set3 = set(range(9,15))
>>> print(set1,set2,set3)
{0, 1, 2, 3, 4, 5, 6} {4, 5, 6, 7, 8, 9, 10} {9, 10, 11, 12, 13, 14}
>>> symDiffSet1 = set1 ^ set2
>>> symDiffSet2 = set1.symmetric_difference(set2)
>>> print(symDiffSet1,symDiffSet2)
{0, 1, 2, 3, 7, 8, 9, 10} {0, 1, 2, 3, 7, 8, 9, 10}
>>> set1.symmetric_difference_update(set3)
>>> print(set1)
{0, 1, 2, 3, 4, 5, 6, 9, 10, 11, 12, 13, 14}
```

2.5 字符串

字符串也是一种数据结构,更确切地说是一种序列(sequence)。像列表、元组一样,可以通过索引获取字符串中某个位置的字符,或通过切片获取一段字符串。除此之外,Python 还对字符串定义了一些方法,以方便对字符串的操作。对于如何定义字符串,1.4 节已经做过详细的介绍。

2.5.1 字符串的索引和输出

字符串可以看作多个单字符按照顺序写成的元组,其内容不能改变。字符串的索引和列表及元组的索引是一样的,索引值也有两种建立方法,即从左到右的方法和从右到左的方法。从左到右的方法也是从 0 开始逐渐增大,最左边的字符的索引值是 0,然后依次增加 1,右边最后一个字符的索引值最大,其索引值为 len(string)−1;从右到左的方法也是索引值从−1 开始逐渐减小,最右边的字符的索引值是−1,然后依次增加−1,左边最后一个元素的索引值最小,其索引值为−len(string)。

通过索引值可以取出字符串中的字符,可以将其单个输出,格式为 string[index],其中 index 是索引值。也可以用切片的形式输出一部分字符,如 string[start:end:step],其中 start 是起始索引,默认为 0;end 是终止索引(不包括 end),默认为字符长度;step 是步长,默认为 1。例如 string[10:30:2](从 10~29,步长是 2)、string[:30](从 0~29)。

```
>>> string = "北京诺思多维科技有限公司,从事软件开发、CAE 仿真计算、二次开发."
>>> for i in string:                  # 通过序列输出所有字符
        print(i,end = " ")            # 字符用空格隔开
北京诺思多维科技有限公司,从事软件开发、CAE 仿真计算、二次开发.
>>> n = len(string)                   # 字符串长度
>>> for i in range(n):                # 通过索引输出所有字符
        char = string[i]              # 通过索引输出字符
        print(char,end = " ")         # 字符用空格隔开
>>> string[:12]                       # 切片
'北京诺思多维科技有限公司'
>>> string[13:19]                     # 切片
'从事软件开发'
>>> string[::2]
'北诺多科有公,事件发 CE 真算二开.'
>>> string[20:]
'CAE 仿真计算、二次开发.'
```

2.5.2 字符串的处理

字符串属于不可变序列,不能直接改变原字符串的内容,除非将原字符串处理成新的字符串。通过字符串提供的一些方法,可以对字符串进行处理操作。

1. 字符串的连接

将两个或多个字符串连接成一个字符串,可以使用"+"符号。如果需要把数字也连接到字符串中,可以先把数字用 str()函数转换成字符串,再进行字符串的连接。字符串乘以整数 n,将把字符串重复 n 次。

```
>>> string1 = "Hello,"
>>> string2 = "Nice to meet you!"
>>> string = string1 + string2
```

```
>>> print(string)
Hello, Nice to meet you!
>>> age = 33
>>> string = "姓名:" + "李某人" + " 年龄:" + str(age) + " 性别:" + "男"
>>> print(string)
姓名:李某人 年龄:33 性别:男
>>> string = "Nice to meet you!"
>>> string = "*" * 5 + string * 3 + "*" * 5
>>> print(string)
***** Nice to meet you! Nice to meet you! Nice to meet you! *****
```

采用 join()方法,可以把存储到列表、元组中的字符串连接到一起,其格式为"分隔符".join(sequence),其中 sequence 是列表或元组。

```
>>> string1 = ["北京诺思多维科技有限公司","从事软件开发","CAE仿真计算","二次开发"]
>>> string2 = ("北京诺思多维科技有限公司","从事软件开发","CAE仿真计算","二次开发")
>>> split1 = "/"
>>> split2 = "|"
>>> str1 = split1.join(string1)
>>> str2 = split2.join(string2)
>>> print(str1)
北京诺思多维科技有限公司/从事软件开发/CAE仿真计算/二次开发
>>> print(str2)
北京诺思多维科技有限公司|从事软件开发|CAE仿真计算|二次开发
```

2. 字符串的分割

字符串的分割用 split()方法、rsplit()方法、splitlines()方法、partition()方法和rpartition()方法,它们的功能和格式介绍如下:

- split()格式为 split(sep=None, maxsplit=-1),其中 sep 表示分割符号,默认为None,表示用所有空白字符(空格、换行符\n、制表位\t 等)进行分割;maxsplit 表示最大的分割次数,默认为-1,表示无限制次数。split()方法的返回值是由分割后的字符串构成的列表。
- rsplit()方法从右边开始进行分割。
- splitlines()方法将字符串用换行符\n 分割成列表。
- partition()的格式为 partition(sub),在原字符串中查找 sub,如果找到 sub,则把 sub 前的字符串、sub 字符串和 sub 后的字符串放到一个元组中,并返回这个元组;如果找不到 sub,则返回的元组的第 1 个元素是原字符串,第 2 个和第 3 个元素是空字符串。如果原字符串中有多个 sub,则以第 1 个先找到的字符进行分割。
- rpartition()方法是从右边开始找 sub。

```
>>> string = "北京诺思多维科技有限公司/从事软件开发/CAE仿真计算/二次开发"
>>> splitStr = string.split("/")
>>> print(splitStr)
['北京诺思多维科技有限公司', '从事软件开发', 'CAE仿真计算', '二次开发']
```

```
>>> for i in splitStr:                    #输出分割后的结果
    print(i)
北京诺思多维科技有限公司
从事软件开发
CAE 仿真计算
二次开发
>>> rsplitStr = string.rsplit("/",2)
>>> print(rsplitStr)
['北京诺思多维科技有限公司/从事软件开发', 'CAE 仿真计算', '二次开发']
>>> string = '北京诺思多维科技有限公司\n 从事软件开发\nCAE 仿真计算\n 二次开发'
>>> string = string.splitlines()
>>> print(string)
['北京诺思多维科技有限公司', '从事软件开发', 'CAE 仿真计算', '二次开发']
>>> text = "I love my mother and my father."
>>> partL = text.partition('my')          #从左到右查找分割
>>> partR = text.rpartition('my')         #从右到左查找分割
>>> print(partL,partR)
('I love ', 'my', ' mother and my father.') ('I love my mother and ', 'my', ' father.')
```

3. 字符串的查询与检测

字符串的查询方法有 find()、rfind()、index()、rindex()、count()、startswith() 和 endswith()，它们的功能和格式如下：

- find()方法的格式为 find(sub[，start[，end]])，其中 sub 为要被检索的字符串；start 和 end 为起始索引和终止索引，是可选的。find()方法返回首次出现 sub 的索引值，如果没有检索到，返回−1。
- rfind()方法是从字符串的右侧开始查找，或者从左侧查找最后一次出现匹配字符的索引。
- index()方法的格式与 find()方法完全相同，当在原字符串中找不到要被查询的字符串时，会抛出异常，通过异常 try…except 处理可以进一步处理。
- rindex()方法也是从字符串的右侧开始查找，或者从左侧查找最后一次出现匹配字符的索引。
- count()方法的格式为 count(sub[，start[，end]])，返回字符串 sub 在原字符中出现的次数。
- startswith()的格式是 startswith(prefix[，start[，end]])，如果原字符串以 prefix 开始，返回 True，否则返回 False。
- endswith()的格式是 endswith(suffix[，start[，end]])，如果原字符串以 suffix 结束，返回 True，否则返回 False。

```
>>> string = "北京诺思多维科技有限公司,从事软件开发、CAE 仿真计算、CAE 二次开发"
>>> string.find("CAE")
20
>>> string.rfind("CAE")
28
```

```
>>> string.index("诺思多维")
2
>>> string.count("CAE")
2
>>> string.startswith("北京")
True
```

Python 对字符串的检测还有其他一些方法,这些方法和功能如表 2-1 所示。

表 2-1　字符串检测方法和功能

检 测 方 法	功　　　能
isalnum()	字符串是否全部由字母和数字构成
isalpha()	字符串是否全部由字母构成
isascii()	字符串的所有字符是否是 ASCII 码对应的字符
isdecimal()	如果所有字符均为十进制字符(0~9),将返回 True。此方法用于 unicode 对象
isdigit()	字符串是否全部由数字构成
isidentifier()	字符串是否是有效标识符,如果字符串仅包含数字(0~9)、字母(a~z)或下画线(_),则该字符串被视为有效标识符。有效标识符不能以数字开头或包含任何空格
islower()	字符串是否由小写字母构成,如果不含大写字母,则返回 True
isnumeric()	字符串是否全部由数字组成,这种方法只针对 unicode 对象
isprintable()	字符串是否全部都可以打印显示出来
istitle()	字符的所有单词首字母是否大写,其他小写
isspace()	字符串是否全部由空格组成

4. 字符串大小写转换

字符串大小写转换方法有 swapcase()、lower()、upper()、casefold()和 capitalize()。

- swapcase()方法是将大写字符转成小写字符,小写字符转成大写字符。
- lower()和 casefold()方法是把字符串全部转成小写。
- upper()方法是将字符串全部转成大写。
- capitalize()方法是将首字符转成大写,其他转成小写。

```
>>> text = "I Love My Mother and My Father."
>>> textSwap = text.swapcase()
>>> print(textSwap)
i lOVE mY mOTHER AND mY fATHER.
>>> textLower = text.lower()
>>> print(textLower)
i love my mother and my father.
>>> textUpper = text.upper()
>>> print(textUpper)
I LOVE MY MOTHER AND MY FATHER.
>>> textCap = textLower.capitalize()
>>> print(textCap)
I love my mother and my father.
```

```
>>> textCase = textUpper.casefold()
>>> print(textCase)
i love my mother and my father.
```

5. 去除字符串首尾的特殊字符

去除字符串首尾特殊字符的方法有 strip()、lstrip() 和 rstrip()。

- strip() 方法的格式为 strip(chars=None)，其作用是去除字符串首尾 chars 字符，如 "$ #"，表示去除首尾的 $ 或 # 符。chars 的默认值是 None，表示去除首尾的换行符\n、回车符\r、制表位\t 和空格等空白符。
- lstrip() 方法的格式是 lstrip(chars=None)，表示去除字符串左侧的字符。
- rstrip() 方法的格式是 rstrip(chars=None)，表示去除字符串右侧的字符。

```
>>> company = "@北京诺思多维科技有限公司!"
>>> x = company.strip("@!")
>>> y = company.lstrip("@!")
>>> z = company.rstrip("@!")
>>> print(x,y,z)
北京诺思多维科技有限公司 北京诺思多维科技有限公司! @北京诺思多维科技有限公司
```

6. 调整字符串的位置

可以在字符串左右两侧补充其他字符得到新的字符串，并可以调整原字符串的位置，可以使用的方法是 center()、ljust()、rjust() 和 zfill()。

- center() 方法的格式为 center(width, fillchar=' ')，其中 width 是新字符串的长度，当新字符串的长度大于原字符串的长度时，原字符串的左右两侧填充 fillchar。fillchar 的默认值是空格。
- ljust() 方法的格式为 ljust(width, fillchar=' ')，其中 width 是新字符串的长度，当新字符串的长度大于原字符串的长度时，原字符串的右侧填充 fillchar。fillchar 的默认值是空格。
- rjust() 方法的格式为 rjust(width, fillchar=' ')，其中 width 是新字符串的长度，当新字符串的长度大于原字符串的长度时，原字符串的左侧填充 fillchar。fillchar 的默认值是空格。
- zfill() 方法的格式为 zfill(width)，其中 width 是新字符串的长度，当 width 的值大于原字符串的长度时，在原字符串的左侧补充 0。

```
>>> company = "北京诺思多维科技有限公司"
>>> center = company.center(20,"*")
>>> ljust = company.ljust(20,"#")
>>> rjust = company.rjust(20,"@")
>>> zfill = company.zfill(20)
>>> print(center,ljust,rjust,zfill,sep = "\n")
****北京诺思多维科技有限公司****
北京诺思多维科技有限公司########
```

```
@@@@@@@@北京诺思多维科技有限公司
00000000 北京诺思多维科技有限公司
```

7. 字符串的替换

字符串中某些字符可以被新的字符替换,可以使用的方法是 replace()、maketrans()、translate()和 expandtabs()。

- replace()方法的格式是 replace(old,new,count=-1),用新字符串 new 替换旧字符串 old,其中 count 表示替换次数,默认为-1,表示不受限制。
- maketrans()方法用于产生一对映射表格(table),用于 translate()方法,其格式为 maketrans(string1,string2)或者 maketrans(dict)。如果是两个参数,要求两个参数的长度必须一致。如果是一个参数,必须是字典型的 Unicode 映射关系。所谓映射关系就是一个字符代表另外一个字符,例如"abc"和"123"的映射关系是 a->1(a 代表 1)、b->2(b 代表 2)、c->3(c 代表 3)。
- translate()的格式是 translate(table),用一个 table 表示的映射关系替换字符串中的字符。
- expandtabs()的格式是 expandtabs(tabsize=8),用于设置字符串中用空格代替制表转义符"\t"的长度,默认为 8。

```
>>> infor = "姓名:李某人\t年龄:39\t性别:男"
>>> inforReplace = infor.replace(":"," ->")        #用 ->替换:
>>> print(inforReplace)
姓名 ->李某人      年龄 ->39      性别 ->男
>>> inforTab1 = infor.expandtabs(10)
>>> print(inforTab1)
姓名:李某人      年龄:39      性别:男
>>> inforTab2 = infor.expandtabs(20)
>>> print(inforTab2)
姓名:李某人          年龄:39          性别:男
>>> string = "If tabsize is not given, a tabsize of 8 characters is assumed."
>>> table = string.maketrans("abcdef","123456")       #映射表格
>>> print(table)
{97: 49, 98: 50, 99: 51, 100: 52, 101: 53, 102: 54}
>>> stringTrans = string.translate(table)
>>> print(stringTrans)
I6 t12siz5 is not giv5n, 1 t12 siz5 o6 8 3h1r13t5rs is 1ssum54.
```

8. 移除前缀或后缀

在 Python 3.9.6 中对字符串新添加了移除前缀和后缀的方法 removeprefix(prefix)和 removesuffix(suffix),返回被移除后的字符串,原字符串不变。

```
>>> a = "I love you."
>>> b = a.removesuffix(" you.")
```

```
>>> print(a)
I love you.
>>> print(b)
I love
>>> c = a.removeprefix("I ")
>>> print(c)
love you.
```

2.5.3 格式化字符串

字符串中除了用"\"表示转义符外,还可以进行其他一些格式化。所谓格式化就是在字符串中预留一段位置(或者称为占位符),等以后需要的时候再用其他数据进行替换和填补,相当于把其他数据放到预留的位置,并作为字符串的一部分。Python 中对字符串的格式化有两种,一种是字符串的 format()方法,另一种是用通配符"%"格式化。

1. format()方法格式化

字符串的 format()方法用于格式化字符串,其格式为 format(* args， ** kwargs),其中 * args 表示接受任意多个参数,args 参数放到一个元组中； ** kwargs 表示接受任意多个参数,kwargs 放到一个字典中。关于任意多个参数的解释详见第 3 章自定义函数的内容。使用 format()方法需要先定义模板,在模板中添加一对或多对"{ }",表示模板中的占位,然后用 format()中的参数代替模板中的"{ }"。例如下面的代码,在 template 中有三对"{ }",分别用 format(str1,str2,str3)中的 str1、str2、str3 依次代替 template 中的三对"{ }",这种方式是自动替换。

```
>>> template = "我爱你{},我爱你{},我爱你{}"
>>> str1 = "中国"
>>> str2 = "人民"
>>> str3 = "伟大的党"
>>> string1 = template.format(str1,str2,str3)
>>> print(string1)
我爱你中国,我爱你人民,我爱你伟大的党
```

format(str1,str2,str3)中的参数 str1、str2、str3 放到一个元组中,str1、str2、str3 在元组中的索引(index)分别为 0、1、2,在模板 template 的"{ }"中可以放置参数的索引,这样参数与"{ }"不必按顺序对应,这种方式是指定替换,例如下面的代码。

```
>>> template = "我爱你{1},我爱你{2},我爱你{0}"  #{}中放置参数的索引号
>>> str1 = "中国"
>>> str2 = "人民"
>>> str3 = "伟大的党"
>>> string2 = template.format(str1,str2,str3)
>>> print(string2)
我爱你人民,我爱你伟大的党,我爱你中国
```

还可以使用参数名称来进行指定替换,例如下面的代码。

```
>>> template = "我爱你{name1},我爱你{name2},我爱你{name3}"   #{}中放置变量名
>>> str1 = "中国"
>>> str2 = "人民"
>>> str3 = "伟大的党"
>>> string3 = template.format(name3 = str1,name2 = str2,name1 = str3)     #用函数变量名
>>> print(string3)
我爱你伟大的党,我爱你人民,我爱你中国
```

需要注意的是,自动替换和指定替换不能混合在一起使用,例如模板"我爱你{},我爱你{1},我爱你{0}"是有问题的。

在模板中的占位符"{ }"中,特别是对数值型数据,可以设置更多的格式符号,基本格式如下,其中[ ]中内容表示可选项,冒号":"表示后面的内容是格式化符号。

{[index][:[[fill]align][sign][#][0][width][option][.precision][type]]}

中文释义为:

{[索引][:[[填充]对齐方式][正负号][#][0][宽度][选项][.精度][格式类型]]}

各项的意义如下:

- index 是参数列表中参数的索引值,从 0 开始。如果省略 index,则按照参数列表的先后顺序和"{ }"的先后顺序依次替换。
- 冒号":"表示后面的内容是格式化符号。
- fill 用于指定空白处填充的字符,只能是一个字符,默认为空格,如果选择 fill,同时也必须选择 align。
- align 用于指定对齐方式,可以取<、>、=和^。<表示左对齐;>表示右对齐;=只对数字有效,表示右对齐;^表示居中。align 需要与 width 配合使用。
- sign 用于指定是否显示正负号,可以取"+""-"和空格,sign 取"+"表示正数前显示"+",负数前显示"-";sign 取"-"表示正数显示不变,负数显示"-";sign 取空格表示正数前显示空格,负数前显示"-"。
- #表示在二进制、八进制和十六进制数前面分别加 0b、0o 和 0x。
- 0 表示右对齐,正数前无符号,负数前显示负号,用 0 填充空白处。需与 width 一起使用。
- width 表示数据的宽度。
- option 可以选择逗号","和下画线"_",逗号表示对数字以千为单位进行分隔,下画线表示对浮点数和 d 类型的整数以千为单位进行分隔。对于 b、o、x 和 X 类型,每四位插入一个下画线,其他类型都会报错。
- .precision 表示小数点后的位数。
- type 用于指定格式类型,其格式符和意义如表 2-2 所示。

表 2-2　格式符和意义

格式符	意　义	格式符	意　义
d	十进制整数	o	十进制整数转为八进制
F 或 f	以浮点数显示,默认 6 位小数	X 或 x	十进制整数转为十六进制
s	字符串	%	以百分比显示,默认 6 位小数
c	将十进制整数转为 Unicode 字符	E 或 e	以科学计数法显示
b	十进制整数转为二进制	G 或 g	自动选择在 e 和 f 或 E 和 F 中切换

以下是各种格式的实例:

```
>>> x = - 349.83569
>>> y = 58742345
>>> strFormat = "X 的值是{0:10.2f},Y 的值是{1:0 = 8d}".format(x,y)
>>> print(strFormat)
X 的值是 - 349.84,Y 的值是 58742345
>>> strFormat = "X 的值是{0:10.2f},Y 的值是{1:0 = 15d}".format(x,y)
>>> print(strFormat)
X 的值是 - 349.84,Y 的值是 000000058742345
>>> strFormat = "X 的值是{0:￥>10.3f},Y 的值是{1:0>15e}".format(x,y)
>>> print(strFormat)
X 的值是￥￥ - 349.836,Y 的值是 0005.874234e + 07
>>> strFormat = "X 的值是{0:￥> - 9.4f},Y 的值是{1:^15d}".format( - x, - y)
>>> print(strFormat)
X 的值是￥ 349.8357,Y 的值是 - 58742345
>>> strFormat = "X 的值是{0:0 > - 12.4f},Y 的值是{1:<15E}".format(x, - y)
>>> print(strFormat)
X 的值是 000 - 349.8357,Y 的值是 - 5.874234E + 07
>>> strFormat = "X 的值是{0:0 > - 12.4 % },Y 的值是{1: * ^ ♯15X}".format(x,y)
>>> print(strFormat)
X 的值是 - 34983.5690 % ,Y 的值是 *** 0X3805649 ***
>>> strFormat = "X 的值是{0:0 > - 12.4 % },Y 的值是{1: * ^15, }".format(x,y)
>>> print(strFormat)
X 的值是 - 34983.5690 % ,Y 的值是 ** 58,742,345 ***
>>> strFormat = "X 的值是{0:0 < - 12.4f},Y 的值是{1:<♯15o}".format(x, - y)
>>> print(strFormat)
X 的值是 - 349.8357000,Y 的值是 - 0o340053111
>>> strFormat = "X 的值是{0:0 > - 12.0f},Y 的值是{1:<15g}".format(x, - y)
>>> print(strFormat)
X 的值是 00000000 - 350,Y 的值是 - 5.87423e + 07
```

Python 的字符串方法中,还有个 format_map()方法,这个方法只用于将字典加入到字符串的格式化中,而 format()适合所有的情况。format_map()的参数不需传入"关键字 = 真实值",而是直接传入字典键,通过键传入值。下面是用 format()和 format_map()处理字典值的情况。

```
>>> score = {'name':'李明', '数学':98,"物理":95,"语文":89}
format1 = "{sc[name]}的语文成绩是{sc[语文]}数学成绩是{sc[数学]}物理成绩是{sc[物理]}".
format(sc = score)              #format()方法
>>> print(format1)
李明的语文成绩是 89 数学成绩是 98 物理成绩是 95
>>> format2 = "{name}的语文成绩是{语文}数学成绩是{数学}物理成绩是{物理}".format_map
(score)                        #format_map()方法
>>> print(format2)
李明的语文成绩是 89 数学成绩是 98 物理成绩是 95
```

2. 通配符"%"格式化

以通配符"%"格式化是指在模板中以%为标识的一段占位,而不是用"{ }"表示占位,%后面符号是格式符,例如下面的代码:

```
>>> score = "%s的语文成绩%d,数学成绩%d,物理成绩%d" %("李明",89,95,98)
>>> print(score)
李明的语文成绩 89,数学成绩 95,物理成绩 98
#直接写到 print()中更简洁
>>> print("%s的语文成绩%d,数学成绩%d,物理成绩%d" %("李明",89,95,98))
李明的语文成绩 89,数学成绩 95,物理成绩 98
```

或者:

```
>>> template = "%s的语文成绩%d,数学成绩%d,物理成绩%d"
>>> name = ("李明",89,95,98)
>>> score = template % name
>>> print(score)
李明的语文成绩 89,数学成绩 95,物理成绩 98
```

通配符"%"格式化的格式为:

`%[-][+][0][width][.precision]type`

各项的意义如下:

- 一表示左对齐,正数前无符号,负数前显示负号。
- +表示右对齐,正数前显示正号,负数前显示负号。
- 0表示右对齐,正数前无符号,负数前显示负号,用0填充空白处。需与 width 一起使用。
- width 表示字符占的宽度。
- .precision 表示小数点的位数。
- type 是格式类型,其格式符和意义如表 2-3 所示。

表 2-3 格式符和意义

格式符	意　　义	格式符	意　　义
d	十进制整数	o	十进制整数转为八进制

格式符	意　义	格式符	意　义
F 或 f	以浮点数显示	x	十进制整数转为十六进制
s	字符串	r	字符串,用 repr() 显示
c	单个字符	E 或 e	以科学计数法显示

对于模板后的输出项,其前面也需要加"％"。如果有多个输出内容,需要把输出内容放到元组中,例如下面的代码:

```
>>> print("% - 4s 的语文成绩 % 8.2f,数学成绩 % d,物理成绩 % d" % ("李明",89.5,95,98))
李明的语文成绩　89.50,数学成绩 95,物理成绩 98
>>> print("% + 4s 的语文成绩 % 8.2f,数学成绩 % 05d,物理成绩 % 5d" % ("李明",89.5,95,98))
　李明的语文成绩　89.50,数学成绩 00095,物理成绩　　98
>>> print("% + 4s 的语文成绩 % 8.2f,数学成绩 % + 05d,物理成绩 % - 5E" % ("李明",89.5,95,98))
　李明的语文成绩　89.50,数学成绩 + 0095,物理成绩 9.800000E + 01
>>> print("% + 4r 的语文成绩 % 8.2f,数学成绩 % x,物理成绩 % - 5o" % ("李明",89.5,95,98))
'李明'的语文成绩　89.50,数学成绩 5f,物理成绩 142
```

第3章

自定义函数、类和模块

　　前面介绍的程序结构有顺序结构、分支结构和循环结构,对于程序中经常用到的部分,或者实现一定功能的代码,如果每次用时就重新编写一段代码,然后把这段代码放到以上三种结构中,这样势必造成程序冗长难读,编程效率也不高。对于一个复杂的程序,可以将功能相同或者重复执行的部分单独写成一段代码,并给这段代码起个名称,需要时,通过代码的名称就可以调用相应的代码,并实现代码的功能,实现模块化编程。像这种单独实现一定功能的代码,编程语言中称为函数。函数的使用可以极大提高编程效率、提高程序的可读性,而且函数可以共享,编程人员可以直接把其他人员已经编好的函数应用到自己的程序中。如果把一些服务于特定目的的多个函数和变量集中写到一起,来完成更复杂功能的定义和使用,就形成了类。类是面向对象编程的基础,例如一辆汽车、一张桌子、一个手机、一个按钮都是实实在在的物体,对这些物体的描述和功能的定义都是通过类来实现的。定义好的函数和类可以存到一个文件中,在使用时可以调入进来,作为一个单独的模块使用。本章将详细介绍自定义函数和类的定义和使用方法。

 ## 3.1　自定义函数

　　Python 中的函数分为内置函数、模块中的函数和自定义函数,内置函数如表 1-2 所示,如 sum()、len()、list()、id()、type()、chr()等；模块函数如 math 模块中的函数 sin()、cos()等。random 模块中的函数 random()、randint()等。内置函数和模块中的函数是已经编写好的函数,可以直接使用。这些函数不能满足所有人的需求,这时用户就需要根据自己的需要和目的编写属于自己的函数,即自定义函数。自定义函数需要输入参数和函数的返回值。

3.1.1　自定义函数的格式

　　自定义函数用关键字 def(define)来定义,其格式如下所示,其中[ ]内的内容是可选项。

```
def functionName ([parameter1,parameter2, ... ,parameterN]):
    ["""函数说明"""]
    函数语句    #需要缩进
    [return value1[,value2, ... ,valueN]]
```

各项的说明如下：

- def 是自定义函数的关键字，是不可缺少的。
- functionName 是自定义的函数名，由编程人员来确定。函数名的取名规则可以参考变量的取名规则，通过函数名来调用函数，调用形式为 functionName(参数的真实值)。functionName 后的括号"()"是必需的，即便是没有函数参数，也必须写入。
- parameter 是函数参数，可以没有，也可以有任意多个，各个参数之间用逗号隔开。定义函数时的参数是形式参数，并不是调用函数时的真实参数，调用函数时，真实参数值传递给形式参数。
- 冒号"："是必需的格式，说明后续的语句是函数语句。函数语句要进行缩进，当遇到不再缩进的语句时，函数语句结束。
- 函数说明放到三个双引号("""   """)或三个单引号(''' ''')中。函数说明可以是多行，用来说明函数的功能、格式、参数类型、返回值的个数和类型等信息，帮助其他人了解该函数的使用方法。函数说明可以通过 help(functionName)函数显示出来，或者用 functionName.__doc__显示。
- 函数语句是编程人员要写的函数体，用于实现函数的功能。如果暂时不想写语句，可以用 pass 语句代替。函数语句相对于关键字的位置要进行缩进。
- return 语句定义函数的返回值，返回值可以有 1 个或多个，也可以没有。如果有多个返回值，则返回值之间用逗号隔开。return 语句可以放到函数语句的任意位置，当遇到 return 语句时，返回函数的返回值，如果 return 语句后面还有其他语句，会忽略其他语句，这时通常把 return 语句放到 if 的分支结构中。return 语句是可选的，如果函数中没有 return 语句，函数没有返回值，通常只产生一定的动作(功能)。
- 返回值类型提示：在自定义函数的第 1 行，在"："前面可以添加类型提示功能，类型提示用"—>类型"定义，例如"def total(n)-> int："提示返回整数。

下面是一个计算从 0 到正整数 N 求和的自定义函数，函数参数是 N，返回 0＋1＋2＋3＋…＋N 的值。在 Python 的 IDLE 的文件窗口中输入下面的代码，通过 xx ＝ total(x)调用函数 total()，并把函数返回值放入变量 xx 中。

```
def total(n) -> int:             #定义 total()函数,提示返回整数   #Demo3_1.py
    """输入大于 0 的整数 N,返回 0＋1＋2＋3＋…＋N 的值"""
    if n > 0:
        y = 0
        for i in range(1,n + 1):
            y = y + i
        return y

x = input("请输入一个大于 1 的整数:")
x = int(x)                       #将字符串转换成整数
xx = total(x)                    #调用自定义函数 total()
print("从 0 到{}的和是:{}".format(x,xx))
```

运行上面的代码,在 shell 中输入 10000,得到如下内容,输入 help(total),得到函数的说明。

```
请输入一个大于 1 的整数:10000
从 0 到 10000 的和是:50005000
>>> help(total)                    #获取函数的帮助
Help on function total in module __main__:

total(n)
    输入大于 0 的整数 n,返回 0 + 1 + 2 + 3 + … + N 的值
>>> z = total(5000)                #调用 total()函数进行其他的计算
>>> print(z)
12502500
>>> z = total(3000)                #调用 total()函数进行其他的计算
>>> print(z)
4501500
```

下面的函数计算从 0 到 n 的和,n 可以为负数。return 语句放到 if 分支中,根据 if 的逻辑表达式的值决定输出哪个 y 值,只要执行到 return 语句,自定义函数就会执行完毕,return 后的语句不会再执行,例如在输入整数的情况下,函数体内的 print('hello')语句永远不会被执行。

```
def total(n):                      #定义 total()函数   #Demo3_2.py
    """计算从 0 到 n 的和"""
    if n > 0:
        y = 0
        for i in range(1, n + 1):
            y = y + i
        return y
    elif n < 0:
        y = 0
        for i in range( - 1, n - 1, - 1):
            y = y + i
        return y
    else:
        return 0
    print('hello')

x = input("请输入一个整数:")
x = int(x)                         #将字符串转换成整数
xx = total(x)                      #调用自定义函数 total()
print("从 0 到{}的和是:{}".format(x, xx))
```

3.1.2 函数参数

函数参数分为实参和形参,实参是调用函数时的实际参数,形参是定义函数的形式参

数,例如在上面例子中定义函数 total(n)时的参数 n 是形参,而调用函数 xx＝total(x)时的参数 x 是实参。形参可以理解成定义函数时参数暂时的占位,在调用函数时,把实参的真实值放到形参的位置。在定义函数和调用函数时,需要注意以下几点。

1. 不可变数据和可变数据的传递

当实参数据传递给形参数据时,是把数据在内存中的地址传递给形参。当实参是不可变数据时,例如常数、字符串、元组等,在实参数据传递给形参后,如果在函数体内改变了形参数据,Python 会在内存中新产生一个数据区用于存储新数据,并把形参指向该地址,而实参仍指向原来的数据,所有形参的数据不会改变实参的数据。而对于可变的数据,如列表、字典等,形参和实参都指向原数据,当改变形参数据时,会改变原数据地址内的数据,从而实参数据也跟着改变了。

下面的代码是改变形参数据的实例,分别给形参传递一个整数、字符串和列表,在函数体内改变形参的值,对比调用函数前后实参值改变情况和形参值及地址的改变情况。

```python
def double(x):    ＃Demo3_3.py
    print("形参修改前的值{}和地址{}".format(x,id(x)))
    if type(x) != type([1,2]):
        x = x * 2                       ＃改变形参的值
    elif type(x) == type([1,2]):
        n = len(x)
        for i in range(n):
            x[i] = x[i] * 2             ＃改变形参的值
    print("形参修改后的值{}和地址{}".format(x,id(x)))

n = 100
print("函数调用前的实参值{}和地址{}".format(n,id(n)))
double(n)                              ＃调用函数,值传递
print("函数调用后的实参值{}和地址{}".format(n,id(n)))

print(" * " * 50)

string = "Hello.Nice to meet you!"
print("函数调用前的实参值{}和地址{}".format(string,id(string)))
double(string)                        ＃调用函数,值传递
print("函数调用后的实参值{}和地址{}".format(string,id(string)))

print(" * " * 50)

listNum = [1,2,3]
print("函数调用前的实参值{}和地址{}".format(listNum,id(listNum)))
double(listNum)                       ＃调用函数,地址传递
print("函数调用后的实参值{}和地址{}".format(listNum,id(listNum)))
```

运行上面代码,可以得到如下输出。可以看出当调用 double()函数传递一个整数和字符串时,实参在调用函数前和调用函数后值和地址都没有发生变化,而形参在函数体内改变值后,值和地址都发生变化。而传递一个列表时,实参在调用函数前和调用函数后地址没有

变化,值发生变化;形参在函数体内改变值后值发生变化,而地址没有发生变化。

```
函数调用前的实参值 100 和地址 140723307668224
形参修改前的值 100 和地址 140723307668224
形参修改后的值 200 和地址 140723307671424
函数调用后的实参值 100 和地址 140723307668224
***********************************************
函数调用前的实参值 Hello.Nice to meet you! 和地址 1559414196624
形参修改前的值 Hello.Nice to meet you! 和地址 1559414196624
形参修改后的值 Hello.Nice to meet you! 和地址 1559414123280
函数调用后的实参值 Hello.Nice to meet you! 和地址 1559414196624
***********************************************
函数调用前的实参值[1, 2, 3]和地址 1559414088640
形参修改前的值[1, 2, 3]和地址 1559414088640
形参修改后的值[2, 4, 6]和地址 1559414088640
函数调用后的实参值[2, 4, 6]和地址 1559414088640
```

解决这个问题的办法是在函数体内新建一个列表,然后把形参的数据用 extend()方法移到新列表中,对新列表的数据进行改变。

```python
def double(x):    #Demo3_4.py
    print("形参修改前的值{}和地址{}".format(x,id(x)))
    if type(x) != type([1,2]):
        x = x * 2                        #改变形参的值
    elif type(x) == type([1,2]):
        y = list()                       #新列表
        y.extend(x)                      #形参的值移到新列表中
        n = len(y)
        for i in range(n):
            y[i] = y[i] * 2              #改变新列表的值
        print("临时列表的值{}和地址{}".format(y,id(y)))
    print("形参修改后的值{}和地址{}".format(x,id(x)))


listNum = [1,2,3]
print("函数调用前的实参值{}和地址{}".format(listNum,id(listNum)))
double(listNum)                          #调用函数,地址传递
print("函数调用后的实参值{}和地址{}".format(listNum,id(listNum)))
```

运行后得到下面的结果,实参值没有发生变化。如果在自定义函数中只是提供数据用于其他运算,不改变形参的值,就无须这么做。

```
函数调用前的实参值[1, 2, 3]和地址 1266266525568
形参修改前的值[1, 2, 3]和地址 1266266525568
临时列表的值[2, 4, 6]和地址 1266278728960
形参修改后的值[1, 2, 3]和地址 1266266525568
函数调用后的实参值[1, 2, 3]和地址 1266266525568
```

2. 关键字参数

定义函数时,每个形参在函数体中的作用是不一样的。在调用函数用实参传递给形参时,实参的个数和位置与形参的个数和位置须一致,否则会出现异常或计算结果不合理的情况。如果在调用函数时,实参的顺序与形参的顺序不一样,就会产生函数体内部计算异常。例如本该传递一个整数的形参,由于实参顺序错误,给这个形参传递了一个字符串,那么本该用整数参与的计算却用字符串参与计算,势必会产生问题。为解决这个问题,在调用函数时使用关键字参数。关键字参数是指在调用函数时,用形参的名字作为关键字确定传递给形参的值,不需要与函数定义时形参的位置和顺序一致,只要把形参名字写正确,这样还提高了程序的可读性。例如某个函数定义时函数名和形参为 area(side1,side2,height),在调用函数时,可以用 area(height=value1,side1=value2,side3=value2),实参的顺序与定义函数时的形参顺序可以不一致。例如下面计算梯形面积的例子,需要输入上下两个底的长度和梯形的高,函数返回梯形面积。

```
def trapezoid (side1,side2,height):   #Demo3_5.py
    """形参顺序是 side1,side2,height"""
    area = (side1 + side2) * height/2
    return area

s1 = input("输入梯形上底长度:")
s2 = input("输入梯形下底长度:")
h = input("输入梯形高度:")
s1 = float(s1)                          #将字符串转换成浮点数
s2 = float(s2)                          #将字符串转换成浮点数
h = float(h)                            #将字符串转换成浮点数

ss = trapezoid (height = h,side1 = s1,side2 = s2)   #用形参名字做关键字,顺序可以打乱
print("梯形的面积是:",ss)
```

3. 形参的默认值

在定义函数时,可以给形参设置默认值,在调用函数时可以不给形参传递值,而是使用默认值。例如 Python 的内置函数 print() 的原型是 print(value,..., sep=' ', end='\n', file=sys. stdout, flush=False),形式参数 sep、end、file 和 flush 都是有默认值的,在使用 print() 函数时,一般不用设置这些参数的值,直接使用默认值。在定义函数时,有默认值的参数需要放到没有默认值的参数的后面。下面的代码是计算函数 $z = k \sqrt{x^2 + y^2} - c$ 的值,其中 k 和 c 是常量,默认值 $k=1.0, c=0.0$。

```
import math                        #Demo3_6.py
def z(x,y,k = 1.0,c = 0.0):        #k 的默认值是 1.0,c 的默认值是 0.0
    return k * math.sqrt(x ** 2 + y ** 2) - c

xuan_1 = z(3,4)                    #k 和 c 使用默认值
xuan_2 = z(3,4,c = 1)             #k 使用默认值
xuan_3 = z(3,4,2)                 #c 使用默认值
```

```
    xuan_4 = z(y = 6, x = 5, k = 0.5)                # c 使用默认值
    print(xuan_1,xuan_2,xuan_3,xuan_4)
```

4. 数量可变的参数

有些时候,调用函数时需要输入的函数参数不确定,由实际情况决定,这在类的函数中经常用到。参数数量可变的函数定义分为两种,一种是在定义函数时用 * parameter1 来定义可变数量的参数,另一种是用 ** parameter2 定义可变数量的关键字参数。当用 * parameter1 定义形参时,可以接受任意多个实参,此时形参 parameter1 是一个元组,实参成为 parameter1 的元素,用 len(parameter1) 可以获取传递过来的实参的数量,通过元组的索引形式 parameter1[index] 在函数体内读取实参传过来的值。当用 ** parameter2 定义可变数量的关键字参数时,形参 parameter2 是字典,调用函数时实参形式应该为 name1 = value1, name2 = value2,..., nameN = valueN,此时实参值的关键字 namei 将作为字典 parameter2 的键,valuei 将作为对应的值,在函数体内可以通过字典的方法 parameter2.keys() 获取字典的键,通过键 parameter2[key] 获取键对应的值,通过 parameter2.items() 获取字典键和值。

下面是一个求和函数,用 * parameter 形式定义形参,调用函数时可以输入任意多个实参。

```
    def total( * para):                # para 是元组        # Demo3_7.py
        n = len(para)
        s = 0
        for i in range(n):            .
            s = s + para[i]
        return s

    x = total(10,4, - 2,3)            # 调用函数,可以输入任意多个实参
    print(x)
    x = total( - 4,6,9,10, - 3,8,11,15)            # 调用函数,可以输入任意多个实参
    print(x)
```

在类的函数定义中,经常使用 ** parameter 的形式定义输入参数,例如下面的描述人特征的例子。

```
    def person(name = "New Person", ** feature):  # name 是不必输入,feature 是字典  # Demo3_8.py
        person_name = name                # 定义姓名
        height = None                      # 定义身高
        weight = None                      # 定义体重
        sex    = None                      # 定义性别
        age    = None                      # 定义年龄
        job    = None                      # 定义职业

        if "height" in feature: height = feature["height"]            # 获取身高
        if "weight" in feature: weight = feature["weight"]            # 获取体重
        if "sex" in feature: sex = feature["sex"]                     # 获取性别
```

```
        if "age" in feature: age = feature["age"]          # 获取年龄
        if "job" in feature: job = feature["job"]          # 获取职业

    print("{}的身高{},体重{},性别{},年龄{},工作{}".format(name,height,weight,sex,age,job))
person("Robot",height = 177, sex = True,weight = 78)
person("Robot",height = 177, sex = True,weight = 78,job = "writer")
# 运行结果如下:
# Robot 的身高 177,体重 78,性别 True,年龄 38,工作 None
# Robot 的身高 177,体重 78,性别 True,年龄 38,工作 writer
```

下面的例子既有 * 定义的参数,也有 ** 定义的参数。

```
def person(name, * primary, ** feature):   # Demo3_9.py
    person_name = name
    height = None
    weight = None
    sex    = None
    age    = None
    job    = None

    if len(primary) == 1:
        height = primary[0]
    if len(primary) == 2:
        height = primary[0]
        weight = primary[1]
    if "sex"    in feature: sex = feature["sex"]
    if "age"    in feature: age = feature["age"]
    if "job"    in feature: job = feature["job"]

    print("{}的身高{},体重{},性别{},年龄{},工作{}".format(name,height,weight,sex,age,job))

person("Robot",177, sex = True,weight = 78)
person("Robot",177,38, sex = True,weight = 78,job = "writer")
# 运行结果如下:
# Robot 的身高 177,体重 None,性别 True,年龄 None,工作 None
# Robot 的身高 177,体重 38,性别 True,年龄 None,工作 writer
```

3.1.3　函数的返回值

函数的返回值可以没有,也可以有一个或多个,当有多个返回值时,可以用一个变量获取返回值,也可以用多个变量获取返回值,但是变量的个数与返回值的个数相等。一个变量获取返回值时,变量的类型是元组,用元组存储函数返回的多个值。例如下面计算圆的面积和周长的函数,返回两个值:面积和周长。

```
def circle(radius):   # Demo3_10.py
    pi = 3.1415926
```

```
        area = pi * radius ** 2
        perimeter = 2 * pi * radius

        return area, perimeter
# 下面是主程序
x = circle(10)                           # x 是元组
print(x[0], x[1], type(x))
x1, x2 = circle(10)                      # x1 和 x2 是浮点数
print(x1, x2, type(x1), type(x2))
# 运行结果如下:
# 314.15926 62.831852 < class 'tuple'>
# 314.15926 62.831852 < class 'float'> < class 'float'>
```

3.1.4　函数的局部变量

函数体中除了形参外,还要有一些变量。在调用函数时,在内存中单独开辟一个空间,用于存储与函数有关的变量和数据,当函数运行结束后,与该函数相关的变量和数据都会被删除,函数体的变量和数据都作用在局部空间中,与主程序内的变量和数据是相互独立的,因此函数内的变量和数据都是局部变量,即便函数内的变量与主程序内的变量相同,也不会影响全局变量。

下面的代码是在主程序中创建全局变量 mess="我是全局变量",然后调用函数 var(),在函数中定义与全局变量 mess 名字相同的局部名字 mess="我是全局变量",在函数中输出 mess 的值和 mess 的 id 值,最后在主程序中输出 mess 的值和 mess 的 id 值。从运行后的结果可以看出,虽然在函数中改变了 mess 中的值,但并没有影响到主程序中 mess 的值,而且函数中的 mess 的 id 值和主程序中的 mess 的 id 值不同。

```
def var():    # Demo3_11.py
    mess = "我是局部变量"
    print(mess, id(mess))
# 下面是主程序
mess = "我是全局变量"
var()
print(mess, id(mess))
# 运行结果如下:
# 我是局部变量 2183036115072
# 我是全局变量 2183036113392
```

如果想要在函数中使用全局变量,需要在函数中使用 global 关键字,说明函数中的变量是全局变量,例如在 var() 函数中,添加 global mess,mess 将会是全局变量。从下面的代码的运行结果可以看出,在函数中改变了 mess 的值,全局变量的值也改变了,而且 id 值也相同。不建议在函数中直接使用全局变量,因为函数多次调用后,会使全局变量的值难以确定。

```
def var():   #Demo3_12.py
    global mess
    mess = "我是局部变量"
    print(1,mess,id(mess))
# 下面是主程序
mess = "我是全局变量"
var()
print(2,mess,id(mess))
# 运行结果如下:
#1 我是局部变量 1255960068480
#2 我是局部变量 1255960068480
```

3.1.5　匿名函数 lambda

匿名函数是没有名字的函数,用 lambda 关键字创建,只能返回一个值,需要用一个变量指向匿名函数。匿名函数的格式为:

Variable = lambda [parameter1[,parameter2, ... ,parameterN]]:expression

其中,lambda 是关键字;parameter 是参数,用于表达式 expression 中;冒号":"是必需的分隔符;expression 通常是含有参数的表达式。表达式 expression 只能有一句,匿名函数的返回值是表达式 expression 的值,表达式 expression 中不能用 if 分支和 for 循环。变量 Variable 指向匿名函数,并且通过 Variable 调用函数,调用格式是 Variable([parameter1 [,parameter2,...,parameterN]]),如果变量 Variable 不用于其他目的,则可以简单地理解成变量 Variable 就是匿名函数的名字。下面的代码用匿名函数定义函数 $z=\sqrt{x^2-y^2}$,并调用函数进行计算。

```
import math   #Demo3_13.py
z = lambda x,y: math.sqrt(x ** 2 - y ** 2)

print(z(5,4))
print(z(5,3))
print(z(10,5))
# 运行结果如下:
#3.0
#4.0
#8.660254037844387
```

3.1.6　函数的递归调用

在一个函数体中可以调用其他已经定义好的函数,也可以调用函数体自身,形成递归调用。递归调用必须有一个明确的结束条件,每次进入更深一层递归时,计算量相比上次递归都应有所减少。例如下面计算 $1!+2!+3!+4!+5!+\cdots+n!$ 的例子,先用递归运算计算 $n!$,再用循环计算得到总和。

```
def N_her(n);    # Demo3 14.py
    '''计算 n 阶阶乘 n!'''
    if n == 1:
        return 1                         # 明确的结束条件
    n = n * N_her(n - 1)                 # 递归调用,计算 n! = n * (n-1)!
    return n
def total(n):
    total = 0
    for i in range(1, n + 1):
        total = total + N_her(i)         # 在函数中调用其他函数
    return total

n = input("请输入正整数 n:")
n = int(n)                               # 字符串转换成整数
print("1! + 2! + 3! + … + n!= ", total(n))
# 运行结果如下:
# 请输入正整数 n:10
# 1! + 2! + 3! + … + n!= 4037913
```

3.2 类和对象

类(class)是面向对象程序设计(object-oriented programming,OOP)实现信息封装的基础。类是对现实生活中一些具有共同特征的事物进行抽象得到的描述这些事物的模板,类中包含描述对象特征的变量(属性)和实现一定功能的函数(方法),用类创建的实物称为类的实例(instance)或对象(object)。

3.2.1 类和对象介绍

1. 类和对象的概念

上节介绍了自定义函数。自定义函数建立好后,可以多次调用,输入不同的参数会得到不同结果。建立自定义函数先创建一个函数(def 关键字定义),这个函数也可以理解成有一定功能的模板,一次定义后可以无限次调用。我们研究真实物体或抽象物体时,也可以把具有相同特征和属性的物体定义成一个模板,例如大街上行驶的各式各样的汽车有不同的颜色、尺寸、功率、速度、品牌,虽然不同汽车的具体特征值不同,但是所有汽车都有这些特征。我们可以先把描述所有汽车的特征总结出来,如所有的汽车都有颜色、尺寸、功率、速度、品牌,还有一些功能,如按下开启键可以启动发动机,踩加速踏板可以加速,踩制动踏板可以降速。把汽车所具有的特征和功能进行总结并定义成一个汽车模板,然后再调用这个模板定义具体的汽车,同时给具体的汽车传递真实的特征值或属性值,如颜色、尺寸、功率、速度和品牌等值,这样就形成了一辆真实的有特征、有功能的汽车。汽车模板可以一次定义多次使用,用汽车模板创建各式各样的汽车,避免了重复定义汽车特性和功能,减少了编写汽车代码的工作量,也增强了程序的可读性。再比如对于人的描述,人有姓名、年龄、性别、身高、体重等特征,还具有走、写字、动脑筋等功能,把人的这些特征和功能定义成一个模板,再用这个模板定义一个具体的人,如男人、女人、老人、小孩等。类也可以理解成一个盖房子的图纸(模板),按照图纸可以建造很多房子。

上面提到的建立汽车模板和人的模板的过程反映到程序编码上就是创建汽车的类和人的类,再用汽车的模板或人的模板(也就是类)来创建各式各样的汽车或人,就是类的实例化或者类的对象,用图纸建造房子也是类的实例化。类就是有一些共有特征和功能的事物的模板,对象就是用模板来创建的各种具体的实物。下面的代码是汽车类 car 的定义,用变量记录各种特征或属性,用函数定义各种功能,同时用 car 类定义了两辆汽车 jietuCar 和 xingyueCar,并给这两辆汽车传递了具体的属性值,例如 jietuCar 汽车的颜色是黑色,xingyueCar 汽车的颜色是红色,同时这两辆汽车有 start()、break() 和 accelerate() 功能,或者称为方法。当然可以用汽车类 car 定义更多的汽车。面向对象最重要的概念就是类(class)和实例(instance),必须牢记类是由同类事物抽象出来的模板,而实例是根据类创建出来的一个个具体的“对象”,每个对象都拥有相同类型的属性和方法,但各自具体的属性是不同的。

```
class car:   #Demo3_15.py
    """汽车模板"""
    def __init__(self,name,color,length,width,height,power):
        self.name = name              #用变量定义品牌属性
        self.color = color            #用变量定义颜色属性
        self.length = length          #用变量定义长度属性
        self.width = width            #用变量定义宽带属性
        self.height = height          #用变量定义高度属性
        self.power = power            #用变量定义功率属性
    def start(self):                  #定义汽车的启动功能
        pass                          #需进一步编程
    def accelerate(self):             #定义汽车的加速功能
        pass                          #需进一步编程
    def brake(self):                  #定义汽车的制动功能
        pass                          #需进一步编程

jietuCar = car("chery","black",2800,1800,1600,5000)    #定义第一辆汽车并赋予属性
xingyueCar = car("geely","red",2900,1750,1610,5200)    #定义第二辆汽车并赋予属性
```

2. 类的特点

首先,类具有封装性或者密封性。在类中需要定义一些函数,这些函数是对象的功能或方法,可以通过对象和函数名来执行函数实现一定的功能,例如汽车类实例 jietuCar,通过 jietuCar.start() 可以执行 start() 功能,但是如何实现 start() 功能对外是不可见的,只能通过 start() 调用该功能,而不能修改实现该功能的代码,从而保护代码的密封性。例如按一下鼠标和键盘上的键就可以使计算机完成一些动作,对于如何实现这些动作,使用者无须知道详情,这也是一种封装性。

其次,类具有继承性。在一个类(父类)中定义好的属性和方法(功能)通过继承可以直接移植到另外一个新类(子类)中,同时新类中还可以添加新的属性和新的方法,用新类实例

化产生一个对象时,该对象同时具有两个类所有的属性和方法。例如下面的代码,创建了类 truck,并继承 car 的属性和方法,在 truck 中新添加了 load 属性和 drag()方法,用 truck 类 创建了 oumanTruck 对象,oumanTruck 对象有 car 和 truck 的所有属性和方法,print()输 出从 car 继承来的 name、color 和新建的 load 属性。

```python
from Demo3_15 import car    #Demo3_16.py
class truck(car):                     #新建类(模板),并继承 car 类的属性和方法
    def __init__(self,name,color,length,width,height,power,load):
        super().__init__(name,color,length,width,height,power)
        self.load = load       #新建属性
    def drag(self):                #新建方法
        pass

oumanTruck = truck("foton","yellow",5800,2200,2400,15000,80)      #新类的对象
print(oumanTruck.name,oumanTruck.color,oumanTruck.load)      #输出从 car 继承的和新建的属性
#运行结果如下:
#foton yellow 80
```

最后,类还有多态性。子类可以从多个父类进行继承,子类除了继承父类的属性和方法 外,还可以覆盖或改写父类的方法,以体现子类与父类的变异性。同一方法在不同的类中可 以有不同的解释,产生不同的执行结果,称为多态性。

3.2.2 类的定义和实例

在定义类时,可以从一个父类中继承产生新类,也可以没有继承,创建一个全新的类。 类的定义方法如下:

```
class className [( fatherClass1[,fatherClass2, ... ,fatherClassN])]:
    ["""类说明"""]
    [类语句块]
    [def __init__(self[,parameter1,parameter2, ... ,parameterN]):]
        [初始化语句块]
    [def functionName(self[,para1,para2, ... ,paraN]):
        函数语句块]
    [def … ]
    [ … ]
```

类定义中各项的意义如下:
- class 是关键字,表示开始定义类。
- className 是类的类名,起名规则可以参考变量的起名规则。
- 括号"( )"是可选的,如果没有父类,可以不写括号。
- fatherClass 是继承的父类,可以有 0 个、1 个或多个父类,多个父类之间用逗号隔 开。如果是全新的类,一般没有父类,也可以用类 object 作为父类。object 类中定 义了一些常用的方法。
- 冒号":"是必需的符号,说明后续内容是类的具体定义,后续内容需要缩进。
- """类说明"""用于说明类的用途等信息,可以通过 help(className)函数或"实例

名.__doc__"显示出说明信息。

- 类语句块用于定义类的属性,是可选的。
- def __init__(self[,parameter1,parameter2,…,parameterN])是类实例化新对象时,新对象的初始化,是可选的。当用类新创建一个对象时,会自动执行__init__()函数下的初始语句块(__是两个下画线)。
- self 表示类的实例本身。在类中定义属于实例的属性和方法时,都需要加 self,类中的函数定义时,第 1 个参数一般都是 self。在往函数传递实参数据时,不需要给 self 传递数据。
- def functionName(self[,para1,para2,…,paraN])定义类中的函数,类中可以定义多个函数(方法),实现类的不同功能。

定义完类后,可以用类来创建实例。用类创建实例的格式是:

instanceName = className([parameter1,parameter2,…,parameterN])

其中 instanceName 是实例名称,取名规则可参考变量的取名规则;parameter1,parameter2,…,parameterN 是实参,给类中的初始化函数__init__()传递数据,用于初始化实例的一些属性,可以用关键字形式传递数据。下面是用前面的汽车类定义汽车实例的例子:

```
jietuCar = car("cherya","black",2800,1800,1600,5000)
xingyueCar = car("geelyb","red",2900,1750,1610,5200)
oumanTruck = truck("fotonc","yellow",5800,2200,2400,15000,80)
```

3.2.3 实例属性和类属性

Python 的类由变量和函数构成,类的变量就是用类实例化对象后对象的属性,类的函数就是用类实例化后对象的方法。类中的变量分为实例属性和类属性,类属性是定义在类的函数之外的变量,而实例属性是定义在类的实例函数之内的变量。实例属性的定义需要在变量名前加入前缀"self.",例如 self.age 定义了一个实例属性 age。在类外部,用类创建实例后,可以通过"实例名.变量名"的形式访问实例属性,用"实例名.函数名()"的形式调用实例和方法;在类内部,在实例函数中,可以通过"self.变量名"和"self.函数名()"的形式访问实例属性和实例函数。对"self"的理解是,用类实例化对象后,self 就是对象本身,就好比函数的形参在定义时的一个占位,等调用函数时,用实参代替形参;self 也是类定义时实例对象的一个占位,用类实例化对象后,再用实例对象代替 self,因此带有 self 的变量和函数都是实例的变量(属性)和实例的函数(方法)。

下面我们先分析一下实例属性。下面的程序先定义了一个类 person,它有两个类属性 nation 和 party,另外在初始化函数__init__()中定义了两个实例属性 name 和 age,还有一个计数的属性 i。类中还有个方法 output(),用于输出实例属性 name 和 age。接下来用类创建了两个实例 student 和 teacher,并对实例进行了初始化,赋予了初始值。用类实例化时,会自动执行__init__()方法,student 的初始化为 name="李明",age=15,teacher 的初始化为 name="王芳",age=33。接下来第 1 次调用 student 和 teacher 的方法 output(),输出实例的属性 name 和 age,可以看出两个实例的属性 name 和 age 是不相同的。然后修改

student 的属性 name＝"李学生",age＝18,第 2 次调用 student 和 teacher 的方法 output()。
从输出结果可以看出,teacher 的属性并没有变化,student 的属性发生变化,修改 student 的
属性并不影响 teacher 的属性,这说明实例属性对实例是私有的,不同实例之间的属性是相
互独立的,修改一个实例的属性并不影响其他实例的属性值。另外通过类可以看出,实例属
性在一个函数中定义后,可以直接在另外一个函数中调用,这个和一般函数的变量是有很大
区别的。一般函数的变量是局部变量,不能直接用到其他函数中。需要注意的是,在类的函
数中,如果使用了不带"self."的变量,它将成为函数的局部变量。

```python
class person(object):    #Demo3_17.py
    nation = "汉族"                    #类属性
    party = "群众"                      #类属性
    def __init__(self, p_name, p_age):
        self.name = p_name             #实例属性
        self.age = p_age               #实例属性
        self.i = 0
    def output(self):
        self.i = self.i + 1
        print("第{}次输出:{} {}".format(self.i,self.name,self.age))    #输出实例属性 name 和 age

student = person(p_name = "李明", p_age = 15)          #用类 person 创建实例 student
teacher = person(p_name = "王芳", p_age = 33)          #用类 person 创建实例 teacher
student.output()      #第 1 次调用实例 student 的属性 output(),输出实例属性 name 和 age
teacher.output()      #第 1 次调用实例 teacher 的属性 output(),输出实例属性 name 和 age
student.name = "李学生"               #修改 student 的实例属性 name
student.age = 18                      #修改 student 的实例属性 age
student.output()      #第 2 次调用实例 student 的属性 output(),输出实例属性 name 和 age
teacher.output()      #第 2 次调用实例 teacher 的属性 output(),输出实例属性 name 和 age

#运行结果如下:
#第 1 次输出: 李明 15
#第 1 次输出: 王芳 33
#第 2 次输出: 李学生 18
#第 2 次输出: 王芳 33
```

下面分析类属性的作用。在类外部,类属性可以用"类名.类变量名"的形式引用。将上
面的程序稍作变化,如下面的代码所示,用类 person 实例化 student 和 teacher 后,输出用实
例指向的类属性 nation 和 party。从第 1 次输出结果可以看出,用实例 student 和 teacher
指向的实例属性是相同的,然后修改类属性的值,第 2 次输出的两个实例指向的类属性值也
跟着改变了。可以看出,用"类名.类变量名"形式改变类属性的值,将影响所有实例的类属
性值,类属性相当于全局属性,类属性影响所有实例的属性,而实例属性只属于单个实例。
类属性可以通过"类名.类变量名"形式应用于类的函数体中,这样类属性相当于作用于所有
实例的全局变量,而实例属性是只作用于单个实例的局部变量。用类属性可以控制所有的
实例,不过建议少用类属性,以便满足封装性的要求。如果需要在类外修改类属性,必须通
过类名去引用,然后进行修改。如果通过实例对象去引用类属性,会产生一个与类属性同名
的实例属性,这种方式修改的是实例属性副本,不会影响到类属性,并且之后如果通过实例

对象去引用该名称的类属性,实例属性会强制屏蔽类属性,即引用的是实例属性,除非删除了该实例属性。类属性也可以用"self.类变量名"的形式在实例函数中引用,这样会产生一个同名的类属性副本。

```python
class person(object):    # Demo3_18.py
    nation = "汉族"                     # 类属性
    party = "群众"                       # 类属性
    def __init__(self,p_name,p_age):
        self.name = p_name              # 实例属性
        self.age = p_age                # 实例属性
        self.i = 0
    def output(self):
        self.i = self.i + 1
        print("第{}次输出:{} {}".format(self.i,self.name,self.age))   # 输出实例属性 name 和 age
    def xx(self):
        self.i = self.i + 1
        person.nation = "维吾尔族"
        print("第{}次输出:{} {}".format(self.i,self.nation,person.nation))
                                        # 输出实例类变量和类变量
student = person(p_name = "李明", p_age = 15)        # 用类 person 创建实例 student
teacher = person(p_name = "王芳", p_age = 33)        # 用类 person 创建实例 teacher

print("student 第 1 次输出",student.nation,student.party)   # 第 1 次输出类属性
print("teacher 第 1 次输出",teacher.nation,teacher.party)   # 第 1 次输出类属性

person.nation = "满族"                               # 修改类属性
person.party = "团员"                                # 修改类属性
print("student 第 2 次输出",student.nation,student.party)   # 第 2 次输出类属性
print("teacher 第 2 次输出",teacher.nation,teacher.party)   # 第 2 次输出类属性

student.nation = "苗族"
student.party = "党员"
print("student 第 3 次输出",student.nation,student.party)   # 第 3 次输出类属性
print("teacher 第 3 次输出",teacher.nation,teacher.party)   # 第 3 次输出类属性

print("person 输出",person.nation,person.party)      # 输出类属性(改变实例的类属性后)

teacher.xx()
student.xx()
# 运行结果如下:
# student 第 1 次输出 汉族 群众
# teacher 第 1 次输出 汉族 群众
# student 第 2 次输出 满族 团员
# teacher 第 2 次输出 满族 团员
# student 第 3 次输出 苗族 党员
# teacher 第 3 次输出 满族 团员
# person 输出 满族 团员
# 第 1 次输出:维吾尔族 维吾尔族
# 第 1 次输出:苗族 维吾尔族
```

3.2.4 类中的函数

类中的函数有实例函数、类函数和静态函数,实例函数的第 1 个形参必须是 self,类函数的第 1 个形参必须是 cls,静态函数不需要 self 和 cls。

1. 实例函数

用类创建实例后,类中的函数变成实例的方法。类中的函数和一般的函数定义方法相同,实例函数的第 1 个形参一定是 self,也可以给其他形参设定初始值,形参也可以是数量可变的参数。函数的返回值可以没有,可以有 1 个或多个。第 1 个形参是 self 的函数称为实例函数或实例方法。在实例函数内部可以用"self.函数名()"的形式调用其他实例函数,在类外部,用类进行实例化后,用"实例名.函数名()"的形式调用实例函数,不需要给 self 传递实参,不需要在()中输入 self,实参也可以是关键字参数。

2. 初始化函数

初始化函数是一个特殊的实例函数。在创建类时,通常要定义一个初始化函数 __init__(),在 init 名字的前后分别加两个单下画线,这个函数在类进行实例化时会被自动执行。通常这个函数用于类创建实例时,对实例进行初始化设置,用这个函数传递初始化数据。用类创建实例时输入的参数将传递给__init__()函数。

```python
class hello(object):   # Demo3_19.py
    def __init__(self, string = "Hello"):   # 第 1 个形参是 self,形参 string 的默认值是 Hello
        self.greeting = string
        self.output()                        # 调用 output()函数

    def output(self):                        # 定义 output()函数,需要 self 形参
        print(self.greeting)

hi = hello("Nice to meet you!")
# 运行结果如下:
# Nice to meet you!
```

3. 静态函数

在类中定义函数语句(def)的前面加入一行声明"@staticmethod",随后定义的函数将成为静态函数,静态函数的形参中不需要传入 self,而且在静态函数的函数体中也不能直接使用带有 self 前缀的数据,但可以通过"类名.类变量"的形式使用类变量。静态函数的实参中可以将带 self 前缀的数据传递给静态函数体。在类内部可以通过"类名.函数名()"的形式调用静态函数,在类外面可以用"类名.函数名()"或者"实例名.函数名()"的形式调用静态函数。静态函数相当于类外部的一个普通函数,只不过是把普通函数定义到类中,例如下面的静态函数。静态函数的返回值的类型任意,可以是静态函数所在类的实例对象。

```python
import math   # Demo3_20.py
class h:
    factor = 2.0              # 类变量
```

```
        def __init__(self,x,y):
            self.x = x
            self.y = y
            self.xuan = h.rms(self.x,self.y)          #通过 类名.函数名() 引用静态函数

        @staticmethod
        def rms(a,b):
            return math.sqrt((a**2+b**2)/2) * h.factor   #通过 类名.函数名() 引用类变量
a = h(3,4)
print(a.xuan)
print(a.rms(3,4))              #通过 实例名.函数名() 引用静态函数
print(h.rms(3,4))             #通过 类名.函数名() 引用静态函数
```

4. 类函数

在类中定义函数语句(def)的前面加入一行声明"@classmethod",随后定义的函数将成为类函数。类函数的第1个形参必须是cls(class的缩写),类函数的函数体中通过"cls.变量名"的形式直接使用类变量,通过"cls.函数名()"形式直接调用其他类函数,通过"cls.函数名()"直接使用实例函数,在实例函数内通过"类名.函数名()"的形式调用类函数,在类外通过"类名.函数名()"或"实例名.函数名()"的形式调用类函数。将上面静态函数的代码修改一下得到如下类函数的例子。

```
import math  #Demo3_21.py
class h:
    factor = 2.0 #类变量
    def __init__(self,x,y):
        self.x = x
        self.y = y
        self.xuan = h.rms(self.x,self.y)       #通过 类名.函数名() 引用类函数

    @classmethod
    def rms(cls,x,y):                          #第1个形参必须是cls
        return math.sqrt((x**2+y**2)/2) * cls.factor   #通过 cls.类变量 引用类变量
a = h(3,4)
print(a.xuan)
print(a.rms(3,4))                          #通过 实例名.函数名() 引用类函数
print(h.rms(3,4))                          #通过 类名.函数名() 引用类函数
```

5. 方法的属性化

类定义中,在一个实例函数前面加入修饰符"@property"可以将实例函数变成实例属性,在调用实例函数时,不需要再加入括号,例如下面的代码中获取姓名和分数的代码。

```
class student(object):   #Demo3_22.py
    def __init__(self,name,score):
        self.name = name
```

```
        self.score = score

    @property
    def getName(self):
        return self.name
    @property
    def getScore(self):
        return self.score

student1 = student("李某人",89)

sName = student1.getName
sScore = student1.getScore
print(sName,sScore)
```

3.2.5　属性和方法的私密性

前面介绍的在类内定义的变量(实例变量、类变量)和函数(实例函数和类函数)对外都是可见的,而且也能被子类继承,这样使得数据的私密性不严,也不符合类的封装性要求。Python可以根据需求把类内部的变量和函数进行密闭分级。Python类的数据密闭性分为以下三级。

- 对外完全公开的数据(public)。前面实例中使用的变量(属性)和函数(方法)对外都是公开的,既可以在类内部又可以在类外部引用,也可以被子类继承,成为子类的变量和函数,如果把类存储到一个文件中,作为一个模块来使用,当在其他程序中用import语句导入类时,类内的变量和函数都可以导入进来。
- 受保护的数据(protected)。当类内的变量名或函数名前加1个下画线"_"时,例如self._age,这时类的变量或函数是受保护的,受保护的变量和函数可以在类内被使用,也可以在类外通过"实例名.变量名"或"实例名.函数名()"的形式使用或调用,还可以被子类继承,但是不能用import语句导入到其他程序中。
- 私有的数据(private)。当类内的变量名或函数名前加两个下画线"__"时,例如self.__age,这时类的变量或函数是类私有的数据,只能在类内使用,不能在类外使用,不能用"实例名.变量名"或"实例名.函数名()"的形式使用或调用,也不能被子类继承,更不能用import语句导入到其他程序中。

另外,Python中还有一些具有特殊意义的数据,其名称前后都加了两个下画线,例如__init__,这些前后都加了两个下画线的数据在Python中有特殊的作用。

由于私有变量对外是不可见的,因此可以在类内定义私有变量的输入函数和输出函数,通过函数使其对外可见,例如下面的程序:

```
class student(object):   # Demo3_23.py
    def __init__(self,name = None,score = None):
        self.__name = name               # 私有属性
```

```
            self.__score = score              #私有属性

        def _setName(self,name):              #受保护的方法
            self.__name = name
        def _getName(self):                   #受保护的方法
            return self.__name
        def _setScore(self,score):            #受保护的方法
            self.__score = score
        def _getScore(self):                  #受保护的方法
            return self.__score

liming = student()
liming._setName("李明")
liming._setScore(98)
print("{}的成绩是{}".format(liming._getName(),liming._getScore()))
#运行结果如下:
#李明的成绩是98
```

前面已经讲过,用@property修饰的函数可以当作属性使用,@property经常应用到不需要输入参数的函数中,例如上面的输出函数。另外,对于用@property修饰的函数,可以设置另一个与之相对应的同名输入函数,需要用@xx.setter进行修饰,其中xx是用@property修饰过的函数名。另外,还可以用@xx.deleter修饰一个用于删除变量的函数,例如下面的程序。

```
class student(object):    #Demo3_24.py
    def __init__(self,name = None,score = None):
        self.__name = name                #私有属性
        self.__score = score              #私有属性

    @property
    def name(self):
        return self.__name
    @name.setter
    def name(self,name):
        self.__name = name
    @property
    def score(self):
        return self.__score
    @score.setter
    def score(self,score):
        self.__score = score
    @score.deleter
    def score(self):
        del self.__score

liming = student()
liming.name = "李明"                       #调用输入函数
```

```
liming.score = 98                                              #调用输入函数
print("{}的成绩是{}".format(liming.name,liming.score))        #调用输出函数
del liming.score                                               #删除私有属性
```

3.2.6　类的继承

类是一个模板,在创建新类时,可以在其他已有模板上添加新的内容,也可以改写已有模板上的变量和函数,形成新的模板,这就是类的继承。继承是面向对象编程的重要特征之一。

1. 继承与父类的初始化

通过继承可以实现代码的重用,理顺类之间的关系。被继承的类是父类,新建的类是子类。新建一个类时,例如 class childClass(fatherClass1,fatherClass2,...),其中 fatherClassi 是父类。一个类可以继承多个父类,父类之间用逗号隔开,子类继承父类除私有数据之外的所有数据。

用子类实例化一个对象时,会立刻自动执行子类的__init__()函数,但不会执行父类的__init__()函数。可以在子类的__init__()函数体中加入 super().__init__()语句,这样就会同时执行父类的初始化函数。例如下面的程序,先创建了 person 类,person 类中有 name 属性和 setName()方法;接下来创建了 student 类,student 类是从 person 类继承而来的,因此 student 类中有 name 属性和 setName()方法,在 student 类中又添加了 number 属性和 score 属性,以及 setNumber()方法和 setScore()方法,然后用 student 类实例化 liming,并调用三个方法为属性赋值。

```
class person:   #Demo3_25.py
    def __init__(self,name = None):
        self.name = name
    def setName(self,name):
        self.name = name
class student(person):
    def __init__(self,number = None,score = None):
        super().__init__()              #调用父类的初始化函数
        self.number = number
        self.score = score
    def setNumber(self,number):
        self.number = number
    def setScore(self,score):
        self.score = score

liming = student()                      #student 的实例中有父类和子类的属性和方法
liming.setName("李明")                   #调用父类的 setName()方法
liming.setNumber(20201)                 #调用子类的 setNumber()方法
liming.setScore(98)                     #调用子类的 setScore()方法
print("姓名:{} 学号:{} 成绩:{}".format(liming.name,liming.number,liming.score))

#运行结果
#姓名:李明 学号:20201 成绩:98
```

2. 方法重写

子类继承父类时,如果父类的某些函数或变量已经不适合子类的要求,可以在子类中修改父类的函数或者删除父类的变量。修改父类的函数只需在子类中重新写一个与父类同名的函数即可。在用类实例化对象后,对象调用与父类同名的方法时,调用的是子类的函数,而不是父类的函数。例如下面的程序,person 中有实例变量 name 和 address,还有一个设置姓名的函数 setName(),在子类 student 继承 person,在 student 的初始化函数中用 del self.address 删除从父类继承的 address 变量,重写了父类的 setName()函数。

```python
class person:    # Demo3_26.py
    def __init__(self, name = None, address = None):
        self.name = name
        self.address = address          # 需要删除的属性
    def setName(self, name):            # 需要重写的方法
        self.name = name
class student(person):
    def __init__(self, number = None, score = None):
        super().__init__()
        self.number = number
        self.score = score
        del self.address                # 删除父类的属性
    def setNumber(self):
        self.number = input("请输入学号:")
    def setScore(self):
        self.score = input("请输入成绩:")
    def setName(self):                  # 重写父类的函数
        self.name = input("请输入学生姓名:")

liming = student()
liming.setName()                        # 调用子类的 setName()方法
liming.setNumber()
liming.setScore()
print("姓名:{} 学号:{} 成绩:{}".format(liming.name, liming.number, liming.score))

# 运行结果如下:
# 请输入学生姓名:李明
# 请输入学号:20201
# 请输入成绩:96
# 姓名:李明 学号:20201 成绩:96
```

3. 基类 object

新建立一个类时,如果没有类可以继承,可以选择 object 作为父类。object 类是 Python 的默认类,提供了很多内置方法,Python 中字符串、列表和字典等对象都继承了 object 类的方法。继承了 object 的类属于新式类,没有继承 object 的类属于经典类。在 Python3.x 中默认所有的自定义类都会继承 object 类,Python3.x 的所有类都是 object 的子类;在 Python2 中不继承 object 的类是经典类。object 类的内置函数如表 3-1 所示。

表 3-1　object 类的内置函数

函　数	功能说明	函　数	功能说明
__class__	返回实例的类	__le__	当两个实例进行<=比较时,触发该方法
__delattr__	删除属性时触发该方法	__lt__	当两个实例进行<比较时,触发该方法
__dir__	列出实例的所有方法和属性	__ne__	当两个实例进行!=比较时,触发该方法
__doc__	显示类的注释信息	__new__	创建实例前,触发该方法
__eq__	当两个实例进行==比较时,触发该方法	__repr__	输出某个实例化对象时,触发该方法,返回对象的规范字符串表示形式
__format__	当执行字符串的 format()方法时,触发该方法	__setattr__	给一个属性赋值时,触发该方法
__ge__	当两个实例进行>=比较时,触发该方法	__sizeof__	返回分配给实例的空间大小
__getattr__	当读取一个属性的值时,触发该方法	__str__	用 print()函数输出一个对象时,触发该方法,打印的是该方法的返回值
__getattribute__	当读取属性值时,触发该方法	__dict__	以字典形式返回属性和属性的值
__gt__	当两个实例进行>比较时,触发该方法	__del__	当对象被删除时,触发该方法
__hash__	当一个实例进入一个需要唯一性检验的物体内时,如集合、字典的键,就会触发该方法	__module__	返回对象所处的模块
__init__	创建完实例后,触发该方法	__bool__	当使用 bool(object)函数时,触发该方法;当没有定义 __bool__ 时,触发__len__方法
__init_subclass__	当一个类发现被子类继承时,触发该方法,用于初始化子类	__len__	当使用 len(object)函数时,触发该方法

　　object 类提供的函数都是比较深层次的操作,当探测到某种动作发生或处于某种状态时,会自动运行相应的函数,这些函数可以在自定义类中重新定义。例如下面的代码中__getattr__()、__setattr__()、__delattr__()和__str__(),当给属性赋值,或者给一个不存在的属性赋值时,会自动触发__setattr__()函数;当读取一个属性的值,或者读取一个不存在的属性值时,会自动触发__getattr__()函数;当删除一个属性时,会自动触发__delattr__()函数;当打印一个实例时,会自动触发__str__()函数。

```python
class girl(object):      # Demo3_27.py
    def setname(self,name):
        self.name = name
    def setage(self,age):
        self.age = age
    def __getattr__(self,item):        # 重写方法,当读取数据时触发
        print("getattr",item)
    def __setattr__(self,key,item):    # 重写方法,当设置数据时触发
        print('setattr',key ,item)
```

```
        def __delattr__(self,item):          #重写方法,当删除属性时触发
            print('delattr',item)

        def __str__(self):                    #重写方法,当用 print()输出时触发
            return "这是关于一个女孩的类."

    xiaofang = girl()

    xiaofang.setname("小芳")                  #设置属性,触发__setattr__
    xiaofang.setage(22)                       #设置属性,触发__setattr__

    name = xiaofang.name                      #获取属性,触发__getattr__
    age = xiaofang.age                        #获取属性,触发__getattr__
    del xiaofang.age                          #删除属性,触发__delattr__
    print(xiaofang)                           #打印属性,触发__str__
    xiaofang.favorite = 'white'               #给不存在的属性设置值,触发__setattr__
    bd = xiaofang.birthday                    #读取不存在的属性,触发__getattr__

    #运行结果如下:
    # setattr name 小芳
    # setattr age 22
    # getattr name
    # getattr age
    # delattr age
    # 这是关于一个女孩的类.
    # setattr favorite white
    # getattr birthday
```

3.2.7 类的其他操作

类的实例也可以看作一种数据类型。类的实例也可以作为列表、元组、集合的元素,或字典的值,甚至作为函数的返回值。也可以在类中引用其他类的实例。

1. 对象作为列表、元组、字典和集合的元素

下面的程序先创建一个 student 类,然后把学生信息赋予学生对象 temp,并把对象 temp 加入列表和字典中,最后创建有学生对象的元组和集合。

```
class student(object):   #Demo3_28.py
    def __init__(self,name = None,number = None,score = None):
        self.name = name
        self.number = number
        self.score = score
    def setName(self,name):
        self.name = name
    def setNumber(self,number):
        self.number = number
    def setScore(self,score):
        self.score = score
```

```
# 学号是关键字,姓名和成绩是值
s_score = {20203:("李明",84),20202:("高新",79),20201:("赵东",92),20204:("李丽",69)}

num = list()                          # 学号列表
num.extend(s_score.keys())
num.sort()                            # 按学号顺序从小到大排序

s_list = list()                       # 空对象列表
s_dict = dict()                       # 空对象字典
for i in num:
    temp = student()
    temp.setName(s_score[i][0])
    temp.setNumber(i)
    temp.setScore(s_score[i][1])
    s_list.append(temp)               # 将对象添加到列表中
    s_dict[i] = temp                  # 将对象添加到字典中

template = "姓名:{} 学号:{} 成绩:{}"
for s in s_list:
        print(template.format(s.name,s.number,s.score))
s_tuple = tuple(s_list)               # 由对象构成的元组
s_set = set(s_list)                   # 由对象构成的集合
# 运行结果如下:
# 姓名:赵东 学号:20201 成绩:92
# 姓名:高新 学号:20202 成绩:79
# 姓名:李明 学号:20203 成绩:84
# 姓名:李丽 学号:20204 成绩:69
```

2. 对象作为属性值和函数返回值

下面的程序先创建 person 类,然后用 person 作为父类创建 student 和 teacher 类,在 teacher 类中创建 student 的对象,并把 student 对象加入 person 的私有列表 self.__myStudent 中,通过 teacher 类的查询函数,返回学生对象。

```
class person(object):   # Demo3_29.py
    def __init__(self,name = None):
        self.__name = name
    def setName(self,name):
        self.__name = name
    def getName(self):
        return self.__name
class student(person):
    def __init__(self,name = None,number = None,score = None):
        super().__init__(name)
        self.__number = number
        self.__score = score
    def setNumber(self,number):
        self.__number = number
```

```
        def setScore(self,score):
            self.__score = score
        def getNumber(self):
            return self.__number
        def getScore(self):
            return self.__score
class teacher(person):
    def __init__(self,name = None):
        super().__init__(name)
        self.__myStudent = list()                          #用于存放学生对象的列表
    #设置学生信息,形参 student_information 是字典,用于传递学生信息,关键字是学号
    def setMyStudent(self,student_information):
        num = list()                                       #临时列表,用于存放学生的学号
        num.extend(student_information.keys())             #从字典中获取学生的学号
        num.sort()                                         #对学号排序
        for i in num:
            temp = student()                               #创建学生的对象,临时变量
            temp.setNumber(i)                              #设置学生对象的学号
            temp.setName(student_information[i][0])        #设置学生对象的姓名
            temp.setScore(student_information[i][1])       #设置学生对象的成绩
            self.__myStudent.append(temp)                  #将学生对象添加到学生列表中
    #根据学号,查询和读取学生信息,形参 number 是学号
    def getMyStudent(self,number):
        if len(self.__myStudent) == 0:                     #在查询前确认已经读取了学生信息
            print("请先输入学生信息.")
            return None
        for i in self.__myStudent:
            if number == i.getNumber():        #如果查询到学号,输出学生信息并返回学生对象
                template = "查询到的学生信息:\n 姓名:{} 学号:{} 成绩:{}"
                print(template.format(i.getName(),i.getNumber(),i.getScore()))
                return i  # 函数返回值是学生对象
        print("!!!查无此学生!!!")                            #如果查询不到学生,返回提示信息
#以字典形式存储学生信息,键是学号
s_score = {20203:("李明",84),20202:("高新",79),20201:("赵东",92),20204:("李丽",69)}

wang = teacher("王老师")                               #王老师对象
wang.getMyStudent(20203)    #在未输入学生信息前进行查询,返回提示信息:请先输入学生信息.
print(" * " * 50)
wang.setMyStudent(s_score)                            #输入学生信息
wang.getMyStudent(20202)                              #根据学号查询学生信息
print(" * " * 50)
s = wang.getMyStudent(20204)  #根据学号查询学生信息,并返回学生对象
print("{}的学生信息\t 姓名:{} 学号:{} 成绩:{}".format(wang.getName(),s.getName(),s.
getNumber(),s.getScore()))
print(" * " * 50)
wang.getMyStudent(20208)          #查询不存在的学号,返回提示信息:!!!查无此学生!!!

#运行结果如下:
#请先输入学生信息.
```

```
# **************************************************
#查询到的学生信息:
#姓名:高新 学号:20202 成绩:79
# **************************************************
#查询到的学生信息:
#姓名:李丽 学号:20204 成绩:69
#王老师的学生信息姓名:李丽 学号:20204 成绩:69
# **************************************************
#!!!查无此学生!!!
```

3.3 模块和包

Python 支持模块(module)和包(package)操作,将程序分成很多部分,每个部分分别保存到不同 py 文件和不同的文件夹中,这样每个文件就是一个模块,文件夹成为一个包。采用模块和包编程方式,可以把一个大型项目分解成许多小模块,每个人完成一个模块,这样可以极大地提高效率,也便于维护代码。除了自己创建模块和包外,Python 还自带了一些模块,另外用 pip 或 pip3 安装的第三方模块或包安装到 Python 安装路径 Lib\site-packages 下,读者也可以把自己编写好的模块和包放到该目录下,方便用 import 语句导入。

3.3.1 模块的使用

前面讲的编程都是在一个文件中进行的,无论是在 Python 的 IDLE 环境,还是在第三方软件,如 PyCharm 中进行,写完程序存盘后得到一个扩展名为 py 的文件,若想再次运行程序需重新将其打开。对于大型程序,只在一个文件中编程会使得程序代码特别多,不便于维护。为了解决这个问题,可以把一些功能相似的代码,如一些变量、函数、类分别存储到不同的 py 文件中,需要使用的时候,通过 import 语句把 py 文件中的函数、类导入即可。每个 py 文件可以成为一个模块,例如前面用的 math 模块、random 模块,每个模块提供了很多函数,使用前需要用 import 语句导入模块。

1. 模块导入方式

下面以上节用到的程序为例,说明模块的使用过程。Python 导入模块使用"import 模块名"语句。新建一个文件,在文件中输入以下内容,文件中含有两个函数 total()和 average(),还有一个类 st,将文件保存到 student.py 文件中,如下所示。

```python
# student.py   # Demo3_30.py
def total( * arg):
    SUM = 0
    for i in arg:
        SUM = SUM + i
    return SUM
def average( * arg):
    n = len(arg)
```

```
        return total( * arg)/n
class st(object):
    def __init__(self, name = None, number = None, score = None):
        self.name = name
        self.number = number
        self.score = score
```

再新建另外一个文件,输入如下内容,并保存到 run. py 文件中,如下所示。

```
# run.py  # Demo3_31.py
import student

s1 = student.st(name = "李明", number = 20201, score = 89)      # 调用 student 中的类 st
s2 = student.st(name = "高新", number = 20202, score = 93)      # 调用 student 中的类 st
s3 = student.st(name = "李丽", number = 20203, score = 91)      # 调用 student 中的类 st

tot = student.total(s1.score, s2.score, s3.score)       # 调用 student 中的函数 total()
avg = student.average(s1.score, s2.score, s3.score)     # 调用 student 中的函数 average()

print("三个学生的总成绩{},平均成绩{}".format(tot, avg))
# 运行结果如下:
# 三个学生的总成绩 273,平均成绩 91.0
```

导入模块语句 import 的格式如下所示:

import moduleName

或

import moduleName as alias

其中,alias 是别名。当模块名很长时,用别名可以缩短模块名,如 import student as st,引用模块中变量、函数或类,需要在变量名、函数名或类名前加"moduleName."或"alias.",如 student.total(79,85)或 st.total(78,79)。

另外一种导入方式的格式如下:

from moduleName import member1, member2, …

或

from moduleName import *

其中,member 表示被导入的变量名、函数名或类名,导入多个数据时,用逗号隔开;* 表示导入模块中所有的变量、函数和类,在使用变量、函数和类时,可直接使用这些数据的名字,无须在变量名、函数名或类名前加"moduleName."。例如下面的代码中 st、total 和 average可以直接使用,无须加模块名。

```
# run.py  # Demo3_32.py
from student import st, total, average
```

```
s1 = st(name = "李明",number = 20201,score = 89)      # 直接使用类 st
s2 = st(name = "高新",number = 20202,score = 93)      # 直接使用类 st
s3 = st(name = "李丽",number = 20203,score = 91)      # 直接使用类 st

tot = total(s1.score,s2.score,s3.score)              # 直接调用函数 total()
avg = average(s1.score,s2.score,s3.score)            # 直接调用函数 average()

print("三个学生的总成绩{},平均成绩{}".format(tot,avg))
```

2. 设置模块搜索路径

在用 import 语句导入模块时,Python 首先会在当前目录下查找,如果找不到,会在环境变量 PYTHONPATH 指定的目录中查找,如果还找不到,会在 Python 的安装目录下查找。以上目录通过 sys 模块的 sys.path 变量可以显示出来,如下所示。

```
import sys
print(sys.path)
# 运行结果如下:
# ['D:\\Python', 'D:\\Program Files\\Python39\\Lib\\idlelib',
# 'D:\\Program Files\\Python39\\python39.zip', 'D:\\Program Files\\Python39\\DLLs',
# 'D:\\Program Files\\Python39\\lib', 'D:\\Program Files\\Python39',
# 'D:\\Program Files\\Python39\\lib\\site - packages']
```

如果读者想自己指定 Python 的搜索路径,可以通过以下三种方式进行设置。

第 1 种方式是修改系统环境变量 PATHONPATH 的值。在 Windows 中打开环境变量设置对话框,如图 3-1 所示,如果还没有 PYTHONPATH 变量,可以单击"新建"按钮,输入变量名 PYTHONPATH 和对应的路径;如果已经存在了,找到 PYTHONPATH,然后单击"编辑"按钮,可以设置多个路径,路径之间用分号";"隔开。设置好环境变量后,需要重新打开 Python,设置才起作用。

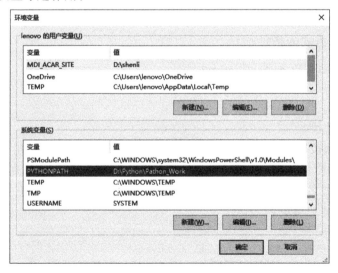

图 3-1　系统环境变量对话框

第 2 种方式是添加 .pth 文件。在 Python 的安装目录下有个 Lib\site-packages 目录，在该目录下创建一个扩展名为 .pth 的文件，在该文件中加入自己的路径即可。

第 3 种方式是往 sys.path 中临时添加，sys.path.append(path)，如下所示。

```
>>> import sys
>>> sys.path.append("D:\\python_book")
>>> print(sys.path)
['D:\\Python', 'D:\\Program Files\\Python39\\Lib\\idlelib', 'D:\\Python\\Pathon_Work', '
D:\\Program Files\\Python39\\python39.zip', 'D:\\Program Files\\Python39\\DLLs',
'D:\\Program Files\\Python39\\lib\\site - packages', 'D:\\python_book']
```

3.3.2 模块空间与主程序

当使用 import 或 from … import 语句导入模块时，Python 会开辟一个新的空间，在这个新空间中读取模块中的程序并运行程序，这个空间叫模块空间。如果遇到可执行的语句，Python 会执行这些语句并返回结果，如果模块中只有函数和类，没有可以直接执行的语句，就不会有返回结果。另外，为了测试模块中各函数或类的定义是否准确，需要在模块中加入一些可以执行的程序，模块在导入到另外一个程序中时直接运行可执行的语句是我们不希望的。例如下面的程序有一个定义和调用函数的语句 module_test()，还有一个输出语句 print("模块测试")，如果执行这个程序，会得到"我在主程序中运行"和"模块测试"，如果把这个程序存盘为 sub_module.py 文件，并导入其他模块中，会有什么结果呢？

```
# sub_module.py   # Demo3_33.py
def module_test():
    if __name__ == "__main__":      # 变量__name__记录程序运行时的模块名
        print("我在主程序中运行")
    else:
        print("我在{}模块中运行".format(__name__))

module_test()
print("模块测试")
# 运行结果如下:
# 我在主程序中运行
# 模块测试
```

新建立另外一个文件 my_run.py，输入"from sub_module import module_test"语句，从 sub_module.py 中导入 module_test() 函数，如果运行 my_run.py，可以看出 Python 输出了"我在 sub_module 模块中运行"和"模块测试"信息，这是我们不希望得到的结果。其实我们只想导入一个函数，并不想执行模块中其他语句。

```
from sub_module import module_test
# 运行结果如下:
# 我在 sub_module 模块中运行
# 模块测试
```

为了防止出现上面的情况,可以根据程序运行的空间名字决定是否执行模块中的可执行语句。Python 中有个变量 __name__,它记录程序执行的空间名字,对于 Python 直接运行的程序,__name__ 的值是"__main__",表示主程序,而从主程序导入模块时,新建立的空间是模块空间,模块空间的名字和模块名字相同,这从上面的返回值中可以看出。现把 sub_module.py 程序修改如下,运行这个程序,并不影响程序的正确结果,如果回到 my_run.py 并运行 my_run.py,也不会有任何输出。

```python
# sub_module.py    # Demo3_34.py
def module_test():
    if __name__ == "__main__":         # 变量__name__记录程序运行时的模块名
        print("我在主程序中运行")
    else:
        print("我在{}模块中运行".format(__name__))

if __name__ == "__main__":             # 如果被当作模块调用,下面的语句不会执行
    module_test()
    print("模块测试")
```

现把 my_run.py 修改如下,可以看出即便是用了"from sub_module import module_test"语句,而不是"import sub_module"语句,函数 module_test() 的运行空间还是模块空间。通常在主程序中会加入"if __name__ == "__main__":"语句,表示整个程序的入口。需要注意的是,如果两个模块空间中有两个数据的名字相同,用 import moduleName 形式导入模块,并不影响程序的正确运行,因为引用模块中的数据需要加入"moduleName."前缀;而如果用 from moduleName import member 形式直接导入数据,后读入的数据会覆盖先导入的数据。

```python
# my_run.py    # Demo3_35.py
from sub_module import module_test

if __name__ == "__main__":
    print(" * " * 30)
    module_test()
    print(" * " * 30)
    print("现在的模块是:", __name__)

# 运行结果如下:
# ******************************
# 我在 sub_module 模块中运行
# ******************************
# 现在的模块是: __main__
```

3.3.3　包的使用

1. 建立包

当程序比较复杂,模块较多时,可以根据模块功能,将模块放到不同目录下,这样就形成

了包,并且在每个目录下放置一个__init__.py 文件,__init__.py 文件在模块导入时初始化文件。例如图 3-2 所示的 Model 包,在 Model 目录下有__init__.py 文件,还有两个文件夹,每个文件夹下也有__init__.py 文件,每个文件下还有其他 py 文件,这样就形成了一个完整的包。__init__.py 文件中可以写代码,也可以不写,例如在 Model 下的__init__.py 文件写入__all__＝("solver.py","BC","Element"),则使用"from Model import ＊"才可以把 solver 模块导入。

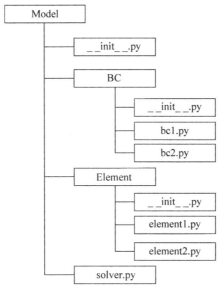

图 3-2　Model 包示意图

2. 使用包

假如在上面模块的 element1.py 中有个变量 var＝10 和函数 average(＊arg),要使用这个变量和函数,可以采用下面 3 种方式。

第 1 种方式是"import 完整包名.模块名",在调用模块中的变量和函数时,需要用"完整包名.模块名.变量"或"完整包名.模块名.函数()"的形式,例如下面的代码。

```
import Model.Element.element1

print(Model.Element.element1.var)
x = Model.Element.element1.average(10,20,30)
```

第 2 种方式是使用"from 完整包名 import 模块名",这时在程序中要使用模块中的变量、函数和类,可以用"模块名.变量"或"模块名.函数()"的形式,例如下面的代码。

```
from Model.Element import element1

print(element1.var)
x = element1.average(10,20,30)
```

第3种方式是使用"from 完整包名.模块名 import 变量,函数,类",还可以用"from 完整包名.模块名 import ＊"形式导入所有的变量、函数和类,这时在程序中要使用模块中的变量、函数和类,可以直接使用变量名、函数名和类名,例如下面的代码。

```
from Model.Element.element1 import var,average

print(var)
x = average(10,20,30)
```

3.3.4　枚举模块

枚举类型是一种基本数据,不是数据结构。枚举类型可以看作一种标签或一系列常量的集合,通常用于表示某些特定的有限集合,当一个量有几种可能的取值时,可以把这个量定义成枚举类型,例如星期、月份、状态、颜色等。在后面的可视化编程中也经常用到枚举类型。Python 的基本数据类型里没有枚举类型。Python 枚举类型作为一个模块 enum 存在,使用它前需要先导入 enum 中的类 Enum、IntEnum 和 unique,然后继承并自定义需要的枚举类,其中 Enum 枚举类型可以定义任何类型的枚举数据,IntEnum 限定枚举成员必须为整数类型,而 unique 枚举类型可以作为修饰器限定枚举成员的值不能重复。枚举类型不允许存在相同的标签,但是允许不同标签的枚举值相同。不同的枚举类型,即使枚举名和枚举值都一样,比较结果也是 False,枚举类型的值不能被外界更改。如果一个变量可能取几个可能的枚举值,可以用"|"符号将几个枚举类型的标签连接起来。

在定义枚举类型前,需要先导入枚举类,其格式如下:

from enum import Enum, IntEnum, unique

例如下面是定义一周的日期枚举类型。

```
from enum import IntEnum,unique    #Demo3_36.py

@unique
class weekday(IntEnum):
    Sunday = 0
    Monday = 1
    Tuesday = 2
    Wednesday = 3
    Thursday = 4
    Friday = 5
    Saturday = 6
print(weekday.Monday.name)              #获取名称属性
print(weekday.Monday.value)             #获取值属性
print(weekday["Monday"])                #通过成员名称获取成员
print("第5天是",weekday(5))             #通过成员值获取成员
for i in weekday:                       #遍历
    print(i)
for key,value in weekday.__members__.items():
```

```
        print(key,value)
for key in weekday.__members__.keys():
        print(key)
for value in weekday.__members__.values():
        print(value)
weekend = weekday.Saturday | weekday.Sunday
```

3.3.5 sys 模块

sys 模块是 python 系统特定的模块,而不是操作系统。通过 sys 模块可以访问 python 解释器的一些属性和方法,通过属性或方法获取或设置 python 解释器的状态。使用 sys 模块前需要用 import sys 语句把它导入进来。

1. argv 属性

argv 属性记录当前运行 py 文件时对应的 py 文件名和命令行参数。argv 属性是一个字符串列表,第 1 个元素 argv[0] 是 python 解释器执行 py 文件的文件名,其他元素依次记录命令行参数,在不同环境下调用 python 解释器运行 py 文件,argv 的值也有所不同。对于一个复杂的程序,在执行主程序时,往往需要输入一些参数值,这时 argv 记录这些参数值,通过 argv 传递给主程序参数,以决定主程序的运行方向和程序的参数,例如程序的界面风格。

在 python 的 IDLE 文件环境中输入下面的代码,并把代码保存到 d 盘根目录下的 test.py 文件中,运行代码后会得到 argv 的值为['D:/test.py']。

```
import sys    #Demo3_37.py
print(sys.argv)
n = len(sys.argv)
if n > 1:
    for i in range(1,n):
        print("你输入的第{}个参数是{}".format(i,sys.argv[i]))
#运行结果如下:
#['D:/test.py']
```

启动 Windows 的 cmd 窗口,输入命令 python d:\test.py p1=10 p2=20 p3=50,将会得到如图 3-3 所示的结果。

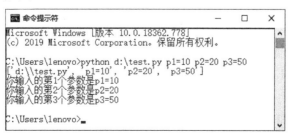

图 3-3　cmd 窗口运行 Python 程序

2. path 属性

path 是一个字符串列表,记录 python 解释器查找的路径。当用 import 语句导入一个模块或包时,会在 path 指定的路径中搜索模块或包,如果要添加新的搜索路径,可以使用 sys.path.append()方法。Path 的值有些是来自环境变量 PYTHONPATH 的值,有些是默认的值。

3. modules 属性和 builtin_module_names 属性

modules 属性返回已经加载的模块名,builtin_module_names 属性返回 Python 内置的模块名。modules 的返回值是一个字典,通过 keys()方法可以获取关键字的值,用 values()方法可以返回关键字的值。

4. platform 属性和 version 属性

platform 属性返回操作系统标识符,例如 Win32。version 属性返回当前 Python 的版本号,如 3.8.2。

5. stdin、stdout 和 stderr 属性

stdin 和 stdout 是 Python 的标准输入和输出,其中 stdin 是指除脚本之外的所有解释器输入,包括 input()函数,stdout 是指标准输出设备,通常指电脑屏幕,也可以修改成其他设备,例如一个文件;stderr 是标准错误信息,解释器自己的提示和其他几乎所有的错误消息都会转到 stderr。使用 stdin 或 stdout 的 read()、readline()或 readlines()方法可以从文件中读取数据,用 write()或 writelines()方法可以往文件中写数据。

下面的程序将 d 盘根目录下的 sys_infor.txt 文件作为标准的输出设备,print()函数和 help()函数的输出信息都保存到文件中,而不会在电脑屏幕中显示出来。

```python
import sys
sys.stdout = open("d:\\sys_infor.txt",'w')
print("这是对 sys 模块的介绍.")
help(sys)
sys.stdout.close()
```

6. executable 和 exec_prefix 属性

executable 返回 Python 的执行文件 python.exe 所在的路径和文件名,例如"D:\Program Files\Python39\python.exe"; exec_prefix 只给出路径名,例如"D:\Program Files\Python39"。

7. exit([n])方法

当 Python 的解释器执行到 sys.exit()语句时,若给 exit()方法传递一个值为 0 的数据,解释器会认为程序是正常退出;如果传递非 0(1~127)的数据,解释器会认为程序运行异常,同样需要退出。无论是哪种状态,exit()都会抛出一个异常 SystemExit,如果这个异常没有被捕获(try…except 语句),那么 Python 解释器将会退出,不会再执行 sys.exit()之后的语句;如果有捕获此异常的代码,Python 解释器不会马上退出,而是执行 except 语句,捕获这个异常可以做一些额外的清理工作,例如清除程序中生成的临时文件后再退出程序。

可视化编程时,exit()方法通常用于主程序的最后一句,图形界面退出时,返回一个数值给exit(),可以用异常处理语句(try…except 语句)来处理非正常退出,当然也可以不做任何工作,结束程序的运行。

下面的程序计算两个数的商,需要输入两个数,如果第 2 个数是 0,则程序直接退出。

```python
import sys   # Demo3_38.py

x = input("请输入第 1 个数:")
y = input("请输入第 2 个数:")
x = float(x)
y = float(y)
if y == 0:
    print("你输入的第 2 个数是 0,程序发生致命错误而退出!")
    sys.exit(1)
print("这两个数的商是:", x/y)
# 运行结果如下:
# 请输入第 1 个整数:3
# 请输入第 2 个整数:0
# 你输入的第 2 个数是 0,程序发生致命错误而退出!
```

第4章

异常处理和文件操作

编写好的程序在第一次运行时一般都会出现问题,出现问题是正常的。出现问题的原因很多,大致可以分为两类:一类是程序语法上的错误,这类问题很容易发现,运行一遍程序就会提示出错原因,在 PyCharm 中编程随时都有语法错误警示;另一类是程序逻辑上的错误,不是因为编程语言规则上的错误,而是程序内部逻辑上有问题,或者程序员没有预料的事情发生了,这是一种隐式错误,这种错误需要对程序进行多次调试才能发现。如果程序员能预料在某种情况下某段程序会出现异常,那么可以在程序中提前进行异常的捕获和处理。

4.1 异常信息和异常处理

程序在执行过程中如果出现异常(exception),在编程中没有提前设置拦截异常和处理异常的语句,程序就会终止运行。在程序编写阶段,预测可能发生异常的情况,并想办法处理,这也是编程的一部分。Python 处理异常的方法有两种,一种是被动发现异常(try 语句),另一种是由编程人员预测到出现异常的情况并主动抛出异常(raise 语句)。

4.1.1 异常信息

Python 逐行运行程序过程中,在没有提前设置异常处理时,如果遇到异常会抛出异常信息并终止后续程序的执行。例如下面的语句,列表 am 只有 4 个元素,却要读取 10 个元素,超出了列表的长度,结果抛出异常信息"IndexError: list index out of range"。

```
am = [1,2,3,4]   #Demo4_1.py
print(am)
x = 0
for i in range(10):
```

```
        x = x + am[i]
    print(x)
    # 运行结果如下:
    #[1, 2, 3, 4]
    # Traceback (most recent call last):
    # File "D:/Python/error.py", line 5, in < module >
    # x = x + am[i]
    # IndexError: list index out of range
```

  Python 有很强大的处理异常的能力,具有很多内置异常捕获机制,可向用户准确反馈出错信息。异常也是对象,可对它进行操作。BaseException 是所有内置异常的基类,所有的异常类都是从 Exception 继承的,且都在 exceptions 模块中定义。Python 自动将所有异常名称放在内建命名空间中,所以程序不必导入 exceptions 模块即可使用异常。Python 抛出的异常名称和异常原因如表 4-1 所示。

表 4-1   Python 抛出的异常名称和异常原因

异 常 名 称	异 常 原 因	异 常 名 称	异 常 原 因
TabError	Tab 和空格混用	ConnectionAbortedError	连接尝试被对等方终止
GeneratorExit	生成器(generator)异常	ConnectionRefusedError	连接尝试被对等方拒绝
StopIteration	迭代器没有更多的值	ConnectionResetError	连接由对等方重置
SystemError	解释器发现内部错误	FileExistsError	创建已存在的文件或目录
ArithmeticError	各种算术错误引发的内置异常的基类	FileNotFoundError	请求不存在的文件或目录
SyntaxError	Python 语法错误	InterruptedError	系统调用被输入信号中断
OverflowError	运算结果太大无法表示	IsADirectoryError	在目录上请求文件操作
ValueError	操作或函数接收到具有正确类型但值不合适的参数	NotADirectoryError	在不是目录的事物上请求目录操作
AssertionError	当 assert 语句失败时引发	PermissionError	尝试在没有足够访问权限的情况下运行操作
AttributeError	属性引用或赋值失败	ProcessLookupError	给定进程不存在
BufferError	无法执行与缓冲区相关的操作时引发	ChildProcessError	在子进程上的操作失败
EOFError	当 input()函数在没有读取任何数据并达到文件结束条件(EOF)时引发	ReferenceError	weakref. proxy()函数创建的弱引用试图访问已经放入垃圾回收箱中的对象
ImportError	导入模块/对象失败	ModuleNotFoundError	无法找到模块或在 sys. modules 中找到 None
RuntimeError	在检测到不属于任何其他类别的错误时触发	RecursionError	解释器检测到超出最大递归深度
SystemExit	解释器请求退出	FloatingPointError	浮点计算错误
IndexError	序列中没有此索引	IndentationError	缩进错误
KeyError	字典中没有这个键	KeyboardInterrupt	用户中断执行
UnicodeError	发生与 Unicode 相关的编码或解码错误	StopAsyncIteration	通过异步迭代器对象的 __ anext__()引发停止迭代

续表

异 常 名 称	异 常 原 因	异 常 名 称	异 常 原 因
NameError	未声明/初始化对象	UnboundLocalError	访问未初始化的本地变量
TypeError	操作或函数应用于不适当类型的对象	ZeroDivisionError	除（或取模）零
OSError	操作系统错误	MemoryError	内存溢出错误
BlockingIOError	操作将阻塞对象	UnicodeDecodeError	Unicode 解码错误
TimeoutError	系统函数在运行时超时	UnicodeEncodeError	Unicode 编码错误
ConnectionError	与连接相关的异常的基类	UnicodeTranslateError	Unicode 转码错误
BrokenPipeError	另一端关闭时尝试写入管道或试图在已关闭写入的套接字上写入	LookupError	映射或序列上使用的键或索引无效时引发的异常的基类

4.1.2　被动异常的处理

Python 的异常处理方法和 if 结构有些类似，也是可以进行分支的结构，并且可以进行嵌套。Python 的异常处理由关键字 try 开始的语句定义。异常处理语句有多种格式。

1. try…except 语句

第 1 种格式是 try…except 语句，其格式如下，其中"[ ]"中的内容是可选的。

```
前语句块
try:
    语句块 1      ♯需要缩进
except [exceptionName1 [as alias]]:
    语句块 2      ♯需要缩进
[except [exceptionName2 [as alias]]:
    语句块 3]     ♯需要缩进
⋮
后续语句块
```

其中，try 是异常处理的关键字，冒号是必需的分隔符，后续语句块需要缩进；except 关键字和其下面的语句块可以有 1 个或多个；exceptionName 是表 4-1 中的异常名称，是可选的；as alias 也是可选的，alias 表示给异常信息起个别名，可以把别名打印出来，以便知道异常的具体内容。try…except 语句的执行顺序是，当执行完前语句块后，遇到 try 关键字，执行 try 关键字下的语句块 1，如果执行语句块 1 时没有出现异常，则直接跳出 try 语句，执行后续语句块；如果执行语句块 1 时出现异常，则跳转到第 1 个 except 语句。如果没有设置异常名称 exceptionName，则执行第 1 个 except 语句下的语句块 2，执行完成后跳转到后续语句块；如果设置了 exceptionName，当异常名称是 exceptionName 时，执行第 1 个 except 下的语句块，然后跳转到后续语句块，否则执行下一条 except 语句，直到所有的 except 语句执行完成。最后再执行后续语句块。

下面的程序需要输入一个正整数，计算 $1+2+\cdots+n$，输入正整数不会发生异常，如果输入其他字符，例如输入"shi"，在进行 int(n) 运算时将会报错"ValueError：invalid literal for int() with base 10：'shi'"。

```
def total(n):     # Demo4_2.py
    tt = 0
    for i in range(1, n + 1):
        tt = tt + i
    return tt


if __name__ == "__main__":
    n = input("请输入正整数:")
    n = int(n)                # 将字符串转成整数
    s = total(n)              # 调用 total()函数
    print("从 1 到{}的和是{}".format(n, s))
# 运行结果如下:
# 请输入正整数:shi
# Traceback (most recent call last):
#   File "D:/Python/try1.py", line 9, in < module >
#     n = int(n)
# ValueError: invalid literal for int() with base 10: 'shi'
```

为了保证用户输入正确,可在程序中增加 try 语句,如果第 1 次输入有误,再给用户一次输入的机会。现将代码修改如下:

```
def total(n):    # Demo4_3.py
    tt = 0
    for i in range(1, n + 1):
        tt = tt + i
    return tt


if __name__ == "__main__":
    n = input("请输入正整数:")
    try:
        n = int(n)
        s = total(n)
        print("从 1 到{}的和是{}".format(n, s))
    except TypeError:
        print("!!!程序有问题,终止运行,请与软件开发商联系!!!")
    except ValueError as er:
        print(er)
        n = input("您的输入是{},输入不是正整数,请重新输入一次:".format(n))
        n = int(n)
        s = total(n)
        print("从 1 到{}的和是{}".format(n, s))
# 运行结果如下:
# 请输入正整数:shi
# invalid literal for int() with base 10: 'shi'
# 您的输入是 shi,输入不是正整数,请重新输入一次:10
# 从 1 到 10 的和是 55
```

2. try…except…else 语句

这种格式是在 try…except 语句的基础上,增加 else 语句,其格式如下,其中"[ ]"中的内容是可选的。

```
前语句块
try:
    语句块 1        #需要缩进
except [exceptionName1 [as alias]]:
    语句块 2        #需要缩进
[except [exceptionName2 [as alias]]:
    语句块 3]       #需要缩进
  ⋮
else:
    补充语句块      #需要缩进
后续语句块
```

try…except…else 语句的执行顺序是,当执行 try 后的语句块 1 时,如果没出现问题,则执行 else 下的补充语句块;如果语句块 1 出现了问题,则不执行 else 下的补充语句块。

3. try…except…finally 语句

这种格式是在第 1 种格式或第 2 种格式的基础上增加 finally 语句,其格式如下,其中"[ ]"中的内容是可选的。

```
前语句块
try:
    语句块 1                  #需要缩进
except [exceptionName1 [as alias]]:
    语句块 2                  #需要缩进
[except [exceptionName2 [as alias]]:
    语句块 3]                 #需要缩进
  ⋮
[else:
    else 补充语句块]          #需要缩进
finally:
    finally 补充语句块]       #需要缩进
后续语句块
```

try…except…finally 语句中,无论 try 下的语句块 1 是否出现异常 finally 补充语句都会被执行。例如下面的程序,增加 else 和 finally 语句,如果第 1 次输入正确,则执行 else 和 finally 语句;如果第 1 次输入错误,则不会执行 else 语句,而执行 finally 语句。

```python
def total(n):   #Demo4_4.py
    tt = 0
    for i in range(1,n+1):
        tt = tt + i
    return tt


if __name__ == "__main__":
    n = input("请输入正整数:")
    try:
```

```
            n = int(n)
            s = total(n)
            print("从 1 到{}的和是{}".format(n,s))
        except TypeError:
            print("!!!程序有问题,终止运行,请与软件开发商联系!!!")
        except ValueError:
            n = input("您的输入是{},输入不是正整数,请重新输入一次:".format(n))
            n = int(n)
            s = total(n)
            print("从 1 到{}的和是{}".format(n,s))
        else:
            print("恭喜你一次性正确完成计算!")
        finally:
            print('请退出!')
# 运行结果如下:
# 请输入正整数:10.5
# 您的输入是 10.5,输入不是正整数,请重新输入一次:10
# 从 1 到 10 的和是 55
# 请退出!
```

4.1.3 主动异常的处理

使用 raise 语句可以在某个地方制造出异常,而不是由 Python 主动发现异常。raise 语句的格式如下,其中"[ ]"中的内容是可选的。

raise [exceptionName [(reason)]]

其中 exceptionName 是表 4-1 中的异常名称,reason 是对异常的描述性文字。例如下面的计算程序需要输入一个正整数,计算 $1+2+\cdots+n$,输入正整数不会发生异常,如果输入 0 或负整数就会出现异常。这个异常是由 raise 语句发出的。

```
def total(n):   # Demo4_5.py
    tt = 0
    for i in range(1, n + 1):
        tt = tt + i
    return tt
if __name__ == "__main__":
    n = input("请输入正整数:")
    try:
        n = int(n)
        if n <= 0:
            raise ValueError("你的输入小于等于 0.")
        s = total(n)
        print("从 1 到{}的和是{}".format(n,s))
    except TypeError:
        print("!!!程序有问题,终止运行,请与软件开发商联系!!!")
    except ValueError as er:
```

```
        print(er)
        n = input("您的输入是{},输入不是正整数,请重新输入一次!".format(n))
        n = int(n)
        s = total(n)
        print("从 1 到{}的和是{}".format(n,s))
# 运行结果如下:
# 请输入正整数: - 10
# 你的输入小于等于 0.
# 您的输入是 - 10,输入不是正整数,请重新输入一次:10
# 从 1 到 10 的和是 55
```

4.1.4　异常的嵌套

　　try 语句可以进行嵌套,判断出更多异常的情况。例如下面的代码,允许最多输入三次数据,如果在任意一次输入正确,则得到正确结果,如果输错三次,则停止输入。出错信息也可以用 sys 模块的 exc_info()方法获取,但需要提前导入 sys 模块。

```
    def total(n):    # Demo4_6.py
        tt = 0
        for i in range(1,n + 1):
            tt = tt + i
        return tt
    if __name__ == "__main__":
        n = input("请输入正整数:")
        try:
            n = int(n)
            s = total(n)
            print("从 1 到{}的和是{}".format(n,s))
        except:
            import sys
            errorMessage = sys.exc_info()
            print(errorMessage)
            n = input("您的输入是{},输入不是正整数,请重新输入:".format(n))
            try:
                n = int(n)
                s = total(n)
                print("从 1 到{}的和是{}".format(n,s))
            except:
                n = input("您的输入是{},输入不是正整数,请再次输入:".format(n))
                try:
                    n = int(n)
                    s = total(n)
                    print("从 1 到{}的和是{}".format(n,s))
                except:
                    print("您已经输错 3 次,程序结束.")
    # 运行结果如下:
    # 请输入正整数:shi
```

```
#(<class 'ValueError'>, ValueError("invalid literal for int() with base 10: 'shi'"),
#<traceback object at 0x0000022FE908B540>)
#您的输入是 shi,输入不是正整数,请重新输入:ershi
#您的输入是 ershi,输入不是正整数,请再次输入:sanshi
#您已经输错 3 次,程序结束.
```

 ## 4.2　文件的读写

前面讲的变量、数据结构和类都可以存储数据,程序运行时数据存储在内存中,但是程序运行结束后,数据都会丢失。因此,在程序结束前有必要把数据保存到文件中,或者在程序开始运行时从文件中读取数据。

4.2.1　文件的打开与关闭

1. 打开文件

要从一个文件中读取数据,或者往文件中写数据,都需要提前打开文件。Python 内置打开文件的函数 open(),open()函数的格式如下:

$$fp = open(fileName, mode = 'r', buffering = -1, encoding = None, errors = None, newline = None, closefd = True, opener = None)$$

各参数的意义说明如下:

- fp 表示打开文件的对象,名字可以由读者自行确定,通过文件对象对文件进行读写等操作,例如 fp. readlins()读取文件内容。
- fileName 表示要打开的文件名,可以是相对当前路径的文件,也可以是绝对路径的文件,例如" D:\\doc\\doe. txt"。文件打开后,可以用 fp. name 属性返回被打开的文件名。
- mode 表示打开模式,mode 的取值是字符'r'、'w'、'x'、'a'、'b'、't'、'+'或其组合。'r'表示打开文件只读,不能写;'w'表示打开文件只写,并且清空文件;'x'表示独占打开文件,如果文件已经打开就会失败;'a'表示打开文件写,不清空文件,以在文件末尾追加的方式写入;'b'表示用二进制模式打开文件;'t'表示文本模式,默认情况下就是这种模式;'+'表示打开的文件既可以读取,也可以写入。mode 常用的取值和意义参考表 4-2 的内容。文件打开后,利用 fp. mode 属性可以返回文件打开方式。
- buffering 表示设置缓冲区。如果 buffing 参数的值为 0,表示在打开文件时不使用缓冲区,适合读取二进制数据;如果 buffering 的值取 1,访问文件时会寄存行,适合文本数据;如果 buffing 参数值为大于 1 的整数,该整数用于指定缓冲区的大小(单位是字节),如果 buffing 参数的值为负数,则代表使用默认的缓冲区大小。缓冲区的作用是:程序在执行输出操作时,会先将所有数据都输出到缓冲区中,然后继续执行其他操作,缓冲区中的数据会由外设自行读取处理;当程序执行输入操作时,会先等外设将数据读入缓冲区中,无须同外设做同步读写操作。如果参数 buffering

没有给出,则使用默认设置,对于二进制文件,采用固定块内存缓冲区方式,内存块的大小根据系统设备分配的磁盘块来决定,如果获取系统磁盘块的大小失败,就使用内部常量 io.DEFAULT_BUFFER_SIZE 定义的大小。一般的操作系统,块的大小是 4096B 或者 8192B;对于交互的文本文件(采用 isatty() 判断为 True),采用一行缓冲区的方式,文本文件其他方面的使用限制和二进制方式相同。

- 参数 encoding 设定打开文件时所使用的编码格式,仅用于文本文件。不同平台的 encoding 参数值也不同,Windows 默认为 GBK 编码。对于 Windows 的记事本建立的文本文件,编码格式有 ANSI、UTF-8 和 UTF-16,记事本默认的存储格式是 UTF-8,使用时选择另存为文件,同时选择编码格式即可。在读取记事本保存的文件时,将 encoding 设置成对应的编码格式即可。

- 参数 errors 用来指明编码和解码错误时怎样处理,不能在二进制的模式下使用。当指明为 'strict' 时,编码出错则抛出异常 ValueError;当指明为 'ignore' 时,忽略错误;当指明为 'replace' 时,使用某字符进行替换,比如使用 '?' 来替换错误。

- 参数 newline 是在文本模式下用来控制一行的结束符。可以是 None、' '、\n、\r、\r\n 等。读入数据时,如果新行符为 None,那么就以通用换行符模式工作,意思就是说当遇到\n、\r 或\r\n 都可以将其作为换行标识,并且统一转换为\n 作为文本换行符;当设置为空 ' ' 时,也是通用换行符模式,不转换成\n,保持原样输入;当设置为其他相应字符时,就用相应的字符作为换行符,并保持原样输入。输出数据时,如果新行符设置成 None,那么所有输出文本都采用\n 作为换行符;如果新行符设置成 ' ' 或者\n,不做任何的替换动作;如果新行符是其他字符,会在字符后面添加\n 作为换行符。

- 参数 closefd 用来设置给文件传递句柄后,在关闭文件时,是否将文件句柄进行关闭。

- 参数 opener 用来设置自定义打开文件的方式,使用方式比较复杂。

表 4-2　打开文件的模式

mode 取值	功 能 描 述
'r'或'rt'	以只读方式打开文件,文件指针指向文件的开头,这是默认模式
'rb'	以二进制格式打开一个文件用于只读,文件指针指向文件的开头
'r+'或'rt+'	打开一个文件用于读写,文件指针指向文件的开头
'rb+'	以二进制格式打开一个文件用于读写,文件指针指向文件的开头
'w'或'wt'	打开一个文件只用于写入,如果该文件已存在则打开文件,清空原文件内容;如果该文件不存在则创建新文件
'wb'	以二进制格式打开一个文件只用于写入,如果该文件已存在则打开文件,并清空原文件内容;如果该文件不存在则创建新文件
'w+'或'wt+'	打开一个文件用于读写,如果该文件已存在则打开文件,并清空原文件内容;如果该文件不存在则创建新文件
'wb+'	以二进制格式打开一个文件用于读写,如果该文件已存在则打开文件,并清空原文件内容;如果该文件不存在则创建新文件
'a'或'at'	打开一个文本文件用于追加内容,如果该文件已存在,则文件指针指向文件的结尾,新写入的内容将会附加到已有内容之后;如果该文件不存在,则创建新文件进行写入

续表

mode 取值	功 能 描 述
'ab'	以二进制格式打开一个文件用于追加内容,如果该文件已存在,则文件指针指向文件的结尾,新写入的内容将会附加到已有内容之后;如果该文件不存在,则创建新文件进行写入
'a+'或'at+'	以文本制格式打开一个文件用于追加内容,如果该文件已存在,则文件指针指向文件的结尾;如果该文件不存在,则创建新文件用于读写
'ab+'	以二进制格式打开一个文件用于追加内容,如果该文件已存在,则文件指针指向文件的结尾;如果该文件不存在,则创建新文件用于读写

注意表 4-2 中,使用含有"r"的方式打开文件时,文件必须存在,否则会报错;含有"w"的方式打开文件时,如果文件存在则清空文件,如果文件不存在则创建新文件;含有"t"的方式打开文件时,是以文本形式读写;含有"b"的方式打开文件时,是以二进制形式读写;含有"a"的方式打开文件时,表示在文件末尾追加(append);含有"+"的方式打开文件时,表示既可以读也可以写。例如 fp＝open("d:\\peo.txt")表示以只读模式打开 d 盘下的peo.txt 文件。fp＝open("d:\\peo.txt",'w+')表示以读写方式打开 d 盘下的 peo.txt 文件,如果 peo.txt 文件存在,则清空 peo.txt 中的内容,可以往 peo.txt 中写入内容,写入后也可以读取文件中的内容;如果 peo.txt 文件不存在,则新建 peo.txt 文件。fp＝open("d:\\peo.txt",'a+')表示以读写方式打开 d 盘下的 peo.txt 文件,如果 peo.txt 文件存在,将指针放到 peo.txt 内容的末尾,用于追加内容,写入后也可以读取文件中的内容;如果 peo.txt文件不存在,则新建 peo.txt 文件。

下面的程序以'wt'方式新建一个文件,在文件中逐行写入一些文字。

```
#Demo4_7.py
string = "孔雀东南飞,五里一徘徊,十三能织素,十四学裁衣,十五弹箜篌,\
十六诵诗书,十七为君妇,心中常苦悲,君既为府吏,守节情不移,贱妾留空房,\
相见常日稀,鸡鸣入机织,夜夜不得息,三日断五匹,大人故嫌迟,非为织作迟,\
君家妇难为,妾不堪驱使,徒留无所施,便可白公姥,及时相遣归"
string = string.split(",")
fp = open("d:\\孔雀东南飞.txt",'wt')  #以只写方式创建文件
for i in string:
    print(i,file = fp)              #向文件中写入内容
fp.close()                          #关闭文件
```

直接用 open()函数打开文件,有可能打开文件失败,例如文件不存在、文件已经被别的程序打开等。为了防止出错,可以用 with 语句,其格式如下。

with open() as fp:
　　语句块

下面的代码用 with 语句可以逐行输出文件中的内容。

```
with open("d:\\孔雀东南飞.txt",'rt') as fp:
    lines = fp.readlines()
```

```
    for line in lines:
        print(line)
fp.close()
```

2. 关闭文件

文件打开后,读写完毕要及时关闭。关闭文件使用 fp.close()方法,如果缓冲区中还有没读写完成的数据,close()方法会等待读写完数据后再关闭文件;用 fp.closed 属性可以判断文件是否已经关闭。

4.2.2 读取数据

从文件中读取数据,需要用文件对象的 read()、readline()和 readlines()方法,用 readable()方法可以判断文件是否可以读取。

1. read()方法

read()方法的格式是 read(size=-1),其中 size 表示读取的字符数,包括换行符\n,不输入 size 或 size 为负数表示读取所有的数据。read()方法返回字符串数据。

用记事本在磁盘上建立 student.txt 文件,并在文件中写入如图 4-1 所示的内容,注意编码方式是"UTF-8"。用 read()方法读取文件中的所有信息,然后计算出个人总成绩和平均成绩并输出。为防止打开和读取文件出错,可以使用 try 语句。

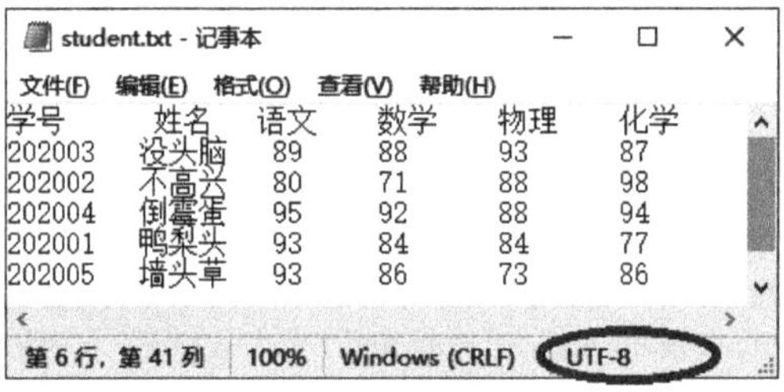

图 4-1　学生考试成绩

```
try:    #Demo4_8.py
    fp = open("d:\\Python\\student.txt", 'r', encoding = 'UTF-8')
    ss = fp.read()                    #读取文件内容
except:
    print("打开或读取文件失败!")
else:
    print("读取文件成功!文件内容如下:")
    print(ss)                         #输出读取的文件内容
    fp.close()

    ss = ss.strip()                   #去除前后的换行符和空格
    ss = ss.split('\n')               #用换行分割,分割后 ss 是列表
```

```
        n = len(ss)
        for i in range(n):
            ss[i] = ss[i].split()          #用空格分割,分割后 ss[i]是列表
        ss[0].append('总成绩')
        ss[0].append("平均成绩")
        for i in range(1,n):
            total = int(ss[i][2]) + int(ss[i][3]) + int(ss[i][4]) + int(ss[i][5])
                                         #计算个人总成绩
            ss[i].append(str(total))
            ss[i].append(str(total/4))

        template1 = "{:^6s}" * 8
        template2 = "{:<8s}" * 8
        print(template1.format(ss[0][0],ss[0][1],ss[0][2],ss[0][3],ss[0][4],ss[0][5],
ss[0][6],ss[0][7]))
        for i in range(1,n):
            print(template2.format(ss[i][0],ss[i][1],ss[i][2],ss[i][3],ss[i][4],ss[i][5],
ss[i][6],ss[i][7]))
#运行结果如下:
#读取文件成功!文件内容如下:
#学号      姓名    语文   数学   物理   化学
#202003  没头脑  89    88    93    87
#202002  不高兴  80    71    88    98
#202004  倒霉蛋  95    92    88    94
#202001  鸭梨头  93    84    84    77
#202005  墙头草  93    86    73    86
#
# 学号     姓名    语文    数学    物理    化学    总成绩   平均成绩
#202003  没头脑   89     88     93     87     357     89.25
#202002  不高兴   80     71     88     98     337     84.25
#202004  倒霉蛋   95     92     88     94     369     92.25
#202001  鸭梨头   93     84     84     77     338     84.5
#202005  墙头草   93     86     73     86     338     84.5
```

用 read()方法读取文件时,文件指针指向文件开始部分,表示从文件起始位置开始读取。如果只想读取文件中的某段内容,需要使用 seek()方法移动到指定位置。seek()方法的格式是 seek(offset,whence=0),其中 offset 表示移动量,whence=0 表示从文件起始开始计算移动量,whence=1 表示从当前位置计算移动量,whence=2 表示从文件结尾反向计算移动量,默认为 0,对于文本文件只能从文件起始位置计算移动量。一个英文字母或数字占一个字符,GBK 编码一个汉字占用两个字符,UTF 编码一个汉字占三个字符。seek()方法不适合中文和英文混合的文本文件,因为不容易计算 offset 量。另外用 tell()方法可以输出指针的位置,用 seakable()方法可以判断是否可以移动文件指针。

下面的代码每隔 40 个字符输出 20 个字符。

```
ss = ""   #Demo4_9.py
try:
```

```
    fp = open("D:\\Python\\study.txt",'r',encoding = 'UTF - 8')
    for i in range(1,11):
        print(fp.tell())
        ss = ss + fp.read(20)              #读取文件内容
        fp.seek(40 * i)
except:
    print("打开或读取文件有误!")
finally:
    fp.close()
    print(ss)
```

2. readline()方法

readline()方法每次只能读一行,返回字符串,如果知道文件中的总行数,可以指定读取多少行内容;如果不知道总行数,可以用 while 循环读取所有行,例如下面的代码。readline()方法的读取速度比 read()和 readlines()方法要慢,优点是可以立即对每行进行处理,例如如果文件中有空行,可以立即去除空行,例如下面的程序。

```
string = list()   #空列表   #Demo4_10.py
try:
    fp = open("D:\\Python\\student.txt",'r',encoding = 'UTF - 8')
    while True:
        line = fp.readline()              #读取行数据
        if len(line)> 0:
            line = line.strip()           #去除行尾的\n
            if len(line)> 0:
                string.append(line)       #把数据放到 string 列表中
        else:
            break                         #读到最后终止
except:
    print("打开或读取文件有误!")
else:
    fp.close()
finally:
    for i in string:
        print(i)
```

3. readlines()方法

readlines()方法读取文件中的所有行,返回由行数据构成的列表。与 read()方法相比,readlines()方法返回的是字符串列表,而不是字符串;与 readline()方法相比,readlines()方法不能立即对每行数据进行处理。

```
try:   #Demo4_11.py
    fp = open("D:\\Python\\student.txt",'r',encoding = 'UTF - 8')
    lines = fp.readlines()                    #读取所有行数据
```

```
    except:
        print("打开或读取文件有误!")
    else:
        fp.close()
    finally:
        for i in lines:
            print(i.strip())
    #运行结果如下：
    #学号        姓名      语文      数学      物理      化学
    #202003    没头脑     89       88       93       87
    #202002    不高兴     80       71       88       98
    #202004    倒霉蛋     95       92       88       94
    #202001    鸭梨头     93       84       84       77
    #202005    墙头草     93       86       73       86
```

4.2.3 写入数据

往一个文件中写入一个字符串可以用 write() 方法，写入一个字符串列表或元组可以用 writelines() 方法，用 writeable() 方法可以检查文件对象是否可以写入。

1. 用 write() 方法写数据

文件对象的 write() 方法逐行向文件中写入一个字符串数据，格式为 write(text)，其中 text 是字符串。write() 方法不会在被写入的字符串后面加换行符"\n"，需要手动在每个字符串后加入"\n"。

下面的程序先用自定义函数 readData() 从 student.txt 文件中读取学号、姓名和各科成绩，返回二维数据列表；然后用 student 类创建实例对象，赋予对象数据，把对象放到一个字典中，在字典中计算总分和平均分；最后按照学生顺序，把实例中的数据写到文件中。输入和输出的文件内容如图 4-2 所示。

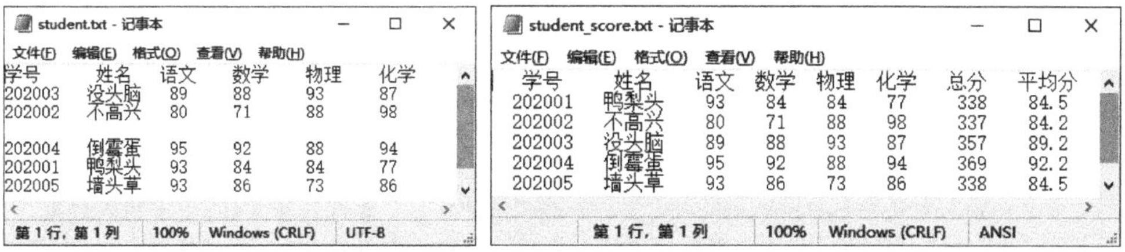

图 4-2　输入和输出文件内容

```
class student(object):  #学生类    #Demo4_12.py
    def __init__(self,number = "0",name = "",chn = "0",math = "0",phy = "",che = "0"):
        self._number = int(number)
        self._name = name
        self._chn = int(chn)
        self._math = int(math)
        self._phy = int(phy)
```

```python
                    self._che = int(che)
                    self.__total = self._chn + self._math + self._phy + self._che    # 计算总成绩
                    self.__ave = self.__total/4                # 计算平均成绩
            def getTotal(self):                         # 输出总成绩
                return self.__total
            def getAve(self):                           # 输出平均成绩
                return self.__ave
    def readData(fileName,coding):                  # 读取文件中的数据,输出数据列表
        string = list()                             # 空列表
        try:
            fp = open(fileName,'r',encoding = coding)
            while True:
                line = fp.readline()                # 读取行数据
                if len(line)> 0:
                    line = line.strip()             # 去除行尾的\n
                    if len(line)> 0:
                        string.append(line)         # 把数据放到 string 列表中
                else:
                    break                           # 读到最后终止
        except:
            print("打开或读取文件有误!")
        else:
            n = len(string)
            for i in range(n):
                string[i] = string[i].split()       # 将 string 中的元素分解成列表
            return string
        finally:
            fp.close()
    if __name__ == "__main__":
        ss = readData("d:\\python\\student.txt","UTF - 8")
        stDict = dict()                             # 存放学生实例对象的字典
        n = len(ss)
        for i in range(1,n):                        # 以学号为键,以学生对象为键的值
            num = int(ss[i][0])
            stDict[num] = student(ss[i][0],ss[i][1],ss[i][2],ss[i][3],ss[i][4],ss[i][5])
        stNumber = list(stDict.keys())              # 学号列表
        stNumber.sort()                             # 学号列表
        fp = open("d:\\python\\student_score.txt","w")        # 打开新文件,用于写入数据
        fp.write("  学号   姓名   语文   数学   物理   化学   总分   平均分\n")        # 写表头
        template = "{: = 8d}{:> 6s}{: = 6d}{: = 6d}{: = 6d}{: = 6d}{: = 8d}{: = 8.1f}\n"   # 模板
        for i in stNumber:
            fp.write(template.format(stDict[i]._number,stDict[i]._name,stDict[i]._chn,
                     stDict[i]._math,stDict[i]._phy,stDict[i]._che,
                     stDict[i].getTotal(),stDict[i].getAve()))        # 用模板往文件中写字符串
        fp.close()
```

Python 默认的文件编码是"GBK",即 unicode 形式,要想转成其他编码格式,如"UTF-8"或 "UTF-16",可以用字符串的 encode()方法进行转换,例如下面的程序。

```
s1 = [202001,'鸭梨头',93,84,84,77,338,84.5]
s2 = [202002,'不高兴',80,71,88,98,337,84.2]

fp = open("d:\\python\\studentScore.txt","wb")
template = "{:=8d}{:>6s}{:=6d}{:=6d}{:=6d}{:=6d}{:=8d}{:=8.1f}\n"
string1 = template.format(s1[0],s1[1],s1[2],s1[3],s1[4],s1[5],s1[6],s1[7])
string2 = template.format(s2[0],s2[1],s2[2],s2[3],s2[4],s2[5],s2[6],s2[7])
fp.write(string1.encode(encoding = "UTF-8"))          #用encode()方法转换
fp.write(string2.encode(encoding = "UTF-8"))
fp.close()
```

2. 用 writelines() 方法写数据

writelines() 方法可以把一个字符串列表或元组输出到文件中,其格式为 writelines(lines)。writelines() 方法不会自动在每个字符串列表的末尾加"\n",例如下面的代码。

```
#Demo4_13.py
string = ["草长莺飞二月天,","拂堤杨柳醉春烟.","儿童散学归来早,","忙趁东风放纸鸢."]
for i in range(len(string)):
    string[i] = string[i] + "\n"
fp = open("d:\\python\\村居.txt","w")
fp.writelines(string)
fp.close()
```

4.3 文件和路径操作

本节介绍几个与文件和路径相关的操作,包括文件的复制、删除,路径的创建、删除和查询等操作,这些方法在 os 和 shutil 模块中,使用前先用 import os 和 import shutil 语句把模块导入进来。os 模块和 shutil 模块的常用方法如表 4-3 所示。下面介绍一些常用的文件和路径操作的方法。

表 4-3　文件和路径操作常用方法

格　式	功能说明	格　式	功能说明
os.getcwd()	获取当前工作路径	os.path.commonprefix(list)	获取路径列表的前面相同的部分
os.chdir(path)	设置新的工作路径	os.path.dirname(path)	提取路径,不含文件名
os.listdir(path='.')	获取指定路径下的所有文件和路径	os.path.basename(path)	提取文件名,不含路径
os.mkdir(path)	创建单级路径,如果已经存在路径,抛出 FileExistsError 异常	os.path.getatime(path)	返回路径最后访问的时间
os.makedirs(name)	创建多级路径	os.path.getmtime(path)	返回路径最后修改的时间

格　式	功 能 说 明	格　式	功 能 说 明
os. name	当前系统名称	os. path. getsize(path)	返回路径的大小（B）
os. remove(file)	删除文件	os. path. join(path, * paths)	连接路径
os. rmdir(path)	删除空路径	os. path. split(path)	分离路径和文件名
os. removedirs(name)	删除指定的空目录,且如果删除该目录后父目录为空,则递归删除父目录	os. path. splitext(path)	分离文件名和扩展名
os. rename(src, dst)	重命名路径或文件	os. path. exists(path)	判断目录或文件是否存在
os. sep os. path. sep	返回当前系统的路径分隔符	os. path. isabs(path)	判断路径是否是绝对路径
os. stat(path)	获取文件基本信息	shutil. copyfile(src, dst)	以最经济的方式复制文件
os. path. isfile(path)	判断路径是否为文件	shutil. copy(src, dst)	复制文件
os. path. isdir(path)	判断路径是否为路径	shutil. copytree(src, dst)	复制路径
os. path. abspath(path)	获取路径的完全路径	shutil. move(src, dst)	移动文件或目录
os. path. commonpath(paths)	获取多个路径的共同路径	shutil. rmtree(path)	删除路径

1. 工作路径的查询和修改

工作路径是指 Python 用 import 语句导入模块或包时首先要搜索的路径,在 IDLE 的文件编程环境中编写好程序,存盘并运行后,此时的存盘路径将成为工作路径。Python 用 os. getcwd()方法可以获取工作路径(current working directory,cwd),用 os. chdir()方法可以设置工作路径(change directory)。

```
>>> import os
>>> os.getcwd()              #获取当前路径
'D:\\Program Files\\Python39'
>>> os.chdir("d:\\python")   #改变当前路径
>>> os.getcwd()              #获取修改后的工作路径
'd:\\python
```

2. 获取指定路径下的文件和路径

用 os. listdir()方法可以得到某路径下的文件和文件夹,返回值是字符串列表。用 os. listdir(". ")或 os. listdir()方法得到工作路径下的文件和文件夹,用 os. listdir(". . ")方法获得工作路径的上级路径下文件和文件夹。

```
>>> dir1 = os.listdir("d:\\qycache")
>>> print(dir1)
['ad_cache', , 'livenet_cloud.cache', 'livenet_cloud.cache1', 'livenet_cloud.cache2', 'livenet_
cloudcfg.ini', 'livenet_cloudcfg.ini1', 'livenet_cloudcfg.ini2']
```

```
>>> dir2 = os.listdir()
>>> print(dir2)
['.idea', '1.ui', 'a.spec', 'A.txt', 'aa.py', 'area.py', 'battery.py', 'bb.py', 'build', ', '村居.txt']
>>> dir3 = os.listdir("..")
>>> print(dir3)
['aero', 'qycache','python','python_book','Program Files', '阶段划分与时间预估.txt']
```

3. 删除文件

用 os. remove（ ）方法可以删除文件，删除前应确保有删除权限，否则抛出 PermissionError 异常。

```
>>> os.listdir("d:\\aero")
['aero.zip', '资料', '资料目录.txt']
>>> os.remove("d:\\aero\\资料目录.txt")        #删除文件
>>> os.listdir("d:\\aero")
['aero.zip', '资料']
```

4. 删除目录

用 os. rmdir( )方法可以删除空路径，如果路径不存在或非空，分别抛出 FileNotFoundError 和 OSError 异常。用 os. removedirs( )方法也可以删除空路径，且如果删除该路径后父路径为空，则递归删除父路径。

```
>>> files = os.listdir("d:\\aero\\资料")
>>> for i in files:
      os.remove("d:\\aero\\资料\\" + i)        #删除路径下的所有文件,如果该路径下没有文件夹
>>> os.rmdir("d:\\aero\\资料\\")               #删除路径
>>> os.listdir("d:\\aero")
['aero.zip']
```

5. 创建路径

用 os. mkdir( )方法可以创建一个路径，用 os. makedirs( )方法可以创建多级路径。

```
>>> os.listdir("d:\\aero")
['aero.zip']
>>> os.mkdir("d:\\aero\\我的资料袋\\")
>>> os.listdir("d:\\aero\\")
['aero.zip', '我的资料袋']
>>> os.makedirs("d:\\aero\\我的资料袋\\我的照片\\北京照片\\天安门照片")
>>> os.mkdir("d:\\aero\\我的资料袋\\我的照片\\北京照片\\故宫照片")
>>> os.listdir("d:\\aero\\我的资料袋\\我的照片\\北京照片")
['天安门照片', '故宫照片']
```

6. 复制文件和文件夹

复制文件可以用 shutil 模块的 shutil. copy()或 shutil. copyfile()方法。

```
>>> import os,shutil
>>> pic = os.listdir("d:\\beijing")
>>> print(pic)
['20191214091616.jpg', '20191214091649.jpg', '20191214091704.jpg', '20191214091711.jpg',
'20191214091719.jpg']
>>> for i in pic:
    shutil.copy("d:\\beijing\\" + i,"D:\\aero\\我的资料袋\\我的照片\\北京照片")
            #复制照片
#运行结果
'd:\\aero\\我的资料袋\\我的照片\\北京照片\\20191214091616.jpg'
'd:\\aero\\我的资料袋\\我的照片\\北京照片\\20191214091649.jpg'
'd:\\aero\\我的资料袋\\我的照片\\北京照片\\20191214091704.jpg'
'd:\\aero\\我的资料袋\\我的照片\\北京照片\\20191214091711.jpg'
'd:\\aero\\我的资料袋\\我的照片\\北京照片\\20191214091719.jpg'
>>> os.listdir("D:\\aero\\我的资料袋\\我的照片\\北京照片")
['20191214091616.jpg', '20191214091649.jpg', '20191214091704.jpg', '20191214091711.jpg',
'20191214091719.jpg', '天安门照片', '故宫照片']
```

复制文件夹下的所有文件和所有文件夹到新文件夹可以用 shutil.copytree()方法,要求新文件夹不能提前存在。

```
>>> shutil.copytree("d:\\beijing\\","D:\\aero\\北京照片")
'd:\\aero\\北京照片'
```

7. 判断文件或路径是否存在

判断文件是否存在可以用 os.path.isfile()方法,判断路径是否存在可以用 os.path.isdir()方法或 os.path.exists()方法,判断是否是绝对路径可以用 os.path.isabs()方法。

```
>>> os.path.isfile("D:\\aero\\北京照片\\20191214091616.jpg")
True
>>> os.path.isdir("D:\\aero\\北京照片")
True
>>> os.path.exists("D:\\aero\\北京照片")
True
```

8. 文件和文件夹的重命名

用 os.rename()方法可以给文件和文件夹重命名,重命名时需要注意文件或文件夹是否可以改名,如果一个文件或文件夹正在被使用或打开,则不允许改名。

```
>>> os.rename("D:\\aero\\北京照片\\20191214091616.jpg","D:\\aero\\北京照片\\鸟巢.jpg")
>>> os.rename("D:\\aero\\北京照片\\新建文件夹","D:\\aero\\北京照片\\new")
>>> os.listdir("D:\\aero\\北京照片\\")
['20191214091649.jpg', '20191214091704.jpg', '20191214091711.jpg', '20191214091719.jpg',
'new', '鸟巢.jpg']
>>> os.rename("D:\\aero","D:\\pic")
```

9. 文件名和路径的分离

用 os.path.split()方法可以分离路径和文件名,用 os.path.splitext()方法可以将文件名(含路径)与文件扩展名分离,用 os.path.dirname()方法可以得到路径,用 os.path.basename()方法可以得到文件名。

```
>>> path,name = os.path.split("d:\\pic\\北京照片\\鸟巢.jpg")
>>> print(path,name)
d:\pic\北京照片 鸟巢.jpg
>>> os.path.splitext("d:\\pic\\北京照片\\鸟巢.jpg")
('d:\\pic\\北京照片\\鸟巢', '.jpg')
>>> os.path.dirname("d:\\pic\\北京照片\\鸟巢.jpg")
'd:\\pic\\北京照片'
>>> os.path.basename("d:\\pic\\北京照片\\鸟巢.jpg")
'鸟巢.jpg'
```

10. 系统的分隔符、系统名称

用 os.linesep 属性给出当前平台使用的行终止符,Windows 使用'\r\n',Linux 使用'\n',而 Mac 使用'\r'。os.name 给出正在使用的平台,Windows 是'nt',而 Linux/UNIX 是'posix'。os.sep 给出文件路径分隔符。

```
>>> os.linesep
'\r\n'
>>> os.name
'nt'
>>> os.sep
'\\'
```

11. 获取文件的大小和状态

用 os.path.getsize(path)方法可以返回路径的大小,用 os.stat(file)方法可以获取文件的状态。

```
>>> os.path.getsize("d:\\pic\\北京照片\\鸟巢.jpg")
95236
>>> os.stat("d:\\pic\\北京照片\\鸟巢.jpg")
os.stat_result(st_mode = 33206, st_ino = 1407374883618939, st_dev = 302558, st_nlink = 1, st
_uid = 0, st_gid = 0, st_size = 95236, st_atime = 1588480219, st_mtime = 1576286191, st_ctime
 = 1588479390)
```

12. 路径的拼接和公共路径的查找

用 os.join()方法可以把两个路径拼接成一个路径,用 os.path.commonprefix()方法可以找出路径的公共部分,用 os.path.commonpath()方法可以找出公共路径。

```
>>> path1 = "d:\\pic\\北京照片"
>>> path2 = "鸟巢.jpg"
```

```
>>> path = os.path.join(path1,path2)
>>> print(path)
d:\pic\北京照片\鸟巢.jpg
>>> os.path.commonprefix(['\\usr\\lib', '\\usr\\local\\lib'])
'\\usr\\l'
>>> os.path.commonpath(['\\usr\\lib', '\\usr\\local\\lib'])
'\\usr'
```

13. 遍历路径

遍历路径是指将指定目录下的全部目录（包括子目录）及文件运行一遍，os 模块的 walk() 方法用于实现遍历目录的功能，walk() 方法的格式为 walk(top, topdown＝True, onerror＝None, followlinks＝False)。下面的代码输出"d:\\pic"路径下的所有路径和文件。

```
>>> import os
>>> path = "d:\\pic"
>>> for root,dirs,files in os.walk(path,topdown = True):
        for n in dirs:
            print(os.path.join(root,n))
        print(" * " * 30)
        for n in files:
            print(os.path.join(root,n))
# 运行结果如下:
d:\pic\北京照片
d:\pic\我的资料袋
d:\pic\aero.zip
d:\pic\北京照片\new
d:\pic\北京照片\20191214091649.jpg
d:\pic\北京照片\20191214091704.jpg
d:\pic\北京照片\鸟巢.jpg
d:\pic\北京照片\new\20191214091616.jpg
d:\pic\我的资料袋\我的照片
d:\pic\我的资料袋\我的照片\北京照片
```

4.4 py 文件的编译

上面进行的编程都必须在 Python 的环境下运行，如果把 py 文件复制到没有安装 Python 的机器上，将无法运行 py 文件，为此有必要把 py 文件编译成 exe 文件，exe 文件在任何机器上都可以运行；也可将 py 文件进行加密，这样其他人员就不能再编辑 py 文件中的内容。

要把 py 文件打包生成 exe 文件，需要安装编译工具。可以把 py 文件编译成 exe 文件的工具有 py2exe、pyinstaller、cx_Freeze 和 nuitka，本书以 pyinstaller 为例说明 py 文件打包成 exe 文件的方法。使用 pyinstaller 之前需要安装 pyinstaller 工具，在 Windows 的 cmd 窗口中输入"pip install pyinstaller"命令,稍等一会儿 pyinstaller 就会安装完成。安装完后输入命令 "pyinstaller --version"查看版本号,验证是否安装成功。

安装完成后,可以把需要编译成 exe 文件的所有有关的 py 文件,包括主程序、包含函数和类的文件、图像文件、图标文件等复制到一个新目录中,然后在 cmd 窗口中用"cd /d path"命令把 py 文件所有的路径设置成当前路径,其中 path 是 py 文件所在的路径。再输入命令"pyinstaller -F main.py"就可以把 py 文件打包成 exe 文件,其中-F 参数表示打包成一个文件;main.py 是指主程序文件,用实际主程序文件代替即可。exe 文件位于新建立的 dist 文件夹中;除用参数-F 外,还可使用-D 参数,可以生成包含连接库的多个文件;另外用-i 参数可以指定图标。

除了在 cmd 文件中进行编译外,用户还可以自己编辑程序进行编译,如下所示,使用时只需把 main 变量和 path 变量修改一下即可。

```
import os    # Demo4_14.py
main = 'main.py'                              # 主程序 py 文件
path = 'd:\\Python'                           # 主程序 py 文件所在路径
os.chdir(path)                                # 将主程序文件所在路径设置成当前路径
cmdTemplate = "pyinstaller -F {}".format(main)  # 命令模板
os.system(cmdTemplate)                        # 执行编译命令
```

第5章

NumPy数组运算

NumPy 是 Python 专门用于创建数组并对数组进行运算的包，由于科学计算中经常对向量、矩阵进行运算，因此 NumPy 是进行科学计算的基础。NumPy 对数组的运算要比 Python 对列表、元组的运算速度快。NumPy 中除了对数组的运算外，还提供了线性代数、傅里叶变换和多项式运算等方面的运算。本章详细介绍如何在 NumPy 中创建数组和对数组进行运算，本章内容是后续章节的基础。

5.1 创建数组

在科学计算中，数据一般都是以向量和矩阵的形式呈现，例如有限元计算中的刚度矩阵、质量矩阵等，都是由成千上万个元素构成的矩阵，通过对矩阵的迭代，得到满足精度的数值解。如果逐个数据进行运算，则效率非常低下或者不可能得到满足精度的解。NumPy 通过将数据定义成数组解决了计算效率低下的问题。在 Python 中要定义数组，需要先用 "import numpy as np" 的形式导入 NumPy 包，本书如果没有作特别说明，均以 np 作为 NumPy 的别名。

5.1.1 数组的基本概念

在各种科学计算中，如有限元结构计算、振动计算、声学计算、流体计算、电磁计算等，都是将复杂的连续系统离散成有限自由度的系统，以向量和矩阵存储离散系统中的数据，并通过矩阵的多次迭代来求解所研究系统的微分方程。NumPy 的主要目的是创建数组并对数组进行运算，方便进行科学计算。NumPy 的基础是数组（array），数组是在内存中按照一定排列顺序存储的同类型数据的集合。NumPy 中的数组是继承自 n 维数组 ndarray（n-dimension array）类的实例对象。与 Python 的列表、元素不同的是，数组中元素都是同一种类型,即使类型不同也会强制转换成同一种类型。数据元素的类型就是数组的类型,每个元素在内存中都有相同大小的存储空间。

根据数组存储数据的深度,数组的维数分为零维、一维、二维、三维或更高维。零维数组是只有一个元素的标量数据,一维数组可以理解成线性代数中的向量,二维数组可以理解成线性代数中的矩阵。数组的维数称为坐标轴,如图 5-1 所示是按行存储的二维数组,轴 axis=0(第 1 个轴)在竖直方向上是第 1 维数据,轴 axis=1(第 2 个轴)在水平方向上是第 2 维数据,该二维数组在轴 axis=0 上有三个数据,在轴 axis=1 上有四个数据,这个二维数组

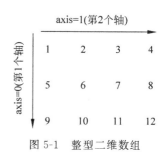

图 5-1 整型二维数组

的形状是(3,4),由于数据都是整数,所以数组的类型是整数类型。这个数组在轴 axis=0 上的最大值是数组[9 10 11 12],在轴 axis=1 上的最大值是数组[4 8 12]。

下面的代码用 NumPy 的 array()方法定义了多个不同维数的数组,并通过数组的 ndim 属性、shape 属性、size 属性和 dtype 属性可以分别输出数组的维数、形状、元素个数和类型。数组的形状表示每维上元素的个数,数组的形状用元组来表示,例如(2,5)表示第 1 个轴有 2 个元素,第 2 个轴有 5 个元素。可以看出,由于列表 a 中的元素都是整数,所以用 a 创建的数组的类型是 int;而列表 b 中有一个浮点数,所以用 b 创建的数组中的元素类型都变成了浮点数,数组的类型是 float64。

```
import numpy as np    #Demo5_1.py
#创建零维数组并输出数组的元素、数组的维数、形状、元素个数和类型
x = np.array(20); print(1,x,x.ndim,x.shape,x.size,x.dtype)
a = [1, 2, 3, 4, 5]          #Python 的列表
b = [2, 3, 6, 8.9, 11]       #Python 的列表,注意有一个元素的类型是 float
x = np.array(a); print(2,x,x.ndim,x.shape,x.size,x.dtype)      #创建一维数组并输出数组
                                                               和数组的属性
x = np.array(b); print(3,x,x.ndim,x.shape,x.size,x.dtype)      #创建一维数组并输出数组
                                                               和数组的属性
x = np.array([a,b]); print(4,x,x.ndim,x.shape,x.size,x.dtype)  #创建二维数组并输出数组
                                                               和数组的属性
x = np.array([a]); print(5,x,x.ndim,x.shape,x.size,x.dtype)    #创建二维数组并输出数组
                                                               和数组的属性
x = np.array([[a],[b]]); print(6,x,x.ndim,x.shape,x.size,x.dtype)   #创建三维数组并输出数组
                                                               和数组的属性
x = np.array([[[a],[b]]]); print(7,x,x.ndim,x.shape,x.size,x.dtype) #创建四维数组并输出数组
                                                               和数组的属性
'''
运行结果如下:
1 20 0 () 1 int32
2 [1 2 3 4 5] 1 (5,) 5 int32
3 [ 2.   3.   6.   8.9  11. ] 1 (5,) 5 float64
4 [[ 1.   2.   3.   4.   5. ]
   [ 2.   3.   6.   8.9  11. ]] 2 (2, 5) 10 float64
5 [[1 2 3 4 5]]  2 (1, 5) 5 int32
```

```
6 [[[ 1.   2.   3.   4.   5. ]]
   [[ 2.   3.   6.   8.9 11. ]]] 3 (2, 1, 5) 10 float64
7 [[[[ 1.   2.   3.   4.   5. ]]
   [[ 2.   3.   6.   8.9 11. ]]]] 4 (1, 2, 1, 5) 10 float64
'''
```

5.1.2 NumPy 的数据类型

与 Python 的数据类型相比,在数值类型方面,NumPy 重新定义了一些基本数值数据类型,这些数值数据类型与 C 语言的数据类型基本一致。NumPy 的基本数值数据类型如表 5-1 所示。

表 5-1 NumPy 的基本数值数据类型

NumPy 类型	C 类型	说　明
bool_	bool	布尔型(True 或 False),存储长度是 1B
byte	signed char	带符号字符类型,存储长度与系统有关
ubyte	unsigned char	不带符号字符类型,存储长度与系统有关
short	short	带符号短整数类型,存储长度与系统有关
ushort	unsigned short	不带符号短整数类型,存储长度与系统有关
intc	int	带符号整数类型,存储长度与系统有关
uintc	unsigned int	不带符号整数类型,存储长度与系统有关
int_	long	带符号长整数类型,存储长度与系统有关
uint	unsigned long	不带符号长整数类型,存储长度与系统有关
longlong	long long	更长整数类型,存储长度与系统有关
ulonglong	unsigned long long	不带符号更长整数类型,存储长度与系统有关
half float16		半精度浮点数类型,1 个符号位,5 个指数位,10 个尾数位
single	float	单精度浮点数类型,1 个符号位,8 个指数位,23 个尾数位
double	double	双精度浮点数类型,1 个符号位,11 个指数位,52 个尾数位
longdouble longfloat	long double	长浮点数
csingle	float complex	复数类型,由单精度浮点数实数和虚数构成
cdouble cfloat	double complex	复数类型,由双精度浮点数实数和虚数构成
clongdouble clongfloat longcomplex	long double complex	复数类型,由长双精度浮点数实数和虚数构成

除了可以直接使用基本数值类型外,为方便记忆,可以用 NumPy 定义的数值数据类型的别名,如表 5-2 所示。

表 5-2 NumPy 数值数据类型的别名

NumPy 类型别名	C 类型别名	说　明
bool8	bool	8 位布尔数(0 或 1)

续表

NumPy 类型别名	C 类型别名	说　明
int8	int8_t	8 位整数(−128~127)
int16	int16_t	16 位整数(−32768~32767)
int32	int32_t	32 位整数(−2147483648~2147483647)
int64	int64_t	64 位整数(−9223372036854775808~9223372036854775807)
uint8	uint8_t	不带符号 8 位整数(0~255)
uint16	uint16_t	不带符号 16 位整数(0~65535)
uint32	uint32_t	不带符号 32 位整数(0~4294967295)
uint64	uint64_t	不带符号 64 位整数(0~18446744073709551615)
intp	intptr_t	索引整数(类似于 C 的 ssize_t,一般仍然是 int32 或 int64)
uintp	uintptr_t	不带符号的索引整数
float32	float	32 位浮点数
float64 float_	double	64 位浮点数,与 Python 的 float 类型相同
complex64	float complex	复数,由 2 个 32 位浮点数实数和虚数构成
complex128 complex_	double complex	复数,由 2 个 64 位浮点数实数和虚数构成,与 Python 的 complex 类型相同

对于整数和浮点数类型,可以用 iinfo(dtype)和 finfo(dtype)分别查询整数和浮点数的信息,整数和浮点数可以查询的内容如下面的代码中的注释说明。

```
import numpy as np    # Demo5_2.py

i32 = np.iinfo(np.int32)
print(1,i32.min)           # 32 位整数的最小值
print(2,i32.max)           # 32 位整数的最大值
print(3,i32.bits)          # 32 位整数所占据的字节数

f64 = np.finfo(np.float64)
print(4,f64.min)           # 64 位浮点数的最小值
print(5,f64.max)           # 64 位浮点数的最大值
print(6,f64.eps)           # 1.0 与下一个能表示的最小浮点数之间的差,eps = 2 ** - 52
print(7,f64.epsneg)        # 1.0 与前一个能表示的最大浮点数之间的差,epsneg = 2 ** - 53
print(8,f64.nexp)          # 指数部分占据的位数
print(9,f64.precision)     # 小数点的位数
print(10,f64.resolution)   # 小数点的解析精度 = 10 ** - precision
print(11,f64.tiny)         # 最小的正数
print(12,f64.machar.title) # 数据类型的名称
运行结果如下:
1 - 2147483648
2 2147483647
3 32
4 - 1.7976931348623157e + 308
5 1.7976931348623157e + 308
6 2.220446049250313e - 16
```

```
7 1.1102230246251565e-16
8 11
9 15
10 1e-15
11 2.2250738585072014e-308
12 numpy double precision floating point number
'''
```

在用 array()方法创建列表时,可以使用参数 dtype 指定数据的类型,用数组的 itemsize 属性可以获取数据元素所占据的字节数量,用 dtype 属性可以获取数组的数据类型,例如下面的代码。

```
import numpy as np    # Demo5_3.py
a = [1, 2, 3, 4, 5]                          # Python 的列表
b = [2, 3, 6, 8.9, 11]                       # Python 的列表
a_array = np.array(a, dtype = np.float)      # 创建一维数组
ab_array = np.array([a, b], dtype = complex) # 创建二维数组
print(a_array)                               # 输出数组
print(ab_array)                              # 输出数组
print(a_array.ndim, ab_array.ndim,)          # 输出数组的维数
print(a_array.itemsize, ab_array.itemsize)   # 输出数组中元素的个数
print(a_array.dtype, ab_array.dtype)         # 输出数组的数据类型
# 运行结果如下:
# [1. 2. 3. 4. 5.]
# [[ 1. +0.j 2. +0.j 3. +0.j 4. +0.j 5. +0.j]
#  [ 2. +0.j 3. +0.j 6. +0.j 8.9+0.j 11. +0.j]]
# 1 2
# 8 16
# float64 complex128
```

NumPy 除了可以直接使用基本的数据类型外,还可以用基本数据类型的组合定义更复杂的类型,例如结构数组。NumPy 中的数据类型都是 dtype 的实例对象,用 dtype 定义数据类型的格式如下所示:

dtype(obj, align = False, copy = False)

其中,obj 是对数据类型的定义;align 如果是 True,则用使用类似 C 语言的结构体填充字段;copy＝True 时则复制 dtype 对象,copy＝False 时则对内置数据类型对象进行引用。

对于基本数据类型,还可以用字符代码来代替,基本数据类型与字符代码之间的对应关系如表 5-3 所示。需要说明的是,str 类型的字符代码是'S',可以在'S'后面添加数字,表示字符串长度,比如'S3'表示长度为 3 的字符串,不写则为最大长度。

表 5-3　基本数据类型与字符代码

基本类型	字符代码	基本类型	字符代码
bool	'b1'	float16	'e'
int8	'i1'	float32	'f'

续表

基本类型	字符代码	基本类型	字符代码
uint8	'u1'	float64	'd'
int16	'i2'	complex64	'F'
uint16	'u2'	complex128	'D'
int32	'i4'	unicode	'U'
uint32	'u4'	object	'O'
int64	'i8'	void(空)	'V'
uint64	'u8'	str	'S'

用 dtype()方法可以定义结构数组,结构数组的元素需要用"(字段名,类型)"形式来定义,例如下面的代码。

```
import numpy as np    # Demo5_4.py
a = [1, 2, 4, 5]
dt = np.dtype(np.int32); print(1, dt)
x = np.array(a, dtype = dt); print(2, x)
dt = np.dtype([('name', 'S30'), ('age', np.int8), ("hei", 'i4')]); print(3, dt)    # 结构数组类型
x = np.array([('LI',12,45), ('WANG',13,47)],dtype = dt); print(4, x)    # 结构数组
print(5,x['name'], x['age'])                # 根据字段名获取值
# 运行结果如下:
# 1 int32
# 2 [1 2 4 5]
# 3 [('name', 'S30'), ('age', 'i1'), ('hei', '< i4')]
# 4 [(b'LI', 12, 45) (b'WANG', 13, 47)]
# 5 [b'LI' b'WANG'] [12 13]
```

在类型代码中,可以加入表示字节序(type order)的符号,字节序分为大端序(big-endian)和小端序(little-endian)。大端序是高位在前,低位在后;而小短序则是高位在后,低位在前。例如要记录 123 这个常数,在内存中用"123"方式记录表示大端序(需要转换成二进制),而用"321"方式则是小端序。在类型中用">"表示大端序,用"<"表示小端序,用"="表示由系统决定采用大端序还是小端序,用"|"表示忽略字节序。

5.1.3 创建数组的方法

1. 用 array()或 asarray()函数创建数组

可以用多种方式来定义数组,最常用的是用 array()函数或 asarray()函数。array()函数的格式如下所示:

array(object, dtype = None, copy = True, order = 'K', subok = False, ndmin = 0)

各项参数的意义如下所示。
- object 是数组的数据源,例如列表、元组、range()函数等数据序列,还可以是数组。
- dtype 用于指定数据类型,如果未给出,则类型由满足保存数据所需的最小内存空间的存储类型决定。

- copy 设置新建数组是否是原数组的副本还是引用。当 object 是数组,且 object 的数据类型与新建数组的数据类型相同,在 copy＝True 时,新建的数组是原数组的副本,这时新建的数组与原数组没有任何联系,改变新建数组或原数组的元素值,不会改变另一个数组的值;在 copy＝False 时,新建数组和原数组共用内存,改变新建数组或原数组的元素值,会改变另一个的值。

- 当 object 是数组时,subok 用于指定新建数组是否是 object 数组的子类。

- order 用于指定数据元素在内存中的排列形式,可以取'K'(keep)、'A'(any)、'C'(C 语言风格)或'F'(Fortran 语言风格),'K'和'A'用于 object 是数组的情况。在 object 不是数组时,order＝'F'表示新建数组按照 Fortran 格式排列(列排列),order＝'C'表示新建数组按照 C 格式排列(行排列),如果没有设置 order,默认 order＝'C';在 object 是数组时,无论 copy 的取值是什么,order＝'F'表示新建数组按照 Fortran 格式排列,order＝'C'表示新建数组按照 C 格式排列。在 object 是数组且 copy＝'False'时,order＝'K'或'A'表示新建数组与原数组的排列形式相同;在 object 是数组且 copy＝'True'时,order＝'K'表示原数组如果是 Fortran 或 C 排列则新建数组也是 Fortran 或 C 排列,其他情况采用最接近的方式排列,order＝'A'表示如果原数组是 Fortran 排列,则新数组是 Fortran 排列,其他情况是 C 排列。

- ndmin 是可选参数,类型为 int 型,指定新建数组应具有的最小维数。

asarray()函数的格式是 asarray(object, dtype＝None, order＝None, like＝None),其中 like 作为参考物,取值是数组,返回的数组根据 like 数组来定义。array()和 asarray()都可以将序列转化为 ndarray 对象,区别是当参数 object 不是数组时,两个函数结果相同;当 object 是数组且新建数组与原数组的数据类型相同时,array()在 copy＝True 时会新建一个 ndarray 对象,作为原数组的副本,但是 asarray()不会新建数组,而是与 object 共享同一个内存,改变其中一个数组的元素值,也会同时改变另一个数组的元素值,此时 asarray(object)相当于 array(object, copy＝False)。

下面的代码可以对比在类型相同或不同,copy＝False 时的差异,以及类型相同,copy＝True 时的差异。

```python
import numpy as np    # Demo5_5.py
arr1 = np.array(10)                                    # 0 维数组
arr2 = np.array(range(1,11))                           # 用 Python 的 range()函数创建一维数组
arr3 = np.array([(1, 2, 3), [4, 5, 6]])               # 二维数组
arr4 = np.asarray([[[1, 2, 3], [4, 5, 6]], [[7, 8, 9], [10, 11, 12]]])      # 三维数组

a = [1,2,3,4,5,6,7]                                    # Python 的列表
a_array = np.array(a, dtype = int, order = 'C')        # 新建数组
b_array = np.array(a_array, dtype = int, copy = False) # 用数组建立新数组,类型不变且 copy = False
print(1, a_array)                                      # 输出数组
print(2, b_array)                                      # 输出数组
a_array[0] = 100                                       # 改变数组中的数据
b_array[1] = 200                                       # 改变数组中的数据
print(3, a_array)                                      # 输出数组
print(4, b_array)                                      # 输出数组
```

```
c_array = np. array(a_array, dtype = float, copy = False)    # 改变类型
a_array[2] = 300                                             # 改变数组中的数据
c_array[3] = 400                                             # 改变数组中的数据
print(5, a_array)                                            # 输出数组
print(6, c_array)                                            # 输出数组
d_array = np. array(a_array, dtype = int, copy = True)       # 类型不变, copy = True
a_array[4] = 500                                             # 改变数组中的数据
d_array[5] = 600                                             # 改变数组中的数据
print(7, a_array)                                            # 输出数组
print(8, d_array)                                            # 输出数组
# 运行结果如下:
# 1 [1 2 3 4 5 6 7]
# 2 [1 2 3 4 5 6 7]
# 3 [100 200   3   4   5   6   7]
# 4 [100 200   3   4   5   6   7]
# 5 [100 200 300   4   5   6   7]
# 6 [100. 200. 3. 400. 5. 6.   7.]
# 7 [100 200 300   4 500   6   7]
# 8 [100 200 300   4   5 600   7]
```

2. 用 arange() 函数创建数组

与 Python 的内置函数 range() 类似,NumPy 的 arange() 函数可以产生一系列数据,并生成一维数组。arange() 函数的格式如下:

arange([start,] stop[, step], dtype = None, like = None)

其中,start 是起始值,stop 是终止值,step 是步长。arange() 函数创建的数组包含起始值,但不包含终止值,start、stop 和 step 可以取整数、浮点数和复数。start 和 step 是可选参数,如果忽略,则 start 默认为 0,step 默认为 1。

下面是用 arange() 函数创建数组的一些实例。

```
import numpy as np    # Demo5_6.py
x = np. arange(10); print(x)
x = np. arange(2, 10, 2); print(x)
x = np. arange(-1.3, -2.3, -0.2); print(x)
x = np. arange(10.5 + 2j, 12 + 3j, 0.3 - 0.2j); print(x)
# 运行结果如下:
# [0 1 2 3 4 5 6 7 8 9]
# [2 4 6 8]
# [-1.3 -1.5 -1.7 -1.9 -2.1]
# [10.5 + 2.j 10.8 + 1.8j]
```

3. 用 linspace() 等函数创建数组

NumPy 的 linspace() 函数可以在起始值和终止值之间线性取值,并返回新生成的数组。linspace() 函数的格式如下:

linspace(start, stop, num = 50, endpoint = True, retstep = False, dtype = None, axis = 0)

其中,start 和 stop 是起始值和终止值,取值可以是标量或数组、列表或元组;num 是返回的数组中元素的个数,包括 start;如果 endpoint＝True,则数组的最后一个元素是 stop 值,如果 endpoint＝False,则返回的数组不包括 stop;如果 retstep＝True,则返回由数组和步长构成的元组;dtype 指定数组的类型;axis 是坐标轴,只有在 start 和 end 是数组、列表或元组时才有效。

```
import numpy as np    # Demo5_7.py
x = np.linspace(10,20,num = 5); print(1,x)
x = np.linspace(10,20,num = 5,endpoint = False); print(2,x)
x,y = np.linspace(10,20,num = 5,endpoint = True,retstep = True); print(3,x,y)
x = np.linspace([10,15],[20,30],num = 5,endpoint = True); print(4,x)
x = np.linspace([10,15],[20,30],num = 5,endpoint = True,axis = 1); print(5,x)
x = np.linspace(10.5 + 2j,12 + 3j,num = 5,endpoint = True); print(6,x)
'''
运行结果如下:
1 [10.  12.5 15.  17.5 20. ]
2 [10. 12. 14. 16. 18.]
3 [10.  12.5 15.  17.5 20. ] 2.5
4 [[10.   15.  ]
 [12.5  18.75]
 [15.   22.5 ]
 [17.5  26.25]
 [20.   30.  ]]
5 [[10.   12.5 15.   17.5  20.  ]
  [15.   18.75 22.5  26.25 30.  ]]
6 [10.5 + 2.j   10.875 + 2.25j  11.25 + 2.5j  11.625 + 2.75j  12. + 3.j ]
'''
```

linspace()用等差数列创建数组,与 linspace()相似的函数有 geomspace()和 logspace()。geomspace()创建等比数列,而 logspace()先生成等差数列,然后再把等差数列作为指数,计算指定基(base)的幂,返回由幂计算的数组。geomspace()和 logspace()的格式如下所示:

geomspace(start, stop, num = 50, endpoint = True, dtype = None, axis = 0)
logspace(start, stop, num = 50, endpoint = True, base = 10.0, dtype = None, axis = 0)

```
import numpy as np # Demo5_8.py
x = np.geomspace(10,80,num = 4,endpoint = True); print(1,x)
x = np.geomspace([10,30],[80,240],num = 3,endpoint = False); print(2,x)
x = np.logspace(1,5,num = 5,base = 2,endpoint = True); print(3,x)
x = np.logspace(1,5,num = 4,base = 3,endpoint = False); print(4,x)
'''
运行结果如下:
1 [10. 20. 40. 80.]
2 [[ 10.   30.]
 [ 20.   60.]
 [ 40. 120.]]
3 [ 2.   4.   8.   16.   32.]
4 [ 3.   9.   27.   81.]
'''
```

4. 用 zeros()等函数创建数组

利用 NumPy 提供的 zeros()、ones()、empty()、full()、eye()和 identity()函数能快速创建特殊数组。zeros()创建元素值全部是 0 的数组；ones()创建元素值全部是 1 的数组；empty()创建没有初始化的数组,数值的元素值不确定；full()创建元素值全部是指定值的数组；eye()创建一个二维数组,在指定的对角线上的值为 1,其他全部为 0；identity()创建行和列相等,主对角线上的值全部是 1、其他元素全部为 0 的单位矩阵。这几个函数的格式如下所示:

```
zeros(shape, dtype = float, order = 'C')
ones(shape, dtype = None, order = 'C')
empty(shape, dtype = float, order = 'C')
full(shape, fill_value, dtype = None, order = 'C')
eye(N, M = None, k = 0, dtype = float, order = 'C')
identity(n, dtype = None)
```

其中,参数 shape 可以取整数或由整数构成的元组,例如 shape 取 5 表示创建含有 5 个元素的一维数组,shape 取(3,6)表示创建二维数组,第 1 维的元素个数是 3,第 2 维的元素个数是 6；fill_value 表示元素的初始值；order 设置数组元素在内存中的排列形式,可以取'C'或'F'。对于 eye()返回形状是(N,M)的二维数组,其中 N 是行的数量,M 是列的数量,如果忽略 M,则 M=N；k 是对角线的索引,或相对于主对角线的偏移量,k=0 是主对角线,k>0 是上对角线,k<0 是下对角线。对于 identity()返回形状是(n,n)的二维数组,只在主对角线上的值为 1,其他全部为 0。用数组的 fill(value)方法可以设置数组的所有元素的值是 value。

```python
import numpy as np  # Demo5_9.py
x = np.zeros(5,dtype = int); print(1,x)
x = np.zeros((2,5,),dtype = float); print(2,x)
x = np.ones(5); print(3,x)
x = np.ones((2,5),dtype = complex); print(4,x)
x = np.empty(5,dtype = np.int32); print(5,x)
x = np.empty((2,5),dtype = np.float64); print(6,x)
x = np.full((3,5),fill_value = 1.5,dtype = np.float64); print(7,x)
'''
运行结果如下:
1 [0 0 0 0 0]
2 [[0. 0. 0. 0. 0.]
  [0. 0. 0. 0. 0.]]
3 [1. 1. 1. 1. 1.]
4 [[1. + 0.j 1. + 0.j 1. + 0.j 1. + 0.j 1. + 0.j]
  [1. + 0.j 1. + 0.j 1. + 0.j 1. + 0.j 1. + 0.j]]
5 [0 0 0 0 0]
6 [[0. 0. 0. 0. 0.]
  [0. 0. 0. 0. 0.]]
7 [[1.5 1.5 1.5 1.5 1.5]
  [1.5 1.5 1.5 1.5 1.5]
  [1.5 1.5 1.5 1.5 1.5]]
'''
```

5. 用 zeros_like( )等函数创建数组

NumPy 提供了 zeros_like( )、ones_like( )、empty_like( )和 full_like( )函数,这些函数返回与给定数组相同形状的数组,并进行初始化。这些函数的格式如下所示:

```
zeros_like(object, dtype = None, order = 'K', subok = True, shape = None)
ones_like(object, dtype = None, order = 'K', subok = True, shape = None)
empty_like(object, dtype = None, order = 'K', subok = True, shape = None)
full_like(object, fill_value, dtype = None, order = 'K', subok = True, shape = None)
```

其中,object 表示数组、列表或元组等;如果没有指定 shape,则创建的数组的形状与 a 的形状相同,如果重新指定 shape 的值,则创建的数组的形状是 shape 指定的形状;order 可以取 'C'、'F'、'A'或' K'。

```
import numpy as np    # Demo5_10.py
a = [[1,2,3],[4,5,6]]                                  #列表
array = np.array([[1,2,3],[4,5,6]])                    #二维数组
x = np.zeros_like(array); print(1,x)                   #与输入相同形状的数组,初始值全部是0
x = np.zeros_like(array,shape = (2,8)); print(2,x)     #重新调整数组
x = np.ones_like(a); print(3,x)                        #与输入相同形状的数组,初始值全部是1
x = np.empty_like(array); print(4,x)                   #与输入相同形状的数组
x = np.full_like(a,fill_value = 1 + 2j,dtype = complex); print(5,x)    #与输入相同形状的数组
'''
运行结果如下:
1 [[0 0 0]
 [0 0 0]]
2 [[0 0 0 0 0 0 0 0]
 [0 0 0 0 0 0 0 0]]
3 [[1 1 1]
 [1 1 1]]
4 [[1 2 3]
 [4 5 6]]
5 [[1. + 2.j 1. + 2.j 1. + 2.j]
 [1. + 2.j 1. + 2.j 1. + 2.j]]
'''
```

6. 用 fromfunction( )函数创建数组

fromfunction( )函数用指定形状的数组的下标(行、列索引值)作为实参,传递给指定的函数,通常用于绘制图形。fromfunction( )函数的格式如下,其中 function 是可以调用的函数名;shape 指定数组的形状,数组的下标将会传递给函数。

```
fromfunction(function, shape, dtype = float, ** kwargs)
```

```
import numpy as np    # Demo5_11.py
def square(i):
    return i ** 2
def multiple(i,j):
    return i * j
```

```
x = np.fromfunction(square, shape = (6,), dtype = int); print(1, x)
x = np.fromfunction(multiple, shape = (2,5), dtype = int); print(2, x)
x = np.fromfunction(lambda i, j: i >= j, shape = (3, 5), dtype = int); print(3, x)
'''
运行结果如下:
1 [ 0  1  4  9 16 25]
2 [[0 0 0 0 0]
  [0 1 2 3 4]]
3 [[ True False False False False]
  [ True  True False False False]
  [ True  True  True False False]]
'''
```

7. 用 fromfile() 方法创建数组

NumPy 的 fromfile() 函数可从文本文件或二进制文件中直接读取数据,返回数组。fromfile() 函数的格式如下所示:

fromfile(file, dtype = float, count = -1, sep = '', offset = 0)

其中,file 是路径和文件名;count 表示读取的数据的数量,-1 表示读取所有数据;如果文件是文本文件,sep 是数据之间的分割符,空格符(' ')可以匹配 0 和多个空格符,sep 是空符(")表示文件是二进制文件;offset 是二进制文件中相对当前位置的偏移量(字节)。fromfile() 函数的返回值是一维数组,可以用数组的 reshape() 方法重新调整数组的形状。

下面的代码是从 data.txt 文件中读取数据创建数组,data.txt 文件中有两行数据,分别是 1.1 2.3 4.5 和 2.3 4.2 7.8,数据之间用空格隔开,读取数据后用数组的 reshape() 方法重新调整数组的形状。

```
import numpy as np    # Demo5_12.py

x = np.fromfile(file = "d:/data.txt", sep = ' ')      # 从文件读取数据,形成一维数组
print(x)
x = x.reshape(2,3)                                     # 重新调整数组的形状
print(x)
# 运行结果如下:
# [1.1 2.3 4.5 2.3 4.2 7.8]
# [[1.1 2.3 4.5]
#  [2.3 4.2 7.8]]
```

用数组的 tofile(fid, sep = ' ', format = "%s") 方法可以将数组保存到文件中,fid 是路径和文件名。

8. 用 fromiter() 方法创建数组

NumPy 的 fromiter() 函数可以从一个迭代序列中创建一维数组,其格式如下所示:

fromiter(iterable, dtype, count = -1)

其中,iterable 是迭代序列;count 是读取的数据数量,默认是-1,表示读取所有数据。

```
import numpy as np    # Demo5_13.py
iterable = (i * i - i for i in range(1,7))
x = np.fromiter(iterable, dtype = float)
print(x)
x = x.reshape((2,3))
print(x)
# 运行结果如下:
#[ 0.   2.   6.   12. 20. 30.]
#[[ 0.   2.   6.]
#[12. 20. 30.]]
```

9. 用 fromstring()方法创建数组

用 NumPy 的 fromstring()方法可以从文本中创建一维数组。fromstring()方法的格式如下所示:

fromstring(string, dtype = float, count = − 1, sep = '')

其中,string 是包含数据的字符串;dtype 指定数组的类型;count 指定读取数据的数量,默认是−1,表示读取 string 中的所有数据;sep 指定 string 中数据之间的分割符。

```
import numpy as np    # Demo5_14.py
string = "1 2 3 4 5 6 7 8"
x = np.fromstring(string,dtype = int,count = 5,sep = ' ')
print(1,x)
string = "1, 2, 3, 4, 5, 6, 7, 8"
x = np.fromstring(string,dtype = float,count = − 1,sep = ',')
print(2,x)
# 运行结果如下:
#1 [1 2 3 4 5]
#2 [1. 2. 3. 4. 5. 6. 7. 8.]
```

10. 网格数组

在用 Matplolib 绘制图像时,经常会绘制如 $z = f(x, y)$ 函数的图像,即 z 是 x 和 y 的函数,这时,x 和 y 都需要取一些离散值,例如 $x = 1, 2, 3, 4, y = 2.5, 3.5, 4.5$,这样 x 和 y 将形成 12 个点 $P_{11} \sim P_{43}$,如图 5-2 所示。

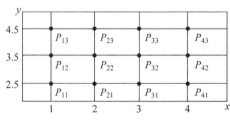

图 5-2　网格点

要写出这 12 个点的坐标,可以用下面的两个矩阵 **X** 和 **Y** 分别表示这 12 个点的 x 和 y 坐标构成的矩阵,用 **X** 和 **Y** 对应位置上的数据即可写出 P_{ij} 点的坐标。

$$X = \begin{bmatrix} 1 & 2 & 3 & 4 \\ 1 & 2 & 3 & 4 \\ 1 & 2 & 3 & 4 \end{bmatrix}, \quad Y = \begin{bmatrix} 2.5 & 2.5 & 2.5 & 2.5 \\ 3.5 & 3.5 & 3.5 & 3.5 \\ 4.5 & 4.5 & 4.5 & 4.5 \end{bmatrix}$$

NumPy 提供了由坐标向量换算成坐标矩阵的函数 meshgrid()，它可以生成指定维数的坐标矩阵。meshgrid()函数的格式如下所示：

```
meshgrid(x1, x2,..., xn, copy = True, sparse = False, indexing = 'xy')
```

其中，xi 表示一维数组、列表或元组，xi 的数量决定了 meshgrid()函数返回值的维数；copy＝False 时返回值是对原始 xi 的引用，这样可以节省内存；sparse＝True 时，返回值是稀疏矩阵，这样也可以节省内存；indexing 可以取'xy'或'ij'，'xy'表示返回值是直角坐标矩阵，'ij'表示返回值是坐标矩阵的转置矩阵。

除了用 meshgrid()函数创建网格坐标矩阵外，还可以用 mgrid()函数来创建多维坐标矩阵。mgrid()函数的格式是 mgrid[start:stop:step, start:stop:step, ...]，每维的取值范围由 start:stop:step 来定义，如果 step 是实数，则不包含 stop，step 表示步长；如果 step 是复数，则包含 stop，step 幅值的整数部分是数据点的个数。

```python
import numpy as np    # Demo5_15.py

x = [1, 2, 3, 4]
y = [2.5, 3.5, 4.5]
X, Y = np.meshgrid(x,y)
z = np.sin((X ** 2 + X ** 2) / (Y ** 2 + Y ** 2))
print(1,X)                # 输出 X 坐标矩阵
print(2,Y)                # 输出 Y 坐标矩阵
print(3,z)                # 输出函数值
X, Y = np.mgrid[1:5:1, 2.5:4.5:3j]
print(4,X)
print(5,Y)
'''
运行结果如下：
1 [[1 2 3 4]
   [1 2 3 4]
   [1 2 3 4]]
2 [[2.5 2.5 2.5 2.5]
   [3.5 3.5 3.5 3.5]
   [4.5 4.5 4.5 4.5]]
3 [[0.15931821  0.59719544  0.99145835  0.54935544]
   [0.08154202  0.3207589   0.67036003  0.96517786]
   [0.04936265  0.19624881  0.42995636  0.71044016]]
4 [[1. 1. 1.]
   [2. 2. 2.]
   [3. 3. 3.]
   [4. 4. 4.]]
5 [[2.5 3.5 4.5]
   [2.5 3.5 4.5]
   [2.5 3.5 4.5]
   [2.5 3.5 4.5]]
'''
```

5.1.4 数组的属性

数组都是 ndarray 的实例对象,因此数组都会继承 ndarray 的属性。数组的属性如表 5-4 所示。

表 5-4　数组的属性

属　性	返回值的类型	说　明
a. T	ndarray	返回数组的转置数组
a. dtype	dtype	数组元素的类型
a. flags	dict	有关数组信息的字典
a. imag	ndarray	数组的虚部构成的数组
a. real	ndarray	数组的实部构成的数组
a. size	int	数组中元素的数量
a. itemsize	int	返回存储一个元素所占据的内存字节数
a. nbytes	int	返回存储所有元素所占据的内存字节数
a. ndim	int	返回数组的维数
a. shape	tuple	返回数组的形状(每维的元素个数)
a. strides	tuple	返回每维上的一个元素所占据的内存字节数
a. data	memoryview 实例	数组在内存中的预览
a. base	ndarray	如果数组是对另外一个数组的引用,返回原数组;否则返回 None

5.1.5 NumPy 中的常量

NumPy 为了方便处理数据,定义了几个常量,这些常量包括 np. NaN、np. nan、np. NAN、np. Inf、np. inf、np. infty、np. Infinity、np. PINF、np. NINF、np. PZERO、np. NZERO、np. euler_gamma、np. newaxis、np. e 和 np. pi。这些常量的数据类型都是 float 类型。这些常量的意义如下所示。

- np. NaN、np. nan 和 np. NAN 表示的意思相同,都表示缺少数值数据(not a number),例如在计算 np. log(−1)时,返回的值是 nan。可以用 NumPy 的 isnan(x)函数查询数组 x 中哪些元素是 nan。
- np. Inf、np. inf、np. infty 和 np. Infinity 都表示无穷大,例如在计算 np. divide(1,0)时(计算 1/0),返回值是 inf,计算 np. log(0)时返回-inf。
- np. PINF 和 np. NINF 分别表示正无穷大(positive INF)和负无穷大(negative INF)。用 isinf(x)函数查询哪些元素为正或负无穷大;用 isposinf(x)函数查询哪些元素是正无穷大;用 isneginf(x)函数查询哪些元素为负无穷大;用 isfinite(x)函数查询哪些元素是有限的,既不是非数字,也不是正无穷大和负无穷大。
- np. PZERO 和 np. NZERO 分别表示正零和负零。
- np. newaxis 在对数组调整形状时使用,表示增加一个维数(轴)。

下面的代码是对以上各常量使用的应用举例。

```
import numpy as np #Demo5_16.py
x = np.array([np.NZERO, 1, 2, np.log(-1), np.divide(1, 0), np.log(0)]); print(1, x, x.dtype)
y = np.isnan(x); print(2, y)
y = np.isinf(x); print(3, y)
y = np.isposinf(x); print(4, y)
y = np.isneginf(x); print(5, y)
y = np.isfinite(x); print(6, y)
print(7, x[:, np.newaxis])
'''
运行结果如下：
1 [-0.  1.  2.  nan inf -inf] float64
2 [False False False True False False]
3 [False False False False True True]
4 [False False False False True False]
5 [False False False False False True]
6 [True True True False False False]
7 [[-0.]
 [1.]
 [2.]
 [nan]
 [inf]
 [-inf]]
'''
```

除了前面介绍的几个特殊的常量外，NumPy 中还有一些常量，这些常量的名称和值如表 5-5 所示。

表 5-5 NumPy 中的常量名称和值

常 量 名 称	值	常 量 名 称	值
ALLOW_THREADS	1	MAXDIMS	32
BUFSIZE	8192	MAY_SHARE_BOUNDS	0
CLIP	0	MAY_SHARE_EXACT	-1
ERR_CALL	3	NAN	nan
ERR_DEFAULT	521	NINF	-inf
ERR_IGNORE	0	NZERO	-0.0
ERR_LOG	5	NaN	nan
ERR_PRINT	4	PINF	inf
ERR_RAISE	2	PZERO	0.0
ERR_WARN	1	RAISE	2
FLOATING_POINT_SUPPORT	1	SHIFT_DIVIDEBYZERO	0
FPE_DIVIDEBYZERO	1	SHIFT_INVALID	9
FPE_INVALID	8	SHIFT_OVERFLOW	3
FPE_OVERFLOW	2	SHIFT_UNDERFLOW	6
FPE_UNDERFLOW	4	True_	True
False_	False	UFUNC_BUFSIZE_DEFAULT	8192
Inf	inf	UFUNC_PYVALS_NAME	'UFUNC_PYVALS'
Infinity	inf	WRAP	1

5.1.6　数组的切片

要从数组中获取元素的值,或者修改数组的元素值,都需要定位到数组的元素,这可以通过索引和切片来实现。与列表和元组类似,数组的索引也是从 0 开始,从左到右逐渐增大,也可以用负数做索引,从右到左由 −1 逐渐减小。

1. 一维数组的切片

对于一维数组,可以用 slice()函数定义一个切片对象,格式为 slice(stop)或 slice(start, stop[，step]),切片不包括 stop。也可以在数组中直接用冒号":"来指定切片,格式为 array [start:stop:step],视情况可以省略 start、stop 和 step,但是不能省略冒号":"。如果省略 start,则认为从索引 0 开始;如果省略 stop,则默认到数组的最后一个元素;如果省略 step,则默认步长是 1。下面的代码是一维切片的应用。

```
import numpy as np    #Demo5_17.py
a = np.arange(10)
print(1,a)
a[6] = 600                              #用索引修改元素值
a[−2] = 800                             #用负索引修改元素值
print(2,a)
x = a[5]; print(3,x)                    #输出索引是 5 的元素的值
s = slice(5); x = a[s]; print(4,x)      #用切片输出多个元素的值
s = slice(0,5,2); x = a[s]; print(5,x)  #用切片输出多个元素的值
s = slice(−1, −5, −2); x = a[s]; print(6,x)  #用切片输出多个元素的值
s = slice(−5, −1,2); x = a[s]; print(7,x)    #用切片输出多个元素的值
x = a[1:5:2]; print(8,x)                #用冒号定义切片
x = a[1:5]; print(9,x)                  #省略步长,默认为 1
x = a[:5]; print(10,x)                  #省略初始值,默认从 0 开始
x = a[1::2]; print(11,x)                #省略终止值,默认直到最后
x = a[::2]; print(12,x)                 #省略初始值和终止值,默认全部元素
#运行结果如下:
#1 [0 1 2 3 4 5 6 7 8 9]
#2 [0 1 2 3 4 5 600 7 800 9]
#3 5
#4 [0 1 2 3 4]
#5 [0 2 4]
#6 [9 7]
#7 [5 7]
#8 [1 3]
#9 [1 2 3 4]
#10 [0 1 2 3 4]
#11 [1 3 5 7 9]
#12 [0 2 4 600 800]
```

2. 多维数组的切片

多维数组的切片要比一维数组稍微复杂,需要对每一维指定切片,每维的切片之间用逗号","隔开。多维数组的切片还可以使用"...",表示匹配尽可能多的逗号",",例如 a 是 5 维

数组,则 a[1,2,...]等价于 x[1,2,:,:,:,:,:],a[...,3]等价于 a[:,:,:,:,:,3],a[4,...,5,:]等价于[4,:,:,:,5,:]。

下面的代码是多维切片的一些应用。

```
import numpy as np    # Demo5_18.py
a = np.arange(30)
a = a.reshape(3,10)
print(1,a)
x = a[2,5]; print(2,x)              # 根据索引获取元素值
a[1,0] = 100; print(3,a)           # 根据索引修改元素值
x = a[1:3,3:8:2]; print(4,x)
x = a[1:3,2:]; print(5,x)
x = a[:,2:]; print(6,x)
x = a[2]; print(7,x)
x = a[:,8]; print(8,x)
x = a[... , 6:]; print(9,x)
x = a[1:: , ...]; print(10,x)
# 运行结果如下:
#1[[ 0 1 2 3 4 5 6 7 8 9]
#   [10 11 12 13 14 15 16 17 18 19]
#   [20 21 22 23 24 25 26 27 28 29]]
#2 25
#3[[ 0 1 2 3 4 5 6 7 8 9]
#   [100 11 12 13 14 15 16 17 18 19]
#   [ 20 21 22 23 24 25 26 27 28 29]]
#4[[13 15 17]
#   [23 25 27]]
#5[[12 13 14 15 16 17 18 19]
#   [22 23 24 25 26 27 28 29]]
#6 [[ 2 3 4 5 6 7 8 9]
#   [12 13 14 15 16 17 18 19]
#   [22 23 24 25 26 27 28 29]]
#7[20 21 22 23 24 25 26 27 28 29]
#8[ 8 18 28]
#9[[ 6  7  8  9]
#   [16 17 18 19]
#   [26 27 28 29]]
#10[[100 11 12 13 14 15 16 17 18 19]
#   [ 20 21 22 23 24 25 26 27 28 29]]
```

需要注意的是,用切片新生成的数组与原数组共用内存,因此修改一个数组的值,另外一个数组的值也会同时发生变化,例如下面的代码。

```
import numpy as np    # Demo5_19.py
a = np.arange(30)
a = a.reshape(3,10)
print(1,a)
x = a[:,0:8:2]                     # 切片
print(2,x)
a[1,0] = 100                       # 改变原数组的值
```

```
x[2,0] = 200                    # 改变切片的值
print(3,a)
print(4,x)
'''
运行结果如下:
1 [[ 0  1  2  3  4  5  6  7  8  9]
   [10 11 12 13 14 15 16 17 18 19]
   [20 21 22 23 24 25 26 27 28 29]]
2 [[ 0  2  4  6]
   [10 12 14 16]
   [20 22 24 26]]
3 [[  0   1   2   3   4   5   6   7   8   9]
   [100  11  12  13  14  15  16  17  18  19]
   [200  21  22  23  24  25  26  27  28  29]]
4 [[  0   2   4   6]
   [100  12  14  16]
   [200  22  24  26]]
'''
```

5.1.7　数组的保存与读取

在科学计算中,数组记录的数据量通常非常巨大,而且在计算过程中也会生成许多中间结果,如果将这些结果都保存到内存中,势必会占用太多的内存空间,因此需要把一些数据保存在硬盘的文件中。数组可以保存到文本文件中,也可以保存到二进制文件或压缩二进制文件中。

1. 文本文件的读写

将数组保存到文本文件中和从文本文件读取数据的函数分别是 savetxt() 函数和 loadtxt() 函数。savetxt() 函数的格式如下所示:

savetxt(fname, X, fmt = '%.18e', delimiter = '', newline = '\n', header = '', footer = '', comments = '#',
　　encoding = None)

其中各参数的意义如表 5-6 所示。

表 5-6　savetxt() 函数各参数的意义

参数	参数类型	说　　明
fname	str	路径和文件名,如果扩展名是.gz,则自动以 gzip 压缩格式存储
X	array	设置要输出的数据,取值是一维或二维数组、列表或元组
fmt	str	设置数据的存储格式字符串,可以取单个格式字符串、多个格式字符串(指定每列的格式)或多格式字符串。fmt 是多格式字符串时,如 'Iteration %d -- %10.5f',这时会忽略 delimiter 参数。当 X 是复数时,如果 fmt 是单个格式字符串,则实部和虚部的格式相同,并在虚部后面添加"j"以表示是复数; fmt 可以取一长串,指定每个实部和虚部的个数,例如 ' %.4e %+.4ej %.4e %+.4ej %.4e %+.4ej' 指定了三列数据的格式;可以用格式列表指定每列的格式,例如['%.3e + %.3ej', '(%.15e%+.15ej)']指定了两列数据的格式。关于用%进行格式化字符串的内容参见 2.5.3 节

续表

参数	参数类型	说明
delimiter	str	设置列之间的分隔符
newline	str	设置新行符号
header	str	设置文件开始部分的说明
footer	str	设置文件结尾部分的说明
comments	str	设置放到 header 或 footer 之前用于表示是注释的符号
encoding	str	设置编码方式,例如 'bytes'、'latin1'

loadtxt()函数从文本文件中读取数据,并生成数组,文本文件的每行必须有相同数量的数值。loadtxt()函数的格式如下所示:

$$loadtxt(fname, dtype = float, comments = '\#', delimiter = None, converters = None, skiprows = 0,$$
$$usecols = None, unpack = False, ndmin = 0, encoding = 'bytes', max\_rows = None)$$

loadtxt()函数各参数的意义如表 5-7 所示。

表 5-7　loadtxt()函数各参数的意义

参数	参数类型	说明
fname	str	路径和文件名,如果扩展名是.gz,会首先将文件进行解压缩
dtype	dtype	设置数组的类型
comments	str	设置文件中用于标识是说明文字的符号
delimiter	str	设置列分隔符
converters	dict	取值是字典,字典的关键字是列索引,将某列转换成其他数据类型。例如第 1 列是时间格式的字符串,可以用 converters = {0: datestr2num}将时间转换成数值
skiprows	int	设置文件开始部分跳过的行数,包括说明部分
usecols	int、sequence	设置要读取的列数,或者按列索引指定要读取的列,usecols = (0, 2, 4)表示读取第 1 列、第 3 列和第 5 列
unpack	bool	设置是否将数据进行转置
ndmin	int	设置返回的数组至少具有的维数
encoding	str	设置编码方式
max_rows	int	设置读取的最大行,不包括 skiprows 指定的跳过的行,默认读取所有行

下面的程序计算方程 $z = 2\left(1 - \dfrac{x}{4} + x^3\right)e^{-x^2 - y^2}$ 确定的函数值,将值写入到 z.out 文件中,从该文件中重新读取数据,并输出数据。

```
import numpy as np    #Demo5_20.py

n = 5
x = np.linspace(-3,3,n)
y = np.linspace(-3,3,n)
X,Y = np.meshgrid(x,y)              #x 和 y 向的坐标值
Z = (1 - X/4 + X ** 3) * np.exp(- X ** 2 - Y ** 2)     #高度值
```

```
filename = 'd:\\z.out'
np.savetxt(filename, X = Z, fmt = '% + .6E', header = 'Z = (1 - X/4 + X ** 3) * np.exp( - X ** 2 -
Y ** 2)', delimiter = ' ' * 5)
zz = np.loadtxt(fname = filename, delimiter = ' ' * 5)
print(zz)
'''
运行结果如下:
[[ - 3.845570e - 07    - 2.601460e - 05    1.234098e - 04    5.202919e - 05    4.150169e - 07]
 [ - 3.284343e - 04    - 2.221799e - 02    1.053992e - 01    4.443599e - 02    3.544489e - 04]
 [ - 3.116098e - 03    - 2.107984e - 01    1.000000e + 00    4.215969e - 01    3.362917e - 03]
 [ - 3.284343e - 04    - 2.221799e - 02    1.053992e - 01    4.443599e - 02    3.544489e - 04]
 [ - 3.845570e - 07    - 2.601460e - 05    1.234098e - 04    5.202919e - 05    4.150169e - 07]]
'''
```

2. 二进制文件的读写

NumPy 中保存数组到二进制文件的函数有 save()、savez() 和 savez_compressed()，其中 save() 函数将一个数组保存到二进制文件.npy 中，savez() 函数将多个数组保存到非压缩二进制文件.npz 中，savez_compressed() 函数将多个数组以压缩方式保存到二进制文件.npz 中。这三个函数的格式如下所示。

```
save(file, arr, allow_pickle = True, fix_imports = True)
savez(file, * args, ** kwds)
savez_compressed(file, * args, ** kwds)
```

其中，file 是要保存的路径和文件名；arr 是数组名；allow_pickle 设置运行时是否使用 Python 的 pickle 模块的功能，pickle 可以将数组对象序列化后直接保存到文件中；fix_imports 用于将 Python 3 的对象可以在 Python 2 中序列化，并在 Python 2 中可读；如果用 * args 指定多个数组来保存数据，在文件中用名称 arr_0、arr_1、……存储对应的数组名；如果用 ** kwds 指定多个数组保存数据，在文件中用对应的关键字来存储，关键字由用户自己指定。

NumPy 读取二进制文件的函数是 load()，load() 函数可以读取.npy 和.npz 文件，其格式如下所示。

```
load(file, mmap_mode = None, allow_pickle = False, fix_imports = True)
```

其中，file 是路径和文件名，或者其他读写设备；mmap_mode 设置内存映射模式，可以取 None、'r+'(打开文件可读写)、'r'(打开文件只读)、'w+'(新建或覆盖文件可读写)或'c'(复制文件，原文件只读)，内存映射保存到磁盘上，可以像数组一样进行切片。如果 load() 函数打开的是.npy 文件，则返回值是一个数组；如果 load() 函数打开的是.npz 文件，则返回值是一个字典，字典的值是数组。

下面的代码是用不同的方式保存数组到二进制文件中，并打开二进制文件读取数据。

```
import numpy as np    # Demo5_21.py

n = 3
```

```
x = np.linspace(0,3,n)
y = np.linspace(0,3,n)
X,Y = np.meshgrid(x,y)
Z = (1 - X/4 + X ** 3) * np.exp( - X ** 2 - Y ** 2)

np.save(file = 'd:\\z.npy', arr = Z)                    # 保存到.npy文件
zz = np.load(file = 'd:\\z.npy')                        # 打开.npy文件,返回值是一个数组
print(1,zz)


np.savez('d:\\xz_1.npz', X, Z)                          # 保存到.npz文件
result_1 = np.load(file = 'd:\\xz_1.npz')               # 打开.npz文件,返回值是字典
print(2,result_1['arr_0'])                              # 字典的关键字是'arr_0'
print(3,result_1['arr_1'])                              # 字典的关键字是'arr_1'


np.savez('d:\\xz_2.npz', a = X, b = Z)                  # 以关键字形式保存到.npz文件
result_2 = np.load(file = 'd:\\xz_2.npz')               # 打开.npz文件,返回值是字典
print(4,result_2['a'])                                  # 字典的关键字是保存时的关键字
print(5,result_2['b'])                                  # 字典的关键字是保存时的关键字


np.savez_compressed('d:\\xz_3.npz', aa = X, bb = Z)     # 以关键字形式保存到压缩.npz文件
result_3 = np.load(file = 'd:\\xz_3.npz')               # 打开压缩.npz文件,返回值是字典
print(6,result_3['aa'])                                 # 字典的关键字是保存时的关键字
print(7,result_3['bb'])                                 # 字典的关键字是保存时的关键字

'''
运行结果如下:
1 [[1.00000000e + 00  4.21596898e - 01  3.36291716e - 03]
   [1.05399225e - 01  4.44359862e - 02  3.54448861e - 04]
   [1.23409804e - 04  5.20291906e - 05  4.15016948e - 07]]
2 [[0.  1.5  3.]
   [0.  1.5  3.]
   [0.  1.5  3.]]
3 [[1.00000000e + 00  4.21596898e - 01  3.36291716e - 03]
   [1.05399225e - 01  4.44359862e - 02  3.54448861e - 04]
   [1.23409804e - 04  5.20291906e - 05  4.15016948e - 07]]
4 [[0.  1.5  3.]
   [0.  1.5  3.]
   [0.  1.5  3.]]
5 [[1.00000000e + 00  4.21596898e - 01  3.36291716e - 03]
   [1.05399225e - 01  4.44359862e - 02  3.54448861e - 04]
   [1.23409804e - 04  5.20291906e - 05  4.15016948e - 07]]
6 [[0.  1.5  3.]
   [0.  1.5  3.]
   [0.  1.5  3.]]
7 [[1.00000000e + 00  4.21596898e - 01  3.36291716e - 03]
   [1.05399225e - 01  4.44359862e - 02  3.54448861e - 04]
   [1.23409804e - 04  5.20291906e - 05  4.15016948e - 07]]
'''
```

5.2 数组操作

创建数组的目的是方便多维数据的运算。数组参与的运算中,除少量的运算外,例如点乘和叉乘,大部分运算都是针对数组中的元素进行的。对数组可以进行四则运算、调整形状、重新组合和排序、打乱和删除等操作。

5.2.1 基本运算

1. 数组元素的获取

要获取数组中元素的值,可以使用数组的 item() 方法。item() 方法的格式如下:

```
item( * args)
```

其中 args 可以取一个整数,或用索引来确定,当取一个整数时,把数组当作一维数组处理。另外还可以用 for 循环输出数组中所有数据,例如下面的代码。

```python
import numpy as np    # Demo5_22.py
x = np.array([[1,2,3],[4,5,6]])
print(x.item(2),x.item(5))
print(x.item(0,2),x.item(1,2))
print(x.item( - 2, - 1),x.item( - 1, - 1))
for i in x:                      # for 循环输出数据
    print(i,end = " ")
    for j in i:
        print(j,end = " ")
print("\n",end = "")
for iter in np.nditer(x):        # 用 nditer()函数
    print(iter,end = " ")
# 运行结果如下:
# 3 6
# 3 6
# 3 6
# [1 2 3] 1 2 3 [4 5 6] 4 5 6
# 1 2 3 4 5 6
```

2. 数组的四则运算

数组之间的加、减、乘、除等运算是基于数组的元素进行的,要求两个数组的形状相同,如果不同则通过广播机制调整成形状相同。具体示例如下面的代码所示。

```python
import numpy as np    # Demo5_23.py
a = np.arange(5);print(1,a)
b = np.array([20,30,40,50,60]);print(2,b)
r1 = a + b;print(3,r1)                # 加
```

```
r2 = b - a;print(4,r2)                    #减
r3 = a * b;print(5,r3)                    #乘
r4 = a/b;print(6,r4)                      #除
r5 = a ** 2;print(7,r5)                   #乘方
r6 = a + 10;print(8,r6)                   #与标量运算
r7 = a * 3;print(9,r7)                    #与标量运算
r8 = b//3;print(10,r8)                    #整除
r9 = b % 3;print(11,r9)                   #求余数
r10 = b > 40;print(12,r10)               #逻辑运算
a += b;print(13,a)                        #a = a + b
# 运行结果如下:
#1 [0 1 2 3 4]
#2 [20 30 40 50 60]
#3 [20 31 42 53 64]
#4 [20 29 38 47 56]
#5 [  0  30  80 150 240]
#6 [0. 0.03333333 0.05  0.06  0.06666667]
#7 [ 0  1  4  9 16]
#8 [10 11 12 13 14]
#9 [ 0  3  6  9 12]
#10 [ 6 10 13 16 20]
#11 [2 0 1 2 0]
#12 [False False False  True  True]
#13 [20 31 42 53 64]
```

3. 广播

两个数组进行四则运算时,如果两个数组形状相同则对应元素进行运算;如果两个数组的形状不同,在满足一定条件时,NumPy 会自动重复复制现有值,使其形状相同后再进行计算,这是通过内部广播来实现的。下面的代码中 x1 和 y1 的形状不同,通过将 x1 和 y1 重复复制后,会得到与 x2 和 y2 相同的数组,再进行数组元素之间的运算。

```
import numpy as np   # Demo5_24.py
x1 = np.array([[1], [2], [3]])                      #二维数组
y1 = np.array([4, 5, 6])                            #一维数组
z1 = x1 + y1; print(1,z1)
x2 = np.array([[1,1,1], [2,2,2], [3,3,3]])          #在原数组的基础上进行重复复制
y2 = np.array([[4, 5, 6],[4, 5, 6],[4, 5, 6]])      #在原数组的基础上进行重复复制
z2 = x2 + y2; print(2,z2)
# 运行结果如下:
#1 [[5 6 7]
#   [6 7 8]
#   [7 8 9]]
#2 [[5 6 7]
#   [6 7 8]
#   [7 8 9]]
```

NumPy 中的广播机制的处理原则如下所示。

（1）让所有输入数组都向其中形状最复杂的数组看齐，形状中不足的部分都通过在前面加1补齐。例如形状是(3,)和(4,3)的两个数组相加时，需要把形状是(3,)的数组调整成(1,3)。

（2）输出数组的形状是输入数组形状的各个维度上的最大值。

（3）如果输入数组的某个维度和输出数组的对应维度的长度相同或者其长度为1，这个数组能够用来计算，否则出错。例如两个形状分别是(3,)和(3,2)的数组就不能直接相加。

（4）当输入数组的某个维度的长度为1时，沿着此维度运算时都用此维度上的第一组值。

图 5-3 所示为两个形状不同的数组 a 和 b 进行相加时，数组 b 如何通过广播与数组 a 兼容。

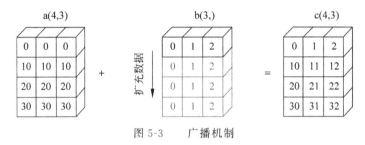

图 5-3　广播机制

NumPy 的 broadcast_to(array, shape, subok=False)函数可以将数组通过广播机制调整到指定的形状，返回调整后的数组，原数组不变；broadcast_shapes()函数可以通过广播将多个形状调整到最后的形状。例如下面的代码。

```
import numpy as np  # Demo5_25.py

x = np.array([1, 2, 3, 4])
y1 = np.broadcast_to(x, (3, 4)); print(1,y1)
y2 = np.broadcast_to(x, (2, 2, 4)); print(2,y2)
shape1 = np.broadcast_shapes((1, 2), (3, 1), (3, 2)); print(3,shape1)
shape2 = np.broadcast_shapes((6, 7), (5, 6, 1), (7,), (5, 1, 7)); print(4,shape2)
'''
运行结果如下:
1 [[1 2 3 4]
   [1 2 3 4]
   [1 2 3 4]]
2 [[[1 2 3 4]
   [1 2 3 4]]

  [[1 2 3 4]
   [1 2 3 4]]]
3 (3, 2)
4 (5, 6, 7)
'''
```

4. 数组的点乘和叉乘

两个数组之间用"@"符号完成矩阵的点乘运算，也可以用数组或 NumPy 的 dot()方法完成点乘运算。叉乘计算需要用 NumPy 的 cross()方法来完成，cross()方法的格式如下：

```
cross(a, b, axisa = -1, axisb = -1, axisc = -1, axis = None)
```

其中,a 和 b 是数组、列表或元组。如果是数组,需要用 axisa 和 axisb 指定 a 和 b 的哪个轴进行叉乘计算,默认是最后一个轴;axisc 是存放返回结果的轴。如果指定 axis,则用 axis 的值取代 axisa、axisb 和 axisc 的值,例如下面的代码。

```
import numpy as np    # Demo5_26.py

a = np.array([[1,2,3],[4,5,6]])
b = np.array([[11,12],[13,14],[15,16]])
r1 = a@b; print(1,r1)
r2 = a.dot(b); print(2,r1 == r2)

x = np.array([[1,2,3], [4,5,6], [7, 8, 9]])
y = np.array([[7, 8, 9], [4,5,6], [1,2,3]])
z = np.cross([1,2,3],[7, 8, 9]); print(3,z)
z = np.cross(x, y,axisa = -1,axisb = -1); print(4,z)
x = x.T; y = y.T          # 转置
z = np.cross(x, y,axisa = 0,axisb = 0); print(5,z)
'''
运行结果如下:
1 [[ 82  88]
   [199 214]]
2 [[ True   True]
   [ True   True]]
3 [-6  12  -6]
4 [[-6  12  -6]
   [ 0  0   0]
   [ 6  -12  6]]
5 [[-6  12  -6]
   [ 0  0   0]
   [ 6  -12  6]]
'''
```

5. 数组的四舍五入运算

NumPy 的 around()、round_()和 round()函数可以对元素进行指定精度的四舍五入运算,它们的格式如下:

```
around(a, decimals = 0, out = None)
round_(a, decimals = 0, out = None)
round(a, decimals = 0, out = None)
```

其中,a 是数组、列表或元组;decimals 可以取正整数、负整数或 0,decimals 是正整数时,表示保留的小数点后的位数,是负整数时,表示小数点左边的取整位置;out 用于保留输出的结果。

```
import numpy as np    # Demo5_27.py

a = np.array([147.2345, -4536.553435,37.56467,0.0,6734.3],dtype = float)
```

```
x = np.around(a,decimals = 1);print(1,x)
x = np.around(a,decimals = -2);print(2,x)
x = np.round(a,decimals = 2);print(3,x)
x = np.round(a,decimals = -2);print(4,x)
np.round_(a,decimals = -1,out = x);print(5,x)
# 运行结果如下:
#1 [147.2    -4536.6    37.6    0.   6734.3]
#2 [100.    -4500.    0.    0.   6700. ]
#3 [147.23    -4536.55    37.56    0.   6734.3]
#4 [100.    -4500.    0.    0.   6700. ]
#5 [150.    -4540.    40.    0.   6730. ]
```

5.2.2 调整数组的形状

用 NumPy 的 reshape()方法可以重新调整数组的形状,返回调整后的数组,原数组不变。reshape()的格式如下:

reshape(a, newshape, order = 'C')

其中,a 是数组、列表或元组;newshape 是调整后的形状,可以取整数(生成一维数组)或由整数构成的元组,元组中的元素可以取 -1,表示自动计算该维的长度,例如(2, -1);order可以取'C'、'F'或'A'。如果要调整成一维数组,也可以用 ravel(a,order='C')方法,该方法相当于 reshape(a,-1),也可以用数组的 flatten(order='C')方法。

数组的 reshape()方法也可以重新调整数组的形状,返回调整后的数组,原数组不变。数组的 reshape()的格式如下:

reshape(shape, order = 'C')

用 NumPy 的 shape(a)方法或数组的 shape 属性,可以获取数组的形状,例如下面的代码。

```
import numpy as np    # Demo5_28.py

a = np.arange(8);print(1,a,a.shape)
x = np.reshape(a,newshape = (2,-1));print(2,x,np.shape(x));print(3,a)
y = x.flatten();print(4,y)
y = np.ravel(x);print(5,y)
y = a.reshape((2,-1));print(6,y);print(7,a)
z = x.reshape(-1);print(8,z)
# 运行结果如下:
#1 [0 1 2 3 4 5 6 7] (8,)
#2 [[0 1 2 3] [4 5 6 7]] (2, 4)
#3 [0 1 2 3 4 5 6 7]
#4 [0 1 2 3 4 5 6 7]
#5 [0 1 2 3 4 5 6 7]
#6 [[0 1 2 3] [4 5 6 7]]
#7 [0 1 2 3 4 5 6 7]
#8 [0 1 2 3 4 5 6 7]
```

用 reshape()方法调整数组的形状时,调整后的数组的元素个数要与原数组的元素个数相匹配。NumPy 还提供了另外一种调整数组形状的方法 resize(),它不要求调整后的数组的元素个数与原数组的元素个数匹配,当新调整的元素个数大于原数组的元素个数时,会重复使用原数组中的元素。resize()方法返回调整后的数组,而原数组不变。resize()方法的格式如下:

resize(a, new_shape)

其中,a 是数组、元组或列表;new_shape 是新数组的形状。

数组的 resize()方法也可以调整数组的形状,它直接在原数组上调整,不会产生新数组,当调整后的数组的元素个数大于原数组的元素个数时,使用 0 填充不足的元素。数组的 resize()方法的格式如下:

resize(new_shape, refcheck = True)

当原数组被别的数组引用时,在 refcheck＝True 时,不能调整数组的形状。

```
import numpy as np    # Demo5_29.py

a = np.array([[1,2,3],[4,5,6]])
x = np.resize(a,(2,1));print(1,x);print(2,a)
x = np.resize(a,(2,4));print(3,x)
a.resize(2,4);print(4,a)
a.resize(2,2);print(5,a)
b = a
a.resize(2,4,refcheck = True)              # 抛出异常
# 运行结果如下:
#1 [[1]  [2]]
#2 [[1 2 3]  [4 5 6]]
#3 [[1 2 3 4]  [5 6 1 2]]
#4 [[1 2 3 4]  [5 6 0 0]]
#5 [[1 2]  [3 4]]
# ValueError: cannot resize an array that references or is referenced
# by another array in this way.
```

调整数组的形状也可以用 NumPy 的 squeeze()方法和 expand_dims()方法。如果某个轴上的元素个数是 1,squeeze()方法可以将这个轴压缩掉,实现降维;而 expand_dims()方法与此相反,是增加轴。这两个方法返回变化后的数组。这两个方法的格式如下:

squeeze(a, axis = None)
expand_dims(a, axis)

其中,a 是数组、元组或列表;axis 是要指定压缩或增加的轴。如果某个轴上元素个数大于1,则用 squeeze()方法压缩该轴时会出错。另外也可以用数组的 squeeze(axis＝None)方法来压缩轴。例如下面的代码。

```
import numpy as np    # Demo5_30.py

a = np.array([[11]]);                      #a 是(1,1)数组
```

```
u = np.squeeze(a);print(1,x.shape)              #x 是 0 维数组
a = np.array([[[10], [11], [12]]]);print(2,a.shape)   #a 是(1,3,1)数组
x = np.squeeze(a);print(3,x.shape)              #x 是(3,)数组
x = np.squeeze(a,axis = 0);print(4,x.shape)     #x 是(3,1)数组
x = np.squeeze(a,axis = 2);print(5,x.shape)     #x 是(1,3)数组
x = a.squeeze();print(6,x.shape)                #x 是(1, 1, 3, 1)数组
x = np.expand_dims(a,axis = 1);print(7,x.shape) #x 是(1,1,3,1)数组
#运行结果如下:
#1 ()
#2 (1, 3, 1)
#3 (3,)
#4 (3, 1)
#5 (1, 3)
#6 (3,)
#7 (1, 1, 3, 1)
```

用 NumPy 的 swapaxes(a, axis1, axis2)方法可以交换两个轴,方法比较简单,这里不多述。

5.2.3 数组的重新组合

NumPy 提供了可以将几个数组重新组合成新数组的方法,这些方法包括 stack()、vstack()、row_stack()、hstack()、vsplit()、column_stack()、dstack()、concatenate()和block()。其中,stack()方法能够将多个数组中的元素依次按照已有坐标轴或新轴重新组合成一个新的数组,concatenate()方法只能在已有坐标轴上组合成一个新的数组。stack()和 concatenate()方法的格式如下:

stack(arrays, axis = 0, out = None)
concatenate((a1, a2, ...), axis = 0, out = None)

其中,arrays 是由数组、元组或列表构成的序列;a1、a2 等是数组,数组要有相同的形状;axis 是坐标轴或维数;out 是保存结果的数组。例如下面的代码。

```
import numpy as np    #Demo5_31.py

a = np.array([1,2,3]);b = np.array([4,5,6])
x = np.stack((a,b),axis = 0);print(1,x)          #沿 0 轴组合
x = np.stack((a,b),axis = 1);print(2,x)          #沿 1 轴组合
y = np.empty((3,3))
x = np.stack((a,b,a),axis = 0,out = y);print(3,y);print(4,x)
x = np.concatenate((a,b),axis = 0);print(5,x)
x = np.stack((a,b,a),axis = 1)
x = np.concatenate((x,x),axis = 1);print(6,x)
'''
运行结果如下:
1 [[1 2 3]
   [4 5 6]]
```

```
2 [[1 4]
   [2 5]
   [3 6]]
3 [[1. 2. 3.]
   [4. 5. 6.]
   [1. 2. 3.]]
4 [[1. 2. 3.]
   [4. 5. 6.]
   [1. 2. 3.]]
5 [1 2 3 4 5 6]
6 [[1 4 1 1 4 1]
   [2 5 2 2 5 2]
   [3 6 3 3 6 3]]
'''
```

　　vstack()和 row_stack()方法在竖直方向上将多个数组组合在一起,hstack()和 column_
stack()方法在水平方向上将多个数组组合在一起,dstack()方法在第 3 维方向上将多个数
组组合在一起。对于形状是(m,)的一维数组,组合后的数组的形状是(1,m,1);对于形状
是(m,n)的二维数组,组合后的数组的形状是(m,n,1)。这几个方法的格式如下,其中 tup
是多个数组组成的元组。

vstack(tup)　row_stack(tup)　hstack(tup)　column_stack(tup)　dstack(tup)

关于数组的重新组合的应用如下面的代码所示。

```
import numpy as np    #Demo5_32.py

a = np.array([[1,2,3],[4,5,6]])
b = np.array([[11,12,13],[14,15,16]])
x = np.vstack((a,b));print(1,x)
x = np.row_stack((a,b));print(2,x)
x = np.hstack((a,b));print(3,x)
x = np.column_stack((a,b));print(4,x)
x = np.dstack((a,b));print(5,x)
#运行结果如下:
#1[[ 1  2  3] [ 4  5  6] [11 12 13] [14 15 16]]
#2[[ 1  2  3] [ 4  5  6] [11 12 13] [14 15 16]]
#3[[ 1  2  3 11 12 13] [ 4  5  6 14 15 16]]
#4[[ 1  2  3 11 12 13] [ 4  5  6 14 15 16]]
#5[[[ 1 11] [ 2 12] [ 3 13]] [[ 4 14] [ 5 15] [ 6 16]]]
```

5.2.4　数组的分解

　　NumPy 提供了将一个数组分解成几个数组的方法,这些方法有 split()、hsplit()、vsplit()、
dsplit()、array_split()。split()方法可以沿着某个轴平均分解数组,或者按照指定的分解方
式分解;hsplit()方法沿着水平方向分解;vsplit()方法沿着竖直方向分解;dsplit()方法按

照第 3 轴进行分解；array_split()方法可以不均分数组。这些方法的格式如下所示：

```
split(array, indices_or_sections, axis = 0)
hsplit(array, indices_or_sections)
vsplit(array, indices_or_sections)
dsplit(array, indices_or_sections)
array_split(array, indices_or_sections, axis = 0)
```

其中，array 是要被分解的数组；indices_or_sections 可以取整数或列表，当取整数时，沿着指定的轴平均分解成 N 等份，如果不能平均分解则出错（array_split 除外），当取列表时，指定分割的位置，例如 indices_or_sections＝[2,4]，axis＝0 时，将得到[ary[:2]，ary[2:4]，ary[4:]]。vsplit()方法、hsplit()方法和 dsplit()方法分别相当于 axis 分别取 0、1 和 2 时的split()方法。关于数组分解的应用如下面的代码。

```python
import numpy as np    # Demo5_33.py

a = np.arange(9)
x = np.split(a,3);print(1,x)
x = np.split(a,[3,6,8]);print(2,x)
x = np.array_split(a,4);print(3,x)


a = np.arange(16).reshape(2, 2, 4)
x = np.dsplit(a, 2);print(4,x[0]);print(5,x[1])
x = np.dsplit(a,[2,3]);print(6,x)
# 运行结果如下：
# 1 [array([0, 1, 2]), array([3, 4, 5]), array([6, 7, 8])]
# 2 [array([0, 1, 2]), array([3, 4, 5]), array([6, 7]), array([8])]
# 3 [array([0, 1, 2]), array([3, 4]), array([5, 6]), array([7, 8])]
# 4 [[[ 0 1]  [ 4 5]]  [[ 8 9]  [12 13]]]
# 5 [[[ 2 3]  [ 6 7]]  [[10 11]  [14 15]]]
# 6 [array([[[ 0,  1], [ 4,  5]], [[ 8,  9],[12, 13]]]),
#   array([[[ 2], [ 6]],  [[10], [14]]]),
#   array([[[ 3], [ 7]],   [[11], [15]]])]
```

5.2.5　数组的重复复制

用 NumPy 或数组的 repeat()方法可以对数组的元素进行指定次数的复制，返回重复后的数组。repeat()方法的格式如下所示：

```
repeat(a, repeats, axis = None)      # NumPy 方法
repeat(repeats, axis = None)         # 数组方法
```

其中，a 是数组、列表或元组；repeats 是整数或由整数构成的列表；axis 指定重复的轴。repeat()方法返回的数组除 axis 指定的轴外，形状与原数组的形状相同。

NumPy 的 tile()方法可以对数组整体进行指定次数的复制。tile()方法的格式如下所示：

```
tile(A, reps)
```

其中，A 是要重复复制的数组；reps 可以是整数或由整数构成的数组、列表。需要注意的

是,返回数组的维数是 max(len(reps),A.ndim)。也可以用 NumPy 的 broadcast_to (array,shape,subok=False)方法来重复复制数组在某维上的数据,指定的形状要与 array 的数组的形状匹配,否则报错。

```
import numpy as np    # Demo5_34.py

x = np.repeat(1.5,6); print(1,x)
a = np.array([[1,2,3],[4,5,6]])
x = np.repeat(a,3); print(2,x)
x = np.repeat(a,2,axis=0); print(3,x)
x = np.repeat(a,3,axis=1); print(4,x)
x = np.repeat(a,[3,2],axis=0); print(5,x)
x = np.repeat(a,[1,4,1],axis=1); print(6,x)
x = a.repeat(4,axis=1); print(7,x)

x = np.tile(a,3); print(8,x)
x = np.tile(a,(2,3)); print(9,x)
x = np.tile(a,(2,2,3)); print(10,x)
'''
运行结果如下:
1 [1.5 1.5 1.5 1.5 1.5 1.5]
2 [1 1 1 2 2 2 3 3 3 4 4 4 5 5 5 6 6 6]
3 [[1 2 3]
   [1 2 3]
   [4 5 6]
   [4 5 6]]
4 [[1 1 1 2 2 2 3 3 3]
   [4 4 4 5 5 5 6 6 6]]
5 [[1 2 3]
   [1 2 3]
   [1 2 3]
   [4 5 6]
   [4 5 6]]
6 [[1 2 2 2 2 3]
   [4 5 5 5 5 6]]
7 [[1 1 1 1 2 2 2 2 3 3 3 3]
   [4 4 4 4 5 5 5 5 6 6 6 6]]
8 [[1 2 3 1 2 3 1 2 3]
   [4 5 6 4 5 6 4 5 6]]
9 [[1 2 3 1 2 3 1 2 3]
   [4 5 6 4 5 6 4 5 6]
   [1 2 3 1 2 3 1 2 3]
   [4 5 6 4 5 6 4 5 6]]
10 [[[1 2 3 1 2 3 1 2 3]
    [4 5 6 4 5 6 4 5 6]
    [1 2 3 1 2 3 1 2 3]
    [4 5 6 4 5 6 4 5 6]]

   [[1 2 3 1 2 3 1 2 3]
    [4 5 6 4 5 6 4 5 6]
    [1 2 3 1 2 3 1 2 3]
    [4 5 6 4 5 6 4 5 6]]]
'''
```

5.2.6 类型转换

数组的 astype()方法可以复制数组,并将数组从一种数据类型转成另外一种数据类型,并返回转换后的数据类型。astype()方法的格式如下所示:

astype(dtype, order = 'K', casting = 'unsafe', subok = True, copy = True)

其中,dtype 是被转换成的类型,例如 np.int16;order 可以取'C'、'F'、'A'或'K';casting 用于设置转换方式,可以取'no'、'equiv'、'safe'、'same_kind'或'unsafe','no'表示禁止转换,'equiv'表示转换时只能改变字节序,'safe'表示在保证值不受影响的情况下进行转换,'same_kind'表示能安全转换或者在同一种类型中进行转换,例如'float64'转换成'float32','unsafe'表示不受限制,各种类型都可以转换。

NumPy 的 atleast_1d()方法可以将标量数据转成一维数组,高阶数组不受影响;atleast_2d()方法可以将标量、一维数组转成二维数组,高阶数组不受影响;atleast_3d()可以将标量、一维数组、二维数组转成三维数组。这 3 个方法的格式如下所示:

atleast_1d(* arys)   atleast_2d(* arys)   atleast_3d(* arys)

其中, * arys 表示多个标量、数组、元组或列表。另外,NumPy 的 mat()方法可以将数组转换成矩阵。

```python
import numpy as np    # Demo5_35.py

a = np.array([1, 2, 3],dtype = int);print(1,a,a.dtype)
x = a.astype(dtype = float);print(2,x,x.dtype)          # 转成 float 类型
x = np.atleast_1d(10.2,a,[[1,2],[3,4]]);print(3,x[0],x[1],x[2])
x = np.atleast_2d(22.1,a);print(4,x[0],x[1])
x = np.atleast_3d(11.2,a);print(5,x[0],x[1])
a = np.array([[1, 2], [3, 4]])
m = np.mat(a);print(6,m)
# 运行结果如下:
#1 [1 2 3] int32
#2 [1. 2. 3.] float64
#3 [10.2][1 2 3][[1 2][3 4]]
#4 [[22.1]][[1 2 3]]
#5 [[[11.2]]][[[1][2][3]]]
#6 [[1 2][3 4]]
```

5.2.7 数组排序

用 NumPy 的 sort()方法可以对数组按照某个轴的值进行升序排列,返回排序后的数组,原数组不变。sort()方法的格式如下所示:

sort(a, axis = - 1, kind = None, order = None)

其中,a 是数组、列表或元组;axis 指定要排序的轴,默认为-1,表示最后一个轴;kind 设置

排序的计算方法,可以取'quicksort'、'mergesort'、'heapsort'或'stable';order用于当 a 是结构数组时,指定按哪个字段进行排序。

用 NumPy 的 argsort()方法可以返回数组排序的索引,原数组不变,其格式如下所示:

argsort(a, axis = - 1, kind = None, order = None)

用数组自身的 sort()方法可以直接对原数组进行排序,原数组发生改变,其格式如下所示:

ndarray. sort(axis = - 1, kind = None, order = None)

数组排序的应用如下所示。

```
import numpy as np    # Demo5_36. py

a = np. array([[10,8],[30,11]])
x = np. sort(a,axis = 1); print(1,x); print(2,a)          # 返回排序后的数组,原数组不变
x = np. argsort(a);print(3,x); print(4,a)                 # 返回排序后的索引,原数组不变
a. sort(); print(5,a)                                     # 原数组排序后发生改变
dtype = [('name', 'S10'), ('height', float), ('age', int)]
values = [('Li', 180.1, 22), ('Wang', 175.1, 38), ('Zhang', 172.3, 33)]
a = np. array(values, dtype = dtype)                      # 结构体数组
x = np. sort(a, order = 'height');print(6,x);print(7,a)   # 根据身高排序
# 运行结果如下:
#1 [[ 8 10]  [11 30]]
#2 [[10  8]  [30 11]]
#3 [[1 0]   [1 0]]
#4 [[10  8]  [30 11]]
#5 [[ 8 10]  [11 30]]
#6 [(b'Zhang', 172.3, 33) (b'Wang', 175.1, 38) (b'Li', 180.1, 22)]
#7 [(b'Li', 180.1, 22) (b'Wang', 175.1, 38) (b'Zhang', 172.3, 33)]
```

用 NumPy 的 argmax()和 argmin()方法可以分别输出数组中最大值和最小值对应的索引,这两个方法的格式如下所示:

argmax(a, axis = None, out = None)
argmin(a, axis = None, out = None)

其中,a 是数组、列表或元组;axis 指定轴,如未指定,则把多维数组当作一维数组处理;如果指定了 out 数组,输出值也会插入到 out 中。

用 NumPy 的 amax()(或 max())方法和 amin()(或 min())方法可以分别输出数组中的最大值和最小值,这两个方法的格式如下所示:

amax(a, axis = None, out = None, keepdims = None, initial = None, where = True)
amin(a, axis = None, out = None, keepdims = None, initial = None, where = True)

其中,a 是数组、列表或元组;axis 指定轴,可以取整数或由整数构成的元组,这时是指多个轴,如果没有指定,则把数组当成一维数组处理;out 是输出的数组,结果会插入到该数组中;keepdims 可以取 True 或 False,当 keepdims=True 时,输出的最大值或最小值保持维数不变;initial 是初始值,当 a 中的最大值小于 initial 时,取 initial 作为 amax()的返回值,

当 a 中的最小值大于 initial 时,amin()的返回值是 initial;where 是 bool 型数组、列表或元组,用于确定哪些元素需要进行比较人小,只有为 True 的对应元素才进行比较大小。也可以用数组的 max()和 min()方法获取数组的最大值和最小值。

用 NumPy 的或数组的 ptp()(peak to peak)方法可以输出某个坐标轴方向上的最大值与最小值的差。ptp()方法的格式如下:

ptp(a, axis = None, out = None, keepdims = None)

用 NumPy 的 searchsorted()方法可以返回把标量或者一维数组的元素值按排序顺序插入到另一个数组时的索引值。searchsorted()的格式如下所示:

searchsorted(a, v, side = 'left', sorter = None)

其中,a 是一维数组或列表;v 是标量、一维数组或列表。将 v 中的数据按照排序顺序插入到 a 中,返回插入后在 a 中的索引值。如果 sorter=None,则 a 必须是按照升序排列,如果 a 不是按照升序排列,则用 sorter 指明 a 按照升序排列时 a 的元素的索引顺序。例如 sorter 可取 argsort()的返回值。如果 side='left',返回值是左侧顺序的第 1 个合适位置的索引;如果 side='right',返回值是右侧顺序的第 1 个合适位置的索引。

```
import numpy as np   # Demo5_37.py

a = np.array([[1,2,3],[11,22,12]])
max_index = np.argmax(a);print(1,max_index)
min_index = np.argmin(a);print(2,min_index)
max_index = np.argmax(a,axis = 1);print(3,max_index)
min_index = np.argmin(a,axis = 1);print(4,min_index)
max_value = np.amax(a);print(5,max_value)
min_value = np.amin(a);print(6,min_value)
max_value = np.amax(a,axis = 0);print(7,max_value)
min_value = np.amin(a,axis = 0);print(8,min_value)
max_value = np.amax(a,axis = 1);print(9,max_value)
min_value = np.amin(a,axis = 1);print(10,min_value)
max_value = np.amax(a,axis = 1,keepdims = True);print(11,max_value)
min_value = np.amin(a,axis = 1,keepdims = True);print(12,min_value)
min_value = np.amin(a,axis = 1,keepdims = True, initial = 9);print(13,min_value)
x = np.ptp(a);print(14,x)
x = np.ptp(a,axis = 0);print(15,x)
x = np.ptp(a,axis = 1);print(16,x)
a = np.array([[0, 1], [2, 3]],dtype = float)
x = np.amin(a, where = [False, True], initial = 1.2, axis = 0);print(17,x)
x = np.searchsorted([11,12,13,14,15], 13);print(18,x)
x = np.searchsorted([11,12,13,14,15], 13, side = 'right');print(19,x)
x = np.searchsorted([11,12,13,14,15], [-10, 20, 12, 13]);print(20,x)
# 运行结果如下:
#1 4
#2 0
#3 [2 1]
#4 [0 0]
```

```
#5 22
#6 1
#7 [11 22 12]
#8 [1 2 3]
#9 [3 22]
#10 [ 1 11]
#11 [[ 3] [22]]
#12 [[ 1] [11]]
#13 [[1] [9]]
#14 21
#15 [10 20 9]
#16 [ 2 11]
#17 [1.2 1. ]
#18 2
#19 3
#20 [0 5 1 2]
```

除了用 NumPy 提供的排序查询方法外,也可以用数组对象的方法进行排序,这些方法的格式如下所示,其中参数的意义和 NumPy 提供的排序查询方法的意义相同。

```
argmax(axis = None, out = None)
argmin(axis = None, out = None)
argsort(axis = -1, kind = None, order = None)
ptp(axis = None, out = None, keepdims = False)
max(axis = None, out = None, keepdims = False, initial = None, where = True)
min(axis = None, out = None, keepdims = False, initial = None, where = True)
searchsorted(v, side = 'left', sorter = None)
```

5.2.8 数组查询

用 NumPy 的 all()方法可以查询数组的元素沿着指定的轴是否全部为 True,而用 any()方法可以查询数组的元素沿着指定的轴是否有 True 的值,用 allclose()方法可以查询两个数组的元素在误差范围内是否相等,用 array_equal()方法判断两个数组的形状和元素值是否都相等。all()、any()、allclose()和 array_equal()方法的格式如下所示:

```
all(a, axis = None, out = None, keepdims = None)
any(a, axis = None, out = None, keepdims = None)
allclose(a, b, rtol = 1e - 05, atol = 1e - 08, equal_nan = False)
array_equal(a,b, equal_nan = False)
```

其中,a、b 是要查询的数组、列表或元组;axis 是指定的轴,可取整数、元组。当 axis＝None 时表示所有的元素都是 True 时,返回值才是 True,axis 也可取负值,表示从最后一个轴到第 1 个轴,out 用于保存输出的结果;axis 取元组时,表示在多个轴上进行查询。如 keepdims＝True,则输出结果的维数不变。需要注意的是,Python 中不为 0 的数都是 True。rtol 是相对误差(relative);atol 是绝对误差(absolute);equal_nan 设置对应位置上 NaN 元素是否相等。

```python
import numpy as np    # Demo5_38.py

a = np.array([[1,2,3],[11, - 22,0]])
x = np.all(a);print(1,x)
x = np.all(a,axis = 0);print(2,x)
x = np.all(a,axis = - 1);print(3,x)
x = np.any(a);print(4,x)
x = np.any(a,axis = 0);print(5,x)
x = np.any(a,axis = - 1);print(6,x)

a = [[True,False],[True,True]]
x = np.all(a);print(7,x)
x = np.all(a,keepdims = True);print(8,x)
x = np.all(a,axis = - 1,keepdims = True);print(9,x)
x = np.any(a);print(10,x)
x = np.any(a,keepdims = True);print(11,x)
x = np.any(a,axis = - 1,keepdims = True);print(12,x)
x = np.allclose([1.234,2.456],[1.236,2.341],rtol = 0.1);print(13,x)
# 运行结果如下:
# 1 False
# 2 [True   True False]
# 3 [True False]
# 4 True
# 5 [True   True   True]
# 6 [True   True]
# 7 False
# 8 [[False]]
# 9 [[False] [True]]
# 10 True
# 11 [[True]]
# 12 [[True] [True]]
# 13 True
```

用 NumPy 的 nonzero()方法可以输出非零元素的索引;用 where()方法可以根据条件,从两个数组中选择数据。nonzero()和 where()方法的格式如下所示,需要注意的是 nonzero()的返回值是以行为主(C 风格)的数组。

```
nonzero(a)
where(condition, x, y)
```

其中,condition 是当作选择条件的数组,当 condition 的元素是 True 时,从 x 中选择数据;当 condition 的元素是 False 时,从 y 中选择数据。x 和 y 应是形状相同的数组,如果不同则通过广播调整成相同。x 和 y 是可选的,如果不设置 x 和 y,则 where(condition)方法相当于 np.asarray(condition).nonzero()。

```python
import numpy as np    # Demo5_39.py

a = np.array([[1,2,3],[11, - 22,0]])
```

```
b = np.array([[2,2,2],[2,2,2]])
x = np.nonzero(a);print(1,np.transpose(x))
x = np.nonzero(a > 2);print(2,np.transpose(x))
x = np.where(a > 2,a,b);print(3,x)
x = np.where(a > b,a,b);print(4,x)
x = np.where([[True, False,True], [True, True,False]],a,b);print(5,x)
# 运行结果如下:
#1 [[0 0] [0 1] [0 2] [1 0] [1 1]]
#2 [[0 2] [1 0]]
#3 [[ 2  2  3] [11  2  2]]
#4 [[ 2  2  3] [11  2  2]]
#5 [[  1   2   3] [ 11  -22   2]]
```

5.2.9 数组统计

NumPy 提供对数组的统计,包括对数组进行求和、求平均值、求方差、求标准差、求协方差、求相关系数、计算累积和及累积计算分位数。

1. 求和及求平均值

用 NumPy 的 sum()方法可以计算数组沿某个轴的总和。sum()方法的格式如下所示:

sum(a, axis = None, dtype = None, out = None, keepdims = None, initial = None, where = None)

其中,a 是数组、列表或元组;axis 用于指定轴,可以取 None、整数或由整数构成的数组,当 axis 取 None 时,计算 a 的所有元素的和,当 axis 取整数时,计算沿指定轴的和,当 axis 为负数时,计算从最后一个轴到第一个轴的和,当 axis 取元组时,计算多个轴的和;dtype 用于指定计算和时使用的数据类型和返回的数组的类型,用高精度的类型有利于提高计算精度;out 用于存储计算结果;keepdims 如果取 True,则输出数组与原数组的维数不变;initial 是初始值,表示计算后的结果再加 initial;where 是逻辑数组,a 对应 where 是 True 的元素才会进行求和。

计算平均值可以使用 NumPy 提供的 mean()方法和 average()方法。mean()和 average()方法的区别是,average()可以指定权重系数。mean()的计算公式是 mean=np. sum(a)/n,average()的计算公式是 avg = np. sum(a * weights) / np. sum(weights)。mean()和 average()方法的格式如下所示:

mean(a, axis = None, dtype = None, out = None, keepdims = None)
average(a, axis = None, weights = None, returned = False)

其中,a 是数组、列表或元组;axis 指定沿着哪个轴计算平均值,可以取整数、元组,如果 axis=None 表示对数组的所有元素取平均值,如果取元组,表示在多个轴上计算平均值;weights 是权重系数数组,可以是一维数组(长度必须与 a 中计算平均值的元素个数相同),或者与 a 的形状相同,如果指定了 weights,则必须指定 axis,默认 weights 的值全部是 1;如果 returned=True,则 average()的返回值是元组(avg, np. sum(weights))。

用 NumPy 的 median()方法可以求数组的中位数。中位数是将数组按从小到大的顺序重新排序后居于中间位置的数。如果数据的个数是奇数，则取中间的值作为中位数；如果是偶数，则取中间的两个值的平均值作为中位数。medlan()方法的格式如下所示：

$$median(a, axis = None, out = None, overwrite\_input = False, keepdims = False)$$

其中，a是数组、列表或元组，如果不指定axis，则将输入a当成一维数组；out用于保存中位数结果，当overwrite_input＝True时，将计算结果覆盖a的值，如果a不是数组会出错。

```python
import numpy as np    # Demo5_40.py

a = np.array([[1,2,3],[4,5,6]])
x = np.sum(a);print(1,x)
x = np.sum(a,axis = 0);print(2,x)
x = np.sum(a,axis = 1,keepdims = True);print(3,x)
x = np.sum(a,initial = 6);print(4,x)
x = np.sum(a,where = a > 5);print(5,x)
x = np.sum(a,axis = 1,where = [[True,False,True]]);print(6,x)

x = np.mean(a,dtype = np.float64);print(7,x)
x = np.mean(a,axis = 1,keepdims = True);print(8,x)
x = np.average(a,axis = 0,weights = [0.2,0.8]);print(9,x)
x = np.average(a,axis = 0,weights = [0.2,0.8],returned = True);print(10,x[0],x[1])
a = np.array([[23,29,20,32,24],[21,33,25,43,2]])
x = np.median(a);print(11,x)
x = np.median(a,axis = 1);print(12,x)
# 运行结果如下：
# 1 21
# 2 [5 7 9]
# 3 [[ 6] [15]]
# 4 27
# 5 6
# 6 [ 4 10]
# 7 3.5
# 8 [[2.] [5.]]
# 9 [3.4 4.4 5.4]
# 10 [3.4 4.4 5.4] [1. 1. 1.]
# 11 24.5
# 12 [24. 25.]
```

2. 求方差、标准差、协方差和相关系数

NumPy可以计算随机变量的方差（variance）、标准差（standard deviation）和协方差（covariance）。随机变量 X 的方差和标准差的计算公式如下所示：

$$var(X) = \sum_{i=1}^{n}(x_i - \bar{x})^2$$

$$std(X) = \sqrt{\sum_{i=1}^{n}(x_i - \bar{x})^2}$$

其中，n 为参与计算的数据的个数；$\bar{x}$ 为平均值，其计算公式如下所示：

$$\bar{x} = \frac{\sum\limits_{i=1}^{n} x_i}{n - \mathrm{ddof}}$$

其中,ddof(delta degrees of freedom)通常可以取 0 或 1。

NumPy 计算方差和标准差的方法是 var() 和 std(),其格式如下所示:

```
var(a, axis = None, dtype = None, out = None, ddof = 0, keepdims = None)
std(a, axis = None, dtype = None, out = None, ddof = 0, keepdims = None)
```

其中,a 是数组、列表或元组;axis 是轴,可以取 None、整数或由整数构成的元组,当 axis 取 None 时,对所有元素计算方差或标准差,取元组时用多个轴的数据计算方差或标准差;ddof 用于计算平均值时,总和除以 n－ddof。

协方差和相关系数用于表示两个随机变量 X 和 Y 之间的关系,其基本的计算公式如下所示:

$$\mathrm{cov}(X,Y) = \sum_{i=1}^{n} \frac{(x_i - \bar{x})(y_i - \bar{y})}{n}$$

$$\mathrm{corrcoef}(X,Y) = \frac{\mathrm{cov}(X,Y)}{\sqrt{\mathrm{var}(X)\mathrm{var}(Y)}}$$

NumPy 计算协方差的方法是 cov(),计算相关系数的方法是 corrcoef(),其格式如下所示:

```
cov(m, y = None, rowvar = True, bias = False, ddof = None, fweights = None, aweights = None)
corrcoef(x, y = None, rowvar = True, bias = None, ddof = None)
```

其中,m 和 x 是一维或二维数组;y 是与 m 同形状的数组;当 rowvar＝True 时,m 的行是变量,列是样本值,当 rowvar＝False 时,m 的列是变量,行是样本值;在不指定 ddof 时,bias＝False 表示用 n－1 进行归一化,bias＝True 表示用 n 进行归一化,在指定 ddof 时,bias 的取值无效;fweights 是变量取值的频率(frequency)数组,由整数构成;aweights 是权重系数数组。有关方差、标准差、协方差和相关系数的计算如下面代码所示。

```python
import numpy as np    # Demo5_41.py

a = np.array([[1,2,3],[3,2,1]])
x = np.var(a,ddof = 0);print(1,x,x ** 0.5)
x = np.std(a,ddof = 0);print(2,x,x ** 2)
x = np.var(a,axis = 1);print(3,x,x ** 0.5)
x = np.std(a,axis = 1);print(4,x,x ** 2)
x = np.cov(a);print(5,x)
a = np.array([1,2,3])
b = np.array([3,2,1])
x = np.cov(a,b);print(6,x)
x = np.corrcoef(a,b);print(7,x)
# 运行结果如下:
# 1 0.6666666666666666   0.816496580927726
# 2 0.816496580927726   0.6666666666666666
```

```
#3 [0.66666667   0.66666667] [0.81649658   0.81649658]
#4 [0.81649658   0.81649658] [0.66666667   0.66666667]
#5 [[ 1.  -1.] [ -1.  1.]]
#6 [[ 1.  -1.] [ -1.  1.]]
#7 [[ 1.  -1.] [ -1.  1.]]
```

3. 计算累积和及累积

用 NumPy 提供的 cumsum()方法可以计算数组沿着某个轴的累积和,用 cumprod()或 cumproduct()方法可以计算数组沿着某个轴的累积,它们的格式如下所示:

```
cumsum(a, axis = None, dtype = None, out = None)
cumprod(a, axis = None, dtype = None, out = None)
cumproduct(a, axis = None, dtype = None, out = None)
```

其中,a 是数组、列表或元组;若 axis 未指定,则将输入 a 当成一维数组处理;dtype 是结果的数据类型。

```
import numpy as np   #Demo5_42.py
a = [[1, 2, 3], [4, 5, 6]]
x = np.cumsum(a);print(1,x)
x = np.cumsum(a,axis = 0);print(2,x)
x = np.cumsum(a,axis = 1);print(3,x)
x = np.cumproduct(a);print(4,x)
x = np.cumproduct(a,axis = 0);print(5,x)
x = np.cumproduct(a,axis = 1);print(6,x)
#运行结果如下:
#1 [ 1 3 6 10 15 21]
#2 [[1 2 3]  [5 7 9]]
#3 [[ 1 3 6]  [ 4 9 15]]
#4 [ 1 2 6 24 120 720]
#5 [[ 1 2 3]  [ 4 10 18]]
#6 [[ 1 2 6]  [ 4 20 120]]
```

4. 计算分位数

位数是统计学上的一个概念,统计学上常用的是四分位数。下面以四分位数($q=0.25,0.5,0.75$)为例介绍分位数的概念。

把给定的一组数据由小到大排列并分成四等份,处于三个分割点位置的数值就是四分位数。第 1 四分位数 Q1 又称"较小四分位数"($q=0.25$),等于该样本中所有数据由小到大排列后,25%分割点的数字;第 2 四分位数 Q2 又称"中位数"($q=0.5$),等于该样本中所有数据由小到大排列后,50%分割点的数字;第 3 四分位数 Q3 又称"较大四分位数"($q=0.75$),等于该样本中所有数据由小到大排列后,75%分割点的数字。四分位距(inter quartile range,IQR)是第 3 四分位数与第 1 四分位数的差距。

NumPy 中分位数用 quantile()方法计算,其格式如下所示:

```
quantile(a,q,axis = None,out = None,overwrite_input = False,interpolation = 'linear',keepdims = False)
```

其中,a 是数组、列表或元组;q 是单个值或列表,元素的值在 0～1 之间;当 axis 取 None 时,用 a 的所有元素计算分位数,当 axis 取整数时,沿指定轴计算分位数,当 axis 取整数构成的元组时,用多个轴的数据计算分位数;out 用于保存输出的结果;overwrite_input＝True 时用输入 a 保存中间计算过程中的值,以便节省内存;interpolation 用于当分位点位于两个相邻点 i 和 j 之间时(i＜j),如何进行插值,可以取 'linear'(取 i＋(j－i) * fraction, fraction 是 i 和 j 的索引比值)、'lower'(取 i)、'higher'(取 j)、'midpoint'(取 (i＋j)/2)或 'nearest';keepdims 用于设置输出值与输入值 a 是否有相同的维数。quantile()函数的返回值是标量或数组,median(a)函数值相当于 quantile(a,q＝0.5)函数值。

下面的代码是 quantile()计算分位数的应用。

```python
import numpy as np    # Demo5_43.py

rng = np.random.default_rng(10)
a = rng.uniform(low = 0, high = 10, size = (10,2))


q = np.quantile(a, q = 0.5, axis = 0)
m = np.median(a, axis = 0); print(q, m, q == m)
q = np.quantile(a, q = 0.3333, axis = 0); print(q)
q = np.quantile(a, q = 0.25, axis = 0); print(q)
q = np.quantile(a, q = 0.75, axis = 0); print(q)
'''
运行结果如下:
[6.32398514  7.49441038] [6.32398514  7.49441038] [ True  True]
[5.12778428  3.38176152]
[4.47332902  2.40315186]
[8.26661179  8.90333498]
'''
```

5.2.10　数组的添加和删除

除了可以对数组重新组合外,还可以在数组中追加、插入子数组,也可以删除子数组。NumPy 用 append()方法将子数组添加到数组的末尾,用 insert()方法将子数组插入到指定的位置,用 delete()方法可以删除指定位置的元素。append()、insert()和 delete()方法的格式如下所示:

```
append(arr, values, axis = None)
insert(arr, obj, values, axis = None)
delete(arr, obj, axis = None)
```

其中,arr 和 values 是数组、列表或元组;axis 是沿着指定的轴进行追加、插入或删除,如果没有指定 axis,则把数组 arr 和 values 当成一维数组处理,如果指定了 axis,对 append()而言 values 必须要有正确的形状;obj 是索引,指定插入位置或删除位置,obj 可取整数、切片或整数序列。

```
import numpy as np    # Demo5_44.py
a = [[1,2,3],[4,5,6]]
b = [[7,8,9]]
x = np.append(arr = a,values = b);print(1,x)
x = np.append(arr = a,values = b,axis = 0);print(2,x)
x = np.insert(arr = a,obj = 3,values = [7,8]);print(3,x)
x = np.insert(arr = a,obj = 1,values = b,axis = 0);print(4,x)
x = np.insert(arr = a,obj = 1,values = 100,axis = 0);print(5,x)
x = np.insert(arr = a,obj = 1,values = 50,axis = 1);print(6,x)
x = np.insert(arr = a,obj = (0,1),values = b,axis = 0);print(7,x)
x = np.delete(arr = a,obj = (1,3));print(8,x)
x = np.delete(arr = a,obj = 1,axis = 0);print(9,x)
x = np.delete(arr = a,obj = 1,axis = 1);print(10,x)
# 运行结果如下:
#1 [1 2 3 4 5 6 7 8 9]
#2 [[1 2 3] [4 5 6] [7 8 9]]
#3 [1 2 3 7 8 4 5 6]
#4 [[1 2 3] [7 8 9] [4 5 6]]
#5 [[  1   2   3] [100 100 100] [  4   5   6]]
#6 [[ 1 50  2  3] [ 4 50  5  6]]
#7 [[7 8 9] [1 2 3] [7 8 9] [4 5 6]]
#8 [1 3 5 6]
#9 [[1 2 3]]
#10 [[1 3] [4 6]]
```

用 NumPy 的 unique()方法可以去除数组中相同的元素,返回去除相同元素后重新排列的数组。unique()方法的格式如下所示:

unique(ar,return_index = False,return_inverse = False,return_counts = False,axis = None)

其中,ar 是数组、列表或元组;在不指定 axis 时,将 ar 当成一维数组处理;如果 return_index＝True,会同时返回 ar 的索引列表;如果 return_inverse＝True,会同时返回 unique 列表的索引,可以根据这个索引构造出 ar;如果 return_counts＝True,会返回重复元素的个数。

```
import numpy as np    # Demo5_45.py
a = [[1,2,3],[1,2,3],[4,5,6]]
x = np.unique(ar = a);print(1,x)
x,index = np.unique(ar = a,return_index = True);print(2,x,index)
x,index = np.unique(ar = a,return_inverse = True);print(3,x,index)
x,counts = np.unique(ar = a,return_counts = True);print(4,x,counts)
x,index = np.unique(ar = a,return_index = True,axis = 0);print(5,x,index)
x,index = np.unique(ar = a,return_inverse = True,axis = 0);print(6,x,index)
x,counts = np.unique(ar = a,return_counts = True,axis = 0);print(7,x,counts)
# 运行结果如下:
#1 [1 2 3 4 5 6]
#2 [1 2 3 4 5 6]   [0 1 2 6 7 8]
#3 [1 2 3 4 5 6]   [0 1 2 0 1 2 3 4 5]
#4 [1 2 3 4 5 6]   [2 2 2 1 1 1]
```

```
#5 [[1 2 3] [4 5 6]] [0 2]
#6 [[1 2 3] [4 5 6]] [0 0 1]
#7 [[1 2 3] [4 5 6]] [2 1]
```

5.2.11 数组元素的随机打乱

可以在原数组的基础上,对数组的元素重新随机组合,从而得到新的数组。对数组元素重新组合的函数有 permutation()、shuffle() 和 choice(),这 3 个函数在 random 子模块中,它们的格式如下所示:

```
permutation(x)
shuffle(x)
choice(a, size = None, replace = True, p = None)
```

其中,permutation(x)函数随机打乱数组中的元素的顺序,如果 x 是多维数组,只打乱第 1 维数组的顺序,如果 x 是一个整数,将打乱 np.arange(x)数组;shuffle(x)函数也随机打乱数组中的元素的顺序,但 shuffle(x)不返回新的数组,而是直接改变 x 数组,如果 x 是多维数组,只打乱第 1 维数组的顺序,x 不能取整数;choice(a, size=None, replace=True, p=None)函数从输入 a 中随机选择指定数量的元素,size 指定新数组的形状和元素的数量,如不指定,则从 a 中随机选择 1 个元素,a 是一维数组或整数,a 是整数时,输入是 np.arange(a),replace=True 时,采用的样本会有重复,replace=False 时,采用的样本没有重复,p 是与 a 类型相同的数组,用于指定 a 中元素被选中的概率,若不指定 p,则 a 中元素被选中的概率相同。

```
import numpy as np   # Demo5_46.py
np.random.seed(100)
x = np.random.permutation(10); print(1,x)
a = np.arange(12)
x = np.random.permutation(a); print(2,x)
x = np.random.permutation(a.reshape(3,4)); print(3,x)
np.random.shuffle(a); print(4,a)                          #打乱 a
x = np.random.choice(a,size = (2,4)); print(5,x)          #随机选择 8 个元素
x = np.random.choice(20,size = (2,4)); print(6,x)         #随机选择 8 个元素
x = np.random.choice(5,3,p = [0.2, 0.4, 0.3, 0.0, 0.1]); print(7,x)
x = np.random.choice(5, 3, replace = False); print(8,x)   #相当于 permutation(np.arange(5))[:3]
aa = ['a', 'b', 'c', 'd', 'e']
x = np.random.choice(aa,2,p = [0.2, 0.4, 0.3, 0.0, 0.1]); print(9,x)
'''
运行结果如下:
1 [7 6 1 5 4 2 0 3 9 8]
2 [5 9 7 10 6 3 4 8 0 1 11 2]
3 [[0 1 2 3]
   [8 9 10 11]
   [4 5 6 7]]
4 [11 10 8 0 9 3 7 5 1 4 2 6]
```

```
5 [[10 5 5 6]
   [11 8 4 4]]
6 [[19 2 14 17]
   [16 15 7 13]]
7 [2 4 0]
8 [4 3 0]
9 ['e' 'a']
'''
```

5.2.12　数组元素的颠倒

对数组元素进行颠倒可以用 flip()、fliplr() 和 flipud() 函数,还可以用 rot90() 函数将数组元素旋转 90°,这些函数的格式如下所示:

flip(m, axis = None)
fliplr(m)
flipud(m)
rot90(m, k = 1, axes = (0, 1))

其中,flip()函数沿着指定的轴颠倒元素的顺序;fliplr(m)函数左右颠倒元素的顺序,相当于 flip(m,axis=1);flipud(m)函数上下颠倒元素的顺序,相当于 filp(m,axis=0);rot90(m,k=1,axes=(0,1))是在 axes 指定的平面内(由坐标轴确定),将元素的位置旋转 90°。

```
import numpy as np   # Demo5_47.py
a = np.arange(1,10).reshape(3,3)
y = np.flip(m = a, axis = 1); print(1, y)
y = np.fliplr(m = a); print(2, y)
y = np.flipud(m = a); print(3, y)
y = np.rot90(m = a, axes = (0,1)); print(4, y)
y = np.rot90(m = a, axes = (1,0)); print(5, y)
# 运行结果如下:
# 1 [[3 2 1] [6 5 4] [9 8 7]]
# 2 [[3 2 1] [6 5 4] [9 8 7]]
# 3 [[7 8 9] [4 5 6] [1 2 3]]
# 4 [[3 6 9] [2 5 8] [1 4 7]]
# 5 [[7 4 1] [8 5 2] [9 6 3]]
```

5.3　随机数组

NumPy 的子模块 random 用于生成随机数组,可以生成整数随机数组、浮点数随机数组,还可以生成按照某种规律分布的随机数组,如正态分布、泊松分布和伽马分布等。

5.3.1　随机生成器

在新版本的 NumPy 中有两种随机生成器 RandomState 和 Generator,其中 Generator

是新版本推荐的方式；RandomState 是旧版本的方式，只是为了考虑兼容性而将其保留。

Generator 随机生成器支持 MT19937、PCG64、Philox 和 SFC64 随机算法，关于这 4 种算法的计算原理，可参考相关文献，本书不作介绍。用 Generator 创建随机生成器的方法是 Generator(bit_generator(seed=None))，其中 bit_generator 是计算方法，可选 MT19937、PCG64、Philox 或 SFC64；参数 seed 用于初始化，可以取非负整数、None、非负整数构成的序列或 SeedSequence 对象，如果不提供 seed，则由系统来决定 seed 值。Numpy 中默认的 Generator 随机生成器可以由 default_rng()方法获取。

下面的程序用不同的随机生成器来生成值在 0～1 之间的随机数组。

```python
import numpy as np    # Demo5_48.py
from numpy.random import Generator,PCG64,MT19937,Philox,SFC64

np.random.seed(seed = 100)                          # 初始化 RandomState 随机生成器
r_1 = np.random.random(5); print(1, r_1)            # 用 RandomState 随机生成器生成数组

rng_PCG64 = Generator(PCG64(seed = 100))            # 用 PCG64 算法创建 Generator 随机生成器
r_2 = rng_PCG64.random(5); print(2, r_2)            # 用 PCG64 随机算法生成数组
rng_MT19937 = Generator(MT19937(seed = 100))        # 用 MT19937 算法创建 Generator 随机生成器
r_3 = rng_MT19937.random(5); print(3, r_3)          # 用 MT19937 随机算法生成数组
rng_Philox = Generator(Philox(seed = 100))          # 用 Philox 算法创建 Generator 随机生成器
r_4 = rng_Philox.random(5); print(4, r_4)           # 用 Philox 随机算法生成数组
rng_SFC64 = Generator(SFC64(seed = 100))            # 用 SFC64 算法创建 Generator 随机生成器
r_5 = rng_SFC64.random(5); print(5, r_5)            # 用 SFC64 随机算法生成数组

rng_default = np.random.default_rng(seed = 100)     # 获取默认的 Generator 随机生成器
r_6 = rng_default.random(5); print(6, r_6)          # 用默认的 Generator 随机生成器生成数组
print(7, rng_default)                               # 输出默认的 Generator 随机生成器
'''
运行结果如下：
1 [0.54340494 0.27836939 0.42451759 0.84477613 0.00471886]
2 [0.83498163 0.59655403 0.28886324 0.04295157 0.9736544 ]
3 [0.98132524 0.73361268 0.67713615 0.97430929 0.04939542]
4 [0.42755632 0.53622574 0.75045403 0.91114745 0.08957182]
5 [0.89739061 0.72202874 0.47498719 0.08722676 0.8892063 ]
6 [0.83498163 0.59655403 0.28886324 0.04295157 0.9736544 ]
7 Generator(PCG64)
'''
```

生成器的种子 seed 用于初始化随机生成器，随机生成器的算法根据这个种子的值生成一系列值，只要种子值不变，运行环境不变，这些值也是固定不变的，因此随机生成器产生的随机数也是不变的，可以复现随机数。这样产生的随机数是伪随机数，例如下面的代码。

```python
import numpy as np    # Demo5_49.py
from numpy.random import Generator,PCG64

np.random.seed(seed = 200)                          # 初始化 RandomState 随机生成器，seed = 200
```

```
r_1 = np.random.random(5); print(1, r_1)        # 用 RandomState 随机生成器生成数组
np.random.seed(seed = 200)                       # 初始化 RandomState 随机生成器，seed = 200
r_2 = np.random.random(5); print(2, r_2)        # 用 RandomState 随机生成器生成数组
print(3, r_1 == r_2)                             # 判断两次生成的随机数组是否相同
rng_PCG64 = Generator(PCG64(seed = 200))         # 用 PCG64 算法创建 Generator 随机生成器，seed = 200
r_3 = rng_PCG64.random(5); print(4, r_3)        # 用 PCG64 随机算法生成数组
rng_PCG64 = Generator(PCG64(seed = 200))         # 用 PCG64 算法创建 Generator 随机生成器，seed = 200
r_4 = rng_PCG64.random(5); print(5, r_4)        # 用 PCG64 随机算法生成数组
print(6, r_3 == r_4)                             # 判断两次生成的随机数组是否相同
'''
运行结果如下：
1 [0.94763226 0.22654742 0.59442014 0.42830868 0.76414069]
2 [0.94763226 0.22654742 0.59442014 0.42830868 0.76414069]    重现相同的结果
3 [True  True  True  True  True]
4 [0.64683414 0.66391997 0.02990165 0.17783134 0.57349665]
5 [0.64683414 0.66391997 0.02990165 0.17783134 0.57349665]    重现相同的结果
6 [True  True  True  True  True]
'''
```

5.3.2 随机函数

random 子模块提供了许多随机函数，以生成不同类型的随机数组，这些函数如表 5-8 所示。其中参数 size 用于指定数组的形状，可以取整数或由整数构成的元组，如果不指定 size，则生成单个数。表中的随机函数 random_sample()、ranf()、rand()、randn()、random_integers()、randint() 和 seed() 只适用于 RandomState 随机生成器，不适用于 Generator 随机生成器。

表 5-8 随机函数

随 机 函 数	说　　明
random(size＝None)	生成指定形状的浮点数数组，size 指定数组的形状，如不指定 size，则生成单个随机数。元素值的范围是 [0.0,1.0)
random_sample(size＝None)	
ranf(size＝None)	
rand(d0,d1,…,dn)	生成指定形状的均匀分布的随机数组。元素值的范围是[0,1)，d0,d1,…,dn 指定形状
randn(d0,d1,…,dn)	生成指定形状的标准正态分布，如不指定形状，生成单个数。d0,d1,…,dn 指定形状
random_integers(low,high＝None,size＝None)	生成指定形状的随机整数数组，元素值的范围[low,high]。如果没有指定 hight，范围是[1,low]
randint(low,high＝None,size＝None,dtype＝int)	生成指定形状的随机整数数组，元素值的范围[low,high)。如果没有指定 hight，范围是[0,low)
uniform(low＝0.0,high＝1.0,size＝None)	生成指定形状的均匀分布，元素值的范围是[low,high)
seed(seed＝None)	设置 RandomState 生成器的初始化随机种子
beta(a,b,size＝None)	生成指定形状的 beta 分布
binomial(n,p,size＝None)	生成指定形状的二项式分布

续表

随 机 函 数	说 明
chisquare(df,size=None)	生成指定形状的卡方分布
exponential(scale=1.0,size=None)	生成指定形状的指数分布
f(dfnum,dfden,size=None)	生成指定形状的 F 分布
gamma(shape,scale=1.0,size=None)	生成指定形状的伽马分布
geometric(p,size=None)	生成指定形状的几何分布
gumbel(loc=0.0,scale=1.0,size=None)	生成指定形状的耿贝尔分布
hypergeometric(ngood,nbad,nsample,size=None)	生成指定形状的超几何分布
laplace(loc=0.0,scale=1.0,size=None)	生成指定形状的拉普拉斯分布
logistic(loc=0.0,scale=1.0,size=None)	生成指定形状的逻辑斯蒂分布
lognormal(mean=0.0,sigma=1.0,size=None)	生成指定形状的对数正态分布
logseries(p,size=None)	生成指定形状的对数级数分布
negative_binomial(n,p,size=None)	生成指定形状的负二项式分布
noncentral_chisquare(df,nonc,size=None)	生成指定形状的非中心卡方分布
noncentral_f(dfnum,dfden,nonc,size=None)	生成指定形状的非中心 F 分布
normal(loc=0.0,scale=1.0,size=None)	生成指定形状的正态分布。loc 是平均值,scale 是标准方程
pareto(a,size=None)	生成指定形状的帕累托分布或 Lomax 分布
poisson(lam=1.0,size=None)	生成指定形状的泊松分布,平均值和方程都是 lam
power(a,size=None)	生成指定形状的幂函数分布
rayleigh(scale=1.0,size=None)	生成指定形状的瑞利分布
triangular(left,mode,right,size=None)	生成指定形状的三角形分布
vonmises(mu,kappa,size=None)	生成指定形状的冯·米塞斯分布
wald(mean,scale,size=None)	生成指定形状的沃尔德分布或高斯逆分布
weibull(a,size=None)	生成指定形状的韦布尔分布
zipf(a,size=None)	生成指定形状的 ZIPF 分布
dirichlet(alpha,size=None)	生成指定形状的狄利克雷分布
multinomial(n,pvals,size=None)	生成指定形状的多个二项式分布。n 是试验次数;pvals 是每次试验的概率组成的数组,sum(pvals[:−1])<=1
multivariate_normal(mean,cov,size=None, check_valid='warn',tol=1e−8)	生成指定形状的多变量正态分布。mean 是由平均值构成的长度是 N 的一维数组;cov 是由协方差构成的形状是(N,N)的对称矩阵;check_valid 设置出错时的信息,可以取'warn'(发出警告)、'raise'(发出错误信息)或'ignore';tol 是协方差矩阵的奇异值误差
standard_cauchy(size=None)	生成指定形状的标准柯西分布
standard_exponential(size=None)	生成指定形状的标准指数分布
standard_gamma(shape,size=None)	生成指定形状的标准伽马分布
standard_normal(size=None)	生成指定形状的标准正态分布
standard_t(df,size=None)	生成指定形状的标准学生 t 分布
bytes(length)	随机生成指定长度的字节序

下面的代码是随机函数的一些应用。

```python
import numpy as np    # Demo5_50.py
x = np.random.rand(); print(1,x)
x = np.random.rand(2,3); print(2,x)
x = np.random.randint(low = 1,high = 10,size = (2,3)); print(3,x)
x = np.random.randint(low = 20,size = 6); print(4,x)
x = np.random.randint(low = 1,high = [10,20,30]); print(5,x)
x = np.random.randn(1,3); print(6,x)
x = 3.5 * np.random.randn(2,3) + 2; print(7,x)
x = np.random.random(size = (2,3)); print(8,x)
x = np.random.random_integers(10,20,size = (2,3)); print(9,x)
x = np.random.random_sample((2, 3)) * 2 - 2; print(10,x)
x = np.random.normal(loc = 2,scale = 3,size = 5); print(11,x)
x = np.random.uniform(1,20,size = 6); print(12,x)
x = np.random.poisson(lam = 3.2,size = 20); print(13,x)
'''
运行结果如下:
1 0.13763179764562838
2 [[0.10516315  0.75996964  0.16648928]
   [0.77649916  0.07132658  0.43590198]]
3 [[9 2 6]
   [4 2 8]]
4 [14 7 4 16 18 15]
5 [4 4 1]
6 [[0.9196247  0.37087604  1.72387918]]
7 [[3.03831376  3.91864651  3.93009749]
   [9.68587658  3.45557283  6.5097632 ]]
8 [[0.70978032  0.1972672  0.24256291]
   [0.49360163  0.96955864  0.95335418]]
9 [[19 18 18]
   [15 10 13]]
10 [[ -0.94832555   -0.94652183   -1.41002164]
    [ -0.45489209   -1.95317815   -0.59006088]]
11 [3.1591247  3.73218247  1.10226683  5.94608521  1.4208288 ]
12 [12.28494612  9.41451643  18.27096882  2.42644892  4.36537317  4.98772871]
13 [1 4 0 1 2 4 7 2 3 4 1 1 2 3 2 3 6 3 1 7]
'''
```

5.4 矩阵

前面讲过,二维数组可以当作矩阵来处理,但是数组的运算一般都是对元素的运算,例如数组与数组相乘(" * "运算)时,是元素与元素的相乘(如果数组的形状不匹配,则通过广播调成匹配),而矩阵相乘并不是简单的元素相乘。NumPy除了提供最基本的数组类(ndarray)以外,还提供了矩阵类(matrix)。

5.4.1 矩阵的定义

可以将数组、列表或元组定义成矩阵。NumPy 中矩阵通过 matrix(̇)方法来定义，matrix()方法的格式如下所示：

matrix(data, dtype = None, copy = True)

其中，data 是数组、列表或元组，也可以是字符串，如果是字符串，字符串中逗号","表示列分隔符，分号";"表示行分隔符；dtype 设置矩阵的类型；在 data 是数组时，copy＝True 时表示矩阵是原数组的副本，copy＝False 且数组的类型和矩阵的类型相同时，表示矩阵是对原数组的引用，这时改变数组和矩阵中的元素值，也会改变另一个的元素值。矩阵也可以用 asmatrix(data，dtype＝None)方法或 mat(data，dtype＝None)方法来定义，这两个方法相当于 matrix(data，dtype＝None，copy＝False)。

下面是创建矩阵的一些方式。

```
import numpy as np    # Demo5_51.py

a = [[1,2,3],[4,5,6]]
m = np.matrix(a,dtype = np.float32,copy = False); print(1,m)    # 用列表创建矩阵

b = np.array([[11,12,13],[14,15,16]],dtype = np.float32)    # 数组
m = np.matrix(b,dtype = np.float32,copy = False); print(2,m)    # 用数组创建矩阵

b[0,0] = 88                                       # 改变原列表中的值
m[0,1] = 99                                       # 改变矩阵中的值
print(3,b)                     # 改变矩阵中的值,也会改变列表中的值
print(4,m)                     # 改变列表中的值,也会改变矩阵中的值

m = np.matrix("1,2,3;4,5,6",dtype = np.int32); print(5,m)    # 用字符串创建矩阵
print(6,m * b.T)               # 矩阵相乘
print(7,m.tolist() * b)        # 数组相乘
'''
运行结果如下:
1 [[1. 2. 3.]
   [4. 5. 6.]]
2 [[11. 12. 13.]
   [14. 15. 16.]]
3 [[88. 99. 13.]
   [14. 15. 16.]]
4 [[88. 99. 13.]
   [14. 15. 16.]]
5 [[1 2 3]
   [4 5 6]]
6 [[325.   92.]
   [925. 227.]]
7 [[ 88.  198.  39.]
   [ 56.   75.  96.]]
'''
```

5.4.2　矩阵的方法

矩阵的常用方法如表 5-9 所示,有些方法和数组的方法相同,参数意义也相同,请参考前面对数组操作的讲解。

表 5-9　矩阵的常用方法

矩阵的方法及参数	说　　明
all(axis＝None,out＝None)	获取指定轴上的所有元素是否都是 True
any(axis＝None,out＝None)	获取指定轴上的元素是否有 True
argmax(axis＝None,out＝None)	获取指定轴上的最大值的索引
argmin(axis＝None,out＝None)	获取指定轴上的最小值的索引
flatten(order＝'C')	将矩阵转成一行矩阵,返回新矩阵,原矩阵不变
getA() A	将矩阵转换成数组
getA1() A1	将矩阵转换成一维数组
getH() H	获取矩阵的共轭转置矩阵
getI() I	获取矩阵的逆矩阵
getT() T	获取矩阵的转置矩阵
max(axis＝None,out＝None)	获取指定轴上的最大值
mean(axis＝None,dtype＝None,out＝None)	获取指定轴上的平均值
min(axis＝None,out＝None)	获取指定轴上的最小值
prod(axis＝None,dtype＝None,out＝None)	获取指定轴上所有元素的乘积
ptp(axis＝None,out＝None)	获取指定轴上最大值和最小值的差
ravel(order＝'C')	将矩阵变成一行矩阵,返回新矩阵,原矩阵不变
std(axis＝None,dtype＝None,out＝None,ddof＝0)	返回沿指定轴的标准差
sum(axis＝None,dtype＝None,out＝None)	返回沿指定轴的所有元素的和
tolist()	将矩阵变换成数组,返回数组,原矩阵不变
var(axis＝None,dtype＝None,out＝None,ddof＝0)	返回沿指定轴的方差
argsort(axis＝－1,kind＝None,order＝None)	获取沿某个轴重新排序后元素的原索引
clip(min＝None,max＝None,out＝None)	获取值介于[min,max]的元素构成的矩阵
conjugate() conj()	返回共轭矩阵
copy(order＝'C')	返回矩阵的副本
cumprod(axis＝None,dtype＝None,out＝None)	获取沿某个轴所有元素的累积
cumsum(axis＝None,dtype＝None,out＝None)	获取沿某个轴所有元素的累积和
diagonal(offset＝0)	获取指定面上对角线元素构成的矩阵
dot(b,out＝None)	矩阵点乘
fill(value)	用值填充矩阵
nonzero()	获取矩阵中非零元素的索引
repeat(repeats,axis＝None)	重复矩阵中的元素

矩阵的方法及参数	说　　明
reshape(shape,order='C')	重新调整矩阵的形状,返回调整后的矩阵,原矩阵不变
resize(new_shape,refcheck=True)	直接调整原矩阵的形状
round(decimals=0,out=None)	对矩阵进行精度舍入
sort(axis=-1,kind=None,order=None)	对矩阵元素沿某个轴进行升序排列
tofile(fid,sep="",format="%s")	将矩阵保存到文件中
trace(offset=0,dtype=None,out=None)	计算矩阵对角线上的迹

下面的代码是对矩阵方法使用的一些举例。

```python
import numpy as np    # Demo5_52.py
a = np.array([[0,1,2],[3,4,5]])
m = np.matrix(a,dtype = np.float32,copy = False); print(1,m)
print(2,m.all(axis = 0))            # 检查矩阵中是否有 0 元素
print(3,m.argmax(axis = 0))         # 获取最大值的索引
print(4,m.I)                        # 获取逆矩阵
print(5,m.T)                        # 获取转置矩阵
print(6,m.mean(axis = 0))           # 获取平均值
print(7,m.repeat(3,axis = 1))       # 重复矩阵中的元素
print(8,m.reshape(3,2))             # 重新调整矩阵的形状
print(9,m.diagonal(offset = 1))     # 获取矩阵的对角线构成的矩阵
print(10,m.trace(offset = 1))       # 获取矩阵的迹
print(11,m.dot(a.T))                # 矩阵点乘
print(12,m * m.I)                   # 矩阵点乘
'''
运行结果如下:
1 [[0. 1. 2.]
   [3. 4. 5.]]
2 [[False  True  True]]
3 [[1 1 1]]
4 [[ - 0.77777773  0.27777776]
   [ - 0.11111111  0.11111112]
   [ 0.5555556  - 0.05555554]]
5 [[0. 3.]
   [1. 4.]
   [2. 5.]]
6 [[1.5 2.5 3.5]]
7 [[0. 0. 0. 1. 1. 1. 2. 2. 2.]
   [3. 3. 3. 4. 4. 4. 5. 5. 5.]]
8 [[0. 1.]
   [2. 3.]
   [4. 5.]]
9 [[1. 5.]]
10 [[6.]]
11 [[ 5. 14.]
    [14. 50.]]
12 [[1.0000000e + 00  4.4703484e - 08]
    [2.3841858e - 07  1.0000000e + 00]]
'''
```

5.5 通用函数

NumPy 中提供了大量的通用函数 ufunc(universal function),通用函数用于对数组的元素进行运算(element-wise)。如果通用函数是对两个数组进行运算,这两个数组的形状不同时,会通过广播将两个数组调整成形状相同,再对对应元素进行运算。

5.5.1 数组基本运算函数

通用函数中,数组运算函数的格式基本相同。下面以 add()函数为例,说明 ufunc 函数的格式和参数意义。add()函数计算两个数组 x1 和 x2 的和 x1+x2,add()函数的格式如下所示:

add(x1, x2, out = None, where = True, casting = 'same_kind', order = 'K', dtype = None, subok = True)

其中,x1 和 x2 是标量、数组、列表或元组,如果 x1 和 x2 都是标量,则 add()的返回值也是标量,如果 x1 和 x2 的形状不同,则通过广播调整 x1 和 x2 的形状,使两者的形状相同; out 用于保存输出的结果,out 的类型是数组,如果要得到 x1=x1+x2 的结果,可以用 np.add(x1, x2, out=x1),也可以用 x1=np.add(x1, x2); where 是逻辑数组,是与输入 x1 或 x2 形状相同的数组,如果不同,通过广播调整成相同,只有与 where 中 True 元素同位置的结果才会保存到 out 中,与 where 中 False 元素同位置的结果不会保存到 out 中,如果 out 中有初始值,则 out 中对应 False 位置的元素的值不变,如果 out 没有初始化,则 out 中对应 False 位置的元素值是不确定的; casting 用于设置数据转换的准则,可以取 'no'、'equiv'、'safe'、'same_kind'或'unsafe','no'表示不可以转换,'equiv'表示仅字节序可以转换,'safe'表示保持值不变时才可以转换,'same_kind'表示在某种情况下保持值不变才可转换,例如 float64 转换到 float32,'unsafe'表示任何数据都可转换; dtype 指定返回数组的数据类型; subok=False 时,返回的数组是独立的数组,subok=True 时,返回的数组是子类型。

下面的代码是 add()函数进行数组求和运算的实例,主要是 out 和 where 参数的使用。

```
import numpy as np    # Demo5_53.py

x1 = np.arange(1,9).reshape(2,4);print(1,x1)
x2 = [11,12,13,14];print(2,x2)

y = np.add(x1,10);print(3,y)          #数组与标量相加,将标量通过广播调整成与数组形状相同

z = np.zeros_like(x1)
y = np.add(x1,x2,out = z);print(4,z)                    #将计算结果输出到 out 指定的变量中

z = np.zeros_like(x1)
y = np.add(x1,x2,out = z,where = (x1 < 5));print(5,z)    #只计算 where 中与 True 对应位置元素的和
'''
运行结果如下:
1 [[1 2 3 4]
   [5 6 7 8]]
```

```
2 [11, 12, 13, 14]
3 [[11 12 13 14]
  [15 16 17 18]]
4 [[12 14 16 18]
  [16 18 20 22]]
5 [[12 14 16 18]
  [ 0 0 0 0]]
'''
```

与 add() 类似的数组基本运算函数如表 5-10 所示。这里只给出了关键参数,其他参数可参考 add() 函数中的参数。

表 5-10　数组基本运算函数

函数及格式	说　　明
add(x1,x2,out＝None,where＝True)	返回 x1＋x2 的值
subtract(x1,x2,out＝None,where＝True)	返回 x1－x2 的值
multiply(x1,x2,out＝None,where＝True)	返回 x1 * x2 的值
divide(x1,x2,out＝None,where＝True)	返回 x1/x2 的值
true_divide(x1,x2,out＝None,where＝True)	
floor_divide(x1,x2,out＝None,where＝True)	返回 x1//x2 的值
reciprocal(x,out＝None,where＝True)	返回 1/x 的值
negative(x,out＝None,where＝True)	返回－x 的值
positive(x,out＝None,where＝True)	返回 x.copy() 值
power(x1,x2,out＝None,where＝True)	返回 x1 ** x2 的值
float_power(x1,x2,out＝None,where＝True)	返回 x1 ** x2 的值,返回值的类型是浮点数
floor(x,out＝None,where＝True)	返回小于等于 x 的最大整数
ceil(x,out＝None,where＝True)	返回大于等于 x 的最小整数
trunc(x,out＝None,where＝True)	返回向 0 取整的整数
rint(x,out＝None,where＝True)	返回背离 0 取整的整数
remainder(x1,x2,out＝None,where＝True)	返回 x1％x2 的值
mod(x1,x2,out＝None,where＝True)	
fmod(x1,x2,out＝None,where＝True)	返回 x1 除以 x2 后的余数,余数的符号与 x1 相同
log(x,out＝None,where＝True)	返回以 e 为底的对数
log1p(x,out＝None,where＝True)	返回 log(1＋x) 的值
log2(x,out＝None,where＝True)	返回以 2 为底的对数
log10(x,out＝None,where＝True)	返回以 10 为底的对数
logaddexp(x1,x2,out＝None,where＝True)	返回 log(exp(x1)＋exp(x2)) 的值
logaddexp2(x1,x2,out＝None,where＝True)	返回 log2(2 ** x1 ＋ 2 ** x2) 的值
exp(x,out＝None,where＝True)	返回 e ** x 的值
exp2(x,out＝None,where＝True)	返回 2 ** x 的值
expm1(x,out＝None,where＝True)	返回 exp(x) － 1 的值
conj(x,out＝None,where＝True)conjude(x,out＝None,where＝True)	返回 x 的共轭数组
modf(x[, out1, out2][, out＝(None, None)],where＝True)	返回 x 的小数部分和整数部分

函数及格式	说　明
divmodf(x1,x2[,out1,out2][,out＝(None,None)],where＝True)	返回(x1 // x2,x1 ％ x2)元组
maximum(x1,x2,out＝None,where＝True)	返回 x1 和 x2 中的最大值,如果有一个是 NaN,返回 NaN;如果都是 NaN,返回第一个 NaN
fmax(x1,x2,out＝None,where＝True)	返回 x1 和 x2 中的最大值,如果有一个是 NaN,返回不是 NaN 的值;如果都是 NaN,返回第一个 NaN
minimum(x1,x2,out＝None,where＝True)	返回 x1 和 x2 中的最小值,如果有一个是 NaN,返回 NaN;如果都是 NaN,返回第一个 NaN
fmin(x1,x2,out＝None,where＝True)	返回 x1 和 x2 中的最小值,如果有一个是 NaN,返回不是 NaN 的值;如果都是 NaN,返回第一个 NaN
fabs(x,out＝None,where＝True)	返回 x 的绝对值,不支持复数
absolute(x,out＝None,where＝True) abs(x,out＝None,where＝True)	返回 x 的绝对值,x 若是复数,返回幅值
sign(x,out＝None,where＝True)	符号函数,x＞0,返回 1;x＜0,返回 -1;x＝0,返回 0。如果 x 是复数,x 的实部不等于 0 时,返回 sign(x.real)＋0j;x 的实部等于 0 时,返回 sign(x.imag)＋0j
heaviside(x1,x2,out＝None,where＝True)	如果 x1＜0,则返回 0;如果 x1＞0,则返回 1;如果 x1＝0,则返回 x2
sqrt(x,out＝None,where＝True)	返回 x ** 0.5 的值
squre(x,out＝None,where＝True)	返回 x ** 2 的值
hypot(x1,x2,out＝None,where＝True)	返回 sqrt(x1 ** 2 + x2 ** 2)的值
cbrt(x,out＝None,where＝True)	返回 x 的立方根
reciprocal(x,out＝None,where＝True)	返回 1/x 的值
gcd(x1,x2,out＝None,where＝True)	返回 x1 和 x2 的最大公约数
lcm(x1,x2,out＝None,where＝True)	返回 x1 和 x2 的最小公倍数
ldexp(x1,x2,out＝None,where＝True)	返回 x1 * 2 ** x2 的值
maxmul(x1,x2,out＝None,where＝True)	返回矩阵乘积,输入不能是标量
frexp(x,[,out1,out2][,out＝(None,None)],where＝True)	ldexp() 的逆计算,返回尾数 mantissa 和 2 的指数 exponent,满足 x＝mantissa * 2 ** exponent
nextafter(x1,x2,out＝None)	在计算机的最小精度范围内,从 x1 到 x2 方向,返回距离 x1 最近的计算机能表示的数
spacing(x,out＝None,where＝True)	在计算机的最小精度范围内,返回 x 与距离 x 最近的数的距离
right_shift(x1,x2,out＝None,where＝True)	x1 和 x2 取值都是整数。如把 x1 用二进制表示,将该二进制右侧 x2 个二进制位移除,返回移除后的值
left_shift(x1,x2,out＝None,where＝True)	x1 和 x2 取值都是整数。如把 x1 用二进制表示,将该二进制左侧 x2 个二进制位移除,右侧补充 x2 个 0,返回移除后的值
signbit(x,out＝None,where＝True)	如果 x＞0,则返回 False;如果 x＜0,则返回 True
isfinite(x,out＝None,where＝True)	测试 x 是否有限或是数值,返回布尔数组
isinf(x,out＝None,where＝True)	测试 x 是否无穷大,返回布尔数组

续表

函数及格式	说　　明
isneginf(x,out＝None,where＝True)	测试 x 是否是负无穷大,返回布尔数组
isposinf(x,out＝None,where＝True)	测试 x 是否是正无穷大,返回布尔数组
isnan(x,out＝None,where＝True)	测试 x 是否为 NaN,返回布尔数组
isnaT(x,out＝None,where＝True)	测试 x 是否不是时间数据,返回布尔数组
bitwise_and(x1,x2,out＝None,where＝True)	返回位运算与 x1 & x2 的值
bitwise_not(x,out＝None,where＝True)	返回位运算非的值(～x)
invert(x,out＝None,where＝True)	
bitwise_or(x1,x2,out＝None,where＝True)	返回位运算或的值(x1│x2)
bitwise_xor(x1,x2,out＝None,where＝True)	返回位运算异或的值(x1^x2)
signbit(x,out＝None,where＝True)	x 中的元素小于 0 时返回 True
copysign(x1,x2,out＝None,where＝True)	将 x1 中的元素的正负号变成 x2 中的正负号
degrees(x,out＝None,where＝True)	将角度值由弧度转换成度
rad2deg(x,out＝None,where＝True)	
radians(x,out＝None,where＝True)	将角度值由度转换成弧度
deg2rad(x,out＝None,where＝True)	

5.5.2　数组逻辑运算函数

数组的逻辑运算函数有布尔运算函数和逻辑运算函数,它们的格式和基本运算函数的格式相同。逻辑运算函数如表 5-11 所示。

表 5-11　数组的逻辑运算函数

逻辑运算函数	说　　明
logical_and(x1,x2,out＝None,where＝True)	返回 x1 and x2 的值
logical_not(x,out＝None,where＝True)	返回 not x 的值
logical_or(x1,x2,out＝None,where＝True)	返回 x1 or x2 的值
logical_xor(x1,x2,out＝None,where＝True)	返回 x1 xor x2 的值
equal(x1,x2,out＝None,where＝True)	返回 x1＝＝x2 的值
greater_equal(x1,x2,out＝None,where＝True)	返回 x1＞＝x2 的值
less_equal(x1,x2,out＝None,where＝True)	返回 x1＜＝x2 的值
not_qual(x1,x2,out＝None,where＝True)	返回 x1!＝x2 的值
greater(x1,x2,out＝None,where＝True)	返回 x1＞x2 的值
less(x1,x2,out＝None,where＝True)	返回 x1＜x2 的值

5.5.3　数组三角函数

三角函数是科学计算中常用的函数,NumPy 提供的三角函数如表 5-12 所示。三角函数只有一个输入,其他参数与基本函数的参数意义相同。

表 5-12   NumPy 中的三角函数

三 角 函 数	说 明
sin(x,out=None,where=True)	正弦函数
cos(x,out=None,where=True)	余弦函数
tan(x,out=None,where=True)	正切函数
sinh(x,out=None,where=True)	双曲正弦函数
cosh(x,out=None,where=True)	双曲余弦函数
tanh(x,out=None,where=True)	双曲正切函数
arcsin(x,out=None,where=True)	反正弦函数
arccos(x,out=None,where=True)	反余弦函数
arctan(x,out=None,where=True)	反正切函数
arcsinh(x,out=None,where=True)	反双曲正弦函数
arccosh(x,out=None,where=True)	反双曲余弦函数
arctanh(x,out=None,where=True)	反双曲正切函数

5.6   线性代数运算

NumPy 提供了线性代数(linear algebra)中对矩阵乘积、矩阵分解、矩阵求逆、矩阵秩、特征值和特征向量、行列式、范数和线性方程组求解方面的函数,这些函数主要集中在 NumPy 的 linalg 子模块下。

5.6.1   矩阵对角线

对于矩阵对角线的操作包括计算矩阵的迹、获取对角线上的元素、获取上三角形和下三角形数组等操作。

1. 迹

计算矩阵迹的函数是 trace(),其格式如下所示:

```
trace(a, offset = 0, axis1 = 0, axis2 = 1, dtype = None, out = None)
```

其中,a 若是二维数组,返回值是所有 a[i,i+offset]的和;a 若是多维数组,则由 axis1 和 axis2 指定的轴形成二维子数组,返回该子数组对角线的和。

2. 获取矩阵对角线的数组

用 diag()函数和 diagonal()函数可以获取数组的对角线上的元素构成的一维数组。diag()函数的格式如下所示:

```
diag(v, k = 0)
```

其中,如果 v 是二维数组,返回由 v 的元素 v[i,i+k]构成的一维数组,如果 v 是一维数组,则返回二维数组,二维数组的第 k 个对角线的元素由 v 的元素构成;k 指定对角线的偏移位置,可以取正数、负数或 0。

diagonal()函数的格式如下所示：

diagonal(a, offset = 0, axis1 = 0, axis2 = 1)

其中,a若是二维数组,返回 a 的元素 a[i, i+offset]构成的一维数组；a若是多维数组,返回由 axis1 和 axis2 指定轴构成的二维子数组的对角线构成的数组。

3. 将数组转成对角线

diagflat()函数将一维数组的元素转成二维数组对角线上的值,其格式如下所示：

diagflat(v, k = 0)

其中,v 是数组。该函数将输入 v 变成一维数组后,作为二维数组的第 k 阶对角线,并返回该二维数组。

用 fill_diagonal()函数可以用值填充数组的对角线,其格式如下所示：

fill_diagonal(a, val, wrap = False)

其中,a 至少是二维数组；val 是标量,用 val 填充 a 主对角线上的值。该函数没有返回值,直接对 a 进行修改。

另外用 triu(m, k=0)函数和 tril(m, k=0)函数返回第 k 阶上三角形数组和第 k 阶下三角形数组,其余元素补 0。

下面的代码是迹和对角线的应用实例。

```
import numpy as np    # Demo5_54.py

x = np.arange(12).reshape(3,4)
print(1,x)
print(2,np.trace(x,offset = 0),np.trace(x,offset = 1),np.trace(x,offset = -1))
v1 = np.diag(x,k = 0);print(3,v1)
v2 = np.diag(x,k = -1);print(4,v2)
v3 = np.diagonal(x,offset = 1,axis1 = 0,axis2 = 1);print(5,v3)
v = [10,11]
y = np.diagflat(v,k = -1);print(6,y)
u = np.triu(x,k = 1);print(7,u)
'''
运行结果如下:
1 [[ 0  1  2  3]
   [ 4  5  6  7]
   [ 8  9  10  11]]
2 15  18  13
3 [ 0  5  10]
4 [4  9]
5 [ 1  6  11]
6 [[ 0  0  0]
   [10  0  0]
   [ 0  11  0]]
7 [[ 0  1  2  3]
   [ 0  0  6  7]
   [ 0  0  0  11]]
'''
```

5.6.2 数组乘积

数组乘积分为多种,有点积、内积、外积、张量积、克罗内克(Kronecker)积和多个数组的连乘。

1. 点积

数组的点积可以用 NumPy 的 dot() 和 vdot() 函数来计算。dot() 函数的格式如下所示。如果 a 和 b 都是一维数组,则 dot() 的返回值是内积;如果 a 和 b 是二维数组,则 dot() 的返回值是矩阵乘法;如果 a 和 b 中有一个是标量,则返回值是 np. multiply(a, b)或 a * b 的值;如果 a 是多维数组,b 是一维数组,则返回值是 a 的最后一轴的数据与 b 的乘积和;如果 a 和 b 都是多维数组,则返回值是 a 的最后一轴和 b 的第 2 轴到最后一轴的乘积和 dot(a, b)[i,j,k,m] = sum(a[i,j,:] * b[k,:,m])。

dot(a, b, out = None)

vdot() 函数的格式如下所示。vdot() 是向量乘积,如果 a 和 b 是多维数组,则会把 a 和 b 变成一维数组后再进行点积计算;如果 a 是复数,则会把 a 取共轭复数后再进行点积计算。而 dot() 函数不会取共轭复数。

vdot(a, b)

2. 内积和外积

内积用 inner() 函数计算,其格式如下所示。如果 a 和 b 都是一维数组,返回值是对应元素的乘积和;如果 a 和 b 中有一个是标量,返回值是 a * b;如果 a 和 b 是多维数组,返回值是最后一个轴的乘积和;如果 $ndim(a) = r, ndim(b) = s$,则 $inner(a, b)[i_0, \ldots, i_{r-1}, j_0, \ldots, j_{s-1}] = sum(a[i_0, \ldots, i_{r-1}, :] * b[j_0, \ldots, j_{s-1}, :])$。

inner(a, b)

外积用 outer() 函数计算,其格式如下所示:

outer(a, b, out = None)

如果 a 和 b 是多维数组,则会将 a 和 b 当成一维数组处理,取 $a = [a_0, a_1, \ldots, a_M], b = [b_0, b_1, \ldots, b_N]$,则 outer() 函数的计算结果如下:

$$
\begin{bmatrix}
[a_0 b_0 & a_0 b_1 & \ldots & a_0 b_N] \\
[a_1 b_0 & a_1 b_1 & \ldots & a_1 b_N] \\
\vdots & & & \\
[a_M b_0 & a_M b_1 & \ldots & a_M b_N]]
\end{bmatrix}
$$

3. 张量积和克罗内克积

张量积用 tensordot() 函数计算,其格式如下所示。该函数计算沿着指定轴的张量积,axes 可以取整数,或如(a_axes, b_axes)的元组,其中 a_axes 和 b_axes 可以是数组、列表,用于指定 a 和 b 的轴。

```
tensordot(a, b, axes = 2)
```

克罗内克积用 kron()函数计算,其格式如下所示。如果 a 的形状是$(r_0, r_1, \ldots, r_N)$,b 的形状是$(s_0, s_1, \ldots, s_N)$,返回值的形状是$(r_0 * s_0, r_1 * s_1, \ldots, r_N * S_N)$,$kron(a,b)[k_0, k_1, \ldots, k_N] = a[i_0, i_1, \ldots, i_N] * b[j_0, j_1, \ldots, j_N]$。

```
kron(a, b)
```

4. 多个数组的连乘

多个数组的连乘可以用 linalg 模块下的 multi_dot()函数计算,其格式如下所示,其中 arrays 是由数组、列表或元组构成的迭代序列,返回多个数组的乘积。如果第一个数组是一维数组,则将其当成行向量;如果最后一个数组是一维数组,则将其当成列向量,其他数组必须是二维数组。

```
multi_dot(arrays, out = None)
```

用 linalg 模块下的 matrix_power()函数可以计算矩阵 a 的 n 次方,其格式如下所示。n 可以取正整数、负整数和 0,如果取负整数,返回逆矩阵的 n 次方,此时 a 若不可逆,则会出错。

```
matrix_power(a, n)
```

下面的代码是数组乘积的一些应用。

```python
import numpy as np    # Demo5_55.py

a = np.array([[1, 0], [0, -1]])
b = np.array([[4, 1], [2, 3]])
y = np.dot(a, b);print(1,y)
y = np.dot([2j, 3j], [4j, 1-2j]);print(2, y)
y = np.vdot(a,b);print(3,y)
y = np.vdot([2j, 3j], [4j, 1-2j]);print(4,y)
y = np.inner(a,b);print(5,y)
y = np.outer(a,b);print(6,y)
y = np.matmul(a,b);print(7,y)
y = np.linalg.multi_dot([[1,2],a,b,[3,4]]);print(8,y)
y = np.linalg.matrix_power(b,n = 4);print(9,y)
a = np.arange(60).reshape(3,4,5)
b = np.arange(24).reshape(4,3,2)
y = np.tensordot(a,b, axes = ([1,0],[0,1]));print(10,y)
'''
运行结果如下:
1 [[ 4  1]
   [-2  -3]]
2 (-2+3j)
3 1
4 (2-3j)
5 [[ 4  2]
   [-1  -3]]
```

```
6 [[ 4   1   2   3]
   [ 0   0   0   0]
   [ 0   0   0   0]
   [-4  -1  -2  -3]]
7 [[ 4   1]
   [-2  -3]]
8  -20
9 [[422  203]
   [406  219]]
10 [[4400  4730]
    [4532  4874]
    [4664  5018]
    [4796  5162]
    [4928  5306]]
'''
```

5.6.3   数组的行列式

行列式在线性代数、多项式理论和微积分学中作为基本的数学工具,都有着重要的应用。行列式可以看作是有向面积或体积的概念在欧几里得空间中的推广,在 n 维欧几里得空间中,行列式描述的是一个线性变换对"体积"所造成的影响。

数组的行列式用 det()函数或 slogdet()函数计算。对于行列式非常小或非常大的值,det()函数可能会溢出或精度不够。slogdet()函数的返回值是由 1、0、−1 构成的符号列表 sign 和行列式构成的自然对数列表 logdet,slogdet()函数计算的行列式为 sign * np.exp(logdet)。它们的格式如下所示:

det(a)
slogdet(a)

其中,a 是二维方阵或多维数组,a 的形状需满足(…, m, m)。

以下代码是计算数组行列式函数的举例。

```
import numpy as np   # Demo5_56.py

a = np.array([[6,2,2],[2,33,2],[4,2,22]])
det = np.linalg.det(a);print(det)
x,y = np.linalg.slogdet(a)
print(x,y)
print(x * np.exp(y))
'''
运行结果如下:
4004.0
1.0  8.295049140435111
4004.0
'''
```

5.6.4 数组的秩和逆矩阵

矩阵的秩由 matrix_rank()函数计算,通过 SVD 分解计算非零奇异值的个数得到数组的秩。matrix_rank()的格式如下所示:

matrix_rank(M, tol = None, hermitian = False)

其中,M 是形状是(m,)或(…,m,n)数组;tol 是奇异值误差,小于 tol 的 SVD 值认为是 0;当 hermitian=True 时,认为 M 是共轭对称矩阵。数组 M 的秩是大于 tol 的奇异值的个数。

一个矩阵 A 的逆矩阵 A^{-1} 满足 np.dot(A, A^{-1}) = np.dot(A^{-1}, A) = np.eye(A.shape[0]),计算逆矩阵的函数是 inv(),其格式如下所示:

inv(a)

其中,a 是二维方阵或多维数组,其形状为(…,m,m)。

另外一种计算逆矩阵的函数是 pinv(),它的计算结果是伪(pseudo)逆矩阵,它采用 SVD 方法计算逆矩阵,对输入矩阵 a 不要求是方阵。pinv()的格式如下所示:

pinv(a, rcond = 1e - 15, hermitian = False)

其中,a 是形状为(…,m,n)的数组;rcond 是参考条件数,当奇异值小于等于 rcond 与最大奇异值的乘积时,令奇异值等于 0;当 hermitian=True 时,认为 a 是共轭对称矩阵。

```python
import numpy as np  # Demo5_57.py

A = np.array([[6,2,3],[2,1,2],[3,2,5]])
B = np.array([[6,2,3,4],[10,4,6,18],[3,2,5,1]])
b = np.array([1,2,3])
rank = np.linalg.matrix_rank(A);print(1,rank)        # A 的秩
rank = np.linalg.matrix_rank(B);print(2,rank)        # B 的秩
A_inv = np.linalg.inv(A); print(3,A_inv)             # A 的逆矩阵
print(4,A @ A_inv);                                  # 验证 A 与 A 逆阵的矩阵乘积是否等于单位阵
print(5,A_inv @ b)                                   # 线性方程组 Ax = b 的解 x = inv(A)@b

B_inv = np.linalg.pinv(B)                            # 伪逆阵
print(6,B @ B_inv)                                   # 验证 B 与 B 伪逆阵的矩阵乘积是否等于单位阵
'''
运行结果如下:
1 3
2 3
3 [[ 1.  -4.   1.]
   [-4.  21.  -6.]
   [ 1.  -6.   2.]]
4 [[ 1.00000000e + 00   0.00000000e + 00   -2.22044605e - 16]
   [ 4.44089210e - 16   1.00000000e + 00    4.44089210e - 16]
   [ 6.66133815e - 16   3.55271368e - 15    1.00000000e + 00]]
5 [-4.  20.  -5.]
```

```
6 [[ 1.00000000e + 00    1.66533454e - 16   2.63677968e - 16]
  [ - 2.72004641e - 15   1.00000000e + 00   3.81639165e - 16]
  [ - 1.94289029e - 16   8.32667268e - 17   1.00000000e + 00]]
'''
```

5.6.5 特征值和特征向量

特征值和特征向量是线性代数中的两个重要概念,其在数学、力学、物理学、化学、数据分析等领域有着广泛的应用。例如求质量矩阵和刚度矩阵构成的多自由系统的特征值和特征向量,可以得到系统的共振频率和共振时的振动形状。

对于形状是(m,m)的二维方阵 A,如果 $AV_i = w_i V_i$,其中 V_i 是一维向量,w_i 是标量,则称 w_i 是 A 的特征值,V_i 是对应 w_i 的特征向量。通常 A 有 m 个特征值和特征向量。如果能求出所有特征值和特征向量,A 可以写成 $A = V @ np.diag(w) @ V^{-1}$,其中 V 是由 V_i 构成的矩阵,w 是由 w_i 构成的一维向量,这就实现了对 A 进行分析的目的。

计算特征值和特征向量时,根据数组是否对称,分别用 eig()、eigvals() 函数和 eigh()、eigvalsh() 函数求解,它们在 linalg 子模块中。eig() 和 eigvals() 函数的格式如下所示:

```
eig(a)
eigvals(a)
```

其中,如果 a 是二维数组,则 a 的形状是(m,m)的方阵;如果 a 是多维数组,则 a 的形状是(…, m, m)。eig() 函数的返回值是特征值数组 w 和特征向量数组 v,形状分别是(…, m) 和(…, m, m),v 是归一化后的数组;eigvals() 函数只返回 w。

eigh()、eigvalsh() 函数的格式如下所示:

```
eigh(a, UPLO = 'L')
eigvalsh(a, UPLO = 'L')
```

其中,a 是厄米特对称矩阵(Hermitian matrix),矩阵中最后两维的第 i 行第 j 列的元素都与最后两维的第 j 行第 i 列的元素的共轭相等,其形状为(…, m, m)。UPLO = 'L'时,用 a 的下三角阵计算特征值和特征向量;UPLO = 'U'时,用 a 的上三角阵计算特征值和特征向量。eigh() 函数的返回值是 w 和 v,其形状分别为(…, m) 和(…, m, m);eigvalsh() 函数只返回 w。

下面的代码是计算特征值和特征向量的应用实例。

```
import numpy as np    # Demo5_58.py

a = np.array([[1,2,2],[2,1,2],[2,2,1]])
w,v = np.linalg.eig(a)
print(1,w)
print(2,v)
w = np.linalg.eigvals(a)
print(3,w)
```

```
b = np. array([[3 + 1j, 2 − 1j, 5 + 6j], [2 + 1j, 4 + 1j, 2 + 1j], [5 − 6j, 2 − 1j, 5 + 1j]])
w, v = np. linalg. eigh(b)
print(4, w)
print(5, v)
w = np. linalg. eigvalsh(b)
print(6, w)
'''
运行结果如下:
1 [− 1. 5. − 1.]
2 [[− 0.81649658  0.57735027  0.          ]
   [  0.40824829  0.57735027  − 0.70710678]
   [  0.40824829  0.57735027  0.70710678]]
3 [− 1. 5. − 1.]
4 [− 4.1140527  3.30080815  12.81324455]
5 [[ 0.74118704 + 0. j          0.23247464 + 0. j          − 0.62975972 + 0. j          ]
   [− 0.02395065 − 0.17321533j  − 0.76852129 + 0.5305283j  − 0.3118866 − 0.00801986j]
   [− 0.38235664 + 0.52332397j  − 0.09172532 − 0.25584519j  − 0.48386962 + 0.52147417j]]
6 [− 4.1140527  3.30080815  12.81324455]
'''
```

5.6.6 SVD 分解

奇异值分解(singular value decomposition, SVD)是线性代数中一种重要的矩阵分解,它在信号处理和机器学习等方面有广泛的应用。奇异值分解是特征值分解在任意矩阵上的推广,特征值分解要求被分解的矩阵必须是方阵,而奇异值分解不要求是方阵。对于形状是(m, n)的任意二维数组 A,如果 A= U @ np. diag(S) @ V^H = (U ∗ S) @ V^H,其中 H 表示共轭转置;U 和 V 都是酉矩阵,形状分别是(m, m)和(n, n);S 是一维数组,则 S 的元素 S_i 称为 A 的奇异值。这样 A 可以分解成 A=$\Sigma(S_i U_i @ V_i^H)$,如果 S_i 是按照从大到小的顺序排列,只需保留 $\Sigma(S_i U_i @ V_i^H)$中前几项,就可以保留 A 中的绝大多数信息。例如如果 A 表示一个图像,用 SVD 分解 A 后,只需保留奇异值的前几项 S_i、U_i 和 V_i,从而实现了数据的压缩。

奇异值分解用 svd()函数,其格式如下所示:

svd(a, full_matrices = True, compute_uv = True, hermitian = False)

其中,a 可以是数组、列表或元组,a. ndim≥2,a 的形状表示为(…, m, n);当 full_matrices= True 时,U 和 V 的形状分别是(…, m, m)和(…, n, n),当 full_matrices=False 时,U 和 V 的形状分别是(…, m, k)和(…, k, n),k=min(m, n);compute_uv=True 时,返回值是 U、S 和 V,否则只返回 S;当 hermitian=True 时,a 被当作厄米特对称矩阵(Hermitian matrix),即 a 是共轭转置矩阵。

下面的代码是奇异值分解的应用实例。

```
import numpy as np    # Demo5_59.py

a = np. array([[1, − 2, 2, 5], [2, 1, 2, 3], [− 2, 2, 1, 3]])
```

```
u,s,v = np.linalg.svd(a,full_matrices = True,compute_uv = True)
print(1,u)
print(2,s)
print(3,v)
x = np.linalg.multi_dot([u,np.diag(s),v[:3,:]])
print(4,np.allclose(a,x))
u,s,v = np.linalg.svd(a,full_matrices = False)
x = np.linalg.multi_dot([u,np.diag(s),v])
print(5,np.allclose(a,x))

b = np.array([[3 + 1j,2 - 1j,5 + 6j],[2 + 1j,4 + 1j,2 + 1j],[5 - 6j,2 - 1j,5 + 1j]])
u,s,v = np.linalg.svd(b,full_matrices = True,hermitian = True)
print(7,s)
'''
运行结果如下:
1 [[ 0.76410655    0.41392231      0.49478228]
   [ 0.52105991    0.05616068     - 0.85167045]
   [ 0.38031271   - 0.90857817    0.17276558]]
2 [7.2409552   3.52596216   2.26630949]
3 [[ 0.14440097   - 0.03404631    0.40749398      0.90107595]
   [ 0.66461292   - 0.73422237    0.00895863     - 0.1383001 ]
   [ - 0.6857359   - 0.65997334   - 0.23871884    0.19291133]
   [ 0.25923792    0.15554275    - 0.88140894    0.36293309]]
4 True
5 True
6 [[ - 0.62975972 + 0.j       0.74118704 + 0.j       0.23247464 + 0.j ]
   [ - 0.3118866 - 0.00801986j  - 0.02395065 - 0.17321533j  - 0.76852129 + 0.5305283j ]
   [ - 0.48386962 + 0.52147417j  - 0.38235664 + 0.52332397j  - 0.09172532 - 0.25584519j]]
7 [12.81324455   4.1140527   3.30080815]
8 [[ - 0.62975972 - 0.j    - 0.3118866  + 0.00801986j  - 0.48386962 - 0.52147417j]
   [ - 0.74118704 - 0.j     0.02395065 - 0.17321533j     0.38235664 + 0.52332397j]
   [ 0.23247464 - 0.j      - 0.76852129 - 0.5305283j    - 0.09172532 + 0.25584519j]]
'''
```

5.6.7   Cholesky 分解

Cholesky 分解是把一个对称正定矩阵 A 表示成一个下三角矩阵 L 和其共轭转置 L^H(上三角矩阵)的乘积 $A = LL^H$,其中 H 表示共轭转置。它要求矩阵 A 的所有特征值必须大于零,故分解矩阵的对角线上的元素也大于零。Cholesky 分解法又称平方根法,是当 A 为实对称正定矩阵时,LU 三角分解法的变形。Cholesky 分解的作用是用于线性方程组 $Ax = b$ 的求解。

Cholesky 分解用 cholesky() 函数,其格式如下所示:

```
cholesky(a)
```

其中,a 是 Hermitian 矩阵,如 a 是实数矩阵,则它是对称正定矩阵。cholesky() 函数的返回值是 L。

下面的代码是 Cholesky 分解的应用实例。

```
import numpy as np    #Demo5_60.py

a = np.array([[6,2,3],[2,1,2],[3,2,5]])          #实对称矩阵
w = np.linalg.eigvalsh(a)                        #计算特征值
if np.all(w > 0):                                #判断特征值是否全部大于0
    L = np.linalg.cholesky(a)
    print(1, L)
b = np.array([[17 + 6j,2 - 4j,5 + 6j],[2 + 4j,14 + 6j,2 + 1j],[5 - 6j,2 - 1j,15 + 5j]])
                                                 #复共轭对称矩阵
w = np.linalg.eigvalsh(b)                        #计算特征值
if np.all(w > 0):                                #判断特征值是否全部大于0
    L = np.linalg.cholesky(b)
    print(2, L)
'''
运行结果如下:
1 [[2.44948974  0.          0.        ]
 [0.81649658  0.57735027  0.        ]
 [1.22474487  1.73205081  0.70710678]]
2 [[4.12310563 + 0.j          0.          + 0.j          0.          + 0.j        ]
 [0.48507125 + 0.9701425j   3.58099559 + 0.j          0.          + 0.j        ]
 [1.21267813 - 1.45521375j  0.78847609 + 0.24639878j 3.27556984 + 0.j        ]]
'''
```

5.6.8 QR 分解

QR(正交三角)分解是将实(复)非奇异矩阵 A 分解成正交(酉)矩阵 Q 与实(复)非奇异上三角矩阵 R 的乘积,即 $A = QR$。QR 分解在求矩阵特征值方面是最有效且广泛应用的方法,一般矩阵先经过正交相似变换成为 Hessenberg 矩阵,然后再应用 QR 方法求特征值和特征向量。QR 分解也有其他方面的应用,例如最小二乘法、求解线性方程组。

QR 分解用 qr()函数,其格式如下所示:

qr(a, mode = 'reduced')

其中,a 是二维数组,其形状是(m,n); mode 可以取 'reduced'、'complete'或'r',mode = 'reduced'时,返回的 q 和 r 的形状分别是(m,k)和(k,n),mode = 'complete'时,返回的 q 和 r 的形状分别是(m,m)和(m,n),mode = 'r'时,只返回 r,形状是(k,n)。

下面的代码是用 QR 求解线性方程组 $Ax = b$,其中 $x = A^{-1}b = (QR)^{-1}b = R^{-1}Q^Tb$。

```
import numpy as np    #Demo5_61.py

A = np.array([[6,2,3],[2,1,2],[3,2,5]])          #线性方程组 Ax = b 的系数矩阵 A
b = np.array([1,2,3])
q,r = np.linalg.qr(A,mode = 'reduced')           #A 的 QR 分解
print(1,q)
print(2,r)
x = np.linalg.inv(r) @ q.T @ b                    #Ax = b 的解
```

```
print(3,x)
'''
运行结果如下:
1 [[ - 0.85714286    0.49083182    0.15617376]
  [ - 0.28571429   - 0.20079484   - 0.93704257]
  [ - 0.42857143   - 0.84780042   0.31234752]]
2 [[ - 7.         - 2.85714286   - 5.28571429]
  [ 0.           - 0.91473203   - 3.16809631]
  [ 0.            0.             0.15617376]]
3 [ - 4.  20.   - 5.]
'''
```

5.6.9　范数和条件数

范数(norm)是线性代数中的一个基本概念,它常常被用来量度某个向量空间(或矩阵)中向量的长度或大小,并满足非负性、齐次性和三角不等式。对于一维数组和二维数组 A,常用的范数有 1-范数、2-范数、Frobenius-范数(F-范数)、nuclear-范数和 ∞-范数,其中 nuclear-范数是指矩阵奇异值的和。

形状是(m,n)的二维数组 A(矩阵)和形状是(n,)的一维数组 V(向量)的常用范数的定义如表 5-13 所示。

表 5-13　二维数组和一维数组的常用范数的定义

	二维数组 A 的范数的定义		一维数组 V 的范数的定义
1-范数	$\|A\|_1 = \max_{j}(\sum_{i=1}^{m} \|A_{ij}\|), j = 1, 2, \cdots, n$	P-范数	$\|V\|_P = (\sum_{i=1}^{n} \|V_i\|^P)^{1/P}$
2-范数	$\|A\|_2 = \sqrt{A^H A \text{ 的最大特征值}}$	F-范数	$\|V\|_F = \sqrt{\sum_{i=1}^{n} \|V_i\|^2}$
F-范数	$\|A\|_F = \sqrt{\sum_{i=1}^{m}(\sum_{j=1}^{n} \|A_{ij}\|^2)}$	∞-范数	$\|V\|_{\infty} = \max(\|V_i\|)$
∞-范数	$\|A\|_{\infty} = \max(\sum_{j=1}^{n} \|A_{1j}\|, \sum_{j=1}^{n} \|A_{2j}\|, \cdots, \sum_{j=1}^{n} \|A_{mj}\|)$	$-\infty$-范数	$\|V\|_{-\infty} = \min(\|V_i\|)$

NumPy 中计算范数的函数是 norm(),其格式如下所示:

norm(x, ord = None, axis = None, keepdims = False)

其中,x 在 ord=None 时,只能是一维数组或二维数组;ord 指范数的阶数,是 order 的缩写,ord 可以取整数、inf、-inf、'fro'或'nuc','fro'是指 F-范数,'nuc'是指 nuclear-范数,ord 取值与数组范数的关系如表 5-14 所示;axis 可以取 None、整数或由两个整数构成的元组,对于多维数组,需要指定轴,由指定的轴构成一维数组或二维数组,计算这个新数组的范数;keepdims 设置输出的范数是否与输入 x 保持相同的维数。

表 5-14 ord 取值与数组范数的关系

ord 的取值	二维数组的范数	一维数组的范数
None	F-范数	2-范数
'fro'	F-范数	无此项
'nuc'	nuclear-范数,矩阵奇异值的和	无此项
inf	$\max(\text{sum}(\text{abs}(x), \text{axis}=1))$	$\max(\text{abs}(x))$
$-$inf	$\min(\text{sum}(\text{abs}(x), \text{axis}=1))$	$\min(\text{abs}(x))$
0	无此项	$\text{sum}(x!=0)$
1	$\max(\text{sum}(\text{abs}(x), \text{axis}=0))$	$\text{sum}(\text{abs}(x)**\text{ord})**(1./\text{ord})$
-1	$\min(\text{sum}(\text{abs}(x), \text{axis}=0))$	$\text{sum}(\text{abs}(x)**\text{ord})**(1./\text{ord})$
2	2-范数	$\text{sum}(\text{abs}(x)**\text{ord})**(1./\text{ord})$
-2	最小奇异值	$\text{sum}(\text{abs}(x)**\text{ord})**(1./\text{ord})$
其他值	无此项	$\text{sum}(\text{abs}(x)**\text{ord})**(1./\text{ord})$

根据二维数组的范数可以计算矩阵的条件数(condition number),用 cond(x, p= None)函数计算条件数,其中 p 是 norm 函数中的 ord 参数,p 可取 None、1、-1、2、-2、inf、-inf 或'fro',条件数是 x 的范数和 x 逆矩阵的范数的乘积,即 $\text{cond}(x)=\|x\| \cdot \|x^{-1}\|$。条件数越大,矩阵越接近一个奇异矩阵(不可逆矩阵),矩阵越"病态"。在数值计算中,矩阵的条件数越大,计算的误差越大,精度越低。

下面的代码是有关矩阵范数、向量范数和条件数计算的举例。

```
import numpy as np    # Demo5_62.py

a = np.array([[6,2,2],[2,33,2],[4,2,22]])
norm_1 = np.linalg.norm(a,ord=1);print(1,norm_1)          # 矩阵 1-范数
norm_2 = np.linalg.norm(a,ord=2);print(2,norm_2)          # 矩阵 2-范数
norm_inf = np.linalg.norm(a,ord=np.inf);print(3,norm_inf) # 矩阵正无穷范数
norm_nuc = np.linalg.norm(a,ord='nuc');print(4,norm_nuc)  # 矩阵 nuclear-范数
norm_fro = np.linalg.norm(a,ord='fro');print(5,norm_fro)  # 矩阵 F-范数
cond = np.linalg.cond(a,p='fro');print(6,cond)            # 矩阵条件数

b = np.array([1,2,3])
norm_1 = np.linalg.norm(b,ord=1);print(7,norm_1)          # 向量 1-范数
norm_2 = np.linalg.norm(b,ord=2);print(8,norm_2)          # 向量 2-范数
norm_inf = np.linalg.norm(b,ord=np.inf);print(9,norm_inf) # 向量正无穷范数
norm_minf = np.linalg.norm(b,ord=-np.inf);print(10,norm_minf) # 向量负无穷范数

'''
运行结果如下:
1 37.0
2 33.583055225030066
3 37.0
4 61.071816370696105
5 40.55859958134649
6 7.829929237131787
7 6.0
```

```
8 3.7416573867739413
9 3.0
10 1.0
'''
```

5.6.10 线性方程组的解

线性方程组 $Ax = b$ 的解是 $x = A^{-1}b$,它要求系数矩阵 A 是满秩的。求解线性方程组用 solve() 函数,它的格式如下所示:

solve(a, b)

其中,a 是系数数组,a 的形状是 $(\dots, m, m)$;b 是常数数组,b 的形状是 $(\dots, m,)$ 或 $(\dots, m, k)$,返回值的形状与 b 的形状相同。

solve() 函数求解的线性代数方程要求系数矩阵 a 是正定的,对于 a 是超定的情况,可以用 lstsq() 函数来求解,它使用最小二乘法来求解线性方程组。lstsq() 函数的格式如下所示:

lstsq(a, b, rcond = 'warn')

其中,a 的形状是 (m, n);b 的形状是 $(m,)$ 或 (m, k);rcond 是相对条件数,如果 a 的奇异值小于 rcond 与 a 的最大奇异值的积,则该奇异值认为是 0,默认值 'warn' 表示用计算机精度与 $\max(m, n)$ 的乘积作为默认值。函数的返回值包括 x、残余值 b-ax、a 的秩和 a 的奇异值。

下面的代码分别用 solve() 函数和 lstsq() 函数求解正定和超定方程组的解。

```python
import numpy as np    # Demo5_63.py

A = np.array([[6,2,2],[2,33,2],[4,2,22]])
b = np.array([1,2,3])
x = np.linalg.solve(A,b);print(1,x)
b = np.array([[1,2,3],[4,5,6]])
x = np.linalg.solve(A,b.T);print(2,x)


A = np.array([[1,2,2,3],[2,1,5,7],[5,2,2,-1]])
b = np.array([1,2,3])
x = np.linalg.lstsq(A,b,rcond = 0.001);print(3,x[0])
print(4,"A的秩 = ",x[2])
print(5,"A的奇异值 = ",x[3])
'''
运行结果如下:
1 [0.11388611  0.04695305  0.11138861]
2 [[0.11388611  0.57842158]
   [0.04695305  0.10689311]
   [0.11138861  0.15784216]]
3 [ 0.4695122  0.07012195  0.24085366  -0.0304878 ]
4 A的秩 = 3
5 A的奇异值 = [9.98734641  5.42839273  1.33621253]
'''
```

5.7　快速傅里叶变换

快速傅里叶变换(fast Fourier transform,FFT)在许多行业都有广泛的应用,它可以将离散的时间信号转换成由正弦或余弦表示的三角函数,或者说时间信号是多个正弦或余弦信号的线性叠加,将数据从时间域转换成频率域,从大量的时间信号中分析其频率成分,从本质上分析信号的内在信息。NumPy 提供了标准傅里叶变换和逆变换、实数傅里叶变换和逆变换及 Hermitian 傅里叶变换和逆变换,它们都在 fft 子模块中。

5.7.1　傅里叶变换公式

1. 一维离散信号的傅里叶变换公式

傅里叶变换可以将离散时间信号转换成频率信号,傅里叶逆变换可以将频率信号转换成离散时间信号。连续信号 $x(t)$ 的傅里叶变换为

$$X(\omega)=\int_{-\infty}^{+\infty}x(t)\cdot \mathrm{e}^{-\mathrm{j}\omega t}\,\mathrm{d}t=\int_{-\infty}^{+\infty}x(t)\cdot \big[\cos(\omega t)-\mathrm{j}\sin(\omega t)\big]\,\mathrm{d}t$$

其逆变换为

$$x(t)=\frac{1}{2\pi}\int_{-\infty}^{+\infty}X(\omega)\cdot \mathrm{e}^{\mathrm{j}\omega t}\,\mathrm{d}\omega=\frac{1}{2\pi}\int_{-\infty}^{+\infty}X(\omega)\cdot \big[\cos(\omega t)+\mathrm{j}\sin(\omega t)\big]\,\mathrm{d}\omega$$

其中,$\omega=2\pi f$,f 是频率,单位为 Hz;j 是单位复数。

周期为 T 的一维离散信号 $x=[x_0,x_1,x_2,\cdots,x_{N-1}]$ 的傅里叶变换为

$$X_k=\sum_{n=0}^{N-1}x_n\cdot \mathrm{e}^{-2\pi knj/N}=\sum_{n=0}^{N-1}x_n\cdot \left[\cos\left(\frac{2\pi kn}{N}\right)-\mathrm{j}\sin\left(\frac{2\pi kn}{N}\right)\right],\quad k=0,1,2,\cdots,N-1$$

如果一个周期 T 内有 N 个离散信号,则 n 与对应时间 t_n 的关系如下所示:

$$\frac{n}{N}=\frac{t_n}{T}$$

其中,t_n 是第 n 个离散数据对应的时间。这样傅里叶变换可以写成

$$X_k=\sum_{n=0}^{N-1}x_n\cdot \left[\cos\left(\frac{2\pi kt_n}{T}\right)-\mathrm{j}\sin\left(\frac{2\pi kt_n}{T}\right)\right]=\sum_{n=0}^{N-1}x_n\cdot \big[\cos(2\pi kf_0t_n)-\mathrm{j}\sin(2\pi kf_0t_n)\big]$$

其中,$f_0=1/T$,称为基频。这样离散信号 $[x_0,x_1,x_2,\cdots,x_{N-1}]$ 就可以表示成多个频率是 kf_0 的简谐波的线性叠加。注意,FFT 可以对时间信号进行处理,也可以对距离信号进行处理,只需把 T 和 t_n 变换成空间中的距离。

一维离散信号的傅里叶逆变换为

$$x_n=\frac{1}{N}\sum_{k=0}^{N-1}X_k\cdot \mathrm{e}^{2\pi knj/N}=\frac{1}{N}\sum_{k=0}^{N-1}X_k\cdot \left[\cos\left(\frac{2\pi kn}{N}\right)+\mathrm{j}\sin\left(\frac{2\pi kn}{N}\right)\right]$$

2. 二维离散信号的傅里叶变换公式

二维离散信号 $\boldsymbol{x}=[[x_{0,0},x_{0,1},x_{0,2},\cdots,x_{0,N-1}],[x_{1,0},x_{1,1},x_{1,2},\cdots,x_{1,N-1}],\cdots,[x_{M-1,0},x_{M-1,1},x_{M-1,2},\cdots,x_{M-1,N-1}]]$,其傅里叶变换为

$$X_{k,l} = \sum_{m=0}^{M-1}\sum_{n=0}^{N-1} x_{m,n} \cdot e^{-2\pi j\left(\frac{mk}{M}+\frac{nl}{N}\right)} , \quad k=0,1,2,\cdots,N-1; \; l=0,1,2,\cdots,M-1$$

二维离散傅里叶变换可以用矩阵相乘的形式来表示:

$$X = G_1 x G_2$$

其中,G_1 和 G_2 分别表示为

$$G_1 = \begin{bmatrix} e^{-j2\pi\frac{0\cdot0}{M}} & e^{-j2\pi\frac{0\cdot1}{M}} & \cdots & e^{-j2\pi\frac{0\cdot(M-1)}{M}} \\ e^{-j2\pi\frac{1\cdot0}{M}} & e^{-j2\pi\frac{1\cdot1}{M}} & \cdots & e^{-j2\pi\frac{1\cdot(M-1)}{M}} \\ \vdots & \vdots & & \vdots \\ e^{-j2\pi\frac{(M-1)\cdot0}{M}} & e^{-j2\pi\frac{(M-1)\cdot1}{M}} & \cdots & e^{-j2\pi\frac{(M-1)\cdot(M-1)}{M}} \end{bmatrix},$$

$$G_2 = \begin{bmatrix} e^{-j2\pi\frac{0\cdot0}{N}} & e^{-j2\pi\frac{0\cdot1}{N}} & \cdots & e^{-j2\pi\frac{0\cdot(N-1)}{N}} \\ e^{-j2\pi\frac{1\cdot0}{N}} & e^{-j2\pi\frac{1\cdot1}{N}} & \cdots & e^{-j2\pi\frac{1\cdot(N-1)}{N}} \\ \vdots & \vdots & & \vdots \\ e^{-j2\pi\frac{(N-1)\cdot0}{N}} & e^{-j2\pi\frac{(N-1)\cdot1}{N}} & \cdots & e^{-j2\pi\frac{(N-1)\cdot(N-1)}{N}} \end{bmatrix}$$

G_1 和 G_2 的每个元素都可以分解成正弦函数和余弦函数的组合,因此 $G_1 x G_2$ 可以进一步分解成一个方向的正弦、余弦函数与另外一个方向的正弦、余弦函数的乘积的线性组合。如果是在空间上,二维傅里叶变换可以理解成对一张图片颜色的变换,这也是图像识别的基础。

二维离散信号的傅里叶逆变换为

$$x_{m,n} = \frac{1}{MN}\sum_{l=0}^{M-1}\sum_{k=0}^{N-1} X_{k,l} \cdot e^{2\pi j\left(\frac{mk}{M}+\frac{nl}{N}\right)}$$

5.7.2 傅里叶变换及逆变换

在将离散时间信号转换成频率信号时,需要注意离散时间信号的采样频率。所谓离散时间信号的采样频率是指在进行数据采集时,或者将连续信号转换成离散信号时,1s内保留的离散数据的个数。采样频率要满足采样定理,采样定理又称香农采样定理、奈奎斯特采样定理,它是信息论特别是通信与信号处理学科中的一个重要基本结论。采样定理指出,如果信号是有限带宽的,并且采样频率高于信号带宽的 2 倍,那么,原来的连续信号可以从采样样本中完全重建出来。在进行模拟-数字信号的转换过程中,当采样频率 f_{sample} 大于信号中最高频率 f_{max} 的 2 倍时,即 $f_{sample} > 2f_{max}$,采样之后的数字信号完整地保留了原始信号中的信息。一般实际应用中保证采样频率为信号最高频率的 2.56～4 倍。

1. 标准傅里叶变换及逆变换

标准傅里叶变换函数有 fft()、fft2()和 fftn(),其中 fft()是对一维数据进行变换,fft2()是对二维数据进行变换,fftn()是对多维数据进行变换。它们的格式如下所示:

```
fft(a, n = None, axis = - 1, norm = None)
fft2(a, s = None, axes = ( - 2, - 1), norm = None)
fftn(a, s = None, axes = None, norm = None)
```

其中,a 是 n 维数组,数组可以是实数,也可以是复数;对于 fft() 函数,n 表示指定轴上进行变换的元素的个数,如果 n 小于指定轴上的元素个数,则会截取 n 个元素进行变换,如果 n 大于指定轴上的元素个数,需要补 0 以使元素的个数达到 n,n＝None 表示使用指定轴上的所有元素进行变换;s 是针对两个轴或多个轴的情况,指定每轴上参与傅里叶变换的元素的个数,可以用列表或元组等序列(sequence)数据来表示;axis 或 axes 指定 a 上参与计算的元素所在的轴,默认值是最后的轴;norm 表示归一化(normalization)方法,可以取 "backward"、"ortho" 和 "forward",默认值是 "backward",当 norm＝"backward" 时,傅里叶逆变换用 $1/N$ 或 $1/NM$(二维变换)乘以变换后的值,正变换没有变化,当 norm＝"ortho" 时,傅里叶正变换和逆变换都用 $1/\sqrt{N}$ 或 $1/\sqrt{MN}$ 乘以变换后的值,当 norm＝"forward" 时,傅里叶正变换用 $1/N$ 或 $1/NM$ 乘以变换后的值,逆变换没有变化。标准傅里叶变换的返回值都是复数数组 A,其中 A[0] 表示 0 频率处的值,它是输入值的平均值,A[1∶n/2] 是正频率值对应的变换数据,A[n/2＋1∶] 是负频率值对应的变换数据。A 元素由实数部分和虚数部分构成,如果输入是时域信号,可以用 abs(A) 函数和 angle(A) 函数将复数转换成幅值和相位的形式,这样就得到幅频特性和相频特性。

标准傅里叶变换的逆变换函数是 ifft()、ifft2() 和 ifftn(),它们的格式如下所示:

```
ifft(a, n = None, axis = - 1, norm = None)
ifft2(a, s = None, axes = ( - 2, - 1), norm = None)
ifftn(a, s = None, axes = None, norm = None)
```

2. 实数傅里叶变换及逆变换

实数傅里叶的输入只能是实数数组,不能是虚数数组。实数傅里叶变换的函数有 rfft()、rfft2() 和 rfftn(),它们的格式如下所示:

```
rfft(a, n = None, axis = - 1, norm = None)
rfft2(a, s = None, axes = ( - 2, - 1), norm = None)
rfftn(a, s = None, axes = None, norm = None)
```

其中,输入 a 只能是实数数组,不能是复数数组。实数傅里叶变换的输出也是复数数组,但是只有正频率部分的变换值。

实数傅里叶变换的逆变换的格式如下所示:

```
irfft(a, n = None, axis = - 1, norm = None)
irfft2(a, s = None, axes = ( - 2, - 1), norm = None)
irfftn(a, s = None, axes = None, norm = None)
```

3. Hermitian 傅里叶变换及逆变换

Hermitian 傅里叶变换是指输入数组具有共轭对称特性的数组,它的傅里叶变换是实数数组。Hermitian 傅里叶变换的函数是 hfft(),它的格式如下所示:

```
hfft(a, n = None, axis = - 1, norm = None)
```

其中,a 是有共轭对称特性的数组,即 x[i]＝np.conj(x[－i]);n 是指定轴上参与变换的数据元素的个数,如果 n 小于实际元素的个数,则截取 n 个元素参与傅里叶变换,如果 n 大于实际元素的个数,则会补 0。对于 n 个参与变换的元素,由于共轭对称性,不需要全部写入所有元素,只要输入不少于 n//2+1 个元素即可。

Hermitian 傅里叶变换的逆变换的格式如下所示:

ihfft(a, n = None, axis = - 1, norm = None)

下面是傅里叶变换和逆变换的应用举例。

```
import numpy as np  # Demo5_64.py

a = np.array([0,0.5,1,0.5,0, - 0.5, - 1, - 0.5,0])
A = np.fft.fft(a);print(1,A)
A_inv = np.fft.ifft(A);print(2,A_inv)
A2 = np.fft.rfft(a);print(3,A2)
A_inv2 = np.fft.irfft(A,len(A));print(4,A_inv2)
print(5,np.allclose(a,A_inv))
print(6,np.allclose(a,A_inv2))
'''
运行结果如下:
1 [ 0.          + 0.j          1.18969262 - 3.26865361j   - 0.51604444 + 0.61499782j
  - 0.75        + 0.4330127j   0.07635182 - 0.01346289j   0.07635182 + 0.01346289j
  - 0.75        - 0.4330127j   - 0.51604444 - 0.61499782j  1.18969262 + 3.26865361j]
2 [0.00000000e + 00 + 4.93432455e - 17j   5.00000000e - 01 - 9.86864911e - 17j
  1.00000000e + 00 + 4.93432455e - 17j   5.00000000e - 01 - 3.53547488e - 17j
  0.00000000e + 00 + 1.77540758e - 16j   - 5.00000000e - 01 - 1.10136631e - 16j
  - 1.00000000e + 00 - 1.39884967e - 17j  - 5.00000000e - 01 - 7.88542669e - 17j
  - 4.93432455e - 17 + 6.07933855e - 17j]
3 [ 0.          + 0.j          1.18969262 - 3.26865361j   - 0.51604444 + 0.61499782j
  - 0.75        + 0.4330127j   0.07635182 - 0.01346289j]
4 [ - 4.93432455e - 17   5.00000000e - 01   1.00000000e + 00   5.00000000e - 01
  - 9.86864911e - 17  - 5.00000000e - 01  - 1.00000000e + 00  - 5.00000000e - 01  0.00000000e + 00]
5 True
6 True
'''
```

5.7.3　窗函数

1. 窗函数介绍

离散傅里叶变换的输入通常需要一个周期内的数据,由于数据经常通过试验采集获取,例如汽车的振动噪声数据,数据往往不是周期性的,而且采集的数据量也很多,实际应用中把数据分解成多段,每段的数据量相同,每段通常不满足周期性的要求,然后分别对每段数据进行傅里叶变换,将每段的频率信号进行处理,例如取平均作为整个过程的频谱信号。如果将每段的数据直接进行傅里叶变换,由于不满足周期性的要求,会将某频率上的能量分解到其他频率上,造成能量泄露。为了减少能量泄露,通常将每段数据乘以一个固定变化规律的不等权重函数 $w(n)$,对数据进行加权处理 $x_n(n) = x(n)w(n)$,使两端突变变得光滑,减少泄漏,这个权重函数就称为窗函数,其中 n 是数据在数组中的排列值,$n = 1,2,\cdots,M$,M 是每段数据中数据的个数。

2. 窗函数的类型

NumPy 提供的窗函数有汉宁(Hanning)窗、海明(Hamming)窗、布莱克曼(Blackman)窗、巴特莱特(Bartlett)窗(三角窗)、凯泽(Kaiser)窗和矩形窗,其中矩形窗隐含在凯泽窗中,这些窗函数在 NumPy 中的格式和公式如表 5-15 所示。其中凯泽窗 kaiser(M,beta)通过 beta 值来调节窗函数的形状,当 beta＝0 时窗函数是矩形窗,beta＝5 时窗函数类似于汉明窗,beta＝6 时类似于汉宁窗,beta＝8.6 时类似于布莱克曼窗。

表 5-15　窗函数的格式和函数公式

窗函数名称	NumPy 函数格式	窗函数公式
汉宁窗	hanning(M)	$w(n)=0.5\left[1-\cos\left(2\pi\dfrac{n}{M+1}\right)\right],\quad n=1,2,\cdots,M$
海明窗	hamming(M)	$w(n)=0.54-0.46\cos\left(2\pi\dfrac{n}{M-1}\right),\quad n=1,2,\cdots,M$
布莱克曼窗	blackman(M)	$w(n)=0.42-0.5\cos\left(2\pi\dfrac{n-1}{M-1}\right)+$ $0.08\cos\left(4\pi\dfrac{n-1}{M-1}\right),\quad n=1,2,\cdots,M$
巴特莱特窗	bartlett(M)	$w(n)=\begin{cases}\dfrac{2(n-1)}{M-1}, & 1\leqslant n\leqslant\dfrac{M}{2}\\[2mm]\dfrac{2(M-n)}{M-1}, & \dfrac{M}{2}\leqslant n\leqslant M\end{cases}$
凯泽窗	kaiser(M, beta)	$w(n)=\dfrac{I_0\left(\beta\sqrt{1-\left[(2n/(M-1)-1\right]^2}\right)}{I_0(\beta)}$ $I_0(\ )$是第一类零阶贝塞尔函数,$n=1,2,\cdots,M$
矩形窗	kaiser(M,0)	$w(n)=1,n=1,2,\cdots,M$

运行下面的代码,可以获得窗函数的形状,运行结果如图 5-4 所示。

```
import numpy as np    # Demo5_65.py
import matplotlib.pyplot as plt


M = 100
window_hanning = np.hanning(M)                    #汉宁窗加权数据
window_hamming = np.hamming(M)                    #海明窗加权数据
window_blackman = np.blackman(M)                  #布莱克曼窗加权数据
window_bartlett = np.bartlett(M)                  #巴特莱特窗加权数据
window_kaiser = np.kaiser(M,beta = 10)            #凯泽窗加权数据
window_rect = np.kaiser(M,beta = 0)               #矩形窗加权数据
plt.subplot(2,3,1)
plt.plot(window_hanning)                          #绘制汉宁窗
plt.title('Hanning Window')
plt.subplot(2,3,2)
plt.plot(window_hamming)                          #绘制海明窗
plt.ylim(- 0.05,1.05)
plt.title('Hamming Window')
```

```
        plt.subplot(2,3,3)
        plt.plot(window_blackman)              # 绘制布莱克曼窗
        plt.title('Blackman Window')
        plt.subplot(2,3,4)
        plt.plot(window_bartlett)              # 绘制巴特莱特窗
        plt.title('Bartlett Window')
        plt.subplot(2,3,5)
        plt.plot(window_kaiser)                # 绘制凯泽窗
        plt.title('Kaiser Window')
        plt.subplot(2,3,6)
        plt.plot(window_rect)                  # 绘制矩形窗
        plt.title('Rectangle Window')
        plt.show()
```

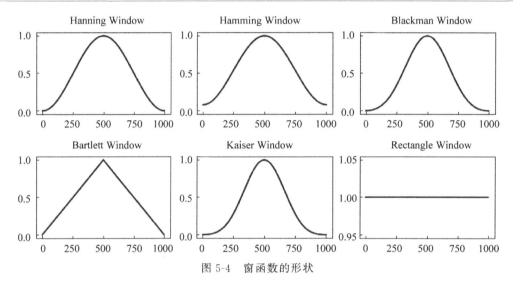

图 5-4   窗函数的形状

下面的程序是在一段信号上添加汉宁窗,然后将原始数据与加窗后的数据进行 FFT 变换,对比不加窗和加窗效果对 FFT 变换的影响。程序运行结果如图 5-5 所示。

```
    import numpy as np    # Demo5_66.py
    import matplotlib.pyplot as plt

    M = 200
    t = np.linspace(0,2,M)
    f = np.linspace(0,50,101)
    y = 3 * np.sin(2 * np.pi * 15.3 * t + np.pi/3) + 5 * np.cos(2 * np.pi * 24.5 * t + np.pi/4)    # 原始数据
    y_fft = np.abs(np.fft.rfft(y,M))                    # 原数据 FFT 变换
    window_hanning = np.hanning(M)                      # 汉宁窗数据
    y_hanning = y * window_hanning                      # 对原数据加窗
    y_fft_hanning = np.abs(np.fft.rfft(y_hanning,M))    # 加窗数据 FFT 变换

    plt.subplot(2,2,1)
    plt.plot(t,y)                                       # 显示原始数据
    plt.title('Origin Data')
    plt.subplot(2,2,2)
```

```
    plt.plot(t,y_hanning)                    # 显示加窗后的数据
    plt.title('With Hanning Window')
    plt.subplot(2,2,3)
    plt.plot(f,y_fft)                        # 显示原数据 FFT 变换结果
    plt.title('FFT Without Window')
    plt.subplot(2,2,4)
    plt.plot(f,y_fft_hanning)                # 显示加窗数据 FFT 变换结果
    plt.title('FFT With Hanning Window')
    plt.show()
```

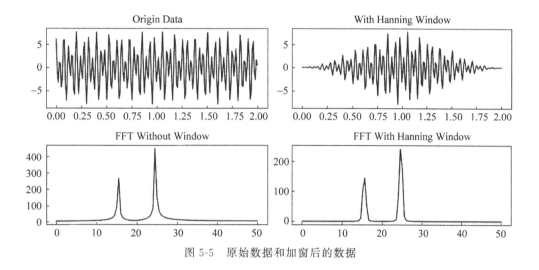

图 5-5　原始数据和加窗后的数据

3. 窗函数的选择

在选择窗函数时,可以根据窗函数的频谱特性进行选择。下面的程序是绘制对窗函数进行 FFT 变换后的频谱 dB 图,程序运行结果如图 5-6 所示,窗函数的 dB 图由许多分瓣构成。在选择窗函数时,主瓣应尽量窄,能量尽可能集中在主瓣内,从而在进行谱分析时获得较高的频率分辨率,在数字滤波器设计中获得较小的过渡带;尽量减少最大旁瓣的相对幅度,也能使能量尽量集中于主瓣。如果仅要求精确读出主瓣频率,而不考虑幅值精度,则可选用主瓣宽度比较窄而便于分辨的矩形窗,例如测量物体的自振频率等;如果分析窄带信号,且有较强的干扰噪声,则应选用旁瓣幅度小的窗函数,如汉宁窗、三角窗等;对于随机或者未知的信号,应选择汉宁窗。

```
    import numpy as np      # Demo5_67.py
    import matplotlib.pyplot as plt

    M = 51
    window_hanning = np.fft.fft(np.hanning(M),2048)
    window_hamming = np.fft.fft(np.hamming(M),2048)
    window_blackman = np.fft.fft(np.blackman(M),2048)
    window_bartlett = np.fft.fft(np.bartlett(M),2048)
    window_kaiser = np.fft.fft(np.kaiser(M,beta = 10),2048)
    window_rect = np.fft.fft(np.kaiser(M,beta = 0),2048)
```

```
with np.errstate(divide = 'ignore', invalid = 'ignore'):
    hanning_db = 20 * np.log10(abs(np.fft.fftshift(window_hanning)/abs(window_hanning).max()))
    hamming_db = 20 * np.log10(abs(np.fft.fftshift(window_hamming)/abs(window_hamming).max()))
    blackman_db = 20 * np.log10(abs(np.fft.fftshift(window_blackman)/abs(window_blackman).max()))
    bartlett_db = 20 * np.log10(abs(np.fft.fftshift(window_bartlett)/abs(window_bartlett).max()))
    kaiser_db = 20 * np.log10(abs(np.fft.fftshift(window_kaiser)/abs(window_kaiser).max()))
    rect_db = 20 * np.log10(abs(np.fft.fftshift(window_rect)/abs(window_rect).max()))
plt.subplot(2,3,1)
plt.plot(hanning_db)
plt.title('Hanning Window dB Response')
plt.subplot(2,3,2)
plt.plot(hamming_db)
plt.title('Hamming Window dB Response')
plt.subplot(2,3,3)
plt.plot(blackman_db)
plt.title('Blackman Window dB Response')
plt.subplot(2,3,4)
plt.plot(bartlett_db)
plt.title('Bartlett Window dB Response')
plt.subplot(2,3,5)
plt.plot(kaiser_db)
plt.title('Kaiser Window dB Response')
plt.subplot(2,3,6)
plt.plot(rect_db)
plt.title('Rectangle Window dB Response')
plt.show()
```

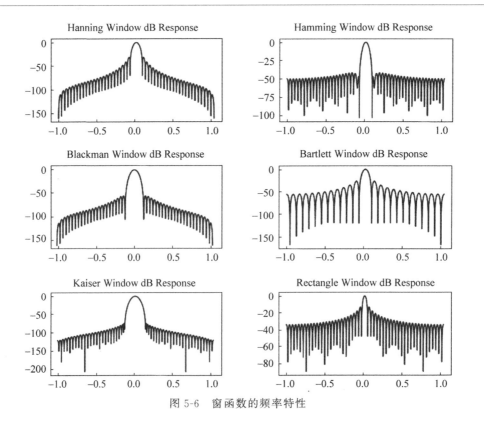

图 5-6　窗函数的频率特性

5.7.4　傅里叶变换的辅助工具

如果离散信号是在一个周期 T 内采集的,进行傅里叶变换后只是给出了信号在各个频率上的信号值,并没有给出这些信号对应的频率值,为分析频谱特性,有必要知道给出对应傅里叶变换后的频率值。如果参与计算的元素的个数是 n,两个元素之间的时间间距是 d,则周期 $T=nd$,基频 $f_0=1/T=1/nd$,其他频率是 f_0 的倍数。

fftfreq()函数可以给出傅里叶变换的频率值,其格式如下所示:

fftfreq(n, d = 1.0)

当 n 是偶数时,函数的返回值是 $[0, 1, \ldots, n/2-1, -n/2, \ldots, -1]/(d*n)$;当 n 是奇数时,函数的返回值是 $[0,1,\ldots,(n-1)/2,-(n-1)/2,\ldots,-1]/(d*n)$。

当傅里叶变换的输入是实数时(rfft()函数),rfftfreq()函数给出变换后的频率值,其格式如下所示:

rfftfreq(n, d = 1.0)

当 n 是偶数时,函数的返回值是 $[0, 1, \ldots, n/2-1, n/2]/(d*n)$;当 n 是奇数时,函数的返回值是 $[0, 1, \ldots, (n-1)/2-1, (n-1)/2]/(d*n)$。

fftfreq()函数的返回值中有正频率也有负频率,并不是从小到大排列。fftshift(x, axes=None)函数可以让 fftfreq()的返回值按照从小到大的顺序重新排列,ifftshift()函数是 fftshift()的逆运算,这两个函数的格式如下:

fftshift(x, axes = None)
ifftshift(x, axes = None)

其中,axes 可以取整数或由整数构成的元组,axes=None 表示对所有轴进行运算。

下面的代码绘制一信号的幅值谱和相位谱,程序运行结果如图 5-7 所示。

```
import numpy as np    # Demo5_68.py
import matplotlib.pyplot as plt

M = 201
t = np.linspace(0,2,M,endpoint = False)              # 时间总长是 2 秒,时间间隔是 0.1 秒

y = 3 * np.sin(2 * np.pi * 15.3 * t + np.pi/3) + 5 * np.cos(2 * np.pi * 24.5 * t + np.pi/4)    # 原数据
y_fft = np.abs(np.fft.fft(y,M))                      # 原数据 FFT 变换

window_hanning = np.hanning(M)                       # 汉宁窗数据
y_hanning = y * window_hanning                       # 对原数据加窗
y_fft_hanning = (np.fft.fft(y_hanning,M))            # 加窗数据 FFT 变换
amplitude = np.abs(y_fft_hanning)                    # 幅值
phase = np.rad2deg(np.angle(y_fft_hanning))          # 相位
frequency = np.fft.fftfreq(n = M,d = 0.1)            # 频率

amplitude = np.fft.fftshift(amplitude)               # 幅值重新排序
phase = np.fft.fftshift(phase)                       # 相位重新排序
```

```
frequency = np.fft.fftshift(frequency)          # 频率重新排序

plt.subplot(1,2,1)
plt.plot(frequency,amplitude)                    # 显示幅值谱
plt.title('Amplitude Spectrum')
plt.subplot(1,2,2)
plt.plot(frequency,phase)                        # 显示相位谱
plt.title('Phase Spectrum')
plt.show()
```

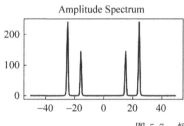 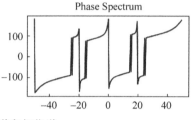

图 5-7   幅值谱和相位谱

5.8 多项式运算

利用 NumPy 中处理多项式的函数可以对多项式进行加、减、乘、除、微分、积分以及用最小二乘法对数据进行拟合等运算。

5.8.1 多项式的定义及属性

要对多项式

$$y(x)=a_0 x^{n-0} +a_1 x^{n-1} +a_2 x^{n-2} + \cdots +a_{n-1} x^{n-(n-1)} +a_n = \sum_{i=0}^{i=n} a_i x^{n-i}$$

进行定义,只需要按变量从高指数到低指数的顺序给出变量的系数数组 $[a_0 \quad a_1 \quad a_2 \quad \cdots \quad a_{n-1} \quad a_n]$ 即可。需要特别注意的是,如果多项式中缺少某项,则该项的系数是 0。

多项式也可以用下面的方程来表示:

$$y = (x-a_0)(x-a_1)(x-a_2) \cdots (x-a_n) = \prod_{i=0}^{i=n} (x-a_i)$$

此时,数组 $[a_0 \quad a_1 \quad a_2 \quad \cdots \quad a_{n-1} \quad a_n]$ 是多项式的根。

NumPy 中定义多项式对象的函数是 poly1d(),其格式如下所示:

poly1d(c_or_r, r = False, variable = None)

其中,c_or_r 是多项的系数或根,可以取一维数组、列表或元组;当 r=False 时,c_or_r 是多项式的系数,当 r=True 时,c_or_r 是多项式的根;variable 取值是字符串,表示在输出多项式时,多项式变量的名称,默认是 'x'。应注意,poly1d()的返回值是多项式,不是数组。

多项式对象的属性如表 5-16 所示。

表 5-16　多项式对象的属性和说明

多项式对象的属性	说　　明
o	多项式的最高指数
order	
r	多项式的根
roots	
variable	多项式的变量名称
c	多项式的系数数组
coef	
coefficents	
coeffs	

除了用 poly1d() 函数创建多项式外,还可以用 poly() 函数根据多项式的根或方阵的特征多项式获取多项式的系数数组。poly() 函数的格式如下所示:

poly(seq_of_zeros)

其中,seq_of_zeros 可以取一维数组、列表或元组,还可以取方阵。当 seq_of_zeros 取一维数组时,poly() 函数的返回值是多项式表达式的系数数组,seq_of_zeros 中的元素是多项式的根;当 seq_of_zeros 取方阵时,例如形状是 (n,n) 的二维数组 A,则 poly() 函数的返回值是 $|A-\lambda E|$ 多项式的系数。

要获取多项式表达式的值,需要给出变量的取值。获取多项式的值用 polyval(p, x) 函数,其中 p 是多项式对象或多项式的系数,可以是数组、列表或元组;x 是变量的值,可以是标量、数组,也可以是多项式对象,当是数组时,返回数组的每个元素对应的多项式的值,当是多项式对象时,返回值也是多项式对象。

下面的代码是定义多项式的实例。

```
import numpy as np    #Demo5_69.py

y1 = np.poly1d([2, -1, -6], r = False)              #定义多项式 y1 = 2×2 - x - 6
y2 = np.poly1d([2, -1, -6], r = True, variable = 'p')  #定义多项式 y2 = (p-2)(p+1)(p+6)
print(1, y1.o, y2.order)
print(2, y1.c, y2.coefficients)
print(3, y1.r, y2.roots)
print(4, y1.variable, y2.variable)
coefficents = np.poly([2, -1, -6]); print(5, coefficents)
coefficents = np.poly([[1,2],[2,3]]); print(6, coefficents)
value1 = np.polyval(p = y1.coef, x = 3); print(7, value1)
value3 = np.polyval(p = y1.coef, x = [1,2,3]); print(8, value3)
poly = np.polyval(p = coefficents, x = y1); print(9, poly.c, poly.order)
'''
运行结果如下:
1  2  3
2  [ 2   -1  -6] [  1.   5.   -8.   -12.]
3  [ 2.   -1.5] [-6.   2.   -1.]
```

```
4  x  p
5  [  1.  5.  -8.  -12.]
6  [1.  -4.  -1.]
7  9
8  [-5  0  9]
9  [  4.  -4.  -31.  16.  59.] 4
'''
```

5.8.2　多项式的四则运算

多项式对象之间可以进行加、减、乘、除运算,对应函数的格式分别如下所示:

```
polyadd(a1, a2)
polysub(a1, a2)
polymul(a1, a2)
polydiv(u, v)
```

其中,输入参数 a1、a2、u 和 v 可以是多项式对象,也可以是一维数组、列表或元组。对于 polyadd()、polysub()和 polymul(),当输入参数中只要有一个是多项式对象时,返回值的数据类型是多项式对象,否则返回多项式的系数数组；对于 polydiv(),u 是被除数,v 是除数,返回值是商和余数。

下面的代码是多项式四则运算的举例。

```
import numpy as np    # Demo5_70.py
y1 = np.poly1d([2, -1, -6], r = False)      # y1 = 2x2 - x - 6
y2 = np.poly1d([2, -1, -6], r = True)       # y2 = (p-2)(p+1)(p+6)
c1 = y1.c;print(1,c1)
c2 = y2.c;print(2,c2)
add = np.polyadd(c1,c2);print(3,add)
add = np.polyadd(y1,y2);print(4,add)
mul = np.polymul(c1,c2);print(5,mul)
mul = np.polymul(y1,y2);print(6,mul)
quotient,remainder = np.polydiv(c2,c1);print(7,quotient,remainder)
quotient,remainder = np.polydiv(y2,y1);print(8,quotient,remainder)
'''
运行结果如下:
1 [  2  -1  -6]
2 [  1.  5.  -8.  -12.]
3 [  1.  7.  -9.  -18.]
4     3      2
    1x + 7x - 9x - 18
5 [  2.  9.  -27.  -46.  60.  72.]
6    5   4    3     2
    2x + 9x - 27x - 46x + 60x + 72
7 [0.5  2.75] [-2.25  4.5]
8  0.5x + 2.75
    -2.25x + 4.5
'''
```

5.8.3 多项式的微分和积分

NumPy 中可以对多项式进行微分和积分运算,微分函数 polyder()和积分函数 polyint()的格式如下所示:

```
polyder(p, m = 1)
polyint(p, m = 1, k = None)
```

其中,p 可以是多项式对象,也可以是多项式的一维系数数组、列表或元组;m 是微分或积分的阶次,默认是 1;k 是积分常数,m=1 时,k 是标量,m>1 时,k 是含有 m 个元素的列表,k 中元素按照积分阶次顺序排列,默认值 k=None 表示积分常数是 0。多项式对象也提供了微分和积分的方法,微分方法的格式是 deriv(m=1),积分方法的格式是 integ(m=1,k=0)。

```
import numpy as np    # Demo5_71.py
y = np.poly1d([1,2, -1, -6],r = False)          # y = x3 + 2x2 - x - 6
der1 = np.polyder(p = y,m = 1);print(1,der1.c)
der2 = y.deriv(m = 2);print(2,der2.c)           # 多项式的微分函数
int1 = np.polyint(der1,m = 1,k = -6);print(3,int1.c)
int2 = der2.integ(m = 2,k = [-1, -6]);print(4,int2.c)   # 多项式的积分函数
'''
运行结果如下:
1 [ 3   4   -1]
2 [ 6   4]
3 [ 1.   2.   -1.   -6.]
4 [ 1.   2.   -1.   -6.]
'''
```

5.8.4 多项式拟合

NumPy 中用最小二乘法根据已知数据来拟合一个多项式。对于已知的一组数据 $(x_0,y_0),(x_1,y_1),\cdots,(x_n,y_n)$,求多项式

$$y(x) = a_0 x^{n-0} + a_1 x^{n-1} + a_2 x^{n-2} + \cdots + a_{n-1} x^{n-(n-1)} + a_n$$

使得

$$d(a_0,a_1,\cdots,a_n) = [y_0 - y(x_0)]^2 + [y_1 - y(x_1)]^2 + \cdots + [y_n - y(x_n)]^2$$

$$= \sum_{i=0}^{n} [y_i - y(x_i)]^2$$

值最小,这里 n 需要给定。通过令 $\dfrac{\partial d}{\partial a_i}=0$,可以得到一组线性方程组,用奇异值分解方法可以得到线性方程组的解,即多项式的系数。

NumPy 中用最小二乘法拟合多项式的函数是 polyfit(),其格式如下所示:

```
polyfit(x, y, deg, rcond = None, full = False, w = None, cov = False)
```

其中,x 是一维数组、列表或元组,其形状是(m,),用于确定已知数据的横坐标;y 可以是一

维数组、列表、元组,其形状是(m,),或者是二维数组、列表、元组,其形状是(m,k),用于确定已知数据的纵坐标,此时每组纵坐标y[:,i]共用x横坐标,表示多组数据;deg是多项式的最高阶次,函数的返回值是多项式的系数数组,形状是(deg+1,)或(deg+1,k),rcond是相对条件数,当奇异值小于条件数与len(x)的乘积时,奇异值认为是0;full=True时,会返回奇异值的特征信息;w是一维数组、列表或元组,形状是(m,),是已知y值的权重系数;当cov=True时,会返回协方差矩阵,当con='unscaled'时,polyfit()函数的返回值是多项式的系数数组,当full=True和con='unscaled'时也会返回最小二乘法的残余值的平方和、范德蒙比例系数矩阵的秩和奇异值及条件数,当full=True和cov=True时,返回形状是(m,m)或(m,m,k)的多项式系数的协方差数组。

下面的代码利用随机生成的数据,用三次多项式来拟合数据,程序运行结果如图5-8所示。

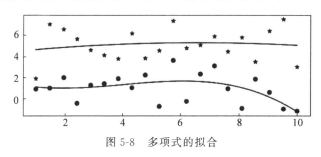

图5-8　多项式的拟合

```python
import numpy as np    # Demo5_72.py
import matplotlib.pyplot as plt

np.random.seed(100)
x = np.linspace(1,10,20)
y = np.random.multivariate_normal(mean = (1,5),cov = [[2,0.2],[0.2,3]],size = 20)    #随机数据
coeff = np.polyfit(x,y,deg = 3).T;print(1,coeff)                #输出多项式的系数
y1 = np.poly1d(coeff[0]);print(2,y1)                #输出多项式
y2 = np.poly1d(coeff[1]);print(3,y2)                #输出多项式

x_value = np.linspace(1,10,100)
y1_value = np.polyval(y1,x_value)                #计算多项式的值
y2_value = np.polyval(y2,x_value)                #计算多项式的值

plt.scatter(x,y[:,0],color = 'blue')                #绘制散点
plt.scatter(x,y[:,1],color = 'black',marker = ' * ')                #绘制散点
plt.plot(x_value,y1_value,color = 'blue')                #绘制曲线
plt.plot(x_value,y2_value,color = 'black')                #绘制曲线
plt.show()
'''
运行结果如下:
1 [[ - 1.84214220e - 02   2.20933779e - 01    - 6.40084435e - 01   1.53217912e + 00]
   [1.54670889e - 05    - 2.09982489e - 02   2.74606514e - 01    4.37119499e + 00]]
2        3        2
    - 0.01842 x  +  0.2209 x  -  0.6401 x  +  1.532
3        3        2
  1.547e - 05 x  -  0.021 x  +  0.2746 x  +  4.371
'''
```

第6章

matplotlib数据可视化

matplotlib 是 Python 的一个非常强大的绘图库,可以绘制二维图像和三维图像,只需几行代码就可以绘制出各种各样的数据图像。matplotlib 的绘图是基于 NumPy 的数组或 Python 的列表和元组。matplotlib 既可以用命令来绘制图像,也可以基于对象的编程来绘制图像,还可以将图像嵌入到其他 GUI 图形程序中,如 PyQt5,方便开发 GUI 程序。

6.1 二维绘图

matplotlib 的绘图可以使用程序接口命令方法,也可以用基于对象的方法。对初学者而言,使用基于接口命令的方法可以快速绘制各种数据图像,而使用基于对象的方法需要详细了解各种数据图像对象的属性、方法和返回值的类型。本节讲解基于接口命令的方法绘制各种二维数据图像,这些方法也同样适用于基于对象的绘图。这些绘制数据图像的方法在 matplotlib 的 pyplot 模块中,这些绘图命令类似 MATLAB 的绘图命令。在绘制数据图像前需要用"import matplotlib.pyplot as plt"语句将 pyplot 模块导入进来,本书中如没有特别说明,plt 均是指 pyplot 模块的别名。另外 matplotlib 的 pylab 模块集成了 pyplot 模块的命令和 numpy 的一些方法,读者也可以用 pylab 模块进行相同的操作,不过还是建议读者使用 pyplot 模块。

6.1.1 折线图

1. plot()方法绘图的格式

折线图是用一条直角把相邻的两个点连接起来,如果数据点较多,折线图就变成了连续的曲线。折线图用 plot()方法绘制,plot()方法的格式如下,其返回值是 Line2D 对象列表。

```
plot( * args, scalex = True, scaley = True, data = None, ** kwargs)
```

其中，* args 是数量可变的参数；当 scalex 和 scaley 取 False 时，绘制的图形的坐标轴的刻度是从 0 到 1，取 True 时，刻度根据数值进行自动调整，一般取默认值 True；data 是可以通过索引获取的数据对象，例如字典和 NumPy 的结构数组；kwargs 是数量可变的关键字参数，用于设置折线的属性。

plot() 函数中数量可变的参数 * args 通常可以取"[x]，y，[fmt]"或多个"[x]，y，[fmt]"，这时的 plot() 函数的格式如下所示，其中 x 和 y 分别是横坐标和纵坐标数据，可以取列表、元组或 numpy 的数组，x 是可选的，如果不提供 x，则 x 默认为 range(len(y))；fmt 是格式字符串，是可选的。

```
plot([x], y, [fmt], data = None, ** kwargs)
plot([x], y, [fmt], [x2], y2, [fmt2], ..., ** kwargs)
```

下面的程序绘制正弦和余弦函数，可以用 plot() 方法绘制多个折线到一个图像上，最后需要用 show() 方法显示图像。程序运行结果如图 6-1 所示。

```
import numpy as np    # Demo6_1.py
import matplotlib.pyplot as plt

x = np.arange(0,10,0.1)              # numpy 数组
y1 = np.sin(x)                       # 正弦值
y2 = np.cos(x)                       # 余弦值
plt.plot(x,y1,x,y2,scalex = True,scaley = True,color = 'blue')       # 第 1 次绘制图像
plt.plot(2 * x,2 * y1,2 * x,2 * y2,scalex = True,scaley = True,color = 'black')   # 第 2 次绘制图像

plt.show(block = True)                                              # 显示图像
```

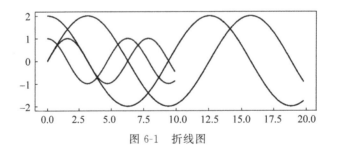

图 6-1　折线图

plot() 方法中的 data 参数用于提供数据，可以把绘图时使用到的参数值放到字典或结构数组中，通过字典或结构数组的关键字来获取数据和参数的值。下面的程序是将数据和参数放到字典中，通过字典的关键字获取数据来绘制图像，得到同样的图像。

```
import numpy as np    # Demo6_2.py
import matplotlib.pyplot as plt

x = np.arange(0,10,0.1)              # numpy 数组
y1 = np.sin(x)                       # 正弦值
y2 = np.cos(x)                       # 余弦值
```

```
dict_1 = {'xValue':x,'sin':y1,'cos':y2,'scalex':True,'scaley':True,}          #字典
dict_2 = {'xValue':2 * x,'sin':2 * y1,'cos':2 * y2,'scalex':True,'scaley':True,}    #字典

plt.plot('xValue','sin',scalex = 'scalex',scaley = 'scaley',color = 'blue',data = dict_1)
                          #第1次绘制图像
plt.plot('xValue','cos',scalex = 'scalex',scaley = 'scaley',color = 'blue',data = dict_1)
                          #第2次绘制图像
plt.plot('xValue','sin',scalex = 'scalex',scaley = 'scaley',color = 'black',data = dict_2)
                          #第3次绘制图像
plt.plot('xValue','cos',scalex = 'scalex',scaley = 'scaley',color = 'black',data = dict_2)
                          #第4次绘制图像

plt.show(block = True)                    #显示图像
```

需要注意的是,当程序运行到 plt.show(block＝True)时显示所有打开的图像,会暂停执行 plt.show(block＝True)的后续语句,只有关闭所有图像后才继续执行后续语句。如果将参数 block 设置成 False,则不会阻止继续执行后续语句。

2. plot()绘图的格式字符串

plot()方法中的 fmt 格式字符串指定折线的线型、标识符号和颜色,其格式是 fmt＝'[marker][line][color]',[ ]中的内容是可选的,其中 marker、line 和 color 分别指标识符号、线型和颜色,其取值如表 6-1 所示。如果格式字符串中只有颜色,可以使用颜色全名或十六进制数字'♯RRGGBB'来表示,例如'green'或'♯00FF00'。

表 6-1　格式字符串

类型	符号	说　　明	类型	符号	说　　明
标识符号 (marker)	'.'	实心小圆点	标识符号 (marker)	'x'	x 形
	','	像素点(更小的点)		'D'	钻石形(diamond)
	'o'	实心圆		'd'	钻石形(diamond)
	'v'	向下的三角形		'|'	竖线
	'^'	向上的三角形		'-'	水平线
	'<'	向左的三角形	线型 (line)	'-'	实心线(solid)
	'>'	向右的三角形		'--'	虚线(dash)
	'1'	向下的 Y 形		'-.'	虚点线(dash-dot)
	'2'	向上的 Y 形		':'	点线(dotted)
	'3'	向左的 Y 形	颜色 (color)	'b'	蓝色(blue)
	'4'	向右的 Y 形		'g'	绿色(green)
	's'	正方形(square)		'r'	红色(red)
	'p'	五边形(pentagon)		'c'	青色(cyan)
	'*'	星形		'm'	紫红色(magenta)
	'h'	六边形(hexagon)		'y'	黄色(yellow)
	'H'	六边形(hexagon)		'k'	黑色(black)
	'+'	加号		'w'	白色(white)

下面的程序是在 4 个曲线上添加格式符号,程序运行结果如图 6-2 所示。

```
import numpy as np    Demo6_3.py
import matplotlib.pyplot as plt

x = np.arange(0,10,0.5)                          # numpy 数组
y1 = np.sin(x)                                   # 正弦值
y2 = np.cos(x)                                   # 余弦值
sin_cos = {"xValue":x,"sin":y1,"cos":y2}         # 字典

plt.plot("xValue","sin",".--b",data = sin_cos)
plt.plot("xValue","cos","v-g",data = sin_cos)
plt.plot(2*x,2*y1,"_-.m",2*x,2*y2,"1:k")

plt.show()                                       # 显示图像
```

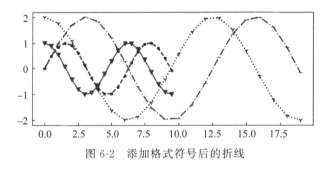

图 6-2　添加格式符号后的折线

3. Line2D 对象的属性设置

在 plot()方法中,kwargs 是关键字参数,用于设置 Line2D 对象的属性来控制折线的显示特性,例如 plot([1, 2, 3], 'go-', color='blue', linestyle='-.', linewidth=2, label='line 1')。Line2D 对象的常用属性设置参数的类型或取值范围如表 6-2 所示。如果属性设置与格式字符串设置冲突,则以属性设置为准。

表 6-2　Line2D 对象的常用属性设置参数的类型或取值范围

参　　数	参数的类型或取值范围	参　　数	参数的类型或取值范围
alpha	float、None	marker	str(见表 6-1)
animated	bool	markeredgecolor	color
antialiased	bool	markeredgewidth	float
clip_on	bool	markerfacecolor	color
color、c	color	markerfacecoloralt	color
dash_capstyle	'butt'、'round'、'projecting'	markersizems	float
dash_joinstyle	'miter'、'round'、'bevel'	sketch_params	(scale:float,length:float, randomness:float)
figure	Figure	solid_capstyle	'butt'、'round'、'projecting'
drawstyle、ds	'default'、'steps'、'steps-pre'、'steps-mid'、'steps-post'	solid_joinstyle	'miter'、'round'、'bevel'

续表

参　　数	参数的类型或取值范围	参　　数	参数的类型或取值范围
fillstyle	'full'、'left'、'right'、'bottom'、'top'、'none'	linestyle、ls	'-'、'--'、'-.'、':'、''、(offset,on-off-seq)
gid	str	visible	bool
in_layout	bool	xdata	1D array
label	str	ydata	1D array
linewidth、lw	float	zorder	float

6.1.2　对数折线图

对于数据值变化较大,或者一些值特别小的数据,要将其分辨出来,用线性刻度是不能达到要求的,这时可以改用对数坐标轴。

绘制对数折线图可以用 semilogx()、semilogy()和 loglog()方法,分别对 x 轴取对数、y轴取对数、xy 两个轴同时取对数。这三个方法的格式如下所示,与 plot()方法的格式相同。

```
semilogx([x], y, [fmt], data = None, ** kwargs)
semilogx([x], y, [fmt], [x2], y2, [fmt2], ..., ** kwargs)
semilogy([x], y, [fmt], data = None, ** kwargs)
semilogy([x], y, [fmt], [x2], y2, [fmt2], ..., ** kwargs)
loglog([x], y, [fmt], data = None, ** kwargs)
loglog([x], y, [fmt], [x2], y2, [fmt2], ..., ** kwargs)
```

这三个方法与 plot()方法的参数大部分相同,不同的参数有 base、subs 和 nonpositive。base 参数的类型是 float,指定对数基,默认是 10;subs 参数指定次网格线的数量;nonpositive 参数设置对负数的处理,可以取'mask'或 'clip','mask'是指忽略负值,'clip'是将负值变成非常小的正数。

6.1.3　堆叠图

堆叠图也可称为面积图,是在数据曲线与某个轴之间填充颜色。可以设置不同的颜色,用颜色来区分多个数据曲线之间的异同。堆叠图用 stackplot()方法绘制,其格式如下所示:

```
stackplot(x, * args, labels = (), colors = None, baseline = 'zero', data = None, ** kwargs)
stackplot(x, y)
stackplot(x, y1, y2, y3, y4)
```

stack()方法中的参数类型及说明如表 6-3 所示,其他一些参数参见 plot()方法的说明。

表 6-3　stack()方法中的参数类型及说明

参　　数	参数类型	说　　明
x	array	x 是形状为(n,)的一维数组,定义横坐标值
y	array	y 是形状为(m,n)的二维数组或由一维数组构成的列表、元组,定义纵坐标值
y1、y2、y3、y4	array	形状是(n,)的一维数组,定义纵坐标值

续表

参 数	参数类型	说 明
baseline	str	设置计算底线的方法,可以取'zero'、'sym'、'wiggle'、'weighted_wiggle'。'zero'表示 x 轴是底线;'sym'表示堆叠图关于 x 轴对称;'wiggle'表示用最小化平方斜率之和方法得到底线;'weighted_wiggle'表示加权的'wiggle'方法
labels	list[str]	设置标签,长度是 n 的字符串序列,显示在图例中
colors	list[color]	设置颜色,长度是 n 的颜色序列
data	dict、array	字典或结构数组,提供数据

下面的程序绘制一堆叠图,程序运行结果如图 6-3 所示。

```
import matplotlib.pyplot as plt    Demo6_4.py

x = [1,2,3,4,5,6]
y1 = [1, -1,2,3, -2,1]
y2 = [1.2, -1.2,1,2, -2, -1]
y3 = [0.3, -1,2,2.3, -1,1]
plt.stackplot(x,y1,y2,y3,labels = ['First Stack','Second Stack','Third Stack'],colors = ['b',
'm','r'])
plt.legend()              # 显示图例
plt.show()
```

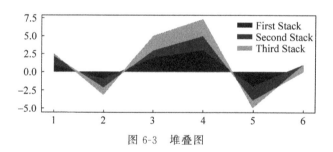

图 6-3 堆叠图

6.1.4 时间折线图

如果横坐标或纵坐标是时间或日期,可以用 plot_date()方法绘制时间折线图。plot_date()方法的格式如下所示:

plot_date(x, y, fmt = 'o', tz = None, xdate = True, ydate = False, data = None, ** kwargs)

其中,x 和 y 分别是横轴和纵轴数据,如果 xdate=True,则 x 数据是时间数据,如果 ydate=True,则 y 数据是时间数据;fmt 是格式字符串,设置折线的线型、标识符号和颜色;tz 是时区字符串;其他参数可参考 plot()方法的参数。

下面的程序绘制时间折线图,程序运行结果如图 6-4 所示。

```
from datetime import datetime    # Demo6_5.py
from matplotlib import pyplot as plt
```

```
dates = [datetime(2022, 5, 24),          # 创建 datetime 对象,用来表示在横轴上的位置和标签
         datetime(2022, 5, 25),
         datetime(2022, 5, 26),
         datetime(2022, 5, 27),
         datetime(2022, 5, 28),
         datetime(2022, 5, 29),
         datetime(2022, 5, 30) ]
y1 = [1, 0.3, 0.8, 1.1, 0.9, 0.6, 0.7]
y2 = [0.4, 0.35, 0.7, 1.3, 0.5, 0.7, 0.8]
fig = plt.figure()                        # 创建图像并返回图像
plt.plot_date(dates, y1, fmt = 'b - o', label = 'First Group')   # 在当前图像上绘图
plt.plot_date(dates, y2, fmt = 'r - o', label = 'Second Group')  # 在当前图像上绘图
plt.grid()                                # 显示网格
plt.legend()                              # 显示图例
fig.autofmt_xdate(rotation = 30)          # 如果横坐标显示的日期出现重叠,可使其旋转一定角度
plt.show()
```

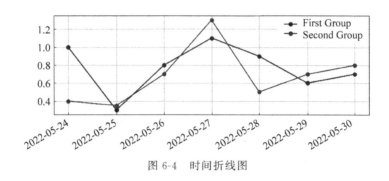

图 6-4　时间折线图

6.1.5　带误差的折线图

errorbar()方法用于绘制有一定置信区间的带误差的折线图。errorbar()方法的格式
如下所示:

errorbar(x, y, yerr = None, xerr = None, fmt = '', ecolor = None, elinewidth = None, capsize = None, barsabove = False, lolims = False, uplims = False, xlolims = False, xuplims = False, errorevery = 1, capthick = None, data = None, ∗∗kwargs)

errorbar()中的参数类型及说明如表 6-4 所示。

表 6-4　errorbar()中的参数类型及说明

参　　数	参 数 类 型	说　　明
x、y	array、list、tuple	定义曲线数据点
xerr、yerr	float、array	定义 x 和 y 的误差。取单个浮点数时,表示所有点的正负误差相同;取形状是(n,)的数组时,表示每个点的误差不同,单个点的正负误差相同;取形状是(2,n)的数组时,表示每个点的误差不同,每个点的正负误差也不相同
fmt	str	设置数据点和数据线的样式

参　　数	参数类型	说　　明
ecolor	color	设置误差棒的颜色,默认是数据线上标识的颜色
elinewidth	float	设置误差棒的颜色
capsize	float	设置误差棒终点横线的长度
capthick	float	设置误差棒终点横线的宽度
barsabove	bool	设置是否将误差棒放置到数据线叠放次序的前面,默认是 False
lolims、uplims、xlolims、xuplims	bool、list[bool]	设置是否只显示一侧的误差棒,默认是 False
errorevery	int、(int,int)	设置每隔多个数据点绘制一个误差棒,默认是1。取 n 表示误差棒在(x[:n], y[:n])位置;取(start,n)表示误差棒在(x[start::n], y[start::n])位置
data	dict	提供 x 和 y 数据

下面的程序测试取不同参数时对数据曲线的影响,程序运行结果如图 6-5 所示。

```python
import numpy as np    # Demo6_6.py
import matplotlib.pyplot as plt

x = np.arange(10)
y = 2 * np.sin(np.pi * x/10)
yerr = np.linspace(0.1, 0.25, 10)
plt.subplot(121)
plt.errorbar(x, y, yerr = yerr, fmt = '-o', capsize = 6, capthick = 2, label = 'both limits')
plt.errorbar(x, y + 1, yerr = yerr, uplims = True, label = 'uplims = True')
plt.errorbar(x, y + 2, yerr = yerr, uplims = True, lolims = True, label = 'uplims = True lolims = True')
upperlimits = [True, False] * 5
lowerlimits = [False, True] * 5
plt.errorbar(x, y + 3, yerr = yerr, uplims = upperlimits, lolims = lowerlimits,
             label = 'subsets of uplims and lolims')
plt.legend()
plt.subplot(122)
plt.errorbar(y, x, xerr = 0.3, xlolims = True, errorevery = 2, label = 'xlolims = True')
plt.errorbar(y + 1, x, xerr = 0.3, xuplims = True, label = 'xuplims = True')
plt.errorbar(y + 2, x, xerr = 0.3, xuplims = upperlimits, xlolims = lowerlimits,
             label = 'subsets of xuplims and xlolims')
plt.legend()
plt.show()
```

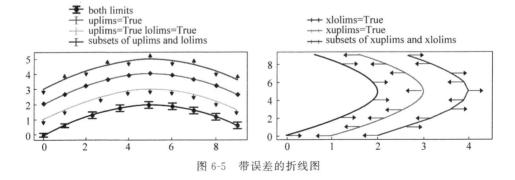

图 6-5　带误差的折线图

6.1.6　填充图

填充图是在数据点之间形成的多边形中填充颜色。有三种绘制填充图的方法，一种是用 fill()方法，另外两种是 fill_between()方法和 fill_betweenx()方法。fill()方法是在绘制完数据曲线后，将第一个数据点和最后一个数据点相连，形成封闭的区域，在这个封闭的区域填充指定的颜色，如果数据点成一条直线，则得不到封闭区域，无法填充颜色；fill_between()方法和 fill_betweenx()方法是在两条数据曲线之间分别沿水平和竖直方向填充颜色。

fill()方法的格式如下所示。其中 args 是"x，y，[color]"或"x，y，[color]"的序列，例如 fill(x，y)、fill(x，y，"b")、fill(x，y，x2，y2)、fill(x，y，"b"，x2，y2，"r")都是合法的，每对 x 和 y 形成一条数据曲线，并封闭成一个多边形区域，在多边形区域内填充颜色。

```
fill( * args, data = None, ** kwargs)
```

fill_between()方法和 fill_betweenx()方法的格式如下所示。对于 fill_between()方法，x 和 y1 形成一条数据曲线，x 和 y2 形成一条数据曲线，这两条数据曲线之间填充颜色；where 是与 x 长度相同的列表，元素是 bool 型，设置是否排除一些数据点；step 用于数据曲线是阶梯图的情况，可以取 'pre'、'post'、'mid'；interpolate 应用于设置了 where 参数并且两条数据曲线之间有交叉的情况，interpolate＝True 可以计算出交叉点。

```
fill_between(x,y1,y2 = 0,where = None,step = None,interpolate = False,data = None, ** kwargs)
fill_betweenx(y,x1,x2 = 0,where = None,step = None,interpolate = False,data = None, ** kwargs)
```

下面的程序在正弦和余弦函数曲线之间填充颜色，程序运行结果如图 6-6 所示。

```python
import matplotlib.pyplot as plt    # Demo6_7.py
import numpy as np
x = np.linspace(0, 6 * np.pi, 1000)

y1 = np.sin(x)
y2 = np.cos(x)
plt.subplot(1,2,1)          # 在 1 行 2 列子图像的第 1 个子图上绘图
plt.plot(x,y1,'b-- ',x,y2,'g-.')
plt.fill(x,y1,'y',x,y2,'m',alpha = 0.8)
plt.subplot(1,2,2)          # 在 1 行 2 列子图像的第 2 个子图上绘图
plt.plot(x,y1,'b-- ',x,y2,'g-.')
plt.fill_between(x,y1,y2,color = 'yellow')
plt.show()
```

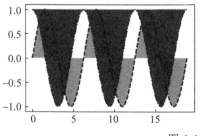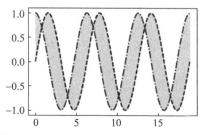

图 6-6　填充图

6.1.7 阶梯图

用 step()方法可以绘制阶梯图,其格式如下所示:

```
step(x, y, [fmt], data = None, where = 'pre', ** kwargs)
step(x, y, [fmt], x2, y2, [fmt2], ..., where = 'pre', ** kwargs)
```

其中,参数 x、y、fmt、data 和 kwargs 与 plot()方法的参数功能相同;where 设置阶梯所在的位置,可以取'pre'、'post'或'mid'。在 plot()方法中,如果设置了参数 drawstyle,也可以用 plot()函数绘制阶梯图,参数 drawstyle 可以取'default'、'steps'、'steps-pre'、'steps-mid'或'steps-post'。

下面的程序绘制正弦和余弦的阶梯图,程序运行结果如图 6-7 所示。

```python
import numpy as np    # Demo6_8.py
import matplotlib.pyplot as plt

n = 20
x = np.linspace(0,2 * np.pi,n)
y1 = np.sin(x)
y2 = np.cos(x)
plt.step(x,y1)
plt.step(x,y2,'b',where = 'mid')
plt.show()
```

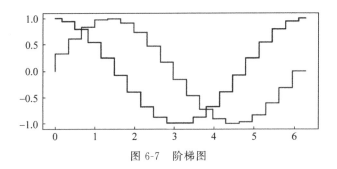

图 6-7 阶梯图

6.1.8 极坐标图

极坐标主要有角度、点到原点的距离两个参数。极坐标用 polor()方法绘制,其格式如下所示:

```
polar(theta, r, ** kwargs)
```

其中,theta 是角度;r 是距离;kwargs 是 Line2D 对象的参数,kwargs 关键字参数可以参考表 6-1 和表 6-2。

下面的程序绘制一螺旋线方程和两个花形,程序运行结果如图 6-8 所示。

```python
import numpy as np    # Demo6_9.py
import matplotlib.pyplot as plt
```

```
t = np.arange(0,100)
theta = (100 + (10 * np.pi * t/180) ** 2) ** 0.5
r = t - np.arctan((10 * np.pi * t/180)/10) * 180/np.pi

plt.figure(1)                                              # 创建第 1 个图像
plt.polar(theta, r, marker = '.')                          # 绘制极坐标图
plt.figure(2)                                              # 创建第 2 个图像
plt.polar(theta, np.cos(5 * theta), linestyle = '--', linewidth = 2)   # 绘制极坐标图
plt.polar(theta, 2 * np.cos(4 * theta), linewidth = 2)     # 绘制极坐标图

plt.show()
```

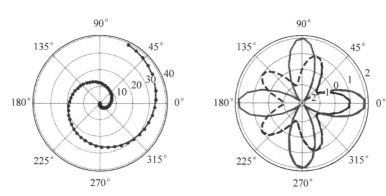

图 6-8　极坐标图

6.1.9　火柴杆图

用 stem()方法可以绘制火柴杆图,其格式如下所示:

```
stem( * args, linefmt = None, markerfmt = None, basefmt = None, bottom = 0, label = None, data = None)
stem([x,] y, linefmt = None, markerfmt = None, basefmt = None)
```

其中,x 和 y 分别是横坐标值和纵坐标值,如果省略 x,则 x 默认为(0, 1, …, len(y) -1);linefmt 是垂直线的颜色和类型,例如 linefmt= 'r-',代表红色的实线;markerfmt 设置顶点的标识颜色和类型,比如'C3.',表示是颜色循环中的第 4 个颜色,类型是小实点,C(大写字母 C)后面数字是 0~9,最后的“.”或者“o”(小写字母 o)可以分别设置顶点为小实点或者大实点,markerfmt 的默认值是'C0o';basefmt 设置横坐标的颜色和类型,默认值是'C3-';bottom 是火柴杆的起始 y 值;label 是火柴杆的标签,用于图例中。

下面的程序绘制正弦和余弦函数的火柴杆图,程序运行结果如图 6-9 所示。

```
import numpy as np    # Demo6_10.py
import matplotlib.pyplot as plt

n = 20
x = np.linspace(0, 2 * np.pi, n)
```

```
y1 = np.sin(x)
y2 = np.cos(x)
plt.subplot(1,2,1)                  #一行二列中的第 1 个子图
plt.stem(x,y1,linefmt = 'b--',markerfmt = 'C2o',basefmt = 'C0-.',label = 'sin')
plt.legend()                        #显示图例
plt.subplot(1,2,2)                  #一行二列中的第 2 个子图
plt.stem(x,y2,linefmt = 'b-.',markerfmt = 'C2.',basefmt = 'C5-',label = 'cos')
plt.legend()                        #显示图例
plt.show()
```

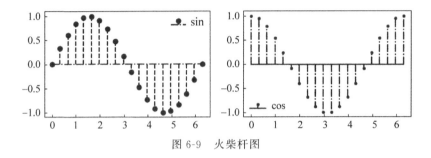

图 6-9　火柴杆图

6.1.10　散点图

散点图是用一些离散点或标识符号来显示数据。例如下面的程序,用 scatter()方法显示两个随机变量的正相关性。程序运行结果如图 6-10 所示。

```
import numpy as np    #Demo6_11.py
from matplotlib import pyplot as plt

samples = 500                           #样本数量
x = np.random.randn(samples)            #随机数组
y = x + np.random.randn(samples) * 0.5  #随机数组
plt.scatter(x, y)                       #散点图
plt.show()
```

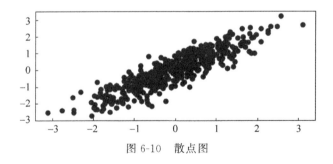

图 6-10　散点图

可以设置散点图上离散点的尺寸、颜色和标识符号以及散点边框的尺寸和颜色,不同离散点内部颜色、边框颜色、边框尺寸可以相同,也可以不同。下面是 scatter()方法的格式。

```
scatter(x, y, s = None, c = None, marker = None, cmap = None, norm = None, vmin = None, vmax = None,
    alpha = None, linewidths = None, verts = < deprecated parameter >, edgecolors = None, data = None,
    ** kwargs)
```

scatter()方法中各个参数的说明如表 6-5 所示。

表 6-5　scatter()方法中各个参数的说明

参　　数	取值类型或范围	说　　明
x,y	float、list、tuple、array	横坐标和纵坐标的值
s	float、list、tuple、array	指定散点的尺寸(面积),是输入值的平方
c	str、color、list[color]、array	指定散点的颜色,可取单个颜色名称、颜色序列、单个数或多个数序列,和 cmap 及 norm 一起使用来映射颜色,还可取二维数组,数组的每行值是颜色的 R、G、B 或 R、G、B、A 值
marker	str	指定标识符,参见表 6-1
cmap	str、Colormap	指定渐变色,只有在 c 取单个数或多个数序列时使用。取值是字符串时,可取值参见表 6-6
norm	Normalize、None	当 c 取值范围是 0 到 1 时,用于缩放 c,使其能映射到 cmap 上
vmin,vmax	Float、None	当 norm 取 None 时,设置将 c 映射到 cmap 时的最小或最大值
alpha	float	颜色的 alpha 通道,确定颜色的透明度,取 0 表示全透明,取 1 表示完全不透明
linewidths	float、list、tuple、array	指定散点的边框的厚度
verts	list[(x,y)]	如果 marker 为 None,这些顶点将用于构建标识,标识的中心位于(x,y)位置
edgecolors	'face'、'none'、None、color、list[color]	设置散点的边框颜色,'face'表示与内部颜色相同,'none'表示不绘制边框
data	dict、NumPy 的结构数组	设置数据来源,见对 plot()参数的说明
kwargs	matplotlib.collections. Collection	用属性来定义各项的值,如 facecolors、linewidths、linestyles、capstyle、joinstyle、norm、cmap、hatch 等

cmap 参数可以用名称或 Colormap 对象定义色谱,色谱可以映射到数据图上,用颜色表示数值的相对大小。用名称可以定义的色谱如表 6-6 所示。

表 6-6　用名称可以定义的色谱

色谱名称	说　明	色谱名称	说　明	色谱名称	说　明
'autumn'	红-橙-黄	'hot'	黑-红-黄-白	'plasma'	绿-红-黄
'bone'	黑-白	'hsv'	红-黄-绿-青-蓝-洋红-红	'prism'	红-黄-绿-蓝-紫-绿
'cool'	青-洋红	'inferno'	黑-红-黄	'spring'	洋红-黄
'copper'	黑-铜	'jet'	蓝-青-黄-红	'summer'	绿-黄
'flag'	红-白-蓝-黑	'magma'	黑-红-白	'viridis'	蓝-绿-黄
'gray'	黑-白	'pink'	黑-粉-白	'winter'	蓝-绿

下面的程序创建 50 个散点,散点的尺寸和边框宽度与散点的 y 值相关,散点的颜色随机,散点的形状是五角星。程序运行结果如图 6-11 所示。

```
import numpy as np    # Demob_12.py
import matplotlib.pyplot as plt

n = 50                                    # 散点数量
x = np.random.rand(n)                     # 散点的 x 坐标值
y = np.random.rand(n)                     # 散点的 y 坐标值


colors = np.random.rand(n)                # 颜色值
sizes = y * 200                           # 散点尺寸
widths = y * 5 + 2                        # 散点边框线的宽度
plt.scatter(x, y, s = sizes, c = colors, marker = '*', edgecolors = 'face', alpha = 0.6, linewidths =
widths)
plt.show()
```

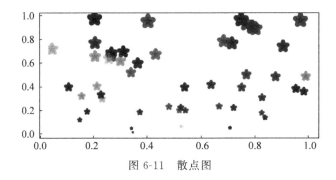

图 6-11　散点图

6.1.11　柱状图

用 bar()方法可以绘制竖直柱状图,用 barh()方法可以绘制水平柱状图,bar()和 barh()方法的格式如下所示:

bar(x, height, width = 0.8, bottom = None, align = 'center', data = None, ** kwargs)

barh(y, width, height = 0.8, left = None, align = 'center', ** kwargs)

bar()和 barh()方法中各参数的取值和说明及 kwargs 中的主要参数说明如表 6-7 所示。

表 6-7　bar()和 barh()方法中各参数的取值和说明及 kwargs 中的主要参数说明

参　　数	参　数　类　型	说　　明
x	float、list、tuple、array	每个柱子的 x 坐标
y	float、list、tuple、array	每个柱子的 y 坐标
height	float、list、tuple、array	每个柱子的高度
width	float、list、tuple、array	每个柱子的宽度
bottom	float、list、tuple、array	竖直柱子的 y 轴起始坐标
left	float、list、tuple、array	水平柱子的 x 轴起始坐标
align	str	柱子的对齐位置,可取'center'或'edge',align= 'edge'表示在 x 位置的右边,width 取负值时表示在 x 位置的左边

续表

参 数	参 数 类 型	说 明
data	dict	设置数据源,参见对 plot()方法的说明
color	color	设置柱子的颜色,参见表 6-1
edgecolor	color	设置柱子边框的颜色
linewidth	int	设置边框的宽度,单位是像素点
tick_label	str、list[str]	设置刻度的标签
log	bool	设置 y 轴是否使用对数坐标

下面的程序将 3 组不同的数据在一个图像上分别用竖直和水平柱状图来表示,程序运行结果如图 6-12 所示。

```python
import numpy as np    # Demo6_13.py
import matplotlib.pyplot as plt

n = 8                        # 柱状个数
x = np.arange(1, n + 1)
y1 = np.random.rand(n)
y2 = np.random.rand(n)
y3 = np.random.rand(n)

plt.subplot(1, 2, 1)          # 一行两列中的第 1 个图
plt.bar(x = x, height = y1, width = 0.2, align = 'center', color = 'b')       # 绘制竖直柱状图
plt.bar(x = x - 0.2, height = y2, width = 0.2, align = 'center', color = 'r')  # 绘制竖直柱状图
plt.bar(x = x + 0.2, height = y3, width = - 0.2, align = 'center', color = 'm')  # 绘制竖直柱状图

plt.subplot(1, 2, 2)          # 一行两列中的第 2 个图
plt.barh(y = x, width = y1, height = 0.2, align = 'center', color = 'b')       # 绘制水平柱状图
plt.barh(y = x - 0.2, width = y2, height = 0.2, align = 'center', color = 'r')  # 绘制水平柱状图
plt.barh(y = x + 0.2, width = y3, height = - 0.2, align = 'center', color = 'm')  # 绘制水平柱状图
plt.show()
```

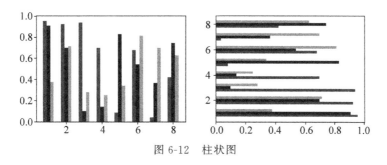

图 6-12 柱状图

另外可以用 broken_barh(xranges,yrange,data＝None,** kwargs)方法绘制间断柱状图,其中参数 xranges 确定间断柱在 x 方向的位置,xranges 是由多个元组(xmin, xwidth)构成的列表、数组,每个间断柱在 x 方向上从 xmin 位置开始绘制,宽度是 xwidth; yrange 确定间断柱在 y 方向的位置,yrange 的取值是一个元组(ymin, yheight),间断柱在 y

方向上从 ymin 开始绘制,高度是 yheight。

6.1.12 饼图

饼图是将一个圆形根据数据切成多个扇形,用扇形的面积表示数据的相对大小。饼图用 pie()方法绘制,pie()方法的格式如下所示。

```
pie(x, explode = None, labels = None, colors = None, autopct = None, pctdistance = 0.6, shadow = False,
    labeldistance = 1.1, startangle = 0, radius = 1, counterclock = True, wedgeprops = None,
    textprops = None, center = (0, 0), frame = False, rotatelabels = False, normalize = None,
    data = None)
```

pie()方法中各参数的取值和说明如表 6-8 所示。

表 6-8　pie()方法中各参数的取值和说明

参　　数	参数类型或取值范围	说　　明
x	list、tuple、array	每块扇形的值
explode	list、tuple、array	每块扇形离开中心的距离,形成爆炸图
labels	list[str]	每块扇形上显示的说明文字
colors	list[color]	设置每块扇形的填充颜色,参见表 6-1
autopct	None、str、function	自动显示百分比,可以使用 format 格式字符串,例如 '%1.1f'指定小数点前后位数
pctdistance	float	设置百分比标签与圆心的距离
shadow	bool	在每块扇形的下面画一个阴影,产生立体感觉
normalize	bool、None	设置 x 的值是否归一化。当为 True 时,归一化 x 的值,使 sum(x)==1;当为 False 时,若 sum(x)<1,饼图不是完整的圆,若 sum(x)>1 会报错
labeldistance	float、None	每块扇形说明文字的位置,相对于半径的比例,默认值为 1.1,如小于 1,则绘制在饼图内部
startangle	float	起始绘制角度,默认是从 x 轴正方向逆时针画起,如设定 90,则从 y 轴正方向画起
radius	float	控制饼图半径,默认值为 1
counterclock	bool	设置饼图按逆时针或顺时针呈现
wedgeprops	dict、None	设置扇形内外边界的属性,如边界线的粗细、颜色等
textprops	dict、None	设置饼图中文本的属性,如字体大小、颜色等
center	(float, float)	设置饼图的中心点位置,默认为原点
frame	bool	是否要显示饼图背后的图框。如果设置为 True,则需要同时控制图框 x 轴、y 轴的范围和饼图的中心位置
rotatelabels	bool	设置扇形的说明文字是否可旋转

下面的程序用饼图绘制某公司下半年的销售业绩,程序运行结果如图 6-13 所示。

```
import matplotlib.pyplot as plt    # Demo6_14.py

x = [12.4,22.5,27.6,33.2,28.8,56.7]              #下半年销售额度
months = ['Jul', 'Aug', 'Sep', 'Oct', 'Nov', 'Dec']    #月份
```

```
explode = [0.3,0,0,0,0,0]

plt.subplot(1,2,1)                    #一行二列中的第1个图
plt.pie(x,labels = months,rotatelabels = True)
plt.subplot(1,2,2)                    #一行二列中的第2个图
#显示爆炸图、百分比、阴影和顺时针绘图
plt.pie(x,labels = months,explode = explode,autopct = '%2.1f%%',shadow = True,counterclock =
False)
plt.show()
```

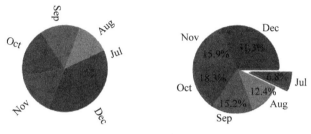

图6-13　饼图

6.1.13　直方图

直方图通常用于数据统计。当有大量数据需要统计时,通常将数据出现的范围分解成几个区间,每个区间称为bin,利用直方图统计落入每个区间的数据个数。直方图用hist()方法绘制,其格式如下所示。

hist(x, bins = None, range = None, density = False, weights = None, cumulative = False, bottom = None,
    histtype = 'bar', align = 'mid', orientation = 'vertical', rwidth = None, log = False, color = None,
    abel = None, stacked = False, data = None, **kwargs)

hist()方法中各参数的类型、参数类型和说明如表6-9所示。

表6-9　hist()方法中各参数的类型、参数类型和说明

参　　数	参 数 类 型	说　　明
x	array、list、tuple	直方图的统计数据。x可以是不同长度的二维列表、元组或二维数组,二维数组的每列构成一个数据集
bins	int、str、list、tuple、array	如果bins是整数,定义区间的数量,区间是等宽的;如果bins是序列,定义区间的上下限,包括最左侧的下限和最右侧的上限;如果bins是字符串,可以取'auto'、'fd'、'doane'、'scott'、'stone'、'rice'、'sturges'、'sqrt',确定取直方图区间的策略
range	tuple、None	设置统计直方图取值的范围,超出该范围的数据将会被丢弃。如果bins是序列,该项不起作用,如果range = None,则范围取(x.min(),x.max())
density	bool	是否用概率密度来显示。如果是True,则density = counts/(sum(counts) * np.diff(bins))

续表

参　　数	参 数 类 型	说　　明
weights	array、None	设置 x 的各个值的权重。如果 density＝True,则 weights 进行归一化,密度的积分值是 1
cumulative	bool、−1	是否进行累计求和。如果取 True,则某个 bin 的值是前面所有 bin 的值的和,如果 density＝True,则直方图进行归一化,最后一个柱的值是 1;如果取小于 0 的数,表示反向累计求和,第 1 个柱的值是 1
bottom	float、list、tuple、array、None	每个柱底部的起始位置,柱的高度范围是从 bottom 到 bottom＋hist(x, bins),如果取 None,则 bottom＝0
histtype	str	设置直方图的类型,可以取 'bar'、'barstacked'、'step'、'stepfilled',默认是 'bar'
align	str	设置直方图的对齐方式,可以取 'left'、'mid'、'right'
orientation	str	设置直方图的方向,可以取 'vertical'、'horizontal'
rwidth	float、None	设置柱的相对宽度。如果取 None,自动计算宽度。histtype 取 'step' 或 'stepfilled' 时,忽略该项
log	bool	纵坐标是否进行对数显示
color	color、list(color)	设置柱的颜色
label	str、None	设置第一个数据集的标签
stacked	bool	如果取 True,多个柱折叠在一起;如果取 False,柱肩并肩排列
data	dict、结构 array	提供数据

　　hist()方法绘制的是一维直方图,另外还可以用 hist2d()方法绘制二维直方图。hist2d()方法的格式如下所示。

```
hist2d(x, y, bins = 10, range = None, density = False, weights = None, cmin = None, cmax = None,
    data = None, ∗∗ kwargs)
```

其中,x 和 y 是一维数组、列表或元组;bins 可以取整数、形如[int,int]和[array,array]的序列、一维数组,用于指定 x 和 y 坐标的 bins 的数量;cmin 和 cmax 的取值是 float,统计值小于 cmin 或大于 cmax 的 bin 将不会显示。

　　下面的程序用直方图绘制平均值为 100 的随机正态分布,第一个直方图中只有一组数据,第二个直方图中有两组数据,第三个直方图是二维图。程序运行结果如图 6-14 所示。

```
import numpy as np      # Demo6_15.py
import matplotlib.pyplot as plt

n = 10000                                          # 样本数量
binsNumber = 40                                    # 柱的数量
binsList = np.arange(96,104,0.4)                   # 柱的区间

normal_1 = np.random.normal(loc = 100,size = (n,))  # 随机正态分布
normal_2 = np.random.normal(loc = 100,size = (n,))  # 随机正态分布

plt.subplot(1,3,1)
```

```
plt.hist(normal_1,bins = binsNumber,facecolor = 'r',edgecolor = 'b')
plt.subplot(1,3,2)
plt.hist([normal_1,normal_2],bins = binsList,stacked = False,color = ['b','m'],orientation =
'horizontal')
plt.subplot(1,3,3)
plt.hist2d(normal_1,normal_2,bins = [10,8],cmap = 'jet')        ♯绘制二维直方图
plt.colorbar()                                                 ♯显示颜色条
plt.show()
```

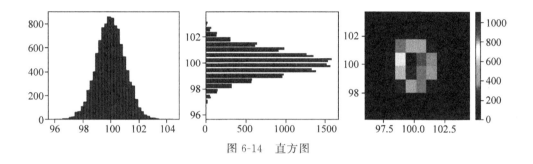

图 6-14　直方图

6.1.14　六边形图

除 hist2d()方法外,还可以用 hexbin()方法绘制二维六边形图。用 hist2d()方法绘制的二维直方图是将绘图区域分成多个四边形,而 hexbin()方法将绘图区域分成多个六边形。六边形图是一种比较特殊的图像,既是散点图的延伸,又兼具直方图和热力图的特征。hexbin()方法的格式如下所示。

```
hexbin(x, y, C = None, gridsize = 100, bins = None, xscale = 'linear', yscale = 'linear', extent = None,
       cmap = None, norm = None, vmin = None, vmax = None, alpha = None, linewidths = None,
       edgecolors = 'face', reduce_C_function = np.mean, mincnt = None, marginals = False,
       data = None, ** kwargs)
```

hexbin()方法中各参数类型及说明如表 6-10 所示。

表 6-10　hexbin()方法的参数类型及说明

参　　数	参 数 类 型	说　　明
x、y	array、list、tuple	设置六边形的坐标(x[i],y[i]),x 和 y 的长度必须相等
C	array、list、tuple、None	如果给出 C,则累计每个区间内的 C 值,如果没有给出,则 C 的值都是 1。C 的长度必须与 x 和 y 的长度相等
gridsize	int、(int,int)	如果给出的是一个整数,则设置 x 轴的六边形的数量,y 轴的六边形的数量会自动设置;如果给出的是(int,int),是指 x 和 y 方向六边形的数量
bins	int、array、str、None	如果是整数,设置 bin 的数量;如果是数组,设置 bin 的区间范围;如果是 str,可以取 'log',表示对颜色谱值取对数;如果取 None,显示的颜色是每个六边形统计值
xscale、yscale	str	设置 x 轴和 y 轴刻度,可取 'linear'、'log',分别表示线性刻度和对数刻度

续表

参　　数	参数类型	说　　明
extent	(float，float，float，float)、None	设置 x 轴和 y 轴的范围,例如 x 和 y 轴的刻度分别用'linear'和'log'表示,若 x 和 y 的取值范围分别是 1～50、10～1000,则需要把 extent 设置成(1,50,1,3)
cmap	Colormap、str、None	设置色谱,可参见表 6-6
norm	Normalize、None	将六边形的统计值归一化处理,以便映射颜色
vmin、vmax	float、None	如果没有给出 norm,设置归一化处理时的最小值和最大值
alpha	float	设置透明度,取值范围是 0～1
linewidths	float	设置六边形线的线宽,默认是 1
edgecolors	str、color	设置六边形线的颜色,字符串可以取'face'或'none'
reduce_C_function	function	用于缩减 C 的值,如果没有给出 C,则忽略该项
mincnt	int、None	只显示大于该值的六边形
marginals	bool	设置靠近 x 轴和 y 轴的六边形是否改用四边形显示,默认是 False

下面的程序用六边形图绘制有一定正相关的随机分布,程序运行结果如图 6-15 所示。

```
import numpy as np    # Demo6_16.py
import matplotlib.pyplot as plt


n = 100000
x = np.random.standard_normal(n)
y = 2.0 + 3.0 * x + 4.0 * np.random.standard_normal(n)
plt.subplot(1,2,1)
plt.hexbin(x, y, gridsize = 50, bins = 'log', cmap = 'jet')
plt.colorbar()
plt.subplot(1,2,2)
plt.hexbin(x, y, gridsize = 20, cmap = 'Blues', edgecolors = 'y')
plt.colorbar()
plt.show()
```

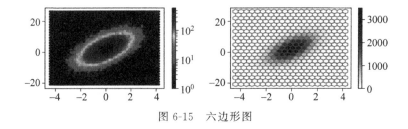

图 6-15　六边形图

6.1.15　箱线图

箱线图用作显示一组数据分散情况的统计图,因形状如箱子而得名。箱线图在多个领域中经常使用,常见于品质管理。它主要用于反映原始数据分布的特征,可以进行多组数据分布特征的比较。箱线图的绘制方法是先找出一组数据的最大值、最小值、中位数和两个四分位数,然后连接两个四分位数画出箱子,再将最大值和最小值与箱子相连接,中位数在箱子中间。箱线图的示意图如图 6-16 所示。

箱线图的计算方法是,找出一组数据的五个特征值,特征值(从下到上)分别是最小值、Q1、中位数、Q3 和最大值。将这五个特征值描绘在一个竖直线上,将最小值和 Q1 连接起来,利用 Q1、中位数、Q3 分别作平行等长线段,然后连接两个四分位数构成箱子,再连接两个极值点与箱子,形成箱式图,最后绘制异常值。中位数、Q1、Q3、最大值、最小值和异常值的概念如下:

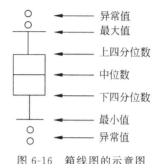

图 6-16　箱线图的示意图

- 中位数:将所有数值从小到大排列,如果数据的个数是奇数,则取中间一个值作为中位数,之后中间的值在计算 Q1 和 Q3 时不再使用;如果数据的个数是偶数,则取中间两个数的平均数作为中位数,这两个数在计算 Q1 和 Q3 时继续使用。
- Q1:中位数将所有数据分成两部分,最小值到中位数的部分按取中位数的方法再取中位数作为 Q1。
- Q3:同 Q1 取法,取中位数到最大值的中位数。
- 最大值、最小值和异常值:取四分位数间距 IQR=Q3−Q1,所有不在(Q1−whis * IQR,Q3+whis * IQR)区间内的数为异常值,其中 whis 值一般取 1.5,剩下的值中最大的为最大值,最小的为最小值。

箱线图用 boxplot()方法绘制,其格式如下所示。

```
boxplot(x, notch = None, sym = None, vert = None, whis = None, positions = None, widths = None,
    patch_artist = None, bootstrap = None, usermedians = None, conf_intervals = None,
    meanline = None, showmeans = None, showcaps = None, showbox = None, showfliers = None,
    boxprops = None, labels = None, flierprops = None, medianprops = None, meanprops = None,
    capprops = None, whiskerprops = None, manage_ticks = True, autorange = False,
    zorder = None, data = None)
```

boxplot()方法中各参数类型及说明如表 6-11 所示。

表 6-11　boxplot()方法中各参数类型及说明

参　　数	参 数 类 型	说　　明
x	array、list、tuple	设置箱线图的数据,用 x 中的列向量绘制箱线图
notch	bool	设置是否绘制有凹口的箱线图,默认非凹口
sym	str	设置异常点的颜色和形状,例如 'r.' 表示红色的实心小圆圈,'b * '表示蓝色的五角星
vert	bool	设置箱线图是垂直还是水平摆放,默认垂直摆放
whis	float、(float,float)	设置上下四分位的距离,默认为 1.5 倍的四分位差。如果给定单个值,则四分位是 Q1-whis * (Q3−Q1)和 Q3+whis * (Q3−Q1);如果给定一对值,则该值是整个范围的百分比,例如(5,95),则四分位在整个范围的 5% 和 95%处
positions	array、list、tuple	设置箱线图的位置,默认为 range(1,N+1),N 是箱线图(数据集)的个数

续表

参　　数	参 数 类 型	说　　明
widths	float、array、list、tuple	设置箱线图的宽度,默认为 0.5
patch_artist	bool	是否用颜色填充箱体
bootstrap	int	对于 notch = True,设置在中位数附近是否用自举法(bootstrap)来扩充已有数据。bootstrap 是扩充倍数,并保证95%的置信度。bootstrap 的建议值是 1000～10000
usermedians	array、list、tuple	强制设置每个数据集的中位数,如果是 None,使用计算出的中位数
conf_intervals	array、list、tuple	形状是(len(x),2)的二维数组,设置凹口的位置
meanline	bool	是否用线的形式表示均值,默认用点来表示
showmeans	bool	是否显示均值,默认不显示
showcaps	bool	是否显示箱线图顶端和末端的两条线,默认显示
showbox	bool	是否显示箱线图的箱体,默认显示
showfliers	bool	是否显示异常值,默认显示
boxprops	dict	设置箱体的属性,如边框色、填充色等
labels	list[str]	为箱线图添加标签
flierprops	dict	设置异常值的属性,如异常点的形状、大小、填充色等
medianprops	dict	设置中位数的属性,如线的类型、粗细等
meanprops	dict	设置均值的属性,如点的大小、颜色等
capprops	dict	设置箱线图顶端和末端线条的属性,如颜色、粗细等
whiskerprops	dict	设置上下线的属性,如颜色、粗细、线的类型等
manage_ticks	bool	设施是否自动调整标签的位置
autorange	bool	如果取 True,则 whis 设成(0,100),包含整个数据
zorder	float	设置 z 顺序值,z 值小的对象先绘制
data	dict、array	字典、格式化数组,提供数据

下面的程序用两个图像来展示 boxplot()方法中参数取值不同对所绘箱线图的影响,程序运行结果如图 6-17 所示。

```python
import numpy as np    # Demo6_17.py
import matplotlib.pyplot as plt

n = 1000
x = np.random.normal(loc = (10,15,13,12,16), size = (n,5), scale = 1)      #随机正态分布
plt.subplot(1,2,1)
plt.boxplot(x = x)
plt.subplot(1,2,2)
plt.boxplot(x = x, notch = True, sym = 'bo', patch_artist = True, showmeans = True,
            labels = ['a','b','c','d','e'], autorange = True)
plt.show()
```

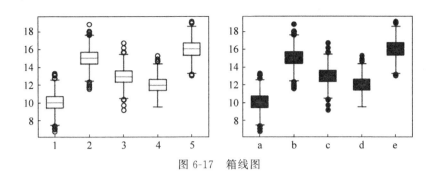

图 6-17　箱线图

6.1.16　小提琴图

小提琴图是箱线图与直方图的结合,箱线图显示分位数的位置,直方图显示某段位置的密度,而小提琴图可以显示数据分布及其概率密度,因其形似小提琴而得名。小提琴图的外观如图 6-18 所示,其外围的曲线宽度代表数据点分布的密度,中间的箱线图则和普通箱线图的意义是一样的,代表着中位数、上下分位数、最大值和最小值。

小提琴图用 violinplot()方法绘制,其格式如下所示。

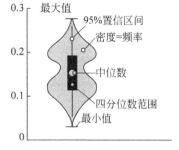

图 6-18　小提琴图示意图

```
violinplot (dataset, positions = None, vert = True,
    widths = 0.5, showmeans = False, showextrema = True,
        showmedians = False, quantiles = None, points = 100, bw_method = None, data = None)
```

violinplot()方法中各参数的类型及说明如表 6-12 所示。

表 6-12　violinplot()方法中各参数的类型及说明

参　　数	参 数 类 型	说　　明
dataset	array	一维或二维数组,设置小提琴图的输入数据。如果是二维数组,则每个一维数组是一个数据集
positions	array	设置小提琴的位置,默认值是$[1,2,\dots,n]$
vert	bool	设置以竖向还是横向绘制小提琴图
widths	float、array	定义每个小提琴的最大宽度,默认值是 0.5
showmeans	bool	设置是否显示平均值,默认值是 False
showextrema	bool	设置是否显示最大值和最小值,默认是 True
showmedians	bool	设置是否显示中位数,默认是 False
quantiles	None、array	设置每个小提琴的中位数
points	int	设置评估高斯核概率分布的点数,默认是 100
bw_method	str、float、function	设置计算带宽的方法。取值若是字符串,可以取 'scott'、'silverman';如果取单个浮点数,将会当作核密度系数;如果取值是函数,函数返回值是密度系数

下面的程序绘制小提琴图,同时绘制箱线图,程序运行结果如图 6-19 所示。

```
import numpy as np    #Demo6_18.py
import matplotlib.pyplot as plt

n = 1000
x = np.random.normal(loc = (10,15,13,12,16),size = (n,5),scale = 1)       #随机正态分布
plt.subplot(1,2,1)
plt.violinplot(dataset = x,showextrema = True,showmedians = True,showmeans = True)       #小提琴图
plt.grid()                                                                 #显示网格
plt.subplot(1,2,2)
plt.violinplot(dataset = x,showextrema = True,showmedians = True,showmeans = True)       #小提琴图
plt.boxplot(x = x,patch_artist = True,widths = 0.15,showcaps = False,showfliers = False,  #箱线图
            meanline = True,boxprops = {'facecolor':'black','edgecolor':'white'},
            labels = ['A','B','C','D','E'])
plt.grid()                                                                 #显示网格
plt.show()
```

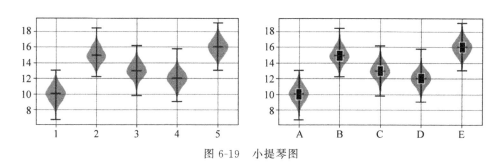

图 6-19　小提琴图

6.1.17　等值线图

等值线图又称为等高线图,是将值相等的点连成线,来表示不同区域之间值的相对大小。等值线图用 contour() 方法或 contourf() 方法绘制,这两个方法的参数相同,contour() 方法绘制等值线图,contourf() 方法用颜色填充方式绘制等值线图。contour() 方法的格式如下。

contour([X, Y,] Z, [levels], ** kwargs)

contour() 方法中的参数和关键字参数 kwargs 中的参数说明如表 6-13 所示。

表 6-13　contour() 方法中的参数和 kwargs 中的参数说明

参　　数	参 数 类 型	说　　明
X,Y	array	坐标值,X 和 Y 的形状是(m,n),分别是 m * n 个二维坐标点中的 x 坐标和 y 坐标
Z	array	Z 是 X 和 Y 的函数值,形状是(m,n)的数组
levels	int、list、tuple、array	等值线的数量。如果取整数,则在 Z 的最大值和最小值之间划分不超过 n+1 个等值线;如果取序列,则在指定的值处产生等值线,序列中的值必须按照升序方式给出

续表

参　　数	参数类型	说　　明
colors	color、list[color]	指定等值线或等值线包围区域内的颜色
alpha	float	设置透明度,0是透明,1是完全不透明
cmap	str、Colormap	设置颜色谱,str是Colormap的名称
linewidths	float、list、tuple、array	设置等值线的宽度
linestyles	None、str	设置线型,可取'solid'、'dashed'、'dashdot'、'dotted'
antialiased	bool	设置等值线是否反锯齿
nchunk	int	将这个区域分解成n个区域
origin	str	在不给出X和Y的情况下,设置Z(0,0)的位置,可取None、'upper'、'lower'、'image'。取None时Z(0,0)在X=0,Y=0处;取'lower'时Z(0,0)在X=0.5,Y=0.5处;取'upper'时Z(0,0)在X=0.5+n,Y=0.5处;取'image'时,使用配置文件中image.origin的值
extend	str	设置在levels之外的颜色如何处理,可取'neither'、'both'、'min'、'max'

可以用clabel()方法在等值线上添加等值线所代表的具体数值。clabel()方法的格式如下所示。

```
clabel(CS, levels = None, fontsize = None, inline = True, inline_spacing = 5, fmt = ' % 1.3f',
colors = None,
        manual = False, ** kwargs)
```

其中,CS是contour()或contourf()的返回值对象;levels是等值线的数值列表,需要与contour()方法中参数levels相匹配,默认是所有等值线;fontsize设置字体尺寸;inline设置数值是否在等值线中间;inline_spacing设置数值与等值线之间的间隙,默认是5个像素;fmt设置数值的精度;colors设置颜色;manual设置是否需要用鼠标单击确定数值的位置。

下面的程序绘制等值线图,程序运行结果如图6-20所示。

```
import numpy as np    # Demo6_19.py
import matplotlib.pyplot as plt

n = 500
x = np.linspace( - 3,3,n)
y = np.linspace( - 3,3,n)
X,Y = np.meshgrid(x,y)
Z = (1 - X/4 + X ** 5 + Y ** 4) * np.exp( - X ** 2 - Y ** 2)
plt.subplot(1,3,1)
plt.contourf(X, Y, Z, levels = 10, alpha = 0.9, cmap = 'jet')
plt.subplot(1,3,2)
con = plt.contour(X, Y, Z, levels = 10, colors = 'black')
plt.subplot(1,3,3)
plt.contourf(X, Y, Z, levels = 10, alpha = 0.9, cmap = 'jet')
plt.contour(X, Y, Z, levels = 10, alpha = 0.7, colors = 'black')
plt.clabel(CS = con, inline = True,fontsize = 10,fmt = ' % 1.1f')    # 添加等值线数值
plt.show()
```

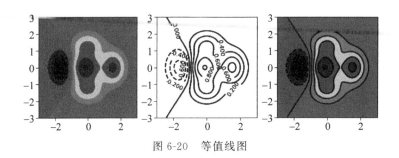

图 6-20　等值线图

6.1.18　四边形网格颜色图

用 pcolormesh()方法或 pcolor()方法在四边形网格节点上设置颜色,并在四边形网格内填充颜色。四边形网格颜色图可以将一个区域分成不同颜色,配合其他绘图,如散点图,可以直观地显示出边界线。对于数据量很大的数组,用 pcolor()方法较慢。pcolormesh()方法和 pcolor()方法的格式相同。pcolormesh()方法的格式如下所示。

pcolormesh([X, Y,] C, alpha = None, norm = None, cmap = None, vmin = None, vmax = None, shading = None, antialiased = False, data = None, ∗∗ kwargs)

pcolormesh()方法中各参数的类型及说明如表 6-14 所示。

表 6-14　pcolormesh()方法中各参数的类型及说明

参　　数	参 数 类 型	说　　明
X、Y	array	X 和 Y 取值是一维数组或二维数组,定义四边形网格,X 确定列,Y 确定行。如果 X 和 Y 是一维数组,则将其扩充成二维数组
C	array	C 取值是二维数组,其值用于颜色映射。如果 shading＝'flat',X 和 Y 确定的形状要比 C 大 1,如果 X 和 Y 确定的形状与 C 的形状相同,则 C 的最后一行和一列会被忽略;如果 shading＝'nearest'或'gouraud',则 X 和 Y 确定的形状与 C 的形状相同
alpha	float	设置透明度,取值 0～1
norm	Normalize	将 C 的值归一化到 0～1,以便映射颜色
cmap	Colormap、str	定义被映射的色谱,可取值参见表 6-6
vmin vmax	float	设置颜色的取值范围,给定 norm 时,不用设置该值
shading	str	定义四边形中颜色填充方式,可取'flat'、'nearest'、'gouraud'、'auto',默认是'flat'。'flat'表示四边形内部的颜色没有变化,四边形的四个角点(i, j)、(i+1, j)、(i, j+1)、(i+1, j+1)的颜色是 C(i, j)的颜色;'nearest'表示颜色值 C[i,j]在(X[i,j],Y[i,j])的中心;'gouraud'表示用光滑插值算法计算四边形角点上的颜色值;'auto'表示在 X 和 Y 的形状大于 C 的形状时选择'flat',形状相同时选择'nearest'
antialiased	bool	设置是否进行反锯齿

下面的程序在一个矩形范围内根据坐标值绘制坐标颜色图,程序运行结果如图 6-21 所示。

```
import matplotlib.pyplot as plt    #Demo6_20.py
import numpy as np

x = np.linspace( -20,20,400)
y = np.linspace( -20,20,400)
X,Y = np.meshgrid(x,y)
C = np.cos(X ** 2 + Y ** 2)
plt.pcolormesh(X,Y,C,shading = 'gouraud',cmap = 'jet',antialiased = True)

plt.show( )
```

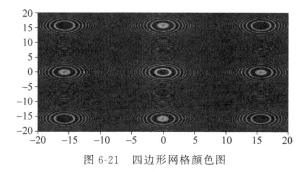

图 6-21　四边形网格颜色图

6.1.19　三角形图

可以将复杂的几何形状剖分成许多三角形,通过三角形图来展示复杂几何形状上的数据。绘制三角形图的方法有 triplot( )、tripcolor( )、tricontour( )和 tricontourf( ),这几个方法的参数中都需要定义一个三角形对象 Triangulation。

1. 三角形对象的定义

一个三角形由 3 个节点构成,节点通过 x 和 y 坐标确定,通过 3 个节点的索引值来确定一个三角形。三角形对象 Triangulation 通过 matplotlib 的 tri 模块来确定,在使用前需要先用"import matplotlib. tri as tri"方法将其导入。

创建三角形对象的方法如下所示,其中 x 和 y 是长度相等的一维数组,是一组节点的 x 坐标值和 y 坐标值;triangles 是形状为(n,3)的二维数组,n 是节点的数量,triangles 中的每个元素由 3 个整数构成,整数是节点的索引号,索引号是 x 和 y 中对应元素的索引号,每个元素定义一个三角形,如果没有给出 triangles,则默认是用 Delaunay 方法进行网格划分; mask 是与 triangles 长度相同的一维数组,元素是布尔型,指定需要不显示的三角形。

Triangulation(x, y, triangles = None, mask = None)

下面的程序定义了 4 个节点,这 4 个节点的索引号和坐标分别为 0(1,1)、1(2,1)、2(2,2)和 3(1,2),由节点 0、1、2 定义一个三角形,由节点 0、2、3 构成另外一个三角形。程序运行结果如图 6-22 所示。

```
import matplotlib.pyplot as plt    # Demo6_21.py
import numpy as np
import matplotlib.tri as tri

xy = np.array([[1,1],[2,1],[2,2],[1,2]])            # 通过(x,y)坐标值定义了 4 个节点
x = xy[:,0]                                          # 获取节点坐标的 x 值
y = xy[:,1]                                          # 获取节点坐标的 y 值
indices = np.array([[0,1,2],[0,2,3]])    # 0、1、2、3 指节点的索引值,索引值由 x、y 坐标顺序决定
tris = tri.Triangulation(x,y,indices)               # 创建三角形对象
plt.triplot(tris,'b-o')                             # 绘制三角形图
for i in range(len(xy)):
    plt.text(x[i],y[i],'index:' + str(i))           # 显示节点的索引号
plt.show()
```

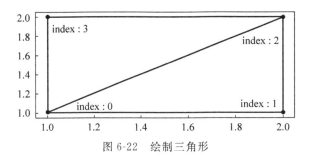

图 6-22　绘制三角形

2. 用 triplot()方法绘制三角形图

triplot()方法绘制不带色谱的三角形图,其格式如下所示。其中 triangulation 是 Triangulation 对象,x、y、triangles 和 mask 参数与 Triangulation()方法中的参数相同,其他参数与 plot()方法中的参数相同。

```
triplot(triangulation, ...)
triplot(x, y, ...)
triplot(x, y, triangles = triangles, ...)
triplot(x, y, mask = mask, ...)
triplot(x, y, triangles, mask = mask, ...)
```

下面的程序绘制一个由许多节点构成的三角形图,程序运行结果如图 6-23 所示。

```
import matplotlib.pyplot as plt    # Demo6_22.py
import numpy as np
import matplotlib.tri as tri
xy = np.asarray([                            # 定义节点的 x 和 y 坐标值
    [-0.101, 0.872], [-0.080, 0.883], [-0.069, 0.888], [-0.054, 0.890],
    [-0.045, 0.897], [-0.057, 0.895], [-0.073, 0.900], [-0.087, 0.898],
    [-0.090, 0.904], [-0.069, 0.907], [-0.069, 0.921], [-0.080, 0.919],
    [-0.073, 0.928], [-0.052, 0.930], [-0.048, 0.942], [-0.062, 0.949],
    [-0.054, 0.958], [-0.069, 0.954], [-0.087, 0.952], [-0.087, 0.959],
    [-0.080, 0.966], [-0.085, 0.973], [-0.087, 0.965], [-0.097, 0.965],
    [-0.097, 0.975], [-0.092, 0.984], [-0.101, 0.980], [-0.108, 0.980],
    [-0.104, 0.987], [-0.102, 0.993], [-0.115, 1.001], [-0.099, 0.996],
```

```
            [ - 0.101, 1.007], [ - 0.090, 1.010], [ - 0.087, 1.021], [ - 0.069, 1.021],
            [ - 0.052, 1.022], [ - 0.052, 1.017], [ - 0.069, 1.010], [ - 0.064, 1.005],
            [ - 0.048, 1.005], [ - 0.031, 1.005], [ - 0.031, 0.996], [ - 0.040, 0.987],
            [ - 0.045, 0.980], [ - 0.052, 0.975], [ - 0.040, 0.973], [ - 0.026, 0.968],
            [ - 0.020, 0.954], [ - 0.006, 0.947], [ 0.003, 0.935], [ 0.006, 0.926],
            [ 0.005, 0.921], [ 0.022, 0.923], [ 0.033, 0.912], [ 0.029, 0.905],
            [ 0.017, 0.900], [ 0.012, 0.895], [ 0.027, 0.893], [ 0.019, 0.886],
            [ 0.001, 0.883], [ - 0.012, 0.884], [ - 0.029, 0.883], [ - 0.038, 0.879],
            [ - 0.057, 0.881], [ - 0.062, 0.876], [ - 0.078, 0.876], [ - 0.087, 0.872],
            [ - 0.030, 0.907], [ - 0.007, 0.905], [ - 0.057, 0.916], [ - 0.025, 0.933],
            [ - 0.077, 0.990], [ - 0.059, 0.993]])
x = np.degrees(xy[:, 0])                    #获取节点的 x 坐标值
y = np.degrees(xy[:, 1])                    #获取节点的 y 坐标值
triangles = np.asarray([                    #通过节点的索引定义三角形的顶点
    [67, 66, 1], [65, 2, 66], [ 1, 66, 2], [64, 2, 65], [63, 3, 64],
    [60, 59, 57], [2, 64, 3], [3, 63, 4], [0, 67, 1], [62, 4, 63],
    [57, 59, 56], [59, 58, 56], [61, 60, 69], [57, 69, 60], [4, 62, 68],
    [6, 5, 9], [61, 68, 62], [69, 68, 61], [9, 5, 70], [6, 8, 7],
    [4, 70, 5], [8, 6, 9], [56, 69, 57], [69, 56, 52], [70, 10, 9],
    [54, 53, 55], [56, 55, 53], [68, 70, 4], [52, 56, 53], [11, 10, 12],
    [69, 71, 68], [68, 13, 70], [10, 70, 13], [51, 50, 52], [13, 68, 71],
    [52, 71, 69], [12, 10, 13], [71, 52, 50], [71, 14, 13], [50, 49, 71],
    [49, 48, 71], [14, 16, 15], [14, 71, 48], [17, 19, 18], [17, 20, 19],
    [48, 16, 14], [48, 47, 16], [47, 46, 16], [16, 46, 45], [23, 22, 24],
    [21, 24, 22], [17, 16, 45], [20, 17, 45], [21, 25, 24], [27, 26, 28],
    [20, 72, 21], [25, 21, 72], [45, 72, 20], [25, 28, 26], [44, 73, 45],
    [72, 45, 73], [28, 25, 29], [29, 25, 31], [43, 73, 44], [73, 43, 40],
    [72, 73, 39], [72, 31, 25], [42, 40, 43], [31, 30, 29], [39, 73, 40],
    [42, 41, 40], [72, 33, 31], [32, 31, 33], [39, 38, 72], [33, 72, 38],
    [33, 38, 34], [37, 35, 38], [34, 38, 35], [35, 37, 36]])
plt.subplot(1,2,1)
tris = tri.Triangulation(x, y, triangles)   #创建三角形对象
plt.triplot(tris, 'm - o')                  #用三角形对象绘制
plt.subplot(1,2,2)
plt.triplot(x, y, triangles, 'b:.')         #用坐标绘制
plt.show()
```

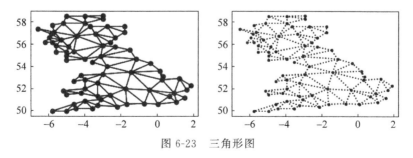

图 6-23　三角形图

3. 绘制带颜色的三角形图

用 tripcolor()方法可以绘制带颜色的三角形图,其格式如下所示。tripcolor()方法默认用参数 C 来定义节点的颜色,如果要定义单元的颜色,需要用参数 facecolors＝C 强制单

元显示颜色。tripcolor()的参数可参考 pcolormesh()和 triplot()中的参数。

```
tripcolor( * args, C, alpha = 1.0, norm = None, cmap = None, vmin = None, vmax = None, shading = 'flat',
           facecolors = None, ** kwargs)
tripcolor(triangulation, C, ...)
tripcolor(x, y, C, ...)
tripcolor(x, y, triangles = triangles, C, ...)
tripcolor(x, y, mask = mask, C, ...)
tripcolor(x, y, triangles, mask = mask, C, ...)
```

4. 绘制带等值线的三角形图

用 tricontour()方法可以绘制带等值线的三角形图,用 tricontourf()方法绘制填充颜色的三角形图,这两个方法的参数类型相同。tricontour()方法的格式如下所示,其中 Z 值用于计算颜色映射;levels 用于设置等高线的数量,如果没有指定 levels,则自动最多产生 levels+1 个等值线;其他参数可参考 contour()方法中的参数。

```
tricontour(triangulation, Z, [levels], ** kwargs)
tricontour(x, y, Z, [levels], ** kwargs)
tricontour(x, y, triangles, Z, [levels], ** kwargs)
tricontour(x, y, triangles = triangles, Z, [levels], ** kwargs)
tricontour(x, y, mask = mask, Z, [levels], ** kwargs)
tricontour(x, y, triangles, mask = mask, Z, [levels], ** kwargs)
```

下面的程序创建一个圆环,在圆环上创建三角形图、带颜色的三角形图和带等值线的三角形图。程序运行结果如图 6-24 所示。

```
import numpy as np    # Demo6_23.py
import matplotlib.pyplot as plt
import matplotlib.tri as tri

n_angles = 36                                              # 圆环周向分割数
n_radii = 8                                                # 径向分割数
min_radius = 0.25                                          # 圆环内径
max_radius = 0.95                                          # 圆环外径
radii = np.linspace(min_radius, max_radius, n_radii)       # 圆环半径数组

angles = np.linspace(0, 2 * np.pi, n_angles, endpoint = False).reshape((-1,1))
                                                           # 圆环角度数组
angles = np.repeat(angles, n_radii, axis = 1)              # 扩充圆环角度数量
angles[:, 1::2] += np.pi / n_angles                        # 间隔增加角度值

x = (radii * np.cos(angles)).flatten()                     # 节点的 x 值坐标
y = (radii * np.sin(angles)).flatten()                     # 节点的 y 值坐标
z = (np.cos(radii) * np.cos(3 * angles)).flatten()         # 节点上的颜色值

triang = tri.Triangulation(x, y)    # 创建 Triangulation 对象,用 Delaynay 方法创建拓扑关系
triang.set_mask(np.hypot(x[triang.triangles].mean(axis = 1), y[triang.triangles].mean(axis = 1))
                < min_radius)                              # 将不需要的三角形隐藏
plt.subplot(1,3,1)
plt.triplot(triang)                                        # 显示三角形图
plt.subplot(1,3,2)
```

```
plt.tripcolor(triang,z,shading = 'flat',cmap = 'jet')          # 显示三角形颜色图
plt.colorbar()                                                  # 显示颜色条
plt.subplot(1,3,3)
plt.tripcolor(triang, z, shading = 'gouraud',cmap = 'jet')      # 显示三角形颜色图
plt.colorbar()                                                  # 显示颜色条
plt.subplot(2,3,1)
plt.triplot(triang)                                             # 显示三角形图
plt.subplot(2,3,2)
plt.tripcolor(triang,z,shading = 'flat',cmap = 'jet')          # 显示三角形颜色图
plt.colorbar()                                                  # 显示颜色条
plt.subplot(2,3,3)
plt.tripcolor(triang, z, shading = 'gouraud',cmap = 'jet')      # 显示三角形颜色图
plt.colorbar()                                                  # 显示颜色条
plt.subplot(2,3,4)
plt.tricontour(triang,z,levels = 8,cmap = 'jet')               # 显示等值线三角形图
plt.subplot(2,3,5)
plt.tricontourf(triang,z,levels = 8,cmap = 'jet')              # 显示等值线三角形图
plt.colorbar()                                                  # 显示颜色条
plt.subplot(2,3,6)
plt.tricontourf(triang,z,levels = 8,cmap = 'jet')              # 显示等值线三角形图
plt.triplot(triang,color = 'black',linewidth = 0.5,alpha = 0.5) # 显示三角形图
plt.colorbar()                                                  # 显示颜色条
plt.show()
```

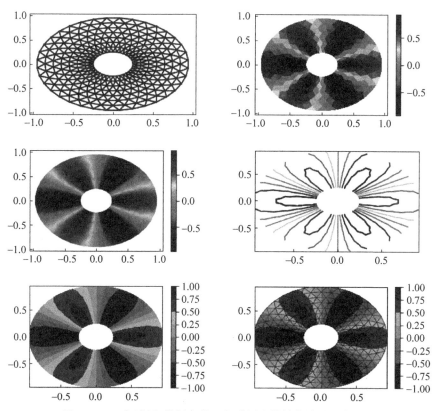

图 6-24　三角形图、带颜色的三角形图和带等值线的三角形图

6.1.20 箭头矢量图

工程上对于有梯度或方向的数据经常采用带箭头的矢量图来表示,可以用箭头的长度表示值的大小,方向表示矢量方向。

箭头矢量图用 quiver()方法绘制,其格式如下所示。

```
quiver( * args,data = None, ** kwargs)
quiver([X, Y], U, V, [C], ** kwargs)
```

quiver()方法中的参数和 kwargs 中的参数说明如表 6-15 所示。

表 6-15　quiver()方法中的参数和 kwargs 中的参数说明

参　　数	参 数 类 型	说　　明
X、Y	list、tuple、array	X 和 Y 是一维或二维数组,是箭头位置。如果没有给出,会根据 U 和 V 的维数自动产生均匀的网格点坐标;如果 X 和 Y 是一维数组,而 U 和 V 是二维数组,会用"X, Y= np. meshgrid (X, Y)"产生二维网格点坐标,这时 len(X)和 len(Y)必须匹配 U 和 V 的列维数和行维数
U、V	list、tuple、array	U 和 V 是一维或二维数组,是箭头矢量在 X 和 Y 位置处的方向
C	list、tuple、array	C 是一维或二维数组,定义箭头的颜色。通过 C 的数值映射 norm 和 cmap 确定的颜色谱
units	str	定义箭头长度单位,可取'width'、'height'、'dots'、'inches'、'x'、'y'、'xy',默认是'width'。当取'width'或'height'时,单位是坐标轴的宽度或高度;当取'dots'或'inches'时,单位是像素点或英寸;当取'x'或'y'时,单位是 X 或 Y;当取 'xy'时,单位是 sqrt(X ** 2＋Y ** 2)
angles	str、array	定义箭头的角度,可取'uv'、'xy',默认是'uv'。当取'uv'时,定义箭头的宽度与高度之比,如果 U＝＝V,那么沿着水平轴逆时针旋转 45°是箭头的方向(箭头指向右侧);如果取 'xy',箭头的点由 (x,y) 指向 (x ＋ u, y ＋ v),这时可以绘制梯度场
scale	float、None	定义箭头单位长度所表示的数值,如果取 None,会根据箭头的平均长度和数量采用自适应算法确定单位长度的数值
scale_units	None、str	如果 scale 是 None,scale_units 确定箭头的长度单位,默认是 None,字符串可取'width'、'x'、'y'、'xy'、'height'、'dots'、'inches'
width	float	箭柄的宽度,默认值取决于 units 参数的设置及矢量的个数
headwidth	float	定义箭头宽度,是箭柄宽的倍数,默认值为 3
headlength	float	箭头长度,是箭柄宽的倍数,默认值为 5
headaxislength	float	在箭柄的交点处箭头的长,默认值为 4.5
minlength	float	如果箭头的长度小于此值,将绘制以此值为半径的点,默认值为 1
pivot	str	定义旋转轴,可取'tail'、'mid'、'middle'、'tip'
color	color、list[color]	设置箭头颜色,如果给定了 C,则忽略 color 参数
alpha	float、None	定义透明度
cmap	Colormap、str	定义颜色谱

续表

参 数	参 数 类 型	说 明
edgecolor	color、list[color]、str	定义箭头边框颜色,字符串可取'face'
facecolor	color、list[color]	定义箭头内部填充色
joinstyle	str	定义两个箭头首尾相连时的处理样式,可取'miter'、'round'、'bevel'
linestyle	str	箭柄样式
norm	Normalize、None	定义归一化

下面的程序绘制一个箭头矢量图,程序运行界面如图 6-25 所示。

```python
import matplotlib.pyplot as plt    #Demo6_24.py
import numpy as np

x = np.arange(0, 2 * np.pi, 0.2)
y = np.arange(0, 2 , 0.2)

X, Y = np.meshgrid(x,y)
Z = 1 - X/4 + X ** 3 + Y ** 4
U = np.cos(Z)
V = np.sin(Z)
plt.quiver(X, Y, U, V, units = 'xy', angles = 'xy')
plt.show()
```

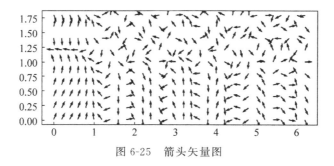

图 6-25　箭头矢量图

6.1.21　流线图

流线图与箭头矢量图有些类似,都是用箭头来表示方向,但是流线图要比箭头矢量图更适于绘制质点运动轨迹的矢量场,它可以用流线来表示一个点的运动轨迹,用色谱显示速度大小。流线图用 streamplot()方法绘制,其格式如下所示。

```
streamplot(x, y, u, v, density = 1, linewidth = None, color = None, cmap = None, norm = None,
arrowsize = 1, arrowstyle = '-|>', minlength = 0.1, transform = None, zorder = None, start_
points = None, maxlength = 4.0, integration_direction = 'both', data = None)
```

streamplot()方法中的参数类型及说明如表 6-16 所示。

表 6-16　streamplot()方法中的参数类型及说明

参　　数	参数类型	说　　明
x、y	array	x 和 y 是一维或二维数组,定义网格坐标。如果 x 和 y 是一维数组,会用"x, y = np. meshgrid(x, y)"产生二维网格点坐标,这时 len(x)和 len(y)必须匹配 U 和 V 的列维数和行维数
u、v	array	u 和 v 是二维数组,定义流场的速度矢量。u 和 v 的行和列长度必须分别匹配 y 和 x 的长度
density	float、(float,float)	定义不同方向的密度,控制流线之间的距离
linewidth	float、array	设置流线线条的宽度,可以取单个浮点数或二维数组。若是二维数组,必须与 u 和 v 的形状相同,可以根据位置设置不同粗细的流线
color	color、array	设置流线的颜色,可以取单个浮点数或二维数组。若是二维数组,必须与 u 和 v 的形状相同,其值用 cmap 和 norm 参数映射成颜色值
cmap	str、Colormap	设置颜色谱
norm	Normalize	将 color 的二维数组的值归一化到 0~1 的值
arrowsize	float	设置箭头的尺寸
arrowstyle	str	设置箭头的样式,可以取'->'、'-['、'-|>'、'<-'、'<->'、'<|-'、'<|-|>'、']-'、']-['、'|-|'、'fancy'、'simple'、'wedge'
minlength	float	设置流线的最小长度
zorder	int	设置叠放次序,zorder 值小的图先绘制
start_points	array	形状是(N,2)的二维数组,设置流线的起始点
maxlength	float	设置流线的最大长度
integration_direction	str	设置积分方向,可以取'forward'、'backward'、'both'

下面的程序绘制一个流线图,程序运行结果如图 6-26 所示。

```python
import numpy as np    # Demo6_25.py
import matplotlib.pyplot as plt

x = np.linspace( - 5,5,100)
y = np.linspace( - 5,5,100)
X, Y = np.meshgrid(x, y)
U = - 1 - X ** 2 + Y
V = 1 + X - Y ** 2
amplitude = np.sqrt(U ** 2 + V ** 2)

plt.subplot(1,2,1)
plt.streamplot(x,y,U,V,density = [1.5,1.5],linewidth = 1)
plt.subplot(1,2,2)
plt.streamplot(X, Y, U, V,color = amplitude,
            linewidth = amplitude * 0.1, cmap = 'jet')    # 颜色和线条粗细可变的流线
plt.colorbar()          # 显示颜色条
plt.show()
```

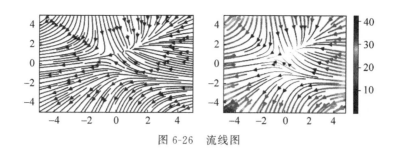

图 6-26　流线图

6.1.22　矩阵图

用 matshow()方法可以直接将一个矩阵(二维数组)绘制成图像。matshow()方法的格式如下所示。

```
matshow(A, fignum = None, ** kwargs)
```

其中,A 是形状为(M,N)的数组、列表或元组;fignum 可以取 None、int 或 False,如果取 None 则新创建一个图像,如果取 int,是指已有图像的编号,如果取 False 或 0,表示将矩阵绘制到当前图像中(如果不存在,则新建图像);kwargs 中的参数可以参考 imshow()方法中的一些参数。matshow()方法将矩阵的第 1 个元素绘制到左上角,矩阵的行按照水平方向绘制。

下面的程序绘制矩阵图,矩阵的对角线分别是正弦和余弦值。程序运行结果如图 6-27所示。

```
import numpy as np    # Demo6_26.py
import matplotlib.pyplot as plt

n = 20
mat = np.zeros(shape = (n, n))
for i in range(n):
    mat[i,i] = np.sin(2 * np.pi/n * i)
    mat[i,n - 1 - i] = np.cos(2 * np.pi/n * i)
plt.figure(1)
plt.matshow(mat,fignum = 1)
plt.figure(2)
plt.matshow(mat,cmap = 'jet',fignum = 2)
plt.show()
```

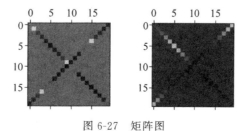

图 6-27　矩阵图

6.1.23 稀疏矩阵图

对于有许多数值是 0 的二维数组,为了直观地看出哪些元素的值是 0,哪些元素的值不是 0,可以用 spy()方法快速显示 0 元素和非 0 元素的位置。spy()方法的格式如下所示。

spy(Z,precision = 0,marker = None,markersize = None,aspect = 'equal',origin = 'upper', ∗∗ kwargs)

其中,Z 是矩阵(二维数组),通常含有许多值是 0 或接近 0 的元素;precision 用于设置精度,Z 中的绝对值小于 precision 的元素认为是 0;marker 设置非 0 元素的标识符号;markersize 设置标识符号的尺寸;aspect 设置图像的高度与宽度的比值,可以取浮点数,也可取'equal'或'auto',默认是'equal',表示高度和宽度相等;origin 设置矩阵中索引值是[0,0]的元素显示的位置,可以取'upper'或'lower',分别表示左上角和左下角。

下面的程序绘制一个稀疏矩阵图,程序运行结果如图 6-28 所示。

```python
import matplotlib.pyplot as plt    # Demo6_27.py
import numpy as np

a = np.array([[1,0.01,0,6,7],          # 稀疏矩阵
              [ - 0.02,3,0,0,0],
              [0,4,5,0,3],
              [1,0,0,6,0],
              [0,0,5,0,1]])
plt.subplot(1,2,1)
plt.spy(a,marker = ' ∗ ',markersize = 15,aspect = 0.5,origin = 'upper')
plt.subplot(1,2,2)
plt.spy(a,precision = 0.05,aspect = 'equal',origin = 'upper')
plt.show()
```

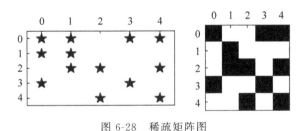

图 6-28　稀疏矩阵图

6.1.24 风羽图

风羽图常用于描述气象学上的风场,用来表示风速的大小和方向。用 barbs()方法绘制风羽图,其格式如下所示。

barbs([X, Y], U, V, [C], ∗∗ kw)

barbs()方法中的参数和 kw 中的参数说明如表 6-17 所示。

表 6-17 barbs()方法中的参数和 kw 中的参数说明

参　　数	参 数 类 型	说　　明
X、Y	array	取值是一维或二维数组,定义位置。如果 X 和 Y 是一维数组,U 和 V 是二维数组,X 和 Y 会扩展成二维数组
U、V	array	取值是一维或二维数组,设置 x 和 y 方向上的矢量分量
C	array	取值是一维或二维数组,通过 norm 参数和 cmap 参数将 C 的值映射成颜色
length	float	定义风羽的长度,默认值是 7
pivot	str	确定箭头的哪部分在 X 和 Y 位置处,可取'tip'或'middle',默认值是'tip'
barbcolor	color、list[color]	设置除箭头外风羽其他部分的颜色
flagcolor	color、list[color]	设置箭头的颜色
sizes	dict	设置特征尺寸相对于长度的比例系数,特征有'spacing'(间隙)、'height'(箭头高度)、'width'(箭头宽度)、'emptybarb'(空心圆半径)
fill_empty	bool	设置空的风羽(圆)是否填充颜色,默认值是 False
flip_barb	bool	设置是否颠倒风羽的方向

下面的程序根据点的位置函数确定风羽标识符号的大小和方向,程序运行结果如图 6-29 所示。

```python
import matplotlib.pyplot as plt    #Demo6_28.py
import numpy as np
x = np.linspace( - 10, 10, 5)
X, Y = np.meshgrid(x, x)
U, V = np.sin(X) * 50, np.cos(Y) * 50
C = np.sin(np.sqrt(X ** 2 + Y ** 2))
plt.subplot(1, 2, 1)
plt.barbs(X, Y, U, V)
plt.subplot(1, 2, 2)
plt.barbs(X, Y, U, V, C, fill_empty = True, cmap = 'jet')

plt.show()
```

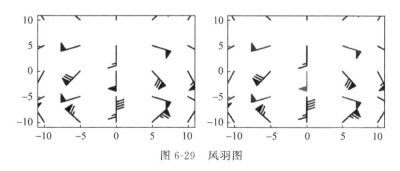

图 6-29 风羽图

6.1.25　事件图

事件图是根据事件发生的时间点,绘制一条水平或竖直的短直线来记录事件的发生。

例如一个公司的员工到达办公室,用竖线记录员工到达公司这个事件,当多名员工以不同的时间到达公司时,就构成了事件图。事件图的形状类似于超市中商品的条形码。

事件图用 eventplot()方法绘制,其格式如下所示。

eventplot(positions, orientation = 'horizontal', lineoffsets = 1, linelengths = 1, linewidths = None, colors = None, linestyles = 'solid', data = None, ** kwargs)

eventplot()方法的主要参数类型和说明如表 6-18 所示。

表 6-18　eventplot()方法的主要参数类型和说明

参　　数	参 数 类 型	说　　明
positions	array、list、tuple	设置短直线的位置,可以是一维或二维数组
orientation	str	设置短直线的排列方向,可取'horizontal'或'vertical'
lineoffsets	float、array	设置短直线垂直于 orientation 方向距离原点的偏移距离,默认值是 1
linelengths	float、array	设置短直线的长度,默认值是 1
linewidths	float、array	设置短直线的宽度
colors	color、list[color]	设置短直线的颜色
linestyles	str、tuple	设置短直线的线型,可以取'solid'、'dashed'、'dashdot'、'dotted'、'-'、'--'、'-.'、':'

下面的程序用随机数绘制两个事件图,第 1 个事件图含有 5 个事件图,第 2 个事件图含有 40 个事件图。程序运行结果如图 6-30 所示。

```python
import numpy as np    # Demo6_29.py
import matplotlib.pyplot as plt

plt.subplot(1,2,1)
for i in range(5):
    data1 = np.random.random(100)                    # 一维数组
    offset = i + 0.25
    length = np.random.rand()/2 + 0.1
    plt.eventplot(data1,lineoffsets = offset,linelengths = length,colors = 'C' + str(i))

data2 = np.random.gamma(3, size = [40, 50])          # 二维数组
plt.subplot(1,2,2)
plt.eventplot(data2,lineoffsets = 1,linelengths = 1, orientation = 'vertical',colors = 'b')
plt.show()
```

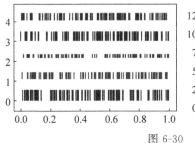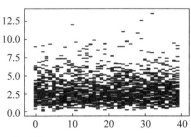

图 6-30　事件图

6.1.26　自相关函数图

对于长度为 N 的离散信号 X，它的自相关函数可以表示成延迟数 m 的函数：

$$R_{XX}(m) = E(X_n \cdot X_{n+m}), \quad m = 0, 1, 2, \cdots, N-1$$

当信号 X 取值是实数时，有 $R_{XX}(m) = R_{XX}(-m)$；当信号 X 取复数时，有 $R_{XX}^*(m) = R_{XX}(-m)$，"$*$"表示共轭复数。

用 acorr() 方法可以绘制一个信号的自相关函数曲线。acorr() 方法的格式如下。

acorr(x, detrend = None, normed = None, usevlines = True, maxlags = 10, data = None, ** kwargs)

acorr() 方法中各参数的类型和说明如表 6-19 所示。

表 6-19　acorr() 方法中各参数的类型和说明

参　　数	参 数 类 型	说　　明
x	array	输入的数组
detrend	function	用于移除输入数据中平均值或线性分量，可以使用 matplotlib. mlab 模块中的 detrend_none()、detrend_mean() 和 detrend_linear() 方法，也可用返回值是数组的自定义函数
normed	bool	设置是否将 x 进行归一化处理，长度是 1
usevlines	bool	设置是否绘制从数据点到 x 轴的竖直线，默认是 True。如果设置成 False，则在数据位置显示标记符号
maxlags	int、None	设置延长点的个数，默认为 10。绘图数据点的个数是 2 * maxlags+1，如果设置成 None，则数据点的个数是 2 * len(x)−1
data	dict	提供数据

下面的程序绘制一个随机过程的自相关函数图，程序运行结果如图 6-31 所示。

```
import matplotlib.pyplot as plt    # Demo6_30.py
import numpy as np
import matplotlib.mlab

x = np.random.random(1000) * 2 * np.pi
x = np.sin(x)
plt.subplot(1,2,1)
plt.acorr(x)
plt.subplot(1,2,2)
plt.acorr(x,
          usevlines = False,
          maxlags = 20,
          marker = 'o',
          detrend = matplotlib.mlab.detrend_mean)
plt.show()
```

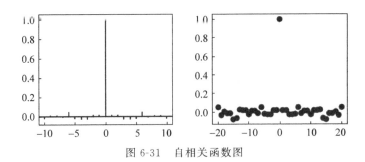

图 6-31　自相关函数图

6.1.27　互相关函数图

对于长度为 N 的离散信号 X 和 Y,其互相关函数可以表示成延迟数 m 的函数:

$$R_{XY}(m) = E(X_n \cdot Y_{n+m}), \quad m = 0, 1, 2, \cdots, N-1$$

当信号 X 和 Y 取值是实数时,有 $R_{XY}(m) = R_{YX}(-m)$;当信号 X 和 Y 取复数时,有 $R_{XY}^*(m) = R_{YX}(-m)$,"$*$"表示共轭复数。

用 xcorr() 方法可以绘制两个信号的自相关函数曲线。xcorr() 方法的格式如下。

xcorr(x, y, normed = True, detrend = None, usevlines = True, maxlags = 10, data = None, ** kwargs)

xcorr() 的参数与 acorr() 的参数基本相同,在此不多叙述。

下面的程序绘制两个信号的互相关图,程序运行结果如图 6-32 所示。

```python
import matplotlib.pyplot as plt    # Demo6_31.py
import numpy as np

x = np.random.random(1000) * 2 * np.pi
y1 = np.sin(x)
y2 = np.cos(x)
plt.subplot(1,2,1)
plt.xcorr(y1,y2)
plt.subplot(1,2,2)
plt.xcorr(y1,y2,usevlines = False,maxlags = 20,marker = 'o')
plt.show()
```

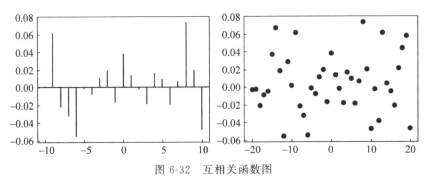

图 6-32　互相关函数图

6.1.28 幅值谱和相位谱图

给定一个时间信号,用 magnitude_spectrum()方法可以绘制经过傅里叶变换后的幅值谱,用 phase_spectrum()方法和 angle_spectrum()方法可以绘制经过傅里叶变换后的相位谱图。有关傅里叶变换的理论参见 5.7 节的内容。phase_spectrum()方法和 angle_spectrum()方法的区别是,angle_spectrum()方法所绘制的相位图的范围是 $(-\pi, \pi)$,而 phase_spectrum()方法绘制的相位图与 angle_spectrum()方法绘制的相位图相差 $2n\pi$。这三个方法的格式如下所示。

```
magnitude_spectrum(x, Fs = None, Fc = None, window = None, pad_to = None, sides = None, scale = None,
        data = None, ** kwargs)
phase_spectrum(x, Fs = None, Fc = None, window = None, pad_to = None, sides = None, data = None,
** kwargs)
angle_spectrum(x, Fs = None, Fc = None, window = None, pad_to = None, sides = None, data = None,
** kwargs)
```

phase_spectrum()方法和 angle_spectrum()方法的参数相同,magtitude_spectrum()方法中多了一个 scale 参数。这三个方法中参数的详细说明如表 6-20 所示。

表 6-20　幅值谱和相位谱方法中参数的说明

参　　数	参数类型	说　　明
x	array、list、tuple	x 是一维离散序列值,用于傅里叶变换
Fs	float	设置 x 的采样频率,单位时间内的离散数据的个数,用于计算频率点,默认值是 2
Fc	int	设置频率轴的移动量,默认值是 0。所绘制的频谱图的频率轴是在傅里叶变换后的频率值上加 Fc 值,如果 sides= 'twosided',则幅值图关于 Fc 对称
window	array、function	设置窗函数或加权数组,如果是加权数组,则其长度是 x 的分段的长度。默认值是 hanning 窗(汉宁窗),可以取 np. bartlett()、np. blackman()、np. hamming()、np. hanning()、np. kaiser(),更多窗函数参见 7.9.4 节中的内容
pad_to	int	设置傅里叶变换时,将数据块中的数据扩充到指定的个数,这样可以体现更多的细节。默认是整个数据的长度,即没有扩充
sides	str	设置绘制哪边的频谱图,可取 'default'、'onesided'、'twosided'。'onesided'是绘制 Fc 的右边图;'twosided'是绘制 Fc 的左右两边图;对实数数据,'default'绘制单边图,对复数绘制双边图
scale	str	对傅里叶变换后的幅值是否进行取 dB 运算,可取'default'、'linear'、'dB'。'default'或'linear'表示没有变换,'dB'表示进行 20log10()计算
alpha	float、None	设置透明度
antialiased	bool	设置是否进行反锯齿
color	color	设置颜色
dash_capstyle	str	设置线的端头样式,可取 'butt'、'round'、'projecting'
dash_joinstyle	str	设置线交叉处的样式,可取 'miter'、'round'、'bevel'
data	array、list、tuple	设置数据,可取形状是 $(2, n)$ 的数组或一维数组

续表

参 数	参数类型	说 明
drawstyle	str	设置阶梯图,可取'default'、'steps'、'steps-pre'、'steps-mid'、'steps-post'
fillstyle	str	设置填充样式,可取'full'、'left'、'right'、'bottom'、'top'、'none'
label	str	设置标签
linestyle	str	设置线条样式,可取'-'、'--'、'-.'、':'、' '……
linewidth	float	设置线条的宽度
marker	str	设置标记符号
markeredgecolor	color	设置标记符号颜色
markeredgewidth	float	设置标记符号宽度
markerfacecolor	color	设置标记符号填充颜色
markersize	float	设置标记符号尺寸

下面的程序绘制由两个单频信号叠加在一起的幅值谱图和相位谱图,程序运行结果如图 6-33 所示。

```python
import matplotlib.pyplot as plt    # Demo6_32.py
import numpy as np
time = np.linspace(0,10,20000)
frequency_1 = 200
frequency_2 = 600
y = np.cos(2 * np.pi * frequency_1 * time + 0.5) * 2 + np.cos(2 * np.pi * frequency_2 * time + 2) * 3
plt.subplot(1,3,1)
s1,f1,l1 = plt.angle_spectrum(y,Fs = 2000,pad_to = 5000)
plt.subplot(1,3,2)
s2,f2,l2 = plt.phase_spectrum(y,Fs = 2000,pad_to = 5000)
plt.subplot(1,3,3)
plt.magnitude_spectrum(y,
                       Fs = 2000,
                       Fc = 0,
                       sides = 'twosided',
                       pad_to = 5000,
                       window = np.hamming(len(y)))
plt.show()
```

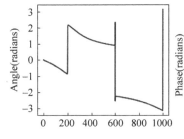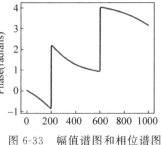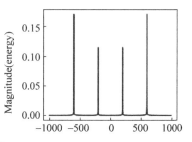

图 6-33 幅值谱图和相位谱图

6.1.29　时频图

时频图以时间为横轴,以频率为纵轴,用颜色表示幅值的大小。它在一幅图中表示信号的频率、幅度随时间的变化情况。时频图用 specgram() 方法绘制,其格式如下所示。specgram() 方法将输入的数据进行分段,每段分别进行傅里叶变换。

```
specgram(x, NFFT = None, Fs = None, Fc = None, detrend = None, window = None, noverlap = None,
    cmap = None, xextent = None, pad_to = None, sides = None, scale_by_freq = None, mode = None,
    scale = None, vmin = None, vmax = None, data = None, ** kwargs)
```

其中,x 是一维数组、列表或元组;NFFT 是进行傅里叶变换时每个数据段中的数据的个数(窗函数的长度),默认为 256;noverlap 是两个数据段之间的重合区的长度,默认为 128;detrend 可以取 'none'、'mean'、'linear' 或可以调用的函数,用于移除平均值或线性分量,可以使用 matplotlib.mlab 模块中 detrend_none()、detrend_mean() 或 detrend_linear() 方法,也可用自定义函数;window 是窗函数;xextent 可以取 None 或(xmin, xmax),表示 x 轴的取值范围;pad_to 设置傅里叶变换时,数据块中扩充的数据个数,默认是 NFFT;mode 表示绘制哪种类型的谱,可以取 'default'、'psd'、'magnitude'、'angle' 或 'phase',默认值是 'psd'(功率谱密度);scale_by_freq 用于确定密度频谱(psd)是否与频率相乘,默认为 True;vmin 和 vmax 用于设置纵轴的范围;其他参数如前所述。

下面的程序绘制由两个单频信号叠加在一起的时频图,程序运行结果如图 6-34 所示。

```python
import matplotlib.pyplot as plt    # Demo6_33.py
import numpy as np


frequency_1 = 200
frequency_2 = 600
sample_frequency = 2000
endtime = 10

time_1 = np.linspace(0, endtime, endtime * sample_frequency, endpoint = False)
time_2 = np.linspace(0, endtime, endtime * sample_frequency, endpoint = False)
y = np.cos(2 * np.pi * frequency_1 * time_1 + 0.5) + np.cos(2 * np.pi * frequency_2 * time_2 + 1)

np.random.seed(1234)
y = y + np.random.normal(size = y.shape)

plt.specgram(y, NFFT = 1000,
            Fs = sample_frequency,
            window = np.hamming(1000),
            noverlap = 100,
            cmap = 'jet',
            mode = 'magnitude',
            scale_by_freq = False)
plt.colorbar()
plt.show()
```

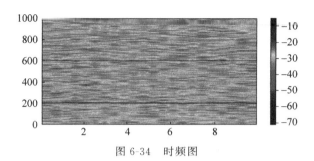

图 6-34　时频图

6.1.30　功率谱密度图

功率谱密度(power spectrum density,PSD)用于表示信号的能量,常用于随机信号分析中,例如由地面引起的车的振动加速度和声压。由于随机信号中频率成分之间没有固定的相位关系,所以不适合用频谱图分析,通常转换成功率谱密度或功率谱进行分析。功率谱有自功率谱和互功率谱,一个信号和自己的功率谱是自功率谱,一个信号和另外一个信号的功率谱是互功率谱。自功率谱密度图用 psd()方法绘制,互功率谱密度图用 csd()方法绘制,另外用 cohere()方法可以绘制两个信号的相关互功率谱密度,它们的格式如下所示。

```
psd(x, NFFT = None, Fs = None, Fc = None, detrend = None, window = None, noverlap = None, pad_to = None,
        sides = None, scale_by_freq = None, return_line = None, data = None, ** kwargs)
csd(x, y, NFFT = None, Fs = None, Fc = None, detrend = None, window = None, noverlap = None, pad_to = None,
        sides = None, scale_by_freq = None, return_line = None, data = None, ** kwargs)
cohere(x, y, NFFT = 256, Fs = 2, Fc = 0, detrend = None, window = None, noverlap = 0, pad_to = None,
        sides = 'default', scale_by_freq = None, *, data = None, ** kwargs)
```

其中,x 和 y 是一维数组、列表或元组;return_line 用于确定在返回的数据中是否包括 Line2D 对象;其他参数如前所述。

下面的程序绘制两个随机变量的自功率谱和互功率谱图,程序运行结果如图 6-35 所示。

```
import numpy as np    # Demo6_34.py
import matplotlib.pyplot as plt

count = 100000
fs = 1000
samples_1 = np.random.normal(loc = 1, size = count)
samples_2 = np.random.normal(loc = 1, size = count)
plt.subplot(1,2,1)
plt.psd(samples_1, NFFT = 1000, Fs = fs, detrend = 'mean',
        window = np.hanning(1000), scale_by_freq = True)
plt.subplot(1,2,2)
plt.csd(samples_1, samples_2, NFFT = 1000, Fs = fs, detrend = 'mean',
        window = np.hanning(1000), scale_by_freq = True)
plt.show()
```

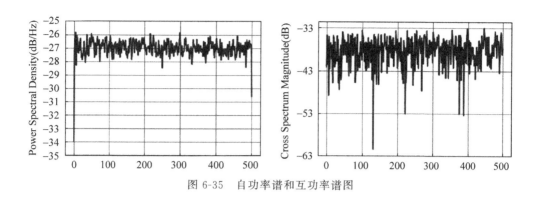

图 6-35 自功率谱和互功率谱图

6.1.31 绘制图像

可以用 imshow() 方法把存储在数组中的 RGB 颜色值或 RGBA 颜色值绘制成图片,用 imread() 方法读取一个图片的像素颜色到数组中。imshow() 方法的格式如下所示。

```
imshow(X, cmap = None, norm = None, aspect = None, interpolation = None, alpha = None, vmin = None,
    vmax = None, origin = None, extent = None, filternorm = True, filterrad = 4.0, resample = None,
    data = None, ** kwargs)
```

imshow() 方法中各参数的说明如表 6-21 所示。

表 6-21 imshow() 方法中各参数的说明

参　　数	参 数 类 型	说　　明
X	array、list、tuple	X 是二维图形与颜色相关的数组。当形状是(m,n)时,其值用于映射颜色;当形状是(m,n,3)时,其值是 RGB 值;当形状是(m,n,4)时,其值是 RGBA 值,增加 alpha 通道值。RGBA 的取值范围是 0～1 的浮点数或 0～255 的整数
cmap	str、Colormap	定义被映射的色谱
norm	Normalize	将值归一化到[0,1]范围,以便映射色谱
aspect	str、float	设置图像的长宽比,字符串可以取 'equal'、'auto'
interpolation	str	设置插值算法,可以取 'none'、'antialiased'、'nearest'、'bilinear'、'bicubic'、'spline16'、'spline36'、'hanning'、'hamming'、'hermite'、'kaiser'、'quadric'、'catrom'、'gaussian'、'bessel'、'mitchell'、'sinc'、'lanczos'。取不同的参数,图片的模糊化程度也不同
alpha	float、array	设置透明度,当 alpha 取值是数组时,设置每个像素的透明度,alpha 与 X 的形状相同。X 是 RGBA 样式值时,忽略该项
vmin、vmax	float	当没有设置 norm 时,用于设置色谱映射的范围
origin	str	设置图像的索引点[0,0]显示在左上角还是左下角,取不同值时,图像会上下颠倒。可以取 'upper'、'lower'
extent	(floats, floats, floats, floats)	将图像缩放到指定的范围(left, right, bottom, top)
filternorm	bool	用于修正像素颜色的整数值,使像素颜色的加权值的和等于1。该参数对浮点数不起任何作用

续表

参　　数	参 数 类 型	说　　明
filterrad	float > 0	设置模糊化半径,只对 interpolation 取 ' sinc '、' lanczos ' 或'blackman'有效
resample	bool	当取 True 时,用完全重取样法;当取 False 时,只有输出图像比原图像大时才用重取样法

imread()方法的格式如下所示,其中 fname 是保存到硬盘上的图片文件名,format 指定图片的格式,如果忽略 format,则用图片文件名的扩展名来识别图片的格式。

imread(fname, format = None)

下面的程序读取一个图片,分别用原图和经过处理的图片来显示,程序运行结果如图 6-36 所示。

```python
import matplotlib.pyplot as plt    # Demo6_35.py
import numpy as np

image = plt.imread(r'd:\building.jpg')           # 读取图片文件的像素颜色值
plt.subplot(1,3,1)
plt.imshow(image)
plt.subplot(1,3,2)
plt.imshow(image[:,:,1], cmap = 'hot', origin = 'lower', interpolation = 'gaussian')
n = 100
x = np.linspace(-3,3,n)
y = np.linspace(-3,3,n)
X,Y = np.meshgrid(x,y)
Z = (1 - X/4 + X**5 + Y**4) * np.exp(-X**2 - Y**2)
plt.subplot(1,3,3)
plt.imshow(Z, origin = 'lower', aspect = 'auto', extent = [-3.5, 3.5, -3.5, 3.5], cmap = 'jet')
plt.colorbar()
plt.show()
```

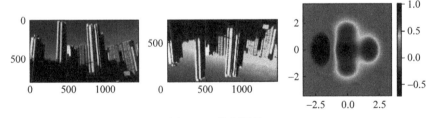

图 6-36　绘制图像

另外用 figimage()方法可以把颜色数据绘制到图像(Figure 对象)上,而不是子图(Axes 对象)上。figimage()方法的格式如下所示:

figimage(X, xo = 0, yo = 0, alpha = None, norm = None, cmap = None, vmin = None, vmax = None, origin = None, resize = False, ** kwargs)

其中，xo 和 yo 的类型是 int，是图形的偏移量值，单位是像素；origin 可以取'upper'或'lower'，设置 X 数据的起始索引[0,0]显示在左上角还是左下角位置；resize 的类型是 bool，设置是否可以缩放图像来匹配给定的图形；其他参数与 imshow()方法的参数相同。

 # 6.2 图像、子图和图例

matplotlib 的绘图结构由三层构成：第一层是图像 Figure 对象，Figure 对象是绘图的容器，提供绘图画布，在上面可以添加子图和其他一些元素；第二层是 Axes 子图对象，前一节介绍的各种绘图方法都是在子图上绘制数据图像；第三层是起辅助作用的对象，主要包括 Axes 外观（facecolor）、边框线（spines）、坐标轴（axis）、坐标轴名称（axis label）、坐标轴刻度（tick）、坐标轴刻度标签（tick label）、网格线（grid）、图例（legend）、标题（title）等内容。

前一节介绍了基本的绘图方法，这些方法都是在默认的绘图画布上进行绘图。用户可以自己创建画布，定义画布的属性，进行更细致的设置。本节介绍 Figure、Axes 和 Legend 对象的创建方法和属性设置。

6.2.1 图像对象

1. Figure 对象的创建

要绘制各种数据图形，首先要创建一个能容纳图形的 Figure 图像对象，即便没有创建图像，matplotlib 也会自动创建一个图像，用 plt. gcf()（get current figure）方法可以获取当前活跃的 Figure 对象。在一个 Figure 对象中，可以有一个或多个子图（Axes 对象），每个 Axes 对象都是一个拥有自己坐标系统的绘图区域，用户可以在 Axes 对象上绘制各种图像。Axes 对象上又有 x 和 y 轴、轴标签、刻度和刻度标签等。

创建或激活一个绘图图像的方法是 plt. figure()，或者用 matplotlib. figure 模块中的 Figure()方法，它们的格式如下所示。

```
plt.figure(num = None, figsize = None, dpi = None, facecolor = None, edgecolor = None, frameon = True,
    clear = False, tight_layout = None, constrained_layout = None)
figure.Figure(figsize = None, dpi = None, facecolor = None, edgecolor = None, linewidth = 0.0,
    frameon = None, subplotpars = None, tight_layout = None, constrained_layout = None)
```

其中，figure 是指用"import matplotlib. figure as figure"方法导入的 figure 模块。

figure()方法中的参数类型及说明如表 6-22 所示。

表 6-22 figure()方法中的参数类型及说明

参 数	参 数 类 型	说 明
num	int、str	设置图像的标识，可以用整数或字符串作为标识符号。如果标识符号不存在则创建一个新的图像；如果已经存在，则激活图像
figsize	(float,float)	设置图像的宽度和高度，单位是英寸
dpi	float	设置分辨率，单位是每英寸中的像素数
facecolor	color	设置背景颜色

续表

参　　数	参数类型	说　　明
edgecolor	color	设置边框颜色
frameon	bool	设置是否显示背景
clear	bool	如果图像已存在,设置是否清空图像中已存在的内容
tight_layout	bool、dict	设置子图是否紧密布局,如果取值是 dict,可选的关键字有 'pad'、'w_pad'、'h_pad'、'rect'
constrained_layout	bool	设置子图是否是受约束布局,比 tight_layout 更灵活
linewidth	float	设置边框线的宽度
subplotpars	subplotParams	设置子图的参数

2. Figure 对象的方法和属性设置

用 plt.figure()方法创建 Figure 对象时,会返回所创建的 Figure 对象或激活已经存在的 Figure 对象。若要对 Figure 对象的属性进行设置,可以通过 plt 命令的方式对当前活跃的 Figure 对象进行设置,也可以通过 Figure 对象提供的方法进行设置。

Figure 对象的常用方法如表 6-23 所示,主要方法介绍如下。

- 在图像中添加子图有多种方法,例如 add_axes()、add_subplot()、subplots(),关于这些方法的参数和说明见下节的内容。从图像中移除子图用 delaxes(ax)方法,清空图像中的所有内容用 clear(keep_observers=False)方法或 clf(keep_observers=False)方法。

- 要调整子图在图像中的相对距离,可以用 subplots_adjust(left=None, bottom=None, right=None, top=None, wspace=None, hspace=None)方法,其中 left、bottom、right 和 top 是子图的四周与图像左边和底边的距离,wspace 和 hspace 分别是多个子图之间在水平和竖直方向的距离。这些距离是相对于图像宽度和高度的百分比,最小值是 0,最大值是 1,推荐值是 left=0.125,right=0.9,bottom=0.1,top=0.9,wspace=0.2,hspace=0.2。

- 用 add_gridspec(nrows=1,ncols=1, ** kwargs)方法定义子图在图像中的网格布局,参数 nrows 和 ncols 分别是图像的网格布局的行和列的数量。下面的代码创建 2 * 2 网格布局并建立 3 个子图,最后一个子图占据两行位置。

```
fig = plt.figure()              ♯创建 Figure 对象
gs = fig.add_gridspec(2, 2)     ♯创建 2 * 2 的网格布局
ax1 = fig.add_subplot(gs[0, 0]) ♯在[0, 0]位置创建子图
ax2 = fig.add_subplot(gs[1, 0]) ♯在[1, 0]位置创建子图
ax3 = fig.add_subplot(gs[:, 1]) ♯在[0, 1]位置和[1,1]位置创建子图,占据两行位置
```

- 用 suptitle(str, ** kwargs)方法为图像创建标题,默认位置是在图形上部的中间位置。可以通过 x 和 y 参数指定标题的位置,x 和 y 的默认值分别是 0.50 和 0.98;用 horizontalalignment 或 ha 参数指定水平对齐方式,可选 'center'、'left'、'right';用 verticalalignment 或 va 参数指定竖直对齐方式,对齐方式可选 'top'、'center'、'bottom'、'baseline';还可以用 fontsize 或 size 参数指定字体的大小,用 fontweight

或 weight 参数指定文字粗细程度。

- 用 text(x,y,str,fontdict＝None,＊＊kwargs)方法可以在指定位置添加文字。需要特别注意的是,要显示中文,需要给 matplotlib 指定中文字体,如下面的代码。

```
import matplotlib as mpl

mpl.rcParams['font.sans - serif'] = ['FangSong']        # 设置字体参数,以便显示中文
mpl.rcParams['axes.unicode_minus'] = False
```

- 用 savefig(fname,transparent＝None,＊＊kwargs)方法可以将图像保存到文件中,即使没有用 plt.show()方法显示图像,也可将图像保存到文件中。参数 fname 指定路径、文件名和扩展名;参数 format 指定文件的格式,如果没有给出 format,则用扩展名确定格式;参数 transparent 指定子图和图像的背景是否透明;用 quality 参数指定'jpg'或'jpeg'格式的质量,取值是 1～95;还可以用 facecolor 和 edgecolor 参数指定背景和边框的颜色,如果不指定,则使用图像的颜色。

表 6-23　Figure 对象的常用方法及参数类型

Figure 对象的常用方法及参数类型	返回值的类型	说　明
add_axes(ax)	Axes	激活已经存在图像中的子图,并把子图设置成当前子图
add_axes(rect,projection＝None,polar＝False,＊＊kwargs)	Axes、PolarAxes	在指定位置添加新的子图,如子图是直角坐标系,则返回 Axes;如子图是极坐标系,则返回 PolarAxes
add_subplot(＊args,＊＊kwargs)	Axes、PolarAxes	在指定的行列位置处添加子图
subplots(nrows＝1,ncols＝1,sharex＝False,sharey＝False,squeeze＝True,subplot_kw＝None,gridspec_kw＝None)	Axes、list[Axes]	在图像中添加一组子图
clear(keep_observers＝False)	—	清空图像中的所有内容
clf(keep_observers＝False)	—	清空图像中的所有内容
delaxes(ax)	—	从图像中移除子图
subplots_adjust(left＝None,bottom＝None,right＝None,top＝None,wspace＝None,hspace＝None)	—	调整子图在图像中的位置
add_gridspec(nrows＝1,ncols＝1,＊＊kwargs)	GridSpec	在图像中添加网格布局,在网格布局中可以添加子图
legend(＊args,＊＊kwargs)	Legend	在图像上添加图例
suptitle(str,＊＊kwargs)	Text	添加标题,默认在顶部中间位置
text(x,y,str,fontdict＝None,＊＊kwargs)	—	在指定位置添加文字
autofmt_xdate(bottom＝0.2,rotation＝30,ha＝'right',which＝'major')	—	如果横坐标显示的日期出现重叠,可使其旋转一定角度
gca(＊＊kwargs	Axes	获取当前的子图

Figure 对象的常用方法及参数类型	返回值的类型	说　明
sca(axes)	Axes	设置当前的子图并返回子图
savefig(fname,transparent＝None)	—	保存图像到文件中
show(warn＝True)	—	在 GUI 后端编程中显示图像
set_dpi(float)	float	设置分辨率,单位是每英寸中的点的数量
set_edgecolor(color)	—	设置边线颜色
set_facecolor(color)	—	设置背景填充颜色
set_frameon(bool)	—	设置是否显示背景
set_figheight(float,forward＝True)	—	设置图像的高度,单位是 in
set_figwidth(float,forward＝True)	—	设置图形的宽度,单位是 in
set_size_inches(w,h＝None,forward＝True)	—	设置图像的宽度和高度
get_axes()	list[Axes]	获取图像中的子图列表
get_dpi()	float	获取图像的分辨率
get_edgecolor()	color	获取边框颜色
get_facecolor()	color	获取填充颜色
get_figwidth()	float	获取图像的宽度,单位是 in
get_figheight()	float	获取图像的高度,单位是 in
get_size_inches()	(float,float)	获取图像的宽度和高度
get_frameon()	bool	获取是否显示背景

下面的程序在图像上创建 3 个子图,分别为 2 个极坐标图和 1 个直方图,其中直方图占据 2 行位置。程序运行结果如图 6-37 所示。

```python
import matplotlib.pyplot as plt    # Demo6_36.py
import numpy as np

t = np.arange(0,100)
theta = (100 + (10 * np.pi * t/180) ** 2) ** 0.5
r = t - np.arctan((10 * np.pi * t/180)/10) * 180/np.pi

fig = plt.figure()                          # 创建 Figure 对象
gs = fig.add_gridspec(2, 2)                 # 创建 2 * 2 的网格布局
ax1 = fig.add_subplot(gs[0, 0],projection = 'polar')    # 在[0, 0]位置创建子图
ax2 = fig.add_subplot(gs[1, 0],projection = 'polar')    # 在[1, 0]位置创建子图
ax3 = fig.add_subplot(gs[:, 1])        # 在[0, 1]位置和[1,1]位置创建子图,占据两行位置

ax1.plot(theta, r, marker = '.')                        # 绘制极坐标图
ax2.plot(theta,np.cos(5 * theta),linestyle = '－－',linewidth = 2)    # 绘制极坐标图

normal = np.random.normal(loc = 100,size = (10000,))        # 随机正态分布
ax3.hist(normal,bins = 40,facecolor = 'r',edgecolor = 'b')    # 绘制直方图
plt.show()
```

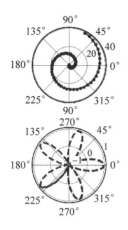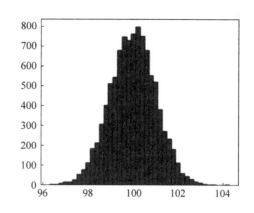

图 6-37　程序运行结果

6.2.2　子图对象

1. 创建子图的方法

在创建 Figure 对象后,可以往 Figure 中添加子图,即使没有创建子图,也会默认创建一个子图。子图对象称为 Axes,用 plt.gca()方法可以获取当前的 Axes 对象。可以用 plt 提供的命令在当前的 Figure 对象中添加子图,也可用 Figure 对象提供的添加子图的方法添加子图。plt 命令方式添加子图的方法有 subplot()、subplot2grid()和 subplots();Figure 对象提供的添加子图的方法有 add_axes()、add_subplot 和 subplots()。

用 plt 的 subplot()方法和 subplot2grid()方法每次往当前的 Figure 对象中添加一个子图并返回 Axes 对象,用 subplots()方法创建新的 Figure 对象并可以同时创建一个或多个子图,同时返回新创建的 Figure 对象和 Axes 对象。这三种方法的格式如下所示。

```
plt.subplot(nrows, ncols, index, ** kwargs)
plt.subplot( ** kwargs)
plt.subplot(ax)
plt.subplot2grid(shape, loc, rowspan = 1, colspan = 1, fig = None, ** kwargs)
plt.subplots(nrows = 1, ncols = 1, squeeze = True, gridspec_kw = None, ** kwargs)
```

subplot()方法和 subplot2grid()方法根据 project 或 polar 参数指定的是直角坐标还是极坐标,分别返回 Axes 对象和 PolarAxes 对象;subplots()方法既可以创建一个子图,也可以创建多个子图,根据 squeeze 参数的取值不同,返回的是 Figure 对象和 Axes 对象,或者 Figure 对象和一维或二维 Axes 数组对象。

subplot()、subplot2grid()和 subplots()方法中主要参数的说明如表 6-24 所示。

表 6-24　subplot()、subplot2grid()和 subplots()方法中主要参数的说明

参　　数	参 数 类 型	说　　明
nrows ncols	int	将 Figure 对象的绘图区域分成 nrows 行 ncols 列,每个子区域都可以放置一个子图。nrows * ncols 个子区域的编号是从左上角开始,将其设为 1,按照从左到右、从上往下的顺序依次增加 1

参　　数	参数类型	说　　明
index	int、(int,int)	指定当前的子图。如果是一个整数,则是子区域的编号;如果是 (int,int)表示跨越多个子区域,例如 subplot(2,4,(2,3))表示把 绘图区域分成2行4列,子图占据第2个和第3个子区域。如果 nrows、ncols 和 index 的值都少于10,可以省略中间的逗号,例如 subplot(243)与 subplot(2,4,3)等价
shape	(int, int)	指定将绘图区分成的行数和列数
loc	(int, int)	指定子图所在的位置
rowspan	int	设置子图跨越的行数,默认值是1
colspan	int	设置子图跨越的列数,默认值是1
fig	Figure	指定创建子图所在的 Figure 对象,默认是当前图像
projection	str、None	设置子图的类型。str 是用于自定义类型的名称,可以取 'aitoff'、 'hammer'、'lambert'、'mollweide'、'polar'、'rectilinear'、'3d';如果取 None,则是指 'rectilinear'
polor	bool	设置是否是极坐标图,如果取 True,与 projection= 'polar'等价
sharex sharey	Axes	与其他子图共享坐标轴,坐标轴有相同的刻度、范围和缩放方式; 对于 subplots()方法,可以取 bool 、'none'、'all'、'row'、'col',True 或 'all'表示 subplots()方法创建的所有子图共享坐标系,False 或 'none'表示子图的坐标轴相互独立,'row'或'col'表示所有子图共享 x 或 y 轴
squeeze	bool	对于 subplots()方法,当 squeeze=True 时,如果创建的只是一个 子图(nrows=ncols=1),返回值是 Figure 和 Axes 对象;如果创建 的是 N*1 或 1*M 子图,返回值是 Figure 和一维 Axes 数组对 象;如果创建的 N*M 数组(N>1,M>1),返回值是 Figure 和二 维 Axes 数组对象。当 squeeze=False 时,无论创建什么形式的子 图,返回值都是 Figure 和二维 Axes 数组对象
gridspec_kw	dict	用字典设置 GridSpec 对象
label	str	设置子图的标识
visible	bool	设置子图是否可见
xlabel ylabel	str	设置 x 轴和 y 轴上显示的标识
xlim ylim	(float,float)	设置 x 和 y 轴的范围
xscale yscale	str	设置 x 和 y 的刻度样式,可以取 'linear'、'log'、'symlog'、'logit'
facecolor	color	设置子图的填充颜色
title	str	设置子图名称,显示在子图的顶部
alpha	float	设置透明度,取值在 0～1 之间
autoscalex_on	bool	设置是否自动缩放 x 轴
autoscaley_on	bool	设置是否自动缩放 y 轴
zorder	float	设置 z 顺序值,z 值越小,会越先被绘制

Figure 对象添加子图的方法有 add_axes()、add_subplot()和 subplots(),它们的格式 如下所示。其中 rect 是指[left, bottom, width, height],用于确定子图在图像中的位置, 值是相对于宽度和高度的百分比;其他参数与 plt 对应命令的参数相同,可参见表 6-24,在 此不多赘述。

```
fig.add_axes(rect, projection = None, polar = False, ** kwargs)
fig.add_subplot(nrows, ncols, index, ** kwargs)
fig.add_subplot(ax)
fig.add_subplot()
fig.subplots(nrows = 1, ncols = 1, squeeze = True, subplot_kw = None, gridspec_kw = None)
```

2. Axes 对象的方法和属性设置

在创建子图对象时，如果参数 projection 取值不是 'polar' 或 polar＝False，则创建的子图是 Axes 对象。Axes 对象提供了和 plt 命令完全相同的绘制各种数据图的方法，参数类型也相同，也可以用下一节介绍的方法在子图上添加一些辅助元素。

Axes 对象中其他一些常用的设置属性的方法如表 6-25 所示，主要方法介绍如下。

- 用 legend() 和 grid() 方法可以在子图上添加图例和刻度网格线，关于这部分的介绍详见下一节的内容。

- 用 set_title(label, fontdict＝None, loc＝None, pad＝None, ** kwargs) 方法可以设置子图的标题，其中参数 label 是子图的标题名称；fontdict 用于字典设置字体；loc 设置标题的位置，可以取 'left'、'center'、'right'；pad 设置标题与子图边界的距离，单位是像素点。用 get_title(loc＝'center') 方法获取指定位置处的标题。

- 用 set_xlabel(xlabel, fontdict＝None, labelpad＝None, loc＝None, ** kwargs) 方法和 set_ylabel(ylabel, fontdict＝None, labelpad＝None, loc＝None, ** kwargs) 方法可以设置 x 和 y 轴的标签。其中 fontdict 用字典设置字体；labelpad 设置标签与子图边界的距离，单位是像素点；loc 设置标签的位置，可以取 'left'、'center'、'right'、'bottom'、'top'。用 get_xlabel() 方法和 get_ylabel() 方法可分别获取 x 和 y 轴的标签。

- 用 secondary_xaxis(location, functions＝None, ** kwargs) 方法和 secondary_yaxis(location, functions＝None, ** kwargs) 方法可以分别给 x 和 y 轴设置第二个坐标轴，location 可分别取 'top'、'bottom'、float 和 'right'、'left'、float；functions 是由两个函数构成的元组，例如下面的代码。

```
import matplotlib.pyplot as plt    # Demo6_37.py
import numpy as np

fig, ax = plt.subplots()
ax.loglog(range(1, 360, 5), range(1, 360, 5))
ax.set_xlabel('frequency [Hz]')
ax.set_ylabel('degrees')

def invert(x):
    return 1/x

secax = ax.secondary_xaxis('top', functions = (invert, invert))
secax.set_xlabel('Period [s]')
secax = ax.secondary_yaxis('right', functions = (np.deg2rad, np.rad2deg))
secax.set_ylabel('radians')
ax.grid(which = 'both')        # 显示网格线
plt.show()
```

- 用 tick_params(axis='both', ** kwargs)方法设置刻度、刻度标签和网格线的参数。参数 axis 可取'x'、'y'、'both'；which 可取'major'、'minor'、'both'；direction 可取'in'、'out'、'inout'；length 和 width 设置刻度线的长度和宽度；color 设置颜色；pad 设置刻度与标签的像素点距离；labelsize 和 labelcolor 设置标签的大小和颜色；labelbottom、labeltop、labelleft 和 labelright 分别设置是否显示标签；bottom、top、left 和 right 设置是否显示刻度；labelrotation 设置标签的旋转角度；grid_color 设置网格线的颜色；grid_alpha 设置网格线的透明度；grid_linewidth 设置网格线的宽度；grid_linestyle 设置线型。

- 用 ticklabel_format(axis='both', style='', scilimits=None, useOffset=None, useLocale=None)方法设置刻度标签的格式。参数 style 可取'sci'、'scientific'、'plain',设置是否用科学计数法；scilimits 取值是(m,n),设置科学计数法的范围,m 和 n 是指数,用(0,0)表示所有值都用科学计算法；useOffset 取值类型是 bool 或 float,取 float 时设置偏移量,取 False 时不使用偏移量,取 True 时视情况使用偏移量；useLocale 设置是否根据本机参数来格式化数字。

表 6-25　Axes 对象的常用方法及参数类型

Axes 对象的方法及参数类型	说　　明
change_geometry(numrows, numcols, num)	改变子图在布局中的位置,如从(2,2,1)变到(2,2,3)
get_geometry()	获取子图的布局位置,返回值是(int, int, int),如(2,2,3)
get_gridspec()	获取网格布局,返回值是 GridSpec 对象
legend(* args, ** kwargs)	显示图例
secondary_xaxis(location, functions=None, ** kwargs)	在子图中添加第二个 x 轴,返回值是 SecondaryAxis。location 可取'top'、'bottom'或 float,functions 是由两个函数构成的元组
secondary_yaxis(location, functions=None, ** kwargs)	在子图中添加第二个 y 轴,返回值是 SecondaryAxis。location 可取'right'、'left'或 float,functions 是由两个函数构成的元组
set_title(label, fontdict=None, loc=None, pad=None, ** kwargs)	设置子图的标题,label 是子图的标题；fontdict 用字典设置字体；loc 设置标签的位置,可以取'left'、'center'、'right'；pad 设置标签与子图边界的距离,单位是像素点
get_title(loc='center')	获取指定位置处的标题,loc 可取'center'、'left'、'right'
set_xlabel(xlabel, fontdict=None, labelpad=None, loc=None, ** kwargs)	设置 x 轴标签,xlabel 是 x 轴的标签；labelpad 设置标签与子图边界的距离,单位是像素点；loc 设置标签的位置,可以取'left'、'center'、'right'
get_xlabel()	获取 x 轴标签
set_ylabel(ylabel, fontdict=None, labelpad=None, loc=None, ** kwargs)	设置 y 轴标签,loc 设置标签的位置,可以取'bottom'、'center'、'top'
get_ylabel()	获取 y 轴标签
axis([xmin, xmax, ymin, ymax]) axis(option)	设置 x 和 y 轴的范围,option 可选择'on'、'off'、'equal'、'scaled'、'tight'、'auto'、'image'、'square'
axis()	获取 x 和 y 轴的范围,返回值是 xmin, xmax, ymin, ymax
cla()　clear()	清除了图上的所有内容

续表

Axes 对象的方法及参数类型	说　　明
get_xaxis()　get_yaxis()	获取 x 轴对象 Xaxis 和 y 轴对象 Yaxis
set_xbound(lower＝None，upper＝None) set_ybound(lower＝None，upper＝None)	设置 x 和 y 轴的范围
get_xbound()　get_ybound()	获取 x 和 y 轴的范围，返回值是 float,float
set_xlim(left＝None，right＝None， auto＝False，xmin＝None，xmax＝None)	设置 x 轴的可视范围。auto 参数设置是否自动缩放 x 轴； left、right 和 xmin、xmax 选择一对即可
set_ylim(bottom＝None，top＝None， auto＝False，ymin＝None，ymax＝None)	设置 y 轴的可视范围。auto 参数设置是否自动缩放 y 轴； bottom、top 和 ymin、ymax 选择一对即可
get_xlim()　get_ylim()	获取 x 和 y 轴的可视范围，返回值是 float,float
get_xmajorticklabels() get_ymajorticklabels()	获取 x 和 y 轴主刻度标签，返回值是 list[Text]
get_xminorticklabels() get_yminorticklabels()	获取 x 和 y 轴次刻度标签，返回值是 list[Text]
set_xscale(value，** kwargs) set_yscale(value，** kwargs)	设置 x 和 y 轴的刻度缩放关系，参数 value 可取"linear"、 "log"、"symlog"、"logit"
get_xscale()　get_yscale()	获取 x 和 y 轴的缩放关系，例如'log'、'linear'
set_xticklabels(labels，fontdict＝None， minor＝False，** kwargs) set_yticklabels(labels，fontdict＝None， minor＝False，** kwargs)	设置 x 和 y 轴刻度的标签。labels 的取值是 list[str]； minor＝False 表示设置主刻度的标签，minor＝True 表示 设置次刻度的标签
get_xticklabels(minor＝False，which＝None) get_yticklabels(minor＝False，which＝None)	获取 x 和 y 轴的主刻度和次刻度标签，返回值是 list[Text]。 minor＝False 表示主刻度，minor＝True 表示次刻度；which 可取'minor'、'major'、'both'，会取代 minor 的值
ticklabel_format(axis＝'both'，style＝''， scilimits＝None，useOffset＝None， useLocale＝None)	设置刻度标签的格式
set_xticks(ticks，minor＝False) set_yticks(ticks，minor＝False)	设置 x 轴刻度的位置，ticks 的取值是 list[float]
get_xticks(minor＝False) get_yticks(minor＝False)	获取 x 和 y 轴刻度值，返回值是 list[float]
grid(b＝None，which＝'major'， axis＝'both'，** kwargs)	设置是否显示刻度网格
invert_xaxis()　invert_yaxis()	颠倒 x 和 y 轴
tick_params(axis＝'both'，** kwargs)	设置刻度、刻度标签和网格线的参数
locator_params(axis＝'both'， tight＝None，** kwargs)	设置主刻度的参数，axis 可取'both'、'x'、'y'；tight 可取 bool 或 None，None 表示无变化；nbins 设置主刻度数量
margins(x＝None，y＝None，tight＝True)	设置数据曲线的起点和终点到 x 轴和 y 轴的距离，实际距 离是数据间隔距离与 x 或 y 的乘积，取值范围是 0～1，默 认值是 0.05。不输入任何参数时返回曲线到 x 轴和 y 轴 的距离，返回值是 float,float
set_xmargin(m)　set_ymargin(m)	设置数据曲线的起点和终点到 x 轴和 y 轴的距离，实际距 离是数据间隔距离与 m 的乘积

续表

Axes 对象的方法及参数类型	说　　明
set_axis_off()　set_axis_on()	不显示/显示 x 坐标轴和 y 坐标轴
minorticks_off()　minorticks_on()	不显示/显示次刻度
set_aspect(aspect)	设置子图的长宽比
set_autoscale_on(bool)	设置是否自动缩放 x 坐标轴和 y 坐标轴
set_autoscalex_on(bool)	设置是否自动缩放 x 坐标轴
set_autoscaley_on(bool)	设置是否自动缩放 y 坐标轴
set_facecolor(color)　set_fc(color)	设置子图的背景色
set_frame_on(bool)	设置是否显示边框
set_position(pos, which = 'both')	设置子图的位置，pos 是 [left, bottom, width, height]，which 可取 'both'、'active'、'original'
sharex(other)　sharey(other)	设置与其他子图共享 x 或 y 轴的参数
set_visible(bool)	设置子图是否可见

下面的程序用图像对象的 subplots()方法创建两个子图，并分别用子图的 pie()方法和 hist()方法绘制饼图和直方图。程序运行结果如图 6-38 所示。

```python
import numpy as np    # Demo6_38.py
import matplotlib.pyplot as plt
import matplotlib as mpl

mpl.rcParams['font.sans - serif'] = ['FangSong']        # 设置字体参数,以便显示中文
mpl.rcParams['axes.unicode_minus'] = False

fig = plt.figure()                                       # 创建图像对象
ax = fig.subplots(1,2)                                   # 创建两个 Axes 对象

x = [12.4,22.5,27.6,33.2,28.8,56.7]                      # 上半年销售额度
months = ['Jul', 'Aug', 'Sep', 'Oct', 'Nov', 'Dec']     # 月份
explode = [0.3,0,0,0,0,0]
ax[0].pie(x, labels = months, explode = explode, autopct = '% 2.1f % %', shadow = True)   # 绘制饼图
ax[0].set_title('饼图')                                   # 设置标题

n = 10000                                                # 样本数量
binsNumber = 40                                          # 柱的数量
binsList = np.arange(96,104,0.4)                         # 柱的区间
normal_1 = np.random.normal(loc = 100, size = (n,))      # 随机正态分布
normal_2 = np.random.normal(loc = 100, size = (n,))      # 随机正态分布
ax[1].hist([normal_1,normal_2], bins = binsList, stacked = False, color = ['b','m'])   # 绘制直方图
ax[1].set_title('直方图')                                 # 设置标题
ax[1].set_xlabel('随机值')                                # 设置 x 轴标签
ax[1].set_ylabel('统计结果')                              # 设置 y 轴标签
ax[1].grid() # 显示网格线
plt.show()
```

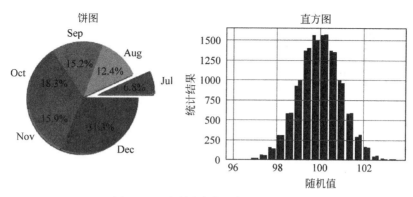

图 6-38 用子图的绘图方法绘制图形

3. PolarAxes 对象的方法和属性设置

在创建子图对象时,如果参数 projection = 'polar',或 polar = True,则创建的子图是极坐标 PolarAxes 对象。PolarAxes 对象提供了和 plt 命令完全相同的绘制数据图的方法,参数类型也相同。

PolarAxes 对象中其他一些常用的设置属性的方法如表 6-26 所示,主要方法介绍如下。

- 用 set_theta_direction(direction)方法设置角度的正方向,direction = 1 表示逆时针方向是正方向,direction = −1 表示顺时针方向是正方向;用 get_theta_direction()方法获取角度的正方向,返回值是 −1 表示顺时针方向是正方向,返回值是 1 表示逆时针方向是正方向。

- 用 set_rlabel_position(float)方法设置半径标签所在的角度(°);用 get_rlabel_position()方法获取半径标签所在的角度(°)。

- 用 set_rgrids(radii, labels=None, angle=None, fmt=None, ** kwargs)方法设置半径方向的网格线,参数 radii 是半径列表;labels 是对应的标识列表;angle 是刻度所在的角度(°);fmt 是格式字符串,例如 '%2.1f'。用 set_thetagrids(angles, labels=None, fmt=None, ** kwargs)方法可设置角度方向的网格线,angles 是角度(°)列表;labels 是对应的标识列表;fmt 是格式字符串,例如 '%2.1f' 表示用弧度来表示角度值。

- 用 set_theta_zero_location(loc, offset=0.0)方法设置 0° 角的位置,loc 可取 'N'、'NW'、'W'、'SW'、'S'、'SE'、'E' 或 'NE';offset 是偏移角度(°),offset 值始终是逆时针方向为正。

- 用 set_rscale(value, * args, ** kwargs)方法设置半径坐标轴的缩放关系,value 可取 'linear'、'log'、'symlog'、'logit'。

表 6-26 PolarAxes 对象的常用方法和参数类型

PolarAxes 对象的方法和参数类型	说 明
set_rlabel_position(float)	设置半径标签所在的角度(°)
get_rlabel_position()	获取半径标签所在的角度(°)
set_theta_direction(direction)	设置角度的正方向

PolarAxes 对象的方法和参数类型	说　明
get_theta_direction()	获取角度的正方向
set_theta_zero_location(loc,offset=0.0)	设置0°角的位置
set_rmax(float)	设置半径的最大值
get_rmax()	获取最大半径值
set_rmin(float)	设置半径的最小值
get_rmin()	获取最小半径值
set_rorigin(float)	设置原点处的半径值
get_rorigin()	获取原点处的半径刻度值
set_thetalim(minval,maxval)	设置角度最小和最大值(弧度)
set_thetalim(thetamin=minval,thetamax=maxval)	设置角度最小和最大值(°)
get_theta_offset()	获取0弧度的偏移量
set_thetamax(thetamax)	设置角度最大值(°)
get_thetamax()	获取最大角度(°)
set_thetamin(thetamin)	设置角度最小值(°)
get_thetamin()	获取最小角度(°)
set_rgrids(radii,labels=None,angle=None,fmt=None,** kwargs)	设置半径方向的网格线
set_thetagrids(angles,labels=None,fmt=None,** kwargs)	设置角度方向的网格线
set_rlim(bottom=None,top=None,** kwargs)	设置半径显示的范围
set_theta_offset(offset)	设置0弧度的偏移角(弧度)
set_rscale(value,* args,** kwargs)	设置半径坐标轴的缩放关系

下面的程序建立两个 PolarAxes 对象,设置不同的角度正方向、0°角位置和半径标签角度位置,用 plot()方法绘制极坐标图。程序运行结果如图 6-39 所示。

```python
import numpy as np    # Demo6_39.py
import matplotlib.py plot as plt

t = np.arange(0,100)
theta = (100 + (10 * np.pi * t/180) ** 2) ** 0.5
r = t - np.arctan((10 * np.pi * t/180)/10) * 180/np.pi

fig = plt.figure()                                    # 创建图像对象
polar_1 = fig.add_subplot(1,2,1,polar = True)         # 在图像对象中添加第1个 PolarAxes 子图
polar_1.set_theta_direction(1)                        # 设置角度的正方向,顺时针为正
polar_1.set_rlabel_position(90)                       # 设置半径,半径标签位置是90°位置
polar_1.plot(theta,r,color = 'm')                     # 用 plot()方法绘制极坐标图

polar_2 = fig.add_subplot(1,2,2,polar = True)         # 在图像对象中添加第2个 PolarAxes 子图
polar_2.set_theta_direction( - 1)                     # 设置角度的正方向,逆时针为正
polar_2.set_rlabel_position(45)                       # 设置半径,半径标签位置是45°位置
polar_2.set_theta_zero_location(loc = 'N',offset = 0) # 设置0°位置
polar_2.plot(theta,r,color = 'b')                     # 用 plot()方法绘制极坐标图
plt.show()
```

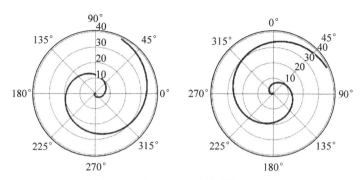

图 6-39　用 plot()方法绘制极坐标图

6.2.3　图例对象

图例是在子图的某个位置,如右上角或右侧,放置用于说明数据曲线所代表的内容或含义的解释性注释。在 matplotlib 中,在图像上创建并显示图例的方法如下所示,并返回 Legend 对象。另外也可以用 figlegend()方法把图例放到图像上,而不是子图上,例如 plt. figlegend(handles=(line1,line2,line3), labels=('label1','label2','label3'), loc='upper right')。

```
legend()
legend(labels)
legend(handles, labels)
```

创建图例对象时,可以使用下面三种方式。

- 用不带参数的 legend()方法创建图例时,对数据图像的说明是使用绘制数据图像时用 label 参数指定的说明文字。例如 plt. plot([1, 2, 3], label='label_1'),plt. plot([2, 3, 4], label='label_2'),plt. legend()。
- 用带一个参数的 legend(labels)方法创建图例时,需要先绘制数据图像,再创建图例。参数 labels 是图例文本列表、元组。即使数据图像中只有一条数据曲线,也需要用文本列表、元组。例如 plt. plot([1, 2, 3]),plt. legend(['label_1'])。
- 用带两个参数的 legend(handles,labels)方法创建图例时,handles 是数据曲线对象列表、元组,labels 是对应的图例中的说明。例如 lines = plt. plot([1,2,3],[1, 2, 3],[1,2,3],[2, 3, 4]),plt. legend((lines[0], lines[1]),('label_1', 'label_2'))。

legend()方法中其他常用参数的类型和说明如表 6-27 所示。

表 6-27　legend()方法中其他常用参数的类型和说明

参　　数	参 数 类 型	说　　明
loc	str、int、(float,float)、[float,float]	设置图例在子图中的位置,可以取 'best'、'upper right'、'upper left'、'lower left'、'lower right'、'right'、'center left'、'center right'、'lower center'、'upper center'、'center',分别对应整数 0~10,或者用一对浮点数坐标定义图例左下角在子图中的位置
bbox_to_anchor	(x, y, width, height)、(x, y)	如果是 4 个数,则指定图例放置的矩形范围;如果是两个数,则指定 loc 确定的图例上的点的坐标值

续表

参　　数	参数类型	说　　明
ncol	int	设置图例的列数,默认是 1
pro	None、dict、FontProperties	设置图例的字体,如果是 None,则使用 matplotlib.rcParams 中的参数
fontsize	int、str	设置字体尺寸,如果是 str,可以取 'xx-small'、'x-small'、'small'、'medium'、'large'、'x-large'、'xx-large'
labelcolor	str、list	设置图例中文字的颜色
numpoints	int	设置图例中显示的标识符号的个数
scatterpoints	int	设置散点图中标识符号的个数
markerscale	float	设置标记符号的缩放比例
markerfirst	bool	如果是 True,标记符号在左边,文字在右边;如果是 False,标记符号在右边,文字在左边
frameon	bool	设置是否绘制图例的边框
fancybox	bool	设置边框的 4 个直角是否倒圆角
shadow	bool	设置是否有背景阴影,如果有则会有立体感
framealpha	float	设置透明度
facecolor	"inherit"、color	设置图例的填充色
edgecolor	"inherit"、color	设置图例边框的颜色
mode	"expand"、None	如果取"expand",图例在水平方向上将扩展到整个坐标长度,或者扩展到 bbox_to_anchor 指定的长度
title	str	设置图例的标题
title_fontsize	int、str	取值同 fontsize
borderpad	float	设置边框内部空白所占的比重
labelspacing	float	设置边框内部,图例说明在竖直方向的间距,单位是字体尺寸
handlelength	float	设置数据线的长度,单位是字体尺寸
handletextpad	float	设置数据线与说明文字间的距离,单位是字体尺寸
borderaxespad	float	设置图例边框与坐标轴的距离,单位是字体尺寸
columnspacing	float	设置列之间的距离,单位是字体尺寸
handler_map	dict、None	通过字典来设置一些参数的值

 # 6.3　图像的辅助功能

　　除了用基本的绘图方法绘制各种数据图形外,还可以在图上添加辅助功能的元素,例如文字注释、颜色条、箭头、网格线、直线和表格等。这些辅助元素可以用 plt 命令,也可以用子图对象的方法来添加,它们的方法和参数都是相同的。

6.3.1　添加注释

　　在图像上添加注释,可以使图像更直观、清晰、易懂,注释包含注释文本和箭头等。图像上添加注释可以用 plt 的 annotatc()方法或子图对象的 annotatc()方法,其格式如下所示。

注释可以放置到参数 xy 指定的位置,也可以放到参数 xytext 指定的位置。

annotate(text, xy, * args, ** kwargs)

annotate()方法的主要参数及说明如表 6-28 所示。

表 6-28 annotate()方法的主要参数及说明

参　　数	参数类型	说　　明
text	str	设置注释的文本内容
xy	(float,float)	通过坐标设置注释所在的起始位置,坐标所在的坐标系由 xycoords 参数设置
xycoords	str	设置 xy 坐标所在的坐标系,可以取'figure points'(距离图形左下角的点数量)、'figure pixels'(距离图形左下角的像素数量)、'figure fraction'(距离图像左下角的比值,(0,0)是图形左下角,(1,1)是右上角)、'axes points'(距离子图左下角的点数量,1 点＝1/72in)、'axes pixels'(距离子图左下角的像素数量)、'axes fraction'(距离子图左下角的距离比值,(0,0)是子图左下角,(1,1)是子图右上角)、'data'(使用绘图曲线的数据确定的坐标系,这是默认值)、'polar'(极坐标(theta, r))
xytext	(float,float)	通过坐标设置注释文本所在的起始位置,坐标所在的坐标系由 xycoords 参数设置,默认值是 xy
textcoords	str	设置 xytext 坐标所使用的坐标系,既可以取 xycoords 的值,也可以用'offset pixels'(偏离 xy 的像素距离)、'offset points'(偏离 xy 的点距离)
arrowprops	dict	设置箭头的属性,默认是 None,不绘制箭头。箭头的位置是在 xy 和 xytext 确定的位置之间,字典中如果没有'arrowprops'关键字,可以使用其他的关键字来确定箭头的属性,例如'width'、'headwidth'、'headlength'、'shrink',以及 matplotlib. patches. FancyArrowPatch 中的关键字
annotation_clip	bool、None	设置当 xy 值在子图外面时是否绘制注释。当取 True 时,只有 xy 值在子图内部时,才绘制注释;当取 False 时,始终绘制注释;当取 None 时,xy 值在子图内部并且 xycoords 是'data'时才绘制注释
weight	str	设置字体,可以取'ultralight'、'light'、'normal'、'regular'、'book'、'medium'、'roman'、'semibold'、'demibold'、'demi'、'bold'、'heavy'、'extra bold'、'black'
color	color	设置标注文字的颜色
bbox	dict	给标注添加外框,可以设置的字典关键字参数有'boxstyle'、'facecolor'、'edgecolor'、'edgewidth'

下面的程序在数据曲线上用箭头标注最大点和最小点,并显示出每个数据点处的 x 和 y 值,程序运行结果如图 6-40 所示。

```
import numpy as np  ＃Demo6_40.py
import matplotlib.pyplot as plt
```

```
x = np.linspace(0,2,10)                            #x 是时间数组
y = np.sin(x * 2 * np.pi) + np.cos(x * 3 * np.pi)  #y 是纵坐标
maxIndex = np.argmax(y)                            #y 最大值对应的索引
minIndex = np.argmin(y)                            #y 最小值对应的索引


ax = plt.subplot()
ax.plot(x,y,'-o')
ax.annotate("Maximun Value",                       #最大值的标注
            xy = (x[maxIndex],y[maxIndex]),
            xytext = (x[maxIndex] - 1,y[maxIndex]),
            xycoords = 'data',
            arrowprops = {'width':2,'headwidth':8,'headlength':20})
ax.annotate("Minimun Value",                       #最小值的标注
            xy = (x[minIndex],y[minIndex]),
            xytext = (x[minIndex] - 1,y[minIndex]),
            xycoords = 'data',
            color = 'b',
            arrowprops = {'width':2,'headwidth':8,'headlength':20})
for i in range(len(x)):                            #用 for 循环为每个数据点添加标注
    text = "({:.1f},{:.1f})".format(x[i],y[i])
    ax.annotate(text,xy = (x[i] + 0.05,y[i] + 0.05),bbox = {'edgecolor':'green','facecolor':
'yellow'})
ax.set_title("MaxValue and MinValue")
ax.set_xlabel("X Values")
ax.set_ylabel("Y Values")
plt.show()
```

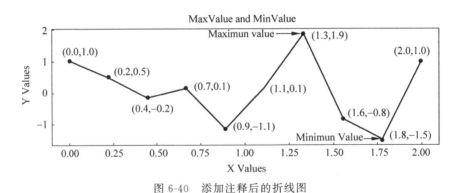

图 6-40　添加注释后的折线图

6.3.2　添加颜色条

对于用颜色显示数值大小的图像,例如用 scatter()、matshow()、pcolormesh()、imshow()等方法绘制的图像,所采用的方法中通常有一个 cmap 参数用于指定颜色谱。颜色谱所表示的数据范围通常需要配置一个颜色条,来表征颜色谱代表的数值大小。显示颜色条的方法是 colorbar(),其格式如下所示。

```
colorbar( ** kwargs)
colorbar(mappable, ** kwargs)
colorbar(mappable, cax = cax, ** kwargs)
colorbar(mappable, ax = ax, ** kwargs)
```

其中,第一种方法用于没有子图的情况,或者给当前子图设置颜色条,就是 colorbar()可以不用输入参数;后面三种方法一般用于有子图的情况,用于指定给哪个或哪些子图设置颜色条。参数 mappable 是可选的,需要提供一个可以映射颜色的对象,这个对象就是子图;cax 指定一个子图,颜色条会直接绘制在该子图上;ax 是子图或子图列表,如果提供的是子图列表,颜色条包含多个子图,也会调整子图之间的位置,以便为颜色条让出空间。

下面的程序为矩阵图和两个散点图添加颜色条,程序运行结果如图 6-41 所示。

```
import numpy as np    # Demo6_41. py
import matplotlib. pyplot as plt

n = 20
mat = np. zeros( shape = (n, n))
for i in range(n):
    mat[i, i] = np. sin(2 * np. pi/n * i)
    mat[i, n - 1 - i] = np. cos(2 * np. pi/n * i)
plt. figure(1)                                        # 第 1 个图像
plt. matshow(mat, fignum = 1, cmap = 'jet')            # 矩阵图
plt. colorbar()                                        # 为矩阵图添加颜色条
plt. figure(2)                                         # 第 2 个图像

n = 50                                                 # 散点数量
x = np. random. rand(n)                                # 散点的 x 坐标值
y = np. random. rand(n)                                # 散点的 y 坐标值
colors = np. random. rand(n)                           # 颜色值
sizes = y * 200                                        # 散点尺寸
widths = y * 5 + 2                                     # 散点边框线的宽度
sub1 = plt. subplot(1, 2, 1)                           # 第 1 个子图
s1 = plt. scatter(x, y, s = sizes, c = colors, marker = ' * ', edgecolors = 'face',    # 第 1 个散点图
            alpha = 0. 6, linewidths = widths, cmap = 'hot')
sub2 = plt. subplot(1, 2, 2)                           # 第 2 个子图
s2 = plt. scatter(x, y, s = sizes, c = colors, marker = ' * ', edgecolors = 'face',    # 第 2 个散点图
            alpha = 0. 6, linewidths = widths, cmap = 'jet')
plt. colorbar(mappable = s1, cax = sub1)               # 颜色条直接在子图上显示
plt. colorbar(mappable = s1, ax = sub2)                # 颜色条在子图旁边显示
plt. show()
```

图 6-41　添加颜色条

6.3.3 添加文字

可以在图上添加必要的文字说明。用 figtext() 方法可以在图像上添加文字,而不是添加在子图上;用 text() 方法可以在当前的子图上添加文字。figtext() 方法和 text() 方法的格式如下所示。

```
figtext(x, y, s, fontdict = None, ** kwargs)
text(x, y, s, fontdict = None, ** kwargs)
```

figtext() 方法的主要参数的类型和说明如表 6-29 所示。

表 6-29　figtext() 方法的主要参数的类型和说明

参　　数	参数类型	说　　明
x、y	float	设置文字在图像上的位置,默认是在图像坐标系下,对 figtext() 方法,取值范围是 0~1。对 text() 方法是在数据坐标系下
s	str	设置要显示的文字
fontdict	dict	通过字典设置字体,字典的关键字有 'family'、'style'、'weight'、'stretch'、'size'、'variant'
color	color	设置文字颜色
backgroundcolor	color	设置背景色
bbox	dict	给文本添加外框,可以设置的字典参数有 'boxstyle'、'facecolor'、'edgecolor'、'edgewidth'
family	str	设置字体名称,例如 'serif'、'sans-serif'、'cursive'、'fantasy'、'monospace'
size	float、str	设置字体尺寸,可以设置数值或字符串,字符串如 'xx-small'、'x-small'、'small'、'medium'、'large'、'x-large'、'xx-large'
font	str	设置字体属性,或用 FontProperties 对象设置
stretch	float、str	设置字体拉伸系数,可以取 0~1000 的浮点数,或者字符串,例如 'ultra-condensed'、'extra-condensed'、'condensed'、'semi-condensed'、'normal'、'semi-expanded'、'expanded'、'extra-expanded'、'ultra-expanded'
variant	str	设置变体,可以取 'normal'、'small-caps'
ha	str	设置水平对齐方式,可以选择 'center'、'right'、'left'
va	str	设置竖直对齐方式,可以选择 'center'、'top'、'bottom'、'baseline'、'center_baseline'
rotation	float、str	设置旋转角度,取文本时可以选择 'vertical'、'horizontal'
visible	bool	设置文本是否隐藏

6.3.4 添加箭头

用 plt.arrow() 命令或子图对象的 fig.arrow() 方法可以直接在图像上添加箭头。arrow() 方法的格式如下所示。

```
arrow(x, y, dx, dy, ** kwargs)
```

其中,参数 x 和 y 是箭头起点坐标;dx 和 dy 是箭头 x 向的长度和 y 向的长度,箭头的起点是(x，y)，终点是(x+dx，y+dy)；width 是箭头宽度；length_includes_head 设置箭头是否包含在长度之中，默认是 False；head_width 设置箭头的宽度，默认是 3 * width；head_length 是箭头的长度，默认是 1.5 * head_width；shape 是箭头的形状，可取 'full'、'left'、'right'，默认是 'full'；overhang 是箭头末尾的偏移量与箭头长度的比值，如果是 0，箭头是三角形，可以设置正值和负值；head_starts_at_zero 设置箭头是否从原点开始绘制，默认是 False。

6.3.5 添加网格线

1. 直角坐标的网格线

网格线能增加图的美观度，由网格线能直观地看出数据点所处的范围。网格线用 plt.grid()命令或 figure.grid()方法绘制，grid()方法的格式如下所示。

grid(b = None, which = 'major', axis = 'both', ** kwargs)

grid()方法的主要参数的类型及说明如表 6-30 所示。

表 6-30 grid()方法的主要参数的类型及说明

参 数	参 数 类 型	说 明
b	bool、None	设置是否显示网格线，如果没有设置 b，只要设置了其他任意一个参数，就认为显示网格线；如果 b=None 而没有设置其他参数，则切换网格的显示状态
which	str	设置显示哪种类型的网格线，是显示主刻度线、次刻度线还是都显示，可以取 'major'、'minor'、'both'
axis	str	设置在哪个坐标轴上显示网格线，可以取 'both'、'x'、'y'
alpha	float、None	设置透明度
color、c	color	设置颜色
linestyle、ls	str	设置线型，可以取 '-'、'--'、'-. '、':'、' '
linewidth、lw	float	设置线的宽度

另外用 locator_params(axis='both'，tight=None， ** kwargs)方法可以控制网格线的数量，其中 axis 用于设置在哪个坐标轴上设置网格数量，可以取 'both'、'x'、'y'；参数 nbins 设置网格的数量。

下面的程序在折线图上绘制网格线，程序运行结果如图 6-42 所示。

```
import matplotlib.pyplot as plt    # Demo6_42.py
import numpy as np

x = np.linspace(0, 6 * np.pi, 1000)
y1 = np.sin(x)
y2 = np.cos(x)
plt.subplot(1,2,1)
plt.plot(x,y1,'b -- ',x,y2,'g - .')
plt.axis(xmin = 0,xmax = 20,ymin = - 1.1,ymax = 1.1)        # 设置坐标轴的范围
plt.grid(which = 'major',axis = 'both',color = '# 040404',    # 绘制网格线
```

```
            linestyle = ':', linewidth = 1, alpha = 0.8)
plt.locator_params(axis = 'both', nbins = 5)                    #设置网格线的数量
plt.subplot(1, 2, 2)
plt.plot(x, y1, 'b-- ', x, y2, 'g-.')
plt.axis(xmin = 0, xmax = 20, ymin = - 1.1, ymax = 1.1)        #设置坐标轴的范围
plt.grid(which = 'major', axis = 'both', color = '#040404',     #绘制网格线
            linestyle = ':', linewidth = 1, alpha = 0.8)
plt.locator_params(axis = 'x', nbins = 10)                      #设置网格线的数量
plt.locator_params(axis = 'y', nbins = 5)                       #设置网格线的数量
plt.show()
```

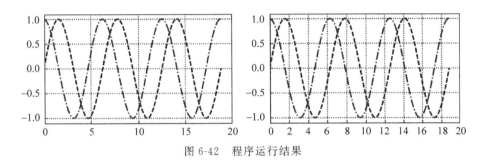

图 6-42   程序运行结果

2. 极坐标网格线

在当前的极坐标图上添加网格线用 thetagrids()方法,其格式如下所示:

thetagrids(angles = None, labels = None, fmt = None, ** kwargs)

其中,angles 是角度列表;labels 是对应的标识列表;fmt 是格式字符串,例如 '%2.1f' 表示用弧度来表示,并保留一位小数。

下面的程序在 3 个子图上设置极坐标网格线,程序运行结果如图 6-43 所示。

```
import matplotlib.pyplot as plt    #Demo6_43.py
import matplotlib as mpl
import numpy as np

mpl.rcParams['font.sans - serif'] = ['FangSong']              #设置字体参数,以便显示中文
mpl.rcParams['axes.unicode_minus'] = False

t = np.arange(0, 100)
theta = (100 + (10 * np.pi * t/180) ** 2) ** 0.5
r = t - np.arctan((10 * np.pi * t/180)/10) * 180/np.pi

plt.subplot(1, 3, 1, polar = True)
plt.polar(theta, r, marker = '.')
plt.thetagrids(angles = range(0, 360, 30))                     #极坐标网格线

plt.subplot(1, 3, 2, polar = True)
plt.polar(theta, r, marker = '.')
```

```
plt.thetagrids(angles = range(0,360,20),fmt = '%2.1f')          #极坐标网格线

plt.subplot(1,3,3,polar = True)
plt.polar(theta,r,marker = '.')
plt.thetagrids(angles = range(0,360,90),labels = ['东','南','西','北'],fontsize = 13)
                                                                #极坐标网格线

plt.show()
```

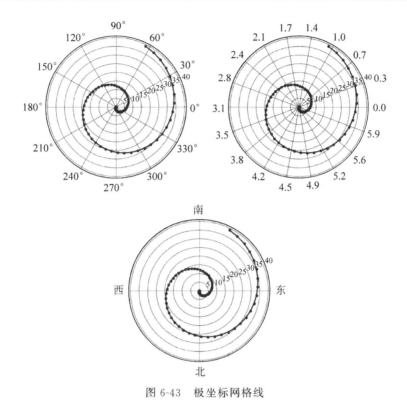

图 6-43   极坐标网格线

6.3.6   添加水平、竖直和倾斜线

为了更细致地对图像进行说明,通常需要在图上添加一些水平、竖直、倾斜线。用 hlines()方法和 vlines()方法可以绘制指定长度的水平和竖直线,hlines()方法和 vlines()方法的格式如下所示。

```
hlines(y, xmin, xmax, colors = None, linestyles = 'solid', label = '', data = None, **kwargs)
vlines(x, ymin, ymax, colors = None, linestyles = 'solid', label = '', data = None, **kwargs)
```

其中,y 和 x 分别表示水平直线和竖直直线所在位置,可以取单个值或数组;xmin 和 xmax 是水平直线的起始和终止点,可取单个值或数组;ymin 和 ymax 是竖直直线的起始和终止点,可取单个值或数组;linestyles 设置直线的类型,可以取'solid'、'dashed'、'dashdot'或'dotted'。

用 axhline()方法和 axvline()方法可以指定无限长的水平和竖直线,axhline()方法和 axvline()方法的格式如下所示。

```
axhline(y = 0, xmin = 0, xmax = 1, ** kwargs)
axvline(x = 0, ymin = 0, ymax = 1, ** kwargs)
```

其中，y 和 x 分别是水平直线和竖直线所在的位置；xmin 和 xmax 的取值在 0～1 之间，分别取 0 和 1 时表示图框的左侧和右侧；ymin 和 ymax 的取值在 0～1 之间，分别取 0 和 1 时表示图框的底部和顶部。

用 axline()方法可以绘制过两个点或过一个点并指定斜率的无限长直线，其格式如下所示。

```
axline(xy1, xy2 = None, slope = None, ** kwargs)
```

其中，xy1 和 xy2 是直线通过的坐标，取值是(float，float)；slope 是直线的斜率，xy2 和 slope 只能给定一个。

另外用 axhspan()方法和 axvspan()方法可以绘制填充颜色的矩形区域，其格式如下所示。

```
axhspan(ymin, ymax, xmin = 0, xmax = 1, ** kwargs)
axvspan(xmin, xmax, ymin = 0, ymax = 1, ** kwargs)
```

下面的程序在图像上绘制水平、竖直和倾斜线，可以对图像进行更好的说明。程序运行结果如图 6-44 所示。

```python
import numpy as np    # Demo6_44.py
import matplotlib.pyplot as plt

t = np.linspace( - 10, 10, 100)
sig = 1 / (1 + np.exp( - t))
plt.axhline(y = 0, color = "black", linestyle = " -- ")          # 无限长水平线
plt.axhline(y = 0.5, color = "black", linestyle = ":")           # 无限长水平线
plt.axhline(y = 1.0, color = "black", linestyle = " -- ")        # 无限长水平线
plt.axvline(color = "grey")                                      # 无限长竖直线
plt.axline((0, 0.5), slope = 0.25, color = "black", linestyle = (0, (5, 5)))   # 无限倾斜线
plt.axhspan(0.45, 0.65, facecolor = '0.5', alpha = 0.5)          # 水平填充矩形
plt.axvspan( - 1, 1, facecolor = '#2ca02c', alpha = 0.5)         # 竖直填充矩形
plt.plot(t, sig, linewidth = 2, label = r"$ \sigma(t) = \frac{1}{1 + e^{ -t}} $ ")
plt.xlim( - 10, 10)
plt.xlabel("t")
plt.legend(fontsize = 14)
plt.show()
```

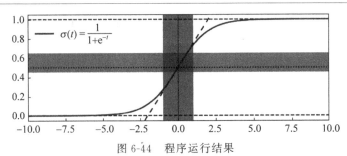

图 6-44　程序运行结果

6.3.7 添加表格

可以在图像中用表格显示一些信息。可以用 plt 命令或子图对象的 table()方法添加表格,其格式如下所示。

```
table(cellText = None, cellColours = None, cellLoc = 'right', colWidths = None, rowLabels = None,
    rowColours = None, rowLoc = 'left', colLabels = None, colColours = None, colLoc = 'center',
    loc = 'bottom', bbox = None, edges = 'closed', ** kwargs)
```

table()方法中的参数类型及说明如表 6-31 所示。

表 6-31 table()方法中的参数类型及说明

参　　数	参 数 类 型	说　　明
cellText	list	二维列表,设置每个单元格中显示的内容
cellColours	list	二维列表,设置每个单元格的背景色
cellLoc	str	设置单元格中内容的对齐方式,可以选择'left'、'center'、'right'
colWidths	list	设置每列的列宽
rowLabels	list	设置每行的表头内容
rowColours	list	设置行表头的颜色
rowLoc	str	设置行表头的对齐方式,可以选择'left'、'center'、'right'
colLabels	list	设置列表头中的内容
colColours	list	设置列表头单元格的颜色
colLoc	str	设置列表头的对齐方式,可以选择'left'、'center'、'right'
loc	str、int	设置表格在子图中的位置,可取 'best'、'upper right'、'upper left'、'lower left'、'lower right'、'center left'、'center right'、'lower center'、'upper center'、'center'、'top right'、'top left'、'bottom left'、'bottom right'、'right'、'left'、'top'、'bottom',分别对应 0~17 的数字
bbox	Bbox	设置表格的位置,如果设置该参数则忽略 loc 参数
edges	str	设置需要绘制单元格边线的位置,可以取 'BRTL'的组合(含义是 Top、Right、Top、Left),或者'open'、'closed'、'horizontal'、'vertical'

下面的程序在图像上以表格形式把数据曲线上的值显示出来,程序运行结果如图 6-45 所示。

```
from datetime import date    # Demo6_45.py
from matplotlib import pyplot as plt

dates = [date(2022, 5, 24),       # 创建 datetime 对象,用来表示在横轴上的位置和标签
        date(2022, 5, 25),
        date(2022, 5, 26),
        date(2022, 5, 27),
        date(2022, 5, 28),
        date(2022, 5, 29),
        date(2022, 5, 30) ]
y1 = [1,0.3,0.8,1.1,0.9,0.6,0.7]
y2 = [0.4,0.35,0.7,1.3,0.5,0.7,0.8]
```

```
fig = plt.figure()
ax = fig.add_subplot(1,1,1)
ax.plot_date(dates,y1,fmt = 'b-o',label = 'First Group')
ax.plot_date(dates,y2,fmt = 'r-o',label = 'Second Group')

ax.legend()                                              # 显示图例
table = ax.table(cellText = [y1,y2],cellLoc = 'center',  # 显示表格
                    rowLabels = ['First Group','Second Group'],
                    colLabels = [24,25,26,27,28,29,30],
                    loc = 'lower right',
                    colWidths = [0.08] * 7)
plt.show()
```

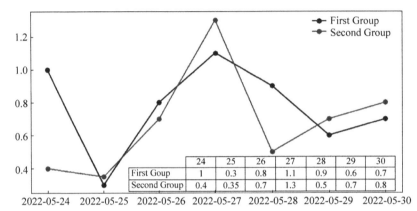

图 6-45　在图像上添加表格

在进行以上所述的绘图方法或辅助功能设置时,并不需要设置所需的所有参数,对于没有设置的参数,matplotlib 会使用默认的设置。默认设置存储在文件 matplotlibrc 中,该文件位于 Python 安装路径下的\Lib\site-packages\matplotlib\mpl-data 目录下。读者可以根据实际情况修改 matplotlibrc 中的参数值,不过建议将 matplotlibrc 文件复制到当前的工作路径后再修改,而不要直接修改原文件。

 # 6.4　三维绘图

除了绘制二维图像外,matplotlib 还可以绘制三维图像,不过 matplotlib 绘制三维图像的功能较弱。下面简要介绍一些三维绘图方法。

6.4.1　三维子图对象

要绘制三维图像,需要提供 x、y 和 z 三个坐标数据,另外还需要建立三维子图对象 Axes3D。在往图像中添加子图时,如果 projection= '3d',则返回的结果就是 Axes3D 对象,例如 fig＝plt.figure(),ax3d＝fig.add_subplot(projection= '3d');另外 Axes3D 类可以直接导入进来,例如 from mpl_toolkits.mplot3d import Axes3D,然后用 ax3d＝Axes3D(fig)

方法创建 Axes3D 类的三维子图对象 ax3d。创建三维子图对象后,通过三维子图对象的绘图方法,可以往三维子图中添加三维数据图。

用 Axes3D 类创建三维子图对象的方法如下所示,其中 fig 确定三维子图对象所在图像,rect 确定子图对象的范围,取值是(left,bottom,width,height);azim 和 elev 确定显示三维图像时的视角,azim 是绕 z 轴的旋转角度,elev 是与 x-y 面的夹角;sharez 的取值是三维子图对象,与该对象共享 z 轴的取值范围;proj_type 确定是否用透视图显示,可以取'persp'或'ortho',当取值是'persp'时,同一个物体距离近时显示的偏大,距离远时显示的偏小,当取值是'ortho'时,同一个物体无论远近,显示的大小不变;还可以设置其他参数,如 title、label、frame_on、visible、xlabel、ylabel、zlabel、xlim、ylim、zlim、zorder 等,这些参数与二维子图的参数作用相同。以上参数可以通过三维子图对象的 set_*()方法单独设置,在此不一一介绍。

```
Axes3D(fig, rect = None, * args, azim = - 60,elev = 30, sharez = None, proj_type = 'persp', ** kwargs)
```

6.4.2　三维折线图

三维空间中绘制折线通常需要提供 x、y 和 z 三组数据,z 值可不提供,这时认为 z 值是 0。绘制三维折线图的方法是 plot()或 plot3D()方法,它们的格式相同。下面是 plot3D()方法的格式,其中 xs、ys 和 zs 是长度相等的一维数组、列表或元组,分别定义三维空间中 x、y 和 z 坐标值,zs 可以取单个浮点数,也可省略,若省略表示 zs 取值是 0;zdir 用于指定 z 轴方向,可取'x'、'y'或'z';其他参数可参考二维 plot()方法中的参数。

```
plot3D(xs, ys, [zs,] zdir = 'z', ** kwargs)
```

下面的程序用 plot3D()方法绘制三维螺旋线,并绘制三维螺旋线在 x=0 和 y=0 坐标面上的投影图。程序运行结果如图 6-46 所示。

```python
import numpy as np      # Demo6_46.py
import matplotlib.pyplot as plt
from mpl_toolkits.mplot3d import Axes3D

fig = plt.figure()                          #创建图像对象
ax3d = Axes3D(fig)                          #创建三维子图

n = 4                                       #螺旋线的圈数
t = np.linspace(0,2 * n * np.pi,50)
x = np.sin(t) + 2                           #x 坐标
y = np.cos(t) + 2                           #y 坐标
z = np.linspace(2,50,50)                    #z 坐标
ax3d.plot3D(x,y,z,'b - o')                  #绘制三维折线
ax3d.plot3D(y,z,'m -- ',zdir = 'x')         #绘制三维折线
ax3d.plot3D(x,z,'m -- ',zdir = 'y')         #绘制三维折线

ax3d.set_xlabel('X Value')
ax3d.set_ylabel('Y Value')
ax3d.set_zlabel('Z Value')
plt.show()
```

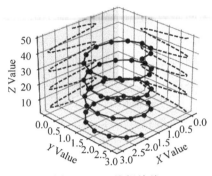

图 6-46　三维螺旋线

6.4.3　三维散点图

三维散点图同样需要定义 x、y 和 z 三个坐标值。三维散点图用 scatter()或 scatter3D()方法绘制,它们的格式相同。下面是 scatter3D()方法的格式,其中 xs、ys 和 zs 是同形状的一维或二维数组,zs 还可取单个浮点数;zdir 定义 z 轴方向,可取'x'、'y'、'z'、'-x'、'-y'或'-z'; s 定义散点的尺寸,可取单个浮点数或与 xs 同形状的数组;c 定义颜色,可取单个颜色值,或者与 xs 同长度的颜色列表,也可取数值数组,用 cmap 和 norm 参数来映射颜色,c 还可取二维数组,元素的值是 RGB 或 RGBA;depthshade 用于确定散点是否有深度效果;其他参数可参考二维 scatter()方法中的参数。

scatter3D(xs, ys, zs = 0, zdir = 'z', s = 20, c = None, depthshade = True, * args, ** kwargs)

下面的程序绘制由随机数产生的三维散点图,程序运行结果如图 6-47 所示。

```python
import numpy as np    # Demo6_47.py
import matplotlib.pyplot as plt

fig = plt.figure()
ax3D = fig.add_subplot(projection = '3d')

x = np.linspace(0, 100,40)
y = np.linspace(0, 100,20)
x, y = np.meshgrid(x, y)
z = np.random.randint(0, 100, size = (20, 40))
ax3D.scatter3D(x, y, z, c = z, s = z, marker = 'o',cmap = 'jet')
plt.show()
```

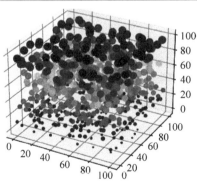

图 6-47　三维散点图

6.4.4　三维柱状图

绘制三维柱状图需要定义每个柱子的起始点、长度、宽度和高度,可以给柱的6个面定义不同的颜色。三维柱状图用 bar3d()方法绘制,其格式如下所示。其中 x、y 和 z 取值是长度为 N 的一维数组或单个浮点数,定义柱的起始点;dx、dy 和 dz 也是长度为 N 的一维数组或单个浮点数,定义柱子的宽度、深度和高度;color 定义柱子的颜色,有多种区分方法:当取一个颜色值时,所有的柱子的颜色都相同,当取长度是 N 的颜色数组时,定义每个柱子的颜色,当取长度是 $6N$ 的颜色数组时,定义柱子6个面的颜色,这6个面的颜色按照 $-Z$、$+Z$、$-Y$、$+Y$、$-X$ 和 $+X$ 顺序定义;zsort 是指传递给 Poly3Dcollection 对象的参数,它确定 zorder 值,用于设置绘制顺序,可以取'average'、'min'或'max';shade 用于设置是否显示阴影;lightsource 用于定义光源,取值是 LightSource 对象。

```
bar3d(x, y, z, dx, dy, dz, color = None, zsort = 'average', shade = True, lightsource =
None, *args, **kwargs)
```

用 bar()方法可以在三维图上添加二维柱状图。bar()的格式如下所示,其中 left 是一维数组,定义柱子的 x 坐标;height 是一维数组,定义柱子的高度;zs 是一维数组或单个浮点数,定义柱子的 z 坐标;zdir 定义柱子的方向,可取'x'、'y'、'z'。

```
bar(left, height, zs = 0, zdir = 'z', *args, **kwargs)
```

下面的程序用随机产生的柱子绘制三维柱状图,程序运行结果如图 6-48 所示。

```python
import numpy as np    # Demo6_48.py
import matplotlib.pyplot as plt

fig = plt.figure()
ax3D = fig.add_subplot(projection = '3d')

x = np.linspace(0,100,5)
y = np.linspace(0,100,10)
x, y = np.meshgrid(x, y)
x = x.flatten()
y = y.flatten()
dz = np.random.randint(0, 100, size = (5,10)).flatten()
ax3D.bar3d(x, y, 0, 5,5,dz,color = 'm')
plt.show()
```

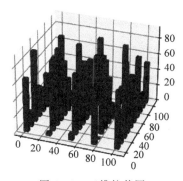

图 6-48　三维柱状图

6.4.5 三维曲面图

三维曲面图以曲面形式显示高度方向的值,可以映射颜色,用颜色显示高度的值。三维曲面图用 plot_surface()方法绘制,其格式如下所示。

plot_surface(X, Y, Z, * args, norm = None, vmin = None, vmax = None, lightsource = None, ** kwargs)

plot_surface()方法中的参数类型及说明如表 6-32 所示。其中参数 rcount 和 ccount 在行(y)向和列(x)向将曲面分成多个块,或者用参数 rstride 和 cstride 定义每个块的跨度,count、ccount 与 rstride、cstride 只需定义一组数据即可;每个块用 facecolors 参数定义不同的颜色,或者用 cmap 参数定义色谱,将色谱映射到曲面上,块越多颜色过渡越光滑。

表 6-32 plot_surface()方法中的参数类型及说明

参　数	参 数 类 型	说　　明
X、Y	array	取值是二维数组,分别定义曲面的 x 和 y 坐标
Z	array	取值是二维数组,定义曲面的高度值,通常是参数 X 和 Y 的函数
rcount、ccount	int	分别定义行(y)向和列(x)向分割快的数量,值越大块的数量越多
rstride、cstride	int	分别定义行向和列向每个分割块的跨度,值越小块的数量越多
color	color	定义曲面的颜色
facecolors	list[color]	定义每个区域的颜色
cmap	str、Colormap	定义被映射的颜色谱
norm	Normalize	数据的归一化
vmin、vmax	float	如果不定义 norm,设置归一化的最小值和最大值
shape	bool	设置是否渲染曲面
lightsource	LightSource	设置光源

另外可以用 plot_wreframe()方法绘制不带颜色的线架图,其格式如下所示。参数主要有 X、Y、Z 以及 count、ccount 和 rstride、cstride,参数意义与 plot_surface()方法的相同。

plot_wireframe(X, Y, Z, * args, ** kwargs)

下面的程序绘制方程 $z = 2\left(1 - \dfrac{x}{4} + x^5 + y^4\right)\mathrm{e}^{-x^2 - y^2}$ 确定的曲面,绘制两个曲面图和一个线架图,对比设置不同数量的分块对映射颜色的影响。程序运行结果如图 6-49 所示。

```
import numpy as np    #Demo6_49.py
import matplotlib.pyplot as plt

n = 50
x = np.linspace( - 3,3,n)
y = np.linspace( - 3,3,n)
X,Y = np.meshgrid(x,y)                              #x 和 y 向的坐标值
Z = (1 - X/4 + X ** 5 + Y ** 4) * np.exp( - X ** 2 - Y ** 2) * 2    #高度值

fig = plt.figure()
```

```
ax3d_1 = fig.add_subplot(1,2,1, projection = '3d')
ax3d_1.plot_surface(X,Y,Z,rcount = 50,ccount = 50,cmap = 'jet')      #绘制曲面
ax3d_1.view_init(30, 200)                                            #视角
ax3d_2 = fig.add_subplot(1,2,2, projection = '3d')
ax3d_2.plot_surface(X,Y,Z,rcount = 6,ccount = 6,cmap = 'jet')        #绘制曲面
ax3d_2.view_init(30, 200)                                            #视角
plt.show()
```

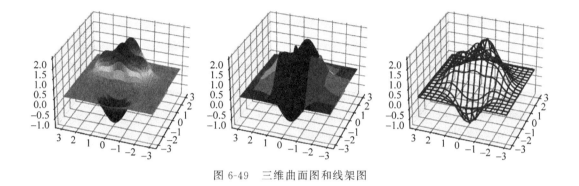

图 6-49　三维曲面图和线架图

6.4.6　三维等值线图

三维等值线图用 contour()方法或 contour3D()方法绘制,三维填充颜色的等值线图用 contourf()方法或 contourf3D()方法绘制。contour()方法和 contour3D()方法的格式相同, contourf()方法和 contourf3D()方法的格式相同。contour3D()方法和 contourf3D()方法的格式如下所示,其中 X、Y 和 Z 的作用与 plot_surface()方法中的 X、Y 和 Z 作用相同; extend3d 用于确定是否将等值线拉伸成三维面; stride 用于设置延长等值线的跨度; zdir 用于确定投影方向,可以取'x'、'y'或'z'; offset 设置将等值线投影到的位置,如果设置了 offset,则将等值线投影到垂直于 zdir 方向的面上; levels 设置等值线的数量; 其他参数可参考二维 contour()方法和 contourf()方法中的参数。

```
contour3D(X, Y, Z, * args, extend3d = False, stride = 5, zdir = 'z', offset = None, ** kwargs)
contourf3D(X, Y, Z, * args, zdir = 'z', offset = None, ** kwargs)
```

下面的程序绘制方程 $z = 2\left(1 - \dfrac{x}{4} + x^5 + y^4\right)\mathrm{e}^{-x^2 - y^2}$ 的三维等值线图、填充颜色的三维等值线图和投影等值线图,程序运行结果如图 6-50 所示。

```
import numpy as np    # Demo6_50.py
import matplotlib.pyplot as plt

n = 50
x = np.linspace( - 3,3,n)
y = np.linspace( - 3,3,n)
X,Y = np.meshgrid(x,y)                    #x 和 y 向的坐标值
```

```
Z = (1 - X/4 + X ** 5 + Y ** 4) * np.exp( - X ** 2 - Y ** 2) * 2       #高度值

fig = plt.figure()
ax3d_1 = fig.add_subplot(1,3,1, projection = '3d')
ax3d_1.contour3D(X,Y,Z,extend3d = False,cmap = 'jet',levels = 20)      #绘制等值线
ax3d_1.view_init(20, 230)                                              #视角
ax3d_2 = fig.add_subplot(1,3,2, projection = '3d')
ax3d_2.contourf3D(X,Y,Z,cmap = 'jet',levels = 20)                      #绘制填充等值线
ax3d_2.view_init(20, 230)                                              #视角
ax3d_3 = fig.add_subplot(1,3,3, projection = '3d')
ax3d_3.plot_surface(X,Y,Z,rcount = 50, ccount = 50, cmap = 'jet')      #绘制曲面
ax3d_3.contour3D(X,Y,Z,zdir = 'x',offset = 4,cmap = 'jet',levels = 20)  #等高线投影图
ax3d_3.contourf3D(X,Y,Z,zdir = 'y',offset = 4,cmap = 'jet',levels = 20)  #等高线投影图
ax3d_3.contourf3D(X,Y,Z,zdir = 'z',offset = - 2,cmap = 'jet',levels = 20)  #等高线投影图
ax3d_3.set_xlim( - 3,4)
ax3d_3.set_ylim( - 3,4)
ax3d_3.set_ylim( - 3,2)
ax3d_3.view_init(20, 230)                                              #视角
plt.show()
```

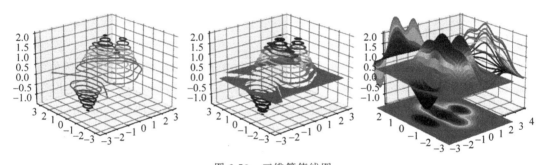

图 6-50　三维等值线图

6.4.7　三维三角形网格图

1. 三维三角形网格渲染图

三维三角形网格渲染图的曲面由许多三角形构成,需要定义三角形对象 Triangulation。关于三角形对象 Triangulation 的定义可参考 6.1.19 节的内容。

三维三角形网格渲染图用 plot_trisurf() 方法绘制,其格式如下所示。可选参数有 X、Y、Z、color、cmap、norm、vmin、vmax、shade 和 lightsource,这些参数的意义如前所述。三维三角形网格渲染图的变形和颜色由 Z 值决定。

```
plot_trisurf(triangulation, Z, ** kwargs)
plot_trisurf(X, Y, Z, ** kwargs)
plot_trisurf(X, Y, triangles, Z, ** kwargs)
plot_trisurf(X, Y, triangles = triangles, Z, ** kwargs)
```

2. 带等值线的三维三角形网格图

带等值线的三维三角形网格图用 tricontour() 方法和 tricontourf() 方法绘制,后者是填充样式。它们的格式如下所示,可选参数有 triangluation、X、Y、Z、extend3d、stride、zdir、offset、levels、cmap、norm、vmin 和 vmax 等。

```
tricontour( * args, extend3d = False, stride = 5, zdir = 'z', offset = None, ** kwargs)
tricontourf( * args, zdir = 'z', offset = None, ** kwargs)
```

下面的程序创建一个由三角形构成的圆环,并绘制三维三角形网格渲染图和带等值线的三维三角形网格图。程序运行结果如图 6-51 所示。

```python
import numpy as np          # Demo6_51.py
import matplotlib.pyplot as plt
import matplotlib.tri as tri


n_angles = 36                               # 圆环周向分割数
n_radii = 8                                 # 径向分割数
min_radius = 0.25                           # 圆环内径
max_radius = 0.95                           # 圆环外径
radii = np.linspace(min_radius, max_radius, n_radii)    # 圆环半径数组

angles = np.linspace(0, 2 * np.pi, n_angles, endpoint = False).reshape((-1,1))
                                            # 圆环角度数组
angles = np.repeat(angles, n_radii, axis = 1)      # 扩充圆环角度数量
angles[:, 1::2] += np.pi / n_angles

x = (radii * np.cos(angles)).flatten()      # 节点的 x 值坐标
y = (radii * np.sin(angles)).flatten()      # 节点的 y 值坐标
z = (np.cos(radii) * np.cos(3 * angles)).flatten()   # 节点上的颜色值

triang = tri.Triangulation(x, y)     # 创建 Triangulation 对象,用 Delaynay 方法创建拓扑关系
triang.set_mask(np.hypot(x[triang.triangles].mean(axis = 1), y[triang.triangles].mean(axis = 1))
                < min_radius)              # 将不需要的三角形隐藏

fig = plt.figure()
ax3d_1 = fig.add_subplot(1,3,1, projection = '3d')
ax3d_1.plot_trisurf(triang, z, cmap = 'jet', shade = True)   # 绘制三维三角形网格渲染图
ax3d_1.set_zlim(-2.5, 2.5)
ax3d_2 = fig.add_subplot(1,3,2, projection = '3d')
ax3d_2.tricontour(triang, z, cmap = 'jet', levels = 10)   # 绘制带等值线的三角形网格图
ax3d_2.set_zlim(-2.5, 2.5)
ax3d_3 = fig.add_subplot(1,3,3, projection = '3d')
ax3d_3.tricontourf(triang, z, cmap = 'jet', levels = 10)   # 绘制带等值线的三角形网格填充图
ax3d_3.set_zlim(-2.5, 2.5)
plt.show()
```

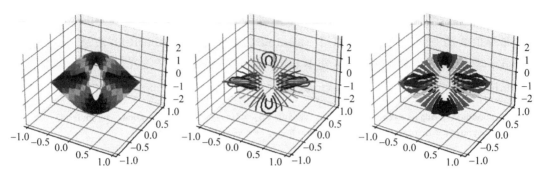

图 6-51　三维三角形网格渲染图和带等值线的三维三角形网格图

6.4.8　三维箭头矢量图

三维箭头矢量图用箭头描述三维空间中的矢量方向,可以用 quiver() 方法和 quiver2D() 方法绘制,它们的格式相同。quiver3D() 方法的格式如下所示,其中 X、Y 和 Z 确定箭头所指的位置;U、V 和 W 是确定箭头的方法,是矢量在 X、Y 和 Z 向的分量;length 确定箭头的长度;arrow_length_ratio 是箭头部分的长度和整个箭(含箭柄)长度的比值;pivot 确定箭的哪部分在 X、Y 和 Z 坐标位置处,可以取 'tail'、'middle' 和 'tip';normalize 设置所有的箭头是否有相同的长度,取 False 时箭头长度由 U、V 和 W 决定。

```
quiver3D(X, Y, Z, U, V, W, length = 1, arrow_length_ratio = 0.3, pivot = 'tail', normalize = False, ** kwargs)
```

下面的程序绘制方程 $z = x\mathrm{e}^{-x^2-y^2}$ 确定的三维曲面图和曲面的法向箭头矢量图,曲面 $z = x\mathrm{e}^{-x^2-y^2}$ 的法向矢量方向是 $U = -\dfrac{\partial Z}{\partial x}, V = -\dfrac{\partial Z}{\partial y}, W = 1$。程序运行结果如图 6-52 所示。

```python
import numpy as np    # Demo6_52.py
import matplotlib.pyplot as plt

x = np.arange( - 2, 2, 0.2)
y = np.arange( - 1, 1 , 0.2)
X, Y = np.meshgrid(x,y)
Z = X * np.exp( - X ** 2 - Y ** 2)
m,n = Z.shape
dzdx = np.exp( - X ** 2 - Y ** 2) - 2 * (X ** 2) * np.exp( - X ** 2 - Y ** 2)
dzdy = - 2 * X * Y * np.exp( - X ** 2 - Y ** 2)
dzdz = np.ones_like(dzdx)

fig = plt.figure()
ax3d_1 = fig.add_subplot(1,2,1,projection = '3d')
ax3d_1.quiver3D(X,Y,Z, - dzdx, - dzdy,dzdz,length = 0.3, color = 'b')    # 三维箭头矢量图
ax3d_1.plot_wireframe(X,Y,Z)                                            # 三维线架图
ax3d_1.set_xlim( - 2,2)
```

```
ax3d_1.set_ylim( - 1,1)
ax3d_1.set_zlim( - 1,1)

ax3d_2 = fig.add_subplot(1,2,2,projection = '3d')
ax3d_2.quiver3D(X,Y,Z, - dzdx, - dzdy,dzdz,length = 0.3, color = 'b')    # 三维箭头矢量图
ax3d_2.plot_surface(X,Y,Z,cmap = 'jet')                                   # 三维曲面图
ax3d_2.set_xlim( - 2,2)
ax3d_2.set_ylim( - 1,1)
ax3d_2.set_zlim( - 1,1)
plt.show()
```

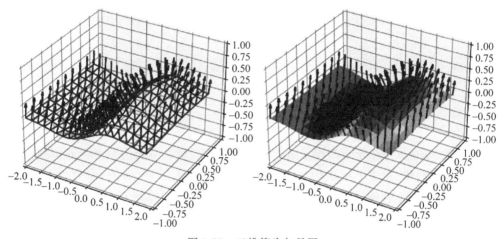

图 6-52 三维箭头矢量图

如果要往三维图像上添加文字,可以用 text(x, y, z, s, zdir=None, ** kwargs)方法添加,其中 x、y 和 z 是文字所在的位置,s 是文字内容。

第7章

SciPy数值计算方法

SciPy 是 Python 中一个专门用于数学、科学、工程计数的数值方法计算包。SciPy 类似 MATLAB 的工具箱,由多个模块构成,可以进行线性代数运算、插值、积分、优化、图像处理、常微分方程数值求解、信号处理等。SciPy 以 NumPy 数组(向量和矩阵)为基础,NumPy 和 SciPy 协同工作,可以高效解决问题。SciPy 是 Python 科学计算领域的核心包,它包含的模块有 constants(物理和数学常数)、io(数据输入输出)、linalg(线性代数)、cluster(聚类算法)、fft(傅里叶变换)、integrate(积分)、interpolate(插值)、ndimage(n 维图像)、odr(正交距离回归)、optimize(优化)、signal(信号处理)、sparse(稀疏矩阵)、spatial(空间数据结构和算法)、stats(数据统计)和 special(特殊数学函数)。

7.1 SciPy 中的常数

由于历史原因,不同的国家和地区会采用不同的单位值,例如有些国家的长度单位使用米、毫米,而有些国家使用英尺、英寸等。在科学计数中,通常是使用一套统一的单位制,但是源数据可能是用不同的单位来表示的,需要进行单位制的转换。SciPy 的 constants 模块提供一些常用的数学、物理常量和非标准单位变换到国际单位制的转换系数。在使用 constants 模块前,需要用"from scipy import constants as const"语句导入 constants 模块,本书采用别名 const,用"const.常量名称"的形式调用 constants 模块中的常量。

7.1.1 数学和物理常量

constants 模块中定义了一些常用的数学和物理常量,这些数学和物理常量如表 7-1 所示。

表 7-1　constants 模块中的数学和物理常量

常 量 名 称	常 量 的 值	说　　明
pi	3.141592653589793	圆周率 π
golden、golden_ratio	1.618033988749895	黄金分割点
c、speed_of_light	299792458.0	真空中的光速(m/s)
mu_0	1.25663706212e-06	磁常数(H/m)
epsilon_0	8.8541878128e-12	电气常数(F/m)
h、Planck	6.62607015e-34	普朗克常数(J·s)
hbar	1.0545718176461565e-34	$h/(2\pi)$
G、gravitational_constant	6.6743e-11	万有引力常数($N \cdot m^2/kg^2$)
g	9.80665	重力加速度(m/s^2)
e、elementary_charge	1.602176634e-19	基本电荷(C)
R、gas_constant	8.314462618	摩尔气体常数(J/(mol·K))
alpha、fine_structure	0.0072973525693	精细结构常数
N_A、Avogadro	6.02214076e+23	阿伏伽德罗常数(mol^{-1})
k、Boltzmann	1.380649e-23	玻尔兹曼常数(J/K)
sigma	5.670374419e-08	斯蒂芬-玻尔兹曼常数($W/(m^2 \cdot K^4)$)
Rydberg	10973731.56816	里德伯常量(m^{-1})
m_e、electron_mass	9.1093837015e-31	电子质量(kg)
m_p、proton_mass	1.67262192369e-27	质子质量(kg)
m_n、neutron_mass	1.67492749804e-27	中子质量(kg)
m_u、u、atomic_mass	1.6605390666e-27	原子质量(kg)

7.1.2　单位换算常量

constants 模块提供非国际标准单位到国际标准单位的换算系数,这些换算系数涉及质量、长度、时间、力、体积、角度、压力、面积、速度、温度、能量和功率与国际标准单位的转换。

1. 质量换算系数常量

constants 模块中非国际标准的质量单位换算成千克(kg)时换算系数如表 7-2 所示。

表 7-2　质量换算系数常量

常 量 名 称	常 量 的 值	说　　明
gram	0.001	克换算成千克
lb、pound	0.45359236999999997	磅换算成千克
blob、slinch	175.12683524647636	斯勒格(英寸)换算成千克
slug	14.593902937206364	斯勒格(英尺)换算成千克
oz、ounce	0.028349523124999998	盎司换算成千克
stone	6.3502931799999995	英石换算成千克
grain	6.479891e-05	格令换算成千克
long_ton	1016.0469088	长吨换算成千克
short_ton	907.1847399999999	短吨换算成千克
troy_ounce	0.031103476799999998	金衡制盎司换算成千克
troy_pound	0.37324172159999996	金衡制磅换算成千克
carat	0.0002	克拉换算成千克

2. 长度换算系数常量

constants 模块中非国际标准的长度单位换算成米(m)时换算系数如表 7-3 所示。

表 7-3　长度换算系数常量

常 量 名 称	常 量 的 值	说　　明
inch	0.0254	英寸换算成米
foot	0.30479999999999996	英尺换算成米
yard	0.9143999999999999	码换算成米
mile	1609.3439999999998	英里换算成米
mil	2.5399999999999997e-05	密耳换算成米
pt、point	0.00035277777777777776	点换算成米
survey_foot	0.3048006096012192	测量英尺换算成米
survey_mile	1609.3472186944373	测量英里换算成米
nautical_mile	1852.0	海里换算成米
fermi	1e-15	费米换算成米
angstrom	1e-10	埃换算成米
micron	1e-06	微米换算成米
au、astronomical_unit	149597870700.0	天文单位换算成米
light_year	9460730472580800.0	光年换算成米
parsec	3.085677581491367e+16	秒差距换算成米

3. 时间换算系数常量

constants 模块中非国际标准的时间单位换算成秒(s)时换算系数如表 7-4 所示。

表 7-4　时间换算系数常量

常 量 名 称	常 量 的 值	说　　明
minute	60.0	分钟换算成秒
hour	3600.0	小时换算成秒
day	86400.0	天换算成秒
week	604800.0	周换算成秒
year	31536000.0	年换算成秒
Julian_year	31557600.0	儒略年(365.25 天)换算成秒

4. 力换算系数常量

constants 模块中非国际标准的力单位换算成牛顿(N)时换算系数如表 7-5 所示。

表 7-5　力换算系数常量

常 量 名 称	常 量 的 值	说　　明
dyn、dyne	1e-05	达因换算成牛顿
lbf、pound_force	4.4482216152605	磅力换算成牛顿
kgf、kilogram_force	9.80665	千克力换算成牛顿

5. 体积换算系数常量

constants 模块中非国际标准的体积单位换算成立方米(m^3)时换算系数如表 7-6 所示。

表 7-6 体积换算系数常量

常 量 名 称	常 量 的 值	说 明
liter、litre	0.001	升换算成立方米
gallon、gallon_US	0.0037854117839999997	加仑(美)换算成立方米
gallon_imp	0.00454609	加仑(英)换算成立方米
fluid_ounce、fluid_ounce_US	2.9573529562499998e-05	液量盎司(美)换算成立方米
fluid_ounce_imp	2.84130625e-05	液量盎司(英)换算成立方米
bbl、barrel	0.15898729492799998	桶换算成立方米

6. 角度换算系数常量

constants 模块中非国际标准的角度单位换算成弧度时换算系数如表 7-7 所示。

表 7-7 角度换算系数常量

常 量 名 称	常 量 的 值	说 明
degree	0.017453292519943295	度换算成弧度
arcmin、arcminute	0.0002908882086657216	弧分换算成弧度
arcsec、arcsecond	4.84813681109536e-06	弧秒换算成弧度

7. 压力换算系数常量

constants 模块中非国际标准的压力单位换算成帕(Pa 或 N/m^2)时换算系数如表 7-8 所示。

表 7-8 压力换算系数常量

常 量 名 称	常 量 的 值	说 明
atm、atmosphere	101325.0	大气压换算成帕
bar	100000.0	巴换算成帕
torr、mmHg	133.32236842105263	毫米汞柱换算成帕
psi	6894.757293168361	磅力每平方英寸(pounds per square inch)换算成帕

8. 面积换算系数常量

constants 模块中非国际标准的面积单位换算成平方米(m^2)时换算系数如表 7-9 所示。

表 7-9 面积换算系数常量

常 量 名 称	常 量 的 值	说 明
hectare	10000.0	公顷换算成平方米
acre	4046.8564223999992	英亩换算成平方米

9. 速度换算系数常量

constants 模块中非国际标准的速度单位换算成米每秒(m/s)时换算系数如表 7-10 所示。

表 7-10　速度换算系数常量

常 量 名 称	常 量 的 值	说　明
kmh	0.2777777777777778	公里每小时换算成米每秒
mph	0.44703999999999994	英里每小时换算成米每秒
mach	340.5	马赫换算成米每秒
speed_of_sound	340.5	声音在空气中的传播速度
knot	0.5144444444444445	节换算成米每秒

10. 温度换算系数常量

constants 模块中非国际标准的温度单位换算成绝对温度(K)时换算系数如表 7-11 所示。

表 7-11　温度换算系数常量

常 量 名 称	常 量 的 值	说　明
zero_Celsius	273.15	零摄氏温度对应的绝对温度
degree_Fahrenheit	0.5555555555555556	华氏温度换算成绝对温度

11. 能量换算系数常量

constants 模块中非国际标准的能量单位换算成焦耳(J)时换算系数如表 7-12 所示。

表 7-12　能量换算系数常量

常 量 名 称	常 量 的 值	说　明
eV、electron_volt	1.602176634e-19	电子伏特换算成焦耳
calorie、calorie_th	4.184	卡路里(热化学)换算成焦耳
calorie_IT	4.1868	卡路里(国际蒸汽表)换算成焦耳
erg	1e-07	尔格换算成焦耳
Btu、Btu_IT	1055.05585262	(英国)热单位(国际蒸汽表)换算成焦耳
Btu_th	1054.3502644888888	(英国)热单位(热化学)换算成焦耳
ton_TNT	4184000000.0	一吨 TNT 炸药的能量换算成焦耳

constants 模块中还提供了马力转换成功率国际标准单位制瓦特(W)的换算系数,马力换算成瓦特的常量名称是 hp 或 horsepower,值是 745.6998715822701。

在知道了非国际标准单位到国际标准单位的换算系数后,可以计算出国际标准单位到非国际标准单位的换算系数,以及非国际标准单位到非国际标准单位的换算系数,例如下面的程序。

```python
import scipy.constants as const    #Demo7_1.py

kg2pound = 1/const.pound                       # 千克换算成磅的系数
kg2ounce = 1/const.ounce                       # 千克换算成盎司的系数
pound2ounce = const.pound/const.ounce          # 磅换算成盎司的系数
ounce2pound = const.ounce/const.pound          # 盎司换算成磅的系数
print('kg/pound = ',kg2pound, '\n', 'kg/ounce = ',kg2ounce)
```

```
print('pound/ounce = ',pound2ounce, '\n', 'ounce/pound = ',ounce2pound)

m2mile = 1/const.mile                              # 米换算成英里的系数
m2nautical_mile = 1/const.nautical_mile            # 米换算成海里的系数
mile2nautical_mile = const.mile/const.nautical_mile   # 英里换算成海里的系数
nautical_mile2mile = const.nautical_mile/const.mile   # 海里换算成英里的系数
print('m/mile = ',m2mile, '\n', 'm/nautical_mile = ',m2nautical_mile)
print('mile/nautical_mile = ',mile2nautical_mile, '\n', 'nautical_mile/mile = ',nautical_
mile2mile)
# 运行结果如下:
# kg/pound = 2.204622621848776
# kg/ounce = 35.27396194958042
# pound/ounce = 16.0
# ounce/pound = 0.0625
# m/mile = 0.000621371192237334
# m/nautical_mile = 0.0005399568034557236
# mile/nautical_mile = 0.8689762419006478
# nautical_mile/mile = 1.1507794480235427
```

7.2 SciPy 的数据读写

对于科学计数中的数据存储和读写,SciPy 提供了几个可以读写不同数据格式的函数,它们都在 io 模块中。另外还可以用 PyQt5 的数据流的方式读写自定义格式的文本数据和二进制数据。关于 PyQt5 读写数据的内容请参考第 10 章。

7.2.1 读写 MATLAB 文件

SciPy 可以用 loadmat()函数直接读取 MATLAB 的 .mat 文件中的数据,可以读取的 MATLAB 版本是 v4、v6、v7 到 7.2 版本,loadmat()函数的返回值是字典,MATLAB 中的变量是字典的关键字,变量的值(矩阵)是关键字的值。另外,函数 whosmat()只返回 .mat 文件中的变量名(矩阵名称)、形状(元素是整数的元组)和数据类型,不读取数据,数据类型有 int8、uint8、int16、uint16、int32、uint32、int64、uint64、single、double、cell、struct、object、char、sparse、function、opaque、logical、unknown。loadmat()函数和 whosmat()函数的格式基本相同,它们的格式如下所示。

```
loadmat(file_name, mdict = None, appendmat = True, ** kwargs)
whosmat(file_name, appendmat = True, ** kwargs)
```

loadmat()和 whosmat()函数中各参数的说明如表 7-13 所示。

表 7-13　loadmat()和 whosmat()函数中各参数的说明

参　　数	参 数 类 型	说　　明
file_name	str	指定要读取的 .mat 文件的文件名,当 appendmat = True 时,不用加 .mat 后缀

续表

参　　数	参数类型	说　　明
mdict	dict	设置保存.mat文件中变量的字典
appendmat	bool	若为True则自动在文件名后添加后缀.mat,此时file_name不需要包含扩展名,否则file_name需要添加.mat后缀
byte_order	str、None	设置.mat文件中数据的字节序,可以取'native'、'='、'little'、'<'、'>'、'BIG',默认为None,表示猜测mat文件的字节序
mat_dtype	bool	取值若为True,则返回的数组与加载到MATLAB中的数组是相同类型(dtype)的数组,而不是保存数组时的类型
squeeze_me	bool	设置是否压缩单位矩阵的维数
chars_as_string	bool	设置是否将字符数组转字符串数组
matlab_compatible	bool	设置返回的矩阵与读取的MATLAB中的矩阵是否相同,若为True则相当于squeeze_me＝False、chars_as_string＝False、mat_dtype＝True、struct_as_record＝True
struct_as_record	bool	设置是否把MATLAB的结构体作为结构数组,默认是True
verify_compressed_data_integrity	bool	设置是否检查MATLAB的被压缩的数据,以确保数据长度不超过预期长度
variable_names	None sequence	若为None(默认)则读取文件中的所有变量,否则读取序列中指定的变量,跳过没指定的变量,以减少读取时间
simplify_cells	bool	如果取True,返回值的形式是字典结构形式,会自动把struct_as_record设置成False,把squeeze_me设置True

SciPy的savemat()函数可以将保存到字典中的数据(数组)输出到MATLAB的.mat文件,savemat()函数的格式如下所示。

```
savemat(file_name, mdict, appendmat = True, format = '5', long_field_names = False,
    do_compression = False, oned_as = 'row')
```

savemat()函数中各参数的说明如表7-14所示。

表 7-14　savemat()函数中各参数的说明

参　　数	参数类型	说　　明
file_name	str	设置要保存的.mat文件名。如果appendmat＝True,可以不用输入扩展名.mat
mdict	dict	设置需要保存的数据
appendmat	bool	设置文件名中是否自动添加扩展名.mat,默认是True
format	str	设置MATLAB的版本,可以取'4'、'5',默认是'5'
long_field_names	bool	设置结构体的域名是否用长名字,默认是False,最长名字有31个字符;如果是True,最长名字可有63个字符
do_compression	bool	设置是否压缩矩阵,默认是False
oned_as	str	如果取'row',用行向量保存一维数组;如果取'column',用列向量保存一维数组

下面的程序计算曲面方程 $z = x\mathrm{e}^{-x^2-y^2}$ 和 $z = 2\left(1 - \dfrac{x}{4} + x^5 + y^4\right)\mathrm{e}^{-x^2-y^2}$ 的函数值,

并把函数值保存到 MATLAB 的.mat 文件中,然后从.mat 中读取数据,并绘制曲面。

```
import numpy as np    # Demo7_2.py
from scipy import io
import matplotlib.pyplot as plt

x = np.arange( - 3, 3, 0.1)
y = np.arange( - 3, 3 , 0.1)
X, Y = np.meshgrid(x, y)
Z_1 = X * np.exp( - X ** 2 - Y ** 2)
Z_2 = (1 - X/4 + X ** 5 + Y ** 4) * np.exp( - X ** 2 - Y ** 2) * 2
zdict = {'Z1':Z_1,'Z2':Z_2}                                    # 创建字典

io.savemat(file_name = 'D:\\data.mat', mdict = zdict, format = '5')   # 把字典数据保存到.mat 文件中
data_dict = io.loadmat(file_name = 'D:\\data.mat', appendmat = True)  # 从.mat 文件中读取数据

Z1 = data_dict['Z1']
Z2 = data_dict['Z2']

fig = plt.figure()
ax3d_1 = fig.add_subplot(1, 2, 1, projection = '3d')
ax3d_1.plot_surface(X, Y, Z1, cmap = 'jet')                    # 绘制曲面
ax3d_2 = fig.add_subplot(1, 2, 2, projection = '3d')
ax3d_2.plot_surface(X, Y, Z2, cmap = 'jet')                    # 绘制曲面
plt.show()
```

7.2.2　读写 wave 文件

wave 文件是计算机领域最常用的数字化声音文件格式之一,它是微软专门为 Windows 系统定义的波形文件格式(waveform audio),其扩展名为 * .wav。

SciPy 读写.wav 文件的函数是 read()和 write(),其格式如下所示。其中 filename 是 .wav 文件路径和文件名;mmap(memory map)设置是否将文件映射到内存;rate 是采样率,即每秒内数据的个数;data 是一维或二维数组。write()函数的返回值是采样率和数据。

read(filename, mmap = False)
write(filename, rate, data)

下面的程序生成一个正弦信号,并将正弦信号写到.wav 文件中,然后再从.wav 文件中读取数据,并绘制数据的图形。读者可以播放.wav 文件中的声音。

```
import numpy as np    # Demo7_3.py
from scipy.io import wavfile
import matplotlib.pyplot as plt

samplerate = 44100
```

```
fs = 100
time = np.linspace(0., 10., samplerate)
amplitude = np.iinfo(np.int16).max
data = amplitude * np.sin(2. * np.pi * fs * time) * np.cos(2. * np.pi * fs * time)
wavfile.write("D:\\sincos.wav", samplerate, data.astype(np.int16))    #把数据写入到.wav文件中
samplerate,data = wavfile.read("D:\\sincos.wav")                      #从.wav文件中读取数据
plt.plot(time,data)
plt.show()
```

7.2.3 读写 Fortran 文件

SciPy 可以按字段方式将数据写到 Fortran 的无格式文件中，在写文件前需要用 FortranFile() 函数先打开一个文件。FortranFile() 函数的格式如下所示，其中 filename 是文件名；mode 可以取'r'或'w'，表示打开模式是读文件还是写文件；header_dtype 指定头文件的类型，取值类型是 dtype，例如 np.float64。

FortranFile(filename, mode = 'r', header_dtype = numpy.uint32)

FortranFile() 函数的返回值是打开文件对象，然后用该对象的 write_record(* items) 方法将记录写到文件中，用 read_record(* dtypes, ** kwargs) 方法将记录读取出来，也可用 read_ints([dtype]) 和 read_reals([dtype]) 方法读取整数和浮点数。

下面的程序将正弦数据和余弦数据写入到 Fortran 文件中，并从中读取数据，绘制图像。

```
import numpy as np    # Demo7_4.py
from scipy import io
import matplotlib.pyplot as plt

x = np.arange(0,10,0.1)              # numpy 数组
y1 = np.sin(x)                       # 正弦值
y2 = np.cos(x)                       # 余弦值

fp = io.FortranFile(filename = 'D:\\fortranfile.unf',mode = 'w')   #以写模式打开文件
fp.write_record(x)                                                 #写入数据
fp.write_record(y1)                                                #写入记录
fp.write_record(y2)                                                #写入记录
fp.close()

fp = io.FortranFile(filename = 'D:\\fortranfile.unf',mode = 'r')   #以读模式打开文件
X = fp.read_record(dtype = float)                                  #读取数据
Y1 = fp.read_record(dtype = float)                                 #读取数据
Y2 = fp.read_record(dtype = float)                                 #读取数据

plt.plot(X,Y1,X,Y2)
plt.show()
```

除了以上读写数据的方法外,还可以用 mmread()函数和 mmwrite()函数读写. mtx、. mtz. gz 文件中的矩阵数据。mmread()的格式是 mmread(source),其中 source 是文件名,返回值是数组、稀疏或密集矩阵。mmwrite()函数的格式是 mmwrite(target, a, comment = '', field = None, precision = None, symmetry = None),其中 target 是文件名;a 是稀疏或密集矩阵;comment 是注释文字;field 是字段格式,可以取 'real'、'complex'、'pattern'或'integer'; precision 取值是整数或 None,设置浮点数或复数的小数位数;symmetry 确定矩阵的对称形式,可以取 'general'、'symmetric'、'skew-symmetric'或'hermitian',如果取 None,则根据矩阵的值判断对称形式。

7.3 聚类算法

聚类就是把一些数据分成多个组,每个组内的数据具有较高的相似性,不同组内的数据的相似性较差。聚类的用途很广,在信息理论、目标识别、通信、数据压缩和其他行业都有很多的应用。SciPy 提供 k-平均聚类法/矢量量化和层次聚类法。

7.3.1 k-平均聚类法

k-平均(k-means)可以根据数据之间的距离,自动分解成几个组。k-平均进行数据分类的流程如下所示。

(1) 初始化。对于有 N 个数据的一个样本,随机选择 k 个数作为中心点,或者指定 k 个数作为中心点,也可以指定 k 个分组,计算每个分组的平均值作为中心点。

(2) 数据分组。计算每个数据点到中心点的距离,数据点距离哪个中心点近,就归入对应的分组。分组完成后,计算每个组的平均值作为新的中心点。

(3) 重新分组。清除每个分组内的数据,重新分配数据,并计算平均值作为新的中心点。

(4) 迭代。继续重复上面的步骤,直到每个组内的数据变化不大,或者平均值的变化量小于一定的阈值,或者满足最大迭代次数,迭代结束。

k-平均聚类的优点是计算速度快,计算简单;缺点是须提前知道需要分成多少个组。

在 SciPy 中用 kmeans()函数和 kmeans2()函数计算 k-平均聚类,它们的格式如下所示。

```
kmeans(obs, k_or_guess, iter = 20, thresh = 1e - 05, check_finite = True)
kmeans2(data, k, iter = 10, thresh = 1e - 05, minit = 'random', missing = 'warn', check_finite = True)
```

kmeans()函数和 kmeans2()函数中各参数的说明如表 7-15 所示。

表 7-15 kmeans()函数和 kmeans2()函数中各参数的说明

参 数	参 数 类 型	说 明
obs、data	array	一维或二维数组,如果是二维数组,数组的每行是观察对象
k_or_guess、k	int、array	如果取整数,设置分组的个数;如果是一维数组,设置初始中心点
iter	int	设置最大迭代次数

续表

参　数	参 数 类 型	说　　明
thresh	float	设置阈值
check_finite	bool	设置是否检查输入数据中有无穷大或 NaN 的数
minit	str	初始化设置,可以取'random'、'points'、'++'或'matrix'
missing	str	设置处置空组(聚类)的方法,可以选择'warn'或'raise'。'warn'表示发出警告后继续计算,'raise'表示发出 ClusterError 错误信号并终止计算

kmeans()函数的返回值是码书(code book)和失真(distortion),码书可用于矢量量化计算;kmeans2()函数的返回值是中心点数组和标签数组,标签数组中记录了原输入数据 data 中的元素应该属于哪个聚类。需要注意的是,kmeans()函数的输入数据 obs 必须先用 whiten(obs[, check_finite])函数进行数据美白,元素值除以所有观测值的标准偏差,以便给出单位方差。

下面的程序创建 4 组随机数据,把数据融合到一起并随机打乱,用 k-平均聚类算法把数据分解。程序运行结果如图 7-1 所示。

```python
import numpy as np    # Demo7_5.py
import matplotlib.pyplot as plt
from scipy.cluster import vq

a = np.random.multivariate_normal([1, 6], [[2, 1], [1, 1.5]], size = 50)
                              # 随机生成两列数据,作为 x 坐标和 y 坐标
b = np.random.multivariate_normal([2, 0], [[1, -1], [-1, 3]], size = 60)
                              # 随机生成两列数据,作为 x 坐标和 y 坐标
c = np.random.multivariate_normal([6, 4], [[5, 0], [0, 1.2]], size = 40)
                              # 随机生成两列数据,作为 x 坐标和 y 坐标
d = np.random.multivariate_normal([5, 7], [[5, 1], [1, 2.2]], size = 40)
                              # 随机生成两列数据,作为 x 坐标和 y 坐标
z = np.concatenate((a, b, c, d))        # 数据组合
np.random.shuffle(z)                    # 打乱顺序

centroid, label = vq.kmeans2(z, 4, minit = 'points')      # k - 平均聚类计算
w0 = z[label == 0]                      # 获取分配到聚类 0 中的数据
w1 = z[label == 1]                      # 获取分配到聚类 1 中的数据
w2 = z[label == 2]                      # 获取分配到聚类 2 中的数据
w3 = z[label == 3]                      # 获取分配到聚类 3 中的数据
plt.scatter(w0[:, 0], w0[:, 1], marker = 'o', alpha = 0.5, label = 'cluster 0')
                              # 绘制聚类 0 中的数据
plt.scatter(w1[:, 0], w1[:, 1], marker = 'd', alpha = 0.5, label = 'cluster 1')
                              # 绘制聚类 1 中的数据
plt.scatter(w2[:, 0], w2[:, 1], marker = 's', alpha = 0.5, label = 'cluster 2')
                              # 绘制聚类 2 中的数据
plt.scatter(w3[:, 0], w3[:, 1], marker = '>', alpha = 0.5, label = 'cluster 3')
                              # 绘制聚类 3 中的数据
plt.scatter(centroid[:, 0], centroid[:, 1], marker = '*', color = 'black', label = 'centroids')
                              # 绘制中心点位置
plt.legend(shadow = True)
plt.show()
```

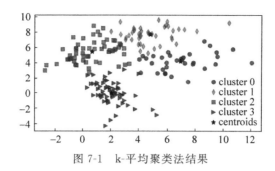

图 7-1　k-平均聚类法结果

7.3.2　矢量量化

矢量量化(vector quantization, vq)是一种基于分块编码规则的有损数据压缩方法,它的基本思想是将许多标量数据构成一个矢量,然后在矢量空间给以整体量化,既压缩了数据而又不损失太多信息。矢量量化已得到广泛应用,例如在语音编码和图像编码以及各种模式识别中都有重要的应用。k-平均聚类算法的思想是在集合中找到 k 个中心,以中心为基础把集合分为 k 个部分。矢量量化算法可以看作基于 k-平均算法找出的 k 个中心点,把中心点周围的点的值用中心值取代。

矢量量化用 vq() 函数,其格式如下所示。其中 obs 通常是 $m \times n$ 二维数组,每行就是一个观察对象(矢量),每列是一个特征,列的方差通常是单位方差,可以通过 whiten(obs [, check_finite]) 函数进行数据美白;code_book 是码书,可以通过 kmeans() 函数或其他编码规则获取;check_finite 用于检查是否有无穷大或 NaN 数据。vq() 函数的返回值是长度为 m 的一维编码数组(码书元素的索引)和观测值与其最接近的代码之间的失真(距离)数组。利用编码数组和码书可以进行反向解码,得到解码数据,当然解码数据与原数据相比会有一定的失真,失真程度与码书中元素的个数有关。

vq(obs, code_book, check_finite = True)

下面的程序是将图片的颜色进行矢量量化,并绘制原图片和编码后的图片。k-平均的聚类数量 $k=5$,要提高编码后的质量,需要增大 k 值。程序运行结果如图 7-2 所示。

```python
import matplotlib.pyplot as plt      #Demo7_6.py
from scipy.cluster import vq

image = plt.imread('d:\\building.jpg')          #读取图片的 RGB 值
m,n,t = image.shape                             #获取数组的形状,一般是(m,n,3)
pixel = image.reshape(-1,t)                     #调整成二维数组
pixel = pixel/255                               #将颜色值调整为在 0~1 之间

k = 5                                           #聚类数量
code_book,distort_1 = vq.kmeans(pixel,k)        #k-平均计算,获取密码书
code,distort_2 = vq.vq(pixel,code_book)         #矢量量化,获取编码,可将码书和编码保存到文件中

clustered = code_book[code]                     #获取编码后的图形数据
```

```
clustered = clustered.reshape(m,n,t)        #将颜色数组重新调整成原来的形状

plt.subplot(121)
plt.imshow(image)                           #绘制原图片
plt.title('Original Image')
plt.subplot(122)
plt.imshow(clustered)                       #绘制编码后的图片
plt.title('Coded Image')
plt.show()
```

图 7-2   图片编码

7.3.3   层次聚类法

1. 层次聚类法的概念

k-平均聚类法存在 k 值选择和初始聚类中心点选择的问题,而这些问题会影响聚类的效果。为了避免这些问题,可以选择另外一种比较实用的聚类算法——层次聚类算法(hierarchical clustering)。层次聚类就是一层一层地进行聚类,形成树状结构,形状如图 7-3 所示,可以由上向下把大的类别(cluster)进行分割,叫作分裂法(divisive);也可以由下向上对小的类别进行聚合,叫作凝聚法(agglomerative clustering)。用的比较多的是由下向上的凝聚方法。凝聚方法是一种自底向顶的策略,首先将每个对象作为一个簇,然后合并这些原始簇为越来越大的簇,直到所有的对象都在一个簇中,或者某个终结条件被满足。绝大多数层次聚类方法属于这一类,只是在簇间相似度的定义上有所不同。分裂法与凝聚法相反,采用自顶到底的策略,它首先将所有对象置于同一个簇中,然后逐渐细分为越来越小的簇,直到每个对象自成一簇,或者达到了某个终止条件。

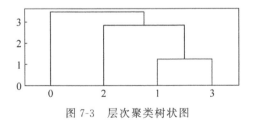

图 7-3   层次聚类树状图

2. 层次聚类法的实现

凝聚法层次聚类算法用 linkage() 函数实现,其格式如下所示。

```
linkage(y, method = 'single', metric = 'euclidean', optimal_ordering = False)
```

其中,y 是一维数组或二维数组,如果是一维数组,则表示是距离矩阵的上三角元素构成的向量,如果是二维数组,则表示是观测向量(observation vectors)矩阵,观测向量矩阵的每行是一个观测对象,就是要进行聚类的原始数据,可以用 pdist(X, metric = 'euclidean', * args, ** kwargs)函数把观测向量矩阵转换成压缩距离矩阵的上三角元素构成的向量;method 是当 y 为二维数组时,用于设置计算压缩距离向量的方法,可以取 'single'、'complete'、'average'、'weighted'、'centroid'、'median'、'ward',各取值的意义参见下面的内容;metric 设置 y 取观测向量矩阵时,两个观测对象之间的距离计算方法,可以取字符串或函数,关于 metric 的取值及其意义参见下面的内容,当 y 是一维数组时,忽略该参数;optimal_ordering 取值为 True 时,返回的编码矩阵会被重新排序,这样显示编码矩阵图像时会更直观,但是这样会增加聚类算法的工作量。linkage()函数的返回值是编码矩阵,它有 4 列,第 1 列与第 2 列分别为聚类簇的编号,在计算前需要把观测对象从 $0 \sim n-1$ 进行编号,每生成一个新的聚类簇就在此基础上增加一对新的聚类簇进行标识,第 3 列表示前两个簇之间的距离,第 4 列表示新生成簇所包含的元素的个数。

matplotlib 中没有专门绘制层次聚类图像的方法,需要用 SciPy 提供的 dendrogram(Z)方法绘制树状结构图,其中 Z 是 linkage()函数的返回值。

3. 观测对象之间的距离计算

层次聚类法在迭代过程中会将族不断合并,形成新的族,合并族的过程是重新计算族之间距离的过程。由于族中可能含有一个或多个观测对象,所以以观测对象之间距离有多种定义方式,根据观测对象的距离,族之间的距离也有多种取值方式。

两个不同观测对象的距离用 pdist()函数计算,其格式如下所示。

```
pdist(X, metric = 'euclidean', * args, ** kwargs)
```

其中,X 是 $m \times n$ 的二维数组,每行是一个观测对象;metric 设置两个观测对象之间的距离计算方法或者自定义的函数,取值如表 7-16 所示。pdist()函数的返回值是距离矩阵的上三角元素构成的向量,可以用于 linkage()函数进行层级聚类。

表 7-16　观测对象之间距离计算方法

metric 的取值	pdist()函数的格式	metric 的取值	pdist()函数的格式
'euclidean'	pdist(X, 'euclidean')	'mahalanobis'	pdist(X, 'mahalanobis', VI=None)
'minkowski'	pdist(X, 'minkowski', p=2.)	'yule'	pdist(X, 'yule')
'cityblock'	pdist(X, 'cityblock')	'matching'	pdist(X, 'matching')
'seuclidean'	pdist(X, 'seuclidean', V=None)	'dice'	pdist(X, 'dice')
'sqeuclidean'	pdist(X, 'sqeuclidean')	'kulsinski'	pdist(X, 'kulsinski')
'cosine'	pdist(X, 'cosine')	'rogerstanimoto'	pdist(X, 'rogerstanimoto')
'correlation'	pdist(X, 'correlation')	'russellrao'	pdist(X, 'russellrao')
'hamming'	pdist(X, 'hamming')	'sokalmichener'	pdist(X, 'sokalmichener')
'jaccard'	pdist(X, 'jaccard')	'sokalsneath'	pdist(X, 'sokalsneath')
'chebyshev'	pdist(X, 'chebyshev')	'wminkowski'	pdist(X, 'wminkowski', p=2, w=w)
'canberra'	pdist(X, 'canberra')	f(自定义函数)	pdist(X, f),例如 pdist(X, lambda u, v: np.sqrt(((u−v) ** 2).sum()))
'braycurtis'	pdist(X, 'braycurtis')		

4. 族之间的距离计算

当族中有多个观测对象时,根据族内两个观测对象的距离计算方法,可以采用不同的方式确定族之间的距离。linkage()函数中,通过参数 method 设置计算族距离的方法,可以采用的方法如下所示。

(1) method='single':最小距离,计算公式如下所示,u 和 v 是两个不同的族。dist() 是用表 7-16 所示的方法计算两个观察对象的聚类。

$$d(u,v) = \min(\mathrm{dist}(u[i],v[j]))$$

(2) method='complete':最大距离,计算公式如下所示,u 和 v 是两个不同的族。

$$d(u,v) = \max(\mathrm{dist}(u[i],v[j]))$$

(3) method='average':平均距离,计算公式如下所示,u 和 v 是两个不同的族。

$$d(u,v) = \sum_{ij} \frac{d(u[i],v[j])}{(\mid u \mid * \mid v \mid)}$$

(4) method='weighted':加权距离,计算公式如下所示,u 由 s 和 t 两个族构成,v 为剩余族。

$$d(u,v) = (\mathrm{dist}(s,v) + \mathrm{dist}(t,v))/2$$

(5) method='centroid':中心距离,计算公式如下所示,u 由 s 和 t 合并而来,c_s 和 c_t 是 s 和 t 的中心点,$\parallel * \parallel_2$ 是 2-范数。

$$\mathrm{dist}(s,t) = \parallel c_s - c_t \parallel_2$$

(6) method='median':中位数距离,与'centroil'方法类似,计算 $\mathrm{dist}(s,t)$。

(7) method='ward':离差平方和,计算公式如下所示,u 由 s 和 t 合并而来,v 是剩余族,$T = \mid v \mid + \mid s \mid + \mid t \mid$,$\mid * \mid$ 表示求基。

$$d(u,v) = \sqrt{\frac{\mid v \mid + \mid s \mid}{T} d(v,s)^2 + \frac{\mid v \mid + \mid t \mid}{T} d(v,t)^2 - \frac{\mid v \mid}{T} d(s,t)^2}$$

下面的程序随机生成 4 个观测对象,用层次聚类法进行聚类计算。程序运行结果如图 7-3 所示,从运行结果和输出的数据可以看出,层级聚类法分别将 4 个观测对象分成族 0~族 3,每个族有 1 个观测对象。然后族 1 和族 3 合并成族 4,族 4 有 2 个观测对象;族 2 和族 4 合并成族 5,族 5 有 3 个观测对象;最后族 0 和族 5 合并成族 6,族 6 有 4 个观测对象。

```python
import numpy as np    # Demo7_7.py
from scipy.cluster import hierarchy
import matplotlib.pylab as plt

observations = np.random.randn(4,3)                     # 生成待聚类的 4 个观测对象
disMat = hierarchy.distance.pdist(observations,'euclidean')    # 用欧氏距离计算观测对象的距离

Z = hierarchy.linkage(disMat,method = 'average',optimal_ordering = True)    # 进行层次聚类计算
hierarchy.dendrogram(Z)                                 # 绘制层级聚类图

print('observations = ',observations)                   # 输出观测对象
print('dist = ',disMat)                                 # 输出观测对象之间的聚类
print('Z = ',Z)                                         # 输出 linkage()的返回值
```

```
    plt.show()
    '''
运行结果如下:
observations = [[ 2.26295424   -0.48862961   -0.63591355]
               [-0.36858956   -1.32785772   1.10247148]
               [-0.48976494   0.51847377   -0.39022583]
               [-1.04489806   -2.36210487   1.04634413]]
dist = [3.2636343 2.9414422 4.1571369 2.3773448 1.2370168 3.2664413]
Z = [[1.    3.    1.23701683   2.    ]
     [2.    4.    2.82189313   3.    ]
     [0.    5.    3.45407117   4.    ]]
    '''
```

7.4 线性代数运算

SciPy 中提供了比 NumPy 更多的线性代数方面的运算函数,这些运算函数都在 linalg
子模块下。

7.4.1 特殊矩阵

特殊矩阵在数值计算、数字信息处理、系统理论和自动控制理论中都有广泛的应用。
SciPy 中创建特殊矩阵的方法和说明如表 7-17 所示。

表 7-17 特殊矩阵创建方法及说明

特殊矩阵创建方法	说　　明
block_diag(* arrs)	对角矩阵,参数 arrs 是多个一维和二维数组,一维数组当作形状是 (1,n)的二维数组处理
circulant(c)	轮换矩阵,参数 c 是一维数组,是轮换矩阵的第 1 列数据,后续列是依次将前一列的最后一个数据放到第一个位置
companion(a)	友矩阵,a 是一维数组,是多项式的系数,至少有两个元素,其第一个元素的值不能是 0,返回矩阵的第一行值是－a[1:]/a[0]。主对角线的下方是 1,其他全部是 0
convolution_matrix(a,n,mode='full')	卷积矩阵,a 是一维数组,形状是(m,),n 是返回矩阵的列数。当 mode 取'full'时,返回矩阵的形状是(m+n−1,n);当 mode 取'same' 时,返回矩阵的形状是(max(m,n),n);当 mode 取'valid'时,返回矩阵的形状是(max(m,n)−min(m,n)+1,n)
dft(n,scale=None)	傅里叶变换矩阵,n 是返回矩阵的行和列的个数,scale 是比例系数,可以取 None、'sqrtn'或'n'
fiedler(a)	费德勒矩阵,参数 a 是一维数组,返回值的结构是 F[i,j]= np.abs(a[i]−a[j]),主对角线元素是 0,其他非负
fiedler_companion(a)	费德勒友矩阵,参数 a 是多项式系数,返回值是分块五对角矩阵,其特征值是多项式的根

续表

特殊矩阵创建方法	说　明
hadamard(n,dtype＝int)	哈达玛矩阵,矩阵结构是西尔维斯特(Sylvester)结构,n 值是返回值的行数和列数,其值必须是某个数的平方
hankel(c,r＝None)	汉克尔矩阵,参数 c 定义矩阵的第一列,c 无论取什么形状的数组,都会转成一维数组;r 是最后一行,如果取 None 则用 zeros_like(c)表示,忽略第一个元素
helmert(n,full＝False)	赫尔默特矩阵,如果 full＝True,返回矩阵的形状是(n,n),否则返回矩阵不包含第一行
hilbert(n)	希尔伯特矩阵,n 是返回矩阵的行数和列数。返回矩阵的元素 $h[i,j]=1/(i+j+1)$
invhilbert(n,exact＝False)	希尔伯特逆矩阵,n 是希尔伯特矩阵的行数和列数。exact＝False 时数据类型是 np. float64,返回矩阵是近似逆矩阵;exact＝True 时,返回矩阵是整数逆矩阵。当 n>14 时,数据类型是长整型;n≤14 时,数据类型是 np. int64
leslie(f,s)	莱斯利矩阵,参数 f 是种群繁殖力系数,形状是(n,)的一维数组;s 是存活系数,形状是(n−1,)的数组
pascal(n, kind ＝ ' symmetric ', exact＝True)	帕斯卡矩阵,由二项式 $(x+y)^n$ 展开后的系数随自然数 n 的增大组成的一个三角形表,n 是返回矩阵的行数和列数;kind 可以取 'symmetric'、'lower'或'upper';若 exact＝True,返回值的类型是 np. uint64(n<35)或长整数,若 exact＝False,则返回值的类型是 np. float
invpascal(n,kind＝'symmetric', exact＝True)	帕斯卡逆矩阵,参数与 pascal()的相同
toeplitz(c,r＝None)	托普利兹矩阵,主对角线上的元素相等,平行于主对角线的线上的元素也相等。c 是第一列数据,r 是第一行数据,忽略 r 的第一个元素,如果 r 没有给出,默认是 conjugate(c)
tri(N,M＝None,k＝0,dtype＝None)	创建形状是(N,M)的三角形矩阵,k 阶对角线下填充 1,其他为 0

以下是创建特殊矩阵的一些应用举例。

```
from scipy import linalg  #Demo7_8.py
a = [1,2,3];b = [[4,5],[6,7]];c = [[8]]
block = linalg.block_diag(a,b,c); print(1,block)
x = linalg.circulant(a);print(2,x)
x = linalg.companion([2,3,4,5,6]);print(3,x)
x = linalg.convolution_matrix([2,3,4],5,mode = 'full');print(4,x)
fftm = linalg.dft(3);print(5,fftm)
x = linalg.fiedler([5,9,12]);print(6,x)
x = linalg.fiedler_companion([1,9,12,19]);print(7,x)
x = linalg.hadamard(4);print(8,x)
x = linalg.hankel([2,3,4],[50,60,70]);print(9,x)
x = linalg.hilbert(3);print(10,x)
x = linalg.invhilbert(3);print(11,x)
x = linalg.leslie([0.2, 2.1, 1.3, 0.4], [0.3, 0.7, 0.5]);print(12,x)
x = linalg.pascal(4);print(13,x)
```

```
x = linalg.invpascal(4);print(14,x)
x = linalg.toeplitz(c = [2,3,4],r = [7,8,9,10]);print(15,x)
x = linalg.tri(N = 3,M = 4,k = -1,dtype = int);print(16,x)
'''
```

运行结果如下：

```
1 [[1  2  3  0  0  0]
  [0  0  0  4  5  0]
  [0  0  0  6  7  0]
  [0  0  0  0  0  8]]
2 [[1  3  2]
  [2  1  3]
  [3  2  1]]
3 [[-1.5  -2.  -2.5  -3.]
  [ 1.    0.    0.    0.]
  [ 0.    1.    0.    0.]
  [ 0.    0.    1.    0.]]
4 [[2  0  0  0  0]
  [3  2  0  0  0]
  [4  3  2  0  0]
  [0  4  3  2  0]
  [0  0  4  3  2]
  [0  0  0  4  3]
  [0  0  0  0  4]]
5 [[ 1.+0.j      1.+0.j          1.+0.j        ]
  [ 1.+0.j    -0.5-0.8660254j  -0.5+0.8660254j]
  [ 1.+0.j    -0.5+0.8660254j  -0.5-0.8660254j]]
6 [[0  4  7]
  [4  0  3]
  [7  3  0]]
7 [[ -9.  -12.    1.]
  [  1.    0.    0.]
  [  0.  -19.    0.]]
8 [[ 1   1   1   1]
  [ 1  -1   1  -1]
  [ 1   1  -1  -1]
  [ 1  -1  -1   1]]
9 [[ 2   3   4]
  [ 3   4  60]
  [ 4  60  70]]
10 [[1.          0.5         0.33333333]
   [0.5         0.33333333  0.25      ]
   [0.33333333  0.25        0.2       ]]
11 [[  9.  -36.   30.]
   [ -36.  192.  -180.]
   [  30.  -180.  180.]]
12 [[0.2  2.1  1.3  0.4]
   [0.3  0.   0.   0. ]
   [0.   0.7  0.   0. ]
   [0.   0.   0.5  0. ]]
```

```
13 [[  1   1   1   1]
   [  1   2   3   4]
   [  1   3   6  10]
   [  1   4  10  20]]
14 [[  4  -6   4  -1]
   [ -6  14 -11   3]
   [  4 -11  10  -3]
   [ -1   3  -3   1]]
15 [[  2   8   9  10]
   [  3   2   8   9]
   [  4   3   2   8]]
16 [[  0   0   0   0]
   [  1   0   0   0]
   [  1   1   0   0]]
'''
```

7.4.2　矩阵函数

矩阵函数与通常的函数概念类似,不同之处在于矩阵函数的自变量和函数值都是 n 阶矩阵。矩阵函数在控制理论、力学、信号处理等学科中有重要应用。

矩阵函数一般用幂级数表示。设函数 $f(z)$ 能够展开为 z 的幂级数 $f(z)=\sum_{k=0}^{\infty}c_k z^k$,其中 $|z|<r$,r 为该幂级数的收敛半径。当 n 阶矩阵 $\boldsymbol{A}$ 的谱半径 $\rho(\boldsymbol{A})<r$ 时,把收敛的矩阵幂级数 $\sum_{k=0}^{\infty}c_k \boldsymbol{A}^k$ 的和称为矩阵函数,即 $f(\boldsymbol{A})=\sum_{k=0}^{\infty}c_k \boldsymbol{A}^k$。例如矩阵指数函数 $\mathrm{e}^{\boldsymbol{A}}$、矩阵正弦函数 $\sin\boldsymbol{A}$、余弦函数 $\cos\boldsymbol{A}$ 和复指数函数 $\mathrm{e}^{\mathrm{j}\boldsymbol{A}}$ 可以分别表示如下。

$$\mathrm{e}^{\boldsymbol{A}}=\sum_{m=0}^{\infty}\frac{1}{m!}\boldsymbol{A}^m,\quad \sin\boldsymbol{A}=\sum_{m=0}^{\infty}(-1)^m\frac{1}{(2m+1)!}\boldsymbol{A}^{2m+1}$$

$$\cos\boldsymbol{A}=\sum_{m=0}^{\infty}(-1)^m\frac{1}{(2m)!}\boldsymbol{A}^{2m},\quad \mathrm{e}^{\mathrm{j}\boldsymbol{A}}=\cos\boldsymbol{A}+\mathrm{j}\sin\boldsymbol{A}$$

SciPy 中提供了几个常用的矩阵函数,这些函数如表 7-18 所示,其中参数 A 是数组、列表或元组,其形状是(n,n)。

表 7-18　矩阵函数

矩 阵 函 数	说　　明
expm(A)	用帕德(Pade)近似法求方阵 A 以 e 为底数的指数函数
logm(A,disp=True)	矩阵对数,是 expm(A) 的逆计算。disp 取值是 True 时会显示警告信息
cosm(A)	矩阵余弦函数
sinm(A)	矩阵正弦函数
tanm(A)	矩阵正切函数
coshm(A)	矩阵双曲余弦函数
sinhm(A)	矩阵双曲正弦函数

矩 阵 函 数	说　　　明
tanhm(A)	矩阵双曲正切函数
signm(A,disp＝True)	矩阵符号函数
sqrtm(A,disp＝True,blocksize＝64)	矩阵开方函数
funm(A,func,disp＝True)	用指定的函数计算矩阵函数,func 是可调用函数
expm_frechet (A, E, method ＝ None, compute_expm ＝ True, check_finite＝True)	计算矩阵 A 的指数函数在 E 方向的 Frechet 导数,E 和 A 的形状相同
expm_cond (A, check_finite ＝ True)	矩阵指数的 Frobenius 范数的条件数
fractional_matrix_power(A,t)	计算矩阵 A 的分数幂,t 是小数,例如 t＝0.5

下面的代码是计算矩阵函数的一些举例。

```python
from scipy import linalg    # Demo7_9.py
import numpy as np

a = np.array([[1, -2],[-3,4]])
y = linalg.expm(A = a * (1 + 0.5j)); print(1,y)
y = linalg.logm(A = a); print(2,y)
y = linalg.cosm(A = a); print(3,y)
y = linalg.tanm(A = a); print(4,y)
y = linalg.sinhm(A = a); print(5,y)
y = linalg.signm(A = a); print(6,y)
y = linalg.fractional_matrix_power(A = a, t = 0.3); print(7,y)
'''
运行结果如下:
1 [[ -45.68482828 + 22.53169672j  67.56935787 - 33.02418767j]
   [ 101.3540368 - 49.53628151j  - 147.03886508 + 72.06797823j]]
2 [[ -0.35043981 + 2.39111795j  - 0.92935121 + 1.09376217j]
   [ -1.39402681 + 1.64064326j  1.04358699 + 0.7504747j ]]
3 [[0.85542317  0.11087638]
   [0.16631457  0.68910859]]
4 [[ -0.60507478  0.31274165]
   [ 0.46911248  - 1.07418726]]
5 [[ 25.4317178  - 37.62006779]
   [ -56.43010168  81.86181949]]
6 [[ -0.52223297  - 0.69631062]
   [ -1.04446594  0.52223297]]
7 [[ 0.72818638 + 0.45779405j  - 0.42438494 + 0.20940741j]
   [ - 0.63657741 + 0.31411111j  1.36476378 + 0.14368294j]]
'''
```

7.4.3　线性代数基本运算

SciPy 中有关的线性代数常用计算方法如表 7-19 所示。

表 7-19　线性代数常用计算方法

线性代数常用计算方法	说　　明
det(a,overwrite_a＝False, check_finite＝True)	计算方阵 a 的行列式。overwrite_a 设置是否可以允许重写或放弃 a,这样可以提高性能;check_finite 设置是否检查 a 中有 inf 或 NaN
inv(a,overwrite_a＝False, check_finite＝True)	计算方阵 a 的逆矩阵,参数与 det()方法的参数相同
pinv(a,cond＝None,return_rank＝False, check_finite＝True)	用最小二乘法计算矩阵 a 的伪逆矩阵,a 的形状是(m,n),返回值的形状是(n,m)的伪逆阵,当 return_rank＝True 时,返回值中也包含 a 的秩;cond 设置条件数,如果 a 的奇异值小于最大奇异值与 cond 的乘积,则认为该奇异值是 0,如果不设置,则默认值是 max(m,n)与 a 的数据类型精度的乘积
pinv2(a,cond＝None,return_rank＝False, check_finite＝True)	用奇异值分解计算矩阵 a 的伪逆矩阵,参数同上
pinvh(a,cond＝None ,lower＝True, return_rank＝False,check_finite＝True)	用特征值分解方法计算 Hermitian 矩阵或实对称矩阵 a 的伪逆矩阵,lower 设置使用 a 的下三角阵还是上三角阵;其他参数同上
kron(a,b)	计算 a 和 b 的克罗内克(Kronecker)积,a 和 b 的形状分别是(m,n)和(p,q);返回值的形状是(m＊p,n＊q)
khatri_rao(a,b)	计算 a 和 b 的 Khatri-Rao 积(KR 积),a 和 b 的形状分别是(n,k)和(m,k);返回值的形状是(n＊m,k)
tril(m,k＝0)	返回矩阵 m 的下三角矩阵,上三角阵元素为 0,k 是对角线编号
triu(m,k＝0)	返回矩阵 m 的上三角矩阵,下三角阵元素为 0,k 是对角线编号
orthogonal_procrustes(A,B, check_finite＝True)	计算正交普鲁克问题,A 和 B 的形状是(m,n),返回值是形状为(n,n)的矩阵 R 和 A. T@B 奇异值的和,R 值可以使 ||(A@R)－B||$_F$ 值最小,且 R. T@R＝I
subspace_angles(A,B)	计算矩阵 A 和矩阵 B 之间的子空间角,A 和 B 的形状分别是(m,n)和(m,k),返回值的形状是(min(n,k),)

7.4.4　向量和矩阵的范数

向量和矩阵的范数可以用 norm()方法计算,其格式如下所示。

```
norm(a,ord = None,axis = None,keepdims = False,check_finite = True)
```

其中,a 是形状为(m,)的数组或(m,n)的矩阵;ord 设置范数阶数,可以取整数、None、'fro'、inf、-inf,具体内容如表 7-20 所示;keepdims 设置输出与输入 a 是否有相同的维数;check_finite 设置是否检查 a 中有值为 inf 或 NaN 的元素。

表 7-20　ord 取值与范数的关系

ord 的取值	矩　阵　范　数	向　量　范　数
None	F-范数，$\|A\|_F = \left(\sum_{i,j} \mathrm{abs}(a_{i,j})^2\right)^{1/2}$	2-范数
'fro'	F-范数	—
inf	$\max(\mathrm{sum}(\mathrm{abs}(x), \mathrm{axis}=1))$	$\max(\mathrm{abs}(x))$
-inf	$\min(\mathrm{sum}(\mathrm{abs}(x), \mathrm{axis}=1))$	$\min(\mathrm{abs}(x))$
0	—	$\mathrm{sum}(x!=0)$
1	$\max(\mathrm{sum}(\mathrm{abs}(x), \mathrm{axis}=0))$	$\mathrm{sum}(\mathrm{abs}(x) ** ord) ** (1./ord)$
−1	$\min(\mathrm{sum}(\mathrm{abs}(x), \mathrm{axis}=0))$	$\mathrm{sum}(\mathrm{abs}(x) ** ord) ** (1./ord)$
2	2-范数（最大奇异值）	$\mathrm{sum}(\mathrm{abs}(x) ** ord) ** (1./ord)$
−2	最小奇异值	$\mathrm{sum}(\mathrm{abs}(x) ** ord) ** (1./ord)$
其他值	—	$\mathrm{sum}(\mathrm{abs}(x) ** ord) ** (1./ord)$

注："—"表示无此项内容或无返回值，下同。

下面的代码是求解向量和矩阵范数的应用实例。

```python
from scipy.linalg import norm    # Demo7_10.py
import numpy as np

a = np.array([4, 3, 8, -3, -2, -5, 5, -4, 1])
b = a.reshape((3, 3))
n = norm(a); print(1,n)
n = norm(b); print(2,n)
n = norm(b, 'fro'); print(3,n)
n = norm(a, np.inf); print(4,n)
n = norm(b, np.inf); print(5,n)
n = norm(a, -np.inf); print(6,n)
n = norm(b, -np.inf); print(7,n)
n = norm(a, 1); print(8,n)
n = norm(b, 1); print(9,n)
n = norm(a, -1); print(10,n)
n = norm(b, -1); print(11,n)
n = norm(a, 2); print(12,n)
n = norm(b, 2); print(13,n)
n = norm(a, -2); print(14,n)
n = norm(b, -2); print(15,n)
n = norm(a, 3); print(16,n)
n = norm(a, -3); print(17,n)
'''
运行结果如下:
1 13.0
2 13.0
3 13.0
4 8.0
5 15.0
6 1.0
7 10.0
```

```
8 35.0
9 14.0
10 0.3133159268929504
11 9.0
12 13.0
13 11.459411547520494
14 0.7685836072760241
15 0.31315539668384734
16 9.840812720675327
17 0.9287446407949702
'''
```

7.4.5 特征值和特征向量

1. 一般矩阵的特征值和特征向量

SciPy 中一般矩阵 A 和 B 的特征值和特征向量的计算式如下所示,分为右特征向量和左特征向量两种。

特征值和右特征向量:$A v_i = w_i B v_i$

特征值和左特征向量:$A^H v_i = w_i . \text{conj}() B^H v_i$

其中,v_i 是特征向量,w_i 是特征值,H 表示共轭转置。

一般矩阵的特征值和特征向量用 eig()方法计算;也可使用 eigvals()方法,只计算特征值,而不计算特征向量。它们的格式如下所示。

eig(a, b = None, left = False, right = True, overwrite_a = False, overwrite_b = False, check_finite = True,
    homogeneous_eigvals = False)

eigvals(a, b = None, overwrite_a = False, check_finite = True, homogeneous_eigvals = False)

其中,a 和 b 的形状都是(m,m),a 和 b 可以是实数矩阵,也可以是复数矩阵,如果忽略 b,则 b 默认为单位矩阵;left 设置是否计算左特征向量;right 设置是否计算右特征向量;overwrite_a 和 overwrite_b 设置是否可以重写或放弃 a 和 b;check_finite 设置是否检查矩阵中有值为 inf 或 NaN 的元素;当 homogeneous_eigvals = True 时,特征值 w 的形状是(2,m)。eig()函数的返回值有特征值 w,形状是(m,)或(2,m),以及左特征向量或/和右特征向量。

```python
from scipy import linalg    # Demo7_11.py
import numpy as np

A = np.array([[2, -1], [1, 3]])
B = np.array([[2, 3], [1, 2]])
eigvalues, eigvectors = linalg.eig(A)
print(1, eigvalues)
print(2, eigvectors)
eigvalues, eigvectors = linalg.eig(A, B)
```

```
print(3,eigvalues)
print(4,eigvectors)
eigvalues = linalg.eigvals(A,B)
print(5,eigvalues)
'''
运行结果如下:
1 [2.5 + 0.8660254j   2.5 - 0.8660254j]
2 [[ - 0.35355339 + 0.61237244j   - 0.35355339 - 0.61237244j]
   [ 0.70710678 + 0.j              0.70710678 - 0.j          ]]
3 [1. + 0.j 7. + 0.j]
4 [[ - 1.          - 0.87789557]
   [ - 0.          0.47885213]]
5 [1. + 0.j   7. + 0.j]
'''
```

2. 实对称矩阵或 Hermitian 矩阵的特征值和特征向量

实对称矩阵或 Hermitian 矩阵 A 和 B(正定)的特征值 w_i 和特征向量 v_i 满足下面的关系:

$$Av_i = w_i Bv_i, \qquad v_i^H Av_i = w_i, \qquad v_i^H Bv_i = 1$$

实对称矩阵或 Hermitian 矩阵 A 和 B 的特征值和特征向量用 eigh()方法计算;用 eigvalsh()方法只输出特征值,不输出特征向量。它们的格式如下所示。

```
eigh(a, b = None, lower = True, eigvals_only = False, overwrite_a = False, overwrite_b = False,
     turbo = True, eigvals = None, type = 1, check_finite = True, subset_by_index = None,
     subset_by_value = None, driver = None)
eigvalsh(a, b = None, lower = True, overwrite_a = False, overwrite_b = False, turbo = True,
     eigvals = None, type = 1, check_finite = True, subset_by_index = None,
     subset_by_value = None, driver = None)
```

其中,a 和 b 都是形状为(m，m)的实对称矩阵或 Hermitian 矩阵,如果忽略 b 则默认是单位矩阵;lower 设置是否只使用 a 和 b 的下三角矩阵;eigvals_only 设置是否只输出特征值,不输出特征向量;turbo 参数已过时不用,用 driver = "gvd"代替;eigvals 设置输出特征值的区间范围,取值是(low，high),输出的特征向量也是对应特征值的向量,该参数可以用 subset_by_index 参数来代替;driver 设置 LAPACK 的驱动类型,对于标准问题(b 是 None),可以取 "ev"、"evd"、"evr"、"evx",对于一般性问题(b 不是 None),可以取"gv"、"gvd"、"gvx";对于一般性问题,type 设置求解的类型,type=1 时求解 $Av_i = w_i Bv_i$,type=2 时求解 $ABv_i = w_i v_i$,type=3 时求解 $BAv_i = w_i v_i$;subset_by_index 通过特征值的编号(按照特征值大小从 0 编号)设置求解特征值的范围,例如取值是[3，5]表示求解第 4、第 5 和第 6 个特征值,仅适用于 diriver 是"evr"、"evx"和"gvx"的情况;subset_by_value 通过特征值的大小设置求解特征值的范围,例如[10,100]表示计算 10~100 范围内的特征值,包含 100 不包含 10,仅适用于 driver 是"evr"、"evx"和"gvx"的情况;其他参数如前所述。

```
from scipy import linalg    # Demo7_12.py
import numpy as np
```

```
    A = np.array([[34,  4,  10,  7],
                  [-4, 7, 2, 12],
                  [-10, 2, 44,2],
                  [-7, 12, 2, 79]])
    B = np.array([[11, 2, 1, 5],
                  [2, 12, 5, 1],
                  [1, 5, 8, 2],
                  [5, 1, 2, 8]])
    eigvalues, eigvectors = linalg.eigh(A,B,type = 1,driver = "gvx",subset_by_index = [0,2])
    print(eigvalues)
    print(eigvectors)
    '''
    运行结果如下：
    [0.39689832     2.32984895     7.61077901]
    [[-0.03722586   0.24193839    0.11244355]
    [-0.27953944    -0.09795526   0.13627033]
    [-0.01051265    0.09025581    -0.38265586]
    [0.03853289     0.09441931    -0.03264962]]
    '''
```

3. 带状矩阵的特征值和特征向量

带状矩阵是指所有的非零元素都集中在以主对角线为中心的带状区域中。带状实对称或带状共轭对称矩阵的特征值和特征向量可以用 eig_banded()方法计算；用 eigvals_banded()方法可以输出特征值，而不输出特征向量。它们的格式如下所示。

```
eig_banded(a_band,lower = False,eigvals_only = False,overwrite_a_band = False,select = 'a',
       select_range = None,max_ev = 0,check_finite = True)
eigvals_banded(a_band,lower = False,overwrite_a_band = False,select = 'a',
       select_range = None,check_finite = True)
```

其中,a_band 是带状实对称或带状共轭对称矩阵,其格式要求见下文；lower 设置是用上三角形矩阵的值还是用下三角形矩阵的值；eigvals_only 设置是否只输出特征值,不输出特征向量；overwrite_a_band 设置是否可以覆盖或放弃 a_band 以提高计算效率；select 可以取 'a'、'v'、'i','a'表示计算所有的特征值,'v'表示通过设置特征值的范围来确定要计算的特征值,'i'表示通过特征值的序号(按值从小到大排列)范围来确定要计算的特征值；当 select='v'时,max_ev 设置特征值的最大个数；select_range 设置特征值的范围；check_finite 设置是否检查矩阵中有值是 inf 或 NaN 的元素。

对于下面的形状是(6,6)的 Hermitian 带状矩阵

$$\begin{bmatrix} a_{00} & a_{01} & a_{02} & 0 & 0 & 0 \\ a_{10} & a_{11} & a_{12} & a_{13} & 0 & 0 \\ a_{20} & a_{21} & a_{22} & a_{23} & a_{24} & 0 \\ 0 & a_{31} & a_{32} & a_{33} & a_{34} & a_{35} \\ 0 & 0 & a_{42} & a_{43} & a_{44} & a_{45} \\ 0 & 0 & 0 & a_{53} & a_{54} & a_{55} \end{bmatrix}$$

对于上三角矩阵，a_band 的值如下所示：

$$a\_band = \begin{bmatrix} 0 & 0 & a_{02} & a_{13} & a_{24} & a_{35} \\ 0 & a_{01} & a_{12} & a_{23} & a_{34} & a_{45} \\ a_{00} & a_{11} & a_{22} & a_{33} & a_{44} & a_{55} \end{bmatrix}$$

对于下三角矩阵，a_band 的值如下所示：

$$a\_band = \begin{bmatrix} a_{00} & a_{11} & a_{22} & a_{33} & a_{44} & a_{55} \\ a_{10} & a_{21} & a_{32} & a_{43} & a_{54} & 0 \\ a_{20} & a_{31} & a_{42} & a_{53} & 0 & 0 \end{bmatrix}$$

```python
from scipy import linalg    # Demo7_13.py
import numpy as np

a_band = np.array([[ 6, 5, 3, 7, 8, 9],
                   [ 2, 1, 2, 2, 2, 0],
                   [ 1, -1, -2, -1, 0, 0]])
eigvalues, eigvectors = linalg.eig_banded(a_band, lower = True, select = 'i', select_range = [1, 4])
print(eigvalues)
print(eigvectors)
'''
运行结果如下:
[3.42457393     6.15860076     7.89504919     9.08609645]
[[ -0.64495005   0.16109313    0.73232121    0.12308709]
 [ 0.7345188    0.24455252    0.53133916    0.22644345]
 [ 0.19198358   -0.46355554   0.3251064     -0.07302828]
 [ 0.05926354   -0.42470801   0.25149581    -0.75212388]
 [ 0.06329231   0.51020826    0.08762009    -0.35513005]
 [ -0.01207461  -0.50859608   0.06901269    0.48624286]]
'''
```

4. 实对称三对角矩阵的特征值和特征向量

三对角矩阵就是对角线、邻近对角线的上下次对角线上有非 0 元素，其他位置均为 0 的矩阵。实对称三对角矩阵的特征值和特征向量用 eigh_tridiagonal() 方法计算；用 eigvalsh_tridiagonal() 方法只计算特征值，不计算特征向量。它们的格式如下所示。

```
eigh_tridiagonal(d, e, eigvals_only = False, select = 'a', select_range = None, check_finite = True,
    tol = 0.0, lapack_driver = 'auto')
eigvalsh_tridiagonal(d, e, select = 'a', select_range = None, check_finite = True, tol = 0.0,
    lapack_driver = 'auto')
```

其中，d 是由主对角线上的元素构成的一维数组，形状是 $(m,)$；e 是次对角线上的元素构成的一维数组，形状是 $(m-1,)$；eigvals_only 设置是否只输出特征值；select 可以取 'a'、'v'、'i'，'a' 表示计算所有的特征值，'v' 表示通过设置特征值的范围来确定要计算的特征值，'i' 表示通过特征值的序号（按值从小到大排列）范围来确定要计算的特征值；select_range 设置特征值的范围；check_finite 设置是否检查矩阵中有值是 inf 和 NaN 的元素；tol 是当

lapack_driver= 'stebz'时,特征值的迭代误差小于 tol 时,认为是收敛的;lapack_driver 可以取'auto'、'stemr'、'stebz'、'sterf'或'stev',当 select='a'时,'auto'表示'stemr',其他情况表示'stebz','sterf'只适用于 eigvals_only=True 和 select='a'的情况,'stev'只适用于 select='a'的情况。

```python
from scipy import linalg    # Demo7_14.py
import numpy as np

d = np.array([3,4,1, - 3, - 7])
e = np.array([2,6, - 3,4])
eigvalues, eigvectors = linalg.eigh_tridiagonal(d,e,select = 'i',select_range = [2,4])
print(eigvalues)
print(eigvectors)
'''
运行结果如下:
[3.16574891e - 03   3.00431710e + 00   9.37410869e + 00]
[[ - 0.26815414   0.92400397     0.23582793]
 [ 0.40180676    0.00199451     0.75159644]
 [ - 0.17827446   - 0.30833231   0.59458419]
 [ 0.74437682    0.20998759    - 0.15651131]
 [ 0.4251659     0.08395879     - 0.03823385]]
'''
```

在各种计算特征值和特征向量的方法中,如果计算的特征值 w 和特征向量 v 是复特征值和特征向量,可以用 cdf2rdf(w, v)方法将复特征值和特征向量转换成实特征值 wr 和特征向量 vr,满足 vr@wr = A@vr,A 是计算特征值和特征向量的原矩阵。

7.4.6　矩阵分解

1. 奇异值分解

特征向量是针对方阵进行的分解,对于非方阵可以用奇异值分解(singular value decomposition,SVD)。对于形状是(m,n)的任意矩阵 A,如果 A= U@np. diag(S)@V^H,U 和 V 都是西矩阵,形状分别是(m,m)和(n,n),S 是一维数组,则 S 的元素 S_i 称为 A 的奇异值。

矩阵奇异值分解用 svd()方法,svdvals()方法只返回奇异值 S,它们的格式如下所示。

svd(a,full_matrices = True,compute_uv = True,overwrite_a = False,check_finite = True,
　　lapack_driver = 'gesdd')
svdvals(a,overwrite_a = False,check_finite = True)[source]

其中,a 是形状为(m, n) 的矩阵;full_matrices=True 时,U 和 V 的形状分别是 (m,m)和(n, n),full_matrices=False 时,U 和 V 的形状分别是 (m, k)和(n, k),k= min(m,n);compute_uv 设置是否计算 U 和 V;lapack_driver 设置计算方法,可以取'gesdd'或'gesvd','gesdd'方法比'gesvd'方法更有效。svd()函数的返回值是 U、S 和 V^H。

利用奇异值分解,可以用 orth()方法构造矩阵 A 的正交基,用 null_space()方法求解零空间(Ax＝0 的解空间)的正交基,它们的格式如下所示。

```
orth(A, rcond = None)
null_space(A, rcond = None)
```

其中,A 的形状是(m,n);rcond 是相对条件数,A 的小于 rcond * max(S)的奇异值认为是
0,如果没有给出 rcond,默认值是 max(m,n)与浮点数的精度的乘积。

```
from scipy import linalg    # Demo7_15.py
import numpy as np

A = np.array([[3, - 5, - 10,4],[ - 4, 7, 2,6],[10, 2, 4,3]])
u, s, vh = linalg.svd(A,full_matrices = False)
print('U = ',u)
print('S = ',s)
print('VH = ',vh)
print(np.allclose(u@np.diag(s)@vh,A))        # 验证 A = USV^H
orth = linalg.orth(A)
print('orth = ',orth)
null = linalg.null_space(A)
print('null = ',null)
'''
运行结果如下:
U = [[ 0.84992075   - 0.07831275   - 0.52105838]
    [ - 0.50752084    0.14412426   - 0.84950032]
    [ - 0.14162386   - 0.98645594   - 0.08274884]]
S = [13.30451173  11.3298233   8.86707795]
VH = [[ 0.23778453   - 0.60772597   - 0.75769369   - 0.00528495]
    [ - 0.94229136   - 0.05052844   - 0.25370632   - 0.21252523]
    [ 0.11360425   - 0.39547504   0.35869627   - 0.83787263]]
True
orth = [[ 0.84992075   - 0.07831275   - 0.52105838]
        [ - 0.50752084    0.14412426   - 0.84950032]
        [ - 0.14162386   - 0.98645594   - 0.08274884]]
null = [[ - 0.20649354]
        [ - 0.68681548]
        [ 0.48256643]
        [ 0.50276689]]
'''
```

2. LU 分解

LU 分解可以用来求解线性方程组 $Ax=b$,将 A 分解成 $A=PLU$,其中 P 是置换矩阵,
L 是下三角形矩阵,主对角线的值都是 1,U 是上三角形矩阵。置换矩阵是一种系数只由 0
和 1 组成的方阵,置换矩阵的每一行和每一列都恰好有一个 1,其余的系数都是 0。在线性
代数中,每个 n 阶的置换矩阵都代表了一个对 n 个元素(n 维空间的基)的置换。当一个矩
阵乘一个置换矩阵时,所得到的是原来矩阵的横行(置换矩阵在左)或纵列(置换矩阵在右)
经过置换后得到的矩阵。

LU 分解用 lu()方法计算,其格式如下所示。

lu(a, permute_l = False, overwrite_a = False, check_finite = True)

其中,a 是待分解的矩阵,其形状是(m, n);permute_l 设置返回值 L 矩阵是否是 PL;overwrite_a 设置是否可以覆盖或丢弃 a,以便提高性能;check_finite 设置是否检查 a 中含有值为 inf 或 NaN 的元素。当 permute_l=False 时,lu()的返回值是 P、L 和 U,形状分别是(m,m)、(m,k)和(k,n),k=min(m,n);当 permute_l=True 时,返回值是 PL 和 U。

用 lu_factor()方法可以输出 LU−I 矩阵(I 是单位阵)和 PIV 向量,LU−I 矩阵的上三角阵是 U 阵,下三角阵是 L 阵,忽略 L 阵对角线的 1,PIV 向量记录置换索引,矩阵的第 i 行与矩阵的第 PIV[i]行置换。lu_factor()方法的格式如下所示,其中,a 必须是方阵。

lu_factor(a, overwrite_a = False, check_finite = True)

利用 lu_factor()的结果,可以求解线性方程组 $Ax=b$,方法是 lu_solve(),其格式如下所示。

lu_solve(lu_and_piv, b, trans = 0, overwrite_b = False, check_finite = True)

其中,lu_and_piv 是 lu_factor()的返回值;trans=0 时求解 $Ax=b$,trans=1 时求解 $A^Tx=b$,trans=2 时求解 $A^Hx=b$。

```python
from scipy import linalg    # Demo7_16.py
import numpy as np

A = np.array([[3, -5, -10],[-4, 7, 2],[10, 2, 4]])
P,L,U = linalg.lu(A)
print(1,P)
print(2,L)
print(3,U)
LU,PIV = linalg.lu_factor(A)
print(4,LU)
print(5,PIV)
b = np.array([1,2,3])
x = linalg.lu_solve((LU,PIV),b)
print(6,x)
'''
运行结果如下:
1 [[0.   0.   1.]
  [0.   1.   0.]
  [1.   0.   0.]]
2 [[1.            0.            0.         ]
  [-0.4          1.            0.         ]
  [0.3          -0.71794872   1.         ]]
3 [[10.           2.            4.         ]
  [0.           7.8           3.6        ]
  [0.           0.           -8.61538462]]
4 [[10.           2.            4.         ]
```

```
    [ - 0.4         7.8          3.6         ]
    [ 0.3          - 0.71794872  - 8.61538462]]
5 [2  1  2]
6 [ 0.30357143  0.53869048  - 0.27827381]
'''
```

3. Cholesky 分解

Cholesky 分解又叫平方根法,是把一个实对称或共轭对称正定矩阵 A 表示成一个下三角矩阵 L 和其共轭转置 L^H(上三角矩阵)的乘积,即 $A = LL^H$,或写成上三角形的形式 $A = U^H U$。一般共轭对称正定矩阵的 Cholesky 分解用 cholesky()方法,带状共轭对称矩阵的 Cholesky 分解用 cholesky_banded()方法,它们的格式如下所示。

```
cholesky(a, lower = False, overwrite_a = False, check_finite = True)
cholesky_banded(ab, overwrite_ab = False, lower = False, check_finite = True)
```

其中,a 是形状为(m,m)的方阵;lower 确定计算的是下三角阵还是上三角阵,其他参数如前所述。

```
from scipy import linalg   # Demo7_17.py
import numpy as np

A = np.array([[9,6,10],[6, 17, 12],[10, 12, 19]])
u = linalg.cholesky(A)
print('U = ',u)
print(np.allclose(u.T@u,A))   # 验证 A = UᵀU
a_band = np.array([[ 6, 5, 3, 7, 8, 9],
                   [ 2, 1, 2, 2, 2, 0],
                   [ 1, -1, -2, -1, 0, 0]])
l = linalg.cholesky_banded(a_band,lower = True)
print('L = ',l)
'''
运行结果如下:
U = [[3.        2.          3.33333333]
    [0.        3.60555128  1.47920052]
    [0.        0.          2.38764627]]
True
L = [[ 2.44948974  2.081666     1.65250393  2.25175988  2.00277585  2.64156002]
    [ 0.81649658  0.32025631   1.30338338  1.58874169  1.35090283  0.        ]
    [ 0.40824829  - 0.48038446  - 1.21028457  - 0.44409709  0.          0.        ]]
'''
```

4. LDL 分解

当矩阵 A 是一个实对称矩阵或共轭对称矩阵时,A 可以分解成 $A = LDL^H$ 形式,其中 L 是下三角形单位矩阵(主对角线元素皆为 1),D 是对角矩阵(只在主对角线上有元素,其余皆为零)。当然 A 也可以分解成 $A = U^H DU$,U 是上三角形单位矩阵。LDL 分解用 ldl()方法,其格式如下所示。

  ldl(A, lower = True, hermitian = True, overwrite_a = False, check_finite = True)

其中,A 是实对称或共轭对称矩阵;lower 设置输出的是下三角矩阵还是上三角矩阵;hermitian 设置 A 是复数矩阵时,A=A. conj(). T 还是 A=A. T ;其他参数如前所述。ldl() 的返回值有 L 矩阵或 U 矩阵、D 矩阵、行置换向量 P,P 使 L 或 U 成三角形矩阵。

```
from scipy import linalg    # Demo7_18.py
import numpy as np

A = np.array([[9,6,10],[6, 16, 12],[10, 12, 18]])
l,d,p = linalg.ldl(A)
print('L = ',l)
print('D = ',d)
print('P = ',p)
print(np.allclose(l@d@l.T,A))        # 验证 A = LDLT
'''
运行结果如下:
L = [[1.             0.            0.          ]
    [0.66666667 1.           0.          ]
    [1.11111111 0.44444444 1.         ]]
D = [[ 9.           0.           0.         ]
    [ 0.          12.           0.         ]
    [ 0.           0.          4.51851852]]
P = [0  1  2]
True
'''
```

5. QR 分解和 RQ 分解

  QR(正交三角)分解是将实(复)非奇异矩阵 $\boldsymbol{A}$ 分解成正交(酉)矩阵 $\boldsymbol{Q}$ 与实(复)非奇异上三角矩阵 $\boldsymbol{R}$ 的乘积,即 $\boldsymbol{A}=\boldsymbol{Q}\boldsymbol{R}$,$\boldsymbol{A}$ 也可以分解成 $\boldsymbol{A}=\boldsymbol{R}\boldsymbol{Q}$。QR 分解用 qr()方法,RQ 分解用 rq()方法,它们的格式如下所示。

  qr(a, overwrite_a = False, lwork = None, mode = 'full', check_finite = True)
  rq(a, overwrite_a = False, lwork = None, mode = 'full', check_finite = True)

其中,a 是形状为(m, n)的矩阵;lwork 是工作数组的长度,要求 lwork≥a. shape[1],如果取 None 或 −1,会自动取一个理想的值;mode 设置返回值的种类,可取 'full'、'r'、'economic',取'full'时会返回 Q 和 R,取'r'时只返回 R,取'economic'时,会以一种比较经济的方式返回 Q 和 R,这时 Q 和 R 的形状分别是(m,k)和(k, n),而不是(m,m)和(m,n),其中 k=min(m,n)。

```
from scipy import linalg    # Demo7_19.py
import numpy as np

A = np.array([[34, − 4, − 10, − 7],
```

```
                [ - 4, 7, 2, 12],
                [ - 10, 2, 44, 2]])
q, r = linalg. qr(A)
# r, q = linalg. rq(A)
print('Q = ', q)
print('R = ', r)
print(np. allclose(q @ q. T, np. identity(3)))        # 验证 q 是正交矩阵
'''
运行结果如下:
Q = [[ - 0.95331266    - 0.14104463    0.26702318]
     [ 0.11215443    - 0.98634637    - 0.12059111]
     [ 0.28038608    - 0.0850132    0.95611527]]
R = [[ - 35.665109    5.15910382    22.09442287    8.57981396]
     [ 0.            - 6.51027248    - 4.30282737    - 11.01887045]
     [ 0.            0.            39.15765768    - 1.40402512]]
True
'''
```

6. 极分解

极分解(polar decomposition)是将矩阵 A 分解成 $A=PU$(左极)或 $A=UP$(右极),其中 P 是共轭对称半正定矩阵,A 是非奇异阵时,P 是正定阵,U 根据 A 的形状可为行正交矩阵或列正交矩阵。极分解可以从奇异值分解推导得出,$A=USV^H=UV^HVSV^H=(UV^H)\cdot(VSV^H)$,$(UV^H)$ 是正交矩阵,可以当作 $A=UP$ 中的 U,(VSV^H) 是对称矩阵,可以当作 $A=UP$ 中的 P。

极分解用 polar()方法,其格式如下所示。

polar(a, side = 'right')

其中,a 的形状是(m,n);side 可以取'left'或'right'。polar()函数的返回值有 U 和 P,当 a 是方阵时,U 是正交矩阵,当 m<n 时,U 是列正交矩阵,当 m<n 时,U 是行正交阵;P 的形状是(m,m)或(n,n),与 side 取值有关。

```
from scipy import linalg    # Demo7_20. py
import numpy as np

A = np. array([[9, 6, 10, 5],
               [6, 16, 12, 8],
               [10,12,18, 1]])
u, p = linalg. polar(A)
print('U = ', u)
print('P = ', p)
print(np. allclose(u@p, A))    # 验证 A = UP
'''
运行结果如下:
U = [[ 0.76327095    - 0.25792927    0.21754366    0.55096706]
     [ - 0.12894305    0.8326672    0.09884849    0.52940345]
     [ 0.23746169    0.26914376    0.78087196    - 0.51128521]]
```

```
P = [[ 0.47039723    5.36607732   10.35970347    3.0222721 ]
     [ 5.36607732   15.00482458   12.25730126    5.64083498]
     [10.35970347   12.25730126   17.41731373    2.65937816]
     [ 3.0222721     5.64083498    2.65937816    6.47877765]]
True
'''
```

7. schur 分解

schur 分解、特征值分解和奇异值分解是三种联系十分紧密的矩阵分解。schur 分解是将一个矩阵 A 分解成酉矩阵 Z 和上三角矩阵或准上三角形矩阵 T，$A = ZTZ^H$。这样 A 和 T 是相似的，两者有相同的特征值，又因 T 是上三角矩阵，所以 T 的对角元素实际上是 A 的特征值。schur 分解常用于求非对称阵的特征值问题。

schur 分解用 schur()方法，其格式如下所示。

schur(a, output = 'real', lwork = None, overwrite_a = False, sort = None, check_finite = True)

其中，a 的形状是(m, m)；output 用于设置当 a 是实矩阵时，进行实数还是复数 schur 分解，可以取'real'或'complex'；lwork 设置工作数组的长度，取 None 或 -1 时，自动选择合适的长度；sort 设置特征值的排序规则，可以取 None、'lhp'、'rhp'、'iuc'、'ouc'，'lhp'是指"Left-hand plane (x. real < 0.0)"，'rhp'是指"Right-hand plane (x. real > 0.0)"，'iuc'是指"Inside the unit circle (x * x. conjugate() <= 1.0)"，'ouc'是指"Outside the unit circle (x * x. conjugate() > 1.0)"。schur()的返回值有 T 和 Z，如果设置 sort 参数，还会返回满足 sort 添加的特征值的个数。

```python
from scipy import linalg    # Demo7_21.py
import numpy as np

A = np.array([[9,6,10],[6, 16, 12],[10, 12, 18]])
t,z,n = linalg.schur(A,sort = 'lhp')
print('T = ',t)
print('Z = ',z)
print('N = ',n)
print(np.allclose(z@t@z.T,A))    # 验证 A = Z T Z^H
'''
运行结果如下:
T = [[ 3.42475177e + 01   3.62595154e - 15   - 4.50729832e - 16]
     [ 0.00000000e + 00   2.16213215e + 00    1.38759397e - 15]
     [ 0.00000000e + 00   0.00000000e + 00    6.59035014e + 00]]
Z = [[ - 0.41451905   - 0.72733078    0.54695876]
     [ - 0.59124851   - 0.24165673   - 0.76943305]
     [ - 0.69180861    0.64233321    0.32986192]]
N = 0
True
'''
```

schur 分解值 T 和 Z 如果是实数,可以用 rsf2csf(T, Z, check_finite＝True)方法将实矩阵 T 和 Z 转换成复矩阵 T 和 Z。

8. QZ 分解

QZ 分解是广义 schur 分解,用于求解广义特征值。对于形状是(m,m)的非对称矩阵 A 和 B,其 QZ 分解是(A,B) ＝ (Q@AA@Z^T, Q@BB@Z^T),其中 AA 和 BB 是上三角矩阵,Q 和 Z 是正交单位矩阵。

QZ 分解用 qz()方法,其格式如下所示,参数与 schur()方法的参数类似。qz()方法的返回值有 AA、BB、Q 和 Z。

qz(A, B, output = 'real', lwork = None, sort = None, overwrite_a = False, overwrite_b = False, check_finite = True)

```
from scipy import linalg    # Demo7_22.py
import numpy as np

A = np.array([[34, - 4, - 10],[14, 7, 2],[ - 1, 5, 4]])
B = np.array([[4,4,5],[2, 17, 12],[ - 11, 3, 7]])
AA,BB,Q,Z = linalg.qz(A,B)
print('AA = ', AA);print('BB = ', BB);print('Q = ',Q);print('Z = ',Z)
print(np.allclose(Q@AA@Z.T,A))
print(np.allclose(Q@BB@Z.T,B))
'''
运行结果如下:
AA = [[ 6.73755403   33.71151286   - 14.84367805]
     [ 0.          0.8786885    - 1.94770275]
     [ 0.          0.           12.49955396]]
BB = [[ 3.73751009   7.03475325   13.43798575]
     [ 0.          10.85148239   - 1.46760018]
     [ 0.          0.           17.57996825]]
Q = [[ 0.89576747   - 0.15307297   - 0.41733597]
     [ 0.44227542   0.40119014   0.80214645]
     [ 0.04464414   - 0.90311413   0.42707349]]
Z = [[ 0.3509343   0.89635069   - 0.27092537]
     [ - 0.50201977   0.42432822   0.75360581]
     [ 0.79045636   - 0.12845624   0.5988971 ]]
True
True
'''
```

9. Hessenberg 分解

如果矩阵 $\boldsymbol{H}=(h_{ij})_{m\times m}$ 的元素 $h_{ij}=0(i>j+1)$,则称 $\boldsymbol{H}$ 为上 Hessenberg 矩阵;如果 $h_{ij}=0(j>i+1)$,则称 $\boldsymbol{H}$ 为下 Hessenberg 矩阵。既是上 Hessenberg 又是下 Hessenberg 的矩阵称为三对角矩阵。

方阵 $\boldsymbol{A}$ 的 Hessenberg 分解是 $\boldsymbol{A}=\boldsymbol{Q}\boldsymbol{H}\boldsymbol{Q}^H$,其中 $\boldsymbol{Q}$ 是酉阵,$\boldsymbol{H}$ 是 $\boldsymbol{A}$ 的 Hessenberg 形式。Hessenberg 分解用 hessenberg()方法进行,其格式如下所示。

```
hessenberg(a, calc_q = False, overwrite_a = False, check_finite = True)
```

其中,a 是形状为(m,m)的方阵;calc_q 确定是否计算 Q;其他参数如前所述。函数的返回值是 H,在 calc_q=True 时,也会返回 Q。

```
from scipy import linalg    # Demo7_23.py
import numpy as np

A = np.array([[3, -4, -1,2],[3,6,2, -7],[ -1,3,5,4],[2,5,7, -9]])
H,Q = linalg.hessenberg(A,calc_q = True)
print('H = ',H)
print('Q = ',Q)
print(np.allclose(Q @ H @ Q.conj().T ,A))    # 验证 A = QHQ^H
'''
运行结果如下:
H = [[ 3.            1.87082869    3.75034572    1.85335021]
     [ -3.74165739  -1.85714286   11.56857961   7.45014769]
     [ 0.           3.77694402    1.40506847    -2.40688057]
     [ 0.           0.            -8.55388913   2.45207439]]
Q = [[ 1.          0.           0.            0.         ]
     [ 0.          -0.80178373   -0.53576367   -0.26476432]
     [ 0.          0.26726124    -0.71772115   0.64299905]
     [ 0.          -0.53452248    0.44478494    0.718646  ]]
True
'''
```

7.4.7 线性方程组的解

SciPy 中根据线性代数方程组 $Ax=b$ 的系数矩阵 A 的不同,可以采用不同的方法来求解线性方程组 $Ax=b$。

1. A 是一般形式

A 是一般形式时,用 solve()方法求解线性方程组,其格式如下所示。

```
solve(A, b, sym_pos = False, lower = False, overwrite_a = False, overwrite_b = False, check_finite = True,
    assume_a = 'gen', transposed = False))
```

其中,A 是方阵,形状是(n, n);b 的形状是(n,)或(n, k);sym_pos 用于设置 A 是否是对称且正定矩阵,建议用 assume_a='pos'来设置;assume_a 用于设置矩阵 A 的类型,可以取 'sym'(对称矩阵)、'her'(hermitian 矩阵)、'pos'(正定矩阵)或'gen'(一般矩阵);lower 设置使用矩阵 A 的下三角矩阵还是上三角矩阵,当 assume_a='gen'时忽略该项;overwrite_a 和 overwrite_b 设置是否允许重写或放弃 A 和 b;check_finite 设置是否检查输入矩阵中含有 inf、NaN 元素;transposed=True 时,求解的方程是 $A^T x=b$。

```
import numpy as np    # Demo7_24.py
from scipy import linalg
```

```
A = np.array([[5,2,3],[4,5,-6],[-7,8,9]])
print(linalg.det(A))
b = np.array([[11,12,13],[14,15,16]])
x = linalg.solve(A,b.T)
print(x)
'''
运行结果如下:
678.0
[[1.09734513  1.4159292 ]
 [2.07079646  2.57522124]
 [0.45722714  0.5899705 ]]
'''
```

2. A 不是方阵

当 **A** 不是方阵时,用 lstsq()方法求解线性方程组,其格式如下所示。该方法使用最小二乘法求解线性方阵组,使 $\|b-Ax\|_2$ 的值最小。

lstsq(A, b, cond = None, overwrite_a = False, overwrite_b = False, check_finite = True, lapack_driver = None)

其中,A 的形状是(m，n);b 的形状是(m,)或(m，k);cond 设置条件数,A 的小于 cond 与最大奇异值乘积的奇异值认为是 0;lapack_driver 设置 LAPACK 线性代数数学库的引擎,可以取'gelsd'、'gelsy'或'gelss',默认值是'gelsd'。函数返回值包括方程的解 x,形状是(k,)或单个浮点数的残余值、矩阵 A 的秩、A 的奇异值。

```
import numpy as np    #Demo7_25.py
from scipy import linalg

A = np.array([[11,12,3,-4],[4,5,6,7],[-7,-8,9,10]])
b = np.array([[11,12,13],[14,15,16]])
x = linalg.lstsq(A,b.T)
for i in x:
    print(i)
'''
运行结果如下:
[[ 0.31570671  0.40361913]
 [ 0.06444559  0.08951115]
 [ 1.97637634  2.4700947 ]
 [-0.20618754  -0.26894293]]
[]
3
[21.91222329  14.8731048  2.9402762]
'''
```

3. A 是带状矩阵

A 是带状矩阵时(所有的非零元素都集中在以主对角线为中心的带状区域中),用 solve_

banded()方法求解线性方程组,其格式如下所示。

solve_banded(l_and_u, A, b, overwrite_a = False, overwrite_b = False, check_finite = True)

其中,A 是带状矩阵;l_and_u 的取值是元组(l_int,u_int),用于指定带状元素所在的下对角线和上对角线位置。带状矩阵 A 的形状是(l_int ＋ u_int ＋ 1,m);b 的形状是(m,)或(m,k),其他参数与 solve()函数的相同。

对于下面的形状是(6,6)的带状矩阵,此时 l_int＝2,u_int＝1。

$$
\begin{bmatrix}
a_{00} & a_{01} & 0 & 0 & 0 & 0 \\
a_{10} & a_{11} & a_{12} & 0 & 0 & 0 \\
a_{20} & a_{21} & a_{22} & a_{23} & 0 & 0 \\
0 & a_{31} & a_{32} & a_{33} & a_{34} & 0 \\
0 & 0 & a_{42} & a_{43} & a_{44} & a_{45} \\
0 & 0 & 0 & a_{53} & a_{54} & a_{55}
\end{bmatrix}
$$

A 按下面方式取值:

$$
A = \begin{bmatrix}
0 & a_{01} & a_{12} & a_{23} & a_{34} & a_{45} \\
a_{00} & a_{11} & a_{22} & a_{33} & a_{44} & a_{55} \\
a_{10} & a_{21} & a_{32} & a_{43} & a_{54} & 0 \\
a_{20} & a_{31} & a_{42} & a_{53} & 0 & 0
\end{bmatrix}
$$

```python
import numpy as np    # Demo7_26.py
from scipy import linalg

A = np.array([[0, 0, -2, -4, -1],
              [0, 2,  2,  2,  2],
              [5, 4,  3,  2,  1],
              [1, 1,  2,  1,  0]])
b = np.array([[-1, 1, -2, 2, -3],[1, 2, 3, 4, 5]])
x = linalg.solve_banded((1, 2), A, b.T)
print(x)
'''
运行结果如下:
[[ 3.91891892   -3.56756757]
 [-6.2972973    6.41891892]
 [ 4.          -3.         ]
 [-3.56756757   3.52702703]
 [ 0.56756757   1.47297297]]
'''
```

4. A 是 Hermitian 正定带状矩阵

A 是 Hermitian 正定带状矩阵时,用 solveh_banded()方法求解线性方程组,其格式如下所示。

solveh_banded(A, b, overwrite_a = False, overwrite_b = False, lower = False, check_finite = True)

其中,A 是 Hermitian 正定带状矩阵,由于对称性,A 只需存储上对角阵或下对角阵;参数 lower 确定是上对角阵还是下对角阵。

对于下面的形状是(6,6)的 Hermitian 正定带状矩阵

$$\begin{bmatrix} a_{00} & a_{01} & a_{02} & 0 & 0 & 0 \\ a_{10} & a_{11} & a_{12} & a_{13} & 0 & 0 \\ a_{20} & a_{21} & a_{22} & a_{23} & a_{24} & 0 \\ 0 & a_{31} & a_{32} & a_{33} & a_{34} & a_{35} \\ 0 & 0 & a_{42} & a_{43} & a_{44} & a_{45} \\ 0 & 0 & 0 & a_{53} & a_{54} & a_{55} \end{bmatrix}$$

对于上三角矩阵,A 的值如下所示:

$$A = \begin{bmatrix} 0 & 0 & a_{02} & a_{13} & a_{24} & a_{35} \\ 0 & a_{01} & a_{12} & a_{23} & a_{34} & a_{45} \\ a_{00} & a_{11} & a_{22} & a_{33} & a_{44} & a_{55} \end{bmatrix}$$

对于下三角矩阵,A 的值如下所示:

$$A = \begin{bmatrix} a_{00} & a_{11} & a_{22} & a_{33} & a_{44} & a_{55} \\ a_{10} & a_{21} & a_{32} & a_{43} & a_{54} & 0 \\ a_{20} & a_{31} & a_{42} & a_{53} & 0 & 0 \end{bmatrix}$$

```python
import numpy as np    # Demo7_27.py
from scipy import linalg

A = np.array([[ 6    5    3    7  8   9],
              [ 2    1    2    2  2   0],
              [ 1   -1,  -2   -1  0,  0]])
b = np.array([2, -2, -4, 3, -1, 3])
x = linalg.solveh_banded(A, b, lower = True)
print(x)
'''
运行结果如下:
[ 0.99027392  1.1000397  -6.14172291  3.33902342  -2.82840413  1.33287019]
'''
```

5. A 是轮换矩阵

A 是轮换矩阵时,用 solve_circulant()方法求解线性方程组,其格式如下所示。

solve_circulant(A, b, singular = 'raise', tol = None, caxis = -1, baxis = 0, outaxis = 0)

该方程组是在傅里叶空间中进行求解的,$x = ifft(fft(b)/fft(A))$,其中 A 是轮换矩阵; singular 设置如何处理接近奇异的轮换矩阵,可以取 'raise' 或 'lstsq','raise' 表示抛出 LinAlgError 异常,'lstsq'表示用最小二乘法来处理;tol 用于判断轮换矩阵是奇异矩阵时的

误差,当轮换矩阵的任一特征值的绝对值小于等于该误差时,则认为轮换矩阵接近奇异,如果不设置 tol,则默认 tol=abs_eigs. max() * abs_eigs. size * np. finfo(np. float64). eps;参数 caxis、baxis 和 outaxis 的取值都是整数,caxis 指定 C 中轮换向量的方向,baxis 指定 b 是多维情况时 b 中向量的方向,outaxis 指定输入结果是多维时存储结果的方向。

```python
import numpy as np    # Demo7_28.py
from scipy import linalg

A = np.array([-5,3, 2, 4])
b = np.array([1, 2, 3, 4])
x = linalg.solve_circulant(A, b)
print(x)
'''
运行结果如下:
[0.835 0.695 0.515 0.455]
'''
```

6. A 是三角形矩阵

A 是三角形矩阵时,用 solve_triangular()方法求解线性方程组,其格式如下所示。

solve_triangular(A, b, trans = 0, lower = False, unit_diagonal = False, overwrite_b = False, check_finite = True)

其中,A 是三角形矩阵,形状是(m,m);b 的形状是(m,)或 (m,k);trans 可以取 0、1、2、'N'、'T'或'C',取值是 0 或 'N'时表示求解的方程是 $Ax=b$,取值是 1 或 'T'时表示求解的方程是 $A^{T}x=b$,取值是 2 或 'C'时,表示求解的方程是 $A^{H}x=b$;lower 设置是否使用下三角矩阵,默认用上三角矩阵;unit_diagonal=True 表示主对角线上的元素全部是 1。

```python
import numpy as np    # Demo7_29.py
from scipy import linalg

a = np.array([[  2,   0,   0,   0],
              [ -2,  -3,   0,   0],
              [  2,   2,   1,   0],
              [ -1,  -4,   2,   1]])
b = np.array([4, 2, 4, 2])
x = linalg.solve_triangular(a, b, lower = True)
print(x)
'''
运行结果如下:
[  2.   -2.   4.   -12. ]
'''
```

7. 托普利兹系统

当系统是托普利兹系统时,用 solve_toeplitz()方法求解线性方程组,其格式如下所示。

```
solve_toeplitz(c_or_cr, b, check_finite = True)
```

其中,c_or_cr用于生成托普利兹矩阵,可以取c或(c,r),c是第一列向量,r是第一行向量,忽略r的第一个元素,如果不输入r,则默认r＝conjugate(c)。

```
import numpy as np    # Demo7_30.py
from scipy import linalg

c = np.array([3, 2, 4])
r = np.array([1, -2, -3])
b = np.array([10, 12, -8])
x = linalg.solve_toeplitz((c,r), b)
print(x)
'''
运行结果如下:
[0.28571429  1.23076923  -3.86813187]
'''
```

7.4.8 矩阵方程的解

1. 西尔维斯特方程

西尔维斯特(Sylvester)方程是控制理论中的矩阵方程,形式如下所示。使西尔维斯特方程有唯一解的充分必要条件是 A 和 B 没有相同的特征值。

$$AX + XB = Q$$

求解西尔维斯特方程的方法是 solve_sylvester(),其格式如下所示,其中 a 的形状是(m,m),b 的形状是(n,n),q 的形状是(m,n)。

```
solve_sylvester(a, b, q)
```

```
from scipy import linalg    # Demo7_31.py
import numpy as np

a = np.array([[3, 4, 5], [2, 3, 5], [3, 5, 4]])
b = np.array([[1,2],[3,5]])
q = np.array([[1,2],[2,3],[3,4]])
print(linalg.eigvals(a))              # 输出 a 的特征值
print(linalg.eigvals(-b))             # 输出 b 的特征值
x = linalg.solve_sylvester(a, b, q)
print(x)
print(np.allclose(a@x + x@b, q))      # 验证 AX + XB = Q
'''
运行结果如下:
[11.28237192 + 0.j  0.32985601 + 0.j  -1.61222793 + 0.j]
[ 0.16227766 + 0.j  -6.16227766 + 0.j]
[[ -2.17253521    0.78403756]
```

```
  [ 1.3415493     - 0.33098592]
  [ 0.3943662     0.27934272]]
True
'''
```

2. 黎卡提代数方程

在连续时间系统的最优控制问题中，经常遇到黎卡提代数方程。连续时间黎卡提代数方程（continuous-time algebraic Riccati equation，CARE）的形式如下：

$$E^H XA + A^H XE - (E^H XB + S)R^{-1}(B^H XE + S^H) + Q = 0$$

在不输入 E 和 S 的情况下，CARE 方程如下所示：

$$XA + A^H X - XBR^{-1}B^H X + Q = 0$$

离散时间黎卡提代数方程（discrete-time algebraic Riccati equation，DARE）的形式如下：

$$A^H XA - E^H XE - (A^H XB + S)(R + B^H XB)^{-1}(B^H XA + S^H) + Q = 0$$

在不输入 E 和 S 的情况下，DARE 方程如下所示：

$$A^H XA - X - (A^H XB)(R + B^H XB)^{-1}(B^H XA) + Q = 0$$

求解 CARE 方程用 solve_continuous_are()方法，求解 DARE 方程用 solve_discrete_are()方法，它们的格式如下所示。

solve_continuous_are(a, b, q, r, e = None, s = None, balanced = True)
solve_discrete_are(a, b, q, r, e = None, s = None, balanced = True)

其中，a、q、e 的形状都是（m，m），b、r、s 的形状都是（m，n），q 是实对称或共轭对称矩阵；balanced 设置是否执行平衡步。

```
from scipy import linalg    # Demo7_32.py
import numpy as np

a = np.array([[5, 2], [ - 4.5, - 3.5]])
b = np.array([[1], [ - 1]])
q = np.array([[8, 5], [5, 4.]])
r = 1
x = linalg.solve_continuous_are(a, b, q, r)
print(x)
print(np.allclose(a.T@x + x@a - x@b@b.T@x,  - q))
x = linalg.solve_discrete_are(a, b, q, r)
print(x)
'''
运行结果如下：
[[21.72792206  14.48528137]
 [14.48528137   9.65685425]]
True
[[14.5623059   9.70820393]
 [ 9.70820393  6.47213595]]
'''
```

3. 李雅普诺夫方程

李雅普诺夫(Lyapunov)方程在通信、控制理论和动力系统中起着非常重要的作用,通常根据它的解来监测系统的稳定性、可控性和可观性。

连续李雅普诺夫方程为

$$AX + XA^H = Q$$

离散李雅普诺夫方程为

$$AXA^H - X + Q = 0$$

求解连续和离散李雅普诺夫方程的方法分别是 solve_continuous_lyapunov() 和 solve_discrete_lyapunov(),它们的格式如下所示。

```
solve_continuous_lyapunov(a, q)
solve_discrete_lyapunov(a, q, method = None)
```

其中,a 和 q 都是形状为(m, m)的方阵;method 设置求解器的类型,可以选择'direct'或'bilinear',如果没有给出,则当 m 小于 10 时选择'direct',当 m 大于等于 10 时选择'bilinear'。

```
from scipy import linalg   # Demo7_33.py
import numpy as np

a = np.array([[4, 3, 0], [-3, -2, 1], [5, -4, 1]])
q = np.array([[1, 2, -1], [1, 3, 1], [2, 3, 1]])
x = linalg.solve_continuous_lyapunov(a, q)
print(x)
print(np.allclose(a.dot(x) + x.dot(a.T), q))
x = linalg.solve_discrete_lyapunov(a, q)
print(x)
print(np.allclose(a.dot(x).dot(a.T) - x, -q))
'''
运行结果如下:
[[-2.05681818   3.13636364    4.28409091]
 [ 2.68181818  -4.90909091   0.13636364]
 [ 4.19318182   0.68181818  -19.05681818]]
True
[[-0.03268891  -0.0056475   -0.29520442]
 [ 0.1067722   -0.19146254  -0.48336736]
 [ 0.21978487  -0.83668642  -5.60452667]]
True
'''
```

7.5 稀疏矩阵

稀疏矩阵(sparse matrix)是指一个规模比较大的矩阵中零元素占据绝大多数,而非零元素占据少数的矩阵。与稀疏矩阵对应的是密集矩阵。密集矩阵和稀疏矩阵实例如图 7-4 所示。在存储稀疏矩阵时,只需要存储非零元素的值即可,没有必要把整个矩阵全部保存,从而节省内存空间；而密集矩阵的所有值都要存储。如果采用密集矩阵方式，既浪费大量的存储空间来存放零元素，又要在运算中浪费大量的时间来进行零元素的运算。例如在进行有限元计算时，有限元模型的自由度可以达到几百万甚至更多，有限元模型的刚度矩阵和质量矩阵中绝大部分都是零，非零元素只占很少的一部分，如果进行迭代运算，例如求特征值和特征向量，将会使用非常多的内存空间。为了节省内存空间并提高计算速度，可以使用稀疏矩阵来存储矩阵中的非零元素。有关稀疏矩阵的定义方法在 sparse 子模块中。

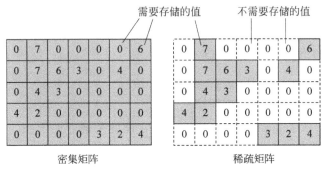

图 7-4　密集矩阵和稀疏矩阵

7.5.1　稀疏矩阵的基类

SciPy 提供了 7 种稀疏矩阵类，它们是 bsr_matrix()、coo_matrix()、csc_matrix()、csr_matrix()、dia_matrix()、dok_matrix() 和 lil_matrix()，这些稀疏矩阵有自己的存储格式、优点和缺点。这 7 种稀疏矩阵类都继承自 spmatrix 类，spmatrix 类为这 7 种稀疏矩阵子类提供一些相同的方法，不能直接使用 spmatrix 类，而是使用其子类来存储数据。

spmatrix 类的一些常用方法如表 7-21 所示，这些方法也会被子类继承。

表 7-21　spmatrix 类的一些常用方法

spmatrix 类的方法及参数	说　　明
asformat(format,copy=False)	返回转换成其他格式后的稀疏矩阵，format 可取 'csr'、'csc'、'lil'、'dok'、'array'、'bsr'、'coo'、'dia'
asfptype()	返回转换成浮点数后的稀疏矩阵
astype(dtype,casting='unsafe',copy=True)	返回将元素转换成其他类型后的稀疏矩阵，例如 dtype=np.float64
conj(copy=True)、conjugate(copy=True)	返回将元素转换成共轭复数后的稀疏矩阵
copy()	返回复制后的稀疏矩阵
count_nonzero()	获取非零元素的个数
diagonal(k=0)	获取矩阵的第 k 阶对角线向量
dot(other)	与其他矩阵点乘
getH()	返回 Hermitian 转置矩阵
get_shape()	获取矩阵的形状
getcol(j)	获取矩阵的第 j 列，作为(mx1)稀疏矩阵(列向量)
getformat()	获取矩阵的格式(字符串)，例如 'coo'
getnnz(axis=None)	获取每轴存储值的数量

续表

spmatrix 类的方法及参数	说　明
getrow(i)	获取矩阵的第 i 列,作为(1×n)稀疏矩阵(行向量)
maximum(other)	获取自己和其他矩阵中对应位置的最大值矩阵
minimum(other)	获取自己和其他矩阵中对应位置的最小值矩阵
mean(axis＝None,dtype＝None,out＝None)	获取指定轴的算术平均值
multiply(other)	获取对应元素相乘后的矩阵
nonzero()	获取非零元素的索引
power(n,dtype＝None)	返回对元素进行 n 次方后的矩阵
reshape(shape,order＝'C',copy＝False)	返回重新调整形状后的矩阵,原矩阵不变
resize(shape)、set_shape(shape)	直接对原矩阵调整形状,没有返回值
setdiag(values,k＝0)	对原矩阵设置对角线上的值
sum(axis＝None,dtype＝None,out＝None)	获取给定轴上的元素和
toarray(order＝None,out＝None)	返回数组
tobsr(blocksize＝None,copy＝False)	返回 bsr 稀疏矩阵
tocoo(copy＝False)	返回 coo 稀疏矩阵
tocsc(copy＝False)	返回 csc 稀疏矩阵
tocsr(copy＝False)	返回 csr 稀疏矩阵
todense(order＝None,out＝None)	返回密集矩阵
todia(copy＝False)	返回 dia 稀疏矩阵
todok(copy＝False)	返回 dok 稀疏矩阵
tolil(copy＝False)	返回 lil 稀疏矩阵
transpose(axes＝None,copy＝False)	返回转置矩阵
nnz	返回稀疏矩阵中存储的数据的个数

　　除了对稀疏矩阵进行以上方法的操作外,还可以直接对稀疏矩阵进行算术运算,例如用函数 arcsin()、arcsinh()、arctan()、arctanh()、ceil()、deg2rad()、expm1()、floor()、log1p()、rad2deg()、rint()、sign()、sin()、sinh()、sqrt()、tan()、tanh()和 trunc()进行运算。

7.5.2　稀疏矩阵的定义

1. coo 稀疏矩阵

coo 稀疏矩阵是坐标(coordinate)矩阵,用 coo_matrix()方法定义,其格式如下所示。

```
coo_matrix((m, n), dtype = 'd')                    # 形状是(m,n)的空稀疏矩阵
coo_matrix((data,(row_ind, col_ind)), [shape = (m, n)])   # 用行和列索引来定义稀疏矩阵
coo_matrix(S)                                      # 用稀疏或密集矩阵定义稀疏矩阵
```

其中,m 和 n 定义稀疏矩阵的行数和列数; data 是一维数组,定义稀疏矩阵中的非零元素; row_ind 和 col_ind 是一维数组,是 data 中的数据在稀疏矩阵中的索引,满足 A[row_ind[k], col_ind[k]] ＝ data[k]。需要注意的是,row_ind 和 col_ind 确定的位置是可以重复的,转换成 csr 或 csc 稀疏矩阵时,重复位置的值进行相加。coo 稀疏矩阵不能对矩阵中的元素进行增加、删除、更改操作,也不能进行切片操作,通常需要将 coo 稀疏矩阵转换成 csr 或 csc 稀疏矩阵进行数值计算。

coo 稀疏矩阵的定义原理可以用图 7-5 来说明。row_ind 的第 1 个值是 1,col_ind 的第 1 个值是 1,所以在 coo 稀疏矩阵的 row_ind＝1 和 col_ind—1 处是 data 的第 1 个数据 3; row_ind 的第 2 个值 3,col_ind 的第 2 个值是 4,所以在 coo 稀疏矩阵的 row_ind＝3 和 col_ind＝4 处是 data 的第 2 个数据 8,其他依次类推。

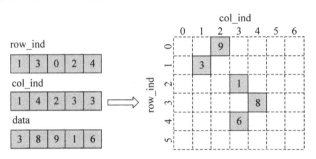

图 7-5　coo 稀疏矩阵的定义原理

用 coo 稀疏矩阵的 row、col 和 data 属性可以获取稀疏矩阵中存储的值的索引和数据。下面的程序建立两个 coo 稀疏矩阵,一个没有重复的数据,一个有重复的数据。

```python
from scipy import sparse    # Demo7_34.py
import numpy as np

rows = np.array([1,3,0,2,4])
cols = np.array([1,4,2,3,3])
data = [2,5,9,1,6]
coo_1 = sparse.coo_matrix((data,(rows,cols)),shape = (6,7),dtype = np.int16)
print(coo_1.toarray())
print(coo_1.row,coo_1.col,coo_1.data)

row = np.array([0, 0, 1, 3, 1, 0, 0])                        # 行和列有重复的数据点
col = np.array([0, 2, 1, 3, 1, 0, 0])
data = np.array([1, 1, 1, 1, 1, 1, 1])
coo_2 = sparse.coo_matrix((data, (row, col)), shape = (4, 4))    # 有重复的元素
print(coo_2.toarray())
print(coo_2.row,coo_2.col,coo_2.data)
'''
运行结果如下:
[[0 0 9 0 0 0 0]
 [0 2 0 0 0 0 0]
 [0 0 0 1 0 0 0]
 [0 0 0 0 5 0 0]
 [0 0 0 6 0 0 0]
 [0 0 0 0 0 0 0]]
[1 3 0 2 4] [1 4 2 3 3] [2 5 9 1 6]
[[3 0 1 0]
 [0 2 0 0]
 [0 0 0 0]
 [0 0 0 1]]
[0 0 1 3 1 0 0] [0 2 1 3 1 0 0] [1 1 1 1 1 1 1]
'''
```

2. csr 稀疏矩阵

csr 稀疏矩阵是压缩稀疏行(compressed sparse row)矩阵,用 csr_matrix()方法定义,其格式如下所示。

```
csr_matrix((m, n), [dtype])                        #形状是(m,n)的空稀疏矩阵
csr_matrix((data, (row_ind, col_ind)), [shape = (m, n)])   #用行和列索引来定义稀疏矩阵
csr_matrix((data, indices, indptr), [shape = (m, n)])      #csr 稀疏矩阵的标准定义方式
csr_matrix(S)                                      #用稀疏或密集矩阵定义
```

其中,m 和 n 定义稀疏矩阵的行数和列数;data 是一维数组,定义稀疏矩阵中的非零元素;row_ind 和 col_ind 是一维数组,是 data 中的数组在稀疏矩阵中的索引,满足 $A[row\_ind[k], col\_ind[k]] = data[k]$;indices 和 indptr 是一维数组,indices 中记录非零元素的列索引,indptr 用于指向 indices 中的元素,稀疏矩阵中第 i 行中非零元素的列索引是 indices $[indptr[i]:indptr[i+1]]$,稀疏矩阵中相应的值是 data$[indptr[i]:indptr[i+1]]$。

csr 稀疏矩阵的第 3 种定义原理可以用图 7-6 来说明。对于 csr 稀疏矩阵的 i=0 行,indptr 中索引是 0 和 1 两个元素的值是 0 和 2,这两个值是 indices 的索引值 0:2,表示 0、1(不包含末尾的 2),由于 indices 中索引是 0 和 1 的元素的值是 0 和 2,所以在稀疏矩阵的第 1 行中有两个值,值所在的列索引是 0 和 2,对应 data 中的前两个值 6 和 3;对于稀疏矩阵的 i=1 行,indptr 中索引是 1 和 2 两个元素的值是 2 和 3,这两个值是 indices 的索引值 2:3,只表示 2(不含末尾的 3),由于 indices 中索引是 2 的元素的值是 2,所以在第 2 行中只有 1 个值,值所在的列索引是 2,对应 data 中的第 3 个值 4;对于稀疏矩阵的 i=2 行,indptr 中索引是 2 和 3 两个元素的值是 3 和 3,这两个值是 indices 的索引值 3:3,不包含任何值,所以第 3 行中没有值。其他情况类推。

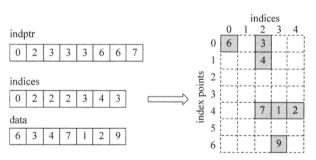

图 7-6　csr 稀疏矩阵的定义原理

用 csr 稀疏矩阵的 indptr、indices 和 data 属性可以获取定义稀疏矩阵过程中的参数值。csr 稀疏矩阵常用于读入数据后进行稀疏矩阵算术计算,运算效率高,可以快速地进行矩阵矢量积运算,行切片效率高,但是列切片效率低。

下面的程序用两种不同的方法来定义 csr 稀疏矩阵。

```
from scipy import sparse   #7_35.py
import numpy as np

rows = np.array([1,3,0,2,4])
```

```
cols = np.array([1,4,2,3,3])
data = [2,5,9,1,6]
scr_1 = sparse.csr_matrix((data,(rows,cols)),shape = (6,7),dtype = np.int16)
print(scr_1.toarray())
print(scr_1.indptr,scr_1.indices,scr_1.data)
indptr = np.array([0,2,3,3,3,6,6,7])
indices = np.array([0,2,2,2,3,4,3])
data = np.array([8,2,5,7,1,2,9])
scr_2 = sparse.csr_matrix((data,indices,indptr))
print(scr_2.toarray())
print(scr_2.indptr,scr_2.indices,scr_2.data)
'''
运行结果如下：
[[0 0 9 0 0 0 0]
 [0 2 0 0 0 0 0]
 [0 0 0 1 0 0 0]
 [0 0 0 0 5 0 0]
 [0 0 0 6 0 0 0]
 [0 0 0 0 0 0 0]]
[0 1 2 3 4 5 5] [2 1 3 4 3] [9 2 1 5 6]
[[8 0 2 0 0]
 [0 0 5 0 0]
 [0 0 0 0 0]
 [0 0 0 0 0]
 [0 0 7 1 2]
 [0 0 0 0 0]
 [0 0 0 9 0]]
[0 2 3 3 3 6 6 7] [0 2 2 2 3 4 3] [8 2 5 7 1 2 9]
'''
```

3. csc 稀疏矩阵

csc 稀疏矩阵是压缩稀疏列（compressed sparse column）矩阵，用 csc_matrix()方法定义，其格式如下所示。csc 稀疏矩阵的定义格式与 csr 稀疏矩阵的定义格式基本相同，所不同的是参数 indices 和 indptr 针对列操作，而不是行操作。

```
csc_matrix((m, n), [dtype = 'd'])                    # 形状是(m,n)的空稀疏矩阵
csc_matrix((data, (row_ind, col_ind)), [shape = (m, n)])   # 用行和列索引来定义稀疏矩阵
csc_matrix((data, indices, indptr), [shape = (m, n)])      # csr 稀疏矩阵的标准定义方式
csc_matrix(S)                                        # 用稀疏或密集矩阵定义
```

4. bsr 稀疏矩阵

bsr 稀疏矩阵是分块稀疏行（block sparse row）矩阵，用 bsr_matrix()方法定义，其格式如下所示。其中，m 和 n 定义稀疏矩阵的行数和列数；blocksize＝(r，c)定义块的行数和列数，要求稀疏矩阵的行数 m%r=0，稀疏矩阵的列数 n%c=0；data 是稀疏矩阵中的数据，元素可以是 0 维的数，也可以是一个矩阵（块）；ij 定义 data 中数据在稀疏矩阵中的位置（行索引和列索引），满足 a[ij[0，k]，ij[1，k]]＝data[k]；indices 和 indptr 参数的作用与 csr_ matrix()方法中相同；D是密集矩阵或稀疏矩阵。

```
bsr_matrix((m, n), [blocksize = (r, c), dtype = 'd'])           #形状是(m,n)的空稀疏矩阵
bsr_matrix((data, ij), [blocksize = (r, c), shape = (m, n)])    #用行和列索引来定义稀疏矩阵
bsr_matrix((data, indices, indptr), [shape = (m, n)])          #bsr稀疏矩阵的标准定义方式
bsr_matrix(D, [blocksize = (r, c)])                            #用稀疏或密集矩阵定义
```

用 bsr 稀疏矩阵的 indptr、indices、data 和 blocksize 属性可以获取定义稀疏矩阵过程中的参数值。bsr 稀疏矩阵常用于读入数据后进行稀疏矩阵算术计算，更适合具有密集子矩阵的稀疏矩阵，在有限元计算方面它比 csr 稀疏矩阵和 csc 稀疏矩阵效率更高。

下面的程序用不同的方法建立 bsr 稀疏矩阵。

```python
from scipy import sparse    # Demo7_36.py
import numpy as np

row = np.array([0, 0, 1, 2, 2, 2])
col = np.array([0, 2, 2, 0, 1, 2])
data = np.array([1, 2, 3, 4, 5, 6])
bsr_1 = sparse.bsr_matrix((data, (row, col)), shape = (3, 3))
print(bsr_1.toarray())

indptr = np.array([0, 2, 3, 6])
indices = np.array([0, 2, 2, 0, 1, 2])
data = np.array([1, 2, 3, 4, 5, 6]).repeat(4).reshape(6, 2, 2)
bsr_2 = sparse.bsr_matrix((data, indices, indptr))
print(bsr_2.toarray())

d = np.array([[1,2,3],[4,5,6],[7,8,9],[10,11,12]])
bsr_3 = sparse.bsr_matrix(d, blocksize = (2,3))
print(bsr_3.toarray())
'''
运行结果如下：
[[1 0 2]
 [0 0 3]
 [4 5 6]]
[[1 1 0 0 2 2]
 [1 1 0 0 2 2]
 [0 0 0 0 3 3]
 [0 0 0 0 3 3]
 [4 4 5 5 6 6]
 [4 4 5 5 6 6]]
[[ 1  2  3]
 [ 4  5  6]
 [ 7  8  9]
 [10 11 12]]
'''
```

5. dia 稀疏矩阵

dia 稀疏矩阵是用对角线(diagonal)方式保存数据，用 dia_matrix()方法定义，其格式如

下所示。其中 m 和 n 定义稀疏矩阵的行数和列数；data 定义稀疏矩阵非零元素值；offsets 设置距离主对角线的偏移量。

```
dia_matrix((m, n), [dtype])                    # 形状是(m, n)的空稀疏矩阵
dia_matrix((data, offsets), shape = (m, n))    # 定义对角线上的数据
dia_matrix(S)                                  # 用稀疏或密集矩阵定义
```

dia 稀疏矩阵的第 2 种定义原理可以用图 7-7 来说明。offsets 中记录与主对角线的偏移量，正值表示向上偏移，负值表示向下偏移。

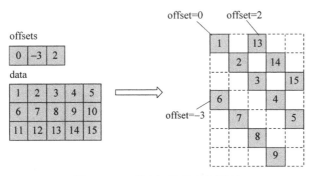

图 7-7　dia 稀疏矩阵的定义原理

dia 稀疏矩阵适合保存成对角线分布的非零数据。用 dia 稀疏矩阵的 data 和 offsets 属性可分别输出定义时的参数值，例如下面的程序。

```
from scipy import sparse    # Demo7_37.py
import numpy as np

offsets = [0, -3, 2]                                              # 对角线偏移量
data = [[1,2,3,4,5],[6,7,8,9,10],[11,12,13,14,15]]               # 非零元素的值
dia = sparse.dia_matrix((data,offsets),shape = (7,5),dtype = np.int16)    # dia 稀疏矩阵
print(dia.toarray())                                             # 转换成密集矩阵输出
print(dia.data)                                                  # 输出保存的数据
print(dia.offsets)                                               # 输出对角线的偏移量
'''
运行结果如下：
[[ 1  0  13  0  0]
 [ 0  2  0  14  0]
 [ 0  0  3  0  15]
 [ 6  0  0  4  0]
 [ 0  7  0  0  5]
 [ 0  0  8  0  0]
 [ 0  0  0  9  0]]
[[ 1  2  3  4  5]
 [ 6  7  8  9  10]
 [11  12  13  14  15]]
[ 0  -3  2]
'''
```

6. dok 稀疏矩阵

dok 稀疏矩阵是字典关键字(dictionary of keys)矩阵,用 dok_matrix()方法定义,其格式如下所示。

dok_matrix((m, n), dtype = 'd')　　　#形状是(m, n)的空稀疏矩阵
dok_matrix(S)　　　　　　　　　　#用稀疏或密集矩阵定义

dok 稀疏矩阵采用字典来记录矩阵中不为 0 的元素,关键字是矩阵元素的行和列索引值,适用于逐渐增加非零元素的情形,可以高效访问矩阵中的元素,例如下面的程序。

```
from scipy import sparse    # Demo7_38.py
import numpy as np

dok = sparse.dok_matrix((5, 6), dtype = np.float32)
for i in range(5):
    for j in range(5):
        dok[i,j] = i + j + 1                #更新元素
print(dok[(2, 3)], dok[(3,4)])              #输出某个元素的值
print(dok.keys())                           #输出所有关键字
print(dok.toarray())                        #转换成密集矩阵
'''
运行结果如下:
6.0 8.0
dict_keys([(0, 0), (0, 1), (0, 2), (0, 3), (0, 4), (1, 0), (1, 1), (1, 2), (1, 3), (1, 4),
(2, 0), (2, 1), (2, 2), (2, 3), (2, 4), (3, 0), (3, 1), (3, 2), (3, 3), (3, 4), (4, 0), (4, 1),
(4, 2), (4, 3), (4, 4)])
[[1. 2. 3. 4. 5. 0.]
 [2. 3. 4. 5. 6. 0.]
 [3. 4. 5. 6. 7. 0.]
 [4. 5. 6. 7. 8. 0.]
 [5. 6. 7. 8. 9. 0.]]
'''
```

7. lil 稀疏矩阵

lil 稀疏矩阵是基于行的列表矩阵(list of lists sparse matrix),用 lil_matrix()方法定义,其格式如下所示。

lil_matrix((m, n), dtype = 'd')　　　#形状是(m, n)的空稀疏矩阵
lil_matrix(S)　　　　　　　　　　#用稀疏或密集矩阵定义

lil 稀疏矩阵适合递增方式增加非零元素,切片操作也很灵活,也可转换成其他格式的稀疏矩阵,算术操作、列切片、矩阵向量内积操作比较慢。

lil 稀疏矩阵用两个列表记录数据,一个列表用于记录存储的数据,另一个列表记录每行中数据的列索引值。可以用 data 和 rows 属性输出这两个列表,例如下面的程序。

```
from scipy import sparse    # Demo7_39.py
import numpy as np
```

```
lil = sparse.lil_matrix((6, 5), dtype = np.float64)
lil[(0, -1)] = np.sin(1.1)                              # 设置1个元素的值
lil[2, (0,1,4)] = [-2.1] * 3                            # 设置3个元素的值
lil[(3,4), 1] = [-2.5,2.6]                              # 设置2个元素的值
lil.setdiag(8, k = 1)                                   # 设置对角线上的值
lil[:, 3] = np.arange(lil.shape[0]).reshape(-1, 1) + 10 # 设置整列数据

print(lil.toarray())                                    # 转换成密集矩阵输出
print(lil.data)                  # 按照行方式用列表输出保存的数据
print(lil.rows)                                         # 按照行方式输出数据的列索引
'''
运行结果如下:
[[ 0.         8.         0.        10.         0.89120736]
 [ 0.         0.         8.        11.         0.        ]
 [-2.1       -2.1        0.        12.        -2.1       ]
 [ 0.        -2.5        0.        13.         8.        ]
 [ 0.         2.6        0.        14.         0.        ]
 [ 0.         0.         0.        15.         0.        ]]
[list([8.0, 10.0, 0.89120736]) list([8.0, 11.0]) list([-2.1, -2.1, 12.0, -2.1])
 list([-2.5, 13.0, 8.0]) list([2.6, 14.0]) list([15.0])]
[list([1, 3, 4]) list([2, 3]) list([0, 1, 3, 4]) list([1, 3, 4]) list([1, 3]) list([3])]
'''
```

7.5.3　一些实用方法

除了以上介绍的创建稀疏矩阵的方法外,sparse 模块中还提供了一些快速创建稀疏矩阵的方法和判断稀疏矩阵类型的函数,以及保存稀疏矩阵的函数。

1. 特殊稀疏矩阵构造方法

sparse 模块提供了一些便捷方法,用于快速构建单位矩阵、对角矩阵等,这些方法如表 7-22 所示。其中 m 和 n 用于设置稀疏矩阵的行数和列数,或者用 shape 设置形状;k 指定对角矩阵的偏移量,或者用 offsets 设置多个偏移量;format 设置返回的稀疏矩阵的类型,可以取 'bsr'、'coo'、'csc'、'csr'、'dia'、'dok' 或 'lil'。

表 7-22　特殊稀疏矩阵构造方法

方法及参数格式	说　明
eye(m,n=None,k=0,dtype='float',format=None)	生成稀疏单位对角阵,默认 n=m
identity(n,dtype='d',format=None)	生成主对角线稀疏单位矩阵
kron(A,B,format=None)	计算稀疏矩阵 A 和 B 的克罗内克积
kronsum(A,B,format=None)	计算稀疏矩阵 A 和 B 的克罗内克和
diags(diagonals,offsets=0,shape=None,format=None,dtype=None)	构建稀疏对角阵,diagonals 是对角阵列表,offsets 是对应的对角偏移量
spdiags(data,diags,m,n,format=None)	构建稀疏对角阵,data 是对角阵列表,diags 是对应的对角偏移量
block_diag(mats,format=None,dtype=None)	根据 mats 构建块对角稀疏矩阵,mats 包含多个矩阵

续表

方法及参数格式	说　明
tril(A,k=0,format=None)	以稀疏格式返回矩阵的下三角部分
triu(A,k=0,format=None)	以稀疏格式返回矩阵的上三角部分
bmat(blocks,format=None,dtype=None)	由稀疏子块构建稀疏矩阵
hstack(blocks,format=None,dtype=None)	水平堆叠稀疏矩阵
vstack(blocks,format=None,dtype=None)	垂直堆叠稀疏矩阵
rand(m,n,density=0.01,format='coo',dtype=None,random_state=None)	使用均匀分布的值生成指定格式和密度的稀疏矩阵,random_state是指随机生成器或者随机种子,默认是 np.random
random(m,n,density=0.01,format='coo',dtype=None,random_state=None,data_rvs=None)	使用随机分布的值生成指定格式和密度的稀疏矩阵,data_rvs是可调用函数,返回值设置随机值的范围,默认是[0,1]
find(A)	以(i,j,v)形式返回 A 中的非零元素的索引和值

下面的代码是这些方法的应用实例。

```python
from scipy import sparse    # Demo7_40.py
import numpy as np

e = sparse.eye(4,k = 1)
print(1,e.todense())
e = sparse.identity(3)
print(2,e.todense())
a = sparse.csr_matrix(np.array([[ - 1, 2], [4, 0]]))
b = sparse.csr_matrix(np.array([[2, 3], [2, 4]]))
m = sparse.kron(a,b)
print(3,m.todense())
diagonals = [[1, 2, 3, 4], [4, 5, 6, 7], [8, 9, 10, 11]]
offsets = [0, 1, - 2]
dia = sparse.diags(diagonals,offsets)
print(4,dia.todense())
dia = sparse.spdiags(diagonals,offsets,m = 4,n = 5)
print(5,dia.todense())
a = sparse.coo_matrix([[11, 12], [13, 14]])
b = sparse.coo_matrix([[15], [16]])
c = sparse.coo_matrix([[17]])
block = sparse.block_diag((a, b, c))
print(6,block.todense())
tril = sparse.tril(block)
print(7,tril.todense())
block = sparse.bmat([[a,b],[None,c]])
print(8,block.todense())
hstack = sparse.hstack([block,block])
print(9,hstack.todense())
rnd = sparse.rand(3,6,density = 0.2,random_state = 1000)
print(10,rnd.todense())
'''
```

```
运行结果如下:
1 [[0.  1.  0.  0.]
   [0.  0.  1.  0.]
   [0.  0.  0.  1.]
   [0.  0.  0.  0.]]
2 [[1.  0.  0.]
   [0.  1.  0.]
   [0.  0.  1.]]
3 [[-2  -3  4  6]
   [-2  -4  4  8]
   [ 8  12  0  0]
   [ 8  16  0  0]]
4 [[1.  4.  0.  0.]
   [0.  2.  5.  0.]
   [8.  0.  3.  6.]
   [0.  9.  0.  4.]]
5 [[1  5  0  0  0]
   [0  2  6  0  0]
   [8  0  3  7  0]
   [0  9  0  4  0]]
6 [[11  12  0  0]
   [13  14  0  0]
   [ 0   0  15  0]
   [ 0   0  16  0]
   [ 0   0   0  17]]
7 [[11  0  0  0]
   [13 14  0  0]
   [ 0  0 15  0]
   [ 0  0 16  0]
   [ 0  0  0 17]]
8 [[11  12  15]
   [13  14  16]
   [ 0   0  17]]
9 [[11  12  15  11  12  15]
   [13  14  16  13  14  16]
   [ 0   0  17   0   0  17]]
10 [[0.          0.06032431 0.          0.          0.          0.90500709]
    [0.          0.          0.          0.          0.81729934 0.         ]
    [0.          0.          0.          0.          0.          0.02119571]]
'''
```

2. 稀疏矩阵类型判断函数

sparse 模块中提供了判断矩阵是否是稀疏矩阵,以及判断稀疏矩阵类型的函数。判断矩阵是否是稀疏矩阵的函数有 isspatrix(X) 和 isspmatrix(X),判断稀疏矩阵类型的函数有 isspmatrix_csc(S)、isspmatrix_csr(S)、isspmatrix_bsr(S)、isspmatrix_lil(S)、isspmatrix_dok(S)、isspmatrix_coo(S) 和 isspmatrix_dia(S),这些函数的返回值都是布尔型。

3. 稀疏矩阵的保存和读取

稀疏矩阵可以保存到 .npz 文件中，方法是 save_npz(file，matrix，compressed = True)，其中 file 是路径和文件名；matrix 是被保存的稀疏矩阵；compressed 确定是否被压缩存储。用 load_npz(file)方法可以读取 .npz 文件中的稀疏矩阵。

7.5.4 稀疏矩阵的线性代数运算

sparse 模块下的 linalg 子模块提供稀疏矩阵的线性代数运算，包括矩阵求逆、计算矩阵范数、求解线性代数和矩阵分解方面的方法。

1. 稀疏矩阵的逆矩阵和矩阵指数计算

稀疏矩阵的逆矩阵用 inv(A)方法计算，其中 A 是方阵。expm(A)方法用帕德(Pade)近似法求方阵 A 以 e 为底数的指数函数，返回值是 e^A，expm_multiply(A，B，start = None，stop = None，num = None，endpoint = None)方法计算 $e^{t_k A} B$，其中 t_k 是时间点，起始时间是 start，终止时间是 stop，在起始时间和终止时间之间分割 num 份，endpoint 用于确定是否包含终止时间，例如下面的代码。

```
from scipy import sparse      # Demo7_41.py
from scipy.sparse import linalg
import numpy as np

A = sparse.csc_matrix([[1,2,0],[0,0,4],[5,0,0]])
A_inv = linalg.inv(A)                    # 计算稀疏矩阵的逆矩阵
print(A_inv.todense())
M = A.dot(A_inv)                         # 原矩阵与逆矩阵的乘积是单位矩阵
print(M.todense())
B = np.array([0.1,0.2,0.3])
expm = linalg.expm_multiply(A,B,start = 1,stop = 2,num = 3,endpoint = True)
print(expm)
print(linalg.expm(A).dot(B))
print(linalg.expm(1.5 * A).dot(B))
print(linalg.expm(2 * A).dot(B))
'''
运行结果如下:
[[ 0.     0.      0.2 ]
 [ 0.5   0.    - 0.1 ]
 [ 0.     0.25  0.  ]]
[[1.   0.   0.]
 [0.   1.   0.]
 [0.   0.   1.]]
[[  6.67120116    9.29464223    8.76650704]
 [ 44.27501454   61.69050044   58.43396965]
 [294.1748656   410.058108    388.32128247]]
[6.67120116    9.29464223    8.76650704]
[44.27501454   61.69050044   58.43396965]
[294.1748656   410.058108    388.32128247]
'''
```

2. 稀疏矩阵的范数

稀疏矩阵的范数用 norm(x, ord=None, axis=None) 方法计算,其中 x 是稀疏矩阵;ord 设置范数的类型,其可取值如表 7-23 所示;axis 设置计算范数的坐标轴,可以取 int、(int,int) 或 None,如果取 int 表示坐标轴,如果取 (int,int) 表示矩阵范围,如果取 None,在 x 是一维向量时计算向量范数,在 x 是矩阵时计算矩阵范数。

表 7-23 ord 取值

ord 取值	说　明
None 'fro'	Frobenius 范数,$\| \boldsymbol{A} \|_F = (\sum_{i,j} \text{abs}(a_{i,j})^2)^{1/2}$
np.inf	max(sum(abs(x), axis=1))
−np.inf	min(sum(abs(x), axis=1))
0	abs(x).sum(axis=axis)
1	max(sum(abs(x), axis=0))
−1	min(sum(abs(x), axis=0))

3. 稀疏矩阵的特征值和特征向量

稀疏矩阵的特征值和特征向量用 eigs() 方法计算,其格式如下所示,计算 k 个特征值和特征向量。

```
eigs(A, k = 6, M = None, sigma = None, which = 'LM', v0 = None, ncv = None, maxiter = None,
    tol = 0, return_eigenvectors = True, Minv = None, OPinv = None, OPpart = None)
```

其中,A 是实数或复数方阵或数组;k 是需要求解的特征值和特征向量的个数;M 是数组或稀疏矩阵,当 M=None 时,计算 Ax=wx,x 是特征向量,w 是特征值,在提供 M 时,计算 Ax=wMx,这是广义特征值问题,如果 A 是实矩阵,则 M 是实对称矩阵,如果 A 是复数矩阵,则 M 是 Hermitian 矩阵(共轭对称矩阵);sigma 是特征值的平移量,可以取实数或复数,在 sigma 附近计算特征值时用 [A-sigma * M] * x=b,如果没有指定 M,则 M 是单位矩阵,如果指定了 sigma,则 M 是半正定矩阵,如果没有指定 sigma,则 M 是正定矩阵;v0 指定迭代开始前初始 x 值;ncv 设置生成 Lanczos 向量的个数,ncv>k;maxiter 设置最大迭代次数,默认值是 10n;which 设置计算哪些特征值,可以取 'LM'(largest magnitude)、'SM'(smallest magnitude)、'LR'(largest real part)、'SR'(smallest real part)、'LI'(largest imaginary part)或 'SI'(smallest imaginary part);tol 设置特征值迭代误差,tol=0 表示取计算机误差;return_eigenvectors 设置是否把特征向量输出;OPinv 可以取数组或稀疏矩阵,表示线性变换,x=OPinv * b=[A-sigma * M]$^{-1}$ * b;OPpart 可以取 'r' 或 'i',指计算实数(real)模式还是虚数(imaginary)模式求解特征值,在 A 是实数矩阵且 OPpart = 'r' 时,w'[i]=1/2 * [1/(w[i]−sigma) + 1/(w[i]−conj(sigma))],在 A 是实数矩阵且 OPpart = 'i' 时,w'[i]=1/2i * [1/(w[i]−sigma)−1/(w[i]-conj(sigma))],在 A 是复数矩阵时,w'[i]=1/(w[i]-sigma)。eig() 的返回值是特征值向量 w 和特征向量矩阵 v,v[:, i] 对应 w[i]。

如果矩阵 A 是实数对称矩阵或者是复数 Hermitian 对称矩阵,则特征值和特征向量用

eigsh()方法计算,其格式如下所示。

```
eigsh(A, k = 6, M = None, sigma = None, which = 'LM', v0 = None, ncv = None, maxiter = None,
    tol = 0, return_eigenvectors = True, Minv = None, OPinv = None, mode = 'normal')
```

其中,eigsh()的参数与 eigs()的参数大部分相同,不同点在于,which 可以取 'LM'、'SM'、'LA'(largest algebraic)、'SA'(smallest algebraic)或 'BE'(从中间位置 k/2 到末尾);mode 用于指定在 A 是实对称矩阵且 sigma! = None 时计算特征时的策略,可以取 'normal'、'buckling'或'cayley'。

下面的程序分别用 eigs()方法和 eigsh()方法计算矩阵的特征值和特征向量。

```
from scipy import sparse    # Demo7_42.py
from scipy.sparse import linalg
import numpy as np

A_1 = sparse.csr_matrix([[1, 2, 4, 3], [ - 2, 3, 8, 1], [0, 5, - 7, 3], [2, 5, - 6, 3]], dtype = np.
float32)
A_2 = sparse.csr_matrix([[3, 1, 5, 3], [1, 2, 4, 1], [5, 4, 8, 3], [3, 1, 3, 5]], dtype = np.float32)
M = np.array([[2, 1, 3, 2], [1, 3, 2, 5], [3, 2, 4, 7], [2, 5, 7, 4]], dtype = np.float32)
eigvalues, eigvectors = linalg.eigs(A = A_1, k = 2, M = M)
print(eigvalues)
print(eigvectors)
eigvalues, eigvectors = linalg.eigsh(A = A_2, k = 2, M = M)
print(eigvalues)
print(eigvectors)
'''
运行结果如下:
[ - 19.761297 + 0.j        2.3641326 - 9.962535j]
[[ 1.2369434e + 00 + 0.0000000e + 00j  2.8306386e - 07 + 6.7200745e - 08j]
 [ 8.7424344e - 01 + 0.0000000e + 00j  1.4358375e - 07 + 1.2488454e - 07j]
 [ - 8.5019237e - 01 + 0.0000000e + 00j  6.0390448e - 09 - 6.1525498e - 08j]
 [ - 3.6087492e - 01 + 0.0000000e + 00j  - 1.5209662e - 07 + 2.2628228e - 08j]]
[ - 13.877237  7.40404 ]
[[ 1.322895    1.7570306 ]
 [ 0.69502157  0.70037705]
 [ - 1.021581   - 1.5156819 ]
 [ - 0.05631464  0.25728655]]
'''
```

4. 稀疏矩阵的奇异值分解

对于方阵可以通过特征值分解来计算特征值和特征向量,而对于不是方阵的稀疏矩阵,其分解通过奇异值分解来实现。稀疏矩阵的奇异值分解用 svds()方法,其格式如下所示。

```
svds(A, k = 6, ncv = None, tol = 0, which = 'LM', v0 = None, maxiter = None,
    return_singular_vectors = True, solver = 'arpack')
```

其中,A 是 m×n 稀疏矩阵;k 是要计算的奇异值的数量,k<min(m, n);ncv 设置生成 Lanczos 向量的个数,k+1<ncv<n,默认值是 min(n, max(2 * k + 1, 20));tol 设置迭代

误差,如果奇异值的变化率小于 tol,则迭代终止;which 可取'LM'和'SM';v0 是迭代初始向量值,v0 的长度是 min(m,n);maxiter 设置最大迭代次数;return_singular_vectors 设置是否返回奇异值对应的向量,当取"u"时只返回 u 矩阵(n>m),当取"vh"时返回 vh 矩阵(n≤m);solver 设置求解器,可以取'arpack'或'lobpcg'。svds()方法的返回值是数组 u、s 和 vt,形状分别是(m, k)、(k,)和(k, n)。

下面的程序计算形状是(4,5)的稀疏矩阵的奇异值。

```
from scipy import sparse    # Demo7_43.py
from scipy.sparse import linalg
import numpy as np

A = sparse.csr_matrix([[0,0,4,3,4],[-2,3,8,0,0],[0,5,-7,0,0],[0,0,-6,3,7]],dtype =
np.float32)
u,s,v = linalg.svds(A = A,k = 3,v0 = [1,1,1,1])
print(u)
print(s)
print(v)
'''
运行结果如下:
[[ -0.07083166   -0.66898215    0.1922344 ]
 [ -0.6534357    -0.22930992    0.57593364]
 [ -0.7533901     0.24399002   -0.53338724]
 [  0.02020034   -0.66358757   -0.5889348 ]]
[ 5.889056      8.664644      13.2187605]
[ 0.22191526   -0.9725256    -0.06083896   -0.02579258   -0.02409966]
 [ 0.05293002    0.06140129   -0.258154     -0.46138182   -0.84493273]
 [ -0.08713882  -0.07104564    0.95649856   -0.09003122   -0.25370046]]
'''
```

5. LU 分解

LU 分解是将一个矩阵分解成一个下三角矩阵和一个上三角矩阵的乘积。LU 分解主要应用在数值分析中,用来解线性方程或求逆矩阵。稀疏矩阵的 LU 分解用 splu()方法实现,其格式是 splu(A),其中 A 是 csc 格式存储的稀疏方阵。splu()方法的返回值是 SuperLU 对象,该对象中有 solve()方法,输入 b 向量,可求解 $Ax = b$ 方程,例如下面的代码。

```
from scipy import sparse    # Demo7_44.py
from scipy.sparse import linalg
import numpy as np

A = sparse.csc_matrix([[0,0,3,5],[-2,8,8,0],[0,5,-6,0],[0,0,-3,5]],dtype = np.
float32)
LU = linalg.splu(A)                    # LU 分解
print(LU.L.todense())                  # 输出 L 矩阵
print(LU.U.todense())                  # 输出 U 矩阵
```

```
b = np.array([1,1,1,1],dtype = np.float32)
x = LU.solve(b)                    # 求解 Ax = b
print(x)                           # 输出 x 值
print(A * x == b)                  # 验证方程求解是否准确
'''
运行结果如下:
[[1.  0.  0.  0.]
 [0.  1.  0.  0.]
 [0.  0.  1.  0.]
 [1.  0.  0.  1.]]
[[5.  0.  0.  -3.]
 [0.  -2.8. 8.]
 [0.  0.  5.  -6.]
 [0.  0.  0.  6.]]
[0.3 0.2 0.  0.2]
[ True  True  True  True]
'''
```

6. 线性方程组的解

对于形如 $Ax = b$ 的线性方程组,在 A 是稀疏矩阵、b 是向量或稀疏矩阵时,其解用 spsolve()方法来计算,或者用 spsolve_triangular()方法计算,此时 A 必须是下三角阵或上三角阵。

spsolve()方法的格式如下所示,其中 A 是用 csc 或 csr 格式保存的稀疏矩阵,如果不是会转成 scs 或 scr 格式;b 是向量或稀疏矩阵;permc_spec 设置如何排列矩阵的列以保持稀疏性,可以取'NATURAL'(正常排序)、'MMD_ATA'(最小化 $A^T A$ 排序)、'MMD_AT_PLUS_A'(最小化 $A^T A + A$ 排序)或'COLAMD'(接近最小化列排序);use_umfpack 用于设置是否用 umfpack 包进行求解,只使用于 b 是向量时,而且本机上安装了 scikit-umfpack 包。

spsolve(A, b, permc_spec = None, use_umfpack = True)

spsolve_triangular()方法的格式如下所示,其中 lower 设置 A 是下三角阵还是上三角阵;overwrite_A 设置是否可以对 A 重新排序,以便移除值是 0 的行;overwrite_b 设置是否可以覆盖 b 中的数据;unit_diagonal 确认 A 的主对角线上的元素是否为1。

spsolve_triangular(A, b, lower = True, overwrite_A = False, overwrite_b = False, unit_diagonal = False)

当 A 不是方阵时,可以用 lsmr()方法通过迭代用最小二乘法使 $\| b - Ax \|_2$ 的值最小求得线性方程组的解。lsmr()方法的格式如下所示,其中 A 可以是稀疏矩阵也可以是密集矩阵;atol 和 btol 设置误差,当 norm(b-Ax)≤atol * norm(A) * norm(x)+btol * norm(b) 时或者达到 maxiter 参数设置的最大迭代次数时,停止迭代,maxiter 的默认值是 min(m,n);conlim 设置矩阵 A 的条件数限值,默认值是 1e8,当 con(A)>conlim 时停止迭代;当 show=True 时会输出迭代信息;x0 是 x 的迭代初始值。

```
lsmr(A, b, atol = 1e - 06, btol = 1e - 06, conlim = 100000000.0, maxiter = None, show = False, x0 = None)
```

当系数矩阵 **A** 是稀疏矩阵时,除了以上求解线性方程组的方法外,SciPy 还提供了其他的一些求解线性方程组的方法,这些方法如表 7-24 所示。这些方法的计算原理请参考相关的文献,本书不做介绍。

表 7-24　其他求解 Ax＝b 的方法

求解 Ax＝b 的方法	方法名称英文释义	说　明
cg(A,b[,x0,tol,maxiter,M,callback,atol])	Conjugate Gradient	共轭梯度法
bicg(A,b[,x0,tol,maxiter,M,callback,atol])	BIConjugate Gradient	双共轭梯度法
bicgstab(A,b[,x0,tol,maxiter,M,callback,atol])	BIConjugate Gradient STABilized	稳定双共轭梯度法
cgs(A,b[,x0,tol,maxiter,M,callback,atol])	Conjugate Gradient Squared	共轭梯度平方法
minres(A,b[,x0,shift,tol,maxiter,M, callback,show,check])	MINimum RESidual	最小余数法
gmres(A,b[,x0,tol,restart,maxiter,M,callback, restrt,atol,callback_type])	Generalized Minimal RESidual	广义最小余数法
lgmres(A,b[,x0,tol,maxiter,M,callback, inner_m,outer_k,outer_v,store_outer_Av, prepend_outer_v,atol])	Loose Generalized Minimal RESidual	松散广义最小余数法
qmr(A,b[,x0,tol,maxiter,M1,M2,callback,atol])	Quasi-Minimal Residual	准最小余数法
gcrotmk(A,b[,x0,tol,maxiter,M,k,CU, discard_C,truncate,atol])	Generalized Conjugate Residual method with inner Orthogonalization and outer Truncation,GCROT(m,k)	内部正交外部截断的广义共轭余数法

下面的程序分别用 spsolve()方法和 spsolve_triangular()方法求解线性代数方程。

```python
from scipy import sparse        # Demo7_45.py
from scipy.sparse import linalg
import numpy as np

A = sparse.csc_matrix([[1,0,3,5],[ - 2,8,8,2],[3,5, - 6,4],[0,2, - 3,1]],dtype = np.float32)
b = sparse.csc_matrix([[1,1,1,1],[1, - 2,3,4]],dtype = np.float32)
x = linalg.spsolve(A,b.transpose())              # 求解 Ax = b
print(x.todense())                               # 输出 x 值
print(np.allclose(A * x.todense(),b.todense().T))    # 验证方程求解是否准确
A = sparse.csr_matrix([[4,0,0,0],[ - 2,8,0,0],[3,5, - 6,0],[2,2, - 3,1]],dtype = np.float32)
b = np.array([[1,1,1,1],[1, - 2,3,4]],dtype = np.float32)
x = linalg.spsolve_triangular(A,b.T,lower = True)
print(x)
print(np.allclose(A * x,b.T))                     # 验证方程求解是否准确
'''
```

```
运行结果如下：
[[ - 0.62886614   - 2.4776633 ]
 [ 0.03092782    - 0.17869422]
 [ - 0.17010313   - 1.0171821 ]
 [ 0.4278351      1.305842 ]]
True
[[ 0.25          0.25       ]
 [ 0.1875       - 0.1875    ]
 [ 0.11458333   - 0.53125   ]
 [ 0.46875       2.28125    ]]
True
'''
```

7.6　数值积分

SciPy 的 integrate 子模块可以对函数进行一重定积分、二重定积分、三重定积分以及 n 重定积分计算，还可以对离散数据进行积分计算，也可对微分方程组进行求解。

7.6.1　一重定积分

1. 一重定积分函数

一重定积分是形如 $\int_{x=a}^{x=b} f(x)\mathrm{d}x$ 的积分，其中 a 和 b 分别是积分下限和上限。一重定积分用 quad()方法计算，其格式如下所示。

```
quad(func, a, b, args = (), full_output = 0, epsabs = 1.49e - 08, epsrel = 1.49e - 08, limit = 50,
    points = None, weight = None, wvar = None, limlst = 50)
```

quad()方法中各参数的类型及说明如表 7-25 所示。

表 7-25　quad()方法的参数类型及说明

参　　数	参 数 类 型	说　　明
func	function	被积分函数，可以调用的函数都可以作为被积分函数，例如自定义函数、Python 内置函数、NumPy 函数、Math 函数、SciPy 函数等
a	float	积分下限，用－np. inf 表示－∞
b	float	积分上限，用 np. inf 表示＋∞
args	tuple	设置被积分函数的其他参数值
full_output	int	取值非 0 时，以字典形式返回积分信息
epsabs	float、int	设置积分绝对误差，默认值是 1.49e-8。积分精度小于等于 max(epsabs, epsrel * abs(i))，i 是函数的积分值
epsrel	float、int	设置积分相对误差，该值与积分值的绝对值的乘积是实际误差。在 epsabs≤0 时，epsrel＞max(5e-29,50 * 计算机精度)
limit	float、int	在自适应算法中，设置子间隔数量的上限

参　　数	参 数 类 型	说　　明
points	sequence	如果被积分函数有不连续点或断点,例如 1/x 在 x＝0 处存在断点,在这些点会出现积分困难,可以用 points＝[0]指定 x＝0 是断点
weight	str	weight 和 wvar 设置权重函数,weight 和 wvar 的取值见表 7-26
wvar	variables(变量)	
limlst	int	设置重复使用正弦权重的数量上限

quad()函数的第 1 个返回值是积分值,第 2 个返回值是积分误差,在 full_output 参数取非 0 整数时,以字典形式返回第 3 个值。

2. 函数的一般积分

对于一般的函数,给定函数的积分下限和上限,可以求得函数的定积分值和积分误差。下面的代码分别计算 $\int_0^\pi \sin(x)\mathrm{d}x$、$\int_{-1}^1 \sqrt{1-x^2}\,\mathrm{d}x$ 和 $\int_1^{+\infty} \mathrm{e}^{-2x}/x^3\mathrm{d}x$ 的定积分。

```python
import numpy as np    # Demo7_46.py
from scipy import integrate

I,error = integrate.quad(np.sin,0,np.pi)    # 计算 sin(x)的积分,积分上下限分别是 np.pi 和 0
print(I)
print(error)

def circle(x):                              # 自定义函数
    y = 2 * np.sqrt(1 - x ** 2)
    return y
I,error = integrate.quad(circle, -1,1)      # 计算 x ** 2 + y ** 2 = 1 所表示的圆的面积
print(I)
print(error)
def grand(x):                               # 自定义函数
    y = np.exp(-2 * x)/x ** 3
    return y
I,error = integrate.quad(grand,1,np.inf)    # 计算 e^{-2x}/x^3 的积分,积分下限和上限分别是 1 和 +∞
print(I)
print(error)
'''
运行结果如下:
2.0
2.220446049250313e-14
3.1415926535897967
2.000470900043183e-09
0.03013337779781598
1.3296065786754655e-10
'''
```

3. 含有其他参数的积分

如果被积分函数中除了积分变量外,还有其他的参数需要设置,这时可以通过 quad()

函数的 args 参数传递给被积函数。下面的代码计算 $x^2 + y^2 = r^2$ 所表示的圆的面积,其中 r 是额外的参数。

```
import numpy as np    # Demo7_47.py
from scipy import integrate

def circle(x,r):               # 自定义函数
    y = 2 * np.sqrt(r ** 2 - x ** 2)
    return y
radius = 10
I, error = integrate.quad(circle, - radius, radius, args = (radius,))    # 计算 x² + y² = 10² 所
                                                                              表示的圆的面积
print(I)
radius = 100
I, error = integrate.quad(circle, - radius, radius, args = (radius,))    # 计算 x² + y² = 100² 所
                                                                              表示的圆的面积
print(I)
'''
运行结果如下:
314.15926535897967
31415.926535897957
'''
```

4. 含有断点的积分

如果被积分函数中含有断点,可以通过 quad() 函数的 points 参数指定断点。下面的代码计算 $y = \lg(|x|)$ 的积分,$x = 0$ 是断点。

```
import numpy as np    # Demo7_48.py
from scipy import integrate

def log10(x):               # 自定义函数
    y = np.log10(np.abs(x))
    return y
radius = 10
I, error = integrate.quad(log10, - 1, 1, points = (0,))    # 计算 y = lg(|x|) 的积分, x = 0 是断点
print(I)
print(error)
'''
运行结果如下:
 - 0.8685889638065033
1.4432899320127035e - 15
'''
```

5. 含有权重函数的积分

除了可以直接对 $f(x)$ 进行 $\int_a^b f(x)\,\mathrm{d}x$ 积分计算外,还可以进行 $\int_a^b w(x)f(x)\,\mathrm{d}x$ 积分

计算,其中 $w(x)$ 是权重函数。在 quad() 函数的参数中,通过 weight 和 wvar 参数设置被积分函数的权重函数,权重函数如表 7-26 所示,其中 a 和 b 是积分下限和上限,v 是变量,alpha、beta 和 c 都是常数。

表 7-26 权重函数

weight 参数值	wvar 参数的取值	权 重 函 数
'cos'	wvar＝v	$w(x) = \cos(v * x)$
'sin'	wvar＝v	$w(x) = \sin(v * x)$
'alg'	wvar＝(alpha, beta)	$w(x) = ((x - a) ** alpha) * ((b - x) ** beta)$
'alg-loga'	wvar＝(alpha, beta)	$w(x) = ((x - a) ** alpha) * ((b - x) ** beta) * \log(x - a)$
'alg-logb'	wvar＝(alpha, beta)	$w(x) = ((x - a) ** alpha) * ((b - x) ** beta) * \log(b - x)$
'alg-log'	wvar＝(alpha, beta)	$w(x) = ((x - a) ** alpha) * ((b - x) ** beta) * \log(x - a) * \log(b - x)$
'cauchy'	wvar＝c	$w(x) = 1/(x - c)$

```python
import numpy as np    # Demo7_49.py
from scipy import integrate

def square(x):            # 自定义函数
    y = x ** 2
    return y
frequency = 10 * 2 * np.pi
I, error = integrate.quad(square, 0, 10, weight = 'sin', wvar = frequency)    # 权重函数 w(x) =
                                                                             sin(frequency * x)
print(I)
print(error)
'''
运行结果如下:
- 1.5915494309189535
3.983531712987479e - 31
'''
```

6. 被积函数中有数组

当被积函数的表达式中含有数组时,返回值通常是数组,这时函数的积分值也是数组。积分数组的每个元素的值是对应被积函数中每个数组元素的对应值。含数组的函数的积分用 quad_vector() 方法,下面通过一个实例说明被积函数中有数组的情况。

```python
from scipy import integrate    # Demo7_50.py
import numpy as np

t = np.linspace(0.0, 1.0, num = 101)
def f(x):
    global t
    y = t * np.exp( - x * t)
    return y
a, b = 0, 5
```

```
    I, error = integrate.quad_vec(f, a, b)                    #含数组的积分

    def ff(x,c):
        y = c * np.exp( - x * c)
        return y

    temp = list()
    for i in t:
        y, error = integrate.quad(ff, a, b, args = (i,))      #不含数组的积分
        temp.append(y)
    print(np.allclose(I,temp))    #验证含数组的函数积分和不含数组的函数积分是否相同
    '''
    运行结果如下:
    True
    '''
```

7. 高斯积分

高斯积分是将被积分函数用多项式近似表示,可以指定多项式的阶数或者指定积分误差。指定阶数的高斯积分用 fixed_quad()方法,指定积分误差的高斯积分用 quadrature()方法,它们的格式如下所示。

fixed_quad(func, a, b, args = (), n = 5)
quadrature(func, a, b, args = (), tol = 1.49e - 08, rtol = 1.49e - 08, maxiter = 50, vec_func = True, miniter = 1)

其中,func 设置被积分函数;a 和 b 设置积分下限和上限;args 设置被积分函数中其他参数;n 指定多项式的阶次;tol 和 rtol 设置迭代误差和相对误差,迭代误差小于 tol 值时,或者两次迭代相对误差小于 rtol 时停止迭代;maxiter 和 miniter 分别设置高斯积分的最大迭代次数和最小迭代次数;vec_func 设置是否把数组当成参数来处理。fixed_quad()方法的返回值是积分值和 None,quadrature()方法的返回值是积分值和误差。

```
    from scipy import integrate    #Demo7_51.py
    import numpy as np

    a, b = 0, np.pi/2
    I, error = integrate.fixed_quad(np.sin, a, b, n = 4)
    print(I)
    I, error = integrate.fixed_quad(np.sin, a, b, n = 7)
    print(I)
    I, error = integrate.quadrature(np.sin, a, b)
    print(I)
    print(error)
    '''
    运行结果如下:
    0.9999999771971152
    1.0
```

```
     0.9999999999999535
     3.961175831790342e-11
     '''
```

8. 龙贝格积分

龙贝格积分也称为逐次分半加速法,是在梯形求积公式、辛普森求积公式和柯特斯求积公式的基础上,构造出的一种计算精度更高的积分方法。龙贝格积分方法是将积分区间 $[a, b]$ 逐次分半进行计算,在不增加计算量的前提下提高了积分的精度。

龙贝格积分用 romberg() 方法,其格式如下所示。

romberg(function, a, b, args = (), tol = 1.48e - 08, rtol = 1.48e - 08, show = False, divmax = 10, vec_func = False)

其中,function 设置被积分函数;a 和 b 设置积分下限和上限;args 设置被积分函数中其他参数;tol 和 rtol 设置积分绝对误差和相对误差;show 设置是否输出积分过程;divmax 设置外插最大阶数;vec_func 设置是否将被积分函数中数组当作参数来处理。romberg() 方法的返回值只有积分值。

```python
from scipy import integrate    #Demo7_52.py
import numpy as np

a, b = 0, np.pi/2
I = integrate.romberg(np.sin, a, b, show = True)
print("积分值是", I)
'''
运行结果如下:
Steps   StepSize   Results
    1   1.570796   0.785398
    2   0.785398   0.948059   1.002280
    4   0.392699   0.987116   1.000135   0.999992
    8   0.196350   0.996785   1.000008   1.000000   1.000000
   16   0.098175   0.999197   1.000001   1.000000   1.000000   1.000000
The final result is 0.9999999999980171 after 17 function evaluations.
积分值是 0.9999999999980171
'''
```

7.6.2 二重定积分

二重定积分是形如 $\int_{x=a}^{x=b} \int_{y=c}^{y=d} f(y, x) \mathrm{d}x \mathrm{d}y$ 或者 $\int_{x=a}^{x=b} \int_{y=g(x)}^{y=h(x)} f(y, x) \mathrm{d}x \mathrm{d}y$ 的积分,其中 a、b、c 和 d 是积分常数。二重定积分用 dblquad() 方法计算,其格式如下所示。

dblquad(func, a, b, gfun, hfun, args = (), epsabs = 1.49e - 08, epsrel = 1.49e - 08)

其中,func 设置被积分函数 $f(y, x)$;a 和 b 是 x 的积分范围,a<b;gfun 和 hfun 设置 $g(x)$ 和 $h(x)$,或者设置 c 和 d;args 是传递 func 函数的额外参数;epsabs 和 epsrel 设置积

分绝对误差和相对误差。dblquads()函数的返回值是积分值和积分误差。

下面的代码计算 $I = \int_{x=0}^{x=1} \int_{y=0}^{y=x} x(y+1) \mathrm{d}x \mathrm{d}y$ 二重定积分。用手动计算

$$I = \int_{x=0}^{x=1} \int_{y=0}^{y=x} x(y+1) \mathrm{d}x \mathrm{d}y = \int_{x=0}^{x=1} x \left(\frac{1}{2}y^2 + y\right) \bigg|_{y=0}^{y=x} \mathrm{d}x$$

$$= \int_{x=0}^{x=1} \left(\frac{1}{2}x^3 + x^2\right) \mathrm{d}x = \left(\frac{1}{8}x^4 + \frac{1}{3}x^3\right) \bigg|_{x=0}^{x=1} = \frac{11}{24}$$

```python
from scipy import integrate    # Demo7_53.py

def f(y, x, constant):
    return x * (y + constant)
def h(x):
    return x
I, error = integrate.dblquad(func = f, a = 0, b = 1, gfun = 0, hfun = h, args = (1, ))
print(I)
print(error)
'''
运行结果如下:
0.4583333333333333
1.6569099623682214e - 14
'''
```

7.6.3　三重定积分

三重定积分是形如 $\int_{x=a}^{x=b} \int_{y=g(x)}^{y=h(x)} \int_{z=q(y,x)}^{z=r(y,x)} f(z,y,x) \mathrm{d}x \mathrm{d}y \mathrm{d}z$ 的积分。三重定积分用 tplquad()方法计算,其格式如下所示。

tplquad(func, a, b, gfun, hfun, qfun, rfun, args = (), epsabs = 1.49e - 08, epsrel = 1.49e - 08)

其中,func 是被积分函数 $f(z,y,x)$,gfun、hfun、qfun 和 rfun 分别对应 $g(x)$、$h(x)$、$q(y,x)$ 和 $r(y,x)$;args 是传递 func 函数的额外参数;epsabs 和 epsrel 设置积分绝对误差和相对误差。

下面的代码计算三重定积分 $I = \int_{x=0}^{x=1} \int_{y=0}^{y=x} \int_{z=0}^{z=x+y} x(y+1)(2z+1) \mathrm{d}x \mathrm{d}y \mathrm{d}z$ 的值,经手动计算该积分值 $I = \frac{17}{72} + \frac{19}{30} + \frac{3}{8}$。

```python
from scipy import integrate    # Demo7_54.py

def f(z, y, x, c1, c2):
    return x * (y + c1) * (2 * z + c2)
def h(x):
    return x
def r(y, x):
```

```
        return x + y
I,error = integrate.tplquad(func = f,a = 0,b = 1,gfun = 0,hfun = h,qfun = 0,rfun = r,args = (1,1))
print(I)
print(error)
'''
运行结果如下：
1.2444444444444445
1.3193048854885937e - 13
'''
```

7.6.4 n 重定积分

要计算更多重的积分，可以用 nquad()方法，其格式如下所示。

nquad(func, ranges, args = None, opts = None, full_output = False)

其中，func 是被积分函数 $f(x_0,x_1,...,x_n,t_0,t_1,...,t_m)$，其中 $x_0,x_1,...,x_n$ 是依次被积分的变量，$t_0,t_1,...,t_m$ 是额外参数，其值由 args 参数指定；ranges 设置积分变量 x_0，$x_1,...,x_n$ 的下限和上限；opts 设置积分参数，可以取字典或由字典构成的序列，如果是序列，则指定每重积分的参数，字典的关键字有 epsabs = 1. 49e-08，epsrel = 1. 49e-08，limit = 50，points = None，weight = None，wvar = None 和 wopts = None；full_output = True 时以字典形式返回积分信息。nquad()方法的返回值有积分值和绝对误差，以及积分信息（full_output = True）。

```
from scipy import integrate    # Demo7_55.py
import numpy as np

def f(x0,x1,x2,x3,x4,t0,t1,t2):
    y = np.sin(x0 + t0) + np.cos(x1) * (x2 - t1) + np.sin(x3 + t2) * np.exp( - np.abs(x4))
    return y

I,error = integrate.nquad(f,ranges = [[0,1],[0,2],[1,2],[1,2],[0,1]],args = (1,2,3))
print(I)
print(error)
'''
运行结果如下：
0.2732690312405778
1.500848343837361e - 14
'''
```

7.6.5 给定离散数据的积分

如果不知道被积分函数 $f(x)$ 的具体表达式，只知道函数 $f(x)$ 的一些离散数据 $y_i = f(x_i)$，或者实验采集的一些离散数据，可以用这些离散数据近似得到 $f(x)$ 函数的近似积分值。用离散数据进行积分的方法有复合梯形法（composite trapezoidal rule）、复合辛普森法（composite Simpson's rule）和龙贝格法（Romberg integration）。

如图 7-8(a)所示,用梯形法求解 $f(x)$ 在 $[a,b]$ 区间内阴影部分的面积,面积可以表示成

$$I = \frac{h}{2} \left[f(a) + f(b) \right]$$

其中,$h = b - a$。用辛普森法可以表示成

$$I = \frac{h}{6} \left[f(a) + 4f\left(\frac{h}{2}\right) + f(b) \right]$$

如果 b 和 a 的差较大,势必会造成很大的误差。将区间 $[a,b]$ 划分为 n 等份,步长 $h = (b-a)/n$,等分点为 x_i,如图 7-8(b)所示,用复合梯形法计算阴影部分的面积,积分值可以表示成

$$I = \sum_{i=0}^{n-1} \frac{h}{2n} \left[f(x_i) + f(x_{i+1}) \right] = \frac{h}{2n} \left[f(a) + 2\sum_{i=1}^{n-1} f(x_i) + f(b) \right]$$

用复合辛普森法可以表示成

$$I = \sum_{i=0}^{n-1} \frac{h}{6} \left[f(x_i) + 4f(x_{i+\frac{1}{2}}) + f(x_{i+1}) \right]$$

$$= \frac{h}{6n} \left[f(a) + 4\sum_{i=0}^{n-1} f(x_{i+\frac{1}{2}}) + 2\sum_{i=0}^{n-1} f(x_i) + f(b) \right]$$

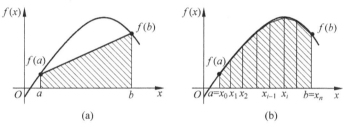

图 7-8 梯形法与复合梯形法求面积

(a) 梯形法求阴影面积;(b) 复合梯形法求阴影面积

复合梯形积分法有 trapezoid() 和 cumulative_trapezoid(),复合辛普森法是 simpson(),龙贝格法是 romb(),它们的格式如下所示。

```
trapezoid(y, x = None, dx = 1.0, axis = - 1)
cumulative_trapezoid(y, x = None, dx = 1.0, axis = - 1, initial = None)
simpson(y, x = None, dx = 1, axis = - 1, even = 'avg')
romb(y, dx = 1.0, axis = - 1, show = False)
```

其中,y 和 x 分别是 $f(x_i)$ 和 x_i 的离散数组,如果没有指定 x_i,则用 dx 指定 x_i 的间距;axis 指定积分轴,针对 y 是多轴数据的情况,默认值 -1 表示最后一个轴;trapezoid()、simpson() 和 romb() 方法的返回值是积分值,cumulative_trapezoid() 方法的返回值是累计积分数组,如果给出 initial,则该值插入到 cumulative_trapezoid() 返回数组的开始部分;even 可以取 'first'、'last' 或 'avg','first' 是指用前面的 $N-2$ 个离散数据进行计算,'last' 是指用后面的 $N-2$ 个离散数据进行计算,'avg' 是 'first' 和 'last' 两种情况的平均值;show 设置是否输出中间结果。romb() 方法要求输入离散数据 y 的个数满足 $2^k + 1$ 的要求。

下面的代码用不同的方法计算 $y = \left(1 - \frac{x}{4} + x^5\right) e^{-x^2}$ 在 $[-3,3]$ 范围内的离散积分值。

```
from scipy import integrate    # Demo7_56.py
import numpy as np

def f(x):
    y = (1 - x/4 + x ** 5) * np.exp( - x ** 2)
    return y

x = np.linspace(start = - 3, stop = 3, num = 65, endpoint = True)
y = f(x)
I = integrate.trapezoid(y, x)
print(1, I)
I = integrate.cumulative_trapezoid(y, x)
print(2, I[ - 1])
I = integrate.simpson(y, x)
print(3, I)
I = integrate.romb(y, dx = x[1] - x[0])
print(4, I)
I, error = integrate.quad(f, - 3, 3)
print(5, I)
'''
运行结果如下:
1   1.7724136166080195
2   1.7724136166080189
3   1.7724146778717127
4   1.7724147810159374
5   1.7724146965190422
'''
```

7.6.6　一阶常微分方程组的求解

常微分方程组(ordinary differential equations，ODEs)的形式如下，其中 t 是独立变量，y 是 N 维方程组，$t_0, t_1, \cdots, t_m$ 是额外参数，$y(t=0)=y_0$ 是初始值。

$$\begin{cases} \dfrac{\mathrm{d}y}{\mathrm{d}t} = f(t, y, t_0, t_1, \cdots, t_m) \\ y(t=0) = y_0 \end{cases}$$

常微分方程组用龙格-库塔(Runge-Kutta)法进行数值求解，SciPy 中可以用 solve_ivp()方法或 odeint()方法求解。solve_ivp()方法的格式如下所示。

solve_ivp(fun, t_span, y0, method = 'RK45', t_eval = None, dense_output = False, events = None, vectorized = False, args = None, ** options)

solve_ivp()方法中各参数的取值和说明如表 7-27 所示。

表 7-27　solve_ivp()方法中各参数的取值和说明

参　　数	取 值 类 型	说　　明
fun	function	可调用函数 f(t, y)，如果 y 是形状为(n,)或(n, k)的数组，返回值的形状也与 y 的形状相同

续表

参　　　数	取 值 类 型	说　　　明
t_span	tuple	由两个浮点数构成的元组(t0，tf)，设置 t 的积分下限和上限
y_0	array	设置 y 的初始值 y0，其形状是(n,)
method	str	设置积分方法，可以取'RK45'、'RK23'、'DOP853'、'Radau'、'BDF'和'LSODA'，'RK45'、'RK23'和'DOP853'是显式法，'Radau'和'BDF'是隐式法
t_eval	array、None	设置 t 的离散点，必须在 t_span 确定的范围内。如果取 None，则由求解器确定 t 的离散点
dense_output	bool	设置是否进行连续求解
events	function list[functions]	设置事件跟踪函数 event(t,y)，在 event(t,y(t))＝0 时触发事件，求解器在此时采用求根法获得精确解
vectorized	bool	设置是否把 y 的列当成向量来处理，此时 y 的形状是(n,k)
args	tuple	设置额外参数 t0,t1,…,tm 的值
first_step	float、None	初始步长，None 表示由求解器决定
max_step	float	最大步长，默认只是 np.inf，表示由求解器决定
rtol atol	float、array	设置相对误差和绝对误差，求解器局部误差要小于 atol＋rtol * abs(y)，rtol 和 atol 的默认值分别是 1e-3 和 1e-6
jac	array、function、 sparse_matrix、None	对于'Radau'、'BDF'和'LSODA'方法，设置雅可比(Jacobian)矩阵。雅可比矩阵的形状是(n,n)，它的元素(i,j)等于 $\mathrm{d}f_i/\mathrm{d}y_j$，取 None 时表示通过有线差分法获取
jac_sparsity	array、None、 sparse_matrix	如果雅可比矩阵通过有线差分法获取，定义雅可比矩阵的稀疏结构，形状是(n,n)，元素是 0 的位置其值始终是 0。如果取 None，表示雅可比矩阵是密集矩阵
lband uband	int、None	设置'LSODA'方法的雅可比带宽，在 i－lband≤j≤i＋uband 范围内 jac[i, j]≠0
min_step	float	设置'LSODA'方法的最小步长，默认是 0.0

solve_ivp()方法的返回值是 bunch(束)类的对象，bunch 对象继承自字典(dict)。solve_ivp()方法的返回值对象的属性如表 7-28 所示。

表 7-28　solve_ivp()方法的返回值对象的属性

返回值的关键字	类　　　型	说　　　明
t	array	变量 t 的离散数据，形状是(n_points,)的数组
y	array	与 t 离散数据对应的 y 离散数据，形状是(n, n_points)的数组
sol	OdeSolution、None	OdeSolution 对象，在 dense_output 设置成 False 时，sol 的值是 None
t_events	list[array]、None	事件类型列表，在 events 参数是 None 时，t_events 是 None
y_events	list[array]、None	t_events 的值，在 events 参数是 None 时，y_events 是 None
nfev	int	$f(t,y,t_0,t_1,\cdots,t_m)$估值的个数
njev	int	雅可比估值的个数
nlu	int	lu 分解的个数

续表

返回值的关键字	类　型	说　明
status	int	意外终止原因，-1 表示积分步长错误，0 表示积分到达终点，1 表示出现终止事件
message	str	积分意外终止的详细信息
success	bool	如果是 True，表明完成积分计算

下面的程序求解一阶微分方程组

$$\begin{cases} \dfrac{\mathrm{d}y_0}{\mathrm{d}t} = y_1 \sin(t + c_0) \mathrm{e}^{-t} \\[3mm] \dfrac{\mathrm{d}y_1}{\mathrm{d}t} = y_2 \cos(t + c_1) \mathrm{e}^{-t} \\[3mm] \dfrac{\mathrm{d}y_2}{\mathrm{d}t} = y_0 \dfrac{\sin(t + c_0)}{\cos(t + c_2)} \end{cases}$$

的解 $y_0(t)$、$y_1(t)$ 和 $y_2(t)$，满足初始条件 $y_0(t=0)=1$，$y_1(t=0)=1$，$y_2(t=0)=1$，其中常数 $c_0=-1$，$c_1=-1$，$c_2=2$。程序运行结果如图 7-9 所示。

```python
from scipy.integrate import solve_ivp      # Demo7_57.py
import matplotlib.pyplot as plt
import numpy as np

def f(t,y,c0,c1,c2):
    dy0_dt = y[1] * np.sin(t + c0) * np.exp(-t)
    dy1_dt = y[2] * np.cos(t + c1) * np.exp(-t)
    dy2_dt = y[0] * np.sin(t + c0) / np.cos(t + c2)
    return [dy0_dt,dy1_dt,dy2_dt]
a = 0;b = 10                                # 积分下限和上限
t_serise = np.linspace(a,b,num = 1001)      # 独立变量的离散点
sol = solve_ivp(fun = f,t_span = [a,b],y0 = [1,1,1],args = (-1,-1,2),t_eval = t_serise)
                                            # 求解微分方程组

if sol.success:
    plt.plot(sol.t,sol.y[0],'-',label = 'y0(t)')      # 绘制 y0(t)曲线
    plt.plot(sol.t,sol.y[1],'--',label = 'y1(t)')     # 绘制 y1(t)曲线
    plt.plot(sol.t,sol.y[2],'-.',label = 'y2(t)')     # 绘制 y2(t)曲线
    plt.legend()
    plt.show()
```

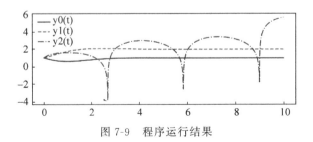

图 7-9　程序运行结果

7.6.7 二阶常微分方程组的求解

对于二阶或更高阶的微分方程组,可以通过降阶的方法将其转化成一阶微分方程组的形式。下面通过如图 7-10 所示的 3 自由度质量块-弹簧系统说明求解过程,其中 x_1、x_2 和 x_3 是质量块的位移,m_1、m_2 和 m_3 是质量块的质量,k_1、k_2 和 k_3 是弹簧的刚度,c_1、c_2 和 c_3 是弹簧的阻尼,$F_1(t)$、$F_2(t)$ 和 $F_3(t)$ 是作用在质量块上的外力。

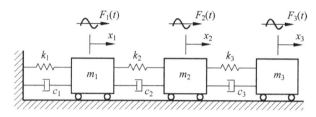

图 7-10   3 自由度质量块-弹簧系统

根据牛顿定理,可以建立如下的动力学方程组,其中 $\ddot{x}_1$、$\ddot{x}_2$ 和 $\ddot{x}_3$ 分别是 x_1、x_2 和 x_3 对时间 t 的二阶导数,用以表示加速度,$\dot{x}_1$、$\dot{x}_2$ 和 $\dot{x}_3$ 分别是 x_1、x_2 和 x_3 对时间 t 的一阶导数,用以表示速度。

$$
\begin{bmatrix} m_1 & 0 & 0 \\ 0 & m_2 & 0 \\ 0 & 0 & m_3 \end{bmatrix} \begin{bmatrix} \ddot{x}_1 \\ \ddot{x}_2 \\ \ddot{x}_3 \end{bmatrix} + \begin{bmatrix} c_1+c_2 & -c_2 & 0 \\ -c_2 & c_2+c_3 & -c_3 \\ 0 & -c_3 & c_3 \end{bmatrix} \begin{bmatrix} \dot{x}_1 \\ \dot{x}_2 \\ \dot{x}_3 \end{bmatrix} +
$$

$$
\begin{bmatrix} k_1+k_2 & -k_2 & 0 \\ -k_2 & k_2+k_3 & -k_3 \\ 0 & -k_3 & k_3 \end{bmatrix} \begin{bmatrix} x_1 \\ x_2 \\ x_3 \end{bmatrix} = \begin{bmatrix} F_1(t) \\ F_2(t) \\ F_3(t) \end{bmatrix}
$$

上式可以简写成

$$
M\ddot{X} + C\dot{X} + KX = F(t)
$$

进一步可以写成

$$
\ddot{X} = M^{-1}(F(t) - C\dot{X} - KX)
$$

令 $Y = \dot{X}$,则 $\dot{Y} = \ddot{X}$,上式可以写成方程组的形式:

$$
\begin{cases} \dot{X} = Y \\ \dot{Y} = M^{-1}(F(t) - CY - KX) \end{cases}
$$

进一步可以写成

$$
\begin{bmatrix} \dot{X} \\ \dot{Y} \end{bmatrix} = \begin{bmatrix} Y \\ M^{-1}(F - CY - KX) \end{bmatrix} = \begin{bmatrix} 0 & 1 \\ -M^{-1}K & -M^{-1}C \end{bmatrix} \begin{bmatrix} X \\ Y \end{bmatrix} + \begin{bmatrix} 0 \\ M^{-1}F(t) \end{bmatrix}
$$

令 $Z = \begin{bmatrix} X \\ Y \end{bmatrix}$,这时上式可以写成

$$\dot{\boldsymbol{Z}} = \begin{bmatrix} \boldsymbol{0} & \boldsymbol{1} \\ -\boldsymbol{M}^{-1}\boldsymbol{K} & -\boldsymbol{M}^{-1}\boldsymbol{C} \end{bmatrix} \boldsymbol{Z} + \begin{bmatrix} \boldsymbol{0} \\ \boldsymbol{M}^{-1}\boldsymbol{F}(t) \end{bmatrix}$$

即

$$\frac{\mathrm{d}\boldsymbol{Z}}{\mathrm{d}t} = f(t, \boldsymbol{Z}, \boldsymbol{M}, \boldsymbol{K}, \boldsymbol{C})$$

其中，$\boldsymbol{M}$、$\boldsymbol{K}$ 和 $\boldsymbol{C}$ 是额外参数。该方程组可以用 solve_ivp() 方法求解。

下面的代码是求解 3 自由度质量块-弹簧系统动力学方程的具体过程，程序运行结果如图 7-11 所示。

```python
from scipy.integrate import solve_ivp    # Demo7_58.py
import matplotlib.pyplot as plt
import numpy as np

def f(t,Z,M,K,C):        # Z 是一维向量,前 3 个数据是位移,后 3 个数据是速度

    F1 = 10 * np.sin(10 * t)              # F1 载荷
    F2 = np.zeros_like(F1)                # F2 载荷是 0
    F3 = 10 * np.cos(20 * t)              # F3 载荷
    F = np.array([[F1],[F2],[F3]])        # 载荷向量
    M_inv = np.linalg.inv(M)              # 质量矩阵的逆矩阵

    D = np.array([[Z[0]], [Z[1]], [Z[2]]])      # 位移数据
    V = np.array([[Z[3]], [Z[4]], [Z[5]]])      # 速度数据
    A = M_inv @ (F - C @ V - K @ D)             # 加速度数据

    return [V[0,0],V[1,0],V[2,0],A[0,0],A[1,0],A[2,0]]
m1 = 2;m2 = 2.5;m3 = 1
k1 = 10;k2 = 20;k3 = 30
c1 = 0.4;c2 = 0.8;c3 = 1
M = np.diag([m1,m2,m3])

K = np.array([[k1 + k2, - k2,0],[ - k2,k2 + k3, - k3],[0, - k3,k3]])
C = np.array([[c1 + c2, - c2,0],[ - c2,c2 + c3, - c3],[0, - c3,c3]])

a = 0;b = 15                               # 积分下限和积分上限
t_series = np.linspace(a,b,num = 15001)
initial = [10, - 10,0,0,0,0]

sol = solve_ivp(f,t_span = (a,b),y0 = initial,method = 'RK45',t_eval = t_series,args = (M,K,C))
if sol.success:
    plt.subplot(1,2,1)
    plt.plot(sol.t, sol.y[0],'-',label = 'Diplacement of m1:x1(t)')    # 绘制 m1 位移曲线
    plt.plot(sol.t, sol.y[1],'--',label = 'Diplacement of m2:x2(t)')   # 绘制 m2 位移曲线
    plt.plot(sol.t, sol.y[2],'-.',label = 'Diplacement of m3:x3(t)')   # 绘制 m3 位移曲线
    plt.legend()
    plt.subplot(1, 2, 2)
    plt.plot(sol.t, sol.y[3],'-',label = 'Velocity of m1:v1(t)')       # 绘制 m1 速度曲线
```

```
plt.plot(sol.t, sol.y[4], '--', label = 'Velocity of m2:v2(t)')      # 绘制 m2 速度曲线
plt.plot(sol.t, sol.y[5], '-.', label = 'Velocity of m3:v3(t)')      # 绘制 m3 速度曲线
plt.legend()
plt.show()
```

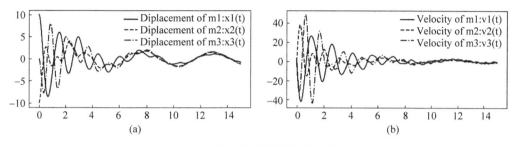

图 7-11　3 自由度质量块-弹簧系统的位移和速度响应

（a）位移响应；（b）速度响应

7.6.8　数值微分

用 misc 模块中的 derivative() 方法可以对已知函数用中心差分法计算微分, derivative() 方法的格式如下所示。

derivative(func, x0, dx = 1.0, n = 1, args = (), order = 3)

其中, func 是可调用的函数; x0 是计算微分的位置; dx 设置用中心差分法时的变量 x 的变动范围; n 是微分阶数; args 是传递给 func 的其他额外参数; order 是计算微分时所使用的点的个数, 取值必须是奇数。

下面的程序计算函数 $f(x) = (\sin x + \cos x) \mathrm{e}^{-2x^2}$ 在 $x = 0.5$ 处的一阶和二阶微分值。

```
from scipy import misc    # Demo7_59.py
import numpy as np

def f(x,a):
    y = (np.sin(x) + np.cos(x)) * np.exp( - a * x ** 2)
    return y
z1 = misc.derivative(f,0.5,dx = 1e-6,n = 1,args = (2,))      # 计算一阶微分值
z2 = misc.derivative(f,0.5,dx = 1e-6,n = 2,args = (2,))      # 计算二阶微分值

print('z1 = ', z1)                                          # 输出一阶微分值
print('z2 = ', z2)                                          # 输出二阶微分值
'''
运行结果如下:
z1 =  - 1.4046395948041912
z2 =  - 1.7891244041834398
'''
```

7.7 插值计算

插值是离散函数逼近的重要方法,利用有限个离散数据估算出其他离散点的数据。插值与拟合不同的是,用离散数据获得的插值曲线会通过所有的已知离散数据,而拟合是按照某种规则接近已知离散数据。SciPy 的 interpolate 子模块提供了许多对数据进行插值运算的类,范围涵盖简单的一维插值到复杂的多维插值。当样本数据变化归因于一个独立的变量时,就是一维插值;反之,当样本数据归因于多个独立变量时,就是多维插值。

插值计算有两种基本的方法:一种是对一个完整的数据集去拟合一个函数;另一种是对数据集的不同部分拟合出不同的函数,而函数之间的曲线平滑过渡。第二种方法又叫作仿样内插法,当数据拟合函数形式非常复杂时,这是一种非常强大的工具。我们首先介绍怎样对简单函数进行一维插值运算,然后进一步介绍比较复杂的多维插值运算。

7.7.1 一维样条插值

一维样条插值是在一个曲线上插值,插值曲线用类 interp1d 创建,用该类创建插值函数的方法如下所示,其中 x 和 y 是已知的离散数据,用于构造某种插值曲线 $y = f(x)$。需要注意的是,interp1d 类创建插值曲线函数,可以利用该曲线函数进一步进行插值计算。

```
interp1d(x,y,kind = 'linear',axis = - 1,copy = True,bounds_error = None,fill_value = nan,
        assume_sorted = False)
```

interp1d 类中各参数的说明如表 7-29 所示。

表 7-29　interp1d 类中各参数的说明

参 数 名 称	取 值 类 型	说　　明
x	array	形状是(n,)的一维离散数据,x 的元素值一般是按照升序排序
y	array	形状是(…,n,…)的多维离散数据
kind	str、int	设置样条插值的阶次,如果是 str,可以取 'linear'、'nearest'、'nearest-up'、'zero'、'slinear'、'quadratic'、'cubic'、'previous'或'next',其中'zero'、'slinear'、'quadratic'和'cubic'分别指定样条插值的 0 阶、1 阶、2 阶和 3 阶,'previous'和'next'分别指插值点的值取插值点的前一个已知点的数据还是后一个已知点的数据,'linear'指线性插值,'nearest-up' 和'nearest'指取离已知点最近的数据,如果插值点在已知点中间位置,'nearest-up'是向上取值,'nearest'是向下取值
axis	int	指定 y 数据的轴,默认是最后的轴
copy	bool	取 True 时,对 x 和 y 在内部进行备份
bounds_error	bool	取 True 且 fill_valueq 取值不是'extrapolate'时,插值点位于 x 范围之外时会抛出 ValueError 异常;取 False 时,在插值范围之外的插值使用 fill_value 参数的值

续表

参 数 名 称	取 值 类 型	说 明
fill_value	float、array、'extrapolate'、(array,array)	当插值位于 x 范围之外时,设置外插值数据。fill_value 取值是 (array,array)时,第 1 个数组用于 x_new<x[0],第 2 个数组用于 x_new>x[−1];取一个数组或 float 时,用于两边;取'extrapolate' 时表示外插值
assume_sorted	bool	取值是 True 时,x 的值必须升序排列;取 False 时,会对 x 值进行 升序排序运算

下面的代码先用 $e^{0.5x}\sin(x)/x^3$ 函数得到一些离散值,根据这些离散值用 interp1d 类 得到插值函数,然后用插值函数获取其他离散点的数据。程序运行结果如图 7-12 所示。

```python
import numpy as np    # Demo7_60.py
from scipy import interpolate
import matplotlib.pyplot as plt


x = np.linspace(1, 20, num = 51)
y = np.exp(0.5 * x) * np.sin(x) /x ** 3
fun_inter = interpolate.interp1d(x, y, kind = 3, fill_value = 'extrapolate')    # 创建插值函数

x_inter = np.linspace(0.6, 22, num = 15)
y_inter = fun_inter(x_inter)               # 获取插值数据

plt.plot(x, y, label = 'Original Data')
plt.scatter(x_inter, y_inter, label = 'Interpolated Data')
plt.legend()
plt.show()
```

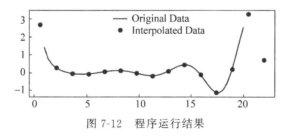

图 7-12　程序运行结果

7.7.2　一维多项式插值

可以用已知的离散数据构造一个多项式,用多项式来计算插值点对应的值。一维多项 式插值需要用到 BarycentricInterpolator 类和 barycentric_interpolate()函数,它们的格式如 下所示。

```
BarycentricInterpolator(xi, yi = None, axis = 0)
barycentric_interpolate(xi, yi, x, axis = 0)
```

其中,xi 和 yi 是已知的数据,多项式会通过这些数据点,xi 的数据通常按升序方式排列; axis 指定 yi 中数据所在的轴;x 是要进行插值计算的数据点。BarycentricInterpolator 类有方法 add_xi(xi[,yi])和 set_yi(yi[,axis]),用于添加 xi 的数据和更新 yi 的数据。

下面的代码先用 $e^{0.5x}\sin(x)/x^3$ 函数得到一些离散值,根据这些离散值用 BarycentricInterpolator 类得到插值函数,然后用插值函数获取其他离散点的数据。程序运行结果如图 7-13 所示。可以看出,当原数据比较复杂时,得到的插值结果有较大的误差。

```python
import numpy as np    # Demo7_61.py
from scipy import interpolate
import matplotlib.pyplot as plt


x = np.linspace(1,20,num = 51)
y = np.exp(0.5 * x)/x ** 3 * np.sin(x)
fun_inter = interpolate.BarycentricInterpolator(x)           # 创建插值函数
fun_inter.set_yi(y)


x_inter = np.linspace(0.6,22,num = 15)
y_inter_1 = fun_inter(x_inter)                               # 获取插值数据
y_inter_2 = interpolate.barycentric_interpolate(x,y,x_inter) # 获取插值数据


plt.plot(x,y,label = 'Original Data')
plt.scatter(x_inter,y_inter_1,s = 100,color = 'red',label = 'Interpolated Data')
plt.scatter(x_inter,y_inter_2,marker = ' * ',color = 'black',label = 'Interpolated Data',zorder = 10)
plt.legend()
plt.show()
```

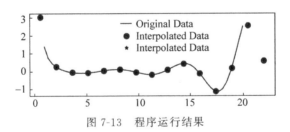

图 7-13 程序运行结果

7.7.3 二维样条插值

二维样条插值是在一个曲面上插值,插值曲面用类 interp2d()创建,用该类创建插值函数的方法如下所示,其中 x 和 y 是已知的曲面的坐标点,z 是已知的被插值离散数据,用于构造某种插值曲面 $z=f(x,y)$。需要注意的是,interp2d 创建插值曲面函数,可以利用该曲面函数进一步进行插值计算。

```python
interp2d(x, y, z, kind = 'linear', copy = True, bounds_error = False, fill_value = None)
```

其中,x 和 y 指定坐标点,可以是规则的网格坐标点,例如类似 np.meshgrid()函数创建的规

则坐标点,这时 x 只需写出一列数据,y 只需写出一行数据即可,满足 len(z)=len(x) * len(y),例如 x=[1,2],y=[0,2,4],z=[[1,2],[3,4],[5,6]],x 和 y 也可以是不规则的坐标点,这时必须写出每个点的 x 和 y 坐标,满足 len(z)=len(x)=len(y),例如 x=[1,2,1,2,1,2],y=[0,2,4,0,2,4],z=[1,2,3,4,5,6]],如果 x 和 y 是多维数组,则当成一维数组处理;kind 可取 'linear'、'quintic' 和 'cubic',分别表示线性插值、二次插值和三次插值;bounds_error 取 True 时,如果插值数据落在 x 和 y 确定的区域之外,会抛出 ValueError 异常,如果取 False,会用 fill_value 的值作为外插值数据;fill_value 设置外插值数据,如果取 None,则用最近点的数据进行外插值。

下面的代码先用 $z = 2\left(1 - \dfrac{x}{4} + x^5 + y^4\right)e^{-x^2-y^2}$ 函数得到一些离散值,根据这些离散值用 interp2d 类得到插值函数,然后用插值函数获取其他离散点的数据。程序运行结果如图 7-14 所示。

```python
from scipy.interpolate import interp2d    # Demo7_62.py
import numpy as np
import matplotlib.pyplot as plt


n = 31
x = np.linspace(-3,3,n)
y = np.linspace(-3,3,n)
X,Y = np.meshgrid(x,y)                             # x 和 y 向的坐标值
Z = (1 - X/4 + X ** 5 + Y ** 4) * np.exp(-X ** 2 - Y ** 2) * 2   # 高度值
fun_inter = interp2d(x,y,Z,kind = 'cubic')         # 二维插值函数

x_inter = np.linspace(-4,4,30)                     # 插值坐标数据
y_inter = np.linspace(-4,4,30)                     # 插值坐标数据
Z_inter = fun_inter(x_inter,y_inter)               # 插值后的数据
X_inter,Y_inter = np.meshgrid(x_inter,y_inter)     # 插值网格坐标数据

fig = plt.figure()
ax3d_1 = fig.add_subplot(1,2,1, projection = '3d')
ax3d_1.plot_surface(X,Y,Z,rcount = 50,ccount = 50,cmap = 'jet')   # 绘制原数据曲面
ax3d_1.set_xlim(-3,3)
ax3d_1.set_ylim(-3,3)
ax3d_1.view_init(30, 200)                          # 视角
ax3d_2 = fig.add_subplot(1,2,2, projection = '3d')
ax3d_2.plot_surface(X_inter,Y_inter,Z_inter,rcount = 50,ccount = 50,cmap = 'jet')
                                                   # 绘制插值后的数据曲面
ax3d_2.set_xlim(-3,3)
ax3d_2.set_ylim(-3,3)
ax3d_2.view_init(30, 200)                          # 视角
plt.show()
```

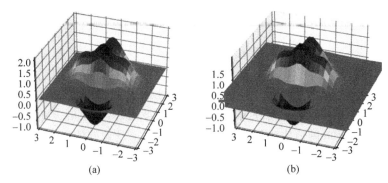

图 7-14　程序运行结果

(a) 原数据图像；(b) 插值数据图像

7.7.4　根据 FFT 插值

根据 FFT 插值是先将已知的数据作傅里叶变换，得到频谱特性，根据频谱特性获取新的插值点的数据。FFT 插值用 signal 模块下的 resample() 方法，其格式如下所示。

resample(x, num, t = None, axis = 0, window = None, domain = 'time')

其中，x 是已知的数据；num 是插值的数据个数；t 是对应 x 中数据的时间点，它是等距离分布的数组；axis 指定要插值的轴；window 设置窗函数，可以取窗函数名、数组或可调用的函数，可取的窗函数参见 7.9.4 节内容；domain 设置 x 的数据是时间域还是频率域，可以取 'time' 或 'freq'。如果没有指定 t，resample() 的返回值是插值后的数组；如果指定了 t，返回值是插值后的数组和对应的时间数组。

下面的代码根据已知的数据用 FFT 方法计算更多点的数据，并绘制曲线，程序运行结果如图 7-15 所示。

```python
import numpy as np    # Demo7_63.py
from scipy import signal
import matplotlib.pyplot as plt

number = 51
t = np.linspace(0, 10, num = number, endpoint = True)
y = np.sin(2 * np.pi * 5 * t + 1) + 2 * np.cos(2 * np.pi * 8 * t + 2) + np.sin(2 * np.pi * 5 * t + 0.5) * np.cos(2 * np.pi * 4 * t)

y_new, time_new = signal.resample(y, num = 1000, t = t, domain = 'time')

plt.plot(t, y, label = 'Original Data')
plt.plot(time_new, y_new, '-- k', label = 'Interpolated Data')
plt.legend()
plt.show()
```

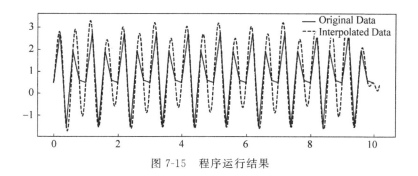

图 7-15   程序运行结果

7.8   优化

在科学研究、产品开发、工程技术和经济管理等领域,经常会遇到决策问题,即在一系列客观和主观限制条件下,寻找某个或多个目标达到最小(或最大)的问题。这个寻找目标最小(或最大)值的过程就是优化过程。优化就是在许多方案中,需找某种意义下的最优方案。

从数学上可以把优化描述成下面的模型,其中 $x_i (i = 0, 1, \cdots, n-1)$ 是一些可以调节的量,称为优化变量,这些变量通常在一个区间内 $[c_i, d_i]$ 变动。$G = g(x_0, x_1, \cdots, x_{n-1})$ 是优化目标函数,它是优化变量的函数。min 表示调节优化变量使得优化目标 G 的值最小。如果求 G 的最大值,可以取 $G = -g(x_0, x_1, \cdots, x_{n-1})$,优化变量 x_i 之间往往不能随机取值,要受到现实中一些约束,这些约束通过 $a_i \leqslant f_i(x_0, x_1, \cdots, x_{n-1}) \leqslant b_i$ 来定义,$f_i(x_0, x_1, \cdots, x_{n-1})$ 称为约束函数,约束函数取值在 $[a_i, b_i]$,称为双边约束;如果约束条件是 $[-\infty, b_i]$ 或 $[a_i, +\infty]$,则称为单边约束。优化过程是在优化变量取值范围内,在满足约束条件的情况下,调节优化变量的值,使优化目标的值最小。优化算法提供调节优化变量值的策略,使得优化目标的值最小。如果目标函数 $g(x_0, x_1, \cdots, x_{n-1})$ 和约束函数 $f_i(x_0, x_1, \cdots, x_{n-1})$ 都是线性函数,则优化过程称为线性规划。

$$\min G = g(x_0, x_1, \cdots, x_{n-1})$$

$$\text{s. t.} \begin{cases} a_0 \leqslant f_0(x_0, x_1, \cdots, x_{n-1}) \leqslant b_0 \\ a_1 \leqslant f_1(x_0, x_1, \cdots, x_{n-1}) \leqslant b_1 \\ \qquad\qquad\vdots \\ a_{m-1} \leqslant f_{m-1}(x_0, x_1, \cdots, x_{n-1}) \leqslant b_{m-1} \end{cases}$$

$$c_0 \leqslant x_0 \leqslant d_0, c_1 \leqslant x_1 \leqslant d_1, \cdots, c_{n-1} \leqslant x_{n-1} \leqslant d_{n-1}$$

7.8.1   单变量局部优化

对于只有一个变量且函数值是标量的优化,可以用 minimize_scalar()方法进行优化,其格式如下所示。各参数的类型及说明如表 7-30 所示。

```
minimize_scalar(fun, bracket = None, bounds = None, args = (), method = 'brent', tol = None,
options = None)
```

表 7-30　**minimize_scalar()方法各参数的类型及说明**

参 数 名 称	取 值 类 型	说　　明
fun	function	设置优化目标函数 g(x, * args)，x 是单变量，args 是额外的参数。优化目标函数的返回值必须是标量
bracket	sequence	对于 'brent' 和 'golden' 优化方法，设置含有一个极小值的范围，该参数可以取含 3 个元素的序列(a, b, c)，a＜b＜c，满足 fun(b)＜fun(a)，fun(b)＜fun(c)；也可取含 2 个元素的序列(a, c)，在 a 和 c 范围内函数要有极小值
bounds	sequence	对于 'bounded' 方法，设置优化变量的取值范围
args	tuple	设置优化变量的额外参数
method	str、function	设置优化方法，或者选择优化函数，优化方法可以选择 'Brent'、'Bounded' 或 'Golden'
tol	float	设置迭代终止误差，当迭代误差小于该误差时，停止迭代
options	dict	设置求解器的其他参数，例如 'maxiter' 设置最大迭代次数，'disp' 设置是否输出收敛信息。不同求解器有不同的参数，可以用 show_options(solver＝None, method＝None, disp＝True) 方法查询可以设置的参数，其中 solver 参数是下面介绍的一些优化方法，可取 'minimize_scalar'、'minimize'、'root_scalar'、'root'、'linprog' 或 'quadratic_assignment'；method 如果没有指定具体的优化方法，则输出所有优化方法的参数

minimize_scalar()方法的返回值是 OptimizeResult 对象，该对象的属性如表 7-31 所示。通过 x 属性可以获得优化结果。

表 7-31　**OptimizeResult 对象的属性**

属 性 名 称	类　　型	说　　明
x	array、float	优化结果
fun	array、float	最优点 x 值对应的函数值
success	bool	优化是否成功
status	int	优化终止的状态，值是整数，与具体的算法有关
message	str	优化失败时的详细信息
nit	int	优化迭代次数
maxcv	float	超过约束限制的最大值
jac、hess、hess_inv	array	雅可比矩阵、黑塞(Hessian)矩阵和黑塞逆矩阵的值
nfev、njev、nhev	int	目标函数、雅可比矩阵和黑塞矩阵的计算次数

下面的代码计算 $y = e^{0.5x} \sin(x)/x^3$ 函数在(0.5, 20)范围内的最小值。由于在该范围内有两个极小值，用不同的优化方法得到的结果可能不同。

```
import numpy as np    # Demo7_64.py
from scipy import optimize

def f(x, a, b):
```

```
        y = np.exp(a * x) * np.sin(x) /x ** b
        return y

    opt = optimize.minimize_scalar(f,method = 'brent',bracket = (0.5,20),args = (0.5,3))
    print(1,opt.x,opt.fun,opt.success)
    opt = optimize.minimize_scalar(f,method = 'golden',bracket = (0.5,20),args = (0.5,3))
    print(2,opt.x,opt.fun,opt.success)
    opt = optimize.minimize_scalar(f,method = 'bounded',bounds = (0.5,20),args = (0.5,3),
                                options = {'disp':True})
    print(3,opt.x,opt.fun,opt.success)
    '''
    运行结果如下:
    1   17.597071623134664   - 1.154650448332371 True
    2   11.224225401063489   - 0.18853299562273285 True

    Optimization terminated successfully;
    The returned value satisfies the termination criteria
    (using xtol = 1e - 05 )
    3   11.224224139431923   - 0.18853299562257758 True
    '''
```

7.8.2 多变量局部优化

如要对含多个变量的目标函数进行优化,可以采用 minimize()方法,该方法的格式如下所示。如果目标函数有多个极小值,则得到的优化值可能不是全局最小值,而是局部极小值,这与给定的初始值 x0 有关。

```
minimize(fun, x0, args = (), method = None, jac = None, hess = None, hessp = None, bounds = None,
        constraints = (), tol = None, callback = None, options = None)
```

minimize()方法中各参数的类型及说明如表 7-32 所示。

表 7-32　minimize()方法中各参数的类型及说明

参 数 名 称	取 值 类 型	说　　　明
fun	function	设置优化目标函数 g(x, * args),x 是一维数组,形状是(n,);args 是额外参数
x0	array	设置优化变量 x 的初始化值,形状是(n,)
args	tuple	设置优化目标函数的额外参数的值
method	str、function	设置优化方法,可选方法有 'Nelder-Mead'、'Powell'、'CG'、'BFGS'、'Newton-CG'、'L-BFGS-B'、'TNC'、'COBYLA'、'SLSQP'、'trust-constr'、'dogleg'、'trust-ncg'、'trust-exact'和'trust-krylov',或者使用自定义的优化函数。如果没有设置 method 的值,根据约束方程和优化变量的取值范围,从 'BFGS'、'L-BFGS-B'、'SLSQP'方法中选择一个

参 数 名 称	取 值 类 型	说　　明
jac	'2-point'、'3-point'、'cs'、bool、function	设置计算梯度方向的方法,仅适用于'CG'、'BFGS'、'Newton-CG'、'L-BFGS-B'、'TNC'、'SLSQP'、'trust-constr'、'dogleg'、'trust-ncg'、'trust-exact'和'trust-krylov'方法,当 jac 取 True 时,fun 的返回值是目标值和梯度构成的元组
hess	'2-point'、'3-point'、'cs'、function	设置计算黑塞(Hessian)矩阵的方法,仅适用于'Newton-CG'、'trust-constr'、'dogleg'、'trust-ncg'、'trust-exact'和'trust-krylov'方法
hessp	function	黑塞矩阵与任意向量 p 的乘积。如果设置了 hess 参数,则忽略该参数
bounds	sequence	设置变量 x 的取值范围,形状是(n,2)的数组、列表等,仅适用于'L-BFGS-B'、'TNC'、'SLSQP'、'trust-constr'、'Powell'方法
constraints	dict、list(dict)、Constraint、list(Constraint)	设置约束,仅适用于'COBYLA'、'SLSQP'和'trust-constr'优化方法。对于'trust-constr'方法,需要定义 Constraint 对象或Constraint 对象列表,有关 Constraint 对象的定义见下面的内容;对于'COBYLA'和'SLSQP'优化方法,需要用字典或字典列表来定义约束函数,字典的关键字有'fun'、'type'、'jac'(只适用于'SLSQP'方法)、'args',其中'fun'指定约束方程,'type'可取'eq'和'ineq',分别表示约束方程等于 0 和非负,'COBYLA'方法只支持非负约束,'jac'是指定计算雅可比的函数,'args'是传递给约束函数和雅可比函数的额外参数
tol	float	设置终止迭代时的误差
callback	function	设置每次迭代后调用的函数,对于'trust-constr'方法,该函数的格式是 callback(xk, OptimizeResult status)->bool,如果返回值是 True,则终止迭代;对于其他方法,该函数的格式是callback(xk),其中 xk 是当前 x 的值向量
options	dict	设置求解器的其他参数,例如'maxiter'设置最大迭代次数,'disp'设置是否打印收敛信息。不同求解器有不同的参数,可以用 show_options(solver=None, method=None, disp=True)方法查询可以设置的参数,其中 solver 可取'minimize_scalar'、'minimize'、'root_scalar'、'root'、'linprog'或'quadratic_assignment',method 如果没有指定具体的优化方法,则输出所有优化方法的参数

　　minimize()方法中的 constraints 参数为'trust-constr'优化方法指定约束函数对象或约束函数对象列表,约束函数分为线性约束函数和非线性约束函数,它们需要用相应的类来创建。线性约束函数的约束关系是 lb≤A. dot(x)≤ub,需要用类 LinearConstraint()来创建,创建线性约束函数的方法如下所示。

LinearConstraint(A, lb, ub, keep_feasible = False)

其中,A 是系数矩阵,形状为(m,n); lb 和 ub 是约束方程的下限和上限,可以取单个数,也可以取形状是(m,)的一维数组,取单个数时,表示所有约束方程的下限或上限的值都相同,取数组时表示约束方程取不同的下限或上限,可以用 np. inf 表示单边不受约束,如果 lb 和

ub 中对应位置的元素值相同,则表示"="约束;keep_feasible 设置在整个迭代过程中约束关系是否保持不变。

非线性约束方程类是 NonlinearConstraint(),非线性约束方程表示的约束关系是 $lb\leqslant$ fun(x)$\leqslant$ub,创建非线性约束方程的方法如下所示。

```
NonlinearConstraint(fun, lb, ub, jac = '2 - point', hess = None, keep_feasible = False,
    finite_diff_rel_step = None, finite_diff_jac_sparsity = None)
```

其中,fun 指定约束函数,约束函数的返回值是形状为(m,)的数组(列表、元组);lb 和 ub 指定约束方程的下限和上限,可以取单个数或形状是(m,)的数组,指定每个约束函数的下限和上限;jac 设置计算梯度的方法,可以取'2-point'、'3-point'、'cs'、function,雅可比矩阵的形状是(m,n),其值是 f[i]对 x[j])的偏导数;hess 设置计算黑塞矩阵的方法,可以取'2-point'、'3-point'、'cs'、function、HessianUpdateStrategy 类的实例;keep_feasible 设置在整个迭代过程中约束关系是否保持不变;finite_diff_rel_step 设置有限差分的步长,可以取数组或None,取 None 时表示自动设置合适的步长;finite_diff_jac_sparsity 设置计算有限差分时,雅可比稀疏矩阵的结构,其形状是(m,n),值是 0 的元素位置表示雅可比矩阵对应位置是0,采用稀疏矩阵可以加速运算,如果不设置该项,则使用密集矩阵。

下面的代码用'trust-constr'优化方法和'SLSQP'方法计算函数 $z = 2\left(1 - \dfrac{x}{4} + x^5 + y^4\right)$ $e^{-x^2 - y^2}$ 在约束条件$-2\leqslant 2x - y\leqslant 3$ 及$-4\leqslant x\leqslant 4$ 和$-4\leqslant y\leqslant 4$ 取值范围内,在初值 $x_0 = -1$ 和 $y_0 = -1$ 附近的极小值。

```
from scipy import optimize    # Demo7_65.py
import numpy as np

def g(x):              # 优化目标函数
    z = (1 - x[0]/4 + x[0] ** 5 + x[1] ** 4) * np.exp( - x[0] ** 2 - x[1] ** 2) * 2
    return z
A = np.array([2, - 1])
linConstraint = optimize.LinearConstraint(A, lb = - 2, ub = 3)       # 线性约束方程
opt = optimize.minimize(fun = g, x0 = [ - 1, - 1], method = 'trust - constr',
                                  # 'trust - constr'优化方法
                        bounds = [( - 4, 4), ( - 4, 4)], constraints = linConstraint)
print(opt.x, opt.fun)

constraint_1 = lambda x, A: x[0] * A[0] + x[1] * A[1] + 2        # 约束方程
constraint_2 = lambda x, A: - x[0] * A[0] - x[1] * A[1] + 3      # 约束方程
opt = optimize.minimize(fun = g, x0 = [ - 1, - 1], method = 'SLSQP', bounds = [( - 4, 4), ( - 4, 4)],
                                  # 'SLSQP'优化方法
                        constraints = [{'fun':constraint_1, 'type':'ineq', 'args':(A,)},
                                       {'fun':constraint_2, 'type':'ineq', 'args':(A,)}])
print(opt.x, opt.fun)
'''
运行结果如下:
[ - 1.31663934   - 0.63327869]   - 0.5835958058566738
[ - 1.31645222   - 0.63290443]   - 0.5835955504563385
'''
```

7.8.3　多变量全局最优差分进化法

差分进化法(differential evolution)是在遗传算法(genetic algorithm)的基础上提出的,是一种多变量全局最优算法。差分进化法模拟遗传学中的杂交(crossover)、变异(mutation)、复制(reproduction)来设计遗传算子。差分进化算法通过随机生成初始种群,以种群中每个个体的适应度值为选择标准,主要过程包括变异、交叉和选择三个步骤。差分进化算法变异向量由父代差分向量生成,并与父代个体向量交叉生成新个体向量,直接与父代个体进行选择。

SciPy 中调用差分进化法的方法是 differential_evolution(),其格式如下所示。

```
differential_evolution(func, bounds, args = (), strategy = 'best1bin', maxiter = 1000, popsize = 15,
    tol = 0.01, mutation = 0.5,1, recombination = 0.7, seed = None, callback = None, disp = False,
    polish = True, init = 'latinhypercube', atol = 0, updating = 'immediate', workers = 1,
    constraints = ())
```

differential_evolution()方法中各参数的类型和说明如表 7-33 所示。

表 7-33　differential_evolution()方法中各参数的类型和说明

参 数 名 称	取 值 类 型	说　　明
func	function	设置优化目标函数 g(x, * args),x 是一维数组,形状是(n,);args 是额外参数
bounds	sequence	设置变量 x 的取值范围,形状是(n,2)的数组、列表等
args	tuple	设置优化目标函数的额外参数的值
strategy	str	设置变异策略,可以取 'best1bin'、'best1exp'、'rand1exp'、'randtobest1exp'、'currenttobest1exp'、'best2exp'、'rand2exp'、'randtobest1bin'、'currenttobest1bin'、'best2bin'、'rand2bin'、'rand1bin'
maxiter	int	设置产生新种群中个体的最大数量
popsize	int	设置总人口数量的乘积数 popsize * len(x)
tol atol	float	设置判断是否收敛的相对误差和绝对误差,当 np.std(pop)≤atol + tol * np.abs(np.mean(population_energies))时,停止迭代
mutation	float、(float,float)	设置变异常数,取单个数时,取值范围在 0~2 之间;取元组时,交替使用元组中的两个数
recombination	float	设置重新组合常数,取值在 0~1 之间
seed	int	设置随机种子,还可以取随机生成器 RandomState 或 Generator 的实例
callback	function	在迭代过程中,可以输出其他函数的值,也可以是格式为 function(xk,convergence=val)的函数,其中 xk 是当前的 x 值,val 是人口收敛值百分比
disp	bool	设置是否输出目标函数每次迭代的值
polish	bool	取 True 时,用 L-BFGS-B 方法删除种群中最好的个体,如果有约束添加则用 trust-constr 方法删除种群中最好的个体,这样可以提高最优值的精度
init	str、array	设置种群初始类型,可以取 'latinhypercube' 或 'random',取数组时,其形状是(m,len(x)),m 为人口总数量

续表

参 数 名 称	取 值 类 型	说 明
updating	str	取'immediate'时可以连续不断地更新最优的求解方向；取'deferred'时，每产生一个新生代时才更新最优的求解方向
workers	int	将人口分解成几个组进行并行求解，如取-1表示使用计算的所有CPU内核进行求解
constraints	Constrain	设置约束函数，取值是NonLinearConstraint或LinearConstraint的实例

下面的代码用 differential_evolution() 方法计算函数 $z = 2\left(1 - \dfrac{x}{4} + x^5 + y^4\right)e^{-x^2 - y^2}$ 在约束条件 $-2 \leqslant 2x - y \leqslant 3$ 及 $-3 \leqslant x \leqslant 3$ 和 $-3 \leqslant y \leqslant 3$ 取值范围内的最小值。

```python
from scipy import optimize    # Demo7_66.py
import numpy as np

def g(x):              # 优化目标函数
    z = (1 - x[0]/4 + x[0]**5 + x[1]**4) * np.exp(-x[0]**2 - x[1]**2) * 2
    return z
A = np.array([2, -1])
linConstraint = optimize.LinearConstraint(A, lb=-2, ub=3)          # 线性约束方程
opt = optimize.differential_evolution(g, bounds=[(-3, 3), (-3, 3)], constraints=linConstraint, disp=True)
print(opt.x, opt.fun)
'''
运行结果如下，每次运行结果可能有差异.
differential_evolution step 1: f(x) = -0.000481791
differential_evolution step 2: f(x) = -0.000481791
differential_evolution step 3: f(x) = -0.242254
differential_evolution step 4: f(x) = -0.337652
differential_evolution step 5: f(x) = -0.337652
differential_evolution step 6: f(x) = -0.337652
differential_evolution step 7: f(x) = -0.380421
differential_evolution step 8: f(x) = -0.503131
differential_evolution step 9: f(x) = -0.533898
differential_evolution step 10: f(x) = -0.533898
differential_evolution step 11: f(x) = -0.533898
differential_evolution step 12: f(x) = -0.543172
differential_evolution step 13: f(x) = -0.572251
differential_evolution step 14: f(x) = -0.575331
differential_evolution step 15: f(x) = -0.578783
differential_evolution step 16: f(x) = -0.578783
differential_evolution step 17: f(x) = -0.579934
differential_evolution step 18: f(x) = -0.580438
differential_evolution step 19: f(x) = -0.582607
differential_evolution step 20: f(x) = -0.582981
[-1.31663928 -0.63327882] -0.5835955600965417
'''
```

7.8.4 多变量全局最优模拟退火法

模拟退火法是一种随机搜索算法,应用于集成电路、生产调度、控制工程、机器学习、神经网络、信号处理等领域。所谓退火是将金属加热到较高的温度,然后让其慢慢冷却的过程。金属加温时内部粒子随温度升高变为无序状,内能增大,而慢慢冷却时粒子渐趋有序,在每个温度都达到平衡态,最后在常温时达到稳态,内能减为最小。用模拟退火法进行优化时,将内能当作目标函数值,温度是控制参数。模拟退火法的基本思想是,在系统朝着能量减小变化过程中,偶尔允许系统跳到能量较高的状态,以避开局部极小值,最终达到全局最小值。在优化过程中每获得一个值,若该值为更优值,则完全采纳;若该值为劣值,以一定的概率采纳该值,也就是说可能丢弃,也可能采纳。因此模拟退火法在随机搜索过程中,当前的解时好时坏,呈现出一种不断波动的情况,但总体上又朝着最优的方向前进。

SciPy 中模拟退火法用 dual_annealing()方法,其格式如下所示。

```
dual_annealing(func, bounds, args = (), maxiter = 1000, local_search_options = {}, initial_
            temp = 5230.0, restart_temp_ratio = 2e - 05, visit = 2.62, accept = - 5.0,
            maxfun = 10000000.0, seed = None, no_local_search = False, callback = None, x0 = None)
```

dual_annealing()方法中各参数的类型和说明如表 7-34 所示。

表 7-34　dual_annealing()方法中各参数的类型和说明

参 数 名 称	取值类型	说　　　　明
func	function	设置优化目标函数 g(x，* args),x 是一维数组,形状是(n,);args 是额外参数
bounds	sequence	设置变量 x 的取值范围,形状是(n,2)的数组、列表等
args	tuple	设置优化目标函数的额外参数的值
maxiter	int	设置全局搜索的最大次数
local_search_options	dict	以字典形式设置优化方法中的一些参数值
initial_temp	float	设置初始温度,取值范围是 $0.01 \sim 5 \times 10^4$,高温可以避开局部最小值
restart_temp_ratio	float	在降温过程中,如果温度达到 initial_temp * restart_temp_ratio,则会重新加温
visit	float	设置访问分布模型的参数,取值范围是 $0 \sim 3$。值越大算法跳跃的距离越大
accept	float	设置接受分布模型的参数,取值范围是 $-1 \times 10^4 \sim -5$。值越小被接受的可能性越低
maxfun	int	设置目标函数被调用的最大次数
seed	int	设置随机生成器的种子
no_local_search	bool	如果取 False,则采用一般的模拟退火方法
callback	function	设置可以调用的函数,每次找到极小值时,调用该函数。函数格式是 callback(x, f, context),其中 x 和 f 是当前优化变量的值和目标函数的值;context 的值是 0、1 或 2,0 表示搜索到极小值,1 表示开始搜索极小值,2 表示搜索极小值结束
x0	array	设置优化变量的初始值,与 x 的形状相同

下面的代码用 dual_annealing() 方法计算函数 $z = 2\left(1 - \dfrac{x}{4} + x^5 + y^4\right)e^{-x^2-y^2}$ 在 $-3 \leqslant$ $x \leqslant 3$ 和 $-3 \leqslant y \leqslant 3$ 取值范围内的最小值。

```
from scipy import optimize  # Demo7_67.py
import numpy as np

def g(x):  # 优化目标函数
    z = (1 - x[0]/4 + x[0] ** 5 + x[1] ** 4) * np.exp( - x[0] ** 2 - x[1] ** 2) * 2
    return z

opt = optimize.dual_annealing(g, bounds = [( - 3,3),( - 3,3)], x0 = [1,1], seed = 123)
print(opt.x, opt.fun)
'''
运行结果如下:
[ - 1.66983640e + 00    - 8.76646822e - 09]    - 1.4230601478881244
'''
```

7.8.5 线性规划问题

线性规划(linear programming)是指优化目标函数和约束函数都是线性方程,这时数学模型可以写成下面的形式:

$$\min G = \boldsymbol{c}^{\mathrm{T}}\boldsymbol{x}$$
$$\mathrm{s.\ t.} \begin{cases} \boldsymbol{A}_{\mathrm{ub}}\boldsymbol{x} \leqslant \boldsymbol{b}_{\mathrm{ub}} \\ \boldsymbol{A}_{\mathrm{eq}}\boldsymbol{x} = \boldsymbol{b}_{\mathrm{eq}} \end{cases}$$
$$\boldsymbol{l} \leqslant \boldsymbol{x} \leqslant \boldsymbol{u}$$

其中,$\boldsymbol{x}$ 是未知量,$\boldsymbol{x}$、$\boldsymbol{c}$、$\boldsymbol{b}_{\mathrm{ub}}$、$\boldsymbol{b}_{\mathrm{eq}}$、$\boldsymbol{b}_{\mathrm{eq}}$、$\boldsymbol{l}$ 和 $\boldsymbol{u}$ 都是一维数组;$\boldsymbol{A}_{\mathrm{ub}}$ 和 $\boldsymbol{A}_{\mathrm{eq}}$ 是矩阵。

SciPy 中进行线性规划计算的方法是 linprog(),其格式如下所示。

```
linprog(c, A_ub = None, b_ub = None, A_eq = None, b_eq = None, bounds = None, method = 'interior - point',
        callback = None, options = None, x0 = None)
```

其中,method 可取 'highs-ds'、'highs-ipm'、'highs'、'interior-point'、'revised simplex' 或 'simplex';x0 设置 x 的初值,只适用于 'revised simplex' 方法;callback 设置回调函数,不适用于 'highs' 方法。

例如某设备厂生产甲、乙两种设备,每台利润分别是 500 元和 300 元。生产甲设备需用 A、B 两种机床加工,加工时间分别为每台 2.5 小时和 1.5 小时;生产乙设备需用 A、B、C 三种机床加工,加工时间分别为每台 0.5 小时、1.2 小时和 1 小时。由于工人原因,A、B 和 C 机床每周工作时间分别为 105 小时、90 小时和 100 小时,问该厂每周应生产甲、乙设备各多少台才能使总利润最大? 该问题是一个数学规划问题。设该厂每周生产甲、乙两种设备的数量分别为 x_1 和 x_2,则对应的数学模型如下所示。

$$\min G = -500x_1 - 300x_2$$

$$\text{s. t.} \begin{cases} 2.5x_1 + 0.5x_2 \leqslant 105 \\ 1.5x_1 + 1.2x_2 \leqslant 90 \\ x_2 \leqslant 100 \end{cases}$$

$$x_1 \geqslant 0, \quad x_2 \geqslant 0$$

下面的代码是对该问题的求解。

```python
from scipy import optimize    # Demo7_68.py
import numpy as np

c = np.array([-500, -300])
A_ub = np.array([[2.5,0.5],[1.5,1.2],[0,1]])
b_ub = np.array([105,90,100])
bounds = np.array([[0,np.inf],[0,np.inf]])
lp = optimize.linprog(c=c,A_ub=A_ub,b_ub=b_ub,bounds=bounds,method='interior-point')
print(lp.x, -lp.fun)
lp = optimize.linprog(c=c,A_ub=A_ub,b_ub=b_ub,bounds=bounds,method='revised simplex')
print(lp.x, -lp.fun)
'''
运行结果如下：
[35.99999977  29.99999981]  26999.999828934866
[36. 30.]  27000.0
'''
```

7.8.6 用最小二乘法解方程误差最小问题

用最小二乘法可以求解线性方程组和非线性方程组误差最小的解，这需要定义一个成本函数来作为优化目标。

1. 线性方程组误差值最小解

对于线性方阵组 $Ax = b$，其中 A 是形状为 (m, n) 的矩阵，x 和 b 是形状为 $(n,)$ 的数组，定义成本函数 $g(x) = 0.5 * \| Ax - b \|_1 ** 2$ 作为优化目标函数，求 x 的值使该函数的值最小。

SciPy 中用 lsq_linear() 方法求解线性方程组误差最小值问题，其格式如下所示。

```
lsq_linear(A, b, bounds = -inf,inf, method = 'trf', tol = 1e-10, lsq_solver = None, lsmr_tol = None,
        max_iter = None, verbose = 0)
```

其中，method 设置求最小值的方法，可取 'trf' 或 'bvls'，'trf'（trust tegion reflective）方法适合线性最小二乘法，'bvls'（bounded-variable least-squares）方法迭代次数与变量的个数相当，且不能用于 A 是稀疏矩阵的情况；tol 设置迭代误差，当两次迭代的差异小于该值时，停止迭代；lsq_solver 设置最小二乘法的求解方法，可取 None、'exact'、'lsmr'，exact 方法表示用 QR 或 SVD 分解方法求解线性方程组，不适合 A 是稀疏矩阵的情况，lsmr 方法表示用 lsmr() 方法求解线性方程组；lsmr_tol 设置 lsmr() 方法的 'atol' 和 'btol' 的值，可以取 None、float 或 'auto'，取 Nonc 时表示值是 1e2 × tol，取 'auto' 时表示根据当前的迭代状态来确定；

verbose 设置是否输出迭代信息,值取 0 时没有信息输出,值取 1 时给在最终的报告,值取 2 时给出迭代进度。

另外 SciPy 中还提供了 nnls(A,b,maxiter＝None)方法求解线性方程组,这里的优化目标函数是 g(x)＝∥Ax－b∥$_2$,x≥0,maxiter 是最大迭代次数,默认值是 3 * A. shape[1]。

```
from scipy import optimize    # Demo7_69.py
import numpy as np

A = np. array([[1, -4, -5,2,5],[2, -6, -4,5,2],[3, -5, -6, -9, -3],[3, -4, -7, -2, -1]])
b = np. array([1, -2, -3, -4])
res = optimize. lsq_linear(A,b,bounds = [[ -10, -3, -4, -11, -7],[20,9,7,11,20]],verbose = 1)
print(res. x)
print(res. fun, res. cost)
res = optimize. nnls(A,b,100)
print(res[0],res[1])           #输出 x 和 2 范数
'''
运行结果如下:
The unconstrained solution is optimal.
Final cost 5.0290e - 30, first - order optimality 3.11e - 14
[ - 0.34627233   - 0.05588406   0.4287959    - 0.29387198   0.77089191]
[4.44089210e - 16   2.22044605e - 15   1.77635684e - 15   1.33226763e - 15]   5.02898827078395e - 30
[0.    0.23956122 0.22576079 0.    0.485138 ]   1.6741868556831976
'''
```

2. 非线性方程组误差值最小解

对于非线性误差方程 $f(x)$,定义成本函数 g(x)＝0.5 * sum(rho(f(x) ** 2))(lb≤x≤ub)作为优化目标,其中 $f(x)$ 的返回值是非线性方程组的误差向量,rho() 函数的作用是为了减少异常值对结果的影响。

非线性方程组误差值最小解用 least_squares()方法计算,其格式如下所示。

```
least_squares(fun, x0, jac = '2 - point', bounds = - inf,inf, method = 'trf', ftol = 1e - 08,
              xtol = 1e - 08, gtol = 1e - 08,loss = 'linear', jac_sparsity = None, verbose = 0,
              args = (), * kwargs = {})
```

其中,fun 指定误差方程 f(x);x0 是 x 的初始值;jac 设置计算雅可比矩阵的方法,可以取 '2-point'、'3-point'、'cs'或可以调用的函数;rho(z)＝arctan(z)设置雅可比稀疏矩阵的结构,可以取稀疏矩阵、数组或 None;bounds 指定 x 的取值范围;method 设置计算最小值的优化方法,可取 'trf'、'dogbox' 或 'lm','trf'适合大部分情况,'dogbox'适合小规模没有取值限制的情况,'lm'方法不适合稀疏矩阵和有取值限制的情况;loss 用于确定 rho() 函数,可以取 'linear'、'soft_l1'、'huber'、'cauchy'或 'arctan',分别表示的 rho 函数为 rho(z)＝z,rho(z)＝2 * ((1+z) ** 0.5－1),rho(z)＝z if z<＝1 else 2 * z ** 0.5－1,rho(z)＝ln(1+z) 和 rho(z)＝arctan(z),也可取自定义的函数;ftol、xtol 和 gtol 设置停止迭代的误差,分别表示成本函数的误差、变量 x 的误差和梯度范数的误差;args 和 kwargs 是传递给 f(x)和 jac 函数的额外参数。

下面的代码计算方程组 $\sin(x)e^{-x^2 y^2}=0.2$,$\cos(x)e^{-x^2-y^2}=0.1$ 和 $(\sin x +\cos x)\cdot$

$e^{-x^2-y^2}=0.15$ 的解。

```
from scipy import optimize    # Demo7_70.py
import numpy as np

def nonLinear(x,b):
    z1 = np.sin(x[0]) * np.exp(-x[0] ** 2 - x[1] ** 2)
    z2 = np.cos(x[0]) * np.exp(-x[0] ** 2 - x[1] ** 2)
    z3 = (np.sin(x[0]) + np.cos(x[0])) * np.exp(-x[0] ** 2 - x[1] ** 2)
    return [z1 - b[0],z2 - b[1],z3 - b[2]]
b = (0.2,0.1,0.15)                    # 函数目标值
res = optimize.least_squares(nonLinear,x0=[0,0],bounds=[[-2,-2],[2,2]],args=(b,))
print(res.x)                    # 输出方程的解
print(res.cost)                 # 输出优化目标函数的值
print(res.fun)                  # 输出 f(x,b)函数的值
'''
运行结果如下：
[1.24904577  0.53322076]
0.0037500000000000016
[-0.05  -0.05  0.05]
'''
```

7.8.7　曲线拟合

在已知一组数据 xdata 和 ydata 的情况下，用非线性函数 f(x, * p)来逼近 ydata 的值，其中 p 是待确定的参数，使得 g(p)= f(xdata, * p)−ydata 的值最小，该计算可以用非线性最小二乘法来得到 p 的值。

非线性函数的拟合用 curve_fit()方法实现，其格式如下所示。

curve_fit(f, xdata, ydata, p0 = None, sigma = None, absolute_sigma = False, check_finite = True, bounds = - inf, inf, method = None, jac = None, ** kwargs)

其中，f 指定非线性函数 f(x, * p)；xdata 和 ydata 是已知数据，xdata 可以是一维数组，也可是二维数组，ydata 的形状与 xdata 的形状相同；p0 是 p 的初始值；sigma 可取 None、一维数组或二维数组，取一维数组时，sigma 可以理解成是 ydata 的标准差，这时取 chisq=sum((g(p)/sigma) ** 2)作为优化目标，取二维数组时，sigma 可以理解成是 ydata 的协方差，这时取 chisq = g(p).T @ inv(sigma) @ r 作为优化目标，sigma 取 None 时，表示元素值全部是 1 的一维数组；absolute_sigma 如果取 True，则 sigma 的值取绝对值；check_finite 设置是否检查已知数据有 NaN 或 inf 数据；bounds 设置未知参数 p 的取值范围；method 可以取 'trf'、'dogbox' 或 'lm'；jac 设置计算雅可比矩阵的方法，可以取 '2-point'、'3-point'、'cs' 或可以调用的函数；kwargs 是传递给 least_squares()方法的其他参数。curve_fit()方法的返回值是 p 和 p 的协方差。

下面的程序先利用函数 $f=\sin(x+a)e^{-x^2+b}$ 和干扰信号创建 ydata，然后用 ydata 计算 a 和 b，用计算的 a 和 b 得到 ydata_new。程序运行结果如图 7-16 所示。

```
from scipy import optimize    # Demo7_71.py
import numpy as np
import matplotlib.pyplot as plt

f = lambda x,a,b: np.sin(x + a) * np.exp(-x ** 2 + b)

xdata = np.linspace(0, 5, 51)
np.random.seed(1234)
ydata = f(xdata, 1.5, 0.2) + 0.3 * np.random.normal(size = xdata.size)
p, pcov = optimize.curve_fit(f, xdata, ydata)
print('a = ', p[0], 'b = ', p[1])              # 输出参数 a 和 b

xdata_new = np.linspace(0, 5, 30)
ydata_new = f(xdata_new, p[0], p[1])

plt.plot(xdata, ydata, label = 'Original Curve')
plt.plot(xdata_new, ydata_new, 'b--', label = 'Fitted Curve')
plt.legend()
plt.show()
'''
运行结果如下:
a = 1.559668877294659 b = 0.23119518797691213
'''
```

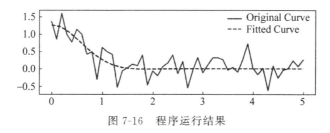

图 7-16   程序运行结果

7.8.8　求方程的根

利用优化方法可以求方程 f(x, args)=0 的根的近似解,如果 x 是单变量,可以用 root_scalar()方法求解;如果 x 是多变量,可以用 root()方法求解。

1. 单变量方程的根

单变量方程的根用 root_scalar()方法求解,其格式如下所示。

```
root_scalar(f, args = (), method = None, bracket = None, fprime = None, fprime2 = None, x0 = None,
            x1 = None, xtol = None, rtol = None, maxiter = None, options = None)
```

root_scalar()方法中各参数的类型及说明如表 7-35 所示。

表 7-35   root_scalar()方法中各参数的类型及说明

参数名称	取值类型	说　　明
f	function	设置需要求根的函数 f(x, * args),x 是单变量,args 是额外的参数
args	tuple	设置求根函数 f(x, * args)中的额外参数

续表

参 数 名 称	取 值 类 型	说　　明
method	str	设置求解方法,可以取'bisect'、'brentq'、'brenth'、'ridder'、'toms748'、'newton'、'secant'或'halley'
bracket	sequence	由 2 个 float 构成的序列,例如(a,b),满足 f(a) * f(b)<0,仅适用于'bisect'、'brentq'、'brenth'、'ridder'和'toms748'方法
fprime	bool、function	fprime＝True 时,f(x, * args)的第 1 个返回值是函数本身值,第 2 个返回值是函数的一阶导数;fprime＝False 时,通过数值计算获得一阶导数。fprime 参数也可以指向返回一阶导数的函数。计算一阶导数的函数的参数与 f(x, * args)函数的参数相同,仅适用于'newton'和'halley'方法
fprime2	bool、function	fprime＝True 时,f(x, * args)的第 2 个和第 3 个返回值是函数的一阶导数和二阶导数,也可以用 fprime2 参数指向返回二阶导数的函数。计算二阶导数的函数的参数与 f(x, * args)函数的参数相同,仅适用于'halley'方法
x0 x1	float	设置 x 的两个猜测值
xtol rtol	float	设置 x 的绝对误差值和相对误差值
maxiter	int	设置最大迭代次数
options	dict	设置求解器的其他参数,例如'maxiter'设置最大迭代次数,'disp'设置是否输出收敛信息。不同求解器有不同的参数,可以用 show_options(solver＝None, method＝None, disp＝True)方法查询可以设置的参数,其中 solver 可取'minimize_scalar'、'minimize'、'root_scalar'、'root'、'linprog'或'quadratic_assignment'。method 如果没有指定具体的优化方法,则输出所有优化方法的参数

在 method 设置的方法中,'bisect'、'brentq'、'brenth'、'ridder'和'toms748'方法只能求解实数根,结果能保证收敛,需要 bracket 参数,不需要设置 fprime 和 fprime2 参数;而'newton'、'secant'和'halley'方法可以求实数和复数根,不能保证结果收敛,不需要 bracket 参数,其中'newton'方法需要设置 fprime 参数,不需要设置 fprime2 参数,'secant'方法不需要设置 fprime 和 fprime2 参数,而'halley'方法需要设置 fprime 和 fprime2 参数。

root_scalar()方法的返回值是 RootResults 类的对象,RootResults 对象的属性如表 7-36 所示。

表 7-36　RootResults 对象的属性

属 性 名 称	类　　型	说　　明
root	float	方程的根
iterations	int	迭代次数
function_calls	int	函数被调用的次数
converged	bool	迭代是否收敛(满足误差要求)
flag	str	迭代终止的信息

下面的代码用不同的方法计算 $x^4+ax^3+b\sin(x)+c=0$ 的根,其中 $a=-5, b=2, c=1$。

```
from scipy import optimize    # Demo7_72.py
import numpy as np

def f(x,a,b,c):
    y = x ** 4 + a * x ** 3 + b * np.sin(x) + c          # 方程表达式
    dy = 4 * x ** 3 + 3 * a * x ** 2 + b * np.cos(x)     # 一阶导数
    ddy = 12 * x ** 2 + 6 * a * x - b * np.sin(x)        # 二阶导数
    return y,dy,ddy              # 返回方程表达式的值、一阶导数和二阶导数
def g(x,a,b,c):
    y = x ** 4 + a * x ** 3 + b * np.sin(x) + c          # 方程表达式
    return y
def dg(x,a,b,c):
    dy = 4 * x ** 3 + 3 * a * x ** 2 + b * np.cos(x)     # 一阶导数
    return dy
def ddg(x,a,b,c):
    ddy = 12 * x ** 2 + 6 * a * x - b * np.sin(x)        # 二阶导数
    return ddy
a = - 5;b = 2;c = 1

sol = optimize.root_scalar(f, method = 'halley',args = (a,b,c),fprime = True,fprime2 = True,
x0 = - 1)
print(sol.root,g(sol.root,a,b,c))        # 输出方程的根,将解代入原方程,输出函数表达式的值

sol = optimize.root_scalar(g, method = 'newton',args = (a,b,c),fprime = dg,x0 = - 1)
print(sol.root,g(sol.root,a,b,c))        # 输出方程的根,将解代入原方程,输出函数表达式的值

sol = optimize.root_scalar(g, method = 'brenth',args = (a,b,c),bracket = [0,4])
print(sol.root,f(sol.root,a,b,c)[0])    # 输出方程的根,将解代入原方程,输出函数表达式的值

sol = optimize.root_scalar(g, method = 'toms748',args = (a,b,c),bracket = [4,8])
print(sol.root,f(sol.root,a,b,c)[0])    # 输出方程的根,将解代入原方程,输出函数表达式的值
'''
运行结果如下:
0.8434210540259978   2.220446049250313e - 16
5.007277528905346    - 7.327471962526033e - 14
0.8434210540259973   3.1086244689504383e - 15
5.007277528905346    - 7.327471962526033e - 14
'''
```

2. 多变量方程的根

多变量方程的根用 root()方法求解,其格式如下所示。

root(fun, x0, args = (), method = 'hybr', jac = None, tol = None, callback = None, options = None)

其中,method 设置求解方法,可取 'hybr '、'lm '、'broyden1 '、'broyden2 '、'anderson '、'linearmixing'、'diagbroyden'、'excitingmixing'、'krylov'或'df-sane'; jac 取 True 时表示 f(x, args)的返回值中有雅可比值,取 False 时通过数值计算得到雅可比值,jac 也可以指向一个函数,返回值是雅可比矩阵; callback 设置每次迭代计算时,可以同时计算其他函数

callback(x,f),参数 f 指残差。root()方法的返回值是 OptimizeResult 类的对象。

下面的代码用不同的方法求解满足方程 $x^4 + ay^3 + b\sin(y) + c = 0$ 和 $axy + b\cos(y) = 0$ 的根,其中 $a = -5, b = 2, c = 1$。

```python
from scipy import optimize    # Demo7_73.py
import numpy as np

def f(x,a,b,c):
    y1 = x[0] ** 4 + a * x[1] ** 3 + b * np.sin(x[1]) + c      # 方程 1 表达式
    y2 = a * x[0] * x[1] + b * np.cos(x[1])                    # 方程 2 表达式
    return [y1,y2]
def jac(x,a,b,c):                                             # 雅可比矩阵
    return [[4 * x[0] ** 3, 3 * a * x[1] ** 2 + b * np.cos(x[1])],
            [a * x[1], a * x[0] - b * np.sin(x[1])]]

a = -5; b = 2; c = 1
sol = optimize.root(f, x0 = [1,1], method = 'hybr', args = (a,b,c))
print(sol.x, f(sol.x,a,b,c))        # 输出方程的根,将解代入原方程,输出函数表达式的值
sol = optimize.root(f, x0 = [1,1], method = 'anderson', args = (a,b,c))
print(sol.x, f(sol.x,a,b,c))        # 输出方程的根,将解代入原方程,输出函数表达式的值
sol = optimize.root(f, x0 = [1,1], method = 'lm', args = (a,b,c), jac = jac)
print(sol.x, f(sol.x,a,b,c))        # 输出方程的根,将解代入原方程,输出函数表达式的值
'''
运行结果如下:
[0.359241    0.78648108] [-9.08162434143378e-14, -8.659739592076221e-15]
[0.35924076  0.78648148] [-3.2073187861136887e-06, -3.3027399481966313e-07]
[0.359241    0.78648108] [-2.220446049250313e-16, 0.0]
'''
```

另外可以用 fixed_point()方法计算 f(x)=x 的根,其格式如下所示,其中 x 可以是单变量,也可以是多变量;x0 是初始估计值;method 可取 'del2' 或 'iteration'。fixed_point()方法的返回值是数组。

fixed_point(func, x0, args = (), xtol = 1e-08, maxiter = 500, method = 'del2')

```python
from scipy import optimize    # Demo7_74.py
import numpy as np
def f(x, c1, c2):
    return np.exp(c1/(x + c2))
c1 = np.array([8,11.])
c2 = np.array([4, 9.])
root = optimize.fixed_point(f, [2, 2], args = (c1,c2))
print(root)                # 输出根
print(f(root,c1,c2))       # 输出方程的值
'''
运行结果如下:
[3.09037017 2.58452684]
[3.09037017 2.58452684]
'''
```

7.9　傅里叶变换

在 5.7 节中已经介绍了有关傅里叶变换的公式和方法，SciPy 中也提供了同样的进行傅里叶变换和逆变换的方法。另外，SciPy 还提供了离散正弦变换和离散余弦变换。

7.9.1　离散傅里叶变换

SciPy 中进行离散傅里叶变换和逆变换函数的格式和说明如表 7-37 所示。下面以一维离散傅里叶变换函数 fft() 为例说明一下各参数的意义，其他类型的傅里叶变换和逆变换的参数意义相同。fft() 函数的格式如下所示。

fft(x, n = None, axis = - 1, norm = None, overwrite_x = False, workers = None)

其中，x 是一维数组或多维数组，如果是多维数组，则由 axis 参数指定沿着哪个轴进行变换，x 可以是实数，也可以是复数；n 是参与计算的数据的个数，如果 n 小于 x 中参与计算的数据的个数，则取前 n 个数据参与计算，如果 n 大于 x 中参与计算的数据的个数，则不足的数据补 0；norm 设置归一化模式，取 'backward'（默认值）时，正变换没有影响，逆变换乘以 $1/n$，取 'forward' 时，正变换乘以 $1/n$，逆变换没有影响，取 'ortho' 时，正变换和逆变换都乘以 $1/\sqrt{n}$；overwrite_x 设置 x 所占用的内存能否被其他数据使用；workers 设置最大并行计算数。fft() 函数的返回值是复数数组。

表 7-37　离散傅里叶变换和逆变换函数的格式和说明

傅里叶变换及逆变换函数的格式	说　　明
fft(x，n = None，axis = − 1，[，norm，overwrite_x，workers])	一维离散傅里叶变换，x 是一维数组或多维数组，如果是多维数组，则由 axis 参数指定沿着哪个轴进行变换。x 可以是实数，也可以是复数
ifft(x，n = None，axis = − 1[，norm，overwrite_x，workers])	fft() 变换的逆变换
fft2(x，s = None，axes = − 2，− 1[，norm，overwrite_x，workers])	二维离散傅里叶变换。x 是二维数组或多维数组，若是多维数组用 axes 指定沿着哪两个轴进行变换，默认是最后两个轴，x 可以是实数，也可以是复数；s 指定这两个轴上每个轴的数据个数，数据个数小于 x 数据的个数时会截取指定的数据量，大于 x 数据的个数时会补充 0。函数的返回值是复数数组
ifft2(x，s = None，axes = − 2，− 1[，norm，overwrite_x，workers])	fft2() 变换的逆变换
fftn(x，s = None，axes = None[，norm，overwrite_x，workers])	n 维离散傅里叶变换，x 可以是实数，也可以是复数；函数的返回值是复数数组
ifftn(x，s = None，axes = None[，norm，overwrite_x，workers])	fftn() 变换的逆变换
rfft(x，n = None，axis = − 1，norm = None，overwrite_x = False，workers = None)	一维离散傅里叶变换，x 只能取实数。函数的返回值是复数数组

续表

傅里叶变换及逆变换函数的格式	说　明
irfft(x, n = None, axis = −1[, norm, overwrite_x, workers])	rfft()变换的逆变换
rfft2(x, s = None, axes = −2, −1[, norm, overwrite_x, workers])	二维离散傅里叶变换，x只能取实数。函数的返回值是复数数组
irfft2(x, s = None, axes = −2, −1[, norm, overwrite_x, workers])	rfft2()变换的逆变换
rfftn(x, s = None, axes = None[, norm, overwrite_x, workers])	n维离散傅里叶变换，x只能取实数。函数的返回值是复数数组
irfftn(x, s = None, axes = None[, norm, overwrite_x, workers])	rfftn()变换的逆变换
hfft(x, n = None, axis = −1[, norm, overwrite_x, workers])	一维离散傅里叶变换，x取值是 Hermitian 对称的实数或复数，即 $x[i] = np.conj(x[−i])$。函数的返回值是实数数组
ihfft(x, n = None, axis = −1[, norm, overwrite_x, workers])	hfft()变换的逆变换
hfft2(x, s = None, axes = −2, −1[, norm, overwrite_x, workers])	二维离散傅里叶变换，x取值是 Hermitian 对称的实数或复数，即 $x[i,j] = np.conj(x[−i,−j])$。函数的返回值是实数数组
ihfft2(x, s = None, axes = −2, −1[, norm, overwrite_x, workers])	hfft2()变换的逆变换
hfftn(x, s = None, axes = None[, norm, overwrite_x, workers])	n维离散傅里叶变换，x取值是 Hermitian 对称的实数或复数，即 $x[i,j,k,\dots] = np.conj(x[−i,−j,−k,\dots])$。函数的返回值是实数数组
ihfftn(x, s = None, axes = None[, norm, overwrite_x, workers])	hfftn()变换的逆变换

下面的代码计算一维离散信号和二维离散信号的傅里叶变换，并验证逆变换与原数据是否相等。程序运行结果如图 7-17 所示。

```python
from scipy import fft    # Demo7_75.py
import numpy as np
import matplotlib.pyplot as plt

time = np.linspace(0, 2 * np.pi, num = 300, endpoint = False)
x = np.sin(time + 1) * np.cos(3 * time) + np.sin(20 * time) * 0.5 + +np.cos(40 * time) * 0.5
                              # 离散数据
y = x.reshape(3, 100)

response_1 = fft.fft(x, n = 100)          # 一维离散傅里叶变换
response_2 = fft.rfft(x, n = 100)         # 一维实数离散傅里叶变换
response_3 = fft.fft2(y)                  # 二维离散傅里叶变换
response_4 = fft.rfft2(y)                 # 二维实数离散傅里叶变换
```

```
    plt.subplot(1,2,1)
    plt.plot(np.abs(response_1));plt.plot(np.abs(response_2))
    plt.title('1D FFT')
    plt.subplot(1,2,2)
    plt.plot(np.abs(response_3[0,:]))
    plt.plot(np.abs(response_3[1,:]))
    plt.plot(np.abs(response_3[2,:]))
    plt.title('2D FFT')
    plt.show()

    print(np.allclose(x[0:100],fft.ifft(response_1)))      # 验证逆变换与原数据是否相等
    print(np.allclose(x[0:100],fft.irfft(response_2)))     # 验证逆变换与原数据是否相等
    print(np.allclose(y,fft.ifft2(response_3)))            # 验证逆变换与原数据是否相等
    print(np.allclose(y,fft.irfft2(response_4)))           # 验证逆变换与原数据是否相等
    '''
    运行结果如下：
    True
    True
    True
    True
    '''
```

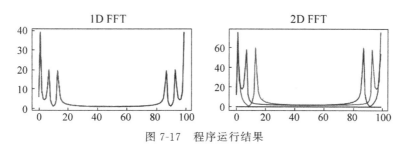

图 7-17　程序运行结果

7.9.2　傅里叶变换的辅助工具

SciPy 中提供了傅里叶变换对应的频率值的函数和对频率值进行调整的函数，这些函数的格式和说明如表 7-38 所示。

表 7-38　傅里叶变换对应的频率值的函数和对频率值进行调整的函数

辅助函数的格式	说　　明
fftfreq(n, d=1.0)	计算 fft()函数返回值对应的频率值，n 是傅里叶变换中使用的数据的个数，d 是两个数据点之间的时间间隔。当 n 是偶数时，函数的返回值是 $[0,1,\ldots,n/2-1,-n/2,\ldots,-1]/(d*n)$；当 n 是奇数时，函数的返回值是 $[0,1,\ldots,(n-1)/2,-(n-1)/2,\ldots,-1]/(d*n)$
rfftfreq(n, d=1.0)	计算 rfft()函数返回值对应的频率值，当 n 是偶数时，函数的返回值是 $[0,1,\ldots,n/2-1,n/2]/(d*n)$；当 n 是奇数时，函数的返回值是 $[0,1,\ldots,(n-1)/2-1,(n-1)/2]/(d*n)$

续表

辅助函数的格式	说　　明
fftshift(x, axes＝None)	可以将 fftfreq()函数输出的频率按照从小到大的顺序重新排列,0 值在中间位置,返回重新排序后的频率
ifftshift(x, axes＝None)	fftshift()函数的逆运算

下面的程序对一个离散数据进行傅里叶变换,并用 fftfreq()方法计算对应的频率,将频率和响应用 fftshift()函数进行移动,最后绘制幅值响应。程序运行结果如图 7-18 所示。

```python
from scipy import fft    # Demo7_76.py
import numpy as np
import matplotlib.pyplot as plt

time = np.linspace(0, 2 * np.pi, num = 100, endpoint = False)
x = np.sin(time + 1) * np.cos(3 * time) + np.sin(20 * time) * 0.5++np.cos(40 * time) * 0.5
                                                # 离散数据

response = fft.fft(x)                           # 一维离散傅里叶变换
frequency = fft.fftfreq(n = len(time), d = time[1])   # 傅里叶变换的频率

frequency_shift = fft.fftshift(frequency)       # 频率移动
response_shift = fft.fftshift(response)          # 响应移动

plt.plot(frequency_shift, np.abs(response_shift))
plt.xlabel('Frequency(Hz)')
plt.ylabel('Amplitude')
plt.show()
```

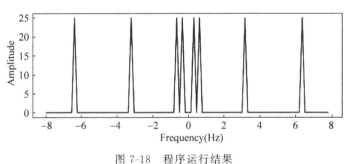

图 7-18　程序运行结果

7.9.3　离散余弦和正弦变换

离散傅里叶变换由实数部分和虚数部分构成,实数部分为 $\mathrm{Re}(k) = \sum_{n=0}^{N-1} x_n \cos\left(\dfrac{2\pi kn}{N}\right)$,虚数部分为 $\mathrm{Im}(k) = -\sum_{n=0}^{N-1} x_n \sin\left(\dfrac{2\pi kn}{N}\right)$。当 x_n 是实偶函数时,傅里叶变换的虚部全为 0;当 x_n 是实奇函数时,傅里叶变换的实部全为 0。这时只需写出傅里叶变换的实部或虚部即

可,这就是离散余弦变换(discrete cosine transform,DCT)和离散正弦变换(discrete sine transform,DST)。

离散余弦变换和离散正弦变换有多种定义方式,又可分为 I 型、II 型、III 型和 IV 型。一维离散余弦和离散正弦变换公式分别定义如下。

DCT-I: $\quad y_k = x_0 + (-1)^k x_{N-1} + 2 \sum_{n=1}^{N-2} x_n \cos\left(\frac{\pi k n}{N-1}\right)$

DCT-II: $\quad y_k = 2 \sum_{n=0}^{N-1} x_n \cos\left[\frac{\pi k (2n+1)}{2N}\right]$

DCT-III: $\quad y_k = x_0 + 2 \sum_{n=1}^{N-1} x_n \cos\left[\frac{\pi (2k+1) n}{2N}\right]$

DCT-IV: $\quad y_k = 2 \sum_{n=0}^{N-1} x_n \cos\left[\frac{\pi (2k+1)(2n+1)}{4N}\right]$

DST-I: $\quad y_k = 2 \sum_{n=0}^{N-1} x_n \sin\left[\frac{\pi (k+1)(n+1)}{N+1}\right]$

DST-II: $\quad y_k = 2 \sum_{n=0}^{N-1} x_n \sin\left[\frac{\pi (k+1)(2n+1)}{2N}\right]$

DST-III: $\quad y_k = (-1)^k x_{N-1} + 2 \sum_{n=0}^{N-2} x_n \sin\left[\frac{\pi (2k+1)(n+1)}{2N}\right]$

DST-IV: $\quad y_k = 2 \sum_{n=0}^{N-1} x_n \sin\left[\frac{\pi (2k+1)(2n+1)}{4N}\right]$

一维离散余弦变换用 dct() 函数,其格式如下所示。

```
dct(x, type = 2, n = None, axis = -1, norm = None, overwrite_x = False, workers = None)
```

其中,x 是一维数组或多维数组,如果是多维数组,则由 axis 参数指定沿着哪个轴进行变换;type 设置变换的类型,可以取 1、2、3、4;n 是参与计算的数据的个数,如果 n 小于 x 中参与计算的数据的个数,则取前 n 个数据参与计算,如果 n 大于 x 中参与计算的数据的个数,则不足的数据补 0;norm 设置归一化模式,取 'backward'(默认值)时,正变换没有影响,逆变换乘以 $1/N$,取 'forward' 时,正变换乘以 $1/N$,逆变换没有影响,取 'ortho' 时,正变换和逆变换都乘以 $1/\sqrt{N}$,单对于 DCT-II 型变换,乘积系数是 $1/\sqrt{4N}$($k=0$ 时)和 $1/\sqrt{2N}$(其他 k 值);overwrite_x 设置 x 所占用的内存能否被其他数据使用;workers 设置最大并行计算数。

其他离散余弦变换函数、离散正弦变换函数及逆变换函数如表 7-39 所示。

表 7-39　离散余弦、离散正弦变换函数及逆变换函数

离散余弦、离散正弦变换函数及逆变换函数	说　明
dct(x, type = 2, n = None, axis = -1, norm = None, overwrite_x = False, workers = None)	一维离散余弦变换
idct(x, type = 2, n = None, axis = -1, norm = None, overwrite_x = False, workers = None)	dct() 变换的逆变换
dctn(x, type = 2, s = None, axes = None, norm = None, overwrite_x = False, workers = None)	多维离散余弦变换

离散余弦、离散正弦变换函数及逆变换函数	说　明
idctn(x, type = 2, s = None, axes = None, norm = None, overwrite_x = False, workers = None)	dctn()变换的逆变换
dst(x, type = 2, n = None, axis = −1, norm = None, overwrite_x = False, workers = None)	一维离散正弦变换
idst(x, type = 2, n = None, axis = −1, norm = None, overwrite_x = False, workers = None)	dst()变换的逆变换
dstn(x, type = 2, s = None, axes = None, norm = None, overwrite_x = False, workers = None)	多维离散正弦变换
idstn(x, type = 2, s = None, axes = None, norm = None, overwrite_x = False, workers = None)	dstn()变换的逆变换

　　下面的代码将一维离散数据和二维离散数据分别进行余弦变换和正弦变换,并验证逆变换与原数据是否相等。程序运行结果如图 7-19 所示。

```python
from scipy import fft    # Demo7_77.py
import numpy as np
import matplotlib.pyplot as plt

time = np.linspace(0, 2 * np.pi, num = 300, endpoint = False)
x = np.sin(time + 1) * np.cos(3 * time) + np.sin(20 * time) * 0.5++np.cos(40 * time) * 0.5
                                        # 离散数据
y = x.reshape(3, 100)

dct_1 = fft.dct(x, n = 100)              # 一维离散余弦变换
dst_1 = fft.dst(x, n = 100)              # 一维离散正弦变换
dct_2 = fft.dctn(y, type = 3)            # 二维离散余弦变换
dst_2 = fft.dstn(y, type = 3)            # 二维离散正弦变换

plt.subplot(1, 3, 1)
plt.plot(dct_1); plt.plot(dst_1)
plt.xlim(0, 50)
plt.title('1D DCT and DST')
plt.subplot(1, 3, 2)
plt.plot(dct_2[0, :]); plt.plot(dct_2[1, :]); plt.plot(dct_2[2, :])
plt.xlim(0, 50)
plt.title('2D DCT')
plt.subplot(1, 3, 3)
plt.plot(dst_2[0, :]); plt.plot(dst_2[1, :]); plt.plot(dst_2[2, :])
plt.xlim(0, 50)
plt.title('2D DST')
plt.show()
print(np.allclose(x[0:100], fft.idct(dct_1)))        # 验证逆变换与原数据是否相等
print(np.allclose(x[0:100], fft.idst(dst_1)))        # 验证逆变换与原数据是否相等
print(np.allclose(y, fft.idctn(dct_2, type = 3)))    # 验证逆变换与原数据是否相等
print(np.allclose(y, fft.idstn(dst_2, type = 3)))    # 验证逆变换与原数据是否相等
```

```
'''
运行结果如下:
True
True
True
True
'''
```

图 7-19　程序运行结果

7.9.4　窗函数

在进行离散傅里叶变换时,通常需要用窗函数对原数据进行加权处理,有关窗函数的概念可以参见 5.7.3 节的内容。SciPy 提供了多种窗函数可供选择,这些窗函数的格式如表 7-40 所示。这些窗函数在 signal.windows 模块下,通过函数名可知窗函数的名称,其中 M 表示窗函数数据点的个数。sym＝True 时创建的窗函数是对称的,sym＝False 时是非对称的,用于一些特殊目的。需要说明的是,tukey()窗函数的 alpha 设置两侧的余弦曲线所占区域的比值,alpha＝0 表示矩形窗,alpha＝1 表示汉宁窗(hann())。exponetial()窗的函数表达式是 $w(n)＝\mathrm{e}^{-|n-\text{center}|/\tau}$;general_gaussian()窗的函数表达式是 $w(n)＝\mathrm{e}^{-\frac{1}{2}\left|\frac{n}{\sigma}\right|^{2p}}$,$p＝1$ 时是高斯窗(gaussian()),$p＝0.5$ 时是拉普拉斯分布。general_cosine(M, a,sym＝True)方法中参数 a 是权重数组,取正值。

表 7-40　窗函数的格式

窗函数格式	窗函数格式	窗函数格式
barthann(M,sym＝True)	cosine(M,sym＝True)	blackmanharris(M,sym＝True)
bartlett(M,sym＝True)	flattop(M,sym＝True)	kaiser(M,beta,sym＝True)
blackman(M,sym＝True)	gaussian(M,std,sym＝True)	general_cosine(M,a,sym＝True)
hann(M,sym＝True)	nuttall(M,sym＝True)	general_gaussian(M,p,sig,sym＝True)
bohman(M,sym＝True)	parzen(M,sym＝True)	general_hamming(M,alpha,sym＝True)
boxcar(M,sym＝True)	triang(M,sym＝True)	tukey(M,alpha＝0.5,sym＝True)
chebwin(M,at,sym＝True)	hamming(M,sym＝True)	exponential(M,center＝None,tau＝1.0, sym＝True)

下面的代码绘制 exponential()窗函数的形状和其傅里叶变换的频率响应,程序运行结果如图 7-20 所示。也可以绘制其他窗口的形状和频率响应。

```python
import numpy as np    # Demo7_78.py
from scipy import signal
from scipy import fft
import matplotlib.pyplot as plt

M = 51
w_tukey = signal.windows.tukey(M, alpha = 0.4, sym = True)

A = fft.fft(w_tukey, 2048) / (len(w_tukey)/2.0)
freq = np.linspace( - 0.5, 0.5, len(A))
response = 20 * np.log10(np.abs(fft.fftshift(A / abs(A).max())))

plt.subplot(121)
plt.plot(w_tukey)
plt.ylabel("Amplitude")
plt.xlabel("Sample")
plt.title('Tukey Window')
plt.subplot(122)
plt.plot(freq, response)
plt.axis([ - 0.5, 0.5, - 120, 0])
plt.title("Frequency response of the Tukey Window")
plt.ylabel("Normalized magnitude [dB]")
plt.xlabel("Normalized frequency [cycles per sample]")
plt.show()
```

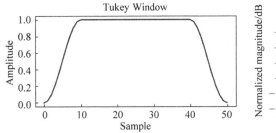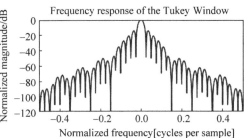

图 7-20　程序运行结果

7.9.5　短时傅里叶变换

　　傅里叶变换有一个假设,那就是信号是平稳的,即信号的统计特性不随时间变化。但实际中大部分信号不是平稳的,例如人说话的声音信号就不是平稳信号,在很短的一段时间内,出现很多信号后又立即消失。如果将这种信号全部进行傅里叶变换,就不能反映声音随时间的变化。短时傅里叶变换(short-time Fourier transform,STFT)可以解决这个问题。声音信号虽然不是平稳信号,但在较短的一段时间内,可以看作是平稳的。短时傅里叶变换是用一个有限长度的窗函数从原信号中截取一部分信号,把信号和窗函数进行相乘,然后再进行一维傅里叶变换,并通过窗函数的移动得到一系列截断信号,进而得到一系列频率信号。短时傅里叶变换的窗函数的长度决定了频谱图的时间分辨率和频率分辨率,窗函数越长,截取的信号越长,傅里叶变换后频率分辨率越高,时间分辨率越差;窗函数越短,截取的信号就越短,傅里叶变换后频率分辨率越差,时间分辨率越好。

短时傅里叶变换用 stft()方法,逆变换用 istft()方法,它们的格式如下所示。

```
stft(x, fs = 1.0, window = 'hann', nperseg = 256, noverlap = None, nfft = None, detrend = False,
    return_onesided = True, boundary = 'zeros', padded = True, axis = -1)
istft(Zxx, fs = 1.0, window = 'hann', nperseg = None, noverlap = None, nfft = None, input_onesided = True,
    boundary = True, time_axis = -1, freq_axis = -2)
```

其中,x 是输入信号,取值是多维数组,用参数 axis 指定数组的轴,默认是最后轴;fs 设置信号 x 的采样率;window 设置窗函数,窗函数名称如表 7-40 所示,窗函数中如果需要输入参数,则把窗口名称和参数放入到元组中,例如 window=('tukey',0.5),window 也可以直接取数组,这时数组的长度必须等于 nperseg;nperseg 设置截取的每段时间信号的长度;noverlap 设置相邻两端数据之间重合的数据个数,默认值 None 表示 noverlap=nperseg//2,nperseg 是偶数时为 50%的重合度;nfft 是傅里叶变换的长度,根据需要对截取的数据进行补 0,默认 nfft=nperseg;detrend 用于设置是否消除每段数据的总体趋势,可以取 False、'linear'或'constant','linear'表示用线性最小二乘法从截取的信号中提取数据,'constant'表示从截取的信号中消除平均值,detrend 还可以是可调用函数,传递的实参是截取的信号;return_onesided 设置返回值是单边谱还是双边谱,如果 x 是复数,返回值是双边谱;boundary 设置是否在输入的信号的首尾两端填充数据,主要针对窗函数的第 1 个数据是 0 的情况,可取 'even'、'odd'、'constant'、'zeros'或 None,例如取'zeros'时,当输入是[1,2,3,4]且 nperseg=3 时,扩充后的值是[0,1,2,3,4,0];padded 设置在输入信号的末尾是否补 0 以使尾段信号满足窗函数长度的要求。stft()方法的返回值有频率列表 f、每段信号的时间列表 t 和傅里叶变换后的频谱值 Zxx,istft()方法的返回值是 t 和 x。

下面的程序利用一个含有噪声的信号进行短时傅里叶变换,并计算傅里叶变换后各段的平均值,绘制平均值的幅值。程序运行结果如图 7-21 所示。

```python
from scipy import signal    # Demo7_79.py
import matplotlib.pyplot as plt
import numpy as np

fs = 5000
t = np.linspace(0, 1, fs, endpoint = False)
x = np.sin(2 * np.pi * 1000 * t * (1 - t)) + 0.5 * np.cos(2 * np.pi * 1500 * t + 2) * np.cos(2 *
np.pi * 500 * t)
np.random.seed(1234)
x = x + np.random.random(size = len(x))

f, t, Zxx = signal.stft(x, fs, nperseg = 2000, window = 'hamming', detrend = 'constant')
m, n = Zxx.shape
print(m, n)
average = np.zeros(shape = m, dtype = np.complex)
for i in range(n):
```

```
        averaqe = average + Zxx[:,i]
average = average/n
plt.plot(f,np.abs(average))
plt.title('STFT Average Magnitude')
plt.ylabel('Magnitude')
plt.xlabel('Frequency [Hz]')
plt.show()
```

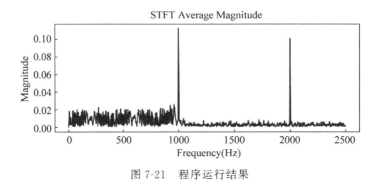

图 7-21　程序运行结果

 # 7.10　数字信号处理

信号分为模拟信号和数字信号,计算机中存储的信号数据都是数字信号,本节主要介绍对数字信号处理(digital signal processing,DSP)方面的内容,包括信号的卷积、线性滤波器、线性滤波器的设计、滤波器的响应和小波分析等。

7.10.1　信号的卷积和相关计算

卷积是信号与系统课程中求解系统对输入信号的响应而提出的,是信号处理中的一个重要计算,它可以用来描述线性时不变系统的输入和输出的关系,输出(响应)可以通过输入和一个表征系统特性的函数(冲激响应函数)进行卷积运算得到。

对于连续型函数 $x(t)$ 和 $h(t)$,$x(t)$ 是输入信号,$h(t)$ 通常是脉冲响应函数、滤波函数或权重函数(如窗函数)。$x(t)$ 和 $h(t)$ 的卷积计算公式如下所示:

$$y(t) = \int_{-\infty}^{+\infty} x(\tau)h(t-\tau)\mathrm{d}\tau$$

对于一维离散型数据 $x[i]$ 和 $h[i]$,其卷积计算公式如下所示:

$$y[n] = \sum_{i=0}^{N-1} x[i]h[n-i]$$

如果 $x[i]$ 中数据元素个数是 N 个,$h[i]$ 中数据元素个数是 M 个,则在完全(full)模式下输出的数据元素个数是 $N+M-1$ 个。

对于二维离散数据 $x[i,j]$ 和 $h[i,j]$,$x[i,j]$ 的行数和列数分别为 M_r 和 M_c,$h[i,j]$ 的行数和列数分别为 N_r 和 N_c,其卷积计算公式如下所示:

$$y[s,t] = \sum_{i=0}^{M_r-1} \sum_{j=0}^{M_c-1} x[i,j] h[s-i,t-j]$$

其中,在完全(full)模式下 y 的形状是(M_r+N_r-1, M_c+N_c-1)。上面公式中,如果 x 和 h 是复数,则对 h 取共轭复数即可,对于更多维的卷积计算可依次类推。

除了上面的卷积计算外,还有一种计算叫相关计算,离散一维和二维数据的相关计算的公式如下所示:

$$y[n] = \sum_{i=0}^{N-1} x[i] h[n+i]$$

$$y[s,t] = \sum_{i=0}^{M_r-1} \sum_{j=0}^{M_c-1} x[i,j] h[s+i,t+j]$$

信号的卷积和相关计算分别用 convolve() 方法和 correlate() 方法,它们的格式如下所示。一维离散 convolve() 方法输出的结果与一维离散 correlate() 方法输出的结果的元素顺序相反。

```
convolve(in1, in2, mode = 'full', method = 'auto')
correlate(in1, in2, mode = 'full', method = 'auto')
```

其中,in1 和 in2 是进行卷积计算的两个 N 维数组,其维数必须相同;mode 设置输出模式,可以取 'full'、'valid' 或 'same',在 full 模式下按照卷积公式输出所有点的结果,在 valid 模式下,只输出不补充 0 的结果,这时 in1 和 in2 在对应维上的数据个数要相同,在 same 模式下,输出结果的形状与 in1 的形状相同,结果是 full 模式结果的中心数据;method 设置计算卷积的方法,可以取 'direct'、'fft' 或 'auto',direct 方法是直接用卷积公式计算,fft 方法是调用 fftconvolve() 方法计算,direct 方法的计算困难度是 $O(N^2)$,fft 方法的计算困难度是 $O(N\log_{10}N)$,auto 方法是根据计算困难程度自动决定采用 direct 方法还是 fft 方法。convolve() 方法因 mode 的取值不同,返回的数组的形状也会不同。

计算卷积的另外一种方法是 fftconvolve(),该方法处理大量数据时比 convolve() 速度快。fftconvolve() 方法的格式如下所示,其中 axes 可以取整数或整数数组,确定在哪些轴上进行卷积计算,默认是所有轴。

```
fftconvolve(in1, in2, mode = 'full', axes = None)
```

下面的代码对一个方波信号进行卷积计算,权重函数取 hann() 窗。程序运行结果如图 7-22 所示。

```
import matplotlib.pyplot as plt    # Demo7_80.py
import numpy as np
from scipy import signal

sig = np.repeat([1.0, 0.0, 1.0, 0.0, 1.0], 100)
hanning = signal.windows.hann(100)
filtered = signal.convolve(sig, hanning, mode = 'full', method = 'direct')/np.sum(hanning)

plt.subplot(1,3,1); plt.plot(sig); plt.title('Original Signal')
```

```
plt.subplot(1,3,2); plt.plot(hanning); plt.title('Window')
plt.subplot(1,3,3); plt.plot(filtered); plt.title('Filtered Signal')
plt.show()
```

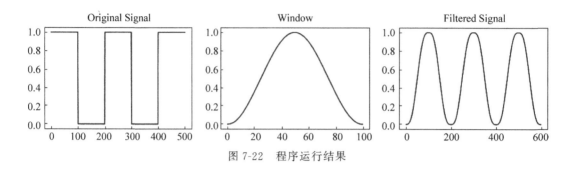

图 7-22　程序运行结果

7.10.2　二维图像的卷积计算

灰度图像可以用二维数组进行表示,通过卷积计算,可以对图像进行模糊化、增强特征和边缘检测等计算。对图像的卷积计算可以用 convolve2d()方法和 correlate2d()方法,它们的格式如下所示。

convolve2d(in1, in2, mode = 'full', boundary = 'fill', fillvalue = 0)
correlate2d(in1, in2, mode = 'full', boundary = 'fill', fillvalue = 0)

其中,in1 是图像数组;in2 是对图像做卷积操作的卷积核(卷积模板),将卷积核在图像上滑动,将图像点上的像素颜色值与对应的卷积核上的数值相乘,然后将所有相乘后的值相加作为卷积核中间像素对应的图像上像素的灰度值,卷积核的形状一般是奇数,例如 3×3、5×5 或者 7×7;mode 设置输出模式,可以取 'full'、'valid' 或 'same';boundary 设置边界扩展模式,可以取 'symm'、'wrap'或'fill',详细解释见下面的内容;fillvalue 设置 boundary= 'fill'时的边界扩展的值,默认是 0。

convolve2d()方法和 correlate2d()方法中 boundary 设置图形数组在边界上的扩展模式。例如参数 in1=np. array([[1,2,3],[4,5,6],[7,8,9]]),boundary= 'symm'时,扩展后的 in1 的值如下所示:

9	8	7	7	8	9	9	8	7
6	5	4	4	5	6	6	5	4
3	2	1	1	2	3	3	2	1
3	2	1	**1**	**2**	**3**	3	2	1
6	5	4	**4**	**5**	**6**	6	5	4
9	8	7	**7**	**8**	**9**	9	8	7
9	8	7	7	8	9	9	8	7
6	5	4	4	5	6	6	5	4
3	2	1	1	2	3	3	2	1

boundary='wrap'时,扩展后的 in1 的值如下所示:

1	2	3	1	2	3	1	2	3
4	5	6	4	5	6	4	5	6
7	8	9	7	8	9	7	8	9
1	2	3	**1**	**2**	**3**	1	2	3
4	5	6	**4**	**5**	**6**	4	5	6
7	8	9	**7**	**8**	**9**	7	8	9
1	2	3	1	2	3	1	2	3
4	5	6	4	5	6	4	5	6
7	8	9	7	8	9	7	8	9

boundary='fill'时,扩展后的 in1 的值如下所示,其中 k 值由参数 fillvalue 设置。

k	k	k	k	k	k	k	k	k
k	k	k	k	k	k	k	k	k
k	k	k	k	k	k	k	k	k
k	k	k	1	2	3	k	k	k
k	k	k	4	5	6	k	k	k
k	k	k	7	8	9	k	k	k
k	k	k	k	k	k	k	k	k
k	k	k	k	k	k	k	k	k
k	k	k	k	k	k	k	k	k

下面的程序将 SciPy 中自带的一张图形进行二维图像卷积计算。程序运行结果如图 7-23 所示。

```python
import numpy as np    # Demo7_81.py
from scipy import signal,misc
import matplotlib.pyplot as plt

pic = misc.face(gray = True)              # 二维图像数组
kernel = np.ones(shape = (31,31))/31/31
x = signal.convolve2d(in1 = pic, in2 = kernel, mode = 'same', boundary = 'symm').astype(int)
kernel = np.array([[1,1,1],[1, - 10,1],[1,1,1]])
y = signal.correlate2d(in1 = pic, in2 = kernel, mode = 'same', boundary = 'symm').astype(int)

plt.gray()
plt.subplot(131); plt.imshow(pic)
plt.subplot(132); plt.imshow(x)
plt.subplot(133); plt.imshow(y)
plt.show()
```

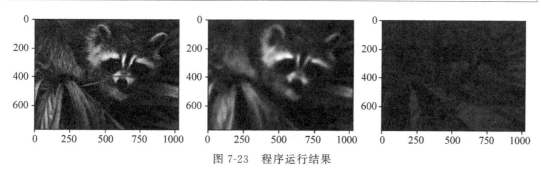

图 7-23　程序运行结果

7.10.3 FIR 与 IIR 滤波器

在实际中得到的信号往往会有许多干扰信号,我们希望设计一个滤波器能把所需的信号和干扰信号分开,得到我们希望的信号而抛弃或抑制干扰信号。但实际上很难做到完全消除干扰信号,只能在保证尽可能多地保留所需的信号的同时,滤除大多数干扰信号。

1. FIR 滤波器和 IIR 滤波器

根据滤波器的输入和输出之间的关系,滤波器可以分为线性滤波器和非线性滤波器,线性滤波器根据其冲激响应函数又可分为有限冲激响应(finite impulse response,FIR)滤波器和无限冲激响应(infinite impulse response,IIR)滤波器。FIR 滤波器的冲激响应是有限长的,经过一段时间后衰减为 0;IIR 滤波器的冲激响应是无限长的,通常是震荡状态。

线性滤波器的输出 $y[n]$ 和输入 $x[n]$ 之间的关系可以用下面的差分方程来表示:

$$a_0 y[n] + a_1 y[n-1] + \cdots + a_N y[n-N] = b_0 x[n] + b_1 x[n-1] + \cdots + a_M x[n-M]$$

通常取 $a_0 = 1$(可用 a_0 归一化)。上式中如果所有除 a_0 外的 $a_i (i=1,2,\cdots,N)$ 等于 0,则滤波器的输出 $y[n]$ 只与输入 $x[n]$ 有关系,这时滤波器是 FIR 滤波器;如果只要有任一 $a_i (i=1,2,\cdots,N)$ 不为 0,则滤波器的输出 $y[n]$ 除与输入 $x[n]$ 有关系外,还与 $y[n]$ 之前的输出有关系,这时形成递推方程,滤波器是 IIR 滤波器。

2. 理想滤波器

理想滤波器是指在希望的通带范围(允许信号通过的频率范围)内信号能完全通过,而在通带范围之外,不允许任何信号通过。理想滤波器可以分为低通(low pass)、高通(hight pass)、带通(band pass)和带阻(band stop)滤波器,这些滤波器的冲击响应函数的幅值特性如图 7-24 所示。

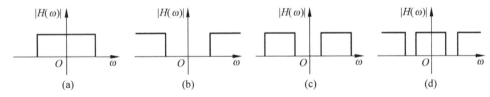

图 7-24 理想滤波器的类型

(a) 低通滤波器;(b) 高通滤波器;(c) 带通滤波器;(d) 带阻滤波器

理想低通滤波器的冲激响应函数在 $|\omega| < \omega_c$ 时,$H(\omega) = e^{-j\omega t_0}$,其他情况为 0,其中 ω_c 是截止频率。图 7-25 所示是带宽为 ω_c 的理想低通滤波器的幅频特性和相频特性,可以看出幅值特性是阶跃函数,相频特性在带宽范围内具有线性特性。

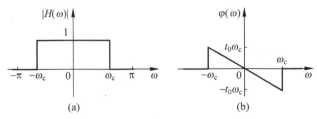

图 7-25 理想低通滤波器的幅频特性和相频特性

(a) 幅频特性;(b) 相频特性

带宽为 ω_c 的理想低通滤波器通过傅里叶逆变换,可以获得时域内的冲激响应函数,如下所示:

$$h(t) = \frac{1}{2\pi}\int_{-\infty}^{\infty} H(\omega)e^{j\omega t}\,d\omega = \frac{1}{2\pi}\int_{-\omega_c}^{\omega_c} e^{-j\omega t_0}e^{j\omega t}\,d\omega = \frac{\sin(\omega_c(t-t_0))}{\pi(t-t_0)}$$

$$= \frac{\omega_c}{\pi}\frac{\sin(\omega_c(t-t_0))}{\omega_c(t-t_0)} = \frac{\omega_c}{\pi}\mathrm{sinc}(\omega_c(t-t_0))$$

其中,sinc 是 sine cardinal 或 sinus cardinalis 的缩写。在数字信号处理和通信理论中,归一化的 sinc() 函数通常定义为 $\mathrm{sinc}(t) = \dfrac{\sin(\pi t)}{\pi t}$,在数学领域,非归一化的 sinc() 函数定义为 $\mathrm{sinc}(t) = \dfrac{\sin(t)}{t}$,NumPy 中定义的 sinc($t$) 函数是前者。二维 sinc() 函数可以定义成 $\mathrm{sinc}(x,y) = \mathrm{sinc}(x)\mathrm{sinc}(y) = \dfrac{\sin(\pi x)}{\pi x}\dfrac{\sin(\pi y)}{\pi y}$。下面的程序绘制 sinc($t$) 函数的曲线,运行结果如图 7-26 所示。

```python
import numpy as np    # Demo7_82.py
import matplotlib.pyplot as plt

t = np.linspace(-20,20,1001)
y1 = np.sinc(t)
y2 = np.sinc(t/np.pi)
plt.plot(t,y1,t,y2,'--k')
plt.show()
```

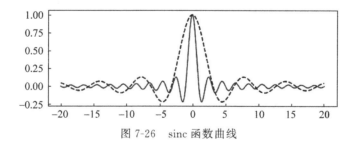

图 7-26　sinc 函数曲线

下面的代码对 SciPy 中自带的图像利用 sinc(t) 函数进行理想 FIR 滤波,用参数 d 控制带宽,程序运行结果如图 7-27 所示。图像中低频成分是图像变化缓慢的部分,对应着图像大致的相貌和轮廓;而其高频成分则对应着图像变化剧烈的部分,对应着图像的细节。图像中的噪声也属于高频成分。

```python
import numpy as np    # Demo7_83.py
from scipy import signal,misc
import matplotlib.pyplot as plt

pic = misc.face(gray = True)
pic[100:150,80:130] = pic[650:700,600:650] = 255    # 添加图像中的噪声
```

```
N = 41
x = y = np.linspace( - 10,10,N)
X,Y = np.meshgrid(x,y)

d = 0.2                    #d控制通过频率
b = np.sinc(X * d) * np.sinc(Y * d)
pic_1 = signal.convolve2d(in1 = pic, in2 = b,mode = 'same')

d = 0.05                   #d控制通过频率
b = np.sinc(X * d) * np.sinc(Y * d)
pic_2 = signal.convolve2d(in1 = pic, in2 = b, mode = 'same')

plt.gray()
plt.subplot(131); plt.imshow(pic)
plt.subplot(132); plt.imshow(pic_1)
plt.subplot(133); plt.imshow(pic_2)
plt.show()
```

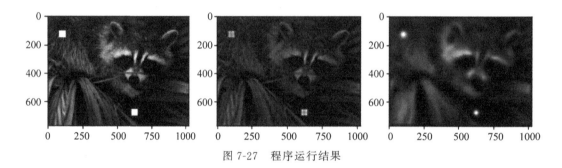

图 7-27 程序运行结果

3. 非理想滤波器

非理想滤波器的相位是非线性特性,幅值是连续变化的。图 7-28 所示为典型的非理想低通滤波器的冲激响应函数的幅值响应,可以将冲激函数的频率分为 3 段。$0 \sim \omega_p$ 是通带范围,在该范围内冲激响应函数的幅值是波动的,其范围是 $1-\delta \sim 1+\delta, \delta$ 是常数,通常用通带波纹 $\delta_p = 20\lg \dfrac{1}{1-\delta}$ 来表示(dB);$\omega_s \sim \pi$ 是阻带范围,该范围内冲激函数的幅值变化较小,最大值用 δ_s 表示,阻带波纹通常用 $20\lg\delta_s$ 来表示(dB);$\omega_p \sim \omega_s$ 是过渡带范围,从通带到阻带的转变过程,其距离 $\Delta\omega = \omega_s - \omega_p$ 可以用来计算滤波器的长度。

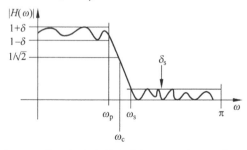

图 7-28 非埋想滤波器的冲激响应函数的幅值响应

4. 基于窗函数的滤波器

由于理想滤波器的冲激响应函数经傅里叶逆变换后,时间域内的冲激响应函数存在无限长的特性,因此可以用窗函数进行截断,不同的窗函数造成的过渡带宽 $\Delta\omega$ 和阻带衰减也不同。表 7-41 所示为常用的窗函数对滤波器的影响,其中 N 是滤波器的长度。例如要设计一个滤波器,要求阻带至少要有 40dB 的衰减量,则应选择 Hamming 窗,要求带通是 2kHz,阻带是 3kHz,采样率是 10kHz,则通带频率 $\omega_p = 2\pi \times \dfrac{2}{10} = 0.4\pi$ rad,阻带频率 $\omega_s = 2\pi \times \dfrac{3}{10} = 0.6\pi$ rad,过渡带 $\Delta\omega = 0.6\pi - 0.4\pi = 0.2\pi = 8\pi/N$,可以计算出 $N = 40$。

表 7-41 常用窗函数对滤波器的影响

窗函数名称	$\Delta\omega$	阻带衰减量
矩形窗	$4\pi/N$	-13dB
Bartlet 窗	$8\pi/N$	-27dB
Hanning 窗	$8\pi/N$	-32dB
Hamming 窗	$8\pi/N$	-43dB
Blackman 窗	$12\pi/N$	-58dB

下面的代码利用 Hamming 窗和理想滤波器对一高频信号进行滤波。程序运行结果如图 7-29 所示。

```python
from scipy import signal    # Demo7_84.py
import matplotlib.pyplot as plt
import numpy as np

b = [0.00128, 0.00641, 0.0128, 0.0128, 0.0064, 0.00128]
a = [1.0, -2.975, 3.806, -2.545, 0.881, -0.125]
zi = signal.lfilter_zi(b, a)

x = np.linspace(0, 2, 4001)
y = np.sin(2 * np.pi * 100 * x * (1 - x)) + 0.15 * np.cos(2 * np.pi * 3000 * x + 2) + 0.5 * np.cos(2 * np.pi * 3500 * x)

np.random.seed(12345)
y = y + np.random.random(len(y)) * 0.01       # 添加噪声

N = 41
omega = np.linspace(-0.4, 0.4, num=N)
w = signal.windows.hamming(N)
hw = np.sinc(omega) * w/sum(w)

filtered = signal.convolve(in1=y, in2=hw, mode='same') + 2    # 这里加 2 以使滤波后的信号
                                                              #     与原信号分开

plt.plot(x, y, 'b', label='Origin', lw=1)
plt.plot(x, filtered, 'black', label='Filtered', lw=1.5)
plt.legend()
plt.grid()
plt.show()
```

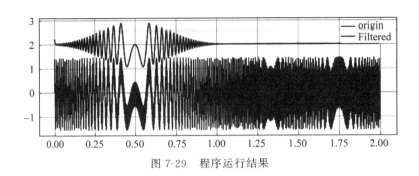

图 7-29　程序运行结果

5. IIR 滤波器

描述线性滤波器的输出 $y[n]$ 和输入 $x[n]$ 之间关系的差分方程,可以改成如下形式:

$$a_0 y[n] = -a_1 y[n-1] - \cdots - a_N y[n-N] + b_0 x[n] +$$
$$b_1 x[n-1] + \cdots + a_M x[n-M]$$

当 $a_i = 0 (i = 1, 2, \cdots, N)$ 时,上式可以用卷积进行计算;当任一 $a_i \neq 0$ 时,上式不能用卷积进行计算。

假设 $a_0 = 1$,上式进一步可以写成

$$y[n] = b_0 x[n] + z_0[n-1]$$
$$z_0[n] = b_1 x[n] + z_1[n-1] - a_1 y[n]$$
$$z_1[n] = b_2 x[n] + z_2[n-1] - a_2 y[n]$$
$$\vdots$$
$$z_{K-2}[n] = b_{K-1} x[n] + z_{K-1}[n-1] - a_{K-1} y[n]$$
$$z_{K-1}[n] = b_K x[n] - a_K y[n]$$

其中,$K = \max(M, N)$ 时,且当 $K > M$ 时,$b_K = 0$,当 $K > N$ 时,$a_K = 0$。这样在 n 位置的输出 $y[n]$ 只依赖于 $x[n]$ 和 $z_0[n-1]$,只需计算 K 个值 $z_0[n-1], z_1[n-1], \cdots, z_{K-1}[n-1]$ 即可。

使用差分方程滤波可以用 lfilter() 方法计算,该方法的格式如下所示。

```
lfilter(b, a, x, axis = -1, zi = None)
```

其中,b 和 a 是一维数组,通常 a[0] = 1,如果 a[0] ≠ 1,则用 a[0] 归一化;x 是需要滤波的数据,可以是多维数组,如果是多维数组,用 axis 指定坐标轴;zi 指定初始条件,其长度是 max(len(a), len(b)) - 1,可以用 lfiltic() 方法或 lfilter_zi() 方法计算获取。在指定 zi 时,lfilter() 方法的返回值是 y 和 zf,zf 是滤波器的最后状态;不指定 zi 时,只返回 y。

lfilter() 方法中参数 zi 可以用 lfiltic() 方法或 lfilter_zi() 方法计算获取。lfiltic() 方法和 lfilter_zi() 方法的格式如下所示,其中 b 和 a 是一维数组,y 和 x 是初始化条件的输出和输入。lfilter_zi() 的输出是单位冲激函数,如果把 lfilter_zi() 的输出结果应用于 lfilter() 计算,通常还需要乘以 y[0]。

```
lfiltic(b, a, y, x = None)
lfilter_zi(b, a)
```

用 lfilter() 方法滤波有明显的延迟,可以改用 filtfilt() 方法计算,该方法没有延迟。

filtfilt()方法的格式如下所示。

filtfilt(b, a, x, axis = -1, padtype = 'odd', padlen = None, method = 'pad', irlen = None)

其中,b 和 a 是一维数组,通常 $a[0]=1$,如果 $a[0]\neq1$,则用 $a[0]$ 归一化;x 是需要滤波的数据,可以是多维数组,如果是多维数组,用 axis 指定坐标轴;padtype 设置将 x 扩大的方式,可以取 'odd'、'even'、'constant' 或 None;padlen 设置沿着轴两端的扩充数量,值必须小于 $x.shape[axis]-1$,默认值是 $3 * \max(\text{len}(a), \text{len}(b))$,padlen$=0$ 表示没有扩充;method 设置处理边缘数据的方法,可以取 'pad' 或 'gust',取 'pad' 时,由 padtype 和 padlen 设置扩充类型和扩充长度,取 'gust' 时,表示用 Gustafsson 滤波器,需要用 irlen 参数设置滤波器的冲激响应长度。filtfilt()方法的返回值是与 x 同形状的数组。

下面的代码在一个信号中添加噪声信号,然后进行 lfilter()滤波和 filtfilt()滤波,程序运行结果如图 7-30 所示。

```python
from scipy import signal    # Demo7_85.py
import matplotlib.pyplot as plt
import numpy as np

b = [0.00128,0.00641,0.0128,0.0128,0.0064,0.00128]
a = [ 1.0, -2.975,3.806, -2.545, 0.881, -0.125]

t = np.linspace(0, 2, 201)
y = np.sin(2 * np.pi * 0.5 * t * (1 - t)) + 0.15 * np.cos(2 * np.pi * 2 * t + 2) + 0.5 * np.cos(2 * np.pi * 5 * t)

np.random.seed(12345)
y = y + np.random.random(len(y))
zi = signal.lfilter_zi(b, a)
z1, _ = signal.lfilter(b, a, y, zi = zi * y[0])
z2 = signal.filtfilt(b, a, y)

plt.plot(t, y, 'k', label = 'signal with noise',lw = 1)
plt.plot(t, z1, 'b-.',label = 'lfilter',lw = 1)
plt.plot(t, z2, 'b--',label = 'filtfilt',lw = 1)
plt.legend()
plt.grid()
plt.show()
```

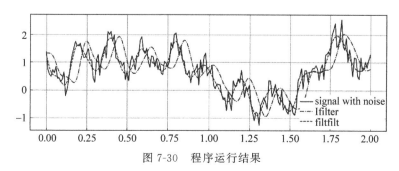

图 7-30　程序运行结果

7.10.4 FIR 与 IIR 滤波器的设计

从线性滤波器的差分方程中可以看出,对于 FIR 滤波器,需要确定系数 b;对于 IIR 滤波器,需要确定系数 b 和 a。系数 b 和 a 可以根据滤波器通带和阻带的频率范围、阻带的衰减量用不同的方法计算出来。

1. FIR 滤波器的设计

FIR 滤波器的设计可以用 firwin()方法,该方法可以结合窗函数设计差分方程中的系数 b。firwin()方法的格式如下所示。

```
firwin(numtaps, cutoff, width = None, window = 'hamming', pass_zero = True, scale = True,
       nyq = None, fs = None)
```

其中,numtaps 设置滤波器的长度,如果取奇数,滤波器是 I 型,如果取偶数,滤波器是 II 型,如果滤波器是带通滤波器,则 numtaps 必须取奇数;cutoff 设置带通频率范围,可以取单个值或数组,取数组时,表示带通的边界,如果用 fs 参数设置采样频率,则 cutoff 的取值范围必须在 $0 \sim fs/2$ 之间,且单调增加,如果没有设置 fs 值,则 cutoff 的取值范围必须在 $0 \sim 1$ 之间,1 对应 $fs/2$ 的值;width 设置 Kaiser FIR 滤波器过渡区域的频率宽度,这时忽略 window 参数;window 设置窗函数,取值是窗函数名,如果窗函数需要参数,则可以把窗函数和参数放到元组中;pass_zero 取 True 时,0Hz 处的增益是 1,取 False 时,0 Hz 处的增益是 0,还可以直接取'bandpass'、'lowpass'、'highpass'或'bandstop';scale 设置某些频率点的频率响应为 1,取 True 时,缩放 b 的值使 0Hz、fs/2Hz 或带宽中心处的频率响应是 1;nyq 设置 $fs/2$ 的值,或用 fs 设置采样频率。

另外一种设计 FIR 滤波器的方法是 firwin2(),该方法需要设置频率点上的增益。firwin2()方法的格式如下所示。

```
firwin2(numtaps, freq, gain, nfreqs = None, window = 'hamming', nyq = None, antisymmetric = False,
        fs = None)
```

其中,freq 是需要设置增益的频率点,取值是数组,取值范围是 $0 \sim fs/2$,freq 的第 1 个元素的值必须是 0,最后一个元素的值必须是 $fs/2$,中间可以有重复的元素,表示断点;gain 设置与 freq 对应的增益,例如 firwin2(100, [0.0, 0.4, 0.6, 1.0], [1.0, 1.0, 0.0, 0.0]),表示 $0 \sim 0.4$ 的增益是 1,$0.4 \sim 0.6$ 的增益从 1 过渡到 0,$0.6 \sim 1.0$ 的增益是 0;nfreqs 设置构建滤波器的频率点的个数,该值要大于 numtaps,通常取 $2^n + 1$,例如 129、257,默认值是比 numtaps 大的最小 $2^n + 1$;antisymmetric 设置冲激函数是反对称还是对称的。

下面的程序首先设计低通滤波器、高通滤波器和带通滤波器,然后对一个含有低、中和高频的信号进行滤波。程序运行结果如图 7-31 所示。

```python
from scipy import signal    #Demo7_86.py
import matplotlib.pyplot as plt
import numpy as np

f_sample = 4000                        #采样率
```

```
b1 = signal.firwin(201,f_sample/4,window = 'hamming',pass_zero = 'lowpass',fs = f_sample)
                                    # 低通滤波器
b2 = signal.firwin(201,f_sample/4,window = 'hamming',pass_zero = 'highpass',fs = f_sample)
                                    # 高通滤波器
freq = np.array([0,0.2,0.2,0.6,0.6,1]) * f_sample/2
gain = np.array([0,0,1,1,0,0])
b3 = signal.firwin2(201,freq,gain,window = 'hamming',fs = f_sample)        # 带通滤波器

x = np.linspace(0, 0.1, 401)
# 含有低、中、高频率的信号
y = 0.6 * np.sin(2 * np.pi * 100 * x * (1 - x)) + 0.45 * np.cos(2 * np.pi * 700 * x + 2) + 0.5 * np.
cos(2 * np.pi * 1500 * x)

filtered_1 = signal.convolve(in1 = y, in2 = b1,mode = 'same')
filtered_2 = signal.convolve(in1 = y, in2 = b2,mode = 'same')
filtered_3 = signal.convolve(in1 = y, in2 = b3,mode = 'same')

plt.subplot(1,3,1)
plt.plot(x, filtered_1,'black',lw = 0.5); plt.title('Low Pass')
plt.subplot(1,3,2)
plt.plot(x, filtered_2,'black',lw = 0.5); plt.title('High Pass')
plt.subplot(1,3,3)
plt.plot(x, filtered_3,'black',lw = 0.5); plt.title('Band Pass')
plt.show()
```

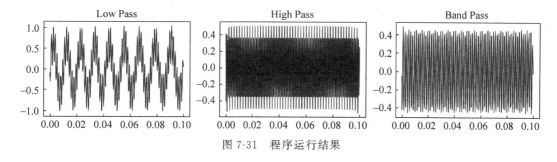

图 7-31 程序运行结果

2. IIR 滤波器设计

在前面介绍的 IIR 滤波方法 lfilter() 和 filtfilt() 中,需要知道差分方程的系数 a 和 b,a 和 b 可以通过巴特沃斯滤波器(Butterworth filter)、第一类切比雪夫滤波器(Chebyshev Ⅰ filter)、第二类切比雪夫滤波器(Chebyshev Ⅱ filter)或椭圆函数滤波器(elliptic filter)来计算,这几个滤波器的频率响应函数如图 7-32 所示。

巴特沃斯滤波器用 butter() 方法计算系数 b 和 a,butter() 方法的格式如下所示。

butter(N, Wn, btype = 'lowpass', analog = False, output = 'ba', fs = None)

其中,N 是巴特沃斯滤波器的阶数,一阶巴特沃斯滤波器的衰减率为每倍频 6dB,二阶巴特沃斯滤波器的衰减率为每倍频 12dB,三阶巴特沃斯滤波器的衰减率为每倍频 18dB,以此类推;Wn 是滤波器增益衰减的临界频率点,在该频率位置增益变成 $1/\sqrt{2}$,衰减 3dB,对于低通和高

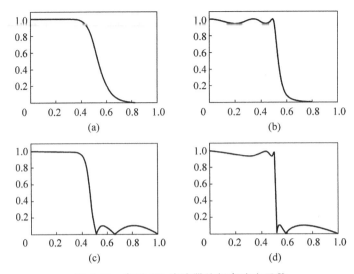

图 7-32 常用 IIR 滤波器的频率响应函数

(a) 巴特沃斯滤波器；(b) 第一类切比雪夫滤波器；(c) 第二类切比雪夫滤波器；(d) 椭圆函数滤波器

通滤波器，只需取一个浮点数，对于带通和带阻滤波器，需要取含两个数的数组，参数 N 和 Wn 可以用 buttord() 方法计算得到；btype 设置滤波器的类型，可以取 'lowpass'、'highpass'、'bandpass' 或 'bandstop'；analog 设置是模拟信号滤波器还是数字滤波器；output 设置输出数据的类型，可以取 'ba'、'zpk' 或 'sos'(second-order sections)，分别返回的值是 (b,a)、(z,p,k) 和 sos 数组，关于 output 的详细说明参考下面的内容；fs 设置信号的采样频率。

其他三种滤波器设计的格式如下所示，其中 rp 设置通带范围最大浮动值 δ，用正 dB 表示；rs 设置带阻的最小衰减量，用正 dB 表示，其他参数如前所述。

```
cheby1(N, rp, Wn, btype = 'low', analog = False, output = 'ba', fs = None)
cheby2(N, rs, Wn, btype = 'low', analog = False, output = 'ba', fs = None)
ellip(N, rp, rs, Wn, btype = 'low', analog = False, output = 'ba', fs = None)
```

在以上 4 个 IIR 滤波器设计方法中，参数 N 和 Wn 可以用对应的方法计算得到，这些方法的格式如下所示。其中 wp 和 ws 分别设置通带频率和阻断频率；gpass 设置通带的最大衰减量(dB)；gstop 设置阻带的最小衰减量(dB)。

```
buttord(wp, ws, gpass, gstop, analog = False, fs = None)
cheb1ord(wp, ws, gpass, gstop, analog = False, fs = None)
cheb2ord(wp, ws, gpass, gstop, analog = False, fs = None)
ellipord(wp, ws, gpass, gstop, analog = False, fs = None)
```

线性滤波器的输出 $y[n]$ 和输入 $x[n]$ 之间的关系除了用 $\boldsymbol{a}$ 和 $\boldsymbol{b}$ 向量表示外，还可以用传递函数 $H(z)$ 来表示：

$$Y(z) = H(z)X(z)$$

$$H(z) = k\,\frac{(z - z_0)(z - z_1)\cdots(z - z_{M-1})}{(z - p_0)(z - p_1)\cdots(z - p_{N-1})}$$

其中，z_i 和 p_i 分别称为零点和极点，k 表示增益。butter() 方法的 output 参数取 'ba' 时输出 b 和 a，取 'zpk' 时输出 z、p 和 k，b 和 a 可以通过 tf2zpk(b, a) 方法转成 z、p 和 k 的形式，也可用 zpk2tf(z，p，k)方法将 z、p 和 k 转成 b 和 a 的形式。

下面的程序根据衰减先计算巴特沃斯滤波器的参数 N 和 Wn,然后用巴特沃斯方法计算参数 b 和 a,最后用 filtfilt()方法对信号进行滤波。程序运行结果如图 7-33 所示。

```python
from scipy import signal    # Demo7_87.py
import matplotlib.pyplot as plt
import numpy as np

f_sample = 4000          # 采样率
wp = 0.4 * f_sample/2
ws = 0.5 * f_sample/2
N1,Wn1 = signal.buttord(wp,ws,gpass = 1,gstop = 40,fs = f_sample)       # 低通
wp = np.array([0.2,0.5]) * f_sample/2
ws = np.array([0.1,0.6]) * f_sample/2
N2,Wn2 = signal.buttord(wp,ws,gpass = 1,gstop = 40,fs = f_sample)       # 带通
wp = np.array([0.2,0.6]) * f_sample/2
ws = np.array([0.3,0.5]) * f_sample/2
N3,Wn3 = signal.buttord(wp,ws,gpass = 1,gstop = 40,fs = f_sample)       # 带阻

b1,a1 = signal.butter(N1,Wn1,btype = 'lowpass',output = 'ba',fs = f_sample)    # 低通系数
b2,a2 = signal.butter(N2,Wn2,btype = 'bandpass',output = 'ba',fs = f_sample)   # 带通系数
b3,a3 = signal.butter(N3,Wn3,btype = 'bandstop',output = 'ba',fs = f_sample)   # 带阻系数

x = np.linspace(0, 0.1, 401)
# 含有低、中、高频率的信号
y = 0.6 * np.sin(2 * np.pi * 100 * x * (1 - x)) + 0.45 * np.cos(2 * np.pi * 700 * x + 2) + 0.5 * np.cos(2 * np.pi * 1500 * x)

filtered_1 = signal.filtfilt(b1,a1,y)          # IIR 滤波
filtered_2 = signal.filtfilt(b2,a2,y)          # IIR 滤波
filtered_3 = signal.filtfilt(b3,a3,y)          # IIR 滤波

plt.subplot(1,3,1)
plt.plot(x,y,'black',lw = 0.5); plt.title('Low Pass')
plt.subplot(1,3,2)
plt.plot(x, filtered_2,'black',lw = 0.5); plt.title('Band Pass')
plt.subplot(1,3,3)
plt.plot(x, filtered_3,'black',lw = 0.5); plt.title('Band Stop')
plt.show()
```

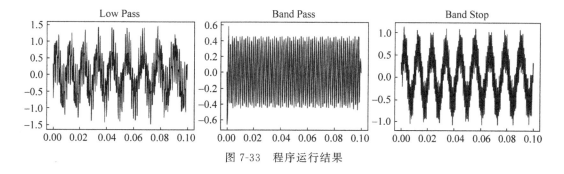

图 7-33　程序运行结果

除了上面介绍的计算 IIR 滤波器差分方程系数 b 和 a 的方法外,还可以直接使用 iirdesign()方法和 iirfilter()方法计算 b 和 a,它们的格式如下所示。其中参数 ftype 设置计算 b 和 a 的方法,可以取'butter'、'cheby1'、'cheby2'、'ellip'、'bessel',其他参数如前所述。

```
iirdesign(wp,ws,gpass,gstop,analog = False,ftype = 'ellip',output = 'ba',fs = None)
iirfilter(N,Wn,rp = None,rs = None,btype = 'bandpass',analog = False,ftype = 'butter',output =
         'ba',fs = None)
```

7.10.5 滤波器的频率响应

利用滤波器的设计可以输出系数 b、a 或 z、p、k,这时就确定了滤波器的特性,可以绘制滤波器在单位脉冲冲激下的频率响应,以便研究滤波器的性能。

绘制滤波器的频率响应可以用 freqz()方法和 freqz_zpk()方法,其格式如下所示。

```
freqz(b, a = 1, worN = 512, whole = False, plot = None, fs = 6.283185307179586, include_nyquist =
      False)
freqz_zpk(z, p, k, worN = 512, whole = False, fs = 6.283185307179586)
```

其中,worN 取一个整数或数组,如果是整数表示频率点的个数,如果取数组,数组的元素是频率点;当 whole=False 时,频率范围是 0~fs/2,当 whole=True 时,频率范围是 0~fs;plot 是可以调用的函数,函数有 2 个形参,接收 freqz()的输出 w 和 h;fs 设置采样频率,默认值是 2π;include_nyquist 在 wordN 取整数且 whole=False 时,设置输出频率是否包含 fs/2。freqz()方法和 freqz_zpk()方法的输出是 w 和 h,其中 w 是频率响应的频率点,h 是冲激响应(复数)。

下面的程序用巴特沃斯滤波器设计方法分别计算低通、带通和带阻滤波器的系数 b 和 a,然后根据 b 和 a 分别计算这三种滤波器的频率响应。程序运行结果如图 7-34 所示。

```python
from scipy import signal     #Demo7_88.py
import matplotlib.pyplot as plt
import numpy as np

f_sample = 4000        #采样率
wp = 0.4 * f_sample/2
ws = 0.45 * f_sample/2
N1,Wn1 = signal.buttord(wp,ws,gpass = 1,gstop = 40,fs = f_sample)     #低通
wp = np.array([0.3,0.5]) * f_sample/2
ws = np.array([0.25,0.55]) * f_sample/2
N2,Wn2 = signal.buttord(wp,ws,gpass = 1,gstop = 40,fs = f_sample)     #带通
wp = np.array([0.2,0.6]) * f_sample/2
ws = np.array([0.3,0.5]) * f_sample/2
N3,Wn3 = signal.buttord(wp,ws,gpass = 1,gstop = 40,fs = f_sample)     #带阻

b1,a1 = signal.butter(N1,Wn1,btype = 'lowpass',output = 'ba',fs = f_sample)    #低通系数
b2,a2 = signal.butter(N2,Wn2,btype = 'bandpass',output = 'ba',fs = f_sample)   #带通系数
b3,a3 = signal.butter(N3,Wn3,btype = 'bandstop',output = 'ba',fs = f_sample)   #带阻系数

w1,h1 = signal.freqz(b1,a1,worN = 1024,fs = f_sample)       #低通响应
```

```
w2,h2 = signal.freqz(b2,a2,worN = 1024,fs = f_sample)          ♯带通响应
w3,h3 = signal.freqz(b3,a3,worN = 1024,fs = f_sample)          ♯带阻响应

plt.subplot(1,3,1)
plt.plot(w1,20 * np.log10(abs(h1)),'black',lw = 1); plt.title('Lowpass Response')
plt.xlabel('Frequency [Hz]'); plt.ylabel('Amplitude [dB]')
plt.subplot(1,3,2)
plt.plot(w2,20 * np.log10(abs(h2)),'black',lw = 1); plt.title('Bandpass Response')
plt.xlabel('Frequency [Hz]'); plt.ylabel('Amplitude [dB]')
plt.subplot(1,3,3)
plt.plot(w3,20 * np.log10(abs(h3)),'black',lw = 1); plt.title('Bandstop Response')
plt.xlabel('Frequency [Hz]'); plt.ylabel('Amplitude [dB]')
plt.show()
```

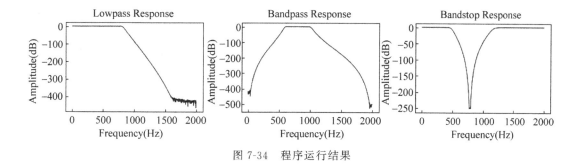

图 7-34　程序运行结果

7.10.6　其他滤波器

前面介绍了线性滤波器及其设计,下面介绍几个其他类型的滤波器。

1. 中值滤波器

中值滤波器(median filter)是一种典型的非线性滤波器,其基本原理是把数字图像或数字序列中一点的值用该点的一个邻域中各点值的中值代替。该方法在去除脉冲噪声、椒盐噪声的同时又能保留图像边缘细节。

中值滤波器的方法是 medfilt() 和 medfilt2d(),medfilt2d() 只针对二维数组或图像进行滤波,它们的格式如下所示。其中 volume 或 input 是输入数组;kernel_size 设置取中值块的大小,可以用数组表示每维的大小,也可以取一个标量值,每维的值都是这个值,数组元素和标量值应是奇数,默认值是 3。

```
medfilt(volume, kernel_size = None)
medfilt2d(input, kernel_size = 3)
```

下面的程序在 SciPy 中自带的图像中添加噪声,然后用中值滤波消除添加的噪声。程序运行结果如图 7-35 所示。

```
import numpy as np    ♯ Demo7_89.py
from scipy import signal,misc
```

```
import matplotlib.pyplot as plt

pic = misc.face(gray = True)
pic[100:110,80:200] = pic[650:660,600:720] = 255        #图像中添加噪声

pic_1 = signal.medfilt(pic,25)
pic_2 = signal.medfilt2d(pic,25)
plt.gray()
plt.subplot(131); plt.imshow(pic)
plt.subplot(132); plt.imshow(pic_1)
plt.subplot(133); plt.imshow(pic_2)
plt.show()
```

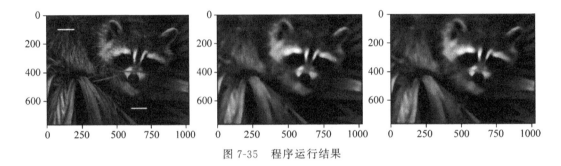

图 7-35 程序运行结果

2. 维纳滤波器

维纳滤波器是建立在图像噪声是随机过程的基础上，目标是找出一个未污染图像 $f(x,y)$ 的估计值 $\hat{f}(x,y)$，使它们之间的均方误差最小。维纳滤波器主要应用于有随机干扰信号的情况，分离出原始的信号。维纳滤波能使受损的图像复原，可以恢复有噪声的声音信号，在地震数据处理、桩基检测、飞机盲降中也有应用。

维纳滤波用 wiener() 方法，其格式如下所示，其中 im 是输入数组或图像；mysize 设置维纳窗的长度，可以取数组或标量，如果是标量，则每维的长度都是该值，维纳窗的长度应是奇数；noise 设置噪声的能量，如果忽略，则取输入的局部变化量的均值作为噪声能量的估值。

wiener(im, mysize = None, noise = None)

下面的程序在 SciPy 自带的图像上添加噪声，然后用维纳滤波还原图像。程序运行结果如图 7-36 所示。

```
import numpy as np    # Demo7_90.py
from scipy import signal,misc
import matplotlib.pyplot as plt

pic = misc.face(gray = True)
pic_1 = pic + np.abs(np.random.random(pic.shape) - 0.3) * 200
```

```
pic_2 = signal.wiener(pic_1)
for i in range(10):
    pic_2 = signal.wiener(pic_2)
plt.gray()
plt.subplot(131); plt.imshow(pic)
plt.subplot(132); plt.imshow(pic_1)
plt.subplot(133); plt.imshow(pic_2)
plt.show()
```

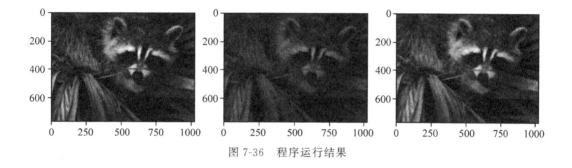

图 7-36　程序运行结果

3. Savitzky-Golay 滤波器

Savitzky-Golay 滤波器是对有较大干扰信号的一维数据进行平滑滤波,该方法是一种移动窗口加权平均算法,但是其加权系数不是简单的常数,而是在指定长度的窗口内,通过用多项式最小二乘法进行数据拟合,从而使数据曲线光滑,去除高频信号,保留低频信号。

Savitzky-Golay 滤波器用 savgol_filter()方法,其格式如下所示。

savgol_filter(x, window_length, polyorder, deriv = 0, delta = 1.0, axis = - 1, mode = 'interp', cval = 0.0)

其中,x 是需要滤波的数据,如果不是一维数据,则需要用 axis 参数指定轴;window_length 设置窗口的长度,取值是奇数,在 mode = 'interp'时,窗口长度不能超过数据的长度;polyorder 设置用来拟合数据的多项式的阶数;deriv 设置输出结果是滤波后曲线的哪阶微分曲线,取值是非零整数;delta 只适用于 deriv>0 的情况,设置数据的时间间距,用于计算微分值;mode 设置将数据 x 向两侧扩充的模式,可以取'mirror'、'constant'、'nearest'、'wrap'或 'interp',其中取'interp'时没有数据扩充,在 x=[1,2,3,4,5,6,7,8],window_length=7 时,mode 参数设置的扩充模式如表 7-42 所示,其中 k 值由参数 cval 设置,默认值是 0。

表 7-42　mode 参数设置的扩充模式

mode 参数的值	左侧扩充的数据	x 的原始值	右侧扩充的数据
'mirror'	4　3　2	1　2　3　4　5　6　7　8	7　6　5
'nearest'	1　1　1	1　2　3　4　5　6　7　8	8　8　8
'constant'	k　k　k	1　2　3　4　5　6　7　8	k　k　k
'wrap'	6　7　8	1　2　3　4　5　6　7　8	1　2　3

下面的程序对一个含有随机信号的数据进行 Savitzky-Golay 滤波。程序运行结果如

图 7-37 所示。

```python
from scipy import signal   #Demo7_91.py
import matplotlib.pyplot as plt
import numpy as np

t = np.linspace(0, 2, 201)
y = np.sin(2 * np.pi * 0.5 * t * (1 - t)) + 0.15 * np.cos(2 * np.pi * 2 * t + 2) * np.cos(2 * np.
pi * 5 * t)
np.random.seed(12345)
y = y + np.random.random(len(y))
z = signal.savgol_filter(y, 11, deriv = 0, polyorder = 2, mode = 'mirror')

plt.plot(t, y, 'k', label = 'signal with noise', lw = 1)
plt.plot(t, z, 'b--', label = 'savgol filter', lw = 2)
plt.legend()
plt.show()
```

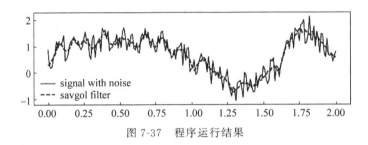

图 7-37 程序运行结果

7.10.7 小波分析

小波(wavelet)分析通过对小波分析基的伸缩和平移,改变小波基函数的频率范围和空间位置,从时间或空间中找出信号在时间或空间上的波动频率。与傅里叶变换相比,小波分析解决了傅里叶变换要求输入信号是周期性变换的要求。小波分析通过对信号逐步进行多尺度细化,最终达到高频处时间细分,低频处频率细分,从而可聚焦到信号的任意细节。小波分析有非常广泛的应用,可以应用于信号分析、图像处理、量子力学、理论物理、军事电子对抗与武器的智能化、计算机识别、音乐与语言的人工合成、医学成像与诊断、地震勘探数据处理、大型机械的故障诊断等方面。

与傅里叶变换相比,小波分析的难点是如何选择小波基函数。小波基函数具有不唯一性和多样性的特点,不同的小波基函数对同一个问题会产生不同的结果。连续时间域内的小波分析可以写成

$$W(a,b) = \int_{-\infty}^{+\infty} f(t)\psi(t,a,b)\mathrm{d}t$$

其中,$f(t)$是要被分析的数据,$\psi(t,a,b)$是小波分析的基函数,参数 a 和 b 用于产生时间和频率上的多个基函数。例如选择如下的基函数 $\psi(t,a,b)$ 时,a 产生时间上的一族基函数,b 产生频率上的一族基函数。a 可以使基函数产生平移,b 可以使基函数产生伸缩,从而改变

基函数的频率。

$$\psi(t,a,b) = e^{j(t-a)\frac{w_0}{b}} \cdot e^{-\frac{1}{2}\frac{(t-a)^2}{b^2}}$$

常用的基函数有 Haar 小波基函数、Daubechies（dbN）小波基函数、Biorthogonal（biorNr. Nd）小波基函数、Coiflet（coifN）小波基函数、SymletsA（symN）小波基函数、Morlet（morl）小波基函数、Mexican Hat（mexh）小波基函数、Meyer 小波基函数，读者可以查阅相关的资料获取这些小波基函数的表达式，也可以自己创建小波基函数。

计算连续小波分析的方法是 cwt()，其格式如下所示：

```
cwt(data, wavelet, widths, dtype = None, ** kwargs)
```

其中，data 是需要分析的数据，其形状是（n,）；wavelet 是可以调用的函数，用于确定基函数的母函数，基函数的格式是 wavelet(length, width, ** kwargs)，其中 length 设置基函数的长度，wavelet() 的返回值是长度为 length 的数组，length 值由 cwt() 调用时确定，width 是宽度，每次读取 widths 中的值；widths 设置小波分析的宽度值，取值是（m,）的数组；dtype 设置输出数据的类型，默认值是 float64 或 complex128；kwargs 设置小波基函数其他参数的值。cwt() 采用卷积计算进行小波分析，返回值是形状为（m,n）的数组。

下面的程序用前面提到的基函数 $\psi(t,a,b)$ 对一个信号进行小波分析，绘制基函数的形状和小波分析后的结果。程序运行结果如图 7-38 所示。

```python
from scipy import signal    # Demo7_92.py
import matplotlib.pyplot as plt
import numpy as np

def wave(len, b, ** kwargs):          # 定义小波分析的基函数
    x = np.arange(0, len) - (len - 1.0) / 2
    if 'omega_0' in kwargs:
        omega = kwargs['omega_0']/b
    else:
        omega = 2
    return np.exp(x * omega * 1j) * np.exp( - (x/b) ** 2/2)

t = np.linspace(0, 2, 2001)
y = np.sin(2 * np.pi * 0.5 * t * (1 - t)) + 0.15 * np.cos(2 * np.pi * 2 * t + 2) * np.cos(2 * np.pi *
5 * t)
np.random.seed(1234)
y = y + np.random.random(len(y)) * 0.5

widths = np.arange(1, 31)
cwtmatr = signal.cwt(y, wave, widths, omega_0 = 5)

plt.subplot(121)
plt.plot(wave(51,5,omega_0 = 5).real,'k - ',label = 'Real Part')      # 绘制基函数的实部
plt.plot(wave(51,5,omega_0 = 5).imag,'k -- ',label = 'Imag Part')     # 绘制基函数的虚部
plt.legend()
plt.title("Wavelet")
```

```
plt.subplot(122)
plt.imshow(np.abs(cwtmatr), extent = [0, 2, 1, 31], cmap = 'jet', aspect = 'auto',
           vmax = np.abs(cwtmatr).max(), vmin = 0)            #绘制小波分析图像
plt.colorbar()
plt.title("Continuous wavelet transform")
plt.show()
```

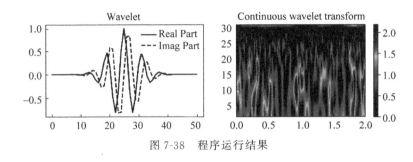

图 7-38   程序运行结果

![] 7.11   图像处理

图像在 SciPy 中可以当作二维数组或三维数组来处理,如果是单色图像可以处理成二维数组,彩色图像可以处理成三维数组。通过对图像数组的计算,可以对图像进行滤波、插值(旋转、缩放、平移和剪切)和形态学等变换。

7.11.1   图像的卷积与相关计算

1. 图像卷积计算

图像可以看作一个二维的离散信号,因此可以对图像进行卷积计算。通过卷积计算,可以消除图像上的亮点、增强特征、模糊化和进行边缘检测等,有关卷积计算的理论公式可参考 7.10.1 节的内容。

对图像做卷积操作其实就是利用卷积核(卷积模板)在图像上滑动,将图像点上的像素颜色值与对应的卷积核上的数值相乘,然后将所有相乘后的值相加作为卷积核中间像素对应的图像上像素的灰度值,并最终滑动完所有图像的过程。卷积核的大小一般是奇数,这样像素点的中心是对称的,所以卷积核大小一般都是 3×3、5×5 或者 7×7。卷积核的元素之和一般等于 1,这是为了原始图像的能量(亮度)守恒,如果大于 1,那么滤波后的图像就会比原图像更亮;反之,图像就会变暗。对于滤波后的结构,可能会出现负数或者大于 255 的数值。针对这种情况,我们将其直接截断到 0~255 之间即可。对于负数,也可以取绝对值。

SciPy 中对图像的卷积计算分为一维卷积计算和多维卷积计算,一维卷积计算用 convolve1d()方法,多维计算用 convolve(),它们的格式如下所示。

```
convolve1d(input, weights, axis = - 1, output = None, mode = 'reflect', cval = 0.0, origin = 0)
convolve(input, weights, output = None, mode = 'reflect', cval = 0.0, origin = 0)
```

其中,input 是图像输入；weights 是权重,也就是卷积核；axis 指定数据所在的轴,一维离散卷积对 axis 指定轴上的所有数据都进行卷积计算；output 用于指定输出结果保存的变量或输出结果的数据类型(dtype),默认输出的类型与输入相同；mode 设置将输入数据 input 往两端扩充的方式,如果 input＝[a b c d],mode＝'reflect'或'grid-mirror'时,input 扩充为[d c b a｜a b c d｜d c b a],mode＝'constant'或'grid-constant'时,input 扩充为[k k k k｜a b c d｜k k k k],其中 k 值由 cval 参数指定,默认为 0,mode＝'nearest'时,input 扩充为[a a a a｜a b c d｜d d d d],mode＝'mirror'时,input 扩充为[d c b｜a b c d｜c b a],mode＝'wrap'或'grid-wrap'时,input 扩充为[a b c d｜a b c d｜a b c d]。convolve1d()和 convolve() 函数的输出是与 input 形状相同的数组,origin 控制输出的偏移位置,值 0(默认值)使卷积核位于像素的中心,正值将向右移动,负值将向左移动。

图像卷积计算中,weights 设置卷积核,不同的卷积核会产生不同的效果。常用的一些卷积核如图 7-39 所示,可以根据实际情况调整形状或数值的大小。

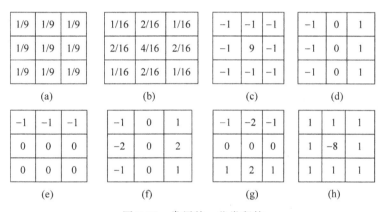

图 7-39 常用的一些卷积核

(a) 均值平滑滤波；(b) 高斯平滑滤波；(c) 图像锐化；(d) 水平梯度；

(e) 竖直梯度；(f) sobel 水平梯度；(g) sobel 竖直梯度；(h) 拉普拉斯梯度

下面的代码是用 convolve1d()方法对数据进行卷积计算的例子,用于说明 origin 参数的作用。

```
from scipy import ndimage    # Demo7_93.py
import numpy as np

x = np.array([1,2,3,4,5,6])
w = np.array([5,3,2,5,1])

y = ndimage.convolve1d(x,w,mode = 'reflect',origin = 0)
print(1,y)      # origin = 0 时,取 print(4,y)输出值中间位置的值
y = ndimage.convolve1d(x,w,mode = 'reflect',origin = 2)
print(2,y)      # origin = 2 时,取 print(4,y)输出值中间向右移动 2 位置的值
y = ndimage.convolve1d(x,w,mode = 'reflect',origin = - 2)
print(3,y)      # origin = - 2 时,取 print(4,y)输出值中间向左移动 2 位置的值
x = np.array([6,5,4,3,2,1,1,2,3,4,5,6,6,5,4,3,2,1])    # mode = reflect 时对应的扩充值
y = ndimage.convolve1d(x,w,mode = 'constant')
print(4,y)
x = np.array([[1,2,3,4,5,6],[3,5, - 2,3, - 6,2],[3,6,5, - 9, - 2, - 3]])
```

```
w = np.array([[5,3,2,5,1],[-2.3,-4,2,1,-2]])
y = ndimage.convolve(x,w)
print(5,y)
'''
运行结果如下:
1 [30 39 54 70 81 84]
2 [54 70 81 84 82 73]
3 [31 28 30 39 54 70]
4 [47 67 58 42 31 28 30 39 54 70 81 84 82 73 58 42 26 15]
5 [[ 15  18  -18  -33  -12  -73]
   [ 53   8    2    5  -85  -46]
   [ 31   9   56  -18  -72  -17]]
'''
```

利用卷积计算,可以直接对图像的红、绿、蓝三种颜色进行变换,也可以对某一种颜色进行变换。下面的代码用 convolve1d() 和 convolve() 函数对 misc 模块中自带的一幅图像进行卷积计算。程序运行结果如图 7-40 所示。

```
from scipy import ndimage,misc    #Demo7_94.py
import numpy as np
import matplotlib.pyplot as plt

x = misc.face()          #misc 中自带的图像
w = np.array([1,-1,-1])
y = ndimage.convolve1d(x,w,axis=0)
red = x[...,0]
green = x[...,1]
blue = x[...,2]
y1 = ndimage.convolve1d(red,w)
y2 = ndimage.convolve1d(green,w)
y3 = ndimage.convolve1d(blue,w)
y4 = np.stack((y1,y2,y3),axis=2)

w = np.array([[[-1,1,0,1,-1],[-1,-1,1,1,-1]]])
z = ndimage.convolve(x,w)

plt.subplot(141)
plt.imshow(x)
plt.subplot(142)
plt.imshow(y)
plt.subplot(143)
plt.imshow(y4)
plt.subplot(144)
plt.imshow(z)
plt.show()
```

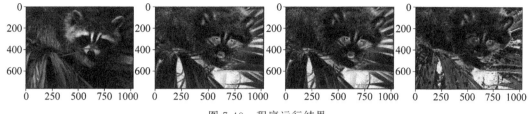

图 7-40　程序运行结果

2. 图像相关计算

SciPy 中提供了另外一种与卷积计算类似的算法 correlate1d()函数和 correlate()函数，它们的格式和参数意义分别与 convolve1d()函数和 convolve()函数相同。convolve1d()函数的输出结果与 correlate1d()函数的结果的元素顺序相反，例如下面的代码。

```python
from scipy import ndimage    # Demo7_95.py
import numpy as np

x = np.array([1,2,3,4,5,6])
w = np.array([5,3,2])
w_reverse = np.flip(w)         # w 的逆序
y_convolve = ndimage.convolve1d(x,w_reverse)
print(1,y_convolve)
y_correlate = ndimage.correlate1d(x,w)
print(2,y_correlate)
y_convolve = ndimage.convolve1d(x,w)
print(3,y_convolve)
y_correlate = ndimage.correlate1d(x,w_reverse)
print(4,y_correlate)
'''
运行结果如下：
1 [12 17 27 37 47 55]
2 [12 17 27 37 47 55]
3 [15 23 33 43 53 58]
4 [15 23 33 43 53 58]
'''
```

7.11.2　高斯滤波

在卷积和相关计算中，当权重参数 weights 取高斯分布（Gaussian distribution）时，可以对图像进行模糊化处理，称为高斯滤波。高斯滤波是一种线性平滑滤波，可以去除高斯噪声，其效果是降低图像的尖锐变化，图像变模糊了。模糊可以理解成每一个像素都取周边像素的平均值，计算平均值时，取值范围越大，模糊效果越强。

一维和二维高斯分布函数如下所示，其中 σ 是标准差，$\sigma=1$ 时是标准正态分布。

$$G(x) = \frac{1}{\sqrt{2\pi}\,\sigma}e^{-\frac{x^2}{2\sigma^2}}$$

$$G(x,y) - \frac{1}{2\pi\sigma^2}e^{-\frac{x^2+y^2}{2\sigma^2}}$$

用高斯滤波对图像进行处理的函数是 gaussian_filter1d()和 gaussian_filter(),它们的格式如下所示。

```
gaussian_filter1d(input, sigma, axis = - 1, order = 0, output = None, mode = 'reflect', cval =
0.0, truncate = 4.0)
gaussian_filter(input, sigma, order = 0, output = None, mode = 'reflect', cval = 0.0, truncate = 4.0)
```

其中,sigma 是高斯分布中的 σ 值,σ 值越大图像越模糊,可以取标量或标量序列,指定每维的 σ 值;order 是高斯分布函数的微分阶次,取 0 时,权重直接取高斯分布,取正整数时权重取高斯的微分值;truncate 是高斯分布的截断值;其他参数如前所述。

对于多维高斯滤波,也可以直接用对应 order＝1 和 order＝2 时的 gaussian_gradient_magnitude()函数和 gaussian_laplace()函数,它们的格式如下所示。

```
gaussian_gradient_magnitude(input, sigma, output = None, mode = 'reflect', cval = 0.0, ** kwargs)
gaussian_laplace(input, sigma, output = None, mode = 'reflect', cval = 0.0, ** kwargs)
```

下面的代码用高斯滤波对图像进行不同的处理。程序运行结果如图 7-41 所示。

```python
from scipy import ndimage, misc    # Demo7_96.py
import matplotlib.pyplot as plt

x = misc.face()          # misc 中自带的图像
y = ndimage.gaussian_filter1d(x, sigma = 15, axis = 1)
y = ndimage.gaussian_filter1d(y, sigma = 15, axis = 0)
plt.subplot(1,3,1)
plt.imshow(y)
y = ndimage.gaussian_filter(x, sigma = 6)
plt.subplot(1,3,2)
plt.imshow(y)
y = ndimage.gaussian_laplace(x, sigma = 1)
plt.subplot(1,3,3)
plt.imshow(y)
plt.show()
```

图 7-41　程序运行结果

7.11.3　图像边缘检测

对于图像中颜色变化较大地方的检测称为图像边缘检测,图像边缘检测可以绘制出图像内部的轮廓。图像边缘检测可以用 prewitt()方法或 sobel()方法,它们的格式如下所示。

```
prewitt(input, axis = -1, output = None, mode = 'reflect', cval = 0.0)
sobel(input, axis = -1, output = None, mode = 'reflect', cval = 0.0)
```

在卷积计算中,读者可以使用权重参数 weights=[-1,0,1],达到近似的边缘检测的效果,例如下面的代码。程序运行结果如图 7-42 所示。

```python
from scipy import ndimage, misc    # Demo7_97.py
import numpy as np
import matplotlib.pyplot as plt

x = misc.ascent()          # misc 中自带的图像
y = ndimage.prewitt(x)
z = ndimage.sobel(x)
w = np.array([-1,0,1])
h = ndimage.convolve1d(x,w)

plt.gray()
plt.subplot(141); plt.imshow(x)
plt.subplot(142); plt.imshow(y)
plt.subplot(143); plt.imshow(z)
plt.subplot(144); plt.imshow(h)
plt.show()
```

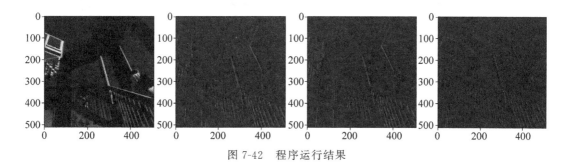

图 7-42　程序运行结果

7.11.4　样条插值滤波

样条插值滤波是将输入数据转换成 B 样条曲线的系数,然后用 B 样条曲线获取新的数据。样条插值滤波主要用于图像的插值运算中。一维和多维样条插值滤波用 spline_filter1d()函数和 spline_filter()函数,它们的格式如下所示,其中 order 确定样条曲线的阶次,只能取 2、3、4 和 5。

```
spline_filter1d(input, order = 3, axis = -1, output = None, mode = 'mirror')
spline_filter(input, order = 3, output = None, mode = 'mirror')
```

下面的代码对图像进行样条插值,程序运行结果如图 7-43 所示。可以看出新图像比原图像颜色更加鲜艳。

```python
from scipy import ndimage, misc    # Demo7_98.py
import matplotlib.pyplot as plt
import numpy as np

x = misc.face()            # misc 中自带的图像
y = ndimage.spline_filter1d(x, order = 3)
y = np.abs(y)
y = np.array(y/np.max(y) * 255, dtype = int)
z = ndimage.spline_filter(x, order = 4)
z = np.abs(z)
z = np.array(z/np.max(z) * 255, dtype = int)
plt.subplot(131); plt.imshow(x)
plt.subplot(132); plt.imshow(y)
plt.subplot(133); plt.imshow(z)
plt.show()
```

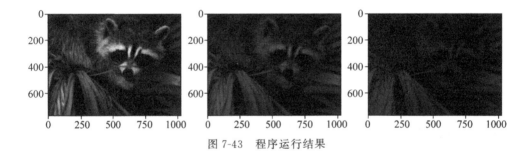

图 7-43　程序运行结果

7.11.5　广义滤波

广义滤波是指卷积计算中,权重参数 weights 由指定的函数来计算,在对每个数据进行卷积计算时,都会调用一次函数来重新生成权重函数。广义滤波函数分为 generic_filter1d()函数和 generic_filter()函数,其格式如下所示。

```
generic_filter1d(input, function, filter_size, axis = -1, output = None, mode = 'reflect', cval = 0.0,
    origin = 0, extra_arguments = (), extra_keywords = None)
generic_filter(input, function, size = None, footprint = None, output = None, mode = 'reflect',
    cval = 0.0, origin = 0, extra_arguments = (), extra_keywords = None)
```

其中,function 是计算权重的函数;filter_size 指定 input 中参与滤波的数据个数;size 可以取整数或整数元组,指定 input 中参与计算的数据的形状,例如 input 的形状是(8,8,8),size 是 2,则实际是(2,2,2);footprint 是布尔型数组,指定 input 中哪些数据参与计算,只有对应 footprint 中 True 位置的数据才参与计算,size＝(n,m)与 footprint＝np. ones((n,m))等价,如果指定了 footprint,则忽略 size;extra_arguments 和 extra_keywords 是输出到 function 的额外参数;其他参数如前所述。

7.11.6　图像的平移、旋转和缩放

图像通常以二维或三维数组的形式存在,每个像素点有 x 和 y 坐标,如果把像素点的 x 和 y 坐标进行变换,像素点的颜色值不变,则可以对图像进行移动、旋转、缩放、错切等运算。图像的移动、旋转和缩放可以分别用 shift()函数、rotate()函数和 zoom()函数实现,它们的格式如下所示。

```
shift(input, shift, output = None, order = 3, mode = 'constant', cval = 0.0, prefilter = True)
rotate(input, angle, axes = 1,0, reshape = True, output = None, order = 3, mode = 'constant',
        cval = 0.0, prefilter = True)
zoom(input, zoom, output = None, order = 3, mode = 'constant', cval = 0.0, prefilter = True,
        grid_mode = False)
```

其中,input 是图像数组;shift 是平移量,可以取标量或数组,如果是标量,则指每维的移动量相同;order 是指样条插值的阶次,可以取 0～5 的整数;prefilter 确定是否对输入用 spline_filter()方法进行预处理;angle 设置图像的旋转角度(°);axes 设置旋转平面;zoom 设置缩放系数,可以取标量或数组;grid_mode 设置缩放模式,取 False 时以图像的中心为缩放基点,取 True 时以图像的起始点为缩放基点。

下面的代码将 SciPy 自带的一个图像进行平移、旋转和缩放操作。程序运行结果如图 7-44 所示。

```
from scipy import ndimage, misc    # Demo7_99.py
import matplotlib.pyplot as plt

x = misc.face()
print(1,x.shape)
y1 = ndimage.shift(x,shift = (200,200,0))
print(2,y1.shape)
y2 = ndimage.rotate(x,angle = 45)
print(3,y2.shape)
y3 = ndimage.zoom(x,zoom = (0.5,0.8,1))
print(4,y3.shape)
plt.subplot(131); plt.imshow(y1)
plt.subplot(132); plt.imshow(y2)
plt.subplot(133); plt.imshow(y3)
plt.show()
'''
运行结果如下:
1 (768, 1024, 3)
2 (768, 1024, 3)
3 (1267, 1267, 3)
4 (384, 819, 3)
'''
```

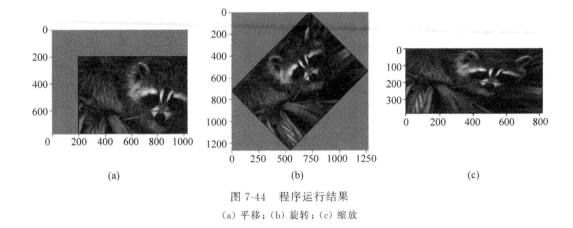

图 7-44　程序运行结果

(a) 平移；(b) 旋转；(c) 缩放

7.11.7　图像的仿射变换

图像像素的位置可以通过 $f = Ax + b$ 进行变换，其中 x 是像素位置，A 是变换矩阵，b 是平移量。如果选择合适的 A，可以实现图像的移动、旋转、缩放、错切（shear）等运算。

二维空间中的一个坐标 (x, y) 可用齐次坐标 (x, y, k) 表示，其中 k 是一个不为 0 的缩放比例系数，当 $k=1$ 时，坐标可以表示成 $(x, y, 1)$，通过变换矩阵 A，可以得到新的坐标 $(x', y', 1)$，用变换矩阵 A 可以表示成

$$A = \begin{bmatrix} m_{11} & m_{12} & m_{13} \\ m_{21} & m_{22} & m_{23} \\ m_{31} & m_{32} & m_{33} \end{bmatrix}$$

用 A 表示的变换为

$$\begin{bmatrix} x' \\ y' \\ 1 \end{bmatrix} = A \begin{bmatrix} x \\ y \\ 1 \end{bmatrix} = \begin{bmatrix} m_{11} & m_{12} & m_{13} \\ m_{21} & m_{22} & m_{23} \\ m_{31} & m_{32} & m_{33} \end{bmatrix} \begin{bmatrix} x \\ y \\ 1 \end{bmatrix}$$

选择合适的 A 值，可以实现图像的移动、旋转、缩放、错切运算。

对于沿着 x 和 y 方向的平移可以表示成

$$\begin{bmatrix} x' \\ y' \\ 1 \end{bmatrix} = \begin{bmatrix} 1 & 0 & \mathrm{d}x \\ 0 & 1 & \mathrm{d}y \\ 0 & 0 & 1 \end{bmatrix} \begin{bmatrix} x \\ y \\ 1 \end{bmatrix}$$

对于沿着 x 和 y 方向的缩放可以表示成

$$\begin{bmatrix} x' \\ y' \\ 1 \end{bmatrix} = \begin{bmatrix} \mathrm{scale\_x} & 0 & 0 \\ 0 & \mathrm{scale\_y} & 0 \\ 0 & 0 & 1 \end{bmatrix} \begin{bmatrix} x \\ y \\ 1 \end{bmatrix}$$

对于绕 z 轴旋转 θ 角可以表示成

$$\begin{bmatrix} x' \\ y' \\ 1 \end{bmatrix} = \begin{bmatrix} \cos(\theta) & -\sin(\theta) & 0 \\ \sin(\theta) & \cos(\theta) & 0 \\ 0 & 0 & 1 \end{bmatrix} \begin{bmatrix} x \\ y \\ 1 \end{bmatrix}$$

对于错切可以表示成

$$\begin{bmatrix} x' \\ y' \\ 1 \end{bmatrix} = \begin{bmatrix} 1 & \text{shear\_x} & 0 \\ \text{shear\_y} & 1 & 0 \\ 0 & 0 & 1 \end{bmatrix} \begin{bmatrix} x \\ y \\ 1 \end{bmatrix}$$

如果要进行多次不同的变换，可以将以上变换矩阵依次相乘，得到总的变换矩阵。在实际计算时，也可输入矩阵 $\begin{bmatrix} m_{11} & m_{12} \\ m_{21} & m_{22} \end{bmatrix}$，平移量由 b 来确定。以上是针对二维图形的变换，也可推广到三维变换。

图像的仿射变换用 affine_transform()方法，其格式如下所示。

```
affine_transform(input, matrix, offset = 0.0, output_shape = None, output = None, order = 3,
    mode = 'constant', cval = 0.0, prefilter = True)
```

其中，input 是图像数组，其维数是 ndim；matrix 是变换矩阵 A，offset 是平移量 b，如果 matrix 的形状是（ndim，ndim），则表示由 offset 确定平移量，如果 matrix 的形状是（ndim，），则表示是对角线上的元素，如果 matrix 的形状是（ndim＋1，ndim＋1），则忽略 b，如果 matrix 的形状是（ndim，ndim＋1），则 matrix 的最后一行是[0，0，…，1]；output_shape 设置输出数组的形状；其他参数如前所述。

下面的代码将 SciPy 自带的一个图像进行平移、缩放、旋转和错切运算。程序运行结果如图 7-45 所示。

```
from scipy import ndimage, misc    # Demo7_100.py
import matplotlib.pyplot as plt
import numpy as np

x = misc.face()
A = np.diag([1,1,1]); b = [-100,-200,0]
translate = ndimage.affine_transform(x, matrix = A, offset = b)

A = [[0.5,0,0],[0,0.8,0],[0,0,1]]; b = [0,0,0]
scale = ndimage.affine_transform(x, matrix = A, offset = b)

A = [[np.cos(-np.pi/6),-np.sin(-np.pi/6),0],[np.sin(-np.pi/6),np.cos(-np.pi/6),
0],[0,0,1]]; b = [-250,250,0]
rotate = ndimage.affine_transform(x, matrix = A, offset = b)

A = [[1,-0.5,0],[-0.3,1,0],[0,0,1]]; b = [200,200,0]
shear = ndimage.affine_transform(x, matrix = A, offset = b)

plt.subplot(141); plt.imshow(translate)
plt.subplot(142); plt.imshow(scale)
plt.subplot(143); plt.imshow(rotate)
plt.subplot(144); plt.imshow(shear)
plt.show()
```

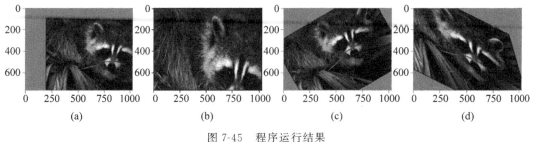

图 7-45　程序运行结果

(a) 平移；(b) 缩放；(c) 旋转；(d) 错切

7.11.8　二进制形态学

对于由 0 和 1 构成的二进制数组或图像，0(或 False)表示黑色，1(或 True)表示白色，可以采用数学形态学(mathematical morphology)的方法对二进制数组或图像进行各种运算，例如膨胀、腐蚀、白帽、黑帽、开运算与闭运算、灰值膨胀与腐蚀、灰值开运算与闭运算等操作。数学形态学是一门建立在格论和拓扑学基础之上的图像分析学科，是数学形态学图像处理的基本理论。

1. 二进制基本联通结构

在二进制数组或图像中，如果两个相邻像素点的值相同(同为 1 或同为 0，或者同为 True 或同为 False)，那么就认为这两个像素点在一个相互连通的区域内。在进行二进制形态学运算时，需要指定基本的联通结构进行运算。例如二维数组情况下，对于下面的 4 种联通结构，如果某个元素的值是 1，与该元素相连的 8 个元素的值全部为 0，则在进行膨胀运算时(合并到 1 联通的区域内)，若采用第 1 种结构作为基本联通结构，则该元素的上、下、左、右 4 个元素变成 1，其他值不变；若采用第 2 种结构作为基本联通结构，则对角线上的 4 个元素变为 1；若采用第 3 种结构作为基本联通结构，则该元素周围的 8 个元素都变成 1；若采用第 4 种结构作为基本联通结构，则除右下角的值不变外，其他 7 个元素都变成 1。

```
0 1 0       1 0 1       1 1 1       1 1 1
1 1 1       0 1 0       1 1 1       1 1 1
0 1 0       1 0 1       1 1 1       1 1 0
```

基本联通结构可以自由创建，也可以用 generate_binary_structure(rank, connectivity)函数创建，其中 rank 是维数，connectivity 设置哪些元素属于联通区域。当 rank＝2，connectivity＝1 时就是上面的第 1 种结构；当 rank＝2，connectivity＝2 时就是上面的第 3 种结构。

下面的程序用不同的基本联通结构来进行膨胀运算。程序运行结果如图 7-46 所示。最左侧的图是没有膨胀前的原始图，由 5 个白点构成，其他 3 个图像是用不同的基本联通结构进行膨胀后的结果。

```
from scipy import ndimage    # Demo7_101.py
import matplotlib.pyplot as plt
import numpy as np

a = np.zeros((21,21), dtype = int)
```

```
a[10,10] = a[4,4] = a[4,16] = a[16,4] = a[16,16] = 1
structure = ndimage.generate_binary_structure(2,1)
b = ndimage.binary_dilation(a,structure)

structure = np.array([ [1, 0, 1],
                       [0, 1, 0],
                       [1, 0, 1] ])
c = ndimage.binary_dilation(a,structure)

structure = np.array([ [1, 1, 1],
                       [1, 1, 1],
                       [1, 1, 0] ])
d = ndimage.binary_dilation(a,structure)

plt.subplot(1,4,1); plt.imshow(a)
plt.subplot(1,4,2); plt.imshow(b)
plt.subplot(1,4,3); plt.imshow(c)
plt.subplot(1,4,4); plt.imshow(d)
plt.show()
```

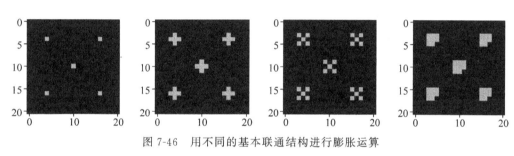

图 7-46　用不同的基本联通结构进行膨胀运算

2. 膨胀运算与腐蚀运算

膨胀运算是将与白色区域接触的背景像素(黑色区域)根据基本联通结构合并到白色区域的过程,将 1 值联通区域扩大。膨胀运算用 binary_dilation() 函数进行,其格式如下所示。

binary_dilation(input, structure = None, iterations = 1, mask = None, output = None, border_value = 0, origin = 0, brute_force = False)

其中,input 是二进制数组或图像矩阵;structure 设置基本联通结构,如果没有给出,默认为等于 1 的方形连接元素;iterations 设置膨胀次数,取值可以小于 1,则重复膨胀,直到结果不再改变为止,这时相当于 binary_propagation() 方法;mask 设置掩码,取值是数组,在每次迭代时仅改变掩码元素是 True 对应位置的那些元素;output 设置用于保存结果的变量;border_value 设置输出数组中边框位置的值,取值是 0 或 1;origin 设置结果的偏移位置,取值为整数或整数元组,如果是整数,则所有维的偏移位置都是该值;brute_force 取 False 时,只有最近一次膨胀运算中值变为 1 的元素作为当前需要向外膨胀的元素,取 True 时,则所有值为 1 的元素作为向外膨胀的元素。

腐蚀运算是与膨胀运算相反的操作,根据基本联通结构将 1 值联通区域缩小,可用来提取主要信息,去掉毛刺和孤立的信息。腐蚀运算用 binary_erosion()函数进行,其格式如下所示,参数意义如前所述。

binary_erosion(input, structure = None, iterations = 1, mask = None, output = None, border_value = 0, origin = 0, brute_force = False)

下面的程序利用 SciPy 中自带的二维图像,将其转换成二进制图像,对其分别进行膨胀运算和腐蚀运算。程序运行结果如图 7-47 所示。其中,左图是原二进制图像,中图和右图分别是膨胀和腐蚀图像。

```python
from scipy import ndimage, misc    # Demo7_102.py
import matplotlib.pyplot as plt
import numpy as np

x = misc.ascent()
x = (x > 90).astype(int)
structure = np.array([[0, 1, 0],
                      [1, 1, 1],
                      [0, 1, 0]])
y = ndimage.binary_dilation(x, structure, iterations = 2)
z = ndimage.binary_erosion(x, structure, iterations = 3)

plt.subplot(1,3,1); plt.imshow(x)
plt.subplot(1,3,2); plt.imshow(y)
plt.subplot(1,3,3); plt.imshow(z)
plt.show()
```

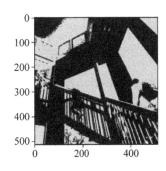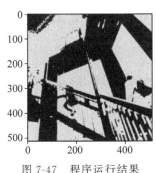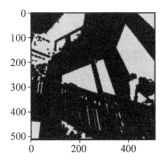

图 7-47　程序运行结果

3. 开运算与闭运算

开运算是腐蚀后再膨胀,可以消除小物体或小斑块,平滑图像的轮廓,拐点的地方更加连贯;闭运算是膨胀后再腐蚀,可用来填充孔洞。开运算和闭运算分别用 binary_opening()方法和 binary_closing()方法计算,它们的格式如下所示,参数意义如前所述。

binary_opening(input, structure = None, iterations = 1, output = None, origin = 0, mask = None, border_value = 0, brute_force = False)
binary_closing(input, structure = None, iterations = 1, output = None, origin = 0, mask = None, border_value = 0, brute_force = False)

下面的程序利用 SciPy 中自带的二维图像,将其转换成二进制图像,对其分别进行开运算和闭运算。程序运行结果如图 7-48 所示。其中,左图是原二进制图像,中图和右图分别是开运算图像和闭运算图像。

```
from scipy import ndimage, misc    # Demo7_103.py
import matplotlib.pyplot as plt
import numpy as np

x = misc.ascent()
x = (x > 90).astype(int)
structure = np.ones(shape = (3,3))
y = ndimage.binary_opening(x, structure, iterations = 4)
z = ndimage.binary_closing(x, structure, iterations = 4)

plt.subplot(1,3,1); plt.imshow(x)
plt.subplot(1,3,2); plt.imshow(y)
plt.subplot(1,3,3); plt.imshow(z)
plt.show()
```

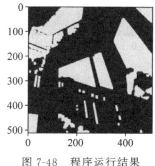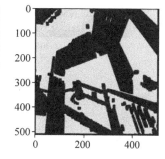

图 7-48　程序运行结果

4. 白帽和黑帽

白帽是将原图像减去它的开运算值,返回比结构化元素小的白点;黑帽是将原图像减去它的闭运算值,返回比结构化元素小的黑点,且将这些黑点反色。白帽和黑帽分别用 white_tophat() 方法和 black_tophat() 方法计算,它们的格式如下所示,其参数如前所述。

```
white_tophat(input, size = None, footprint = None, structure = None, output = None, mode =
'reflect', cval = 0.0, origin = 0)
black_tophat(input, size = None, footprint = None, structure = None, output = None, mode =
'reflect', cval = 0.0, origin = 0)
```

下面的程序利用 SciPy 中自带的二维图像,将其转换成二进制图像,对其分别进行白帽运算和黑帽运算。程序运行结果如图 7-49 所示。其中,图(a)是原二进制图像,图(b)和图(c)分别是白帽运算图像和黑帽运算图像,可以看出白帽和黑帽的差异不是很明显。

```
from scipy import ndimage, misc    # Demo7_104.py
import matplotlib.pyplot as plt
import numpy as np

x = misc.ascent()
x = (x > 90).astype(int)
structure = np.ones(shape = (3,3))
y = ndimage.white_tophat(x, structure = structure)
z = ndimage.black_tophat(x, structure = structure)

plt.subplot(1,3,1); plt.imshow(x)
plt.subplot(1,3,2); plt.imshow(y)
plt.subplot(1,3,3); plt.imshow(z)
plt.show()
```

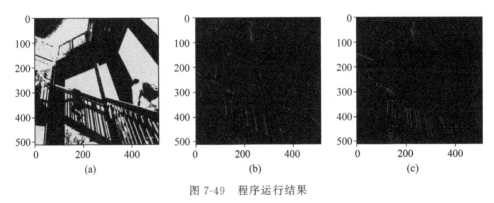

图 7-49　程序运行结果

5. 填充孔

二进制数组或图像中,如果 0(或 False)联通区域被 1(或 True)联通区域完全包围,则认为它是一个孔,可以将这个孔用 1 填充。填充孔用 binary_fill_holes()方法计算,其格式如下所示,其参数如前所述。

binary_fill_holes(input, structure = None, output = None, origin = 0)

下面的程序利用 SciPy 中自带的二维图像,将其转换成二进制图像,对其填孔运算。程序运行结果如图 7-50 所示。其中,图(a)是原二进制图像,图(b)是填充孔后的图像。

```
from scipy import ndimage, misc    # Demo7_105.py
import matplotlib.pyplot as plt
import numpy as np

x = misc.ascent()
x = (x > 90).astype(int)
structure = np.ones(shape = (3,3))
y = ndimage.binary_fill_holes(x, structure = structure)

plt.subplot(1,2,1); plt.imshow(x)
plt.subplot(1,2,2); plt.imshow(y)
plt.show()
```

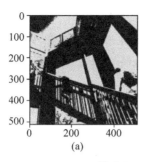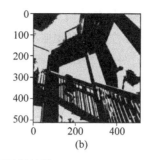

(a)　　　　　　　　　　　　(b)

图 7-50　程序运行结果

6. hit-or-miss 运算

hit-or-miss 运算可以在二进制图像中寻找指定的结构,它能在输入中查找匹配一个结构而不匹配另一个结构的区域。hit-or-miss 运算对图像中的每个像素周围的像素进行结构判断,如果周围像素的黑白模式符合指定的结构,则将此像素设置为白色,否则设置为黑色。因为它需要同时对白色和黑色像素进行判断,所以需要指定两个结构元素。hit-or-miss 运算用 binary_hit_or_miss()方法,其格式如下所示。

```
binary_hit_or_miss(input, structure1 = None, structure2 = None, output = None, origin1 = 0,
origin2 = None)
```

其中,structure1 中的 1 元素是要匹配的结构,structure2 中的 0 元素是要匹配的结构。

下面的程序先生成粗字体,然后用匹配方法查找并替换匹配的结构。程序运行结果如图 7-51 所示。

```
from scipy import ndimage    # Demo7_106.py
import matplotlib.pyplot as plt
import numpy as np

x = np.zeros((30,51), dtype = int)
x[2:5, 2:48] = 1; x[2:28, 24:27] = 1
structure1 = np.ones(shape = (3,3))
y = ndimage.binary_hit_or_miss(x, structure1 = structure1).astype(int)

plt.subplot(1,2,1); plt.imshow(x)
plt.subplot(1,2,2); plt.imshow(y)
plt.show()
```

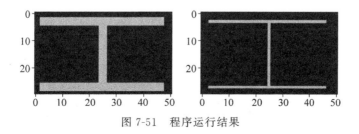

图 7-51　程序运行结果

7. 形态梯度和形态拉普拉斯

形态梯度和形态拉普拉斯用膨胀和腐蚀的差异来计算梯度,可以识别物体边缘轮廓。形态梯度和形态拉普拉斯分别用 morphological_gradient()方法和 morphological_laplace()方法计算,它们的格式如下所示,参数如前所述。

```
morphological_gradient(input, size = None, footprint = None, structure = None, output = None,
    mode = 'reflect', cval = 0.0, origin = 0)
morphological_laplace(input, size = None, footprint = None, structure = None, output = None,
    mode = 'reflect', cval = 0.0, origin = 0)
```

下面的程序利用 SciPy 中自带的二维图像,将其转换成二进制图像,对其分别进行梯度运算和拉普拉斯运算。程序运行结果如图 7-52 所示。其中,图(a)是原二进制图像,图(b)和图(c)分别是梯度运算图像和拉普拉斯运算图像。

```python
from scipy import ndimage, misc    # Demo7_107.py
import matplotlib.pyplot as plt
import numpy as np

x = misc.ascent()
x = (x > 90).astype(int)
structure = np.ones(shape = (3,3))
y = ndimage.morphological_gradient(x,structure = structure)
z = ndimage.morphological_laplace(x,structure = structure)

plt.subplot(1,3,1); plt.imshow(x)
plt.subplot(1,3,2); plt.imshow(y)
plt.subplot(1,3,3); plt.imshow(z)
plt.show()
```

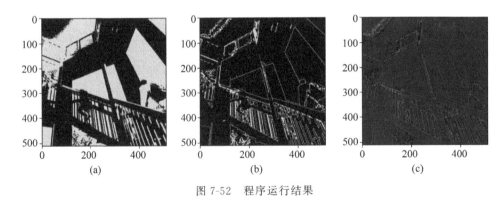

(a) (b) (c)

图 7-52 程序运行结果

7.12 正交距离回归

在前面我们讲过用最小二乘法用多项式拟合已知数据,最小二乘法优化的目标是已知数据与目标函数的 y 值差最小。正交距离回归(orthogonal distance regression,ODR)是另

外一种拟合方法,优化的目标是已知数据与目标函数的
距离,根据距离最小来获取拟合函数。例如对于图 7-53
所示的用 $y = ax + b$ 来拟合已知数据,最小二乘法的优
化目标是实线表示的 y 向误差,而正交距离回归优化的
目标是虚线表示的距离误差,使得每个点到直线的垂直
距离之和最小,而且正交距离回归可以用自定义的非线
性方程来拟合。可以看出已知数据的 x 和 y 值都对拟合
函数起作用,正交距离回归适合 x 和 y 都有偏差的函数
拟合。

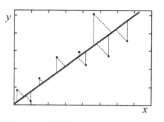

图 7-53 线性正交回归示意图

7.12.1 正交距离回归流程

正交距离回归首先需要提供被拟合的数据,根据数据的大致规律,定义需要拟合的函
数,函数中通常有未知的参数需要通过正交距离回归确定,然后根据已知数据和拟合函数定
义正交距离回归模型的实例对象,用实例对象进行计算,得到拟合函数中的未知参数,最终
确定拟合函数。正交距离回归需要用 SciPy 的 ord 模块中的有关类和函数来实现。

1. 被拟合数据的定义

正交距离回归需要将被拟合的数据定义成 Data 类的实例对象,用 Data 类定义数据对
象的方法如下所示。

```
Data(x, y = None, we = None, wd = None, fix = None)
```

其中,x 定义独立变量的数据,可以是形状为(n,)的一维数组,也可以是形状为(m,n)的二
维数组,m 表示独立变量的个数,n 表示每个独立变量的取值的个数;y 定义响应数据,y 可
取标量、形状是(n,)的一维数组,也可以是形状为(q,n)的二维数组,q 表示响应变量的个
数,n 是每个响应变量取值的个数,如果 y 取标量,则表示正交距离回归模型是隐式模型;
we 定义 y 的权重系数,如果 we 取标量,则应用于 y 的所有值,如果 we 是形状为(n,)的一
维数组,则应用于 y 对应位置的值(y 是单变量),如果 we 是形状为(q,n)的二维数组,则应
用于 y 对应位置的值(y 是多变量);wd 定义 x 的权重系数,其取值形式与 we 的基本相同;
fix 是整数数组,形状与 x 的形状相同,确定哪个观测值是固定不变的,值为 0 处的观测值当
作无误差的数据,值大于 0 处的观测值是有误差的数据。

另外一种将被拟合的数据定义成 Data 类实例对象的方法是用 RealData(),其格式如下
所示。其中 sx 和 sy 分别定义 x 和 y 的标准差数组,covx 和 covy 分别定义 x 和 y 的协方差
数组。

```
RealData(x, y = None, sx = None, sy = None, covx = None, covy = None, fix = None)
```

2. 拟合函数的定义

用户需要根据被拟合的数据 x 和 y 的规律和趋势,自定义一个与 x 和 y 规律和趋势类
似的函数来拟合 x 和 y。拟合函数的定义格式是 def fcn(beta,x)-> y,其中参数 beta 是拟合
函数中不确定的参数,可以是一个常数或常数数组;x 是独立变量,可以是一个变量,或多
个变量数组;beta 参数一定要在变量 x 的前面;-> y 是返回值。除自定义拟合函数外,还可

能用到计算 fcn 对 beta 的雅可比矩阵的函数 fjacb(beta,x),以及计算 fcn 对变量 x 的雅可比矩阵的函数 fjacd(beta,x)。

3. 正交距离回归模型的定义

自定义的拟合函数需要定义成正交距离回归模型才可以用于 ODR 计算,用 Model 类定义回归模型实例,其格式如下所示。

```
Model(fcn, fjacb = None, fjacd = None, extra_args = None, estimate = None, implicit = 0)
```

其中,fcn 是自定义的拟合函数;fjacb 和 fjacd 分别是计算雅可比矩阵的函数 fjacb(beta,x) 和 fjacd(beta,x);extra_args 是传递给 fcn(beta, x, * args)、fjacb(beta, x, * args) 和 fjacd(beta,x, * args) 函数的额外参数 args;estimate 是对 beta 参数的初始估计值;implicit 如果取 True,则表示拟合函数是隐式函数 y-fcn(beta,x)=0,此时 y 值是标量,不再对 y 值进行拟合。

4. 正交距离回归的定义和计算

定义正交距离回归需要用 ODR 类定义实例,创建 ODR 类的实例的方法如下所示,各参数的取值类型和说明如表 7-43 所示。

```
ODR(data, model, beta0 = None, delta0 = None, ifixb = None, ifixx = None, errfile = None,
    rptfile = None, ndigit = None, taufac = None, sstol = None, partol = None, maxit = None,
    stpb = None, stpd = None, sclb = None, scld = None, overwrite = False)
```

表 7-43 创建 ODR 对象各参数的取值类型和说明

参　　数	取 值 类 型	说　　明
data	Data	Data 类的实例对象
model	Model	Model 类的实例对象
beta0	array	beta 的初始值
delta0	array	变量 x 的初始误差,形状与 x 的形状相同
ifixb	array	设置 beta0 中哪些数据是没有误差的,形状与 beta0 的形状相同。ifixb 数组中 0 元素对应 beta0 中相同位置的数据是固定不变的,大于 0 的整数对应 beta0 中相同位置的数据是可变的
ifixx	array	设置 x 中哪些数据是没有误差的,形状与 x 的形状相同。ifixx 数组中 0 元素对应 x 中相同位置的数据是固定不变的,大于 0 的整数对应 x 中相同位置的数据是可变的
errfile	str	设置文件名,出错信息输出到该文件
rptfile	str	设置文件名,汇总信息输出到该文件
ndigit	int	设置函数计算中可以信赖的数字的个数
taufac	float	设置可以信赖的初始区域,默认值是 1
sstol	float	设置平方和收敛误差,默认值是 $\sqrt{eps}$,eps 是 1+eps>1 中最小的计算机值
partol	float	设置参数 beta 的收敛误差,对于显式方程,默认值是 $\sqrt[3]{eps^2}$;对于隐式方程,默认值是 $\sqrt[3]{eps}$
maxit	int	设置最大迭代次数,首次计算的默认值是 50,重启计算的默认值是 10
stpb	array	设置对参数 beta 进行有限差分的步长
stpd	array	设置对 x 进行有限差分的步长

续表

参　　数	取值类型	说　　明
sclb	array	设置 beta 参数的比例系数
scld	array	设置 x 值的比例系数
overwrite	bool	设置参数 errfile 和 rptfile 指定的文件是否可以被覆盖

ODR 实例对象的 run() 方法和 restart() 方法可以启动和重启拟合计算,并返回计算结果 output(Output 对象的实例)。ODR 实例对象的属性有 data、model 和 output。Output 对象用于保存计算后的结果,其属性如表 7-44 所示,用 pprint() 方法可以输出计算结果。

表 7-44　Output 对象的属性

属性名称	属性类型	说　　明	属性名称	属性类型	说　　明
beta	array	参数 beta 的值	y	array	函数 fcn(x+delta) 的值
sd_beta	array	参数 beta 的标准差	res_var	float	残差
cov_beta	array	参数 beta 的协方差	sum_square	float	误差平方和
delta	array	对 x 值误差的估计	sum_square_delta	float	delta 参数误差平方和
eps	array	对 y 值误差的估计	sum_square_eps	float	eps 误差的平方和
xplus	array	x+delta 的值	stopreason	list[str]	出错原因

下面的程序用含有误差的 x 和 y 数据来拟合一个函数。程序运行结果如图 7-54 所示。

```python
import numpy as np    # Demo7_108.py
from scipy import odr
import matplotlib.pyplot as plt

def f(beta, x):        # 拟合函数
    y = np.sin(x + beta[0]) * np.exp(-x ** 2 + beta[1])
    return y
np.random.seed(12345)
xdata = np.linspace(0, 5, 51)
ydata = f(beta = [1.5, 0.2], x = xdata)

error_x = 0.1 * np.random.normal(size = xdata.size)
error_y = 0.1 * np.random.normal(size = xdata.size)
xdata = xdata + error_x                              # 含有误差的 x 值
ydata = ydata + error_y                              # 含有误差的 y 值

data = odr.Data(x = xdata, y = ydata, we = 1, wd = 1)   # Data 的实例
model = odr.Model(fcn = f)                           # Model 的实例
odrfit = odr.ODR(data, model, beta0 = [0, 0])        # ODR 的实例
output = odrfit.run()                                # 运行 ODR 计算
output.pprint()                                      # 输出主要信息

plt.plot(xdata, ydata, label = "Data to be fitted")  # 绘制有误差的曲线
```

```
x = np.linspace(0, 5, 51)
y = f(output.beta, x)
plt.plot(x, y, 'b--', label = "Data from fitted fun")          #绘制拟合函数的曲线
plt.legend()
plt.show()
'''
运行结果如下：
Beta: [1.44344132  0.24666021]
Beta Std Error: [0.11863681  0.03998988]
Beta Covariance: [[1.59131383  0.17215622]
 [0.17215622  0.18080776]]
Residual Variance: 0.008844699755787206
Inverse Condition #: 0.34263432840754954
Reason(s) for Halting:
  Sum of squares convergence
'''
```

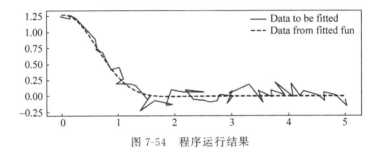

图 7-54 程序运行结果

上面的程序为 x 和 y 都是一个变量的情况，下面的代码是将上面代码稍作变更，x 和 y 都含两个变量。

```
import numpy as np    #Demo7_109.py
from scipy import odr

def f(beta, x):          #拟合函数
    y1 = np.cos(x[0] + beta[0]) * np.exp(- x[1] ** 2 + beta[1])
    y2 = np.sin(x[0] + beta[0]) * np.exp(- x[1] ** 2 + beta[1])
    return np.array([y1, y2])
np.random.seed(12345)
xdata = np.linspace(0, 5, 51)
xdata = np.row_stack((xdata, xdata))
ydata = f(beta = [1.5, 0.2], x = xdata)

error_x = 0.1 * np.random.normal(size = xdata.size).reshape(2, - 1)
error_y = 0.1 * np.random.normal(size = xdata.size).reshape(2, - 1)
xdata = xdata + error_x                              #含有误差的 x 值
ydata = ydata + error_y                              #含有误差的 y 值

data = odr.Data(x = xdata, y = ydata, we = 1, wd = 1)        #Data 的实例
```

```
model = odr.Model(fcn = f)              # Model 的实例
odrfit = odr.ODR(data,model,beta0 = [0,0])  # ODR 的实例
output = odrfit.run()                   # 运行 ODR 计算
output.pprint()                         # 输出主要信息
'''
运行结果如下:
Beta: [1.42879066  0.17892915]
Beta Std Error: [0.06063896  0.05132895]
Beta Covariance: [[ 1.99710353e - 01  - 8.63863222e - 07]
[ - 8.63863222e - 07  1.43094161e - 01]]
Residual Variance: 0.01841208330612125
Inverse Condition # : 0.9105533234851578
Reason(s) for Halting:
    Sum of squares convergence
'''
```

7.12.2 简易模型

SciPy 中提供方便快速计算的简易 Model,无须再定义拟合函数,这些模型包括单变量线性模型 unilinear、多变量线性模型 multilinear、二次多项式模型 quadratic、n 次多项式模型 polynomial(order)和指数模型 exponential,这几个函数所拟合的函数分别如下所示。

unilinear: $\qquad y = \beta_0 x + \beta_1$

multilinear: $\qquad y = \beta_0 + \sum_{i=1}^{m} \beta_i x_i$

quadratic: $\qquad y = \beta_0 x^2 + \beta_1 x + \beta_2$

polynomial(n): $\qquad y = \beta_0 x^n + \beta_1 x^{n-1} + \cdots + \beta_n$

exponential: $\qquad y = \beta_0 + e^{\beta_1 x}$

polynomial(order)模型中参数 order 可以直接取正整数,表示多项式的最高阶数,order 还可以取一个正整数列表,指定多项式中的每个 x 的指数。例如 polynomial([5,3,1])表示的拟合函数是 $y = \beta_0 x^5 + \beta_1 x^3 + \beta_2 x + \beta_4$。下面的代码是这些简易模型的一些应用。

```python
from scipy import odr    # Demo7_110.py
import numpy as np

x = np.linspace(1.0, 10.0)
y = 2.0 * x - 3.0
data = odr.Data(x, y)
odr_obj = odr.ODR(data, odr.unilinear)
output = odr_obj.run()
print(1,output.beta)

x = np.row_stack((np.linspace(0,7.0,num = 10),np.linspace(0,10.0,num = 10)))
y = - 5.0 + 2 * x[0] - 2 * x[1]
data = odr.Data(x, y)
```

```
odr_obj = odr.ODR(data, odr.multilinear)
output = odr_obj.run()
print(2,output.beta)

x = np.linspace(0.0, 8.0,num = 20)
y = 2.2 * x ** 2 + 3.1 * x - 3.0
data = odr.Data(x, y)
odr_obj = odr.ODR(data, odr.quadratic)
output = odr_obj.run()
print(3,output.beta)

y = np.cos(x)
poly_model = odr.polynomial(4)
data = odr.Data(x, y)
odr_obj = odr.ODR(data, poly_model)
output = odr_obj.run()
print(4,output.beta)

y = 6 + np.exp(0.3 * x)
data = odr.Data(x, y)
odr_obj = odr.ODR(data, odr.exponential)
output = odr_obj.run()
print(5,output.beta)
'''
运行结果如下:
1 [ 2.   - 3.]
2 [- 5.   1.   - 1.3]
3 [ 2.2   3.1   - 3.]
4 [ 1.08298487   - 0.27120902   - 0.56955933   0.19286686   - 0.0151898 ]
5 [6.   0.3]
'''
```

7.13 空间算法

SciPy 的 spatial 模块提供三维空间旋转变换算法、kd-tree 最近邻算法、德劳内三角剖分算法、凸包搜索和泰森多边形算法,本节详细介绍这方面的内容。

7.13.1 三维空间旋转变换

三维空间中描述一个旋转变换,可以用旋转矢量(rotation vector)、欧拉角(Euler angle)、旋转矩阵(rotation matrice)、四元数(quaternion)、修正的罗德里格斯参数(modified Rodrigues parameter,MRP)来表示。SciPy 中用 scipy. spatial. transform 子模块下的 Rotation 类的方法创建旋转变换。

1. 用旋转矢量创建旋转变换

旋转矢量是指空间中的一个矢量方向,以该矢量方向为旋转轴,矢量方向的幅值是旋转角度(弧度)。用旋转矢量创建 Rotation 实例的方法是 from_rotvec(),其格式是 from_rotvec(rotvec),其中 rotvec 是形状为(n,3)或(3,)的数组,如果形状是(n,3)的数组表示多个旋转变换。

```python
import numpy as np    # Demo7_111.py
from scipy.spatial.transform import Rotation as R


vector = np.array([1,1,1])              # 旋转轴的方向
r = R.from_rotvec(vector * np.pi/2/np.abs(vector))     # 创建旋转变换对象,旋转角度是 pi/2
a = np.array([1,2,3])                   # 被旋转的矢量
b = r.apply(a)                          # 对 a 实施旋转变换
print(b)
m = r.as_matrix()                       # 获得旋转变换矩阵
c = m @ a
print(np.allclose(b,c))                 # 验证结果
'''
运行结果如下:
[3.1486158  1.5282168  1.3231674]
True
'''
```

2. 用欧拉角创建旋转变换

欧拉角是指沿着 x 轴、y 轴和 z 轴按照一定顺序旋转的 3 个角度。沿着坐标轴的旋转可以是始终相对于一个固定不动的坐标系的旋转,此时用小写'x'、'y'、'z'表示这 3 个轴;也可以是相对于上次旋转后的坐标系的旋转,此时用大写'X'、'Y'、'Z'表示这 3 个轴。

如果按照'ZXZ'旋转序列来旋转坐标系,则旋转过程如图 7-55 所示。首先绕 z 轴旋转一定角度,x 轴旋转到 x' 位置,y 轴旋转到 y' 位置,z 轴不动,这样就得到新的坐标系($x'y'z$),如图 7-55(a)所示;然后绕坐标系($x'y'z$)的 x' 轴旋转一定角度,y' 轴旋转到 y'' 位置,z 轴旋转到 z' 位置,x' 轴不动,这样就得到另一个新坐标系($x'y''z'$),如图 7-55(b)所示;最后再绕坐标系($x'y''z'$)的 z' 轴旋转一定角度,x' 轴旋转到 x'' 位置,y'' 轴旋转到 y''' 位置,z' 轴不动,这样就最终得到了坐标系($x''y'''z'$),如图 7-55(c)所示。这种旋转序列的三次旋转在高等动力学和多体系统动力学中有广泛的应用,其他旋转序列与此类似,如'XYZ'、'ZYZ'等。

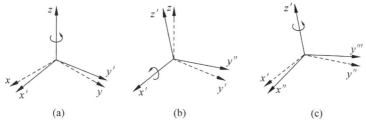

图 7-55　'ZXZ'旋转过程
(a) 'ZXZ'旋转的第 1 次旋转;(b) 'ZXZ'旋转的第 2 次旋转;(c) 'ZXZ'旋转的第 3 次旋转

旋转序列中相对于上次旋转后的坐标系的旋转和相对于固定不变的坐标系的旋转是有很大区别的,以'ZXZ'和'zxz'旋转序列角(90°,−90°,180°)为例,'ZXZ'和'zxz'的旋转过程

如图 7-56 所示。

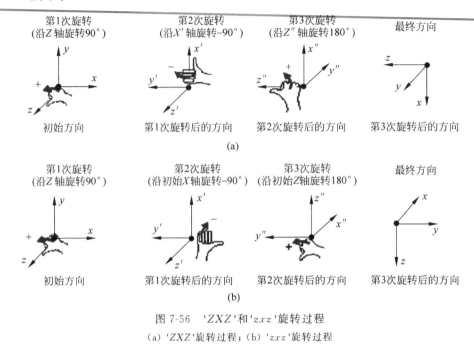

图 7-56　'ZXZ'和'zxz'旋转过程
(a)'ZXZ'旋转过程；(b)'zxz'旋转过程

　　用欧拉角创建 Rotation 实例的方法是 from_euler()，其格式是 from_euler(seq, angles, degrees＝False)，其中 seq 是旋转序列，可以取由'X'、'Y'、'Z'的组合，最多 3 个字符，例如'Z'、'YX'、'ZXZ'、'YXZ'，或取'x'、'y'、'z'的组合，最多 3 个字符，例如'z'、'yx'、'zyz'；angles 设置与旋转序列对应的旋转角度，可以是标量、一维数组或二维数组，二维数组表示多个旋转变换；degrees＝True 时，angle 值的单位是°，否则是弧度。

```python
import numpy as np    # Demo7_112.py
from scipy.spatial.transform import Rotation as R

a = np.array([1,2,3])
r = R.from_euler('ZXZ',[90, -90,180],degrees = True)
b = r.apply(a); print(1,b)              # 对 a 进行旋转变换，并输出变换后的结果
r = R.from_euler('zxz',[90, -90,180],degrees = True)
b = r.apply(a); print(2,b)              # 对 a 进行旋转变换，并输出变换后的结果
r = R.from_euler('XZ',[45, -30],degrees = True)
b = r.apply(a); print(3,b)              # 对 a 进行旋转变换，并输出变换后的结果
r = R.from_euler('Y',33,degrees = True)
b = r.apply(a); print(4,b)              # 对 a 进行旋转变换，并输出变换后的结果
'''
运行结果如下:
1 [ -3.   -1.   2.]
2 [ 2.   -3.   -1.]
3 [ 1.8660254  -1.25012886  2.99251182]
4 [2.47258767  2.          1.97137267]
'''
```

3. 用旋转矩阵创建旋转变换

旋转矩阵是一个形状为$(3,3)$的矩阵，该矩阵是正交矩阵。如果用欧拉角按照$'ZXZ'$方式分别旋转ψ、θ、φ角，则这三次旋转对应的旋转矩阵如下所示。

$$\boldsymbol{Z}(\psi) = \begin{pmatrix} \cos\psi & \sin\psi & 0 \\ -\sin\psi & \cos\psi & 0 \\ 0 & 0 & 1 \end{pmatrix}, \quad \boldsymbol{N}(\theta) = \begin{pmatrix} 1 & 0 & 0 \\ 0 & \cos\theta & \sin\theta \\ 0 & -\sin\theta & \cos\theta \end{pmatrix}, \quad \boldsymbol{Z}(\varphi) = \begin{pmatrix} \cos\varphi & \sin\varphi & 0 \\ -\sin\varphi & \cos\varphi & 0 \\ 0 & 0 & 1 \end{pmatrix}$$

将以上三个矩阵依次相乘，得到最后的旋转矩阵，如下所示。

$$\boldsymbol{R}(\psi、\theta、\varphi) = \begin{pmatrix} \cos\psi\cos\varphi - \sin\psi\sin\varphi\cos\theta & \sin\psi\cos\theta + \cos\psi\sin\varphi\cos\theta & \sin\varphi\sin\theta \\ -\cos\psi\sin\varphi - \sin\psi\cos\varphi\cos\theta & -\sin\psi\sin\varphi + \cos\psi\cos\theta & \cos\varphi\sin\theta \\ \sin\psi\sin\theta & -\cos\psi\sin\theta & \cos\theta \end{pmatrix}$$

用旋转矩阵方法创建 Rotation 实例的方法是 from_matrix()，其格式是 from_matrix(A)，其中 A 的形状是$(3,3)$或$(n,3,3)$，后者表示多个旋转变换。

```python
import numpy as np    # Demo7_113.py
from scipy.spatial.transform import Rotation as R

a = np.array([1,2,3])
A1 = [[0., 0., -1.], [-1., 0., 0.], [0., 1., 0.]]
A2 = [[0., 1., 0.], [0., 0., -1.], [-1., 0., 0.]]
A3 = [[8.66025404e-01, 5.00000000e-01, 0.],
      [-3.53553391e-01, 6.12372436e-01, -7.07106781e-01],
      [-3.53553391e-01, 6.12372436e-01, 7.07106781e-01]]
A4 = [[0.83867057, 0., 0.54463904], [0., 1., 0.], [-0.54463904, 0., 0.83867057]]
r = R.from_matrix(A1)
b = r.apply(a); print(1,b)        # 对 a 进行旋转变换，并输出变换后的结果
r = R.from_matrix(A2)
b = r.apply(a); print(2,b)        # 对 a 进行旋转变换，并输出变换后的结果
r = R.from_matrix(A3)
b = r.apply(a); print(3,b)        # 对 a 进行旋转变换，并输出变换后的结果
r = R.from_matrix(A4)
b = r.apply(a); print(4,b)        # 对 a 进行旋转变换，并输出变换后的结果
'''
运行结果如下：
1 [-3.  -1.  2.]
2 [ 2.  -3.  -1.]
3 [ 1.8660254  -1.25012886  2.99251182]
4 [2.47258768  2.          1.97137266]
'''
```

4. 用四元数创建旋转变换

四元数是形如$\beta_1 i + \beta_2 j + \beta_3 k + \beta_0$的数，其中$i^2 = j^2 = k^2 = -1, ij = k, ji = -k, jk = i, kj = -i, ki = j, ik = -j, \beta_1^2 + \beta_2^2 + \beta_3^2 + \beta_0^2 = 1$。在三维空间中，绕长度为 1 的矢量$[x_0, y_0, z_0]$旋转$\theta$角，对应的四元数是$x_0\sin(\theta/2)i + y_0\sin(\theta/2)j + z_0\sin(\theta/2)k + \cos(\theta/2)$。

用四元数创建 Rotation 实例的方法是 from_quat()，其格式是 from_quat(quat)，其中

quat 是 $[\beta_1, \beta_2, \beta_3, \beta_0]$ 数组,形状是 $(4,)$,或者由多个 $[\beta_1, \beta_2, \beta_3, \beta_0]$ 组成的二维数组,形状为 $(n, 4)$,表示多个旋转变换。

```python
import numpy as np    # Demo7_114.py
from scipy.spatial.transform import Rotation as R

a = np.array([1,2,3])
quat_1 = [-0.5, 0.5, 0.5, -0.5]
quat_2 = [-0.5, -0.5, 0.5, -0.5]
quat_3 = [0.36964381, 0.09904576, -0.23911762, 0.8923991]
quat_4 = [0., 0.28401534, 0., 0.95881973]
r = R.from_quat(quat_1)
b = r.apply(a); print(1,b)       # 对 a 进行旋转变换,并输出变换后的结果
r = R.from_quat(quat_2)
b = r.apply(a); print(2,b)       # 对 a 进行旋转变换,并输出变换后的结果
r = R.from_quat(quat_3)
b = r.apply(a); print(3,b)       # 对 a 进行旋转变换,并输出变换后的结果
r = R.from_quat(quat_4)
b = r.apply(a); print(4,b)       # 对 a 进行旋转变换,并输出变换后的结果
'''
运行结果如下:
1 [-3.  -1.  2.]
2 [ 2.  -3.  -1.]
3 [ 1.8660254  -1.25012887  2.99251182]
4 [2.47258766  2.          1.97137268]
'''
```

5. 用修正的罗德里格斯参数创建旋转变换

修正的罗德里格斯参数是描述两坐标系之间方向关系的一种方法,由四元数衍生而来,其定义形式如下:

$$\boldsymbol{\sigma} = \left[\frac{\beta_1}{1+\beta_0}, \frac{\beta_2}{1+\beta_0}, \frac{\beta_3}{1+\beta_0} \right]$$

对于绕长度为 1 的矢量 $[x_0, y_0, z_0]$ 旋转 θ 角,可以写成

$$\boldsymbol{\sigma} = [x_0, y_0, z_0] \tan \frac{\theta}{4}$$

用修正的罗德里格斯参数创建 Rotation 实例的方法是 from_mrp(),其格式是 from_mrp(mrp),其中 mrp 是形状为 $(3,)$ 或形状为 $(n, 3)$ 的数组,后者表示多个旋转变换。

```python
import numpy as np    # Demo7_115.py
from scipy.spatial.transform import Rotation as R

a = np.array([1,2,3])
mrp_1 = [0.33333333, -0.33333333, -0.33333333]
mrp_2 = [0.33333333, 0.33333333, -0.33333333]
mrp_3 = [0.19533079, 0.05233873, -0.12635687]
```

```
mrp_4 = [0.,    0.1449931,          0.            ]
r = R.from_mrp(mrp_1)
b = r.apply(a); print(1,b)       #对 a 进行旋转变换,并输出变换后的结果
r = R.from_mrp(mrp_2)
b = r.apply(a); print(2,b)       #对 a 进行旋转变换,并输出变换后的结果
r = R.from_mrp(mrp_3)
b = r.apply(a); print(3,b)       #对 a 进行旋转变换,并输出变换后的结果
r = R.from_mrp(mrp_4)
b = r.apply(a); print(4,b)       #对 a 进行旋转变换,并输出变换后的结果
'''
运行结果如下:
1 [ -2.99999997   -1.00000001    2.00000004]
2 [ 2.00000004   -2.99999999   -0.99999995]
3 [ 1.86602543   -1.2501289    2.99251179]
4 [2.47258768    2.            1.97137266]
'''
```

以上各种旋转变换的参数也可以转换成其他方法对应的参数,用 Rotation 类的 as_euler(seq, degrees=False)、as_matrix()、as_mrp()、as_quat()、as_rotvec()方法可以进行对应转换,另外用 inv()方法可以进行逆变换,用 magnitude()方法可以求旋转角度,用 apply(v)方法可以对一个向量或多个向量进行旋转变换。

6. 旋转变换的插值

当已知一些时间点上的旋转变换,要求这种时间点之间其他时间点的旋转变换,可以用线性插值或三次样条插值的方法获取中间的旋转变换。线性插值用 Slerp(times, rotations)类,三次样条插值用 RotationSpline(times, rotations)类,其中 times 是已知的一些时间点,rotations 是对应的旋转变换。

```
import numpy as np    #Demo7_116.py
from scipy.spatial.transform import Rotation,Slerp,RotationSpline

key_times = np.array([1,2,3,4,5])
angles = np.array([[10,20,-10],[20,30,-5],[10,30,-30],[40,-20,-20],[-10,-20,
10]])
rotations = Rotation.from_euler('XYZ',angles,degrees = True)

r_linearInter = Slerp(key_times,rotations)
r_splineInter = RotationSpline(key_times,rotations)

times = [1.2,1.6,2.8,3.5,4.6]
r_linearRot = r_linearInter(times)
r_splineRot = r_splineInter(times)
print(r_linearRot.as_euler('XYZ',degrees = True))
print(r_splineRot.as_euler('XYZ',degrees = True))
'''
运行结果如下:
[[ 12.01636127   21.93411726    -8.87966061]
```

```
    [ 16.01575177  25.9062674   - 6.81670039]
    [ 11.98772418  29.69599546  - 24.99852538]
    [ 24.1611235   4.3673368    - 28.26404735]
    [ 9.97234731  - 16.95555172  - 1.92344646]]
  [[ 12.66304627  21.84681365  - 8.40936198]
    [ 18.89335516  25.66776313  - 4.76595927]
    [ 7.5757897   34.50463951  - 23.93655908]
    [ 27.31703378  2.52425382   - 34.39692112]
    [ 14.76505245  - 19.26267654  - 1.99497428]]
    '''
```

7.13.2 kd-tree 及最近邻搜索

kd-tree(k-dimensional tree)是一种对 k 维空间中的点进行存储以便对其进行快速检索的树状数据结构,主要应用于多维空间关键数据的搜索(如范围搜索和最近邻搜索)。

下面以图 7-57 所示的数据树为例说明 $k=3$ 时 kd-tree 的构造过程。三维空间中的点都是由 3 个数构成,可以表示成 (a_0,a_1,a_2),这 3 个数的索引依次是 0、1、2,在树的第 n 层,点的第 $n\%3$ 个数被用粗体显示,而这些被粗体显示的数作为 key 值。例如对于 $n=0$ 层(根节点),$0\%3=0$,$n=0$ 层的点 $(3,1,4)$ 的第 0 个数 3 作为 key 值,$n=1$ 层的点 $(2,3,7)$ 和 $(4,3,4)$ 的第 0 个数分别是 2 和 4,2 比 3 小,点 $(2,3,7)$ 放到点 $(3,1,4)$ 的左边,4 比 3 大,点 $(4,3,4)$ 放到点 $(3,1,4)$ 的右边;对于 $n=1$ 层,$1\%3=1$,$n=1$ 层的点 $(2,3,7)$ 和 $(4,3,4)$ 的第 1 个数 3 作为 key 值,$n=2$ 层的点 $(2,1,3)$、$(2,4,5)$ 和 $(6,1,4)$ 的第 1 个数分别是 1、4 和 1,1 比 3 小,点 $(2,1,3)$ 放到点 $(2,3,7)$ 的左边,4 比 3 大,点 $(2,4,5)$ 放到点 $(2,3,7)$ 的右边,1 比 3 小,点 $(6,1,4)$ 放到点 $(4,3,4)$ 的左边;其他层依次类推。

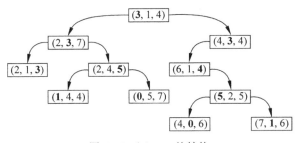

图 7-57 kd-tree 的结构

建立 kd-tree 对象需要用 KDTree 类或 cKDTree 类,cKDTree 的速度比 KDTree 的速度快。用 KDTree 类或 cKDTree 类创建 kd—tree 对象的方法如下所示。

```
KDTree(data, leafsize = 10, compact_nodes = True, copy_data = False, balanced_tree = True,
      boxsize = None)
cKDTree(data, leafsize = 16, compact_nodes = True, copy_data = False, balanced_tree = True,
      boxsize = None)
```

其中,data 是形状为(n,k)的二维数组,数组的每行认为是 k 维空间中的一个点;leafsize 设置算法变得暴力时的叶子数量;compact_nodes 设置是否紧凑 kd-tree 结构,以便提高查询速度；copy_data 设置是否对原数据进行复制，以防原数据出现损坏；balanced_tree＝True时，kd-tree 更紧凑，但是建立 kd-tree 的时间长；boxsize 用于设置 kd-tree 的外包围拓扑结构，可以取数组或标量，包围拓扑结构由 $x_i + n_j L_i$ 产生，其中 n_i 是整数，L_i 是输入的 boxsize 数据，输入数据 data 最终映射到 $[0, L_i)$ 范围，如果数据超过该范围，则会抛出 ValueError 异常信息。

　　KDTree 类和 cKDTree 类的实例对象属性有 data(kd-tree 中的数据)、m(点的维数)、n(点的数量)、maxes(每个点最大值组成的数组)、mins(每个点最小值组成的数组)和 size(节点的个数)。

　　用 KDTree 类或 cKDTree 类的实例方法 query()可以查询离给定点最近的点，query()方法的格式如下所示。

```
query(x, k = 1, eps = 0, p = 2, distance_upper_bound = inf, workers = 1)
```

其中，x 用于查询最近邻的点；k 设置查询最近邻点的个数，可以取整数或整数数组；eps 取值是非负数，返回的最近邻的距离不超过(1＋eps)倍的允许距离；p 设置向量范数的阶数，用于确定计算距离的方式，p 取值要大于等于 1；distance_upper_bound 设置查询最近邻点时的最大距离，返回不超过该距离的点；workers 设置并行计算的内核数量。query()的返回值是最近距离和 data 属性中最近点的索引号。

　　除了用 query()方法外，还可以用 query_ball_point()方法获取与给定点在一定距离内的所有点，用 query_ball_tree()方法获取与另外一个 kd-tree 对象之间、点与点之间小于最大距离的匹配对，它们的格式如下所示，其中 r 设置最大距离，other 设置 kd-tree 对象。

```
query_ball_point(x, r, p = 2, eps = 0, workers = 1, return_sorted = None, return_length = False)
query_ball_tree(self, other, r, p = 2.0, eps = 0)
```

```
import numpy as np    # Demo7_117.py
from scipy.spatial import KDTree

np.random.seed(123)
data = np.random.random(size = (100,3)) * 100      # 构造 kd - tree 的数据
x = np.random.random(size = (5,3)) * 100           # 查询最近的点的数据

kdtree = KDTree(data)
d, indices = kdtree.query(x, k = 1, distance_upper_bound = 20)
print(d)                                           # 输出最近距离
for i in indices:
    print(kdtree.data[i])                          # 输出距原数据中心最近的点
points = kdtree.query_ball_point(x, r = 20)
print(points)                                      # 输出距离值为 20 内所有点的索引列表
'''
运行结果如下：
[12.96699638  6.93616713  2.97230573  13.20516689  12.8040382 ]
[12.6958031  77.71624616  4.58952322]
[ 9.55296416  23.82499057  80.77910863]
[33.86708459  55.23700753  57.85514681]
[34.3456014  51.31281542  66.66245502]
```

```
[34.27638338  30.4120789  41.7022211 ]
[list([93, 94]) list([72, 77]) list([6, 33, 38]) list([33, 38, 42])
list([18, 38, 59])]
'''
```

7.13.3   德劳内三角剖分

德劳内三角剖分是苏联数学家 Delaunay 在 1934 年提出的,这种剖分方法遵循"最小角最大"和"空外接圆"准则。对于任意给定的平面点集,只存在唯一的一种三角剖分方法,满足所有最小内角之和最大,Delaunay 三角剖分最小角之和均大于任何非 Delaunay 剖分所形成三角形最小角之和。三角形的最小内角之和最大,从而使得划分的三角形不会出现某个内角过小的情况,对于有限元计算中网格剖分可以保证网格的质量。"空外接圆"准则是 Delaunay 三角剖分中任意三角形的外接圆内不包括其他点。三角剖分一般会用到局部最优化处理,将两个具有公共边的三角形合并成一个凸四边形,绘制这两个三角形的外接圆,选择较大的外接圆,观察第四个点是否在这个较大的外接圆之内,如果在则用另外两个点的连线作为对角线形成新的两个三角形。

要绘制点集的德劳内三角剖分,需要先创建 Delaunay 类的对象。创建 Delaunay 类的对象的格式如下所示。

Delaunay(points, furthest_site = False, incremental = False, qhull_options = None)

其中,points 设置三角剖分的点集,取值是形状为(m,n)的二维数组,m 是点的数量,n 是点的维数;furthest_site 用于设置是否只绘制 points 中最外围点的三角剖分;incremental 设置是否允许添加其他的点,如果允许,可以用 Delaunay 对象的 add_points(points, restart=False)方法添加新点,用 close()方法设置完成添加;qhull_options 设置提交给 Qhull 的字符串参数。

Delaunay 实例对象的属性有 points(点集)、simplices(形成三角形的点的索引数组)、neighbors(每个三角形相连的三角形的索引,外围三角形只有 2 个相连三角形,内部三角形有 3 个相连三角形)、convex_hull(形成凸多边形连线的点的索引)。

下面的代码用随机生成的 100 个二维点,绘制德劳内三角形。程序运行结果如图 7-58 所示。读者需要用 delaunay_plot_2d(tri)函数绘制剖分出的三角形图。

```python
import numpy as np    # Demo7_118.py
from scipy.spatial import Delaunay,delaunay_plot_2d
import matplotlib.pyplot as plt


np.random.seed(12345)
points = np.random.random(size = (100,2)) * 100


tri = Delaunay(points,furthest_site = False)


plt.triplot(points[:,0], points[:,1], tri.simplices,color = 'm')
```

```
plt.scatter(points[:,0], points[:,1])
#delaunay_plot_2d(tri)        #直接用 delaunay_plot_2d()函数绘图
plt.show()
```

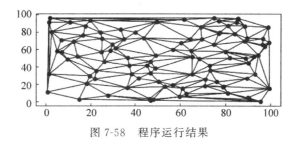

图 7-58　程序运行结果

7.13.4　凸包

给定平面上的一个点集,凸包就是将最外围的点连接起来构成的凸多边形,包含点集中的所有点。计算凸包需要先用 ConvexHull 类创建实例对象,然后用实例对象的属性获取形成凸包的点。用 ConvexHull 类创建实例对象的方法如下所示。

ConvexHull(points, incremental = False, qhull_options = None)

其中,points 设置计算凸包的点集,取值是形状为(m,n)的二维数组,m 是点的数量,n 是点的维数;incremental 设置是否允许添加其他的点,如果允许,可以用 ConvexHull 对象的 add_points(points, restart = False)方法添加新点,用 close()方法设置完成添加;qhull_options 设置提交给 Qhull 的字符串参数。

ConvexHull 实例对象的属性有 points(计算凸包的点集)、vertices(形成凸包的点的索引数组)、simplices(形成凸包包络单元的点编号数组)、area(计算 $n>2$ 的凸包包络面的面积)和 volume(计算 $n>2$ 的凸包的体积)。

下面的程序随机生成 100 个点,绘制这 100 个点形成的凸包。程序运行结果如图 7-59 所示。读者可以直接用 convex_hull_plot_2d(hull)函数绘图。

```
import numpy as np    #Demo7_119.py
from scipy.spatial import ConvexHull,convex_hull_plot_2d
import matplotlib.pyplot as plt

np.random.seed(12345)
points = np.random.random(size = (100,2)) * 100

hull = ConvexHull(points)
plt.scatter(points[:,0], points[:,1])
for i in hull.simplices:
    plt.plot(points[i, 0], points[i, 1], 'b-- ')
#convex_hull_plot_2d(hull)        #直接用 convex_hull_plot_2d()函数绘图
plt.show()
```

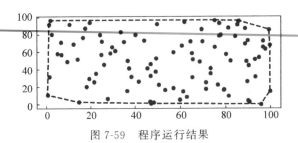

图7-59　程序运行结果

7.13.5　Voronoi 图

Voronoi 图又叫泰森多边形,它是由一组连接两邻点的直线的垂直平分线构成的连续多边形。Voronoi 图是对空间平面的一种剖分,其特点是多边形内的任何位置离该多边形的顶点的距离最近,且每个多边形内有且仅有一个原点。由于 Voronoi 图在空间剖分上的等分性特征,因此可用于解决最近点、最小封闭圆等问题,以及许多空间分析问题,如邻接、接近度和可达性分析等。

SciPy 中 Voronoi 图需要用 Voronoi 类创建实例对象,它的创建格式如下所示。

Voronoi(points, furthest_site = False, incremental = False, qhull_options = None)

其中,points 是包络面上的点集,取值是形状为(m,n)的二维数组,m 是点的数量,n 是点的维数;furthest_site 用于设置是否只绘制 points 中最外围多边形;incremental 设置是否允许添加其他的点,如果允许,可以用 add_points(points, restart=False)方法添加新点,用close()方法设置完成添加;qhull_options 设置提交给 Qhull 的字符串参数。

Voronoi 实例对象的属性有 points(点集)、vertices(多边形顶点坐标数组)、ridge_points(多边形线两侧的点的索引数组)、ridge_vertices(多边形线两端的点的索引列表)、regions(多边形顶点的索引列表)、point_region(points 中每个点对应的多边形索引列表)。

下面的程序随机生成 100 个点,用这 100 个点绘制 Voronoi 图。程序运行结果如图 7-60 所示。读者也可以直接用 voronoi_plot_2d(vor)函数来绘制 Voronoi 图。

```python
import numpy as np    # Demo7_120.py
from scipy.spatial import Voronoi, voronoi_plot_2d
import matplotlib.pyplot as plt


np.random.seed(12345)
points = np.random.random(size = (100,2)) * 100


vor = Voronoi(points)
plt.scatter(points[:,0], points[:,1])


vertices_coordinates = vor.vertices                 #多边形边线顶点坐标
plt.scatter(vertices_coordinates[:,0],vertices_coordinates[:,1],color = 'black',s = 10)
for line_vertices in vor.ridge_vertices:            #获取多边形的边线顶点的索引数组
    x_coord = list()
    y_coord = list()
```

```
        for vertice in line_vertices:
            if vertice == -1:      #多边形顶点索引存在 -1 的情况,表示顶点在图之外
                continue
            x_coord.append(vertices_coordinates[vertice, 0])    #获取多边形边线顶点的 x 坐标
            y_coord.append(vertices_coordinates[vertice, 1])    #获取多边形边线顶点的 y 坐标
        plt.plot(x_coord,y_coord,color = 'black',lw = 1)
plt.xlim( -10,110)
plt.ylim( -10,110)
# voronoi_plot_2d(vor)       #用 voronoi_plot_2d( )函数直接绘制 voronoi 图
plt.show( )
```

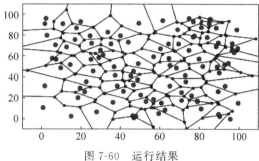

图 7-60　运行结果

第8章

SymPy符号运算

　　SymPy 是 Python 的一个用符号进行科学计算的库，用 Python 语言开发，不依赖于第三方库。SymPy 用类似于数学上的公式推导方式进行符号运算，可以进行基础计算（basic operations）、公式简化（simplification）、微积分（calculus）、解方程（solver）、矩阵计算（matrices）、几何（geometry）、级数（series）、范畴论（category theory）、微分几何（differential geometry）、常微分方程（ODE）、偏微分方程（PDE）、积分变换（integral transform）、集合论（set theory）和逻辑论（logic theory）等数学运算。与 NumPy 相比，NumPy 进行的是数值计算，计算结果的精度与计算机的精度有关，而 SymPy 可以给出精确的解。

8.1　符号与符号表达式

　　SymPy 是针对符号进行计算，这里的符号可以理解成数学公式中的变量，例如 $y=\sin(x)+\cos(x)$ 中，x 是变量，也就是 SymPy 中的符号，再如多项式 $y=ax^2+bx+c$ 中的 a、b、c 和 x 都是符号，在需要知道公式的确切值时，只需用具体的值代替公式中的变量即可。一个含有符号的表达式可以和另外一个含有符号的表达式进行数学运算，得到的结果也是含有符号的表达式，因此可以用 SymPy 进行数学公式的推导。

8.1.1　符号定义

　　进行符号运算，首先需要定义符号。符号定义用 symbols() 方法，其格式如下所示。

```
symbols(names, cls = Symbol, ** args)
```

其中，names 是字符串，用于定义符号名称，可以一次定义多个符号，符号名称之间用空格或逗号隔开；cls 指定符号的类，例如 cls＝Function 指定创建函数符号；args 用字典关键字设置符号的取值范围或属性，关键字例如 commutative、complex、extended_negative、extended_ nonnegative、extended_nonpositive、extended_nonzero、extended_positive、extended_real、finite、hermitian、imaginary、infinite、negative、nonnegative、nonpositive、nonzero、positive、real、integer、zero 等,这些关键字的取值是 True 或 False。symbols()方法的返回值与 names 参数有关。符号也可直接用 Symbol 类来定义,格式为 Symbol(name, ** assumptions)。

1. 常规方式创建符号

下面的代码将符号名一一列出,写到 names 参数中来创建符号。需要注意的是,"="是赋值运算,"="左边的量是 Python 中的变量,用于指向新创建的符号,变量也可以指向其他类型的值。为便于记忆,通常指向符号的变量与符号的名称相同。

```
import sympy as sp    #Demo8_1.py

x,y,z = sp.symbols('x y z',integer = True)      #用空格格式创建符号
a,b = sp.symbols('a,b',nonnegative = True)      #用逗号格式创建符号
m,n,k = sp.symbols('m n,k')                     #用空格和逗号格式创建符号
c = sp.Symbol('c',complex = True)               #用 Symbol 类创建符号
d = sp.symbols('d',seq = True)                  #返回值是元组
e = sp.symbols('e,')                            #返回值是元组
print(x,y,z,a,b,m,n,k,c,d,e)
'''
运行结果如下:
x y z a b m n k c (d,) (e,)
'''
```

2. 用序列创建符号

参数 names 可以用列表或元组来定义,列表或元组的元素值是字符串,例如下面的代码。

```
import sympy as sp    #Demo8_2.py

x = sp.symbols(['x0','x1','x2','x3'])
y = sp.symbols(('y0','y1','y2','y3'))
print(x)
print(y)
'''
运行结果如下:
[x0, x1, x2, x3]
(y0, y1, y2, y3)
'''
```

3. 用循环创建符号

names 中可以添加":",在":"的左侧和右侧是整数,可以创建类似循环形式的多个符号,如果":"左侧的整数忽略,则默认为 0;也可以在":"两侧指定字母,则按照字母顺序创建多个符号,如果":"左侧的字母忽略,则默认是从'a'开始。

```
import sympy as sp    # Demo8_3.py

x = sp.symbols('x2:7')
y = sp.symbols('y:5')              # 忽略":"左侧的整数,默认为 0
xyz = sp.symbols('x:z')
a_d = sp.symbols(':d')             # 忽略":"左侧的字母,默认为'a'
a_dx_z = sp.symbols((':d', 'x:z'))
print(1,x)
print(2,y)
print(3,xyz)
print(4,a_d)
print(5,a_dx_z)
'''
运行结果如下:
1 (x2, x3, x4, x5, x6)
2 (y0, y1, y2, y3, y4)
3 (x, y, z)
4 (a, b, c, d)
5 ((a, b, c, d), (x, y, z))
'''
```

以上是使用单循环的形式,也可使用多循环,就是用多个":"来创建符号,这时对多循环的解析是从左侧到右侧,例如下面的代码。

```
import sympy as sp    # Demo8_4.py

x = sp.symbols('x:3(2:5)')
print(1,x)
y = sp.symbols('y:3:2')
print(2,y)
z = sp.symbols('za:d1:3')
print(3,z)
n = sp.symbols('1:3:5')
print(4,n)
a_dx_z = sp.symbols((':dx:z'))
print(5,a_dx_z)
'''
运行结果如下:
1 (x02, x03, x04, x12, x13, x14, x22, x23, x24)
2 (y00, y01, y10, y11, y20, y21)
3 (za1, za2, zb1, zb2, zc1, zc2, zd1, zd2)
4 (10, 11, 12, 13, 14, 20, 21, 22, 23, 24)
5 (ax, ay, az, bx, by, bz, cx, cy, cz, dx, dy, dz)
'''
```

4. 从 abc 模块中导入符号

在 SymPy 的 abc 模块中定义了 A～Z、a～z 符号,可以直接导入这些符号。abc 模块还定义了一些希腊字母符号,这些符号如表 8-1 所示。使用这些符号时,直接从 abc 模块中导入即可,例如"from sympy.abc import x,y,A,B,alpha,beta"。

表 8-1　希腊字母对应的符号

希腊字母	符号	希腊字母	符号	希腊字母	符号	希腊字母	符号
α A	alpha	β B	beta	γ Γ	gamma	δ Δ	delta
ε E	epsilon	ζ Z	zeta	η H	eta	θ Θ	theta
ι I	iota	κ K	kappa	λ Λ	lambda	μ M	mu
ν N	nu	ξ Ξ	xi	o O	omicron	π Π	pi
ρ P	rho	σ Σ	sigma	τ T	tau	υ Y	upsilon
φ Φ	phi	χ X	chi	ψ Ψ	psi	ω Ω	omega

5. 符号常量

圆周率 π 在 SymPy 中用 pi 来表示,对于无穷大符号 ∞ 需要用 SymPy 中的 oo(两个小写 o)来表示,单位复数用 SymPy 中的大写字母 I 来表示,常数 e 用 SymPy 中的 E 来表示。这些常量可以用"from sympy import pi,oo,I,E"方法导入,要输出这些常数指定位数的值,可以用 evalf(n=15)方法输出,参数 n 指定位数。

```
import sympy as sp    # Demo8_5.py
from sympy import pi,I,oo,E

print(1, pi.evalf(n = 20))
print(2, pi.evalf(n = 50))
print(3, E.evalf(n = 20))
print(4, E.evalf(n = 50))
print(5, sp.sin(pi/2))          #输出 sin(π/2)的精确解
print(6, sp.exp(pi * I))        #输出 e^{iπ} 的精确解
print(7, 1/oo)                  #输出 1/∞ 的值
'''
运行结果如下:
1 3.1415926535897932385
2 3.1415926535897932384626433832795028841971693993751
3 2.7182818284590452354
4 2.7182818284590452353602874713526624977572470937000
5 1
6 -1
7 0
'''
```

8.1.2　符号表达式

1. 符号表达式的运算

符号表达式是指表达式中含有符号、符号常量或含有指向符号、符号表达式的变量。符号表达式可以进行加、减、乘、除四则运算,以及各种函数运算,例如下面的代码。

```
import sympy as sp    # Demo8_6.py

x,y = sp.symbols('x,y')
f1 = 4 * x ** 3 - 5 * x ** 2 - 6 * x + 2 + 1.5; print('f1 = ',f1)
f2 = 2 * x ** 2 - 3 * x + 1; print('f2 = ',f2)
f3 = (3 * x + 1) * sp.exp( - x ** 2 - y ** 2); print('f3 = ',f3)
f4 = f1 + f2; print('f4 = ',f4)        # 两个符号表达式相加
f5 = f1 - f2; print('f5 = ',f5)        # 两个符号表达式相减
f6 = f1 * f3; print('f6 = ',f6)        # 两个符号表达式相乘
f7 = f1/f3; print('f7 = ',f7)          # 两个符号表达式相除
'''
运行结果如下:
f1 = 4 * x ** 3 - 5 * x ** 2 - 6 * x + 3.5
f2 = 2 * x ** 2 - 3 * x + 1
f3 = (3 * x + 1) * exp( - x ** 2 - y ** 2)
f4 = 4 * x ** 3 - 3 * x ** 2 - 9 * x + 4.5
f5 = 4 * x ** 3 - 7 * x ** 2 - 3 * x + 2.5
f6 = (3 * x + 1) * (4 * x ** 3 - 5 * x ** 2 - 6 * x + 3.5) * exp( - x ** 2 - y ** 2)
f7 = (4 * x ** 3 - 5 * x ** 2 - 6 * x + 3.5) * exp(x ** 2 + y ** 2)/(3 * x + 1)
'''
```

符号表达式在进行运算时是有一定的先后顺序的,下面的代码输出表达式 $\sin(x * y)/2 - x ** 2 + 1/y$ 的计算过程。该过程可以用如图 8-1 所示的计算流程来说明。图 8-1 中每个分支的末端是首先要进行的运算,SymPy 的数据类型与 Python 中的数据类型有所不同,会首先把 Python 的整数(int)和浮点数(float)转换成 SymPy 的整数 Integer 和浮点数 Float 类型,如果遇到数值相除,则转换成 Rational 分数类型,这种转换在内部自动完成,然后再根据函数和四则运算法则进行逐级运算。

```
from sympy import sin, srepr    # Demo8_7.py
from sympy.abc import x, y

f = sin(x * y)/2 - x ** 2 + 1/y
print(srepr(f))
'''
运行结果如下:
Add(Mul(Integer( - 1), Pow(Symbol('x'), Integer(2))), Mul(Rational(1, 2), sin(Mul(Symbol('x'),
Symbol('y')))), Pow(Symbol('y'), Integer( - 1)))
'''
```

2. 从字符串转换成符号表达式

用 sympify() 函数可以将满足条件的字符串、数组、列表、元组等转换成符号表达式,sympify() 函数的格式如下所示。

sympify(a, locals = None, convert_xor = True, strict = False, rational = False, evaluate = None)

其中,a 可以是字符串、逻辑值、整数、浮点数、字典、元组、列表等; locals 是 SymPy 中定义

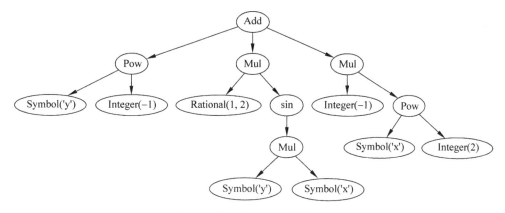

图 8-1　符号表达式的计算流程

的任何对象,用于辅助识别字符串中的符号;convert_xor 适用于 a 是字符串时,convert_xor 取值是 True 时,将"^"符号转换成指数操作,例如'x^y'转换成 x ** y;strict 取值是 True 时,只有确切需要转换的部分才进行转换,否则会引发 SympifyError 异常;rational 适用于 a 是字符串的情况,设置是否将浮点数转换成分数;evaluate 取 True 时,对输入的数值表达式字符串进行求值,默认值是 True,并返回计算出的值。

```python
import sympy as sp    #Demo8_8.py

string = '(3 * x + 1) * (4 * x^3 - 5 * x^2 + x ** 2 - 6 * x + 3.5) * exp( - x ** 2 - y ** 2)'
f = sp.sympify(string, convert_xor = True)
print(f)
s = '- x + x - 1'
f1 = sp.sympify(s, evaluate = True)
print(f1)
f2 = sp.sympify(s, evaluate = False)
print(f2)
'''
运行结果如下:
(3 * x + 1) * (4 * x ** 3 - 4 * x ** 2 - 6 * x + 3.5) * exp( - x ** 2 - y ** 2)
- 1
- x + x + ( - 1) * 1
'''
```

3. 符号表达式的值

在符号表达式中,设定符号取某个具体的值,可以计算出符号表达式对应的值。用符号表达式的 subs() 方法可以用一个常数或符号替换表达式中的符号,如果是用常数替换表达式中的符号,则会得到符号表达式的值。subs() 方法的格式是 subs(old,new),用 new 替换 old;格式也可以取 subs(list([old,new])),用列表[old,new]匹配对实现多个符号的替换;也可用 subs(dict)方法,用字典的"关键字:值"对来替换。

计算符号表达式的值也可以用 evalf()方法，该方法的格式如下所示。

evalf(n = 15, subs = None, maxn = 100, chop = False, strict = False, quad = None, verbose = False)

其中，n 设置小数位的个数；subs 的取值是字典，用具体的值替换表达式中的符号；maxn
设置计算中允许的临时小数位数；chop 设置如何处理非常小的值，取 True 时使用默认的
标准精度，取某个值时，小于等于 chop 的值认为是 0；quad 设置积分方法，默认值是 tanh-
sinh 积分方法，quad= 'osc'表示用 oscillatory 积分方法在无限区间内进行积分；verbose=
True 时输出计算过程的信息。

```python
import sympy as sp   # Demo8_9.py

x,y = sp.symbols('x,y')
f1 = sp.sin(x) + sp.cos(x)
print(f1.subs(x,sp.pi)); print(f1.evalf(subs = {x:sp.pi}))
f2 = 2 * x ** 2 - 3 * x + 1 + x * (x + sp.I * y)
print(f2.subs([[x,0.5],[y,2]])); print(f2.evalf(subs = {x:0.5,y:2}))
f3 = (3 * x + 1) * sp.exp( - x ** 2 - y ** 2)
print(f3.subs({x:0.5,y:0.5})); print(f3.evalf(subs = {x:0.5,y:0.5}))
'''
运行结果如下:
 -1
 -1.00000000000000
0.25 + 1.0 * I
0.25 + 1.0 * I
1.51632664928158
1.51632664928158
'''
```

4. 符号表达式转换成其他模块的表达式

可以将 SymPy 的符号表达式转换成 NumPy 或 Math 模块的表达式，然后再求值。
NumPy 可以用数组一次性获得多个点的数值。将 SymPy 的符号表达式转换成 NumPy 或
Math 模块的表达式的方法是 lambdify()，其格式如下所示。

lambdify(args, expr, modules = None, dummify = False)

其中，args 是一个符号，或符号列表、函数或矩阵符号；expr 是符号表达式；modules 设置
转换的目标模块，可以取'math'、'mpmath'、'numpy'、'numexpr'、'scipy'或'tensorflow'；
dummify 设置是否将表达式中不符合 Python 要求的符号用其他符号代替。

```python
import sympy as sp   # Demo8_10.py
import numpy as np

x,y = sp.symbols('x,y')
f = sp.sin(x) + sp.cos(y)
f_math = sp.lambdify([x,y],f,'math')
print(f_math(1,3))
f_numpy = sp.lambdify([x,y],f,'numpy')
```

```
a = b = np.arange(10)
print(f_numpy(a,b))
'''
运行结果如下:
- 0.1485215117925489
[1.          1.38177329   0.49315059   - 0.84887249   - 1.41044612   - 0.67526209
 0.68075479   1.41088885   0.84385821   - 0.49901178]
'''
```

8.1.3　符号表达式的简化

符号表达式往往会比较复杂,可以根据实际情况简化表达式。表达式的简化可以用 simplify()方法,其格式如下所示。

> simplify(expr, ratio = 1.7, measure = count_ops, rational = False, inverse = False, doit = True, ** kwargs)

其中,expr 是输入的符号表达式;ratio 用于防止简化的表达式比原来的表达式更复杂,如果(输出的表达式的长度/输入的表达式的长度)>ratio,则直接输出原表达式,如果 ratio=1 则表示输出的表达式不能比原表达式复杂,请注意最短的表达式不一定是最简的表达式;measure 用于指定计算表达式复杂程度的函数,默认值是 count_ops()函数,该函数返回符号表达式的操作步骤的个数;rational 取 True 时,在开始简化前把浮点数转换成分数,取 False 时,浮点数也会当作分数来处理,但是结果重新转换成浮点数,取 None 时,浮点数没有变化;inverse=True 时表示针对一个函数和它的反函数,例如 sin(x)和 asin(x)函数,不再检查函数和反函数的顺序,例如 sin(asin(x))=x,也不对 x 的取值范围进行检查;doit 设置在最后是否调用 doit()函数计算表达式的值。

```
import sympy as sp    # Demo8_11.py

x,y = sp.symbols('x,y', positive = True)
f = (sp.sin(x) ** 2 + sp.cos(x) ** 2) * y
print(sp.simplify(f))
f = (x ** 3 + x ** 2 - x - 1)/(x ** 2 + 2 * x + 1)
print(sp.simplify(f))
f = sp.log(x) + sp.log(y) + sp.log(x) * sp.log(1/y)
print(sp.simplify(f))
'''
运行结果如下:
y
x - 1
log(x * y ** (1 - log(x)))
'''
```

8.1.4　符号多项式操作

对于符号多项式,可以进行因式展开、合并同类项、提取公因式、约分和裂项等操作。因式展开的方法是 expand()，其格式如下所示。

$$\text{expand}(e, \text{deep} = \text{True}, \text{power\_base} = \text{True}, \text{power\_exp} = \text{True}, \text{mul} = \text{True}, \text{log} = \text{True},$$
$$\text{multinomial} = \text{True}, \text{basic} = \text{True}, \text{trig} = \text{True}, **\text{args}),$$

其中，e 是符号表达式；deep＝True 时进行深层展开，例如函数参数中的表达式；其他参数设置对不同类型的函数进行展开，power_base 设置根据幂函数的底展开幂函数，例如（x ＊ y）＊＊ z 展开为 x ＊＊ z ＊ y ＊＊ z，power_exp 设置根据幂函数的指数展开幂函数，例如 x ＊＊ (y＋z)展开为 x ＊＊ y ＊ x ＊＊ z，mul 设置将乘法展开，例如 x ＊ (y＋z)展开为 x ＊ y＋x ＊ z，log 设置将对数函数中的参数乘积展开，例如 log(x ＊ y ＊＊ 2)展开为 log(x) ＋ 2 ＊ log(y)，multinomial 设置对加减法中的整数幂展开，例如(x＋y) ＊＊ 2 展开为 x ＊＊ 2 ＋ 2 ＊ x ＊ y ＋ y ＊＊ 2，trig 设置对三角函数进行展开，例如 sin(x＋y)展开为 sin(x) ＊ cos(y) ＋ sin(y) ＊ cos(x)。

合并同类项的方法是 collect(expr, syms)，其中 expr 是符号多项式，syms 设置针对哪个符号进行合并同类项，可以取一个符号、符号列表或符号表达式；提取公因式的方法是 factor(f, deep＝False, ** args)，其中 f 是多项式；约分的方法是 cancel(f, ** args)，其中 f 是分式；裂项的方法是 apart(f, x＝None, full＝False, ** options)，其中 f 是分式，当分式中有多个变量时，用 x 指定根据哪个变量进行裂项，full＝False 时表示用待定系数法，full＝True 时表示用 Bronstein 分解方法。

```python
import sympy as sp    # Demo8_12.py
from sympy.abc import a,b,c,d

x,y = sp.symbols('x,y',positive = True)
f = sp.expand((x-y) ** 2 + sp.log(x ** 2 * y) + sp.cos(x + y),log = True,trig = True,force = True)
print(1, f)
f = sp.collect(a * x ** 2 + b * x ** 2 + c * x - d * x + c,x)
print(2, f)
f = sp.factor(2 * x ** 5 + 2 * x ** 4 * y + 4 * x ** 3 + 4 * x ** 2 * y + 2 * x + 2 * y)
print(3, f)
f = sp.cancel((x ** 2 + 2 * x + 1)/(x ** 2 + x))
print(4, f)
f = sp.apart(y/(x + 3)/(x - 1), x)
print(5, f)
'''
运行结果如下：
1 x ** 2 - 2 * x * y + y ** 2 + 2 * log(x) + log(y) - sin(x) * sin(y) + cos(x) * cos(y)
2 c + x ** 2 * (a + b) + x * (c - d)
3 2 * (x + y) * (x ** 2 + 1) ** 2
4 (x + 1)/x
5 - y/(4 * (x + 3)) + y/(4 * (x - 1))
'''
```

8.1.5　逻辑表达式

逻辑表达式通过逻辑运算函数,将多个值是 True 或 False 的符号表达式连接起来,返回值是逻辑值或逻辑表达式。SymPy 中进行逻辑运算的函数如表 8-2 所示,逻辑运算函数中的参数可以是用关系运算符">"、">="、"<"或"<="表示的表达式,需要注意的是,SymPy 中表示 True 和 False 的符号是 true 和 false。

表 8-2　逻辑运算函数

逻辑运算函数	说　　明
And(expr1,expr2, …)	只要有一个参数的值是 False,返回值是 False;只有参数全部是 True 时,返回值才是 True。And()函数也可以用"&"来代替,例如 A & B
Or(expr1,expr2, …)	只要有一个参数的值是 True,返回值是 True;只有参数全部是 False 时,返回值才是 False。Or()函数也可以用"∣"来代替,例如 A ∣ B
Not(expr)	参数 expr 是 True 时,返回值是 False;参数 expr 是 False 时,返回值是 True。Not()函数也可以用"～"来代替,例如～A
Xor(expr1,expr2, …)	如果奇数个参数的值是 True,其余参数的值是 False,返回值是 True;如果偶数个参数的值是 True,其余参数的值是 False,返回值是 False。Xor()函数也可以用"^"代替,例如 A^B
Nand(expr1,expr2, …)	只要有一个参数的值是 False,返回值是 True;只有参数全部是 True 时,返回值才是 False
Nor(expr1,expr2, …)	只要有一个参数的值是 True,返回值是 False;只有参数全部是 False 时,返回值才是 True
Implies(expr1,expr2)	只有 expr1 是 True,expr2 是 False 时,返回值是 False,其他情况返回值是 True。Implies()函数也可以用">>"或"<<"代替,例如 A >> B 或 B << A 等价于 Implies(A,B)
Equivalent(expr1,expr2, …)	当所有的参数都相等时,返回 True,其他情况返回 False
ITE(expr1,expr2, expr3)	当 expr1 的值是 True 时,返回 expr2,其他情况返回 expr3

需要注意的是,"&"、"∣"、"～"和"^"等符号连接整数时是进行位运算,并不是进行逻辑运算。

对于逻辑表达式的简化可以用 simplify_logic()方法,其格式如下所示。

simplify_logic(expr, form = None, deep = True, force = False)

其中,expr 是逻辑表达式;form 可以取'cnf'、'dnf'或 None,如果取'cnf'或'dnf',返回值是最简表达式,如果取 None,返回值中的参数最少;deep 设置是否同时简化 expr 中的非逻辑表达式;当输入表达式中超过 8 个变量时,表达式的简化非常耗时,通过设置 force=False 时只对符号进行简化,force=True 时简化计算可能比较费时。

```
import sympy as sp    # Demo8_13.py
from sympy.abc import x,y,z

expr = sp.Or(x,sp.And(x,y))
print(1,expr)
```

```
print(2,sp.simplify_logic(expr))

expr = sp.Not(sp.And(sp.Or(x, y), sp.Or(~x, ~y)))
print(3,expr)
print(4,sp.simplify_logic(expr))

expr = sp.And(y > x ** 2, y < - x + 5, y < x + 5)
print(5,expr)
print(6,sp.simplify_logic(expr))

expr = sp.Xor(x, y).subs(y, 0)
print(7,expr)
'''
运行结果如下所示:
1 x | (x & y)
2 x
3 ~((x | y) & (~x | ~y))
4 (x & y) | (~x & ~y)
5 (y > x ** 2) & (y < x + 5) & (y < 5 - x)
6 (y > x ** 2) & (x + y < 5) & (x - y > - 5)
7 x
'''
```

 # 8.2 符号运算基础

在进行符号运算时,会遇到表达式是很复杂的情况,例如一个函数有多个解,函数是分段函数、函数的约束条件需要满足几个不等式的限制等,这些内容是进行符号运算的基础。

8.2.1 有限集合

有限集合是指由有限个数据构成的集合,例如 $x^2=1$ 的解是有限集合 FiniteSet$(1, -1)$。有限集合用 FiniteSet(Set)来定义,其中 Set 可以是离散的数据,也可用列表、元组来定义,空集用 EmptySet 来表示。

```
import sympy as sp    # Demo8_14.py

x = sp.FiniteSet(1,2,3,True,False)
y = sp.FiniteSet( * [3,4,5],True)
print(1,x)
print(2,y)
print(3,x - y)
print(4,x + y)
print(5,4 in x + y)          #判断数据是否在有限集合中
print(6,x.union(y) == x + y)
print(7,x.intersect(y))
'''
```

```
运行结果如下:
1 FiniteSet(1, 2, 3, False, True)
2 FiniteSet(3, 4, 5, True)
3 FiniteSet(1, 2, False)
4 FiniteSet(1, 2, 3, 4, 5, False, True)
5 True
6 True
7 FiniteSet(3, True)
'''
```

8.2.2 区间表示

数学上常用区间来表示取值范围,例如 $x>0$ 可以表示成 $x\in(0,+\infty)$,$1\leqslant x<2$ 可以表示成 $x\in[1,2)$。区间的定义用 Interval()方法,其格式如下所示,其中 start 和 end 设置区间的起始值和终止值,left_open 设置起始值是否是开口的,right_open 设置终止值是否是开口的。

Interval(start, end, left_open = False, right_open = False)

```
import sympy as sp    # Demo8_15.py

x = sp.Interval(0, sp.oo, left_open = True)
print(1, x)
print(2, 0 in x, 1 in x, -1 in x)          #判断数值是否在区间范围内

x = sp.Interval(0, 1, left_open = False, right_open = True)
print(3, x)
print(4, 0 in x)                           #判断数值是否在区间范围内
y = sp.FiniteSet( * [3,4,5], True, x)      #区间放到有限几何中
print(5, y)
'''
运行结果如下:
1 Interval.open(0, oo)
2 False True False
3 Interval.Ropen(0, 1)
4 True
5 FiniteSet(Interval.Ropen(0, 1), 3, 4, 5, True)
'''
```

8.2.3 等式和不等式

在 SymPy 中要表示两个符号表达式相等,即表示一个方程,例如 y 与 x ** 2+x+1 相等,不能简单地用 y=x ** 2+x+1 或 y== x ** 2+x+1 来表示。在 Python 中"="表示赋值运算,y=x ** 2+x+1 表示的是用变量 y 指向表达式 x ** 2+x+1,"=="表示的是判断两个表达式是否相等,返回值是 True 或 False。

要表示两个符号表达式相等,需要用 Eq()方法,其格式如下所示。

Eq(lhs, rhs = None, ** options)

其中,lhs 表示左边的表达式;rhs 表示右边的表达式,如果不设置 rhs,则默认为 0;关键字参数 evaluate＝True 时表示对 lhs 和 rhs 表达式进行"＝＝"计算。

两个表达式之间不等可以直接用">"、">＝"、"<"或"<＝"来表示。

```
import sympy as sp    # Demo8_16.py
from sympy.abc import x, y

func = sp.Eq(x ** 2 + x + 1, 0)
print(1, func)
func = sp.Eq(y, x ** 2 + x + 1)
print(2, func)
func = sp.Eq(2, 1, evaluate = False)
print(3, func)
func = sp.Eq(2, 1, evaluate = True)
print(4, func)
func = y > x ** 2 + x + 1
print(5, func)
func = y <= x ** 2 + x + 1
print(6, func)
'''
运行结果如下:
1 Eq(x ** 2 + x + 1, 0)
2 Eq(y, x ** 2 + x + 1)
3 Eq(2, 1)
4 False
5 y > x ** 2 + x + 1
6 y <= x ** 2 + x + 1
'''
```

8.2.4 条件表示

条件表示是指在限定的取值范围内,满足指定条件的所有可取的值。条件表示用 ConditionSet()方法定义,其格式如下所示。

ConditionSet(symbol, condition, base_set = UniversalSet)

其中,symbol 是符号(变量);condition 表示满足该条件的所有变量值;base_set 设置符号变量的取值范围,如果不设置,则默认为 UniversalSet,表示不受任何限制。ConditionSet 所表示的条件用数学语言表示为{x|condition(x) is True for x in base_set}。

```
import sympy as sp    # Demo8_17.py
from sympy.abc import x
```

```
cond = sp.ConditionSet(x, sp.cos(x) > 0, base_set = sp.Interval(0, 2 * sp.pi))
print(1, sp.pi/4 in cond)
print(2, sp.pi * 3/2 in cond)

cond = sp.ConditionSet(x, sp.log(x) <= 0, base_set = sp.Interval(0, sp.oo))
print(3, 0.5 in cond)
print(4, 1 in cond)
print(5, 2 in cond)
'''
运行结果如下:
1 True
2 False
3 True
4 True
5 False
'''
```

8.2.5 分段函数

SymPy 中分段函数是一个特殊函数,根据不同的状况可以取不同的值。分段函数用 Piecewise() 方法来定义,其格式如下所示,由多个参数构成,每个参数是一个元组,元组的第 1 个元素 expr 是函数表达式,第 2 个元素 cond 是取值条件。

Piecewise((expr1,cond1), (expr2,cond2), ...)

```
import sympy as sp    # Demo8_18.py

x = sp.symbols('x')
f1 = - x
f2 = sp.log(x)
g = sp.Piecewise((f1, x <= 0), (f2, x > 0))
print(g.subs(x, - 2))
print(g.subs(x,0))
print(g.subs(x,2))
'''
运行结果如下:
2
0
log(2)
'''
```

8.3 与微积分有关的运算

微积分运算是高等数学中的基本运算,涉及极限运算、微分、积分(定积分和不定积分)、级数展开,以及积分计算的应用,如傅里叶变换、拉普拉斯变换等。

8.3.1　极限运算

极限运算是微分和积分运算中的基础,极限运算用 limit()方法,其格式如下所示。

limit(e, z, z0, dir = ' + ')

其中,e 是求极限运算的符号表达式;z 设置要求极限的符号,即"变量";z0 是 z 的取值,可以是任何值,包括 oo 和－oo;dir 设置 z 趋近于 z0 的方向,可以取'＋－'、'＋'或'－'。

```python
import sympy as sp    # Demo8_19.py

x, y = sp.symbols('x, y')
f = (x ** 3 + 3 * x ** 2 + 4) * sp.exp( - x ** 2)
limit_x = sp.limit(f, x, 0.5, dir = ' + - ')
print(limit_x)
limit_x = sp.limit(f, x, sp.oo)
print(limit_x)
f = (x ** 3 + 3 * x ** 2 + 4 * y + 1) * sp.exp( - x ** 2 - y ** 2)
limit_y = sp.limit(f, y, 1, dir = ' + - ')
print(limit_y)
f = (1 + 1/x) ** x
print(sp.limit(f, z = x, z0 = sp.oo))
'''
运行结果如下:
3.79665381747310
0
x ** 3 * exp( - 1) * exp( - x ** 2) + 3 * x ** 2 * exp( - 1) * exp( - x ** 2) + 5 * exp( - 1) *
exp( - x ** 2)
E
'''
```

8.3.2　微分运算

微分运算可以计算对一个变量的微分或多个变量的偏微分,计算微分的方法是 diff(),其格式如下所示。

diff(f, ∗ symbols, ∗∗ kwargs)

其中,f 是符号表达式;symbols 是一个符号或多个符号,表示计算 f 对 symbols 的导数。微分运算也可以直接用符号表达式的 diff(∗ symbols)方法计算微分。

```python
import sympy as sp    # Demo8_20.py

x, y = sp.symbols('x, y')
f = (x ** 2 + 4) * sp.exp( - x ** 2)
df_dx = sp.diff(f, x, 2)        # 计算 f 对 x 的二阶导数,也可以用 sp.diff(f, x, x)格式
```

```
    print(df_dx)
    f = (x ** 2 + 4 * y + 1) * sp.exp( - 2 * x - y)
    d2f_dxdy = sp.diff(f,x,y)              # 计算 f 对 x 和 y 的偏导数
    print(d2f_dxdy)
    d4f_d2xd2y = sp.diff(f,x,2,y,2)        # 计算 f 对 x 和 y 的二阶偏导数,也可用 sp.diff(f,x,x,y,
                                             y)格式
    print(d4f_d2xd2y)
    '''
运行结果如下:
2 * ( - 4 * x ** 2 + (x ** 2 + 4) * (2 * x ** 2 - 1) + 1) * exp( - x ** 2)
2 * (x ** 2 - x + 4 * y - 3) * exp( - 2 * x - y)
2 * (2 * x ** 2 - 4 * x + 8 * y - 13) * exp( - 2 * x - y)
    '''
```

8.3.3　积分运算

积分运算根据是否提供初始条件,可以计算不定积分和定积分。积分运算的方法是
integrate(),其格式如下所示。

integrate(f, vars, meijerg = None, conds = 'piecewise', risch = None, heurisch = None, manual = None)

其中,f 是被积函数;vars 设置积分变量,当 vars 取值只是一个积分变量时是不定积分,当
取值是元组(symbol,a)时用 a 代替 symbol,这时是不定积分,当取值是元组(symbol,a,b)
时是定积分,vars 可以设置多个变量,这时是多重积分,如果 f 是单变量表达式,且没有设置
vars,则是对单变量的不定积分;conds 可以取'piecewise'、'separate'或'none',设置分段积
分;其他参数与积分方法有关,integrate()方法会根据这些参数采用不同的积分方法。积
分运算也可以直接用符号表达式的 integrate(vars)方法对表达式进行积分。

```
    import sympy as sp    # Demo8_21.py

    x,y,z = sp.symbols('x,y,z')
    f = (x ** 2 + 4) * sp.exp( - 2 * x)
    f_x = sp.integrate(f)                      # 不定积分
    print(1,f_x)
    f_x = sp.integrate(f,(x,1,sp.oo))          # 定积分
    print(2,f_x)
    f = (x ** 2 + 4 * y + 1) * sp.exp( - 2 * x - y)
    f_xy = sp.integrate(f,x,y)                 # 不定积分
    print(3,f_xy)
    f_xy = sp.integrate(f,(x,0,y),(y,0,x))     # 定积分
    print(4,f_xy)
    f = sp.exp( - x ** 2 - y ** 2)
    f_xy = sp.integrate(f, (x, - sp.oo, sp.oo), (y, - sp.oo, sp.oo))    # 定积分
    print(5,f_xy)

    t = sp.integrate(x ** z * sp.exp( - x), (x, 0, sp.oo),conds = 'piecewise')
```

```
print(6,t)
t = sp.integrate(x ** z * sp.exp( - x), (x, 0, sp.oo),conds = 'separate')
print(7,t)
t = sp.integrate(x ** z * sp.exp( - x), (x, 0, sp.oo),conds = 'none')
print(8,t)
'''
运行结果如下:
1 ( -2 * x ** 2 - 2 * x - 9) * exp( -2 * x)/4
2 13 * exp( - 2)/4
3 (2 * x ** 2 + 2 * x + 8 * y + 11) * exp( - 2 * x - y)/4
4 ( - 864 * x - 1188) * exp( - x)/432 + (72 * x ** 2 + 408 * x + 244) * exp( - 3 * x)/432 + 59/27
5 pi
6 Piecewise((gamma(z + 1), re(z) > - 1), (Integral(x ** z * exp( - x), (x, 0, oo)), True))
7 (gamma(z + 1), - re(z) < 1)
8 gamma(z + 1)
'''
```

8.3.4 泰勒展开

泰勒展开是将一个符号表达式根据微分值展开成级数多项式的形式。符号表达式的泰勒展开用 series()方法计算,其格式如下所示。

series(expr, x = None, x0 = 0, n = 6, dir = ' + ')

其中,expr 是符号表达式;x 设置要展开的变量;x0 是变量 x 的展开位置,可以是任何值,包括 oo 和 - oo;n 是展开的阶数;dir 设置 x 趋近于 x0 的方向,可以取'+'或'-'。series() 输出的级数多项式的最后一项是 Landau 项,如果不需要该项,可以用 removeO( )方法删除。

```
import sympy as sp    # Demo8_22.py

x,y,z = sp.symbols('x,y,z')
f = (x ** 2 + 4) * sp.exp( - 2 * x)
f_x = sp.series(f,x,x0 = 2,n = 4)
print(1,f_x)
f = (x ** 2 + 4 * y + 1) * sp.exp( - 2 * x - y)
f_y = sp.series(f,y,x0 = 1,n = 3).removeO()
print(2,f_y)
'''
运行结果如下:
1 8 * exp( - 4) - 12 * (x - 2) * exp( - 4) + 9 * (x - 2) ** 2 * exp( - 4) - 14 * (x - 2) ** 3 *
exp( - 4)/3 + O((x - 2) ** 4, (x, 2))
2 x ** 2 * exp( - 2 * x - 1) + (y - 1) ** 2 * (x ** 2 * exp( - 2 * x - 1)/2 - 3 * exp( - 2 * x -
1)/2) +
   (y - 1) * ( - x ** 2 * exp( - 2 * x - 1) - exp( - 2 * x - 1)) + 5 * exp( - 2 * x - 1)
'''
```

8.3.5 积分变换

积分变换在数学物理方法中和实际应用中都是一种非常有用的变换,它能从一种空间变换到另外一种空间。最主要的积分变换是傅里叶变换、拉普拉斯变换,应用较为广泛的变换还有梅林变换和汉克尔变换,它们可由傅里叶变换或拉普拉斯变换转化而来。

1. 梅林变换

梅林(Mellin)变换的积分核是幂函数,函数 $f(x)$ 的梅林变换如下所示:

$$F(s) = \int_0^\infty x^{s-1} f(x) \, \mathrm{d}x$$

$F(s)$ 的收敛区间可以表示成 $a < \mathrm{Re}(s) < b$。梅林变换的逆变换为

$$f(x) = \frac{1}{2\pi \mathrm{i}} \int_{c-\mathrm{i}\infty}^{c+\mathrm{i}\infty} x^{-s} F(s) \, \mathrm{d}s$$

其中 c 在收敛区间 (a, b) 范围内。

SymPy 中梅林变换的方法是 mellin_transform(f, x, s, ** hints),其返回值是(F, (a, b), cond);梅林逆变换的方法是 inverse_mellin_transform(F, s, x, strip, ** hints),其中 strip=(a,b) 设置收敛区间。

```python
import sympy as sp    # Demo8_23.py
from sympy.abc import x, s


f = sp.exp( - x ** 2 + 1)
F, strip, cond = sp.mellin_transform(f, x, s)
print(F, strip, cond)
f = sp.inverse_mellin_transform(F, s, x, (0, sp.oo))
print(f)
'''
运行结果如下:
E * gamma(s/2)/2 (0, oo) True
E * exp( - x ** 2)
'''
```

2. 拉普拉斯变换

拉普拉斯(Laplace)变换是工程数学中应用非常广泛的一种变换,它可以将一个有实参 $t(t \geq 0)$ 的函数 $f(t)$ 转换为一个参数为复数 s 的函数 $F(s)$,在复数域中进行各种计算,然后再通过拉普拉斯逆变换转换到实数域。拉普拉斯变换在力学系统、电学系统、可靠性系统、自动控制系统以及随机服务系统等学科中都起着重要作用。

拉普拉斯变换如下所示:

$$F(s) = \int_0^\infty \mathrm{e}^{-st} f(t) \, \mathrm{d}t$$

其在半平面 $\mathrm{Re}(s) > a$ 范围内是收敛的。拉普拉斯变换的逆变换为

$$f(t) = \frac{1}{2\pi \mathrm{i}} \int_{c-\mathrm{i}\infty}^{c+\mathrm{i}\infty} \mathrm{e}^{st} F(s) \, \mathrm{d}s$$

其中 c 要足够大，以使 $F(s)$ 在半平面 $\mathrm{Re}(s) > a$ 范围内没有奇异值。

SymPy 中拉普拉斯变换的方法是 laplace_transform(f,t,s, ** hints)，其返回值是(F, a, cond)；拉普拉斯逆变换的方法是 inverse_laplace_transform(F, s, t, plane=None, ** hints)，其中 plane 用于设置 a。

```python
import sympy as sp    # Demo8_24.py
from sympy.abc import t,s

f = sp.sin(t) * sp.exp( - t)
F,a,cond = sp.laplace_transform(f,t,s)
print(F,a,cond)
f = sp.inverse_laplace_transform(F,s,t,plane = a)
print(f)
'''
运行结果如下：
1/((s + 1) ** 2 + 1)  - 1 True
exp( - t) * sin(t) * Heaviside(t)
'''
```

3. 傅里叶变换

傅里叶变换是重要的变换，可将时域信号转换成频率信号。傅里叶变换如下：

$$F(k) = \int_{-\infty}^{+\infty} f(x) \cdot \mathrm{e}^{-ikx} \, \mathrm{d}x$$

其逆变换为

$$f(x) = \frac{1}{2\pi} \int_{-\infty}^{+\infty} F(k) \cdot \mathrm{e}^{ikx} \, \mathrm{d}k$$

SymPy 中傅里叶变换的方法是 fourier_transform(f,x,k, ** hints)，傅里叶逆变换的方法是 inverse_fourier_transform(F,k,x, ** hints)。

```python
import sympy as sp    # Demo8_25.py
from sympy.abc import x,k

f = sp.exp( - x ** 2 - x)
F = sp.fourier_transform(f,x,k)
print(F)
f = sp.inverse_fourier_transform(F,k,x)
print(f)
'''
运行结果如下：
sqrt(pi) * exp((2 * I * pi * k + 1) ** 2/4)
exp( - x ** 2 - x)
'''
```

4. 正弦变换和余弦变换

正弦变换和余弦变换是与傅里叶变换相关的一种变换，它们分别相当于傅里叶变换后的虚数部分和实数部分。正弦变换和余弦变换分别如下所示：

$$F(k) = \sqrt{\frac{2}{\pi}} \int_{-\infty}^{+\infty} f(x)\sin(2\pi xk)\,\mathrm{d}x$$

$$F(k) = \sqrt{\frac{2}{\pi}} \int_{-\infty}^{+\infty} f(x)\cos(2\pi xk)\,\mathrm{d}x$$

它们的逆变换分别如下所示：

$$f(x) = \sqrt{\frac{2}{\pi}} \int_{-\infty}^{+\infty} F(k)\sin(2\pi xk)\,\mathrm{d}k$$

$$f(x) = \sqrt{\frac{2}{\pi}} \int_{-\infty}^{+\infty} F(k)\cos(2\pi xk)\,\mathrm{d}k$$

SymPy 中进行正弦变换和余弦变换的方法分别是 sine_transform(f,x,k,**hints)和 cosine_transform(f, x, k, **hints)，逆变换方法分别是 inverse_sine_transform(F,k,x, **hints)和 inverse_cosine_transform(F,k,x,**hints)。

```
import sympy as sp    # Demo8_26.py
from sympy.abc import x,k

f = x * sp.exp( - x)
F = sp.sine_transform(f,x,k)
print(F)
print(sp.inverse_sine_transform(F,k,x))
F = sp.cosine_transform(f,x,k)
print(F)
print(sp.inverse_cosine_transform(F,k,x))
'''
运行结果如下：
2 * sqrt(2) * k/(sqrt(pi) * (k ** 2 + 1) ** 2)
x * exp( - x)
sqrt(2) * (1 - k ** 2)/(sqrt(pi) * (k ** 2 + 1) ** 2)
x * exp( - x)
'''
```

5. 汉克尔变换

汉克尔（Hankel）变换由德国数学家 Hermann Hankel 提出，又称为傅里叶-贝塞尔变换。汉克尔变换是指对任何给定函数 $f(r)$ 以第一类贝塞尔函数作无穷级数展开，贝塞尔函数 $J_v(kr)$ 的阶数不变，级数各项 k 作变化。各项 $J_v(kr)$ 的系数 F_v 构成了变换函数。对于函数 $f(r)$，其 v 阶贝塞尔函数的汉克尔变换（k 为自变量）为

$$F_v(k) = \int_0^{+\infty} f(r)J_v(kr)r\,\mathrm{d}r$$

其中 J_v 是阶数为 v 的第一类贝塞尔函数，$v \geq -1/2$。汉克尔变换的逆变换为

$$f(r) = \int_0^{+\infty} F_v(k)J_v(kr)k\,\mathrm{d}k$$

SymPy 中汉克尔变换的方法是 hankel_transform(f,r,k,nu,**hints)，其逆变换的方

法是 inverse_hankel_transform(F,k,r,nu, ** hints)。

```
import sympy as sp    # Demo8_27.py
from sympy.abc import r,k

f = sp.exp(-r)
F = sp.hankel_transform(f,r,k,0)
print(F)
f = sp.inverse_hankel_transform(F,k,r,0)
print(f)
'''
运行结果如下:
(k ** 2 + 1) ** (-3/2)
exp(-r)
'''
```

8.4 方程求解

一般方程可以用 $f(x)=0$ 或 $f(x)=g(x)$ 来表示,对于后者可以用 Eq($f(x),g(x)$) 来表示,也可以写成 $f(x)-g(x)=0$ 的形式。本节所介绍的方程求解方法中,对于一个符号表达式 $f(x)$,如果没有明确用 Eq() 来表示,则默认为 $f(x)=0$。

8.4.1 代数方程的求解

代数方程是由多项式组成的方程,有时也泛指由未知数的代数式所组成的方程,包括整式方程、分式方程和根式方程。代数方程的求解用 solveset() 方法,其格式如下所示。

solveset(f, symbol = None, domain = S.Complexes)

其中,f 是代数方程,注意方程中不可以用"="或"=="来表示,f 的默认值为 0,也可以用 Eq() 方法指定 f 的值,f 也可以是不等式,例如 f(x)>1;symbol 指定 f 中需要求解的未知数,如果 f 中只有一个符号变量,symbol 可以省略;domain 设置求解域,可以取 S. Complexes 或 S. Reals。如果 solveset() 方法对给定的方程能直接求解,则返回求解后的值,如果不能求解则返回满足求解的条件 ConditionSet。

```
import sympy as sp    # Demo8_28.py

x,y = sp.symbols('x,y')
f = x ** 2 + 3 * x + 1
z = sp.solveset(f)
print(1,z)
f = sp.exp(x)
z = sp.solveset(f > 1, x, sp.Reals)
print(2,z)
f = (sp.sin(x) + sp.cos(x)) * y
```

```
z = sp.solveset(sp.Eq(f,1), x)
print(3,z)
'''
运行结果如下:
1 FiniteSet(-3/2 - sqrt(5)/2, -3/2 + sqrt(5)/2)
2 Interval.open(0, oo)
3 ConditionSet(x, Eq(sqrt(2) * sin(x + pi/4) - 1/y, 0), Reals)
'''
```

8.4.2 线性方程组的求解

线性方程组的形式为 $Ax=b$,其中 A 是形状为 (m,n) 的系数矩阵,b 是常数向量。线性方程组用 linsolve() 方法求解,其格式如下所示。

linsolve(system, * symbols)

其中,system 用于描述 $Ax=b$,可以直接写成线性方程 $Ax-b=0$ 的形式,也可以写成 (A,b) 的形式,还可把 A 和 b 写到一个矩阵中;symbols 指定 $Ax=b$ 中的变量。

下面的代码求线性方程组 $2x+3y+z=1$ 和 $3x+y+2z=2$ 的解。

```
import sympy as sp    # Demo8_29.py

x,y,z = sp.symbols('x,y,z')
system = [2*x+3*y+z-1,3*x+y+2*z-2]          #直接写出 Ax-b 形式
sol = sp.linsolve(system,x,y,z)
print(sol)
A = sp.Matrix([[2,3,1],[3,1,2]])            #矩阵
b = sp.Matrix([1,2])                        #只有一列数据的矩阵
system = (A,b)                              #(A,b)形式
sol = sp.linsolve(system,x,y,z)
print(sol)
system = sp.Matrix([[2,3,1,1],[3,1,2,2]])   #A 和 b 写到一个矩阵中
sol = sp.linsolve(system,x,y,z)
print(sol)
'''
运行结果如下:
FiniteSet((5/7 - 5*z/7, z/7 - 1/7, z))
FiniteSet((5/7 - 5*z/7, z/7 - 1/7, z))
FiniteSet((5/7 - 5*z/7, z/7 - 1/7, z))
'''
```

8.4.3 非线性方程组的求解

非线性方程组用 nonlinsolve() 方法求解,其格式如下所示,其中 system 必须用方程的形式给出。

```
nonlinsolve(system, * symbols)
```

下面的代码是求解非线性方程组的实例。

```
import sympy as sp    # Demo8_30.py

x,y,z = sp.symbols('x,y,z')
f1 = sp.sqrt(x ** 2 + y ** 2 - x) - 10
f2 = sp.sqrt(y ** 2 + (-x + 10) ** 2) - 3
sol = sp.nonlinsolve([f1,f2], x,y)
print(sol)
f1 = x * y - 1
f2 = 4 * x ** 2 + y ** 2 - 4
sol = sp.nonlinsolve((f1,f2), x, y)
print(sol)
system = [x ** 2 - 2 * y ** 2 - 2, x * y - 2]
vars = [x, y]
sol = sp.nonlinsolve(system, vars)
print(sol)
'''
运行结果如下：
FiniteSet((191/19, - 4 * sqrt(203)/19), (191/19, 4 * sqrt(203)/19))
FiniteSet(( - sqrt(2) * ( - 2 + sqrt(2)) * (sqrt(2) + 2)/4,sqrt(2)),(sqrt(2) * ( - 2 - sqrt(2)) *
(2 - sqrt(2))/4, - sqrt(2)))
FiniteSet(( - 2, - 1), (2, 1), ( - sqrt(2) * I, sqrt(2) * I), (sqrt(2) * I, - sqrt(2) * I))
'''
```

8.4.4　常微分方程组的求解

要定义常微分方程或常微分方程组，例如 $f''(x) - 2f'(x) + f(x) = \cos(x)$，需要先定义函数 $f(x)$，可以用 f = symbols('f', cls = Function)把符号 f 定义成函数。然后用 f(x).diff(x)表示对 x 的一阶导数，用 f(x).diff(x,x)表示对 x 的二阶导数，导数也可以用 Derivative()方法来定义，例如 Derivative(f(x,y), x, x, y, x)。常微分方程 $f''(x) - 2f'(x) + f(x) = \sin(x)$ 可以用 Eq(f(x).diff(x, x) - 2 * f(x).diff(x) + f(x), sin(x))来表示，也可以用 Eq(Derivative(f(x),x, x) - 2 * Derivative(f(x),x) + f(x), sin(x))来表示。

求解常微分方程或常微分方程组需要用 dsolve()方法，dsolve()方法的格式如下所示。

dsolve(eq, func = None, hint = 'default', simplify = True, ics = None, xi = None, eta = None, x0 = 0, n = 6)

其中，eq 是单个常微分方程或常微分方程组；当 eq 是单个常微分方程时，func 设置 $f(x)$ 的猜测函数，$f(x)$ 对变量 x 的微分构成常微分方程，通常不需要指定 func；hint 设置求解方法，可以取'default'、'all'、'all_Integral'、'best'；simplify 设置是否对结果进行化简；ics 设置初始条件，如果没有给出初始条件，则给出通解，如果给出初始条件，则给出特解，例如对于二阶常系数方程，ics 的格式是{f(x0)：x1, f(x).diff(x).subs(x, x2)：x3}，其中 x0、x1、x2 和 x3 都是具体的值，对于幂级数的解，如果没有给出 ics，则假定 f(x0)为 C0 并计算出关于 x0 的幂级数解；x0 是微分方程幂级数的取值，默认为 0；n 是非独立变量的指数，微分方程的幂级数解要计算到该指数；xi 和 eta 是常微分方程的无穷小函数，如果不提供，将由系统来估计。

下面的程序求解常微分方程 $\dfrac{d^2 f(x)}{dx^2} - 2\dfrac{df(x)}{dx} + f(x) = \cos(x)$ 的通解和在初始条件 $f(x)|_{x=0} = 0$ 和 $\dfrac{df(x)}{dx}\bigg|_{x=0} = 1$ 下的特解，通过计算结果可知，通解是 $f(x) = (C_1 + C_2 x)e^x - \sin(x)/2$，特解是 $f(x) = 3xe^x/2 - \sin(x)/2$。

```python
import sympy as sp    # Demo8_31.py

x = sp.symbols('x')
f = sp.symbols('f',cls = sp.Function)
eq = sp.Eq(f(x).diff(x, x) - 2 * f(x).diff(x) + f(x), sp.cos(x))     # 常微分方程
sol = sp.dsolve(eq)                                                   # 计算通解
print(sol)
sol = sp.dsolve(eq,ics = {f(0): 0, f(x).diff(x).subs(x, 0): 1})      # 计算特解
print(sol)
'''
运行结果如下：
Eq(f(x), (C1 + C2 * x) * exp(x) - sin(x)/2)
Eq(f(x), 3 * x * exp(x)/2 - sin(x)/2)
'''
```

下面的程序计算常微分方程组

$$\begin{cases} \dfrac{df(x)}{dx} + 2f(x) - \dfrac{dg(x)}{dx} = 10\cos(x) \\[3mm] \dfrac{df(x)}{dx} + \dfrac{dg(x)}{dx} + 2g(x) = 4e^{-2x} \end{cases}$$

的通解和在初始条件 $f(x)|_{x=0} = 2$ 和 $g(x)|_{x=0} = 0$ 下的特解。

```python
import sympy as sp    # Demo8_32.py

x = sp.symbols('x')
f,g = sp.symbols('f,g',cls = sp.Function)
eq = [sp.Eq(f(x).diff(x) + 2 * f(x) - g(x), 10 * sp.cos(x)),
      sp.Eq(f(x).diff(x) + g(x).diff(x) + 2 * g(x),4 * sp.exp( - 2 * x))]    # 常微分方程组
sol = sp.dsolve(eq)                                                          # 计算通解
print(sol)
sol = sp.dsolve(eq,ics = {f(0): 2, g(0): 0})                                 # 计算特解
print(sol)
'''
运行结果如下：
[Eq(f(x), C1 * exp( - x) - C2 * exp( - 4 * x)/2 + 35 * sin(x)/17 + 55 * cos(x)/17 - 2 *
exp( - 2 * x)), Eq(g(x), C1 * exp( - x) + C2 * exp( - 4 * x) + 15 * sin(x)/17 - 25 * cos(x)/17)]
```

```
[Eq(f(x), 35 * sin(x)/17 + 55 * cos(x)/17 + exp(-x) - 2 * exp(-2 * x) - 4 * exp(-4 * x)/
17), Eq(g(x), 15 * sin(x)/17 - 25 * cos(x)/17 + exp(-x) + 8 * exp(-4 * x)/17)]
'''
```

8.4.5 偏微分方程的求解

两个变量的偏微分方程的解可以用 pdsolve() 方法来求,其格式如下所示。

pdsolve(eq, func = None, hint = 'default', dict = False, solvefun = None, ** kwargs)

其中,eq 是偏微分方程,可以用 Eq() 来定义,也可以是符号表达式,这时默认符号表达式等于 0; func 指定函数 $f(x,y)$ 的猜测函数,该函数对 x 和 y 的偏导数构成偏微分,通常不需要指定 func,而由算法求解 func; hint 设置求解方法,可以取 'default'、'all'、'all_Integral'; solvefun 设置通解中任意函数的标记符号,默认是 F。

下面的程序计算偏微分方程 $x\,\dfrac{\partial f}{\partial x} - 2y\,\dfrac{\partial f}{\partial y} + xy = 1$ 的通解,通解是 $f(x,y) = xy + \log(x) + G(x^2 y)$,其中 $G(x^2 y)$ 是任意函数。

```
import sympy as sp    # Demo8_33.py

x,y,z = sp.symbols('x,y,z')
f = sp.symbols('f',cls = sp.Function)
G = sp.symbols('G',cls = sp.Function)
d = f(x, y)
fx = f(x,y).diff(x)
fy = f(x,y).diff(y)

eq = sp.Eq(x * fx - 2 * y * fy + x * y, 1)
sol = sp.pdsolve(eq,solvefun = G)
print(sol)
'''
运行结果如下:
Eq(f(x, y), x * y + G(x ** 2 * y) + log(x))
'''
```

8.5 矩阵运算

SymPy 支持各种矩阵运算,矩阵的元素可以是常数,也可以是符号表达式。SymPy 中的矩阵可以是密集矩阵,也可以是稀疏矩阵。

8.5.1 矩阵的创建

矩阵可以分为可变矩阵和不可变矩阵,不可变矩阵定义好后,不可以再改变其元素的值。

可变矩阵用 Matrix(* args, ** kwargs)方法定义,不可变矩阵用 ImmutableMatrix(* args, ** kwargs)方法定义。可变矩阵和不可变矩阵可以用列表或元组来定义,每个列表或元组代表矩阵中的一行元素,如果矩阵中只有一列元素,只用一行列表来定义即可,例如下面的代码。

```python
import sympy as sp      # Demo8_34.py
from sympy.abc import x

A = sp.Matrix([[1,2,3],[4,5,6]])                    # 用列表定义可变矩阵
print(1, A)
A = sp.Matrix(3, 2, [1, 3, 0, - 2, - 6, 2])          # 指定 3 行 2 列矩阵
print(2, A)
A = sp.Matrix(((7,8,9),(10,11,12)))                 # 用元组定义可变矩阵
A[1,2] = 20                                          # 改变可变矩阵元素的值
print(3, A)
B = sp.ImmutableMatrix([[1,2,3],[4,5,6]])           # 用列表定义不可变矩阵
print(4, B)
B = sp.ImmutableMatrix(A)                            # 用可变矩阵定义不可变矩阵
print(5, B)
C = sp.Matrix([1,2 + 3 * sp.I,4])                    # 只有一列元素的矩阵
print(6, C)
D = sp.Matrix([[sp.cos(x) + 1, sp.sin(x) - 1, 1], [ - sp.sin(x) + 1, sp.cos(x) + 2, 0]])
                                                     # 矩阵的元素是符号表达式
print(7, D)
'''
运行结果如下:
1 Matrix([[1, 2, 3], [4, 5, 6]])
2 Matrix([[1, 3], [0, - 2], [ - 6, 2]])
3 Matrix([[7, 8, 9], [10, 11, 20]])
4 Matrix([[1, 2, 3], [4, 5, 6]])
5 Matrix([[7, 8, 9], [10, 11, 20]])
6 Matrix([[1], [2 + 3 * I], [4]])
7 Matrix([[cos(x) + 1, sin(x) - 1, 1], [1 - sin(x), cos(x) + 2, 0]])
'''
```

除了上面介绍的直接创建矩阵的方法外,用 eye(m,n)方法可以创建形状是(m,n),主对角线上元素全部是 1、其他元素是 0 的矩阵,用 eye(n)方法可以创建形状是(n,n),主对角线上元素全部是 1、其他元素是 0 的方阵;用 zeros(m,n)方法可以创建形状是(m,n),元素全部是 0 的矩阵,用 zeros(n)方法可以创建形状是(n,n),元素全部是 0 的方阵;用 ones(m,n)方法可以创建形状是(m,n),元素全部是 1 的矩阵,用 ones(n)方法可以创建形状是(n,n),元素全部是 1 的方阵;用 diag(* values, strict＝True, unpack＝False, ** kwargs)方法创建对角阵。

在矩阵表达式中可以含有矩阵符号,矩阵符号用 MatrixSymbol(name, m, n)方法定义,其中 name 是矩阵符号名,m 和 n 是矩阵的行数和列数。

```
import sympy as sp    # Demo8 35.py

A = sp.eye(2,3); print(1, A)
A = sp.zeros(2,3); print(2, A)
A = sp.ones(2,3); print(3, A)
A = sp.diag(1,2,3,4); print(4, A)              # 对角阵
A = sp.diag([5,6,7,8]); print(5, A)            # 含一列数据的矩阵
A = sp.diag( * [5,6,7,8]); print(6, A)         # 对角阵


B = sp.MatrixSymbol('B',2,3)                   # 矩阵符号
C = sp.MatrixSymbol('C',3,2)                   # 矩阵符号
expr = 2 * B * C + sp.eye(2,2)                 # 矩阵符号表达式
print(7, expr)
'''
运行结果如下:
1 Matrix([[1, 0, 0], [0, 1, 0]])
2 Matrix([[0, 0, 0], [0, 0, 0]])
3 Matrix([[1, 1, 1], [1, 1, 1]])
4 Matrix([[1, 0, 0, 0], [0, 2, 0, 0], [0, 0, 3, 0], [0, 0, 0, 4]])
5 Matrix([[5], [6], [7], [8]])
6 Matrix([[5, 0, 0, 0], [0, 6, 0, 0], [0, 0, 7, 0], [0, 0, 0, 8]])
7 Matrix([[1, 0],[0, 1]]) + 2 * B * C
'''
```

8.5.2 矩阵的属性和方法

矩阵的常用属性和方法如表 8-3 所示,其中 A. eigenvals(** flags)方法计算矩阵 A 的特征值,可以设置多个参数,参数 error_when_incomplete = True 时,如果没有计算所有特征值,则引发 MatrixError 异常;参数 simplify = True 时,将特征值进行化简;参数 rational = True 时,将浮点数用分数表示;参数 multiple = True 时,结果以列表形式返回,multiple = False 时,结果以字典形式返回。A. eigenvects(** flags)方法计算矩阵 A 的特征向量,参数 error_when_incomplete = True 时,如果没有计算所有特征向量,则产生异常;参数 simplify = True 时,将特征向量进行归一化;参数 chop = True 时,计算中将浮点数转成分数,但返回值仍是浮点数,精度是默认精度,chop 取正整数时,设置浮点数的精度。A. eigenvals()返回值是列表[(eigenval, multiplicity, eigenspace),...]。

表 8-3 矩阵的常用属性和方法

矩阵的属性或方法	说　明
A. shape	获取矩阵 A 的形状
A. rows	获取矩阵 A 的行数
A. cols	获取矩阵 A 的列数
A. C	获取矩阵 A 的共轭矩阵
A. rank()	获取矩阵 A 的秩
A. trace()	计算方阵 A 的迹

续表

矩阵的属性或方法	说 明
A. H、A. adjoint()	获取矩阵 A 的共轭转置矩阵
A. row(i)	获取矩阵 A 的第 i 行
A. col(i)	获取矩阵 A 的第 i 列
A. row_del(i)	删除矩阵 A 的第 i 行
A. col_del(i)	删除矩阵 A 的第 i 列
A. row_insert(i,other)	在第 i 行插入其他行
A. col_insert(i,other)	在第 i 列插入其他列
A+B	矩阵 A 与矩阵 B 相加
A. add(B)	
A * B	矩阵 A 与矩阵 B 点积,dotprodsimp 取值是 bool,设置中间结
A. multiply(B, dotprodsimp=None)	果是否简化
A. multiply_elementwise(B)	按照对应元素相乘
A. cross(B)	矩阵 A 与矩阵 B 叉积
A. dot (B, hermitian = None, conjugate_convention=None)	计算矩阵 A 与矩阵 B 的内积,返回值是标量,要求矩阵 A 和矩阵 B 的形状是(n,1)或(1,n)。hermitian=True,且 conjugate_convention 取 'left'、'math' 或 'maths' 时,对 A 取共轭复数; conjugate_convention 取 'right'或'physics'时,对 B 取共轭复数
A ** n	矩阵 A 的 n 次幂
A ** −1	矩阵 A 的逆矩阵,method 可取 'GE'、'LU'、'ADJ'、'CH'、'LDL'
A. inv(method=None)	
A. pinv(method='RD')	矩阵 A 的 Moore-Penrose 伪逆矩阵,method 可取 'RD'或'ED'
A. row_swap(i, j)	矩阵 A 的第 i 行和第 j 行进行交换
A. col_swap(i, j)	矩阵 A 的第 i 列和第 j 列进行交换
A. T	矩阵 A 的转置矩阵
A. transpose()	
A. adjugate()	矩阵 A 的转置伴随矩阵
A. det(method='bareiss')	矩阵 A 的行列式,method 可取 'bareiss'、'domain-ge'、'berkowitz'、'lu'
A. diagonal(k=0)	返回矩阵 A 的第 k 阶对角线上的元素构成的矩阵
A. diagonal_solve(b)	求解线性代数方程 Ax=b,A 是对角阵
A. solve(b, method='GJ')	求解线性代数方程 Ax=b,x 要有唯一解,method 可取 'GJ'、'GE'、'LU'、'QR'、'PINV'、'CH'、'LDL'
A. solve_least_squares(b, method='CH')	用最小二乘法求解线性代数方程 Ax=b,method 可取 'QR'、'PINV'、'CH'、'LDL'
A. pinv_solve(b, arbitrary_matrix=None)	用 Moore-Penrose 伪逆矩阵求解线性代数方程 Ax=b
A. rref()	经过初等变换,返回矩阵 A 的简化行阶梯矩阵
A. nullspace(simplify= False)	矩阵 A 的零空间
A. columnspace(simplify= False)	矩阵 A 的列向量空间
A. rowspace(simplify= False)	矩阵 A 的行向量空间
A. diagonalize(reals_only = False, sort = False, normalize=False)	将矩阵 A 对角化,返回(P,D)。D 是对角阵,满足 $A=PDP^{-1}$
A. simplify()	简化矩阵 A 的元素

矩阵的属性或方法	说　明
A. as_real_imag(deep＝True，** hints)	返回元组,第 1 个元素是 A 的实部构成的矩阵,第 2 个元素是它的虚部构成的矩阵
A. as_immutable()	返回不可变矩阵或可变矩阵
A. as_mutable()	
A. evalf(n＝15，subs＝None，maxn＝100,chop＝False, strict＝False, quad＝None,verbose＝False)	计算矩阵 A 的每个元素的值
A. limit(e, z, z0, dir＝'＋')	计算极限值,其中 e 是表达式,z 是符号,计算 e(z)在 z0 处的值
A. integrate(* args，** kwargs)	对矩阵 A 的每个元素进行积分运算
A. diff(* args，** kwargs)	对矩阵 A 的每个元素进行微分运算
A. jacobian(X)	计算矩阵 A 对向量 X 的雅可比矩阵
A. tolist()	转成 Python 的列表
A. hstack(* args)	水平方向叠加
A. row_join(B)	
A. vstack(* args)	竖直方向叠加
A. col_join(B)	
A. vec()	将矩阵 A 变成只有一列元素的矩阵
A. vech()	将矩阵 A 的下三角矩阵变成只有一列元素的矩阵,适用于对称矩阵
A. applyfunc(f)	对矩阵 A 的每个元素进行指定函数运算
A. analytic_func(f, x)	计算 f(A),A 是方阵,x 是 f 的符号参数
A condition_number()	计算矩阵 A 的条件数,最大奇异值除以最小奇异值
A. values()	以列表形式输出 A 中的非零值
A. log()	计算方阵 A 的对数
A. exp()	计算方阵 A 的指数
A. pow(exp, method＝None)	计算 A ** exp,method 可取 'multiply'、'mulsimp'、'jordan'或 'cayley'
A. fill(value)	将 A 的所有元素的值调整成 value
A. expand(deep＝True,** hints)	把 A 中的所有元素展开
A. lower_triangular(k＝0)	返回矩阵 A 的第 k 阶对角线的下三角形矩阵
A. upper_triangular(k＝0)	返回矩阵 A 的第 k 阶对角线的上三角形矩阵
A. norm(ord＝None)	计算矩阵或向量的范数
A. xreplace(rule)	符号替换,例如 A. xreplace({x：y})用 y 替换 x
A. subs(* args，** kwargs)	符号替换,例如 A. subs(x,y)用 y 替换 x
A. replace(F, G)	用函数 G 替换函数 F
A. rot90(k＝1)	矩阵 A 旋转 90°,k 是旋转次数,正值表示顺时针旋转,负值表示逆时针旋转
A. eigenvals(** flags)	计算矩阵 A 的特征值
A. eigenvects(** flags)	计算矩阵 A 的特征向量
A. cholesky(hermitian＝True)	计算矩阵 A 的 Cholesky 分解 L,A＝L * L. T,A 是正定非奇异方阵
A. singular_values()	计算矩阵 A 的奇异值
A. singular_value_decomposition()	计算矩阵 A 的奇异值分解 U,S,V,满足 A＝U * S * V. H

下面的代码对矩阵进行微分、积分、求值和奇异值分解。

```
import sympy as sp    # Demo8_36.py
from sympy.abc import x,y

A = sp.Matrix([[y * sp.sin(x),y * sp.cos(x),x * sp.sin(y)],[x * sp.sin(y),x * sp.cos(y),y *
sp.sin(x)]])
B = A.diff(x,y)                              #矩阵微分计算
print("B = ",B)
C = B.evalf(n = 15,subs = {x:1,y:2})         #矩阵求值
print("C = ",C)
D = A.integrate((x,0,sp.pi),(y,0,sp.pi))     #矩阵积分计算
print("D = ",D)
U,S,V = C.singular_value_decomposition()     #矩阵奇异值分解
print("USV.H = ", U * S * V.H)
'''
运行结果如下:
B = Matrix([[cos(x), - sin(x), cos(y)], [cos(y), - sin(y), cos(x)]])
C = Matrix([[0.540302305868140, - 0.841470984807897, - 0.416146836547142],
            [ - 0.416146836547142, - 0.909297426825682, 0.540302305868140]])
D = Matrix([[pi ** 2, 0, pi ** 2], [pi ** 2, 0, pi ** 2]])
USV.H = Matrix([[0.540302305868140, - 0.841470984807897, - 0.416146836547142],
            [ - 0.416146836547143, - 0.909297426825682, 0.540302305868140]])
'''
```

8.5.3　稀疏矩阵

稀疏矩阵是指存在大量 0 元素的矩阵，可变稀疏矩阵用 SparseMatrix()方法定义，不可变稀疏矩阵用 ImmutableSparseMatrix()方法定义。下面是创建稀疏矩阵的各种方法。

```
import sympy as sp    # Demo8_37.py
from sympy.abc import x,y

S = sp.SparseMatrix([[y * sp.sin(x),y * sp.cos(x),x * sp.sin(y)],[x * sp.sin(y),x * sp.
cos(y),y * sp.sin(x)]])
print(1,S)
S = sp.SparseMatrix(2, 2, [1,2,3,4])    #指定稀疏矩阵的行和列的个数,并提供第一行的数据
print(2,S)
S = sp.SparseMatrix(3, 3, {(1, 1): 2,(2, 2): 3})        #指定稀疏矩阵的行和列的个数,同
                                                         时指定非 0 元素的位置
print(3,S)
S = sp.SparseMatrix([[1, 2, 3], [1, 2], [1]])           #列表长度不同
print(4,S)
S = sp.SparseMatrix(None, {(1, 1): 1, (3, 3): 2})       #不指定稀疏矩阵行和列的个数
print(5,S)
S = sp.SparseMatrix(4, 4, {(1, 1): sp.Matrix.ones(2), (3, 3): 2})    #指定子矩阵的位置
print(6,S)
```

```
S = sp.ImmutableSparseMatrix(2,2,range(4))        # 不可变稀疏矩阵
print(7,S)
S = sp.SparseMatrix(4, 4, {})
S[3] = 10                                          # 按照从左往右、从上往下的变换顺序赋值
S[7] = 20                                          # 按照从左往右、从上往下的变换顺序赋值
print(8,S)
m = S.cols
S[2 * m] = sp.ones(1, m) * 5                       # 修改整行数据
S[3,:] = sp.ones(1, m) * 7                         # 修改整行数据
S[:,1] = sp.ones(m, 1) * 9                         # 修改整列数据
print(9,S)
'''
运行结果如下:
1 Matrix([[y * sin(x), y * cos(x), x * sin(y)], [x * sin(y), x * cos(y), y * sin(x)]])
2 Matrix([[1, 2], [3, 4]])
3 Matrix([[0, 0, 0], [0, 2, 0], [0, 0, 3]])
4 Matrix([[1, 2, 3], [1, 2, 0], [1, 0, 0]])
5 Matrix([[0, 0, 0, 0], [0, 1, 0, 0], [0, 0, 0, 0], [0, 0, 0, 2]])
6 Matrix([[0, 0, 0, 0], [0, 1, 1, 0], [0, 1, 1, 0], [0, 0, 0, 2]])
7 Matrix([[0, 1], [2, 3]])
8 Matrix([[0, 0, 0, 10], [0, 0, 0, 20], [0, 0, 0, 0], [0, 0, 0, 0]])
9 Matrix([[0, 9, 0, 10], [0, 9, 0, 20], [5, 9, 5, 5], [7, 9, 7, 7]])
'''
```

稀疏矩阵的大部分方法和密集矩阵的方法相同,但是也有几个不同的方法,例如 A.nnz() 方法返回 A 中非 0 元素的个数,A.row_list() 方法返回按行排列的非 0 元素(每个非 0 元素用元组输出,元组的前两个元素是非 0 元素的行索引和列索引)、A.col_list() 方法返回按列排列的非 0 元素,A.LDLdecomposition(self, hermitian=True) 方法进行 LDL 分解,返回(L,D),满足 A=L * D * L.T。

8.6 绘图

SymPy 中的绘图主要是利用了 matplotlib 的绘图功能,可以绘制二维图像,也可以绘制三维图像。也可以利用 SymPy 的 lambdify(args, expr, modules = 'numpy') 方法将 SymPy 的符号表达式转换成 NumPy 的表达式,计算出表达式的值,然后用 matplotlib 绘制各种数据图像。

8.6.1 二维绘图

SymPy 绘制二维图像的方法是 plot(),其格式如下所示,各参数的说明如表 8-4 所示。

```
plot( * args, show = True, title = None, label = None, xlabel = None, ylabel = None, aspect_ratio = 'auto',
    xlim = None, ylim = None, axis_center = 'auto', axis = True, xscale = 'linear', yscale = 'linear',
    legend = False, autoscale = True, margin = 0, markers = None, rectangles = None, fill = None,
    size = None, adaptive = True, depth = None, nb_of_points = None, line_color = None, ** args)
```

表 8-4　plot()方法的参数及说明

参　　数	参数类型	说　　明
args	tuple	设置要绘制曲线的符号表达式、独立变量和变量的取值范围,详见下面的代码
show	bool	设置是否显示图像
title	str	设置图像的标题
label	str	设置图例中显示的文字,默认是表达式的名称
xlabel	str	设置 x 轴的标签
ylabel	str	设置 y 轴的标签
aspect_ratio	tuple、str	设置图像的 x 轴长度与 y 轴长度的比例,取值是(float,float)或'auto'
xlim	tuple	设置 x 轴的最小值和最大值,取值是(min, max)
ylim	tuple	设置 y 轴的最小值和最大值,取值是(min, max)
axis_center	str、tuple	设置 x 和 y 轴交叉点的位置,可取'center'、'auto'或(float, float)
axis	bool	设置是否显示坐标轴
xscale	str	设置 x 轴的刻度比例关系,可以取'linear' 或 'log'
yscale	str	设置 y 轴的刻度比例关系,可以取'linear' 或 'log'
legend	bool	设置是否显示图例
autoscale	bool	设置是否自动缩放比例以适应图像对话框的尺寸
margin	float	设置曲线左右两边到边框的相对距离,取值在 0～1 之间
markers	list[dict]	取值是字典列表,设置曲线上的数据与参数,应与 matplotlib 的 plot(* args, ** kwargs)方法中的参数一致
rectangles	list[dict]	设置绘制矩形的参数
fill	dict	设置填充颜色,字典关键字的值要与 matplotlib 的 fill_between()函数的参数匹配
size	tuple	设置图像的尺寸,取值是（width, height）,单位是英寸
adaptive	bool	设置图像上离散数据点是否自动取值
depth	int	当 adaptive＝True 时,离散点的最大数是 2 ** depth
nb_of_points	int	当 adaptive＝False 时,设置离散点的数量
line_color	float	设置曲线的颜色

　　plot()方法中第 1 个参数 args 设置符号表示式、独立变量和变量的取值范围。args 参数可以有多种设置方法,例如下面的代码。

```
import sympy as sp    # Demo8_38.py

x = sp.symbols('x')
y1 = 10 * sp.sin(x)/x
y2 = (x ** 3 + x ** 2 + 1) * sp.sin(x) * sp.exp( - 0.1 * x ** 2)
y3 = 0.1 * x ** 2
sp.plot(y1,line_color = 'blue',label = 'sinc',legend = True)    # 不指定独立变量,默认取值范围
                                                                      是[ - 10,10]
sp.plot(y1,(x, - 20,20),line_color = 'green')        # 指定独立变量和独立变量的范围
sp.plot(y1,y2,y3,(x, - 10,10))              # 同时绘制多个曲线
sp.plot((y1,(x, - 20,20)),(y2,(x, - 15,15)),(y3,(x, - 10,10)))      # 绘制多个曲线,同时指定
                                                                 不同的取值范围
```

8.6.2　参数化绘图

参数化绘图用 plot_parametric(* args，show＝True，** kwargs)方法，该方法中的参数与 plot()方法中的参数基本相同，主要区别在于 args 的取值方式略有不同。args 的取值方式如下所示，其中 expr_x 是 x 分量表达式，expr_y 是 y 分量表达式，range 的取值是元组，设置独立变量和取值范围。

```
plot_parametric((expr_x, expr_y), range, ** kwargs)
plot_parametric((expr1_x, expr1_y),(expr2_x, expr2_y), …, range, ** kwargs)
plot_parametric((expr1_x, expr1_y, range),(expr2_x, expr2_y, range), … , ** kwargs)
```

```
import sympy as sp    # Demo8_39.py
from sympy.abc import theta

angle = (100 + (10 * sp.pi * theta/180) ** 2) ** 0.5
radius = theta - sp.atan((10 * sp.pi * theta/180)/10) * 180/sp.pi

x1 = radius * sp.cos(angle)
y1 = radius * sp.sin(angle)
sp.plot_parametric(x1,y1,(theta,0,100))                    #参数化绘图

x2 = sp.cos(4 * theta) * sp.cos(theta)
y2 = sp.cos(4 * theta) * sp.sin(theta)
x3 = sp.cos(5 * theta) * sp.cos(theta) * 2
y3 = sp.cos(5 * theta) * sp.sin(theta) * 2
p1 = sp.plot_parametric((x2,y2),(x3,y3),(theta,0,100))   #参数化绘图
p1[0].line_color = 'blue'
p1[1].line_color = 'red'
p1.show()
p2 = sp.plot_parametric((x2,y2,(theta,0,50)),(x3,y3,(theta,0,100)))    #参数化绘图
p2[0].line_color = 'blue'
p2[1].line_color = 'red'
p2.show()
```

8.6.3　隐式方程绘图

前面介绍的绘图方法，需要写出函数和独立变量之间明确的表达式，即 $y=f(x)$ 的形式，有些时候还不易直接写出这种表达式，函数 y 与变量 x 之间是隐式关系，即 $f(x,y)=0$ 的形式，例如圆的方程 $x^2+y^2=r^2$。SymPy 提供了直接绘制隐式方程曲线的方法 plot_implicit()，其格式如下所示，其中 expr 是隐式方程或不等式，x_var 设置 x 变量和其取值范围，y_var 设置 y 变量和其取值范围。

```
plot_implicit(expr, x_var = None, y_var = None, adaptive = True, depth = 0, points = 300, line_
color = 'blue',
            show = True,title = None, xlabel = None, ylabel = None, ** kwargs)
```

```
import sympy as sp    # Demo8_40.py
from sympy.abc import x, y

sp.plot_implicit(sp.Eq(x ** 2/25 + y ** 2/4, 1), (x, - 5, 5), (y, - 2, 2), adaptive = False)
                                                                    # 绘制椭圆
sp.plot_implicit(y > x ** 2 - 1, x_var = (x, - 5, 5))               # 绘制不等式
sp.plot_implicit(sp.And(y > x ** 2 - 1, y < - x + 1), x_var = (x, - 5, 5))   # 绘制不等式组
```

8.6.4　三维绘图

三维绘图与二维绘图相比,需要两个独立变量,还要设置两个独立变量的取值范围。三维曲面绘图用 plot3d() 方法,其格式如下所示,关键字参数有 nb_of_points_x、nb_of_points_y、title、size 等。

plot3d(expr, range_x, range_y, ** kwargs)
plot3d(expr1, expr2, range_x, range_y, ** kwargs)
plot3d((expr1, range_x, range_y), (expr2, range_x, range_y), ..., ** kwargs)

```
import sympy as sp    # Demo8_41.py
from sympy.abc import x, y
from sympy.plotting.plot import plot3d

z1 = (1 - x/4 + x ** 5 + y ** 4) * sp.exp( - x ** 2 - y ** 2) * 2      # 高度值
z2 = (x ** 2 + y ** 2) * sp.exp( - x ** 2 - y ** 2) * 2 + 2            # 高度值
plot3d(z1, (x, - 3, 3), (y, - 3, 3), nb_of_point_x = 100, nb_of_point_y = 100)
plot3d(z1, z2, (x, - 3, 3), (y, - 3, 3), nb_of_point_x = 100, nb_of_point_y = 100)
plot3d((z1, (x, - 3, 3), (y, - 3, 3)), (z2, (x, - 3, 3), (y, - 3, 3)), nb_of_point_x = 100, nb_of_
point_y = 100)
```

除了绘制三维曲面外,还可以绘制参数化三维曲线和参数化三维曲面,绘图格式如下所示。

plot3d_parametric_line(expr_x, expr_y, expr_z, range, ** kwargs)
plot3d_parametric_line((expr_x, expr_y, expr_z, range), ..., ** kwargs)
plot3d_parametric_surface(expr_x, expr_y, expr_z, range_u, range_v, ** kwargs)
plot3d_parametric_surface((expr_x, expr_y, expr_z, range_u, range_v), ..., ** kwargs)

```
import sympy as sp    # Demo8_42.py
from sympy.abc import u, v
from sympy.plotting.plot import plot3d_parametric_line, plot3d_parametric_surface

x = 10 * sp.cos(u)
y = 10 * sp.sin(u)
z = 2 * u
plot3d_parametric_line(x, y, z, (u, 0, 8 * sp.pi), nb_of_point = 100)
x = sp.cos(u) * sp.sin(v)
```

```
y = sp.sin(u) * sp.cos(v)
z = u + v
plot3d_parametric_surface(x, y, z, (u, -5, 5), (v, -5, 5), nb_of_point_u = 200, nb_of_point_v = 200)
```

前面讲的绘图是每个图单独使用一个对话框,如果要把多个图像放到一个对话框中,则需要用 PlotGrid() 方法,其格式如下所示,其中 nrows 和 ncolumns 分别指定行数和列数。

PlotGrid(nrows, ncolumns, * args, show = True, size = None, ** kwargs)

下面的代码将 4 个图像放到一个对话框中,程序运行结果如图 8-2 所示。

```
import sympy as sp    # Demo8_43.py
from sympy.abc import x, y
from sympy.plotting.plot import plot3d, PlotGrid

p1 = sp.plot((x ** 3 + x ** 2 + 1) * sp.sin(x) * sp.exp(-0.1 * x ** 2), (x, -20, 20), line_color = 'blue')
p2 = sp.plot_parametric(sp.cos(4 * x) * sp.cos(x), sp.cos(4 * x) * sp.sin(x), (x, 0, 100))
p3 = sp.plot_implicit(sp.And(y > x ** 2 - 1, y < -x + 1), x_var = (x, -3, 3))
p4 = plot3d((x ** 2 + y ** 2) * sp.exp(-x ** 2 - y ** 2), (x, -3, 3), (y, -3, 3), nb_of_point_x = 100, nb_of_point_y = 100)

PlotGrid(2, 2, p1, p2, p3, p4)
```

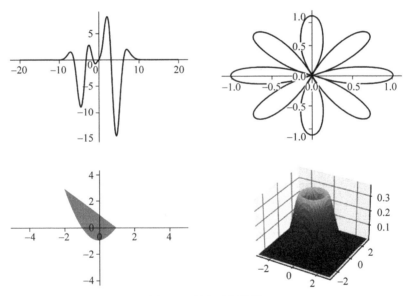

图 8-2   程序运行结果

第9章

操纵Excel进行数据处理

现实中会获取很多数据,例如采集的振动噪声数据、车辆行驶数据等,人们习惯将这些数据保存到 Excel 表格、文本文件或二进制文件中。本章介绍如何读取 Excel 中的数据进行数据处理和科学计算,以及如何将处理后的数据保存到 Excel 中,对于文本文件和二进制文件及原生数据的读写,请参考下一章的内容。

Excel 是常用的数据表格处理软件,Python 对 Excel 文件的读写需要安装第三方软件包。用于处理 Excel 文件的第三方软件包有 xlrd、xlwt、xlwings、xlsxwriter、pandas、win32com 和 openpyxl,本书只介绍 openpyxl 的使用方法。openpyxl 是一种综合工具,不仅能够同时读取和修改 Excel 文档,而且可以对 Excel 文件内单元格进行详细设置,包括单元格样式等,甚至还支持图表插入、打印设置等功能,使用 openpyxl 可以读写 Excel 2010 的 xltm、xltx、xlsm、xlsx 类型的文件,且可以处理数据量较大的 Excel 文件。

使用 openpyxl 前需先下载安装,在 Windows 的 cmd 窗口中输入"pip install openpyxl"并按 Enter 键,稍过一会儿就可以将 openpyxl 安装完成。安装完成后在 Python 的安装目录 Lib \ site-packages 下可以看到 openpyxl 包。使用 openpyxl 时需要先用"import openpyxl"语句把 openpyxl 包导入进来。

 ## 9.1　工作簿和工作表格

openpyxl 的工作簿是指 Excel 文档,openpyxl 的工作表格是指 Excel 文档中的表格(sheet)。要用 openpyxl 读写 Excel 文档中的数据,首先要创建工作簿,再在工作簿中创建工作表格。

9.1.1　openpyxl 的基本结构

openpyxl 包的三个主要类是 Workbook、Worksheet 和 Cell。Workbook 是一个 Excel

文档对象，是包含多个工作表格(sheet)的 Excel 文件；Worksheet 是 Workbook 的一个工作表格，一个 Workbook 中有多个 Worksheet，Worksheet 通过表名识别，如 Sheet1、Sheet2 等；Cell 是 Worksheet 上的单元格，存储具体的数据。要在 Python 中创建一个 Excel 文档或打开一个 Excel 文档，通常必须创建这 3 个类的实例对象来操作 Excel 表格。下面通过一个简单的实例说明创建 Excel 文件和打开 Excel 文件的过程。

下面是在内存中创建 Excel 文档的程序，往文件中写入数据，并将文档保存到硬盘上。在第 1 行用 import 语句导入 openpyxl 包；第 3 行～第 8 行是记录学生成绩的列表；第 9 行用 Workbook 类创建工作簿实例 stBook；第 10 行用工作簿创建工作表格对象，工作表格对象的名称是“学生成绩”；第 11 行～第 13 行往单元格对象中输入数据；第 14 行将工作簿对象 stBook 保存到 student. xlsx 文件。如果用 Office Excel 打开 student. xlsx 文件，其内容如图 9-1 所示。

```
1   import openpyxl   #导入 openpyxl 包   #Demo9_1.py
2
3   data = [  ["学号","姓名","语文","数学","物理","化学"],
4             ['202003','没头脑',89,88,93,87],
5             ['202002','不高兴',80,71,88,98],
6             ['202004','倒霉蛋',95,92,88,94],
7             ['202001','鸭梨头',93,84,84,77],
8             ['202005','墙头草',93,86,73,86] ]
9   stBook = openpyxl.Workbook()            #创建工作簿 Workbook 对象
10  stSheet = stBook.create_sheet(title = "学生成绩", index = 0)   #创建工作表格 Worksheet 对象
11  for i in range(len(data)):
12    for j in range(len(data[i])):
13        stSheet.cell(row = i + 1, column = j + 1, value = data[i][j])   #往单元格中输入数据
14  stBook.save("d:\\student.xlsx")
```

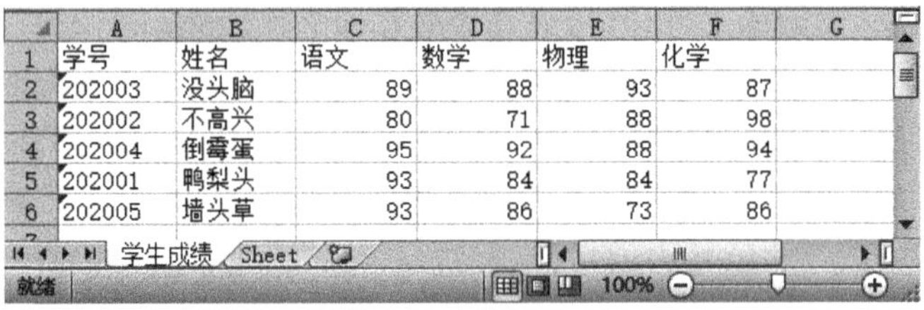

学号	姓名	语文	数学	物理	化学
202003	没头脑	89	88	93	87
202002	不高兴	80	71	88	98
202004	倒霉蛋	95	92	88	94
202001	鸭梨头	93	84	84	77
202005	墙头草	93	86	73	86

图 9-1　学生成绩

下面是打开 student. xlsx 文件的程序，计算每个学生的总成绩和平均成绩，并把总成绩和平均成绩写到文件中。第 1 行用 import openpyxl 导入 openpyxl 包；第 3 行用 openpyxl 的 load_workbook()方法打开文件，并返回 Workbook 实例，用 st_book 指向这个实例；第 4 行用工作表格名字“学生成绩”获取工作簿中的工作表格实例，并用 st_sheet 指向这个工作表格实例；第 5 行～第 9 行用单元格的名称获取单元格的值，计算每个学生的总成绩，第 10 行～第 15 行设置新单元格的值；最后用 save()方法存盘。最后 student. xlsx 的内容如图 9-2 所示。

```
1    import openpyxl    # 导入 openpyxl 包    # Demo9_2.py
2    file = "d:\\student.xlsx"                # 打开文件路径
3    st_book = openpyxl.load_workbook(file)   # 用 openpyxl 的 load_workbook()方法打开文件
4    st_sheet = st_book["学生成绩"]            # 引用名称为"学生成绩"的工作表格
5    t1 = st_sheet["C2"].value + st_sheet["D2"].value + st_sheet["E2"].value + st_sheet
     ["F2"].value
6    t2 = st_sheet["C3"].value + st_sheet["D3"].value + st_sheet["E3"].value + st_sheet
     ["F3"].value
7    t3 = st_sheet["C4"].value + st_sheet["D4"].value + st_sheet["E4"].value + st_sheet
     ["F4"].value
8    t4 = st_sheet["C5"].value + st_sheet["D5"].value + st_sheet["E5"].value + st_sheet
     ["F5"].value
9    t5 = st_sheet["C6"].value + st_sheet["D6"].value + st_sheet["E6"].value + st_sheet
     ["F6"].value
10   st_sheet["G1"],st_sheet["H1"] = "总分","平均分"
11   st_sheet["G2"],st_sheet["H2"] = t1,t1/4
12   st_sheet["G3"],st_sheet["H3"] = t2,t2/4
13   st_sheet["G4"],st_sheet["H4"] = t3,t3/4
14   st_sheet["G5"],st_sheet["H5"] = t4,t4/4
15   st_sheet["G6"],st_sheet["H6"] = t5,t5/4
16   st_book.save(file)
```

	A	B	C	D	E	F	G	H	I
1	学号	姓名	语文	数学	物理	化学	总分	平均分	
2	202003	没头脑	89	88	93	87	357	89.25	
3	202002	不高兴	80	71	88	98	337	84.25	
4	202004	倒霉蛋	95	92	88	94	369	92.25	
5	202001	鸭梨头	93	84	84	77	338	84.5	
6	202005	墙头草	93	86	73	86	338	84.5	

图 9-2   学生成绩统计

9.1.2   对工作簿和工作表格的操作

1. 创建工作簿(Workbook)对象

工作簿是指 Excel 文档,工作簿中有一个或多个表格,工作簿对象是所有 Excel 文档部分的容器。利用 openpyxl 对 Excel 文档进行处理时,首先需要创建工作簿实例对象。工作簿实例对象使用 openpyxl 的 Workbook 类来创建,在 Python 安装路径 Lib\site-packages\openpyxl\workbook 下找到 wookbook.py 文件,打开该文件,可以看到对 Workbook 类的定义,如图 9-3 所示。

用 Workbook 类创建工作簿对象的格式为 Workbook(write_only=False, iso_dates=False),其中 write_only=False 表示可以往工作簿中写数据也可以读数据,如果 write_only=True,则表示只能写数据,不能读数据。当要处理大量数据时,而且只是写数据,采用 write_only=True 模式可以提高写入速度。可以采用下面两种方法在内存中创建工作簿对象。工作簿对象创建后,用工作簿对象的 save()方法可以将工作簿中的工作表格对象及数据保存到磁盘上。

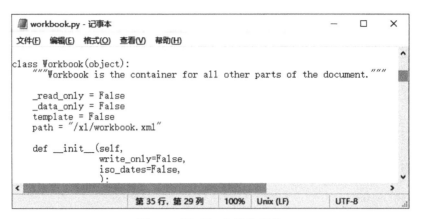

图 9-3　Workbook 类的定义

```
import openpyxl
mybook = openpyxl.Workbook()
```

或

```
from openpyxl import Workbook
mybook = Workbook()
```

打开一个已经存在的 Excel 文档(＊.xlsx)可以用 openpyxl 的 load_workbook()方法或 open()方法,这两个方法的参数相同。load_workbook()和 open()的格式如下所示。

load_workbook(filename, read_only = False, keep_vba = False, data_only = False, keep_links = True)
open(filename, read_only = False, keep_vba = False, data_only = False, keep_links = True)

其中,filename 是要打开的文件名；read_only＝False 表示可以读和写,如果 read_only＝True,表示只能读不能写,当要读取大量数据时,用 read_only＝True 可以加快读取速度；keep_vba 表示是否保留 VB 脚本；data_only 表示是否保留单元格上的数学公式,还是 Excel 最后一次存盘的数据。openpyxl 并不能读取＊.xlsx 文件中的所有数据,例如图片、数据图表等将丢失。

```
import openpyxl
wbook1 = openpyxl. load_workbook ("d:\\student1.xlsx")
wbook2 = openpyxl.open("d:\\student2.xlsx")
```

或

```
from openpyxl import load_workbook,open
wbook1 = load_workbook("d:\\student1.xlsx")
wbook2 = open("d:\\student2.xlsx")
```

2. 创建工作表格(Worksheet)实例对象

读取数据和保存数据需要工作表格 Worksheet 对象。工作表格对象由单元格 Cell 对象构成,每个 Cell 对象就是一个单元格,每个单元格存放一个数据。用 Workbook 创建工作表格对象时,会自动带一个 Worksheet 对象,可以通过 active 属性引用这个工作表格对象,用 Office Excel 建立文档时会创建 3 个工作表格。

用 Workbook 类创建实例对象是用 Workbook 类的 create_sheet()方法,create_sheet()方法的格式为 create_sheet(title=None,index=None),其中 title 是工作表格实例的名称,index 是工作表格实例的序号或索引号。如果没有输入 title,默认使用"Sheet"作为工作表格实例的名称,如果"Sheet"名称已经存在,则使用"Sheet1"作为工作表格实例的名称,如果"Sheet1"名称已经存在,则使用"Sheet2"作为工作表格实例的名称,以此类推。index 是工作表格的序列号,序列号按照 0,1,2,…的顺序排列,序列号小的工作表格放到前面。可以用工作表格对象的 title 属性输出工作表格的名称,也可以用工作簿对象的 sheetnames 属性输出工作表格对象的名称列表。

下面的代码是创建工作表格对象的各种方法。

```
import openpyxl    #Demo9_3.py
wbook = openpyxl.Workbook()                    #创建工作簿实例对象
wsheet1 = wbook.active                         #用 wsheet1 指向活动的工作表格
wsheet2 = wbook.create_sheet()                 #创建新工作表格对象 wsheet2
wsheet3 = wbook.create_sheet("mySheet")        #创建新工作表格对象,名称是 mySheet
wsheet4 = wbook.create_sheet("mySheet1",0)     #创建新工作表格对象,名称是 mySheet1,序号是 0
wsheet5 = wbook.create_sheet("mySheet2",1)     #创建新工作表格对象,名称是 mySheet2,序号是 1
print(wsheet1.title,wsheet2.title,wsheet3.title,wsheet4.title,wsheet5.title)
                                               #输出工作表格名称
print("活动工作表格的名称:",wbook.active.title)    #输出活动工作表格名称
print(wbook.sheetnames)                        #输出工作表格名列表
wbook.save("d:\\myExcel.xlsx")                 #存盘
#运行结果如下:
#Sheet Sheet1 mySheet mySheet1 mySheet2
#活动工作表格的名称:mySheet1
#['mySheet1', 'mySheet2', 'Sheet', 'Sheet1', 'mySheet']
```

上面代码运行后,在磁盘上将会创建 myExcel.xlsx 文件,用 Office Excel 打开该文件,其结果如图 9-4 所示。可以看到有 5 个工作表格,只是工作表格中还没有数据。

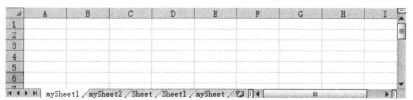

图 9-4　Python 中的工作表格

9.2 对工作表格的操作

在工作簿对象中可以获取工作表格对象的名称和序列号,可以复制和删除工作表格对象。

1. 工作表格对象的引用

新建工作簿实例对象后,默认也建立一个工作表格对象,可以通过工作簿对象的active属性引用这个工作表格对象。active工作表格通常是第1个工作表格对象,在工作簿对象中创建新工作表格对象时,通常用变量指向新工作表格对象,这会方便以后的添加数据操作,但是在打开一个Excel文件 *.xlsx 后,需要获取Excel文件中的工作表格实例,可以通过工作表格对象的名称(title)获取对工作表格的引用。有两种方法可以获取工作表格对象,一种是用"[ ]"方法获取,另一种是用工作簿实例的get_sheet_by_name()方法。"[]"方法的格式为"工作簿实例['title']",get_sheet_by_name()方法的格式是"get_sheet_by_name('title')",建议使用前者。可以用for循环遍历工作表格对象,例如下面的代码。

```python
from openpyxl import load_workbook    # Demo9_4.py
wbook = load_workbook("d:\\student.xlsx")

wsheet1 = wbook['学生成绩']
wsheet2 = wbook.get_sheet_by_name('Sheet')
print(wsheet1.title,wsheet2.title)
for sheet in wbook:    # 遍历工作表格
    print(sheet.title)
```

2. 获取工作表格对象的名称和序列号

可以通过工作簿实例的sheetnames属性获取工作簿中所有工作表格对象的名称列表,通过工作表格实例的title属性可以获取工作表格对象的名称,使用工作簿对象的index()方法或get_index()方法可以获取工作表格实例的序列号,例如下面的代码。

```python
from openpyxl import load_workbook    # Demo9_5.py
wbook = load_workbook("d:\\student.xlsx")
for name in wbook.sheetnames:                   # 遍历所有工作表格对象的名称
    print(name)
wsheet1 = wbook['学生成绩']                       # 根据名称获取工作表格对象
wsheet2 = wbook.get_sheet_by_name('Sheet')      # 根据名称获取工作表格对象
print(wsheet1.title,wsheet2.title)              # 获取工作表格实例的名称

a = wbook.index(wsheet1)                        # 获取工作表格实例的序列号
b = wbook.get_index(wsheet2)                    # 获取工作表格实例的序列号
print(a,b)
# 运行结果如下:
# 学生成绩
```

```
#Sheet
#学生成绩 Sheet
#0 1
```

3. 复制和删除工作表格对象

使用工作簿对象的 copy_worksheet()方法可以复制工作表格对象,只有单元格(包括值、样式、超链接、备注)和一些工作表对象(包括尺寸、格式和参数)会被复制。其他属性不会被复制,如图片、图表。不能在两个不同的工作簿中复制工作表格对象,当工作簿处于只读或只写状态时也无法复制工作表格。用 remove()或 remove_sheet()方法可以从工作簿中删除工作表格,例如下面的代码。

```
from openpyxl import load_workbook    #Demo9_6.py
wbook = load_workbook("d:\\student.xlsx")
wsheet1 = wbook['学生成绩']
wsheet2 = wbook.get_sheet_by_name('Sheet')
wbook.copy_worksheet(wsheet1)                    #复制工作表格
print(wbook.sheetnames)
wbook.remove(wsheet1)                            #删除工作表格
wbook.remove_sheet(wsheet2)                       #删除工作表格
print(wbook.sheetnames)
#运行结果如下:
#['学生成绩', 'Sheet', '学生成绩 Copy']
#['学生成绩 Copy']
```

9.3　对单元格的操作

1. 单个单元格的定位及单元格数据的读写

单元格用于存储数据,从单元格中读取数据或往单元格中写数据都需要找到对应的单元格。定位单元格可以通过单元格的名称或单元格所在的行列号来进行,获得单元格的数据可以用单元格的 value 属性,往单元格中写入数据可以用赋值语句或者用关键字参数,例如下面的代码。

```
from openpyxl import load_workbook    #Demo9_7.py
wbook = load_workbook("d:\\student.xlsx")
wsheet = wbook['学生成绩']
A1 = wsheet["A1"]                       #用单元格名称定位单元格
E3 = wsheet["E3"]                       #用单元格名称定位单元格
C5 = wsheet.cell(row = 5,column = 3)    #用工作表格的 cell()方法,通过行列号定位单元格
print(A1.value,E3.value,C5.value,wsheet["B5"].value,)      #用 value 属性获取单元格的值

C5.value = 97                           #赋值语句赋值
wsheet["D4"] = 93                       #赋值语句赋值
wsheet.cell(row = 3,column = 5,value = 89)   #用工作表格的 cell()方法,通过行列号赋值
```

下面的程序新建一个工作簿对象,往工作表格中添加 3 列值,第 1 列是角度,第 2 列是正弦值,第 3 列是余弦值。

```
import openpyxl, math    # Demo9_8.py
mybook = openpyxl.Workbook()
mysheet = mybook.active
mysheet.title = "正弦和余弦值"
mysheet["A1"] = "角度值(度)"
mysheet["B1"] = "正弦值"
mysheet["C1"] = "余弦值"
for i in range(360):
    mysheet.cell(row = i + 2, column = 1, value = i)
    mysheet.cell(row = i + 2, column = 2, value = math.sin(i * math.pi/180))
    mysheet.cell(row = i + 2, column = 3, value = math.cos(i * math.pi/180))
mybook.save("d:\\sin_cos.xlsx")
```

2. 多个单元格的定位

通过切片方式可以获得单元格对象元组,也可以通过整列、整行或多列、多行的方式获得由单元格对象构成的元组,用工作表格对象的 values 属性可以输出工作表格对象的所有单元格的值,例如下面的代码。

```
from openpyxl import load_workbook    # Demo9_9.py
wbook = load_workbook("d:\\student.xlsx")
wsheet = wbook['学生成绩']
cell_range = wsheet["A2:F6"]          # 单元格切片,返回值 cell_range 是按行排列的单元格元组
for i in cell_range:                  # i 是行单元格元组
    for j in i:                       # j 是单元格对象
        print(j.value, end = ' ')     # 输出元组中单元格的值
    print()
columnA = wsheet['A']                 # columnA 是 A 列单元格元组
row1 = wsheet['1']                    # row1 是第 1 行单元格元组
row2 = wsheet[2]                      # row2 是第 2 行单元格元组
columnB_F = wsheet["B:F"]             # columnB_F 是从 B 列到 F 列单元格元组
row1_2 = wsheet["1:2"]               # row1_2 是第 1 行到第 2 行单元格元组
row3_5 = wsheet[3:5]                  # row3_5 是第 3 行到第 5 行单元格元组
for i in columnA:                     # i 是 A 列中的单元格
    print(i.value, end = ' ')
print()
for i in columnB_F:                   # i 是列单元格元组
    for j in i:                       # j 是单元格
        print(j.value, end = ' ')
    print()
for i in row3_5:                      # i 是行单元格元组
    for j in i:                       # j 是单元格
        print(j.value, end = ' ')
    print()
for i in wsheet.values:               # 输出工作表格中所有单元格的值
```

```
        for j in i:
            print(j, end = ' ')
        print()
```

用工作表格的 iter_rows()方法或 iter_cols()方法可以按行或按列返回指定范围内的单元格元组,也可以用工作表格的 rows 或 columns 属性返回所有行或所有列的单元格序列。

iter_rows()方法的格式如下所示,iter_cols()方法的参数与 iter_rows()方法的参数相同。

iter_rows(min_row = None, max_row = None, min_col = None, max_col = None, values_only = False)

其中,参数 min_row 和 min_col 是可选参数,为单元格最小行列坐标; max_row 和 max_col 是可选参数,为单元格最大行列坐标。如果不指定 min_row 和 min_col,则默认从 A1 处开始。values_only 为可选参数,指定是否只返回单元格的值。

```
from openpyxl import load_workbook    # Demo9_10.py
wbook = load_workbook("d:\\student.xlsx")
wsheet = wbook['学生成绩']
rows = wsheet.iter_rows(min_row = 2, max_row = 6, min_col = 2, max_col = 6)    # 行排列的单元格元组
for row in rows:
    for cell in row:
        print(cell.value, end = ' ')
    print("\n")
cols = wsheet.iter_cols(min_row = 2, max_row = 6, min_col = 2, max_col = 6, values_only = True)
                                    # 输出值
for col in cols:
    for value in col:
        print(value, end = ' ')
    print("\n")
row_all = wsheet.rows               # 按行排列的所有单元格序列
col_all = wsheet.columns            # 按列排列的所有单元格序列
for i in tuple(row_all):            # 用 tuple()函数将序列转成元组
    for j in i:
        print(j.value, end = " ")
    print("\n")
```

3. 工作表格的行和列的删除与添加

用工作表格的 delete_rows()或 delete_cols()方法可以删除一行或一列,用工作表格的 insert_rows()或 insert_cols()方法可以插入行或列,用 append()方法可以在末行添加一行内容,例如下面的代码。

```
from openpyxl import load_workbook    # Demo9_11.py
wbook = load_workbook("d:\\student.xlsx")
wsheet = wbook['学生成绩']
```

```
wsheet.delete_rows(3)              # 删除第 3 行
wsheet.delete_cols(2,4)            # 删除第 2 列到第 4 列
wsheet.insert_rows(4)              # 在第 4 行插入空行
wsheet.insert_cols(2,5)            # 在第 2 列到第 5 列插入空行
i = range(10)
wsheet.append(i)
```

4. 查询活动单元格、数据所在的最大和最小行列数和单元格数据的移动

用工作表格的 active_cell 属性可以查看当前活动的单元格,用 max_row 和 min_row 属性可以查看数据所占据的最大行的编号和最小行的编号,用 max_column 和 min_column 属性可以查看数据所占据的最大列的编号和最小列的编号,用工作表格的 dimensions 属性可以返回工作表格数据所在的范围。利用工作表格的 move_range()方法可以把一部分单元格数据进行上下和左右移动。move_range()方法的格式是 move_range(cell_range, rows＝0, cols＝0, translate＝False),其中 cell_range 是选择的一部分单元格,如"A2:F4", rows＞0 表示向下移动,rows＜0 表示向上移动,cols＞0 表示向右移动,cols＜0 表示向左移动。如被移入的区域有数据,则会覆盖该数据。

```
from openpyxl import load_workbook    # Demo9_12.py
wbook = load_workbook("d:\\student.xlsx")
wsheet = wbook['学生成绩']
ac = wsheet.active_cell                          # 活动单元格
print(wsheet[ac].value)
print(wsheet.max_row,wsheet.max_column)
print(wsheet.min_row,wsheet.min_column)
wsheet.move_range("A1:F6",rows = 6,cols = 3)     # 移动单元格
```

5. 单元格的合并与分解

使用工作表格的 merge_cells()方法可以把连续的一部分单元格合并成 1 个单元格,合并后的单元格数据是左上角单元格的数据,其他数据被删除,而使用 unmerge_cells()方法可以把合并后的单元格进行分解。merge_cells()方法和 unmerge_cells()方法的参数完全相同,merge_cells()方法的格式如下所示。

merge_cells(range_string = None, start_row = None, start_column = None, end_row = None, end_column = None)

其中,range_string 是一部分单元格,如"A2:D5",也可以用其他 4 个参数来确定区域。

```
from openpyxl import load_workbook    # Demo9_13.py
wbook = load_workbook("d:\\student.xlsx")
wsheet = wbook['学生成绩']
wsheet.merge_cells("A1:B2")
wsheet.merge_cells(start_row = 3,end_row = 5,start_column = 3,end_column = 6)
wsheet.unmerge_cells("A1:B2")
wsheet.unmerge_cells(start_row = 3,end_row = 5,start_column = 3,end_column = 6)
```

6. 单元格的公式

在程序中可以应用 Excel 表格中的公式,例如下面的代码。

```
from openpyxl import load_workbook    # Demo9_14.py
wbook = load_workbook("d:\\student.xlsx")
wsheet = wbook['学生成绩']
wsheet["A8"] = " = SUM(C2:G6)"
wsheet["B8"] = " = MAX(D2:H6)"
wsheet["C8"] = " = AVERAGE(D2:H6)"
```

7. 冻结单元格

对工作表格的 freeze_panes 属性赋予一个单元格编号,在这个单元格上面和左边(不包含该单元格所在的行和列)的单元格将会被冻结,例如下面的代码。

```
from openpyxl import load_workbook    # Demo9_15.py
wbook = load_workbook("d:\\student.xlsx")
wsheet = wbook['学生成绩']

wsheet.freeze_panes = "C3"
```

8. 设置单元格的样式

单元格的样式包括字体、边框、填充、颜色以及对齐方式等,要定义这些样式,需要先定义这些样式类的实例,然后将样式实例作为参数传递给单元格。这些样式的类在 openpyxl 包的 styles 库中,这些样式类的名称是 Font、Border、Side、PatternFill、Color、Alignment,使用前用语句 "from openpyxl.styles import Font, Border, Side, PatternFill, Color, Alignment" 导入进来。

- 颜色类定义格式为 Color(rgb='00000000', indexed=None, auto=None, theme=None, tint=0.0, index=None, type='rgb'),可以通过红绿蓝三基色的值 rgb 来确定,rgb 按照十六进制 '00RRGGBB' 形式设置。红绿蓝的颜色取值范围都是 0~255(十进制),十六进制 FF 的值是 255。
- 字体类定义格式为 Font(name=None, strike=None, color=None, scheme=None, family=None, size=None, bold=None, italic=None, strikethrough=None, underline=None, vertAlign=None, outline=None, shadow=None, condense=None, extend=None),其中 name 为字体名称,如 '宋体';color 为颜色;size 为字体尺寸;bold 为粗体;italic 为斜体;strikethrough 为删除线;underline 为下画线;vertAlign 为竖直对齐方式,可以选择 'baseline'、'subscript' 或 'superscript';outline 是外框;shadow 是阴影。除了 name、color、vertAlign 和 size 外,其他一般选择 True 或 False。定义字体对象时,建议使用关键字参数。
- 对齐方式类定义格式为 Alignment(horizontal='center', vertical='center'),参数 horizontal 可以选择 'right'、'left'、'center'、'fill'、'justify'、'centerContinuous'、'general' 或 'distributed',vertical 可以选择 'center'、'bottom'、'justify'、'distributed' 或 'top'。

- 线条样式类定义格式为 Side(style＝None，color＝None)，其中参数 style 可以选择'dotted'、'mediumDashDotDot'、'dashed'、'thin'、'slantDashDot'、'mediumDashDot'、'thick'、'mediumDashed'、'dashDot'、'hair'、'medium'、'double'或'dashDotDot'。
- 边框由 4 条边或对角线构成，因此需要定义 4 条边参数。边框类的定义格式为 Border(left＝＜Side object＞, right＝＜Side object＞, top＝＜Side object＞, bottom＝＜Side object＞, diagonal＝＜Side object＞, diagonal_direction＝None)，其中参数 left、right、top、bottom 和 diagonal 都是 Side 类的实例；参数 diagonal_direction 选择 True 或 False，以确定是否有对角线。
- 填充图案和渐变色类定义格式为 PatternFill(patternType＝None，fgColor＝＜Color object＞, bgColor＝＜Color object＞, indexed＝None，auto＝None，theme＝None，tint＝0.0，type='rgb'，fill_type＝None，start_color＝None，end_color＝None)，其中填充样式可以选择 'solid'、'darkDown'、'darkGray'、'darkGrid'、'darkHorizontal'、'darkTrellis'、'darkUp'、'darkVertical'、'gray0625'、'gray125'、'lightDown'、'lightGray'、'lightGrid'、'lightHorizontal'、'lightTrellis'、'lightUp'、'lightVertical'、'mediumGray'，fgColor 是前景色，bgColor 是背景色。
- 单元格的写保护定义格式为 Protection(locked＝True，hidden＝False)。

```python
from openpyxl import load_workbook    # Demo9_16.py
from openpyxl.styles import Font, Border, Side, PatternFill,Color,Alignment,Protection

wbook = load_workbook("d:\\student.xlsx")
wsheet = wbook['学生成绩']
side = Side(border_style = 'thin',color = Color('000000FF'))
wsheet['B2'].font = Font(name = '华文中宋',size = 20,bold = True,italic = False,
                        color = Color('00FF0000'))
wsheet['C3'].fill = PatternFill(patternType = 'solid',fgColor = Color('0080800F'),
                        bgColor = Color('00FFFF00'))
for i in wsheet[1]:    # 下面对第一行所有单元格进行样式设置
    i.font = Font(name = '黑体',sz = 15,bold = True, italic = True,strike = True,
                        color = Color('00668790'))
    i.border = Border(left = side,right = side,top = side,bottom = side)
    i.fill = PatternFill(patternType = 'lightGray',fgColor = Color('00AA7799'),
                        bgColor = Color('00BBCCDD'))
    i.alignment = Alignment(horizontal = 'center',vertical = 'bottom')
    i.protection = Protection(locked = True, hidden = False)
wbook.save("d:\\student.xlsx")
```

9. 按行或列设置单元格样式

除了逐个设置单元格的样式外，还可以设置整行或整列单元格的样式，如行高、列宽、字体、颜色等，这时需要用工作表格的 row_dimensions 和 column_dimensions 模块。row_dimensions 和 column_dimensions 是对行或列中没有设置值的单元进行属性设置，例如下面的语句。

```
from openpyxl import load_workbook  #Demo9_17.py
from openpyxl.styles import Font, PatternFill,Color
wbook = load_workbook("d:\\student.xlsx")
wsheet = wbook['学生成绩']

wsheet.row_dimensions[1].height = 30
wsheet.column_dimensions['A'].width = 20

wsheet.column_dimensions['B'].font = Font(name = '黑体', sz = 15, bold = True,
                        italic = True, strike = True, color = Color('00FF0000'))
wsheet.column_dimensions['B'].fill = PatternFill(patternType = 'lightGray',
                        fgColor = Color('0000FF00'), bgColor = Color('000000FF'))
wbook.save("d:\\student.xlsx")
```

9.4　在 Excel 中绘制数据图表

openpyxl 可以绘制多种类型的数据图,如折线图(LineChart)、饼图(PieChart)、条形图(BarChart)、面积图(AreaChart)、散点图(ScatterChart)、股价图(StockChart)、曲面图(SurfaceChart)、圆环图(DoughnutChart)、气泡图(BubbleChart)和雷达图(RadarChart)等,有些图还可以绘制成三维图。这些数据图的类在 chart 模块下,需要提前用 from openpyxl.chart import 语句导入进来。另外,创建这些数据图一般都需要指定横坐标和纵坐标对应的数据表格的位置,可以用 Reference 类和 Series 类来定义,然后把 Reference 类的实例对象和 Series 类的实例对象加入到数据图表中。

1. 面积图

二维面积图和三维面积图的类分别是 AreaChart 和 AreaChart3D,面积图的 x 和 y 数据需要用 Reference 类来定义,其格式如下所示。

Reference(worksheet, min_row = None, max_row = None, min_col = None, max_col = None)

其中,参数 worksheet 是指数据所在的工作表格;min_row 和 min_col 是可选参数,表示单元格最小行列坐标;max_row 和 max_col 是可选参数,表示单元格最大行列坐标。如果不指定 min_row 和 min_col,则默认从 A1 处开始。通过面积图的 add_data()方法添加 y 轴数据,如果添加的数据是多列数据,每列数据会自动生成一个 series,通过列表操作。例如 series[0]是指第 1 个数据系列,可以引用数据系列,进而对数据系列进行设置,通过 set_categories()方法设置 x 轴数据。用 set_categories()方法设置 x 轴数据时,通常用于多个数据系列的 x 值必须是相同的情况。add_data()方法的 titles_from_data 参数如果设置成 True,表示曲线的名称来自数据的第 1 个单元格。对面积图的名称、坐标轴的名称、面积图的样式以及图例的位置都可以进行设置,图例位置参数 legendPos 可以设置成'r'、'l'、'b'、't'和'tr',分别表示右、左、下、上和右上,默认为'r'。

下面的程序生成二维面积图和三维面积图,并保存到 area.xlsx 文件。用 Excel 打开 area.xlsx 文件,可以得到面积图,如图 9-5 所示。

```python
from openpyxl import Workbook    # Demo9_18.py
from openpyxl.chart import Reference,AreaChart,AreaChart3D,legend
wbook = Workbook()
wsheet = wbook.active
score = [ ['日期', '一班', '二班'],                    # 数据
          ["星期一", 90.2, 96],
          ["星期二", 95, 89.8],
          ["星期三", 89, 93.2],
          ["星期四", 94.6, 92],
          ["星期五", 89.8, 88] ]
for item in score:
    wsheet.append(item)
area = AreaChart()                                   # 创建面积图
area3D = AreaChart3D()                               # 创建三维面积图

area.title = "Area Chart"                            # 设置名称
area3D.title = "Area3D Chart"                        # 设置名称
area.style = area3D.style = 15                       # 设置样式
area.x_axis.title = area3D.x_axis.title = '日期'      # 设置 x 轴名称
area.y_axis.title = area3D.y_axis.title = '出勤率'     # 设置 y 轴名称
area.legend = area3D.legend = legend.Legend(legendPos = 'tr')        # 设置图例位置

xLabel = Reference(wsheet,min_col = 1,min_row = 2,max_row = 6)       # 设置 x 轴坐标数据
yData = Reference(wsheet,min_col = 2,max_col = 3,min_row = 1,max_row = 6)   # 设置 y 轴坐标数据
area.add_data(yData,titles_from_data = True)    # 添加 y 轴数据,数据名称来自数据的第 1 个值
area3D.add_data(yData,titles_from_data = True)    # 添加 y 轴数据,数据名称来自数据的第 1 个值

area.set_categories(xLabel)          # 添加 x 轴数据
area3D.set_categories(xLabel)        # 设置 x 轴数据

area.width = area3D.width = 13        # 设置宽度
area.height = area3D.height = 8       # 设置高度

wsheet.add_chart(area,"A10")         # 二维面积图添加进工作表格中,左上角在 A10 单元格处
wsheet.add_chart(area3D,"J10")       # 三维面积图添加进工作表格中,左上角在 J10 处

wbook.save("d:\\area.xlsx")
```

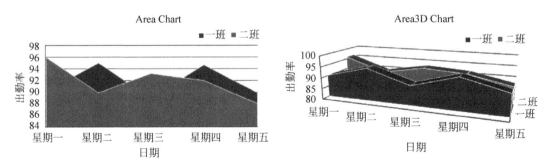

图 9-5　二维和三维面积图

2. 条形图

二维条形图和三维条形图的类分别是 BarChart 和 BarChart3D。条形图分为水平条形图和竖直条形图,用条形图的属性 type 来定义。type＝'bar'定义为水平条形图,type＝'col'定义为竖直条形图。如果是多列数据,可以设置图形是否可以重叠在一起,只需将属性overlap 设置成 100 即可,如果不是 100,会有部分重叠。条形图数据序列的属性 shape 可以设置为'coneToMax'、'box'、'cone'、'pyramid'、'cylinder'或'pyramidToMax',用不同的几何形状来显示数据。

下面的程序根据输入数据绘制 3 个水平条形图和 3 个竖直条形图,分别包含重合条形图、不重合条形图和三维条形图。

```python
from openpyxl import Workbook    # Demo9_19.py
from openpyxl.chart import Reference,BarChart,BarChart3D
wbook = Workbook()
wsheet = wbook.active
score = [['日期', '一班', '二班'],["星期一", 90.2, 96],["星期二", 95, 89.8],
        ["星期三", 89, 93.2],["星期四", 94.6, 92],["星期五", 89.8, 88]]
for item in score:
    wsheet.append(item)                       # 数据添加到工作表格中
bar1 = BarChart()                             # 创建条形图
bar2 = BarChart()                             # 创建条形图
bar3D = BarChart3D()                          # 创建 3D 条形图
col1 = BarChart()                             # 创建条形图
col2 = BarChart()                             # 创建条形图
col3D = BarChart3D()                          # 创建 3D 条形图
bar1.type = bar2.type = bar3D.type = 'bar'
col1.type = col2.type = col3D.type = 'col'
bar2.overlap = col2.overlap = 100

bar1.title = bar2.title = "水平 Bar Chart"     # 设置名称
bar3D.title = "水平 3D Bar Chart"              # 设置名称
col1.title = col2.title = "竖直 Bar Chart"     # 设置名称
col3D.title = "竖直 3D Bar Chart"              # 设置名称

bar1.style = bar2.style = bar3D.style = col1.style = col2.style = col3D.style = 15    # 设置样式
bar1.x_axis.title = bar2.x_axis.title = col1.x_axis.title = col2.x_axis.title = '日期'  # x 轴名称
bar3D.x_axis.title = col3D.x_axis.title = '日期'
bar1.y_axis.title = bar2.y_axis.title = col1.y_axis.title = col2.y_axis.title = '出勤率'  # y 轴名称
bar3D.y_axis.title = col3D.y_axis.title = '出勤率'

xLabel = Reference(wsheet,min_col = 1,min_row = 2,max_row = 6)           # 设置 x 轴坐标数据
yData = Reference(wsheet,min_col = 2,max_col = 3,min_row = 1,max_row = 6)  # 设置 y 轴坐标数据

bar1.add_data(yData,titles_from_data = True)   # 添加 y 轴数据,数据名称来自数据的第 1 个值
bar2.add_data(yData,titles_from_data = True)   # 添加 y 轴数据,数据名称来自数据的第 1 个值
bar3D.add_data(yData,titles_from_data = True)  # 添加 y 轴数据,数据名称来自数据的第 1 个值
col1.add_data(yData,titles_from_data = True)   # 添加 y 轴数据,数据名称来自数据的第 1 个值
```

```
col2.add_data(yData,titles_from_data = True)      # 添加 y 轴数据,数据名称来自数据的第 1 个值
col3D.add_data(yData,titles_from_data = True)      # 添加 y 轴数据,数据名称来自数据的第 1 个值

col3D.series[0].shape = 'pyramid'                  # 设置形状
col3D.series[1].shape = 'cylinder'                 # 设置形状

bar1.set_categories(xLabel)                        # 添加 x 轴数据
bar2.set_categories(xLabel)                        # 添加 x 轴数据
bar3D.set_categories(xLabel)                       # 添加 x 轴数据
col1.set_categories(xLabel)                        # 添加 x 轴数据
col2.set_categories(xLabel)                        # 添加 x 轴数据
col3D.set_categories(xLabel)                       # 添加 x 轴数据

bar1.width = bar2.width = bar3D.width = col1.width = col2.width = col3D.width = 13
                                                   # 设置高度
bar1.height = bar2.height = bar3D.height = col1.height = col2.height = col3D.height = 8
                                                   # 设置宽度

wsheet.add_chart(bar1,"A10")                       # 图表添加进工作表格中
wsheet.add_chart(bar2,"H10")                       # 图表添加进工作表格中
wsheet.add_chart(bar3D,"P10")                      # 图表添加进工作表格中
wsheet.add_chart(col1,"A30")                       # 图表添加进工作表格中
wsheet.add_chart(col2,"H30")                       # 图表添加进工作表格中
wsheet.add_chart(col3D,"P30")                      # 图表添加进工作表格中
wbook.save(filename = "d:\\bar.xlsx")
```

运行上面的程序,得到 bar.xlsx 文件。用 Excel 打开 bar.xlsx 文件,得到的部分图形如图 9-6 和图 9-7 所示。

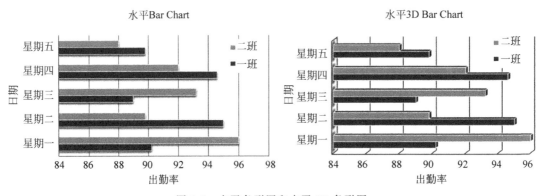

图 9-6　水平条形图和水平 3D 条形图

3. 折线图

二维折线图和三维折线图的类分别是 LineChart 和 LineChart3D,可以在一个图上绘制多条曲线,但多条曲线的 x 轴坐标值必须相同。折线图分为 standard、stacked 和 percentStacked 三种,可以通过折线图的 grouping 属性来设置,grouping 属性可以取 'standard'、'stacked'和 'percentStacked',其中 stacked 是指将第 1 条曲线的 y 值和第 2 条曲

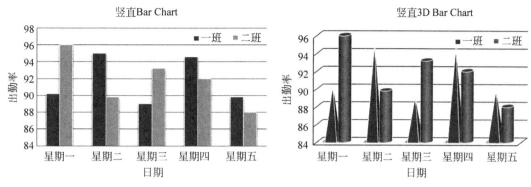

图 9-7 竖直重叠条形图和竖直 3D 条形图

线的原始 y 值进行代数求和计算,得到第 2 条曲线的新 y 值,将第 1 条、第 2 条和第 3 条曲线的原始 y 值进行代数求和计算得到第 3 条曲线新的 y 值,依次类推,第 n 条曲线的新 y 值就是前 n 条曲线的原始 y 值的代数运算;percentStacked 是指先计算出所有曲线的绝对值总和,然后用 stacked 方法进行代数累加计算,再用代数累加计算的值除以绝对值总和的值,最后换算成百分比的形式。

通过折线图的 series 属性获取已经定义的序列值,对序列值的 marker 对象可以通过 symbol 属性进行符号设置,可选择的符号有'plus'、'square'、'dot'、'circle'、'diamond'、'auto'、'star'、'x'、'triangle'和'dash';通过 marker 对象的 graphicalProperties 属性可以设置 marker 的颜色;另外通过序列值的 graphicalProperties 属性获取折线对象,对折线对象进行填充颜色和线型设置,可以选择的线型有'sysDashDot'、'dash'、'sysDash'、'dot'、'sysDashDotDot'、'lgDashDot'、'lgDash'、'solid'、'lgDashDotDot'、'sysDot'和'dashDot'。

下面的程序将实验测得的数据输出到 Excel 文件中,并绘制不同的曲线图。

```
from openpyxl import Workbook    # Demo9_20.py
from openpyxl.chart import Reference, LineChart ,LineChart3D

wbook = Workbook()
wsheet = wbook.active
accelerations = [ ("频率", "sensor1", "sensor2","sensor3"),
    (10, 1.2, 1.6,2.3), (15, 2.1, 3.3,3.4), (20, 2.0, 1.8,2.1),
    (25, 4.4, 4.2,3.4), (30, 3.5, 3.8,3.6), (35, 3.8, 3.7,4.5),
    (40, 3.2, 1.5,3.6), (45, 2.5, 5.0,2.2), (50, 4.5, 3.1,2.1) ]
for data in accelerations:
    wsheet.append(data)
line = LineChart()
line_stacked = LineChart()
line_percent = LineChart()
line3D = LineChart3D()

line.title = line_stacked.title = line_percent.title = line3D.title = "加速度频谱"
line.x_axis.title = line_stacked.x_axis.title = "频率(Hz)"
line_percent.x_axis.title = line3D.x_axis.title = "频率(Hz)"
```

```
line.y_axis.title = line_stacked.y_axis.title = "加速度(m/s2)"
line_percent.y_axis.title = line3D.y_axis.title = "加速度(m/s2)"

line.grouping = "standard"                              # 设置类型
line_stacked.grouping = "stacked"                       # 设置类型
line_percent.grouping = "percentStacked"                # 设置类型

xLabel = Reference(wsheet, min_col = 1, min_row = 2, max_row = 10)
yData = Reference(wsheet, min_col = 2, max_col = 4, min_row = 1, max_row = 10)

line.add_data(yData, titles_from_data = True)
line_stacked.add_data(yData, titles_from_data = True)
line_percent.add_data(yData, titles_from_data = True)
line3D.add_data(yData, titles_from_data = True)

line.set_categories(xLabel)
line_stacked.set_categories(xLabel)
line_percent.set_categories(xLabel)
line3D.set_categories(xLabel)

marker = {0:'triangle', 1:'square', 2:'circle'}
color = {0:'FF0000', 1:'00FF00', 2:'0000FF'}
dash = {0:'dash', 1:'solid', 2:'dashDot'}
width = {0:10, 1:20000, 2:30000}
for i in range(3):
    line.series[i].marker.symbol = marker[i]                                   # 设置符号样式
    line.series[i].marker.graphicalProperties.solidFill = color[i]             # 设置符号填充颜色
    line.series[i].marker.graphicalProperties.line.solidFill = color[i]        # 设置符号线颜色

    line.series[i].graphicalProperties.line.solidFill = color[i]               # 设置线颜色
    line.series[i].graphicalProperties.line.dashStyle = dash[i]                # 设置线型
    line.series[i].graphicalProperties.line.width = width[i]                   # 设置粗细
wsheet.add_chart(line, "A12")
wsheet.add_chart(line_stacked, "J12")
wsheet.add_chart(line_percent, "A30")
wsheet.add_chart(line3D, "J30")
wbook.save("d:\\line.xlsx")
```

运行上面的程序,得到如图 9-8 和图 9-9 所示的数据曲线。

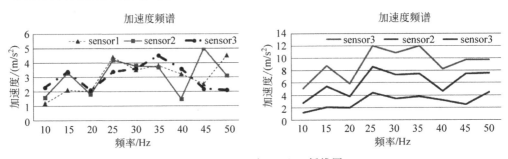

图 9-8　standard 和 stacked 折线图

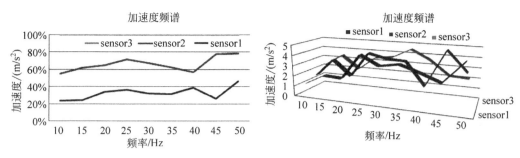

图 9-9　percentStacked 和 3D 折线图

4. 饼图和圆环图

饼图和圆环图是相似的。饼图和圆环图只能绘制一列数据,将一个圆或圆环根据数据的相对大小分解成几个扇形,以扇形的角度或面积相对大小来表示数据的大小。二维饼图和三维饼图的类分别是 PieChart 和 PieChart3D,圆环图的类是 DoughnutChart。下面的程序将季度销售额绘制成二维饼图、三维饼图和圆环图。

```python
from openpyxl import Workbook  # Demo9_21.py
from openpyxl.chart import Reference,PieChart,PieChart3D,DoughnutChart
data = [["季度","销售额(万元)"],
        ["第1季度",20.2], ["第2季度",30.6],
        ["第3季度",60.2], ["第4季度",104.2] ]
wbook = Workbook()
wsheet = wbook.active
for item in data:
    wsheet.append(item)
pie = PieChart()
pie3D = PieChart3D()
doughnut = DoughnutChart()

pie.title = pie3D.title = doughnut.title = "季度销售额"

label = Reference(wsheet,min_col = 1,min_row = 2,max_row = 5)
data = Reference(wsheet,min_col = 2,min_row = 1,max_row = 5)

pie.add_data(data,titles_from_data = True)
pie3D.add_data(data,titles_from_data = True)
doughnut.add_data(data,titles_from_data = True)

pie.set_categories(label)
pie3D.set_categories(label)
doughnut.set_categories(label)

pie.width = pie3D.width = doughnut.width = 10
pie.height = pie3D.height = doughnut.height = 8

wsheet.add_chart(pie,"A10")
```

```
wsheet.add_chart(pie3D,"H10")
wsheet.add_chart(doughnut,"A20")
wbook.save("d:\\pie_doughnut.xlsx")
```

运行上面的程序,得到如图 9-10 所示的饼图和圆环图。

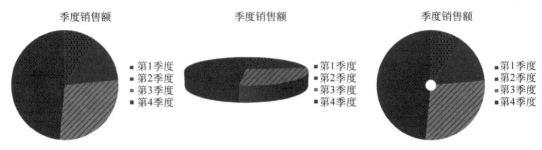

图 9-10　饼图和圆环图

5. 曲面图

二维曲面图和三维曲面图的类分别是 SurfaceChart 和 SurfaceChart3D。曲面图描述的是一个函数和两个变量,当这两个变量在一定范围内变化时,函数值和这两个变量就形成了一个数据表格,在三维空间中就会形成一个曲面。二维曲面图和三维曲面图都有渲染模式(contour)和线架模式(wireframe),通过曲面图的属性 wireframe 进行设置。

下面的程序分别设置二维曲面图和三维曲面图的渲染模式和线架模式。

```
from openpyxl import Workbook    # Demo9_22.py
from openpyxl.chart import Reference,SurfaceChart, SurfaceChart3D
wbook = Workbook()
wsheet = wbook.active
DOE = [ ["V1_V2", 20, 40, 60, 80, 100,],     #数据第 1 列和第 1 行是变量的取值
        [10, 25, 20, 15, 26, 24],
        [20, 15, 15, 10, 15, 25],
        [30, 19, 18, 12, 16, 28],
        [40, 23, 25, 15, 25, 35],
        [50, 25, 15, 12, 12, 18],
        [60, 30, 10, 11, 19, 22],
        [70, 35, 15, 15, 21, 25],
        [80, 40, 35, 25, 27, 27],
        [90, 48, 38, 28, 35, 35],
        [100, 55, 42, 35, 42,45] ]
for row in DOE:
    wsheet.append(row)

surface1 = SurfaceChart()
surface2 = SurfaceChart()
surface3D1 = SurfaceChart3D()
surface3D2 = SurfaceChart3D()
surface2.wireframe = True                #设置成线架状态
```

```
    surface3D2.wireframe = True            #设置成线架状态
    surface1.title = "2D Contour"
    surface2.title = "2D wireframe"
    surface3D1.title = "3D Contour"
    surface3D2.title = "3D wireframe"

    variable = Reference(wsheet, min_col = 1, min_row = 2, max_row = 11)
    DOE_data = Reference(wsheet, min_col = 2, max_col = 6, min_row = 1, max_row = 11)

    surface1.add_data(DOE_data, titles_from_data = True)
    surface2.add_data(DOE_data, titles_from_data = True)
    surface3D1.add_data(DOE_data, titles_from_data = True)
    surface3D2.add_data(DOE_data, titles_from_data = True)

    surface1.set_categories(variable)
    surface2.set_categories(variable)
    surface3D1.set_categories(variable)
    surface3D2.set_categories(variable)

    wsheet.add_chart(surface1, "A20")
    wsheet.add_chart(surface2, "J20")
    wsheet.add_chart(surface3D1, "A40")
    wsheet.add_chart(surface3D2, "J40")
    wbook.save("d:\\surface.xlsx")
```

运行上面的程序,得到如图 9-11 和图 9-12 所示的二维和三维曲面图。

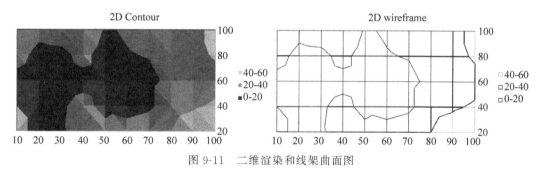

图 9-11 二维渲染和线架曲面图

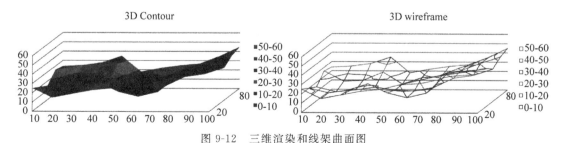

图 9-12 三维渲染和线架曲面图

6. 雷达图

雷达图的类是 RadarChart。雷达图是将横坐标由直线变成圆，在圆上分刻度，点到原点的距离表示数据的大小。雷达图分为标准图（standard）和填充图（fill），默认是标准图，可以通过雷达图的 type 属性进行设置。下面的程序分别建立标准雷达图和填充雷达图。

```python
from openpyxl import Workbook     # Demo9_23.py
from openpyxl.chart import RadarChart, Reference
wbook = Workbook()
wsheet = wbook.active

data = [['years', "Job", "Rock", "Robot", "White"],
        [2013, 905, 150, 251],
        [2014, 0, 653, 201, 410],
        [2015, 0, 330, 552, 353],
        [2016, 0, 0, 740, 120],
        [2017, 0, 0, 830, 90],
        [2018, 150, 0, 710, 51],
        [2019, 500, 0, 302, 230],
        [2020, 810, 0, 220, 640],
        [2021, 330, 0, 54, 555],
        [2022, 55, 0, 15, 315 ] ]
for row in data:
    wsheet.append(row)

radar1 = RadarChart()
radar2 = RadarChart()
radar2.type = "filled"          # 设置线架模式
radar1.title = "标准图"
radar2.title = "填充图"
rLabel = Reference(wsheet, min_col = 1, min_row = 2, max_row = 13)
rData = Reference(wsheet, min_col = 2, max_col = 5, min_row = 1, max_row = 13)
radar1.add_data(rData, titles_from_data = True)
radar2.add_data(rData, titles_from_data = True)
radar1.set_categories(rLabel)
radar2.set_categories(rLabel)

radar1.y_axis.delete = True
radar2.y_axis.delete = True

wsheet.add_chart(radar1, "A20")
wsheet.add_chart(radar2, "J20")

wbook.save("d:\\radar.xlsx")
```

运行上面的程序，得到如图 9-13 所示的标准雷达图和填充雷达图。

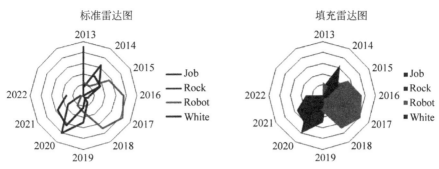

图 9-13 雷达图

7. 散点图

散点图的类是 ScatterChart。与前面的图形定义方式不同的是,散点图需要一系列 x 与 y 对应的数据,各数据的 x 值可以相同,需要通过 Series 类来定义。Series 类的格式是 Series(values,xvalues=None,zvalues=None,title=None,title_from_data=False),其中 values 是 y 值,xvalues 是 x 值,zvalues 是散点符号的尺寸值,title 是数据的名称。如果设置 title_from_data=True,则选择 y 数据的第一个值作为数据的名称。通过 ScatterChart 类的 append() 方法可以把 x 与 y 对应的系列值加入到散点图中。ScatterChart 类的属性 scatterStyle 可以设置成 'line'、'smoothMarker'、'lineMarker'、'smooth'或'marker'。另外,可以对每个曲线上的符号和颜色进行设置,符号可以取 'plus'、'square'、'dot'、'circle'、'diamond'、'auto'、'star'、'x'、'triangle'或'dash'.

下面的程序将实验测得的加速度频谱数据绘制成散点图。

```python
from openpyxl import Workbook  # Demo9_24.py
from openpyxl.chart import Series, Reference, ScatterChart

wbook = Workbook()
wsheet = wbook.active
accelerations = [ ("频率 1", "sensor1", "频率 2","sensor2","频率 3","sensor3"),
                  (10, 1.2, 12, 1.6, 14, 2.3),
                  (15, 2.1, 17, 3.3, 19, 3.4),
                  (20, 2.0, 22, 1.8, 24, 2.1),
                  (25, 4.4, 27, 4.2, 29, 3.4),
                  (30, 3.5, 32, 3.8, 34, 3.6),
                  (35, 3.8, 37, 3.7, 39, 4.5),
                  (40, 3.2, 42, 1.5, 44, 3.6),
                  (45, 2.5, 47, 5.0, 49, 2.2),
                  (50, 4.5, 52, 3.1, 54, 2.1) ]
for data in accelerations:
    wsheet.append(data)
scatter = ScatterChart()
scatter.title = "加速度频谱"
scatter.style = 3
scatter.x_axis.title = "频率(Hz)"
```

```
scatter.y_axis.title = "加速度(m/s2)"
scatter.scatterStyle = "marker"

symbol = {0:"triangle",1:"square",2:"circle"}
color = {0:'FF0000',1:'00FF00',2:'0000FF'}
for i in range(0,3):
    xLabel = Reference(wsheet, min_col = i * 2 + 1, min_row = 2, max_row = 10)
    yData = Reference(wsheet,min_col = i * 2 + 2,min_row = 1,max_row = 10)
    ser = Series(yData,xvalues = xLabel,title_from_data = True)
    ser.marker.symbol = symbol[i]                              # 设置符号
    ser.marker.graphicalProperties.solidFill = color[i]       # 设置填充颜色
    ser.marker.graphicalProperties.line.solidFill = color[i]  # 设置边框颜色
    ser.graphicalProperties.line.noFill = True                # 隐藏线条
    scatter.append(ser)

wsheet.add_chart(scatter,"A12")
wbook.save("d:\\scatter.xlsx")
```

运行上面的程序,将会得到如图 9-14 所示的散点图。

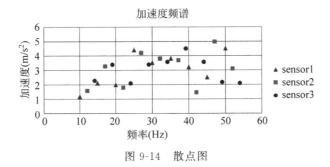

图 9-14　散点图

8. 气泡图

气泡图的类是 BubbleChart。气泡图中除了表示气泡位置的数据外,还需要表示气泡尺寸的数据,因此需要两组数据。气泡图与散点图一样,需要用 series 定义数据。

```
from openpyxl import Workbook    # Demo9_25.py
from openpyxl.chart import Reference,Series,BubbleChart
wbook = Workbook()
wsheet = wbook.active
score1 = [['日期', '一班工作量', '成绩'],
          [1, 90.2, 96], [3, 95, 89.8],
          [5, 89, 93.2], [7, 94.6, 92],
          [9, 89.8, 88]]
score2 = [['日期', '二班工作量', '成绩'],
          [2, 93.3, 94], [4, 91, 82.4],
          [6, 85, 96.2], [8, 84.6, 97.4],
          [10, 91.8, 86]]
for item in score1:
    wsheet.append(item)
```

```
for item in score2:
    wsheet.append(item)
bubble = BubbleChart()
bubble.x_axis.title = "日期"
bubble.y_axis.title = "工作量"

xLabel = Reference(wsheet,min_col = 1,min_row = 2,max_row = 6)      #设置x轴坐标数据
yData = Reference(wsheet,min_col = 2,min_row = 2,max_row = 6)       #设置y轴坐标数据
zData = Reference(wsheet,min_col = 3,min_row = 2,max_row = 6)       #设置球的尺寸数据
ser = Series(yData,xvalues = xLabel,zvalues = zData,title = "一班业绩")
bubble.append(ser)

xLabel = Reference(wsheet,min_col = 1,min_row = 8,max_row = 12)     #设置x轴坐标数据
yData = Reference(wsheet,min_col = 2,min_row = 8,max_row = 12)      #设置y轴坐标数据
zData = Reference(wsheet,min_col = 3,min_row = 8,max_row = 12)      #设置球的尺寸数据
ser = Series(yData,xvalues = xLabel,zvalues = zData,title = "二班业绩")
bubble.append(ser)

bubble.width = 13                                                  #设置高度
bubble.height = 8                                                 #设置宽度

wsheet.add_chart(bubble,"A15")                                    #将图标添加进工作表格中
wbook.save(filename = "d:\\bubble.xlsx")
```

运行上面的程序,会得到如图 9-15 所示的气泡图。

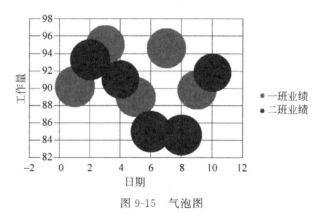

图 9-15　气泡图

9. 对坐标轴的操作

对坐标轴可以设置显示范围,设置对数坐标轴,设置坐标轴的位置、坐标轴的方向、坐标轴的次刻度等。通过 copy 模块可以由一个已有的图表复制一个全新的图表,可在新图表上进行修改,例如下面的程序。

```
from openpyxl import Workbook    #Demo9_26.py
from openpyxl.chart import Reference, Series , ScatterChart, axis
from copy import deepcopy
```

```python
wbook = Workbook()
wsheet = wbook.active
octave = [ ("中心频率", "Pressure dB"),
            (6.3, 63.5), (12.5, 73.8), (31.5, 53.2), (63, 82.5),
            (125, 64.5), (250, 84.3), (500,94.5) , (1000, 74.5) ,
            (2000,67.5),(4000, 87.5) , (8000, 92.1) ,(16000, 74.2) ]
for data in octave:
    wsheet.append(data)
scatter1 = ScatterChart()
scatter1.title = "倍频程声压(dB)"
scatter1.x_axis.title = "频率(Hz)"
scatter1.y_axis.title = "声压(dB)"
scatter1.width = 12
scatter1.height = 8
scatter1.legend = None

xvalue = Reference(wsheet,min_col = 1,min_row = 2,max_row = 13)
yvalue = Reference(wsheet,min_col = 2,min_row = 2,max_row = 13)
ser = Series(yvalue,xvalues = xvalue,title = "Pressure(dB)")
scatter1.append(ser)

scatter1.x_axis.minorTickMark = 'cross'     # 设置次坐标显示位置,可选'in'、'out'、'cross'
scatter1.x_axis.majorTickMark = 'out'       # 设置主坐标显示位置,可选'in'、'out'、'cross'
scatter1.y_axis.minorTickMark = 'in'        # 设置次坐标显示位置,可选'in'、'out'、'cross'
wsheet.add_chart(scatter1,'A15')

scatter2 = deepcopy(scatter1)                       # 复制 scatter1
scatter2.x_axis.scaling.logBase = 10                # x轴以对数显示
scatter2.x_axis.minorGridlines = axis.ChartLines()  # 显示次坐标
wsheet.add_chart(scatter2,"J15")

scatter3 = deepcopy(scatter2)                       # 复制 scatter2
scatter3.x_axis.scaling.min = 5                     # 设置 x轴坐标最小值
scatter3.x_axis.scaling.max = 16000                 # 设置 x轴坐标最大值
scatter3.y_axis.scaling.min = 50                    # 设置 y轴坐标最小值
scatter3.y_axis.scaling.max = 100                   # 设置 y轴坐标最大值
wsheet.add_chart(scatter3,'A35')

scatter4 = deepcopy(scatter3)
scatter4.x_axis.scaling.orientation = "maxMin"      # 设置坐标轴数值从大到小
scatter4.x_axis.crosses = 'max'         # 设置坐标轴的位置,可以选择'autoZero'、'max'、'min'
scatter4.x_axis.tickLblPos = 'low'      # 设置坐标标识的位置,可以选择'nextTo'、'low'、'high'
wsheet.add_chart(scatter4,'J35')

wbook.save("d:\\axis.xlsx")
```

运行上面的程序,可以得到如图 9-16 和图 9-17 所示的图表。

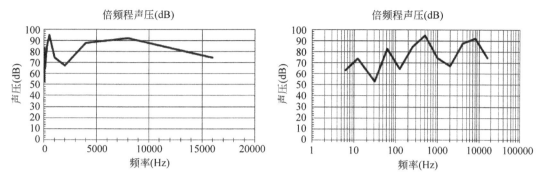

图 9-16　对数坐标轴

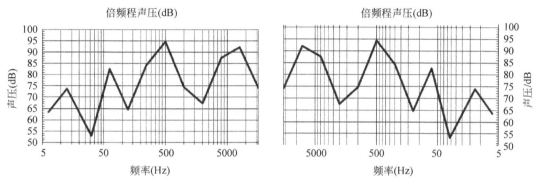

图 9-17　坐标轴刻度和方向

10. 在一个图表上显示多个样式表

可以将一个图表与另外一个图表合并成一个新图表,用不同的样式进行对比,比用同一种样式更直观。下面的程序将一个折线图和一个条形图合并成一个图形,在合并时,需使用"＋＝"操作。

```python
from openpyxl import Workbook    #Demo9_27.py
from openpyxl.chart import LineChart,BarChart,Reference
from copy import deepcopy
wbook = Workbook()
wsheet = wbook.active
data = [ ['日期','一班','二班'],
         ['星期一',79,91],
         ['星期二',62,69],
         ['星期三',78,87],
         ['星期四',68,95],
         ['星期五',95,75] ]
for i in data:
    wsheet.append(i)
line = LineChart()
bar = BarChart()
```

```
line.title = '一班成绩'
bar.title = '二班成绩'
line.x_axis.title = bar.x_axis.title = '日期'
line.y_axis.title = bar.y_axis.title = "成绩"
line.width = bar.width = 12
line.height = bar.height = 6

xlable = Reference(wsheet,min_col = 1,min_row = 2,max_row = 6)
ydata1 = Reference(wsheet,min_col = 2,min_row = 1,max_row = 6)
ydata2 = Reference(wsheet,min_col = 3,min_row = 1,max_row = 6)

line.add_data(ydata1,titles_from_data = True)
line.set_categories(xlable)
bar.add_data(ydata2,titles_from_data = True)
bar.set_categories(xlable)

wsheet.add_chart(line,'A10')
wsheet.add_chart(bar,'J10')

combine = deepcopy(line)        ♯复制一个图表
combine += bar    ♯将复制的图表与其他图表合并,只能用" += ",不能用 combine = combiner + bar
combine.title = '成绩比较'
wsheet.add_chart(combine,'A25')

wbook.save("d:\\combine.xlsx")
```

运行上面的程序,得到如图 9-18 所示的 3 个图表。

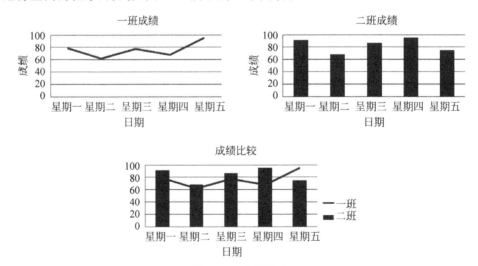

图 9-18　合并图表

第10章

数据读写和文件管理

在进行科学计算时会生成各种各样的数据,如果数据量少可以直接将数据保存在内存中,计算结束时清空内存并把结果保存到文件中;如果在计算中生成大量的中间数据,则需要把数据写到临时文件中,计算结束时把临时文件删除。为保存数据可以用 Python 提供的 open()函数打开或新建文件进行文本文件的读写,对于大量的有固定格式的数据(例如科学计数法),可以用 PyQt5 提供的以数据流的方式读写文本数据、二进制数据和原生数据的方法和函数,以及对临时文件进行管理和监控的函数,很方便地对数据进行读写和对文件进行管理。PyQt5 主要是用于 Python GUI 可视化界面编程的包,本书只介绍 PyQt5 读写文本文件、二进制文件和原生数据方面的内容以及对文件进行管理和监控方面的内容,对于 PyQt5 可视化编程方面的内容可以参考本书作者所著的《Python 基础与 PyQt 可视化编程详解》。在使用 PyQt5 之前,需要用"pip install pyqt5"命令进行安装。

 ## 10.1 数据读写

把计算过程中的数据保存下来或者读取已有数据是任何程序都需要进行的工作,PyQt5 把文件当作输入输出设备,把数据写到设备中,或者从设备中读取数据,从而达到读写数据的目的。可以利用 QFile 类调用 QIODevice 类的读写方法直接进行读写,或者把 QFile 类和 QTextStream 类结合起来,用文本流(text stream)的方法进行文本数据的读写;还可以把 QFile 类和 QDataStream 类结合进来,用数据流(data stream)的方法进行二进制数据的读写。

10.1.1 QIODevice 类

QIODevice 类是抽象类,是执行读数据和写数据类(如 QFile、QBuffer)的基类,它提供读数据和写数据的接口。QIODevice 类在 QtCore 模块中。直接和间接继承自 QIODevice 与本地读写文件有关的类有 QBuffer、QFile、QFileDevice、QProcess、QSaveFile、QTemporaryFile，这些类之间的继承关系如图 10-1 所示，另外还有网络方面的读写类 QAbstractSocket、QLocalSocket、QNetworkReply、QSslSocket、QTcpSocket 和 QUdpSocket。

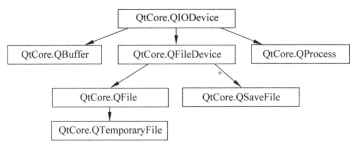

图 10-1　与文件读写有关的类

QIODevice 类提供读写接口，但是不能直接使用 QIODevice 类进行数据的读写，而是使用 QIODevice 的子类 QFile 或 QBuffer 的继承自 QIODevice 的读写方法来进行数据读写。在一些系统中，将所有的外围设备都当作文件来处理，因此可以读写的类都可以当作设备来处理。

QIODevice 的常用方法如表 10-1 所示，主要方法介绍如下。

表 10-1　QIODevice 的常用方法

QIODevice 的方法及参数类型	返回值的类型	说　明
open(QIODevice. OpenMode)	bool	用指定的模式打开设备,成功则返回 True
openMode()	QIODevice. OpenMode	获取打开模式
setOpenMode(QIODevice. OpenMode)	—	打开设备后,重新设置打开模式
close()	—	关闭设备
setTextModeEnabled(bool)	—	设置是否是文本模式
read(int)	QByteArray	读取指定数量的字节数据
readAll()	QByteArray	读取所有数据
readData(int)	QByteArray	读取指定数量的字节数据
readLine(maxlen=0)	QByteArray	按行读取 ASCII 数据
readLineData(int)	QByteArray	按行读取数据
getChar()	Tuple[bool,str]	读取 1 个字符
peek(int)	QByteArray	读取指定数量的字节
write(QByteArray)	int	写入字节数组,返回实际写入的字节的数量。关于字节数组见下面的内容
writeData(bytes)	int	写入字节串,返回实际写入的字节的数量
putChar(str)	bool	写入 1 个字符,成功则返回 True
setCurrentReadChannel(int)	—	设置当前的读取通道
setCurrentWriteChannel(int)	—	设置当前的写入通道
currentReadChannel()	int	获取当前的读取通道
currentWriteChannel()	int	获取当前的写入通道
readChannelCount()	int	获取读取数据的通道数量

续表

QIODevice 的方法及参数类型	返回值的类型	说　　明
writeChannelCount()	int	获取写入通道
canReadLine()	bool	获取是否可以按行读取
bytesToWrite()	int	获取缓存中等待写入的字节数量
bytesAvailable(self)	—	获取可读取的字节数量
setErrorString(str)	—	设置设备的出错信息
errorString()	str	获取设备的出错信息
isOpen()	bool	获取设备是否已经打开
isReadable()	bool	获取设备是否是可读的
isSequential()	bool	获取设备是否是顺序设备
isTextModeEnabled()	bool	获取设备是否能以文本方式读写
isWritable()	bool	获取设备是否可写入
atEnd()	bool	获取是否已经到达设备的末尾
seek(int)	bool	将当前位置设置到指定位置
pos()	int	获取当前位置
reset()	bool	重置设备,回到起始位置,成功则返回 True;如果设备没有打开,则返回 False
startTransaction()	—	对随机设备,记录当前位置;对顺序设备, 在内部复制读取的数据以便恢复数据
rollbackTransaction()	—	回到调用 startTransaction() 的位置
commitTransaction()	—	对顺序设备,放弃记录的数据
isTransactionStarted()	bool	获取是否开始记录位置
size()	int	获取随机设备的字节数或顺序设备的 bytesAvailable() 值
skip(int)	int	跳过指定数量的字节,返回实际跳过的字 节数
waitForBytesWritten(int)	bool	对于缓存设备,该方法需要将数据写到设 备中或经过 int 毫秒后返回值
waitForReadyRead(int)	bool	当有数据可以读取前或经过 int 毫秒前会 阻止设备的运行

- QIODevice 的子类 QFile、QBuffer 等需要用 open(QIODevice. OpenMode)方法打开一个设备,用 close()方法关闭设备。打开设备时需要设置打开模式,参数 QIODevice. OpenMode 可取的值如表 10-2 所示,可以设置只读、只写、读写、追加和不使用缓存等模式,如果同时要选择多个选项可以用"|"连接。
- 读写设备分为两种,一种是随机设备(random-access device),另一种是顺序设备(sequential device),用 isSequential()方法可以判断设备是否是顺序设备。QFile 和 QBuffer 是随机设备,QTcpSocket 和 QProcess 是顺序设备。随机设备可以获取设备指针的位置,将指针指向指定的位置,从指定位置读取数据;而顺序设备只能依次读取数据。随机设备可以用 seek(int)、pos()等方法设置指针的位置。
- 读取数据的方法有 read(int)、readAll()、readData(int)、readLine(maxlen = 0)、readLineData(int)、getChar()和 peek(int)。read(int)表示读取指定长度的数据;

readLine(maxlen=0)表示读取行,参数 maxlen 表示允许读取的最大长度,若为 0 表示不受限制。写入数据的方法有 write(QByteArray)、writeData(bytes)和 putChar(str)。getChar()和 putChar(str)只能读取和写入一个字符。如果要继承 QIODevice 创建自己的读写设备,需要重写受保护的函数 readData(int)和 writeData(bytes)。

- 一些顺序设备支持多通道读写,这些通道表示独立的数据流,可以用 setCurrentReadChannel(int)方法设置读取通道,用 setCurrentWriteChannel(int)方法设置写入通道,用 currentReadChannel()方法和 currentWriteChannel()方法获取读取和写入通道。

表 10-2　QIODevice. OpenMode 的取值

QIODevice. OpenMode 的取值	说　　明
QIODevice. NotOpen	未打开
QIODevice. ReadOnly	以只读方式打开
QIODevice. WriteOnly	以只写方式打开。如果文件不存在,创建新文件
QIODevice. ReadWrite	以读写方式打开。如果文件不存在,创建新文件
QIODevice. Append	以追加的方式打开,新增加的内容将被追加到文件末尾
QIODevice. Truncate	以重写的方式打开,在写入新的数据时会将原有数据全部清除,指针指向文件开头
QIODevice. Text	在读取时,将行结束符转换成\n;在写入时将行结束符转换成本地格式,例如 Win32 平台上是\r\n
QIODevice. Unbuffered	不使用缓存
QIODevice. NewOnly	创建和打开新文件,只适用于 QFile 设备,如果文件存在,打开将会失败。该模式是只写模式
QIODevice. ExistingOnly	与 NewOnly 相反,在打开文件时,如果文件不存在会出现错误。该模式只适用于 QFile 设备

10.1.2　字节数组与字节串

在利用 QIODevice 的子类进行读写数据时,通常返回值或参数是 QByteArray 类型的数据。QByteArray 用于存储二进制数据,至于这些数据到底表示什么内容(字符串、数字、图片或音频等),完全由程序的解析方式决定。在使用 QByteArray 类之前,用"from PyQt5. QtCore import QByteArray"语句将其导入。如果采用合适的字符编码方式(字符集),字节数组可以恢复成字符串,字符串也可以转换成字节串。字节数组会自动添加"\0"作为结尾,统计字节数组的长度时,不包含末尾的"\0"。

用 QByteArray 类创建字节数组的方法如下,其中 str 只能是一个字符,例如'a',int 指 str 的个数,例如 QByteArray(5,'a')表示'aaaaa'。

```
QByteArray()
QByteArray(int,str)
```

用 Python 的 str(QByteArray,encoding='UTF-8')函数,可以将 QByteArray 数据转换成 Python 的字符串型数据。用 QByteArray 的 append(str)方法可以将 Python 的字符串添加到 QByteArray 对象中,同时返回包含字符串的新 QByteArray 对象。

QByteArray 的常用方法如表 10-3 所示,一些需要说明的方法介绍如下。

- QByteArray 对象用 resize(int)方法可以调整数组的大小,用 size()方法可以获取字符数组的长度,用"[ ]"操作符或 at(int)方法读取数据。用 append(Union [QByteArray,bytes])或 append(str)方法可以在末尾添加数据,用 prepend(Union [QByteArray,bytes])方法可以在起始位置添加数据,这里 Union[...]表示可以选择其中的任意一个。

- 用 fromBase64(QByteArray. Base64Option)方法可以把 Base64 编码数据解码,用 toBase64(QByteArray. Base64Option)方法可以转成 Base64 编码,其中参数 QByteArray. Base64Option 可以取 QByteArray. Base64Encoding、QByteArray. Base64UrlEncoding、QByteArray. KeepTrailingEquals、QByteArray. OmitTrailingEquals、QByteArray. IgnoreBase64DecodingErrors 或 QByteArray. AbortOnBase64DecodingErrors。

- 用 setNum(float,format = 'g',precision=6)方法或 number(float,format = 'g', precision=6)方法可以将浮点数转成用科学计数法表示的数据,其中格式 format 可以取 'e'、'E'、'f'、'g'或'G','e'表示的格式如[−]9.9e[+|−]999,'E'表示的格式如 [−]9.9E[+|−]999,'f'表示的格式如[−]9.9,如果取'g'表示视情况选择'e'或'f', 如果取'G'表示视情况选择'E'或'f'。

表 10-3　QByteArray 的常用方法

QByteArray 的方法及参数类型	返回值的类型	说　　明
append(Union[QByteArray,bytes])	QByteArray	在末尾追加数据
append(str)	QByteArray	在末尾追加文本数据
at(int)	QByteArray	获取第 int 个数据
chop(int)	—	从尾部移除 int 个字节
chopped(int)	QByteArray	获取从尾部移除 int 个字节后的字节数组
clear()	—	清空所有字节
contains(Union[QByteArray,bytes])	bool	获取是否包含指定的字节数组
count(Union[QByteArray,bytes])	int	获取包含的字节数组的个数
count()	int	获取长度,与 size()相同
data()	bytes	获取字节串
endsWith(Union[QByteArray,bytes])	bool	获取末尾是否指定的字节数组
startsWith(Union[QByteArray,bytes])	bool	获取起始是否指定的字节数组
fill(str,size=−1)	QByteArray	使数组的每个数据为指定的字符,将长度调整成 size
fromBase64(Union[QByteArray,bytes])	QByteArray	从 Base64 码中解码
fromBase64(QByteArray. Base64Option)	QByteArray	
fromHex(Union[QByteArray,bytes])	QByteArray	从十六进制数据中解码
fromPercentEncoding(Union[QByteArray, bytes],percent:str='%')	QByteArray	从百分号编码中解码
fromRawData(bytes)	QByteArray	用字节串构建 QByteArray,指针仍指向原数据
indexOf(Union[QByteArray,bytes],from_=0)	int	获取索引

QByteArray 的方法及参数类型	返回值的类型	说　明
indexOf(str,from_=0)	int	获取索引
insert(int,Union[QByteArray,bytes])	QByteArray	在指定位置插入字节数据
insert(int,str)	QByteArray	在指定位置插入文本数据
insert(int,int,str)	QByteArray	同上,第 2 个 int 是指数据的份数
isEmpty()	bool	是否为空,长度为 0 时返回 True
isLower()	bool	全部是小写字母时返回 True
isNull()	bool	内容为空时返回 True
isUpper()	bool	全部是大写字母时返回 True
lastIndexOf(Union[QByteArray,bytes], from_=-1)	int	获取最后索引值
lastIndexOf(str,from_=-1)	int	获取最后索引值
length()	int	获取长度,与 size() 相同
mid(int,length=-1)	QByteArray	从指定位置获取指定长度的数据
number(float,format='g',precision=6)	QByteArray	将浮点数转换成科学计数法数据
number(int,base=10)	QByteArray	将整数转换成 base 进制数据
prepend(Union[QByteArray,bytes])	QByteArray	在起始位置添加数据
remove(int,int)	QByteArray	从指定位置移除指定长度的数据
repeated(int)	QByteArray	获取重复 int 次后的数据
replace(int,int,Union[QByteArray,bytes])	QByteArray	从指定位置用数据替换指定长度数据
replace (Union [QByteArray, bytes], Union [QByteArray,bytes])	QByteArray	用数据替换指定的数据
resize(int)	—	调整长度,如果长度小于现有长度,后面的数据会被丢弃
setNum(float,format='g',precision=6)	QByteArray	将浮点数转换成科学计数法数据
setNum(int,base=10)	QByteArray	将整数转换成指定进制的数据
size()	int	获取长度
split(str)	List[QByteArray]	用字符串将字节数组分割成列表
squeeze()	—	释放不存储数据的内存
toBase64()	QByteArray	转成 Base64 编码
toBase64(QByteArray.Base64Option)	QByteArray	转成 Base64 编码
toDouble()	Tuple[float,bool]	转成浮点数
toFloat()	Tuple[float,bool]	转成浮点数
toHex()	QByteArray	转成十六进制编码
toHex(str)	QByteArray	转成十六进制编码,str 是分隔符
toInt(base=10)	Tuple[int,bool]	根据进制转成整数,base 可以取 2 到 36 的整数或 0。若取 0,如果数据以 0x 开始,则 base=16;如果以 0 开始,则 base=8;其他情况 base=10
toLong(base=10)	Tuple[int,bool]	
toLongLong(base=10)	Tuple[int,bool]	
toShort(base=10)	Tuple[int,bool]	
toUInt(base=10)	Tuple[int,bool]	
toULong(base=10)	Tuple[int,bool]	
toULongLong(base=10)	Tuple[int,bool]	
toUShort(base=10)	Tuple[int,bool]	

续表

QByteArray 的方法及参数类型	返回值的类型	说　　明
toPercentEncoding(exclude,include,percent= '%')	QByteArray	转成百分比编码,exclude 和 include 都是 QByteArray 类型数据
toLower()	QByteArray	转成小写字母
toUpper()	QByteArray	转成大写字母
simplified()	QByteArray	去除内部、开始和结尾的空格和转义字符\t、\n、\v、\f、\r
trimmed()	QByteArray	去除两端的空格和转义字符
left(int)	QByteArray	从左侧获取指定长度的数据
right(int)	QByteArray	从右侧获取指定长度的数据
truncate(int)	—	截取前 int 个字符数据

Python3.x 中新添加了字节串 bytes 数据类型,其功能与 QByteArray 的功能类似。如果一个字符串前面加"b",就表示是 bytes 类型的数据,例如 b"hello"。bytes 数据和字符串的对比如下。字节是计算机的语言,字符串是人类的语言,它们之间通过编码表形成一一对应关系。

- 字符串由若干个字符组成,以字符为单位进行操作；bytes 由若干个字节组成,以字节为单位进行操作。
- bytes 和字符串除了操作的数据单元不同之外,它们支持的所有方法都基本相同。
- bytes 和字符串都是不可变序列,不能随意增加和删除数据。

用 xx=bytes("hello",encoding='UTF-8')方法可以将字符串"hello"转成 bytes,用 yy=str(xx,encoding='UTF-8')方法可以将 bytes 转成字符串。bytes 也是一个类,用 bytes()方法可以创建一个空 bytes 对象,用 bytes(int)方法可以创建指定长度的 bytes 对象,用 decode(encoding='UTF-8')方法可以对数据进行解码,bytes 的操作方法类似于字符串的操作方法。

Python 中还有一个与 bytes 类似但是可变的数组 bytearray,其创建方法和字符串的转换方法与 bytes 相同。在 QByteArray 的各个方法中,可以用 bytes 数据的地方也可以用 bytearray。

bytes 数据和 QByteArray 数据非常适合在互联网上传输,可以用于网络通信编程。bytes 和 QByteArray 都可以用来存储图片、音频、视频等二进制格式的文件。

10.1.3　QFile 类

1. QFile 类的方法

QFile 可以读写文本文件和二进制文件,可以单独使用,也可以与 QTextStream 和 QDataStream 一起使用。用 QFile 类创建实例对象的方法是 QFile(str),其中 str 是要打开的文件。需要注意的是,文件路径中的分隔符可以用"/"或"\\",而不能用"\"。

QFile 的常用方法如表 10-4 所示,主要方法介绍如下。

- QFile 打开的文件可以在创建实例时输入,也可以用 setFileName(fileName)方法来设置,用 fileName()方法可以获取文件名。

- 设置文件名后,用 open(QIODevice. OpenMode)方法打开文件。或者用 open(fh, QIODevice. OpenMode, handleFlags)方法打开文件,其中 fh 是文件句柄号(file handle),文件句柄对于打开的文件而言是唯一的识别标识;参数 handleFlags 可以取 QFileDevice. AutoCloseHandle（通过 close（）来关闭）或 QFileDevice. DontCloseHandle(如果文件没有用 close()关闭,当 QFile 析构后,文件句柄一直打开,这是默认值)。

- QFile 的读写数据需要使用 QIODevice 的方法,例如 read(int)、readAll()、readLine()、getChar()、peek(int)、write(QByteArray)或 putChar(str)。

- 用 setPermissions(QFileDevice. Permission)方法设置打开的文件的权限,其中参数 QFileDevice. Permission 可以取 QFileDevice. ReadOwner(只能由所有者读取)、QFileDevice. WriteOwner(只能由所有者写入)、QFileDevice. ExeOwner(只能由所有者执行)、QFileDevice. ReadUser(只能由使用者读取)、QFileDevice. WriteUser(只能由使用者写入)、QFileDevice. ExeUser(只能由使用者执行)、QFileDevice. ReadGroup(工作组可以读取)、QFileDevice. WriteGroup(工作组可以写入)、QFileDevice. ExeGroup(工作组可以执行)、QFileDevice. ReadOther(任何人都可以读取)、QFileDevice. WriteOther(任何人都可以写入)或 QFileDevice. ExeOther(任何人都可以执行)。

- QFile 可以对打开的文件或没有打开的文件进行简单的管理,通过 exists()方法判断打开的文件是否存在,用 exists(fileName)方法判断其他文件是否存在,用 copy(newName)方法可以把打开的文件复制到新文件中,用 copy(fileName,newName)方法可以把其他文件复制到新文件中,用 remove()方法可以移除打开的文件,用 remove(fileName)方法可以移除其他文件,用 rename(newName)方法可以对打开的文件重命名,用 rename(oldName,newName)方法可以对其他文件重命名。

表 10-4　QFile 的常用方法

QFile 的方法及参数类型	说　明
setFileName(str)	设置文件路径和名称
fileName()	获取文件名称
open(QIODevice. OpenMode)	用指定的模式打开文件,成功则返回 True
open(int, QIODevice. OpenMode, handleFlags)	用句柄打开文件,成功则返回 True
flush()	将缓存中的数据写入到文件中
atEnd()	判断是否到达文件末尾
close()	关闭设备
setPermissions(QFileDevice. Permission)	设置权限
exists()	获取用 fileName()指定的文件名是否存在
exists(str)	获取指定的文件是否存在
copy(str)	复制打开的文件到新文件中,成功则返回 True
copy(str,str)	将指定的文件复制到新文件中,成功则返回 True
remove()	移除打开的文件,移除前先关闭文件,成功则返回 True
remove(str)	移除指定的文件,成功则返回 True
rename(str)	重命名,重命名前先关闭文件,成功则返回 True
rename(str,str)	给指定的文件重命名,成功则返回 True

2. QFile 与 QByteArray 的应用实例

下面的程序利用 QFile 类和 QByteArray 类按照科学计数法格式将多个 NumPy 数组中的数据写到文本文件(* . txt)和十六进制文件(* . hex)中,并从文本文件和十六进制文件中读取数据,根据读取的十六进制数据绘图数据图像。程序中往文本文件中写入数据的函数是 textWrite(fileName, * arrays),其中参数 fileName 是文件名和路径,arrays 是多个数组参数;读取文本文件中数据的函数是 textRead(fileName);往十六进制文件中写入数据的函数是 hexWrite(fileName, * arrays);读取十六进制文件中数据的函数是 hexRead(fileName,m),其中 m 是读取的数组的个数。程序运行结果如图 10-2 所示,图(a)是文本文件的结果,图(b)是根据十六进制文件中的数据绘制的数据图像。

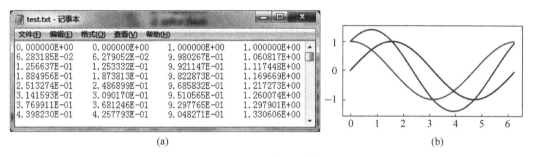

(a)   (b)

图 10-2　程序运行结果

```python
from PyQt5.QtCore import QFile,QByteArray    # Demo10_1.py
import numpy as np
import matplotlib.pyplot as plt

def textWrite(fileName, * arrays):                    # 将数组数据写入到文本文件中
    m = len(arrays)                                   # 获取数组的个数
    if fileName != "" and m > 0:
        n = len(arrays[0])                            # 数组的长度
        file = QFile(fileName)
        try:
            file.open(QFile.WriteOnly | QFile.Text)   # 打开文件
            for i in range(n):
                for j in range(m):
                    # 转成指定格式的数据
                    ba = QByteArray.number(arrays[j][i],format = 'E',precision = 6)
                    ba.append('\t')                   # 用制表位隔开数据
                    file.write(ba)                    # 写入文件
                file.write(b"\n")
        except:
            print("写入文本文件失败!")
        else:
            print("写入文本文件成功!")
        file.close()
def textRead(fileName):                               # 读取文本文件中的数据
    file = QFile(fileName)
    if file.exists():
```

```python
    file.open(QFile.ReadOnly | QFile.Text)                #打开文件
    try:
        while not file.atEnd():
            ba = file.readLine()                          #按行读取
            string = str(ba, encoding = 'utf - 8').strip()      #转成字符串
            print(string)
    except:
        print("读取文本文件失败!")
    else:
        print("读取文本文件成功!")
    file.close()
def hexWrite(fileName, * arrays):                          #将数组数据写入到十六进制文件中
    m = len(arrays)
    if fileName != "" and m > 0:
        n = len(arrays[0])
        file = QFile(fileName)
        try:
            file.open(QFile.WriteOnly)                    #打开文件
            for i in range(n):
                for j in range(m):
                    ba = QByteArray.number(arrays[j][i], format = 'E', precision = 6)
                    ba.append('\t')
                    ba = ba.toHex()                        #转成十六进制数据
                    file.write(ba)                         #写入文件
                file.write(b"\n")
        except:
            print("写入十六进制文件失败!")
        else:
            print("写入十六进制文件成功!")
        file.close()
def hexRead(fileName, m):                                  #读取十六进制文件中的数据,m 是数组的个数
    file = QFile(fileName)
    result = list()
    for i in range(m):
        result.append(list())
    if file.open(QFile.ReadOnly):                          #打开文件
        try:
            while not file.atEnd():
                ba = file.readLine()                       #按行读取
                ba = QByteArray.fromHex(ba)                #从十六进制数据中解码
                string = str(ba, encoding = "utf - 8").strip()   #从字节转成字符串
                print(string)
                string = string.split()
                for i in range(m):
                    result[i].append(float(string[i]))
        except:
            print("读取十六进制文件失败!")
            file.close()
            return None
```

```
            else:
                print("读取十六进制文件成功!")
                file.close()
                return result

n = 100                                       #数组的长度
x = np.linspace(0,2 * np.pi,n,endpoint = False)   #数组
sin = np.sin(x)                               #数组
cos = np.cos(x)                               #数组
sin_cos = sin + cos                           #数组

textFile = "d:\\test.txt"
textWrite(textFile,x,sin,cos,sin_cos)   #调用 textWrite()函数,将多个数组数据写到文本文件中
textRead(textFile)                      #调用 textRead()函数,从文本文件中读取并输出数据
hexFile = "d:\\test.hex"
hexWrite(hexFile,x,sin,cos,sin_cos)     #调用 hexWrite()函数,将多个数组数据写到十六进制文件中
res = hexRead(hexFile,m = 4)            #调用 hexRead()函数,从十六进制文件中读取数据

if len(res) >= 2:                       #绘制数据曲线
    n = len(res)
    for i in range(1,n):
        plt.plot(res[0],res[i])
    plt.show()
```

10.1.4　文本流读写文本数据

1. 创建 QTextStream 对象的方式和 QTextStream 的方法

文本流是指一段文本数据,可以理解成管道中流动的一股水,管道接到什么设备上,水就流入什么设备内。QTextStream 是文本流类,它可以连接到 QIODevice 或 QByteArray 上,可以将一段文本数据写入 QIODevice 或 QByteArray,或者从 QIODevice 或 QByteArray 中读取文本数据。QTextStream 适合写入大量的有一定格式要求的文本,例如试验获取的数值数据,需要将数值数据按照一定的格式写入文本文件中,每个数据可以有固定的长度、精度、对齐方式,数据可以选择是否用科学计数法、数据之间是否用固定长度的空格隔开等。

用 QTextStream 类定义文本流实例的方法如下所示,可以看出其连接的设备可以是 QIODevice 或 QByteArray。

```
QTextStream()
QTextStream(QIODevice)
QTextStream(QByteArray, mode = QIODevice.ReadWrite)
```

QTextStream 的常用方法如表 10-5 所示,主要方法介绍如下。

- QTextStream 的连接设备可以在创建文本数据流时定义,也可以用 setDevice (QIODevice)方法来定义,用 device()方法获取连接的设备。QTextStream 与 QFile 结合可读写文本文件,与 QTcpSocket、QUdpSocket 结合可读写网络文本数据。

- QTextStream 没有专门的写数据的方法,需要用流操作符"<<"来完成写入动作。"<<"的左边是 QTextStream 的实例,右边可以是字符串、整数或浮点数,如果要同时写入多个数据,可以把多个"<<"写到一行中,例如 out<<"Grid"<<100<<2.34<<"\n"。读取数据的方法有 read(int)、readAll()和 readLine(maxLength=0),其中 maxLength 表示读行时一次允许的最大字节数。用 seek(int)方法可以定位到指定的位置,成功则返回 True;用 pos()方法获取位置;用 atEnd()方法获取是否还有可读取的数据。

- 用 setCodec(codeName)方法设置文本流读写数据的编码,文本流支持的编码有 Big5、Big5-HKSCS、CP949、EUC-JP、EUC-KR、GB18030、HP-ROMAN8、IBM 850、IBM 866、IBM 874、ISO 2022-JP、ISO 8859-1~ISO 8859-10、ISO 8859-13~ISO 8859-16、Iscii-Bng、Dev、Gjr、Knd、Mlm、Ori、Pnj、Tlg、Tml、KOI8-R、KOI8-U、Macintosh、Shift-JIS、TIS-620、TSCII、UTF-8、UTF-16、UTF-16BE、UTF-16LE、UTF-32、UTF-32BE、UTF-32LE、Windows-1250~Windows-1258 等, 默 认 是 QTextCodec. codecForLocale(),即计算机默认的编码。

- 用 setAutoDetectUnicode(bool)方法设置是否自动识别编码,如果能识别出则会替换已经设置的编码。如果 setGenerateByteOrderMark(bool)为 True 且用 UTF 编码,会在写入数据前在数据前面添加自动查找编码标识 BOM(byte-order mark),即字节顺序标记,它是插入到以 UTF-8、UTF16 或 UTF-32 编码 Unicode 文件开头的特殊标记,用来识别 Unicode 文件的编码类型。

- 用 setFieldWidth(int=0)方法设置写入一段数据流的宽度,如果真实数据流的宽度小于设置的宽度,可以用 setFieldAlignment(QTextStream. FieldAlignment)方法设置数据在数据流内的对齐方式,其余位置的数据用 setPadChar(str)来设置。参数 QTextStream. FieldAlignment 用于指定对齐方式,可以取 QTextStream. AlignLeft（左对齐）、QTextStream. AlignRight（右对齐）、QTextStream. AlignCenter(居中)或 QTextStream. AlignAccountingStyle(居中,但数值的符号位靠左)。

- 用 setIntegerBase(int)方法设置读取整数或产生整数时的进制,可以取 2、8、10 和 16,用 setRealNumberPrecision(int)方法设置浮点数小数位的个数。

- 用 setNumberFlags(QTextStream. NumberFlag)方法设置输出整数和浮点数时数值的表示样式,其中参数 QTextStream. NumberFlag 可以取 QTextStream. ShowBase(以进制作为前缀,如 16("0x"),8("0"),2("0b"))、QTextStream. ForcePoint(强制显示小数点)、QTextStream. ForceSign(强制显示正负号)、QTextStream. UppercaseBase(进制显示成大写(如"0X""0B"))或 QTextStream. UppercaseDigits(表示 10~35 的字母用大写)。

- 用 setRealNumberNotation(QTextStream. RealNumberNotation)方法设置浮点数的标记方法,参数 QTextStream. RealNumberNotation 可以取 QTextStream. ScientificNotation(科学计数法)、QTextStream. FixedNotation（固定小数点）或 QTextStream. SmartNotation(视情况选择合适的方法)。

- 用 setStatus(QTextStream. Status)方法设置数据流的状态,参数 QTextStream.

Status 可取 QTextStream. Ok（文本流操作正常）、QTextStream. ReadPastEnd（读取过末尾）、QTextStream. ReadCorruptData（读取了有损耗的数据）或 QTextStream. WriteFailed（不能写入数据），用 resetStatus（）方法可以重置状态。

表 10-5　QTextStream 的常用方法

QTextStream 的方法及参数类型	说　明
setDevice(QIODevice)	设置操作的设备
device()	获取设备
setCodec(str)	设置编码名，如"ISO 8859-1"、"UTF-8"或"UTF-16"
setAutoDetectUnicode(bool)	设置是否自动识别编码，如果能识别，替换现有编码
setGenerateByteOrderMark(bool)	如果设置成 True 且编码是 UTF，则在写入数据前会先写入 BOM（byte order mark）
setLocale(QLocale)	设置整数或浮点数与其字符串之间用不同国家的语言进行转换
setFieldWidth(int=0)	设置数据流的宽度，如果为 0，宽度是数据的宽度
fieldWidth()	获取数据流的宽度
setFieldAlignment(QTextStream. FieldAlignment)	设置数据在数据流内的对齐方式
fieldAlignment()	获取对齐方式
setPadChar(str)	设置对齐时域内的填充字符
padChar()	获取填充字符
setIntegerBase(int)	设置读整数的进位制
integerBase()	获取进位制
setNumberFlags(QTextStream. NumberFlag)	设置整数和浮点数的标识
numberFlags()	获取数值数据的标识
setRealNumberNotation(QTextStream. RealNumberNotation)	设置浮点数的标记方法
realNumberNotation()	获取标记方法
setRealNumberPrecision(int)	设置浮点数小数位的个数
realNumberPrecision()	获取浮点数小数位的个数
setStatus(QTextStream. Status)	设置状态
status()	获取状态
resetStatus()	重置状态
read(int)	读取指定长度的数据
readAll()	读取所有数据
readLine(maxLength=0)	按行读取数据，maxLength 是一次允许读的最大长度
seek(int)	定位到指定位置，成功则返回 True
pos()	获取当前位置
flush()	将缓存中的数据写到设备中
atEnd()	获取是否还有可读取的数据
skipWhiteSpace()	忽略空符，直到非空符或达到末尾
reset()	重置除字符串和缓冲以外的其他设置

2. 用 QTextStream 读写文本数据的应用实例

下面的程序用 QTextStream 将一组数组数据写到文本文件中，然后再从文件中读取数据,并绘制数据的曲线图像。程序中首先定义了写数据的函数 textWrite(fileName, *arrays,headerLine=None),其中参数 fileName 是文件名和路径,参数 arrays 是可变数量的数组参数,传递多个数组数据,headerLine 设置第一行中的标题;程序中读数据的函数是 textRead(fileName,m=2,headerLine=False),其中 fileName 是保存数据的文件名,参数 m 是读取的数据列数,headerLine 设置文件中是否有标题行。程序运行结果如图 10-3 所示,图(a)是写入到文本文件中的数据,图(b)是绘制的图像。

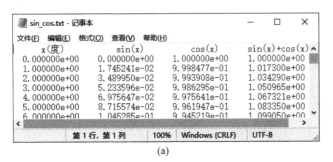 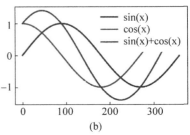

(a)   (b)

图 10-3　程序运行结果

```python
from PyQt5.QtCore import QFile,QTextStream    # Demo10_2.py
import numpy as np
import matplotlib.pyplot as plt

def textWrite(fileName, * arrays,headerLine = [ ]):    #arrays 是多个数组,headerLine 是第一行标题
    m = len(arrays)                            #获取数组的个数
    if fileName != "" and m > 0:
        n = len(arrays[0])                     #数组的长度
        file = QFile(fileName)
        try:
            file.open(QFile.WriteOnly | QFile.Text | QFile.Truncate)    #打开文件
            writer = QTextStream(file)                      #创建文本流
            writer.setCodec("UTF - 8")                      #设置编码
            writer.setFieldAlignment(QTextStream.AlignCenter)    #设置对齐方式
            writer.setRealNumberPrecision(6)                #设置小数位数
            writer.setRealNumberNotation(QTextStream.ScientificNotation)    #科学计数法

            if headerLine:                     #在文本文件中写入第一行标题
                writer.setFieldWidth(16)       #设置域宽
                for header in headerLine:
                    writer << header
                writer.setFieldWidth(0)        #设置域宽
                writer << "\n"

            for i in range(n):                 #在文本文件中写入数据
                writer.setFieldWidth(16)       #设置域宽
                for j in range(m):
                    writer << arrays[j][i]
                writer.setFieldWidth(0)
                writer << "\n"
```

```
        except:
                print("写入文本文件失败!")
        else:
                print("写入文本数据成功!")
        file.close()
# 从文本文件中读取数据,m是要读取的数据的列数,headerLine判断是否有标题
def textRead(fileName,m = 2,headerLine = False):
    file = QFile(fileName)
    result = list()                                # 用于保存读取的结果
    header = list()                                # 用于保存第一行的标题
    if file.open(QFile.ReadOnly | QFile.Text):     # 打开文件
        reader = QTextStream(file)
        reader.setCodec("UTF - 8")
        reader.setAutoDetectUnicode(True)
        if headerLine:
            header = reader.readLine()             # 读取第一行的标题
            header = header.strip().split()
        for i in range(m):
            temp = list()                          # 创建临时列表
            result.append(temp)
        try:
            while not reader.atEnd():
                line = reader.readLine()
                line = line.split()
                for i in range(m):
                    result[i].append(float(line[i]))
        except:
            print("读取文本数据失败!")
            file.close()
            return None
        else:
            print("读取文本数据成功!")
            file.close()
            if headerLine:
                return header,result
            else:
                return result
n = 360                                            # 数组的长度
x = np.linspace(0,360,n,endpoint = False)          # 数组
sin = np.sin(np.deg2rad(x))                        # 数组
cos = np.cos(np.deg2rad(x))                        # 数组


textFile = "d:\\sin_cos.txt"
headerLine = ['x(度)','sin(x)','cos(x)','sin(x) + cos(x)']
# 调用textWrite()函数,将多个数组中的数据写入到文本文件中
textWrite(textFile,x,sin,cos,sin + cos,headerLine = headerLine)
# 调用textRead()函数,从文本文件中读取数据
header,res = textRead(textFile,m = 4,headerLine = True)
if len(header) == len(res):                        # 绘制数据曲线
```

```
        n = len(res)
    if n >= 2:
        for i in range(1,n):
            plt.plot(res[0],res[i],label = header[i])
        plt.legend()
        plt.show()
```

10.1.5　数据流读写二进制数据

1. 创建 QDataStream 对象的方式和 QDataStream 的方法

数据流 QDataStream 用于直接读写二进制的数据和网络通信数据，二进制具体表示的物理意义由读写方法以及后续的解码决定，数据流的读写与具体的操作系统无关。用 QDataStream 类创建数据流对象的方法如下所示，它可以连接到继承自 QIODevice 的设备或 QByteArray 上。

```
QDataStream()
QDataStream(QIODevice)
QDataStream(QByteArray,QIODevice.OpenMode)
QDataStream(QByteArray)
```

数据流的一些常用方法如表 10-6 所示，主要方法介绍如下。

- 创建数据流对象时，可以设置数据流关联的设备，也可用 setDevice(QIODevice)方法重新设置关联的设备，用 device()方法获取关联的设备。

- 用 setVersion(int)方法设置版本号。不同的版本号数据的存储格式有所不同，因此建议设置版本号。到目前为止版本号可取 QDataStream.Qt_1_0、QDataStream.Qt_2_0、QDataStream.Qt_3_0、QDataStream.Qt_3_1、QDataStream.Qt_3_3、QDataStream.Qt_4_0 ～ QDataStream.Qt_4_9、QDataStream.Qt_5_0 ～ QDataStream.Qt_5_15。

- 用 setFloatingPointPrecision(QDataStream.FloatingPointPrecision)方法设置读写浮点数的精度，其中参数 QDataStream.FloatingPointPrecision 可以取 QDataStream.SinglePrecision 或 QDataStream.DoublePrecision。对于版本高于 Qt_4_6 且精度设置为 DoublePrecision 的浮点数是 64 位精度，对于版本高于 Qt_4_6 且精度设置为 SinglePrecision 的浮点数是 32 位精度。

- 用 setByteOrder(QDataStream.ByteOrder)设置字节序，参数 QDataStream.ByteOrder 可以取 QDataStream.BigEndian(大端字节序，默认值)和 QDataStream.LittleEndian(小端字节序)，大端字节序的高位字节在前，低位字节在后，小端字节序与此相反。例如对于十进制数 123，如果用"123"顺序存储是大端字节序，而"321"是小端字节序。

- 用 setStatus(QDataStream.Status)方法设置状态，状态的取值与 QTextStream 的取值相同。

- 用 skipRawData(int)方法可以跳过指定长度的原生字节，返回真实跳过的字节数。

原生数据是机器上存储的二进制数据,需要用户自己解码。

- 用 startTransaction()方法可以记录一个读数据的点,对于顺序设备会在内部复制读取的数据,对于随机设备会保存当前数据流的位置;用 commitTransaction()方法确认完成记录一个数据块,当数据流的状态已超过末尾时,用该方法会回到数据块的记录点;用 rollbackTransaction()方法在确认完成记录数据块之前返回到记录点;用 abortTransaction()方法放弃对数据块的记录,并不影响当前读数据的位置。

表 10-6　数据流的一些常用方法

QDataStream 的常规设置方法及参数类型	说　　明
setDevice(QIODevice)	设置设备
setByteOrder(QDataStream. ByteOrder)	设置字节序
setFloatingPointPrecision (QDataStream. FloatingPointPrecision)	设置浮点数的精度
setStatus(QDataStream. Status)	设置状态
resetStatus()	重置状态
setVersion(int)	设置版本号
version()	获取版本号
skipRawData(int)	跳过原生数据,返回跳过的字节数量
startTransaction()	开启记录一个数据块起始点
commitTransaction()	完成记录数据块,成功则返回 True
rollbackTransaction()	回到数据块的记录点
abortTransaction()	放弃对数据块的记录
atEnd()	获取是否还有数据可读

2. 整数、浮点数和逻辑值的读写方法

计算机中存储的数据用二进制表示,每个位有 0 和 1 两种状态,通常用 8 位作为 1 个字节,如果这 8 位全部用来记录数据,则这 8 位数据的最大值是 $0b11111111 = 2^8 - 1 = 255$。如要记录正负号,可以用第 1 位记录正负符号,这时用 7 位记录的最大值是 $0b1111111 = 2^7 - 1 = 127$。如果要记录更大的值,用 1 个字节显然是不够的,这时可以用更多个字节来记录数据,例如用 2 个字节(16 位)来记录一个数,如果全部用于记录数据,最大值可以记录 $2^{16} - 1$;如果拿出 1 位记录正负号,最大值可以记录 $2^{15} - 1$。因此在读写不同大小的数值时,要根据数值的大小,选择合适的字节数来保存数值,可以分别用 1 个字节、2 个字节、4 个字节和 8 个字节来存储数值,在读取数值时,要根据写入时指定的字节数来读取。

数据流用于读写整数、浮点数和逻辑值的方法和数值的范围如表 10-7 所示。需要特别注意的是,在读数值时,必须按照写入数值时所使用的字节数来读,否则读取的数值不是写入时的数值。

表 10-7　QDataStream 读写整数、浮点数和逻辑值的方法

读/写方法(->表示返回值的类型)		读/写方法说明	读/写取值范围
readInt()->int	writeInt(int)	在 64 位系统上用 4 字节、32 位系统上用 2 字节读/写带正负号整数	$-2^{31} \sim 2^{31} - 1$ $-2^{15} \sim 2^{15} - 1$
readInt8()->int	writeInt8(int)	在 1 个字节上读/写带正负号整数	$-2^7 \sim 2^7 - 1$

读/写方法(-＞表示返回值的类型)		读/写方法说明	读/写取值范围
readInt16()-＞int	writeInt16(int)	在 2 个字节上读/写带正负号整数	$-2^{15}\sim2^{15}-1$
readInt32()-＞int	writeInt32(int)	在 4 个字节上读/写带正负号整数	$-2^{31}\sim2^{15}-1$
readInt64()-＞int	writeInt64(int)	在 8 个字节上读/写带正负号整数	$-2^{63}\sim2^{63}-1$
readUInt8()-＞int	writeUInt8(int)	在 1 个字节上读/写不带正负号整数	$0\sim2^{8}-1$
readUInt16()-＞int	writeUInt16(int)	在 2 个字节上读/写不带正负号整数	$0\sim2^{16}-1$
readUInt32()-＞int	writeUInt32(int)	在 4 个字节上读/写不带正负号整数	$0\sim2^{32}-1$
readUInt64()-＞int	writeUInt64(int)	在 8 个字节上读/写不带正负号整数	$0\sim2^{64}-1$
readFloat()-＞float	writeFloat(float)	在 4 个字节上读/写带正负号浮点数	$\pm3.40282E38$（精确到 6 位小数）
readDouble()-＞float	writeDouble(float)	在 8 个字节上读/写带正负号浮点数	$\pm1.79769E308$（精确到 15 位小数）
readBool()-＞bool	writeBool(bool)	在 1 个字节上读/写逻辑值	—

3. 对字符串的读/写方法

数据流用于读/写字符串的方法如表 10-8 所示。读/写字符串时不需要指定字节数量，系统会根据字符串的大小来确定所使用的字节数。

表 10-8　QDataStream 对字符串的读/写方法及说明

读/写方法(-＞表示返回值的类型)		说　　明
readQString()-＞str	writeQString(str)	读/写文本
readQStringList()-＞List[str]	writeQStringList(Iterable[str])	读/写文本列表

4. 字节串的读/写方法

字节串的读/写方法如表 10-9 所示。用 bytes(str,encoding)方法可以按照某种编码方法把字符串转换成字节串 bytes,然后用 writeBytes(bytes)方法或 writeString(bytes)方法把字节串保存到文件中,再用 readBytes()或 readString()方法读取字节串,并用字节串的decode(encoding)方法把字节串转换成字符串。

表 10-9　字节串的读/写方法及说明

读/写方法(-＞表示返回值的类型)		说　　明
readBytes()-＞bytes	writeBytes(bytes)-＞QDataStream	读/写字节串
readString()-＞bytes	writeString(bytes)	读/写字节串

5. 用 QDataStream 读写数值和字符串的应用实例

下面的程序是将上一个用 QTextStream 读写文本数据的程序改用 QDataStream 来完成读写二进制数据,将数据保存到二进制文件中。程序中用到读写字符串、整数和浮点数的函数。

```
from PyQt5.QtCore import QFile, QDataStream   #Demo10_3.py
import numpy as np
```

```
import matplotlib.pyplot as plt

# 将数据写入到二进制文件中,arrays 是多个数组,headerLine 是多个数组的标题
def binWrite(fileName, * arrays, headerLine = []):
    m = len(arrays)                                      # 获取数组的个数
    if fileName != "" and m > 0:
        n = len(arrays[0])                               # 数组的长度
        file = QFile(fileName)

        try:
            if file.open(QFile.WriteOnly | QFile.Truncate):  # 打开文件
                writer = QDataStream(file)                # 创建数据流
                writer.setVersion(QDataStream.Qt_5_14)
                writer.setByteOrder(QDataStream.BigEndian)
                writer.writeQString("version:Qt_5_14")
                writer.writeInt(m)                        # 写入数组的个数
                writer.writeInt(n)                        # 写入数组的长度
                if len(headerLine) == m:
                    for header in headerLine:
                        writer.writeQString(header)       # 写入字符串
                for i in range(m):
                    for j in range(n):
                        writer.writeDouble(arrays[i][j])  # 写入双精度浮点数
        except:
            print("写入二进制文件失败!")
        else:
            print("写入二进制文件成功!")
        file.close()


def binRead(fileName, m, n, headerLine = False):     # 读二进制文件,m 是数组个数,n 是数组长度
    file = QFile(fileName)
    header = list()                                      # 记录第一行标题
    result = list()                                      # 记录多个数组中的数据
    try:
        if file.open(QFile.ReadOnly):                    # 打开文件
            reader = QDataStream(file)
            reader.setVersion(QDataStream.Qt_5_14)
            reader.setByteOrder(QDataStream.BigEndian)

            if reader.readQString() == "version:Qt_5_14":
                m = reader.readInt()
                n = reader.readInt()
                if headerLine:
                    for i in range(m):
                        title = reader.readQString()      # 读取字符串
                        header.append(title)

                while not reader.atEnd():
                    for i in range(m):
```

```
                            temp = list()
                            for j in range(n):
                                number = reader.readDouble()
                                temp.append(number)
                            result.append(temp)
        except:
            print("读取二进制数据失败!")
            file.close()
            return None
        else:
            print("读取二进制数据成功!")
            file.close()
            if headerLine:
                return header, result
            else:
                return result


n = 360                                                  # 数组的长度
x = np.linspace(0, 360, n, endpoint = False)             # 数组
sin = np.sin(np.deg2rad(x))                              # 数组
cos = np.cos(np.deg2rad(x))                              # 数组
sin_cos = sin + cos                                      # 数组


binFile = "d:\\sin_cos.bin"
headerLine = ['x(度)', 'sin(x)', 'cos(x)', 'sin(x) + cos(x)']  # 数据的标题
# 调用 binWrite()函数,将多个数组中的数据写入到二进制文件中
binWrite(binFile, x, sin, cos, sin_cos, headerLine = headerLine)
# 调用 binRead()函数,从二进制文件中读取数据
header, res = binRead(binFile, m = 4, n = n, headerLine = True)


if len(header) == len(res):                              # 绘制数据曲线
    m = len(res)
    if m >= 2:
        for i in range(1, m):
            plt.plot(res[0], res[i], label = header[i])
        plt.legend()
        plt.show()
```

10.1.6 原生数据的读写方法

原生数据是指没有经过编码的数据,读写数据时,对二进制数据原样读写,需要用户对读写的数据进行解码才能获得二进制数据所表示的确切内容。原生数据的读写主要针对数值型数据进行读写。写原生数据的方法是 writeRawData(bytes),并返回真实写入的字节的数量;用 readRawData(int)方法读取指定数量的字节,返回值的类型是 bytes。

1. struct 模块

要将整数、浮点数和逻辑值以原生数据保存,需要把数值转换成字节串型数据 bytes,这

需要用到 Python 自带的 struct 模块。struct 模块提供的函数如表 10-10 所示。在使用 struct 模块前需用"import struct"语句将其导入。

表 10-10　struct 模块的函数

struct 模块的函数及参数类型	说　明
calcsize(format)	计算按照 format 格式字符串确定的字节串的数量，format 格式的说明见下面的内容
pack(format,v1,v2,…)	按照 format 格式字符串，将 v1、v2、… 转换成字节串 bytes，并返回该字节串
unpack(format,buffer)	按照 format 格式字符串，从缓冲块 buffer 中解码数据（缓冲块 buffer 的大小必须是格式符所要求的字节数量（calcsize(format)）的整数倍），返回由解码后的数据组成的元组
pack_into(format,buffer,offset,v1,v2,…)	根据 format 格式字符串，将 v1、v2、… 转换成字符串 bytes，并写入 buffer 缓冲区，从 buffer 的 offset 位置处开始写入
unpack_from(format,buffer,offset＝0)	根据 format 格式字符串，从 butter 的 offset 位置处开始解码，返回由解码后的数据组成的元组。这种方式适合一次读取许多原生数据，然后再分段解码
iter_unpack(format,buffer)	按照格式字符串 format 以迭代方式从缓冲块 buffer 解码。此函数返回一个迭代器，它将从缓冲区读取大小相同的字节串，直到 buffer 的所有内容全部读完。缓冲区的字节大小必须是格式符所需要的字符数据的整数倍

表 10-10 中所列函数的第 1 个参数是格式字符串 format，用于确定数值转换成字节串后的字节序和字节串的数量。格式字符串的第 1 个字符确定字节序，字节序的格式字符如表 10-11 所示，默认是"@"。按本机字节序是根据计算机的 CPU 来确定字节序，例如 Intel x86 和 AMD64（x86-64）是小端序，Motorola 68000 和 PowerPC G5 是大端序，ARM 和 Intel Itanium 具有可切换的字节顺序（双端）。用 sys.byteorder 属性可以获得系统的字节顺序，如果字节序的格式符不容易记忆，可以统一使用"!"。字节序在 struct 函数的格式字符串中的定义与 QDataStream 的 setByteOrder()方法设置的字节序无关。

表 10-11　字节序的格式字符

字节序格式字符	字节顺序	大小	对齐方式
@	按本机字节序	按本机	按本机
=	按本机字节序	标准	无
<	小端序	标准	无
>	大端序	标准	无
!	网络（＝大端）	标准	无

格式字符串中从第 2 个字符起是格式字符，格式字符确定数值转换成字节串后，字节串的大小。格式字符的数量必须与被转换的数值的数量相同，可以使用的格式字符如表 10-12 所示，例如 struct.pack(">Hfd",360,3.1415926,0.214985343273)表示按照大端

序,把整数 360 转成 2 字节字节串,把浮点数 3.1415926 转成 4 字节字节串,把浮点数 0.214985343273 转成 8 字节字节串,struct.calcsize(">Hfd")的值是 14。struct 的函数转换浮点数时,精度与 QDataStream 的 setFloatingPointPrecision()方法设置的精度无关。在转换整数时,应确保所使用的字节能容纳转换后的字节串,如果不能会抛出异常。

表 10-12　格式字符

格式字符	Python 类型	标准字节串大小	说　　明
x	—	—	填充字节
c	bytes	1	长度为 1 的字节串
b	int	1	带正负号整数 8 位
B	int	1	不带正负号整数 8 位
h	int	2	带正负号整数 16 位
H	int	2	不带正负号整数 16 位
i	int	4	带正负号整数 32 位
I	int	4	不带正负号整数 32 位
l	int	4	带正负号整数 32 位
L	int	4	不带正负号整数 32 位
q	int	8	带正负号整数 64 位
Q	int	8	不带正负号整数 64 位
f	float	4	带正负号浮点数 32 位
d	float	8	带正负号浮点数 64 位
?	bool	1	布尔类型 8 位

2. 用 QDataStream 读写原生数据的应用实例

下面的程序是将前面输出正弦、余弦函数值的程序稍作改动,用原生数据的读写方法来完成数据的保存和读取。这里生成的文件的扩展名是 raw。

```python
from PyQt5.QtCore import QFile,QDataStream    # Demo10_4.py
import struct
import numpy as np
import matplotlib.pyplot as plt

def rawWrite(fileName, * arrays,headerLine = []):      # 写数据的函数
    m = len(arrays)                                    # 获取数组的个数
    if fileName != "" and m > 0:
        n = len(arrays[0])                             # 数组的长度
        file = QFile(fileName)

        try:
            if file.open(QFile.WriteOnly | QFile.Truncate):   # 打开文件
                writer = QDataStream(file)                     # 创建数据流
                writer.setVersion(QDataStream.Qt_5_14)
                writer.setByteOrder(QDataStream.BigEndian)
                byt = bytes("version:Qt_5_14", encoding = "UTF - 8")
                writer.writeBytes(byt)                         # 写入字节串
```

```
                    writer.writeInt(m)                          #写入数组的个数
                    writer.writeInt(n)                          #写入数组的长度
                    if len(headerLine) == m:
                        for header in headerLine:
                            writer.writeBytes(bytes(header, encoding = 'UTF-8'))    #写入标题
                    for i in range(m):
                        for j in range(n):
                            byt = struct.pack('>f', arrays[i][j])
                            writer.writeRawData(byt)        #写入原生数据
        except:
            print("写入原生数据失败!")
        else:
            print("写入原生数据成功!")
        file.close()
def rawRead(fileName, m, n, headerLine = False):                #读数据的函数
    file = QFile(fileName)
    header = list()                                            #记录第一行标题
    result = list()                                            #记录多个数组中的数据
    try:
        if file.open(QFile.ReadOnly):                          #打开文件
            reader = QDataStream(file)
            reader.setVersion(QDataStream.Qt_5_14)
            reader.setByteOrder(QDataStream.BigEndian)

            version = reader.readBytes()
            if version.decode(encoding = 'UTF-8') == "version:Qt_5_14":
                m = reader.readInt()
                n = reader.readInt()
                if headerLine:
                    for i in range(m):
                        title = reader.readBytes()     #读取字符串
                        title = title.decode(encoding = 'UTF-8')
                        header.append(title)

                while not reader.atEnd():
                    for i in range(m):
                        temp = list()
                        for j in range(n):
                            byt = reader.readRawData(struct.calcsize('>f'))
                            number = struct.unpack('>f', byt)
                            temp.append(number[0])
                        result.append(temp)
    except:
        print("读取数据失败!")
        file.close()
        return None
    else:
        print("读取数据成功!")
        file.close()
```

```
            if headerLine:
                return header, result
            else:
                return result


n = 360                                              # 数组的长度
x = np.linspace(0,360,n,endpoint = False)            # 数组
sin = np.sin(np.deg2rad(x))                          # 数组
cos = np.cos(np.deg2rad(x))                          # 数组
sin_cos = sin + cos                                  # 数组


rawFile = "d:\\sin_cos.raw"
headerLine = ['x(度)','sin(x)','cos(x)','sin(x) + cos(x)']  # 数据的标题
# 调用 rawWrite()函数,将多个数组中的数据写入到文件中
rawWrite(rawFile,x,sin,cos,sin_cos,headerLine = headerLine)
# 调用 rawRead()函数,从文件中读取数据
header,res = rawRead(rawFile,m = 4,n = n,headerLine = True)


if len(header) == len(res):                          # 绘制数据曲线
    m = len(res)
    if m > = 2:
        for i in range(1,m):
            plt.plot(res[0],res[i],label = header[i])
        plt.legend()
        plt.show()
```

10.2 数据存储文件

10.2.1 QTemporaryFile 临时文件

在进行大型科学运算时,通常会产生大量的中间结果数据,例如进行有限元计算时,一个规模巨大的刚度矩阵、质量矩阵和迭代过程中的中间结果数据会达到几十 GB 或上百 GB,甚至更多,如果把这些数据放到内存中通常是放不下的。因此需要把这些数据放到临时文件中,并保证临时文件不会覆盖现有的文件,计算过程中读取临时文件中的数据进行运算,计算结束后自动删除临时文件。

QTemporaryFile 类用于创建临时文件,它继承自 QFile,当用 Open()方法打开设备时创建临时文件,并保证临时文件是唯一的,不会和本机上的文件同名。用 QTemporaryFile 创建临时文件对象的方法是 QTemporaryFile(str),其中 str 是文件名称模板,或者不用模板而用指定的文件名。文件名模板中包含 6 个或 6 个以上的大写字母"X",扩展名可以自己指定,例如 QTemporaryFile("XXXXXXXX. sdb")、QTemporaryFile("abXXXXXXXXcd. sdb")。如果没有使用模板,而使用具体文件名,则临时文件是在文件名基础上添加新的扩展名。如果没有使用模板或指定文件名,则存放临时文件的路径是系统临时路径,可以通过 QDir.

tempPath()方法获取系统临时路径；如果使用模板或指定文件名，则存放到当前路径下，当前路径可以用 QDir. currentPath()方法查询。

QTemporaryFile 的常用方法如表 10-13 所示。创建临时文件对象后，用 open()方法打开文件，这时生成临时文件，临时文件名可以用 fileName()方法获取，临时文件的打开方式是读写模式（QIODevice. ReadWrite）。打开临时文件后，可以按照前面介绍的写入和读取方法来读写数据。用 setAutoRemove(bool)方法设置临时文件对象销毁后临时文件是否自动删除，默认为 True。

表 10-13 临时文件的常用方法

QTemporaryFile 的方法及参数类型	返回值的类型	说　　明
open()	bool	创建并打开临时文件
open(QIODevice. OpenMode)	bool	重写该函数，创建并打开临时文件
fileName()	str	获取临时文件名和路径
setAutoRemove(bool)	—	设置是否自动删除临时文件
autoRemove()	bool	获取是否自动删除临时文件
setFileTemplate(str)	—	设置临时文件的模板
fileTemplate()	str	获取临时文件的模板

10.2.2　QSaveFile 存盘

QSaveFile 类用来读写文本文件和二进制文件，在写入操作失败时，不会导致已经存在的数据丢失。QSaveFile 执行写操作时，会先将内容写入一个临时文件中，如果没有错误发生，则调用 commit()方法来将临时文件中的内容移到目标文件中。这能确保目标文件中的数据在写操作发生错误时既不会丢失，也不会出现部分写入的情况，一般使用 QSaveFile 在磁盘上保存整份文档。QSaveFile 会自动检测写入过程中所出现的错误，并记住所有发生的错误，在调用 commit()时放弃临时文件。用 QSaveFile 类创建保存文件实例的方法是 QSaveFile(str)，其中 str 是文件名。

QSaveFile 的常用方法如表 10-14 所示，主要方法介绍如下。

- 用 open()函数打开文件，使用 QDataStream 或 QtextStream 类进行读写，也可以使用从 QIODevice 继承的函数 read()、readLine()、write()等。
- QSaveFile 不能调用 close()函数，它通过调用 commit()函数完成数据的保存。如果没有调用 commit()函数，则 QSaveFile 对象销毁时，会丢弃临时文件。
- 当应用程序出错时，用 cancelWriting()方法可以放弃写入的数据，即使又调用了 commit()，也不会发生真正保存文件操作。
- QSaveFile 会在目标文件的同一目录下创建一个临时文件，并自动进行重命名。但如果该目录的权限限制不允许创建文件，则调用 open()会失败。为了解决这个问题，即能让用户编辑一个现存的文件，而不创建新文件，可使用 setDirectWriteFallback(True)方法，这样在调用 open()时就会直接打开目标文件，并向其写入数据，而不使用临时文件；但是在写入出错时，不能使用 cancelWriting()方法撤销写入。

表 10-14　QSaveFile 的常用方法

QSaveFile 的方法	说　　明
setFileName(str)	设置保存数据的目标文件
filename()	获取目标文件
open(QIODevice.OpenMode)	打开文件,成功则返回 True
commit()	从临时文件中将数据写入到目标文件中,成功则返回 True
cancelWriting()	撤销从临时文件中将数据写入到目标文件中
setDirectWriteFallback(bool)	设置是否直接向目标文件中写数据
directWriteFallback()	获取是否直接向目标文件中写数据
writeData(bytes)	重写该函数,写入字节串,并返回实际写入的字节串的数量

下面的程序用 QSaveFile 将数据以原生数据的形式保存到文件中。

```python
import struct    #Demo10_5.py
from PyQt5.QtCore import QDataStream,QSaveFile
import numpy as np

n = 360                                              #数组的长度
x = np.linspace(0,360,n,endpoint = False,dtype = int) #数组
sin = np.sin(np.deg2rad(x))                          #数组
cos = np.cos(np.deg2rad(x))                          #数组
sin_cos = sin + cos                                  #数组

saveFile = "d:\\sin_cos.save"
save = QSaveFile(saveFile)
save.open(QSaveFile.WriteOnly)
writer = QDataStream(save)
writer.setVersion(QDataStream.Qt_5_14)
writer.setByteOrder(QDataStream.BigEndian)

for i in x:
    byt = struct.pack('>f', i)
    writer.writeRawData(byt)                         #写入原生数据
for i in sin:
    byt = struct.pack('>f', i)
    writer.writeRawData(byt)                         #写入原生数据
for i in cos:
    byt = struct.pack('>f', i)
    writer.writeRawData(byt)                         #写入原生数据
for i in sin_cos:
    byt = struct.pack('>f', i)
    writer.writeRawData(byt)                         #写入原生数据
save.commit()
```

10.2.3　QBuffer 内存存储

对于程序中反复使用的一些临时数据,如果将其保存到文件中,则反复读取这些数据要

比从缓冲区读取数据慢得多。缓冲区是内存中一段连续的存储空间，QBuffer 类提供了从缓冲区读取数据的功能，在多线程之间进行数据传递时选择缓冲区比较方便。缓冲区属于共享资源，所有线程都能进行访问。QBuffer 和 QFile 一样，也是一种读写设备，它继承自 QtCore. QIODevice，可以用 QtCore. QIODevice 的读写方法从缓冲区中读写数据，也可以与 QTextStream 和 QDataStream 结合读写文本数据和二进制数据。

用 QBuffer 类创建缓存设备的方法是 QBuffer() 和 QBuffer(QByteArray)，定义 QBuffer 需要一个 QByterArray 对象，也可不指定 QByteArray，系统会给 QBuffer 创建一个默认的 QByteArray 对象。

QBuffer 的常用方法如表 10-15 所示，主要方法介绍如下。

- 默认情况下，系统会自动给 QBuffer 的对象创建默认的 QByteArray 对象，可以用 buffer()方法或 data()方法获取 QByteArray 对象，也可用 setBuffer(QByteArray) 方法设置缓冲区。
- QBuffer 对象需要用 open(QIODevice. OpenMode)方法打开缓冲区，成功则返回 True，打开后可以读写数据，用 close()方法关闭缓冲区。

表 10-15　QBuffer 的常用方法

QBuffer 的方法及参数类型	返回值的类型	说　　明
setBuffer(QByteArray)	—	设置缓冲区
buffer()	QByteArray	获取缓冲区 QByteArray 对象
open(QIODevice. OpenMode)	bool	打开缓冲区，成功则返回 True
close()	—	关闭缓冲区
canReadLine()	bool	获取是否可以按行读取
setData(Union[QByteArray,bytes,bytearray])	—	设置数据
setData(bytes)	—	
data()	QByteArray	获取 QByteArray，与 buffer()功能相同
pos()	int	获取指向缓冲区内部指针的位置
seek(int)	bool	定位到指定的位置，成功则返回 True
readData(int)	bytes	读取指定数量的字节数据
writeData(bytes)	int	写数据
atEnd()	bool	获取是否到达尾部
size()	int	获取缓冲区中字节的总数

下面的程序用 QBuffer 将数据以原生数据的形式保存到内存中，并从内存中读取原数据，输出数据。

```
import struct  # Demo10_6.py
from PyQt5.QtCore import QDataStream,QBuffer
import numpy as np

n = 360                                          # 数组的长度
x = np.linspace(0,360,n,endpoint = False,dtype = int)   # 数组
sin = np.sin(np.deg2rad(x))                      # 数组
cos = np.cos(np.deg2rad(x))                      # 数组
```

```
sin_cos = sin + cos                                      # 数组
# # # #下面的代码用 QBuffer 和 QDataStream 把数据保存到内存中# # #
buffer = QBuffer()
buffer.open(QBuffer.WriteOnly | QBuffer.Truncate)
writer = QDataStream(buffer)                              # 创建数据流
writer.setVersion(QDataStream.Qt_5_14)                   # 设置版本
writer.setByteOrder(QDataStream.BigEndian)               # 设置字节序

for i in range(n):
    byt = struct.pack('>Hfff', x[i],sin[i],cos[i],sin_cos[i])
    writer.writeRawData(byt)                             # 在内存中写入原生数据
buffer.close()
# # # #下面的代码将内存中的数据用 QBuffer 和 QDataStream 读取出来# # #
buffer.open(QBuffer.ReadOnly)
reader = QDataStream(buffer)
reader.setVersion(QDataStream.Qt_5_14)
reader.setByteOrder(QDataStream.BigEndian)

size = struct.calcsize('>Hfff')
byt = reader.readRawData(size * n)                       # 读取原生数据
for i in range(n):
    number = struct.unpack_from(">Hfff", byt,size * i)   # 解码
    print(number)
buffer.close()
```

10.3   文件管理

10.3.1   文件信息

文件信息 QFileInfo 类用于查询文件的信息，如文件的相对路径、绝对路径、文件大小、文件权限、文件的创建及修改时间等。用 QFileInfo 类创建文件信息对象的方法如下所示，其中 str 是需要获取文件信息的文件，QFileInfo(QDir, str)表示用 QDir 路径下的 str 文件创建文件信息对象。

```
QFileInfo()
QFileInfo(str)
QFileInfo(QFile)
QFileInfo(QDir, str)
```

QFileInfo 的常用方法如表 10-16 所示，主要方法介绍如下。
- 可以在创建 QFileInfo 对象时设置要获取文件信息的文件，也可以用 setFile(str)、setFile(QFile)或 setFile(QDir,str)方法重新设置要获取文件信息的文件。
- QFileInfo 提供了一个 refresh() 函数，用于重新获取文件信息。如果想关闭该缓存功能，以确保每次访问文件信息时都能获取当前最新的信息，可以通过 setCaching

(False)方法来完成设置。

- 用 absoluteFilePath()方法获取绝对路径和文件名；用 absolutePath()方法获取绝对路径,不含文件名；用 fileName()方法获取文件名,包括扩展名,不包含路径。当文件名中有多个".."时,用 suffix()方法获取扩展名,不包括".";用 completeSuffix()方法获取第 1 个"."后的文件名,包括扩展名。

- 用 exists()方法获取文件是否存在,用 exists(str)方法获取指定的文件是否存在。

- 用 birthTime()方法获取创建时间 QDateTime,如果是快捷文件,则返回目标文件的创建时间；用 lastModified()方法获取最后修改时间 QDateTime；用 lastRead()方法获取最后读取时间 QDateTime。

- 可以用相对于当前的路径来指向一个文件,也可以用绝对路径指向文件。用 isRelative()方法获取是否是相对路径；用 makeAbsolute()方法转换成绝对路径,返回值若是 False 表示已经是绝对路径。

- 用 isFile()方法获取是否是文件,用 isDir()方法获取是否是路径,用 isShortcut()方法获取是否是快捷方式,用 isReadable()方法获取文件是否可读,用 isWritable()方法获取文件是否可写。

表 10-16　QFileInfo 的常用方法

QFileInfo 的方法及参数类型	返回值的类型	说　　明
setFile(str)	—	设置需要获取文件信息的文件
setFile(QFile)	—	
setFile(QDir,str)	—	
setCaching(bool)	—	设置是否需要进行缓存
refresh()	—	重新获取文件信息
absoluteDir()	QDir	获取绝对路径
absoluteFilePath()	str	获取绝对路径和文件名
absolutePath()	str	获取绝对路径
baseName()	str	获取第 1 个"."之前的文件名,不含扩展名
completeBaseName()	str	获取最后 1 个"."前的文件名
suffix()	str	获取扩展名,不包括"."
completeSuffix()	str	获取第 1 个"."后的文件名,包括扩展名
fileName()	str	获取文件名,包括扩展名,不包含路径
path()	str	获取路径,不含文件名
filePath()	str	获取路径和文件名
canonicalFilePath()	str	获取绝对路径和文件名,路径中不包含链接符号和多余的".."及"."
canonicalPath()	str	获取绝对路径,路径中不包含链接符号和多余的".."及"."
birthTime()	QDateTime	获取创建时间,如果是快捷文件,返回目标文件的创建时间
lastModified()	QDateTime	获取最后修改日期和时间
lastRead()	QDateTime	获取最后读取日期和时间
dir()	QDir	获取上一级路径

QFileInfo 的方法及参数类型	返回值的类型	说　明
exists()	bool	获取文件是否存在
exists(str)	bool	获取指定的文件是否存在
group()	str	获取文件所在的组
groupId()	int	获取文件所在组的 ID
isAbsolute()	bool	获取是否是绝对路径
isDir()	bool	获取是否是路径
isExecutable()	bool	获取是否是可行文件
isFile()	bool	获取是否是文件
isHidden()	bool	获取是否是隐藏文件
isReadable()	bool	获取文件是否可读
isRelative()	bool	获取使用的路径是否是相对路径
isRoot()	bool	获取是否是根路径
isShortcut()	bool	获取是否是快捷方式
isSymLink()	bool	获取是否是链接或快捷方式
isSymbolicLink()	bool	获取是否是链接
isWritable()	bool	获取文件是否可写
makeAbsolute()	bool	转换成绝对路径,返回 False 表示已经是绝对路径
owner()	str	获取文件的所有者
ownerId()	int	获取文件的所有者的 ID
size()	int	返回按字节计算的文件大小
symLinkTarget()	str	返回快捷方式链接的文件的绝对路径

10.3.2　路径管理

路径管理类 QDir 用于管理路径和文件,它的一些功能与 QFileInfo 类的功能相同。用 QDir 类创建目录对象的方法如下,其中第 1 个参数 str 是路径;第 2 个参数 str 是名称过滤器(nameFilter); sort 是枚举类型 QDir.SortFlag,指定排序规则; filters 是枚举类型 QDir.Filter,是属性过滤器。

```
QDir(path = '')
QDir(str, str, sort = QDir.Name | QDir.IgnoreCase, filters = QDir.AllEntries)
```

QDir 的常用方法如表 10-17 所示,主要方法介绍如下。

- 可以在创建路径对象时指定路径,也可以用 setPath(str)方法指定路径,用 path()方法获取路径。
- 在创建路径对象时,通过设置过滤器、排序规则,可以获取路径下的文件和子目录。获取目录下的文件和子目录的方法有 entryInfoList(filters,sort)、entryInfoList(Iterable[nameFilters],filters,sort)、entryList(filters,sort)、List[str]和 entryList(Iterable[nameFilters],filters,sort),其中属性过滤器 filters 可以取 QDir.Dirs(列出满足条件的路径)、QDir.AllDirs(所有路径)、QDir.Files(文件)、QDir.Drives(驱动器)、QDir.NoSymLinks(没有链接的文件)、QDir.NoDot(没有".")、QDir.

NoDotDot(没有"..")、QDir. NoDotAndDotDot、QDir. AllEntries(所有路径、文件和驱动器)、QDir. Readable、QDir. Writable、QDir. Executable、QDir. Modified、QDir. Hidden、QDir. System 或 QDir. CaseSensitive(区分大小写),排序规则 sort 可以取 QDir. Name、QDir. Time、QDir. Size、QDir. Type、QDir. Unsorted、QDir. NoSort、QDir. DirsFirst、QDir. DirsLast、QDir. Reversed、QDir. IgnoreCase 或 QDir. LocaleAware。名称过滤器、属性过滤器和排序规则也可以分别用 setNameFilters(Iterable[str])、setFilter(QDir. Filter) 和 setSorting(QDir. SortFlag)方法设置。

- 用 setCurrent(str)方法设置应用程序当前的工作路径,用 currentPath()方法获取应用程序的当前工作路径。
- 用 mkdir(str)方法创建子路径;用 mkpath(str)方法创建多级路径;用 rmdir(str)方法移除路径;在路径为空的情况下,用 rmpath(str)方法移除多级路径。
- 用 temp()方法获取系统临时路径,返回值是 QDir;用 tempPath()方法也可以获取系统临时路径,返回值是字符串。

表 10-17　QDir 的常用方法

QDir 的方法及参数类型	返回值的类型	说　明
setPath(str)	—	设置路径
path()	str	获取路径
absoluteFilePath(str)	str	获取文件的绝对路径
absolutePath()	str	获取绝对路径
canonicalPath()	str	获取不含"."或".."的路径
cd(str)	bool	更改路径,如果路径存在则返回 True
cdUp()	bool	从当前工作路径上移一级路径,如果新路径存在则返回 True
cleanPath(path)	str	返回移除多余符号后的路径
count()	int	获取文件和路径的数量
dirName()	str	获取最后一级的目录或文件名
drives()	List[QFileInfo]	获取根文件信息列表
setNameFilters(Iterable[str])	—	设置名称过滤器
setFilter(QDir. Filter)	—	设置属性过滤器
setSorting(QDir. SortFlag)	—	设置排序规则
setSearchPaths(str,Iterable[str])	—	设置搜索路径
entryInfoList(filters,sort)	List[QFileInfo]	根据过滤器和排序规则,获取路径下的所有文件或子路径
entryInfoList(Iterable[nameFilters], filters,sort)	List[QFileInfo]	
entryList(filters,sort)	List[str]	
entryList(Iterable[nameFilters], filters,sort)	List[str]	
exists()	bool	判断路径或文件是否存在
exists(str)	bool	判断路径或文件是否存在
home()	QDir	获取系统的用户路径

QDir 的方法及参数类型	返回值的类型	说　明
homePath()	str	获取系统的用户路径
isAbsolute()	bool	获取是否是绝对路径
isAbsolutePath(str)	bool	获取指定的路径是否是绝对路径
isRelative()	bool	获取是否是相对路径
isRelativePath(str)	bool	获取指定的路径是否是相对路径
isRoot()	bool	获取是否是根路径
isEmpty(filters＝QDir.NoDotAndDotDot)	bool	获取路径是否为空
isReadable()	bool	获取文件是否可读
listSeparator()	str	获取多个路径之间的分隔符,Windows 系统是";",UNIX 系统是":"
makeAbsolute()	bool	转换到绝对路径
mkdir(str)	bool	创建子路径,路径如已存在,返回 False
mkpath(str)	bool	创建多级路径,成功则返回 True
refresh()	—	重新获取路径信息
relativeFilePath(str)	str	获取相对路径
remove(str)	bool	移除文件,成功则返回 True
removeRecursively()	bool	移除路径和路径下的文件、子路径
rename(str,str)	bool	重命名文件或路径,成功则返回 True
rmdir(str)	bool	移除路径,成功则返回 True
rmpath(str)	bool	移除路径和空的父路径,成功则返回 True
root()	QDir	获取根路径
rootPath()	str	获取根路径
separator()	str	获取路径分隔符
setCurrent(str)	bool	设置程序当前工作路径
current()	QDir	获取程序工作路径
currentPath()	str	获取程序当前工作路径
temp()	QDir	获取系统临时路径
tempPath()	str	获取系统临时路径
fromNativeSeparators(str)	str	获取用"/"分割的路径
toNativeSeparators(str)	str	转换成用本机系统使用的分隔符分割的路径

下面的程序通过变量 path 设置一个路径,将列出该路径下所有文件的文件名、文件大小、创建日期和修改日期信息。

```
from PyQt5.QtCore import QDir   # Demo10_7.py

path = "d:\\python"                    # 设置要查询的文件所在的路径
```

```
    dir = QDir(path)
    dir.setFilter(QDir.Files)                          #只显示文件
    if dir.exists():
        template = "文件名:{} 文件大小:{}字节 创建日期:{} 修改日期:{} "
        fileInfo_list = dir.entryInfoList()            #获取文件信息列表
        n = len(fileInfo_list)                         #文件数量
        if n:                                          #如果路径下有文件
            print(dir.toNativeSeparators(path) + "路径下的文件如下:")
            for info in fileInfo_list:
                string = template.format(info.fileName(),info.size(),
                        info.birthTime().toString(),info.lastModified().toString())
                print(string)
```